高职高专“十四五”规划教材

西门子S7-300/400系列PLC编程与应用

刘建华　张静之　郑昊　刘俊　编著

扫一扫查看全书数字资源

北京
冶金工业出版社
2024

内容提要

本书共分8章，内容包括可编程序控制器概述、西门子S7-300/400系列PLC的资源、S7-300/400 PLC基本指令系统与编程方法、S7-300/400 PLC数据操作指令及其应用、SIMATIC S7-300/400 PLC的结构与程序设计、西门子PLC的顺序控制设计方法、S7-300/400 PLC模拟量功能与网络通信、PLC应用系统设计。本书在内容上整合了所需掌握的基本知识和技能应用案例，突出以职业能力为核心，技能应用为目标的特色。

本书配有微课视频、电子课件、习题解答等资料，读者可扫描二维码查看。

本书可作为高职院校自动化、机电一体化及相关专业的教材，也可供机电类有关工程技术人员参考。

图书在版编目(CIP)数据

西门子S7-300/400系列PLC编程与应用/刘建华等编著.—北京：冶金工业出版社，2024.3

高职高专“十四五”规划教材

ISBN 978-7-5024-9796-5

Ⅰ.①西…　Ⅱ.①刘…　Ⅲ.①PLC技术—程序设计—高等职业教育—教材　Ⅳ.①TM571.61

中国国家版本馆CIP数据核字(2024)第057083号

西门子S7-300/400系列PLC编程与应用

出版发行 冶金工业出版社　**电　话** (010)64027926

地　址 北京市东城区嵩祝院北巷39号　**邮　编** 100009

网　址 www.mip1953.com　**电子信箱** service@mip1953.com

责任编辑　王　颖　美术编辑　吕欣童　版式设计　郑小利

责任校对　郑　娟　责任印制　禹　蕊

北京建宏印刷有限公司印刷

2024年3月第1版，2024年3月第1次印刷

787mm×1092mm　1/16；22.75印张；549千字；352页

定价49.90元

投稿电话　(010)64027932　投稿信箱　tougao@cnmip.com.cn

营销中心电话　(010)64044283

冶金工业出版社天猫旗舰店　yjgycbs.tmall.com

前言

着自动化控制系统的快速发展，专为中高端设备和工厂自动化设计的典型产品西门子 S7-300/400 系列 PLC 有着广泛的应用，由于其具有模块化结构、易于实现分布式的配置以及性价比高、电磁兼容性强、抗震动冲击性能好等特点，使其在工业控制领域中，成为一种既经济又切合实际的解决方案。

本书坚持由浅入深、由简到繁，注重实践课题与理论知识点的比例分配，循序渐进，把“学懂、学通、会用、巧用”作为编写理念，遵循将知识点与技能点以及操作规范融合，拓展学生编程思路相结合的原则，依据高职高专学生的学习特点和实际需要组织编写内容。全书共分 8 章，各章内容侧重点各有不同，自然分层，在使学生掌握扎实的基础理论知识的基础上，帮助学生建立编程思路，掌握编程方法。

本书采用“基础知识+应用实例”模式，做到“理论引入、任务驱动、案例分析、解决实施”，将知识、技能、应用、创新、素养相结合，针对知识点匹配了相应难度的应用案例，通过企业实际应用、社会化评价组织技能鉴定试题、1+X 鉴定试题、全国职业院校相关竞赛试题、中华人民共和国职业技能大赛、世界技能大赛工业控制项目竞赛训练课题的 40 多个案例，借鉴信息、计划、决策、执行、检查、评估六步行动导向教学法，基础操作到综合应用，层次递进，培养学生编程规范性与大工程观。此外，在案例程序设计中尝试和探索“一题多解”的编写方式，引入继电控制设计、数字逻辑分析设计、数学算法编程等典型程序设计方法，体现多种不同方法解决同一问题的程序设计方式，拓展学生设计思路，提高学生的应用创新能力和解决实际问题的能力。

本书注重立体化教学资源的开发，着力推动和提升线上线下混合式教学。编写组针对书中的典型案例及相关应用案例录制了 40 个教学讲解视频；提供了全套的多媒体教学课件、试题库及答案。此外，书中所有实例的 PLC 程序都经过验证，PLC 源程序文件可以无偿提供给读者。

本书由上海工程技术大学刘建华、张静之、郑昊、刘俊编著。其中第 1 章由上海工程技术大学高职学院刘俊编写；第 2 章、第 3 章由上海工程技术大学工程训练中心张静之编写；第4章、第5章、第8章第8.1节~第8.2节由上海工程技术大学高职学院刘建华编写；第6章、第7章、第8章第8.3节由上海工程技术大学高职学院郑昊编写；全书由刘建华负责统稿。本书的PPT由刘建华、张静之制作，数字资源由郑昊、刘俊录制。在编写过程中，参考了有关文献资料，在此对文献资料作者表示衷心的感谢。

由于编著者水平所限，书中不妥之处，恳请广大读者批评指正。

编著者

2023年11月

1 可编程序控制器概述

1.1 PLC的产生与发展

1.1.1 基础知识 PLC的产生与定义

1.1.1.1 PLC的产生

在可编程序控制器问世以前，工厂自动化控制主要是以“继电—接触器控制系统”占主导地位。所谓“继电—接触器控制系统”是以继电器、接触器、按钮和开关等为主要器件所组成的逻辑控制系统。作为常用电气自动控制系统的一种，其基本特点是结构简单、成本低、抗干扰能力强、故障检修方便、运用范围广。“继电—接触器控制系统”不仅可以实现生产设备、生产过程的自动控制，而且还可以满足大容量、远距离、集中控制的要求。至今它仍是工业自动控制领域最基本的控制系统之一。

随着工业现代化的发展，企业的生产规模越来越大，劳动生产率及产品质量的要求不断提高，原有的“继电—接触器控制系统”的缺点日趋明显：体积大、耗电多、故障率高、寿命短、运行速度不高，特别是一旦生产任务和工艺发生变化，就必须重新设计，并改变硬件结构，这造成了时间和资金的严重浪费，企业急需开发一种新的控制装置来取代继电器。

20世纪50年代末，人们曾设想利用计算机解决“继电—接触器控制系统”存在的通用性、灵活性，功能局限与通信、网络方面欠缺的问题。但由于当时的计算机原理复杂，生产成本高，程序编制难度大，可靠性等突出问题，使得它在一般工业控制领域难以普及与应用。

到了20世纪60年代，美国汽车工业生产流水线的自动控制系统基本是由“继电—接触器控制系统”组成。随着汽车行业的发展，汽车型号更新的周期也越来越短，每一次汽车改型都导致“继电—接触器控制系统”重新设计和安装，这就限制了生产效率和产品质量的提高。

为了改变这一现状，最早由美国最大的汽车制造商——通用汽车公司（GM公司）于1968年提出设想：把计算机通用、灵活、功能完善的特点与“继电—接触器控制系统”的简单易懂、使用方便、生产成本低的特点结合起来，生产出一种通用性好，采用基本相同的硬件，满足生产顺序控制要求，利用简单语言编程，能让完全不熟悉计算机的人也能方便使用的控制器。当时，该公司为了适应汽车市场多品种、小批量的生产要求，提出使用新一代控制器的设想，并对新控制器提出著名的GM10条。

（1）编程简单方便，可在现场修改程序。

（2）硬件维护方便，采用插件式结构。

（3）可靠性高于继电器接触器控制装置。

（4）体积小于继电器接触器控制装置。

（5）可将数据直接送入计算机。

（6）成本上可与继电器接触器控制装置竞争。

（7）输入可以是交流 115 V（美国市电为 115 V）。

（8）输出为 115 V/2 A 以上交流，能直接驱动电磁阀、交流接触器等。

（9）扩展时，只需要对原系统进行很小的改动。

（10）用户程序存储器容量至少可以扩展到 4 KB。

根据以上要求，美国数字设备公司（DEC 公司）在 1969 年首先研制出世界上第一台可编程序控制器，型号为 PDP-14，并在通用汽车公司的自动生产线上试用成功。从此这项技术在美国其他工业控制领域迅速发展起来，受到了世界各国工业控制企业的高度重视。其后，美国 MODICON 公司开发出可编程序控制器 084；1971 年日本研制出日本第一台可编程序控制器 DSC-8；1973 年西欧等国也研制出它们的第一台可编程序控制器；我国从 1974 年开始对可编程序控制器的研制，1977 年开始投入工业应用。今天，可编程控制器已经实现了国产化，并大量应用在进口和国产设备中。

早期可编程序控制器采用存储程序指令完成顺序控制，仅具有逻辑运算、计时、计数等顺序控制功能，用于开关量的控制，通常称为 PLC（Programmable Logic Controller）。20 世纪 70 年代，随着微电子技术的发展，功能增强，不再局限于当初的逻辑运算，因此称为 PC（Programmable Controller）。但因与个人计算机（PC）重复，加以区别，仍简称 PLC。

1.1.1.2　PLC 的定义与分类

国际电工委员会（IEC）颁布的 PLC 标准草案（第三稿）中对 PLC 做了如下定义："可编程控制器是一种数字运算操作的电子装置，专为在工业环境下应用而设计。它采用可编程序的存储器，用来在其内部存储执行逻辑运算，顺序控制、定时、计数和算术运算等操作的指令，并通过数字式和模拟式的输入和输出控制各种类型的机械或生产过程。可编程控制器及其相关的外围设备，都应按易于工业控制系统联成一个整体、易于扩展其功能的原则设计。"

通常，PLC 可根据 I/O 点数、结构形式、功能等进行分类。

（1）按 I/O 点数，PLC 可分为小型、中型、大型等。I/O 点数为 256 点以下的为小型 PLC，其中，I/O 点数小于 64 点的为超小型或微型 PLC。I/O 点数为 256 点以上、2048 点以下的为中型 PLC。I/O 点数为 2048 点以上的为大型 PLC，其中，I/O 点数超过 8192 点的为超大型 PLC。

（2）按结构形式，PLC 可分为整体式、模块式、紧凑式等，如图 1-1～图 1-3 所示。整体式 PLC 是将电源、CPU、I/O 接口等部件都集中装在一个机箱内，具有结构紧凑、体积小、价格低等特点。模块式 PLC 是将 PLC 各组成部分分别做成若干个单独的模块，如 CPU 模块、I/O 模块、电源模块（有的含在 CPU 模块中）以及各种功能模块。紧凑式 PLC 则是各种单元、CPU 自成模块，但不安装基板，各单元一层一层地叠装，它结合整体式结构紧凑和模块式结构独立灵活的特点。

图 1-1　整体式 PLC 结构形式

图 1-2　模块式 PLC 结构形式

(3) 按功能，PLC 可分为低档、中档、高档等。低档 PLC 具有逻辑运算、定时、计数、移位以及自诊断、监控等基本功能，还可有少量模拟量输入/输出、算术运算、数据传送和比较、通信等功能。中档 PLC 具有低档 PLC 功能外，增加了模拟量输入/输出、算术运算、数据传送和比较、数制转换、远程 I/O、子程序、通信联网等功能。有些还增设中断、PID 控制等功能。高档 PLC 具有中档机功能外，增加了带符号算术运算、矩阵运算、位逻辑运算、平方根运算及其他特殊功能函数运算、制表及表格传送等。高档 PLC 具有更强的通信联网功能。

图 1-3　紧凑式 PLC 结构形式

1.1.2　基础知识　PLC 的特点

PLC 是专为工业环境应用而设计制造的微型计算机，它并不针对某一具体工业应用，而是有着广泛的通用性，PLC 之所以被广泛使用，是和它的突出特点以及优越的性能分不开的。归纳起来，PLC 主要具有以下特点。

1.1.2.1　使用方便，编程简单

采用简明的梯形图、逻辑图或语句表等编程语言，而无须计算机知识，因此系统开发

周期短，现场调试容易。另外，可在线修改程序，改变控制方案而不拆动硬件。

1.1.2.2　功能强，性能价格比高

一台小型 PLC 内有成百上千个可供用户使用的编程元件，有很强的功能，可以实现非常复杂的控制功能。它与相同功能的继电器系统相比，具有很高的性能价格比。PLC 可以通过通信联网，实现分散控制，集中管理。

1.1.2.3　硬件配套齐全，用户使用方便，适应性强

PLC 产品已经标准化、系列化、模块化，配备有品种齐全的各种硬件装置供用户选用，用户能灵活方便地进行系统配置，组成不同功能、不同规模的系统。PLC 的安装接线也很方便，一般用接线端子连接外部接线。PLC 有较强的带负载能力，可以直接驱动一般的电磁阀和小型交流接触器。

硬件配置确定后，可以通过修改用户程序，方便快速地适应工艺条件的变化。

1.1.2.4　可靠性高，抗干扰能力强

传统的继电器控制系统使用了大量的中间继电器、时间继电器，由于触点接触不良，容易出现故障。PLC 用软件代替大量的中间继电器和时间继电器，仅剩下与输入和输出有关的少量硬件元件，接线可减少到继电器控制系统的 1/100～1/10，使因触点接触不良造成的故障大为减少。

PLC 采取了一系列硬件和软件抗干扰措施，具有很强的抗干扰能力，平均无故障时间达到数万小时以上，可以直接用于有强烈干扰的工业生产现场，PLC 已被广大用户公认为最可靠的工业控制设备之一。

1.1.2.5　系统的设计、安装、调试工作量少

PLC 用软件功能取代了继电器控制系统中大量的中间继电器、时间继电器、计数器等器件，使控制柜的设计、安装、接线工作量大大减少。

PLC 的梯形图程序一般采用顺序控制设计法来设计。这种编程方法很有规律，很容易掌握。对于复杂的控制系统，设计梯形图的时间比设计相同功能的继电器系统电路图的时间要少得多。

PLC 的用户程序可以在实验室模拟调试，输入信号用小开关来模拟，通过 PLC 上的发光二极管可观察输出信号的状态。完成了系统的安装和接线后，在现场的统调过程中发现的问题一般通过修改程序就可以解决，系统的调试时间比继电器系统少得多。

1.1.2.6　维修工作量小，维修方便

PLC 的故障率很低，且有完善的自诊断和显示功能。PLC 或外部的输入装置和执行机构发生故障时，可以根据 PLC 上的发光二极管或编程器提供的信息迅速地查明故障的原因，用更换模块的方法可以迅速地排除故障。

综上所述，PLC 的优越性能使其在工业上得到迅速普及。目前，PLC 在家庭、建筑、电力、交通、商业等众多领域也得到了广泛的应用。

1.1.3 基础知识 PLC的发展

经过了几十年的更新发展，PLC的上述特点越来越被工业控制领域的企业和专家所认识和接受，在美国、德国、日本等工业发达国家已经成为重要的产业之一。生产厂家不断涌现，品种不断翻新，产量产值大幅上升，而价格则不断下降，使得PLC的应用范围持续扩大，从单机自动化到工厂自动化，从机器人、柔性制造系统到工业局部网络，PLC正以迅猛的发展势头渗透到工业控制的各个领域。从1969年第一台PLC问世至今，它的发展大致可以分为以下几个阶段。

（1）1970—1980年：PLC的结构定型阶段。在这一阶段，由于PLC刚诞生，各种类型的顺序控制器不断出现（如逻辑电路型、1位机型、通用计算机型、单板机型等），但迅速被淘汰。最终以微处理器为核心的现有PLC结构形成，取得了市场的认可，得以迅速发展推广。PLC的原理、结构、软件、硬件趋向统一与成熟，PLC的应用领域由最初的小范围、有选择使用逐步向机床、生产线扩展。

（2）1981—1990年：PLC的普及阶段。在这一阶段，PLC的生产规模日益扩大，价格不断下降，PLC被迅速普及。各PLC生产厂家产品的价格、品种开始系列化，并且形成了I/O点型、基本单元加扩展块型、模块化结构型这三种延续至今的基本结构模型。PLC的应用范围开始向顺序控制的全部领域扩展。比如三菱公司本阶段的主要产品有F、F1、F2小型PLC系列产品，K/A系列中、大型PLC产品等。

（3）1991—2000年：PLC的高性能与小型化阶段。在这一阶段，随着微电子技术的进步，PLC的功能日益增强，PLC的CPU运算速度大幅度上升、位数不断增加，使得适用于各种特殊控制的功能模块不断被开发，PLC的应用范围由单一的顺序控制向现场控制拓展。此外，PLC的体积大幅度缩小，出现了各类微型化PLC。三菱公司本阶段的主要产品有FX小型PLC系列产品，AIS/A2US/Q2A系列中，大型PLC系列产品等。

（4）2001年至今：PLC的高性能与网络化阶段。在本阶段，为了适应信息技术的发展与工厂自动化的需要，PLC的各种功能不断进步。一方面，PLC在继续提高CPU运算速度，位数的同时，开发了适用于过程控制，运动控制的特殊功能与模块，使PLC的应用范围开始涉及工业自动化的全部领域。与此同时，PLC的网络与通信功能得到迅速发展，PLC不仅可以连接传统的编程与输入/输出设备，还可以通过各种总线构成网络，为工厂自动化奠定了基础。

PLC从产生到现在已经历了几十年的发展，实现了从一开始的简单逻辑控制到现在的运动控制、过程控制、数据处理和联网通信，随着科学技术的不断进步，面对不同的应用领域，不同的控制需求，PLC还将有更大的发展。目前，PLC的发展趋势主要体现在规模化、高性能、多功能、模块智能化、网络化、标准化等几个方面。

1.1.3.1 产品规模向大、小两个方向发展

大型化是指大中型PLC向大容量、智能化和网络化发展，使之能与计算机组成集成控制系统，对大规模、复杂系统进行综合性的自动控制。现已有I/O点数达14336点的超大型PLC，使用32位微处理器，多CPU并行工作和大容量存储器，功能强。小型PLC由整体结构向小型模块化结构发展，使配置更加灵活，为了市场需要已开发了各种简易、经

济的超小型微型 PLC，最小配置的 I/O 点数为 8~16 点，以适应单机及小型自动控制的需要。

1.1.3.2　高性能、高速度、大容量发展

PLC 的扫描速度是衡量 PLC 性能的一个重要指标。为了提高 PLC 的处理能力，要求 PLC 具有更好的响应速度和更大的存储容量。目前，有的 PLC 的扫描速度可达 0.1 ms/千步左右。在存储容量方面，有的 PLC 最高可达几十兆字节。为了扩大存储容量，有的公司已使用了磁泡存储器或硬盘。

1.1.3.3　模块智能化发展

分级控制、分布控制是增强 PLC 控制功能、提高处理速度的一个有效手段。智能 I/O 模块是以微处理器和存储器为基础的功能部件，它们可独立于主机 CPU 工作，分担主 CPU 的处理任务，主机 CPU 可随时访问智能模块，修改控制参数，这样有利于提高 PLC 的控制速度和效率，简化设计、编程工作量，提高动作可靠性、实时性，满足复杂控制的要求。为满足各种控制系统的要求，目前已开发出许多功能模块，如高速计数模块、模拟量调节（PID 控制）、运动控制（步进、伺服、凸轮控制等）、远程 I/O 模块、通信和人机接口模块等。

1.1.3.4　网络化发展

加强 PLC 的联网能力是实现分布式控制、适应工业自动化控制和计算机集成制造系统发展需要的。PLC 的联网与通信主要包括 PLC 与 PLC 之间、PLC 与计算机之间，以及 PLC 与远程 I/O 之间的信息交换。随着 PLC 和其他工业控制计算机组网构成大型控制系统以及现场总线的发展，PLC 将向网络化和通信的简便化方向发展。

1.1.3.5　增强外部故障的检测与处理能力

在 PLC 控制系统的故障中，CPU 占 5%，I/O 接口占 15%，输入设备占 45%，输出设备占 30%，线路占 5%。前两项共 20%故障属于 PLC 的内部故障，它可通过 PLC 本身的软、硬件实现检测、处理；而其余 80%的故障属于 PLC 的外部故障。因此，PLC 生产厂家都致力于研制、发展用于检测外部故障的专用智能模块，进一步提高系统的可靠性。

1.1.3.6　标准化发展

生产过程自动化要求在不断提高，PLC 的能力也在不断增强，过去那种不开放的、各品牌自成一体的结构显然不适合，为提高兼容性，在通信协议、总线结构、编程语言等方面需要一个统一的标准。国际电工委员会为此制定了国际标准 IEC 61131。该标准由总则、设备性能和测试、编程语言、用户手册、通信、模糊控制的编程、可编程序控制器的应用和实施指导八部分和两个技术报告组成。几乎所有的 PLC 生产厂家都表示支持 IEC 61131，并开始向该标准靠拢。

1.2　PLC 的组成及工作原理

1.2.1　基础知识　PLC 的基本组成

可编程序控制器是专为工业环境应用而设计的工业计算机，其基本结构与一般计算机相似，为了便于操作、维护、扩充功能，提高系统的抗干扰能力，其结构组成又与一般计算机有所区别。

PLC 系统通常由 CPU、存储器、输入、输出模块和电源等组成。

尽管 PLC 有许多品种和类型，但其实质是一种专用于工业控制的计算机，其硬件结构基本上与微型计算机相同，如图 1-4 所示。

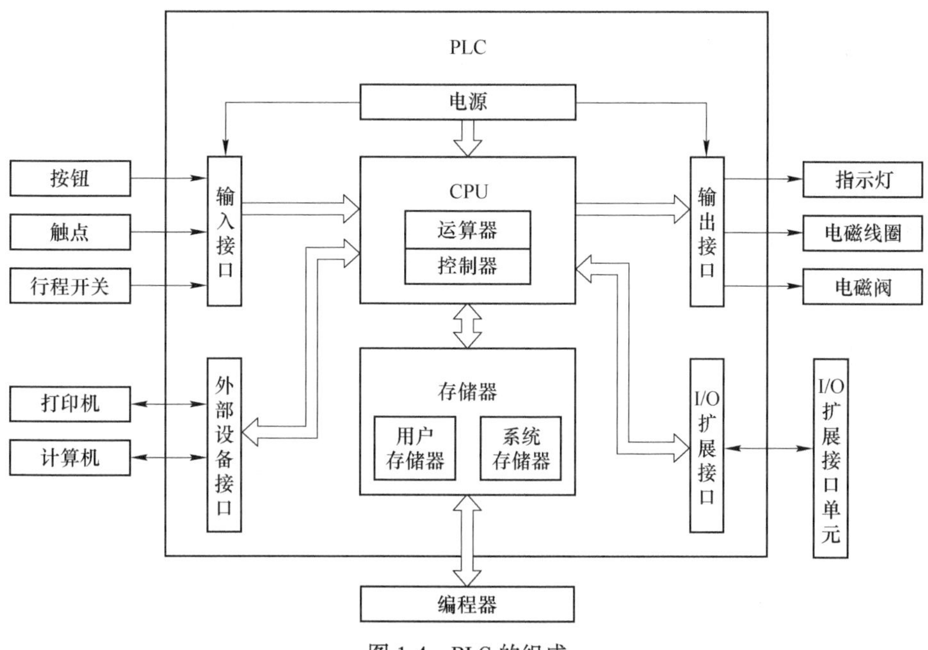

图 1-4　PLC 的组成

（1）中央处理器（CPU）。CPU 是 PLC 的核心部件，作用在 PLC 中，类似于人体的神经中枢，整个 PLC 的工作过程都是在 CPU 的统一指挥和协调下进行的。CPU 用扫描的方式读取输入装置的状态或数据，在生产厂家预先编制的系统程序控制下，完成用户程序所设计的逻辑或算术运算任务，并根据处理结果控制输出设备实现输出控制。

不同型号、规格的 PLC 使用的 CPU 类型也不同，通常有通用微处理器（如 8086、80286、80386 等）、单片机芯片（如 8031、8096 等）、位片式微处理器（如 AMD-2900 等）三种。PLC 大多采用 8 位或 16 位微处理器，可编程序控制器的档次越高，CPU 的位数也越多，运算速度也越快，功能指令也越强。中小型 PLC 常采用 8 位至 16 位微处理器或单片机，大型 PLC 多采用高速位片式微处理器，双 CPU 或多 CPU 系统。

（2）存储器。PLC 内的存储器按用途可以分为系统程序存储器和用户程序存储器两种。系统程序存储器用来存放由 PLC 生产厂家编写好的系统程序，它关系到 PLC 的性能。

因此被固化在只读存储器 ROM（PROM）内，用户不能访问和修改。系统程序使 PLC 具有基本的智能，能够完成设计者规定的各项工作。用户程序存储器主要用来存储用户根据生产工艺的控制要求编制的程序，有输入/输出状态、计数、计时等内容。为了便于读出、检查和修改，用户程序一般存于 CMOS 的静态 RAM 中，用锂电池作为后备电源，以保证掉电时存储内容不丢失，锂电池使用周期一般是 3 年，日常使用中必须留心。

为了防止干扰对 RAM 中程序的破坏，当用户程序经过运行，正常且不需要改变后，则将其固化在光可擦写只读存储器 EPROM 中，在紫外线连续照射 20 min 后，就可将 EPROM 中的内容消除，加高电平（12.5 V 或 24 V）可把程序写入 EPROM 中。近年来使用广泛的是一种电可擦写只读存储器 E^2PROM，它不需要专用的写入器，只需用编程器就能对用户程序内容进行“在线修改”，使用可靠方便。

（3）电源。PLC 的电源是指将外部输入供电电源处理后转换成满足 PLC 的 CPU、存储器、输入/输出接口等内部电路工作需要的直流电源电路或电源模块。许多 PLC 的直流电源采用直流开关稳压电源，不仅可提供多路独立的电压供内部电路使用，而且还可为输入设备（传感器）提供标准电源。

（4）输入/输出（I/O）接口。输入/输出接口是 PLC 与现场输入/输出设备或其他外部设备之间的连接部件。PLC 通过输入接口把工业设备或生产过程的状态或信息（如按钮、各种继电器触点、行程开关和各种传感器等）读入中央处理单元。输出接口是将 CPU 处理的结果通过输出电路驱动输出设备（如指示灯、电磁阀、继电器和接触器等）。I/O 的类型主要有开关量输入/输出接口和模拟量输入/输出接口。

（5）外部设备接口。PLC 的外部设备主要有编程器、操作面板、文本显示器和打印机等。编程器接口是用来连接编程器的，PLC 本身通常是不带编程器的，为了能对 PLC 编程及监控，PLC 上专门设置有编程器接口，通过这个接口可以连接各种形式的编程装置。触摸屏和文本显示器不仅是用于显示系统信息的显示器，还是操作控制单元，它们可以在执行程序的过程中修改某个量的数值，也可直接设置输入或输出量，以便立即启动或停止一台外部设备的运行。打印机可以把过程参数和运行结果以文字形式输出。外部设备接口可以把上述外部设备与 CPU 连接，以完成相应的操作。

除上述这些外部设备接口以外，PLC 还设置了存储器接口和通信接口。存储器接口是为扩展存储区而设置的，用于扩展用户程序存储区和用户数据参数存储区，可以根据使用的需要扩展存储器。通信接口是为在微机与 PLC、PLC 与 PLC 之间建立通信网络而设立的接口。

（6）I/O 扩展接口。扩展接口用于扩展输入/输出单元，它使 PLC 的控制规模配置更加灵活，这种扩展接口实际上为总线形式，可以配置开关量的 I/O 单元，也可配置模拟量和高速计数等特殊 I/O 单元及通信适配器等。

1.2.2　基础知识　PLC 的循环扫描原理

PLC 是一种工业控制计算机，所以它的工作原理与微型计算机有很多相似性，两者都是在系统程序的管理下，通过运行应用程序完成用户任务，实现控制目的。但是 PLC 与微型计算机的程序运行方式有较大的不同，微型计算机运行程序时，对输入、输出信号进行实时处理，一旦执行到 END 指令，程序运行将会结束。而 PLC 运行程序时，会从第一条用户程序开始，在无跳转的情况下，按顺序逐条执行用户程序，直到 END 指令结束，然后再从头开始执行，并周而复始地重复直到停机或从运行状态切换到停止状态。

CPU 中的程序分为操作系统和用户程序。操作系统用来处理 PLC 的启动、刷新输入/输出过程映像区、调用用户程序、处理中断和错误、管理存储区和通信等任务。用户程序由用户根据需求自己编写，以完成特定的控制任务。STEP7 将用户编写的程序和数据维护在“块”中，如功能块 FB、功能 FC 和数据块 DB 等。

PLC 采用循环扫描的方式执行用户程序，即扫描工作方式。把 PLC 这种执行程序的方式称为循环扫描工作方式。每扫描完一次程序就构成了一个扫描周期。另外，在用户程序扫描过程中，CPU 执行的是循环扫描，并用周期性地集中采样、集中输出的方式来完成，PLC 的循环扫描工作流程图如图 1-5 所示。

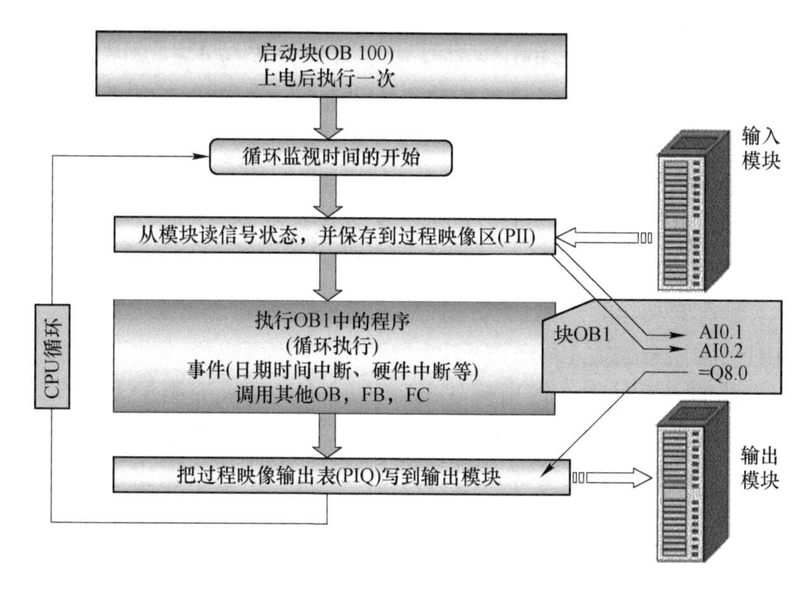

图 1-5　PLC 的循环扫描工作流程图

西门子 PLC 的循环扫描过程如下。

（1）PLC 得电或由 STOP 模式切换到 RUN 模式时，CPU 启动，同时清除没有保持功能的位存储器、定时器、计数器，清除中断堆栈和块堆栈的内容，复位保存的硬件中断等。

（2）执行“系统启动组织块”OB100，该组织块可以自定义编程，实现一些初始化的工作。

（3）系统进入周期扫描，并启动循环时间监控。

（4）读取输入模块的状态，并写入输入过程映像区。

（5）CPU 调用 OB1，执行用户程序，期间，根据需要可调用其他逻辑块（FB、SFB、FC 及 SFC），来实现控制任务。

（6）CPU 将输出过程映像区的数据写入输出模块。

（7）在循环结束时，操作系统执行所有挂起的任务，例如下载和删除块、接收和发送全局数据等。

(8) CPU 返回“第（3）步”，重新启动循环时间监控。

(9) 在执行用户程序的过程中，如果有中断事件发生，当前执行的块将暂停执行，转而执行相应的组织块，来响应中断。该组织块执行完成后，之前被暂停的块将从中断的地方继续开始执行。OB1 具有很低的优先级，除了 OB90 外，所有的组织块都能中断 OB1。

每个循环周期的时间长度是随 PLC 的性能和程序不同而有所差别的，一般为十几毫秒左右。扫描循环时间不是一成不变的，通常受到中断、诊断和故障处理、测试和调试功能、通信、传送和删除块、压缩用户程序存储器、读/写 MMC 卡等事件影响，都会延长循环时间。

在硬件组态中，可以修改最大循环时间，默认 150 ms。如果实际的循环时间超出设置的最大时间，CPU 会调用组织块 OB80，在其中响应这个故障。如果 OB80 中未编写程序，CPU 将转入 STOP 模式。S7-400 的 CPU 中还可以设置最小扫描周期，当用户程序较为简单，使得循环时间太短时，过程映像区会太过频繁地刷新，设置最小扫描周期可以避免这种情况。

PLC 的外部输入信号发生变化的时刻到它所控制的外部输出信号发生变化的时刻之间的时间间隔，称为系统的响应时间。它由以下三部分组成。

(1) 输入电路的滤波时间。输入模块通过 RC 滤波电路来过滤输入端引入的干扰，并消除因外接输入触点的动作时产生的抖动而引起的不良影响，滤波电路的时间常数决定了输入滤波时间的长短，一般为 10 ms 左右。

(2) 输出电路的滞后时间。输出模块的滞后时间与模块的类型有关，继电器型输出电路的滞后时间一般为 10 ms 左右；双向晶闸管型输出电路在负载通电时的滞后时间约为 1 ms，负载由通电到断电时的最大滞后时间为 10 ms；晶体管型输出电路的滞后时间一般在 1 ms 以下。

(3) CPU 扫描循环工作方式带来的滞后时间。由扫描工作方式引起的滞后时间在最坏的情况下，可达 2~3 个扫描周期。PLC 总的响应延迟时间一般只有几毫秒到几十毫秒，对于一般的系统是无关紧要的。在一些特殊应用场合，要求输入、输出信号之间的滞后时间尽可能短的时候，可以选用扫描速度更快的 PLC 或采取中断等措施。

1.2.3　基础知识　PLC 与继电接触器的区别

可编程序控制器的控制与继电器的控制还是有不同之处，主要表现在以下几方面。

(1) 控制逻辑。继电器控制逻辑采用硬接线逻辑，利用继电器机械触点的串联或并联及延时继电器的滞后动作等组合成控制逻辑，其接线多而复杂，体积大，功耗大，一旦系统构成后想再改变或增加功能都很困难。另外，继电器触点数目有限，每只有 4~8 对触点，因此灵活性和扩展性很差，而可编程控制器装置采用存储逻辑，其控制逻辑以程序方式存储在内存中，要改变控制逻辑，只需改变程序，故称为“软接线”，其接线少，体积小。可编程控制器中每只软继电器的触点数在理论上无限制，因此灵活性和扩展性很好。可编程控制器由中大规模集成电路组成，功耗小。

(2) 工作方式。当电源接通时，继电器控制线路中各继电器都处于受约束状态，即该吸合的都应吸合，不该吸合的都因受某种条件限制不能吸合。而可编程控制器的控制逻辑中，各继电器都处于周期性循环扫描接通之中，从宏观上看，每个继电器受制约接通的时间是短暂的。

（3）控制速度。继电器控制逻辑依靠触点的机械动作实现控制，工作频率低。触点的开闭动作一般在几十毫秒数量级。另外，机械触点还会出现抖动问题。而可编程控制器是由程序指令控制半导体电路来实现控制，速度极快，一般一条用户指令执行时间在微秒数量级。可编程控制器内部还有严格的同步，不会出现抖动问题。

（4）限时控制。继电器控制逻辑利用时间继电器的滞后动作进行限时控制。时间继电器一般分为空气阻尼式、电磁式、半导体式等，其定时精度不高，且有定时时间易受环境湿度和温度变化的影响，调整时间困难等问题。有些特殊的时间继电器结构复杂，不便维护。可编程控制器使用半导体集成电路作定时器，时基脉冲由晶体振荡器产生，精度相当高，且定时时间不受环境影响，定时范围一般从0.001 s到若干分钟甚至更长。用户可根据需要在程序中设定定时值，然后由软件和硬件计数器来控制定时时间。

（5）计数限制。可编程控制器能实现计数功能，而继电器控制逻辑一般不具备计数功能。

（6）设计和施工。使用继电器控制逻辑完成一项控制工程，其设计、施工、调试必须依次进行，周期长，而且维修困难。工程越大，这一点就越突出。而用可编程控制器完成一项控制工程，在系统设计完成以后，现场施工和控制逻辑的设计（包括梯形图设计）可以同时进行，周期短，且调试和维修都很方便。

（7）可靠性和可维护性。继电器控制逻辑使用了大量的机械触点，连线也多。触点开闭时会受到电弧而损坏，并有机械磨损，寿命短，因此可靠性和可维护性差。而可编程控制器采用微电子技术，大量的开关动作由无触点的半导体电路来完成，它体积小，寿命长，可靠性高。且可编程控制器还配有自检和监督功能，能检查出自身的故障，并随时显示给操作人员，还能动态地监视控制程序的执行情况，为现场调试和维护提供了方便。

（8）价格。继电器控制逻辑使用机械开关，继电器和接触器，价格比较低。而可编程控制器使用中大规模集成电路，价格比较高。

从以上几个方面的比较可知，可编程控制器在性能上比继电器控制逻辑优异，特别是可靠性高，设计施工周期短，调试修改方便，而且体积小，功耗低，使用维护方便，但价格高于继电器控制系统。从系统的性能价格比而言，可编程控制器具有很大的优势。

1.2.4 基础知识 PLC与微机的比较

PLC是一种为适应工业控制环境而设计的专用计算机。选配对应的模块便可适用于各种工业控制系统，而用户只需改变用户程序即可满足工业控制系统的具体控制要求。如果采用微型计算机作为某一设备的控制器，就必须根据实际需要考虑抗干扰问题和硬件、软件设计，以适应设备控制的专门需要。这样，势必把通用的微型计算机转化为具有特殊功能的控制器而成为一台专用机。

PLC控制系统与微型计算机的主要差异及各自的特点主要表现为以下几个方面。

（1）应用范围。可编程控制器主要用于工业控制。而微型计算机除了用于控制领域外，还大量用于科学计算，数据处理，计算机通信等方面。

（2）使用环境。可编程控制器适用于工业现场环境。而微型计算机对环境要求较高，一般要在干扰小，具有一定的温度要求的机房内使用。

（3）输入/输出。可编程控制器一般控制强电设备，需要电气隔离，输入/输出均用光电耦合，输出还采用继电器，可控硅或大功率晶体管进行功率放大。而微型计算机系统的I/O设备与主机之间采用微电联系，一般不需要电气隔离。

（4）程序设计。可编程控制器提供给用户的编程语句数量少，逻辑简单，易于学习和掌握。而微型计算机具有丰富的程序设计语言，如汇编语言、PASCAL语言、C语言等，其语句多，语法关系复杂，要求使用者必须具有一定水平的计算机硬件知识和软件知识。

（5）系统功能。可编程控制器一般具有简单的监控程序，能完成故障检查，用户程序的输入和修改，用户程序的执行与监视。而微型计算机系统一般配有较强的系统软件，例如操作系统，能进行设备管理、文件管理、存储器管理等，它还配有许多应用软件，方便用户。

（6）运算速度和存储容量。可编程控制器因接口的响应速度慢而影响数据处理速度，一般可编程控制器响应速度为2 ms，巡回检测速度为8 ms/千字。可编程控制器的软件少，所编程序也简短，故内存容量小。而微型计算机运算速度快，一般为微秒级。因有大量的系统软件和应用软件，故存储容量大。

思考与练习

1-1　简述可编程序控制器问世以前工厂自动化控制方式及特点。
1-2　简述通用汽车公司（GM公司）于1968年提出新控制器著名的GM10条。
1-3　说明世界上第一台可编程序控制器研制成功的时间和研制公司，并简述PLC的定义。
1-4　简述可编程序控制器的根据I/O点数分类。
1-5　简述可编程序控制器的根据结构形式分类。
1-6　简述可编程序控制器的根据功能分类。
1-7　简述PLC的主要特点。
1-8　简述PLC的发展阶段。
1-9　简述PLC的发展趋势。
1-10　简述PLC系统的构成。
1-11　什么是循环扫描工作方式，请说明西门子PLC的循环扫描过程。
1-12　什么是系统的响应时间，由几部分组成？
1-13　简述PLC与继电接触器的区别。

2 西门子 S7-300/400 系列 PLC 的资源

2.1 认识西门子 S7-300/400 系列 PLC

2.1.1 基础知识 S7-300 系列 PLC 的系统电源模块（PS）

将市电电压（AC 120/230 V）转换为 DC 24 V，为 CPU 和 24 V 直流负载电路（信号模块、传感器、执行器等）提供直流电源，输出电流有 2 A、5 A、10 A 三种。通常电源上正常时绿色 LED 灯亮；当电源过载时绿色 LED 灯闪；若电源发生短路，则绿色 LED 灯暗（电压跌落，短路消失后自动恢复）。通常允许电压波动范围为 5%。西门子 S7-300 PLC 目前提供六种系统电源参数，见表 2-1。电源模块 PS307 外形如图 2-1 所示，电源模块 PS305 2 A 外形如图 2-2 所示。

表 2-1 六种系统电源参数

参数	PS307 2 A	PS307 5 A	PS307 10 A	PS305 2 A	PS305 5 A	PS305 10 A
订货号	6ES7307-1BA01-0AA0	6ES7307-1EA01-0AA0	6ES7307-1KA02-0AA0	6AG1305-1BA80-2AA0	6AG1307-1EA80-2AA0	6AG1307-1EA80-2AA0
输出电流/A	2	5	10	2	5	10
输出电压	DC 24 V 防短路和防开路	DC 24 V 防短路和防开路	DC 24 V 防短路和防开路	DC 24 V 防短路和防开路	DC 24 V 防短路和防开路	DC 24 V 防短路和防开路
输入电源	与单相交流电源连接（额定输入电压为 AC 120/230 V，50/60 Hz）	与单相交流电源连接（额定输入电压为 AC 120/230 V，50/60 Hz）	与单相交流电源连接（额定输入电压为 AC 120/230 V，50/60 Hz）	连接直流电源（额定输入电压为 DC 24/48/72/96/110 V）	连接直流电源（额定输入电压为 DC 24/48/72/96/110 V）	连接直流电源（额定输入电压为 DC 24/48/72/96/110 V）
安全电气隔离	符合 EN60 950（SELV）	符合 EN60 950（SELV）	符合 EN60 950（SELV）	符合 EN60 950（SELV）	符合 EN60 950（SELV）	符合 EN60 950（SELV）
用作负载电源	是	是	是	是	是	是

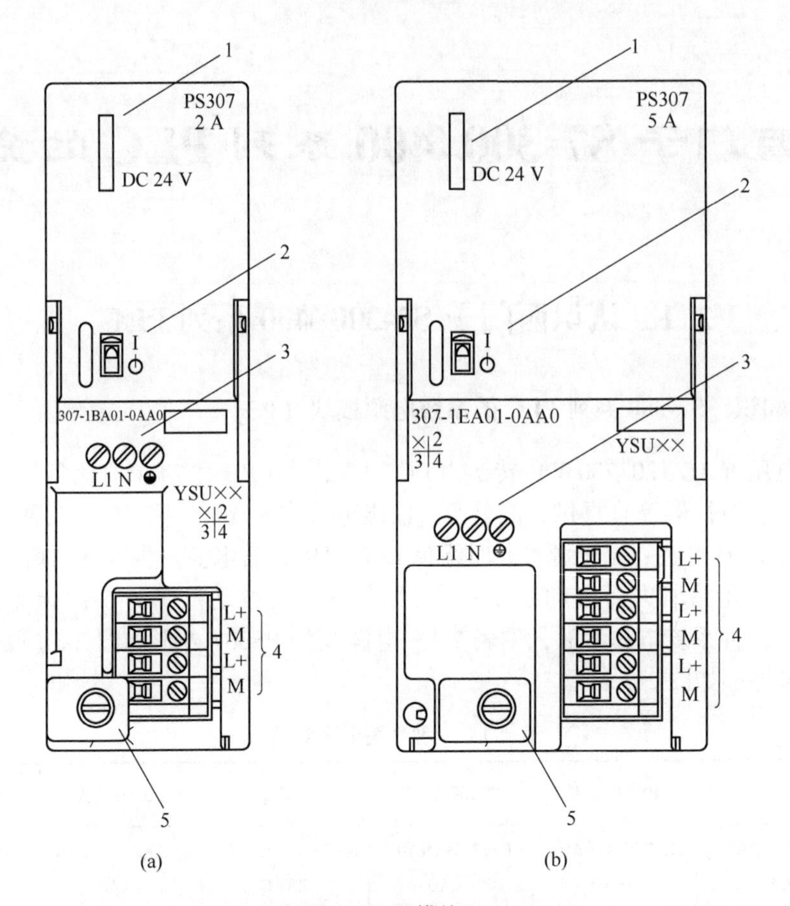

图 2-1　电源模块 PS307

(a) PS307 2 A；(b) PS307 5 A

1—24 V LED 指示；2—DC 24 V On/Off 开关；3—主回路和保护性导体接线端；
4—DC 24 V 输出电压端子；5—张力消除

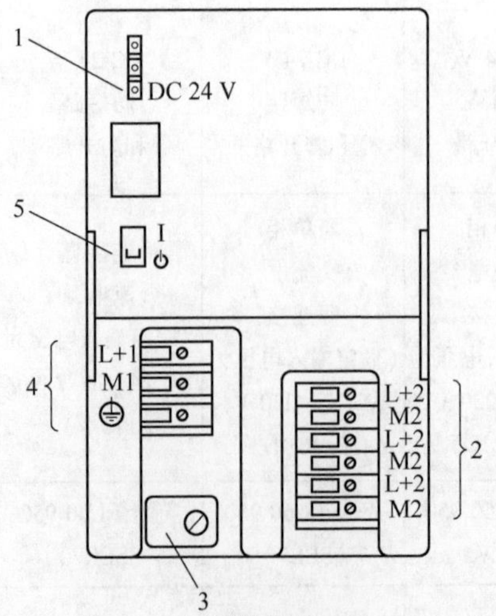

图 2-2　电源模块 PS305 2 A

1—24 V LED 指示；2—DC 24 V 输出电压端子；3—固定装置；
4—主回路和保护性导体接线端；5—DC 24 V On/Off 开关

2.1.2 基础知识 S7-300 系列 PLC 的 CPU 模块

2.1.2.1 S7-300 CPU 模块的类型

S7-300 CPU 模块分为紧凑型 CPU、标准型 CPU、革新型 CPU、户外型 CPU、故障安全型 CPU、特种型 CPU 等不同类型的 CPU 模块，如图 2-3 所示。

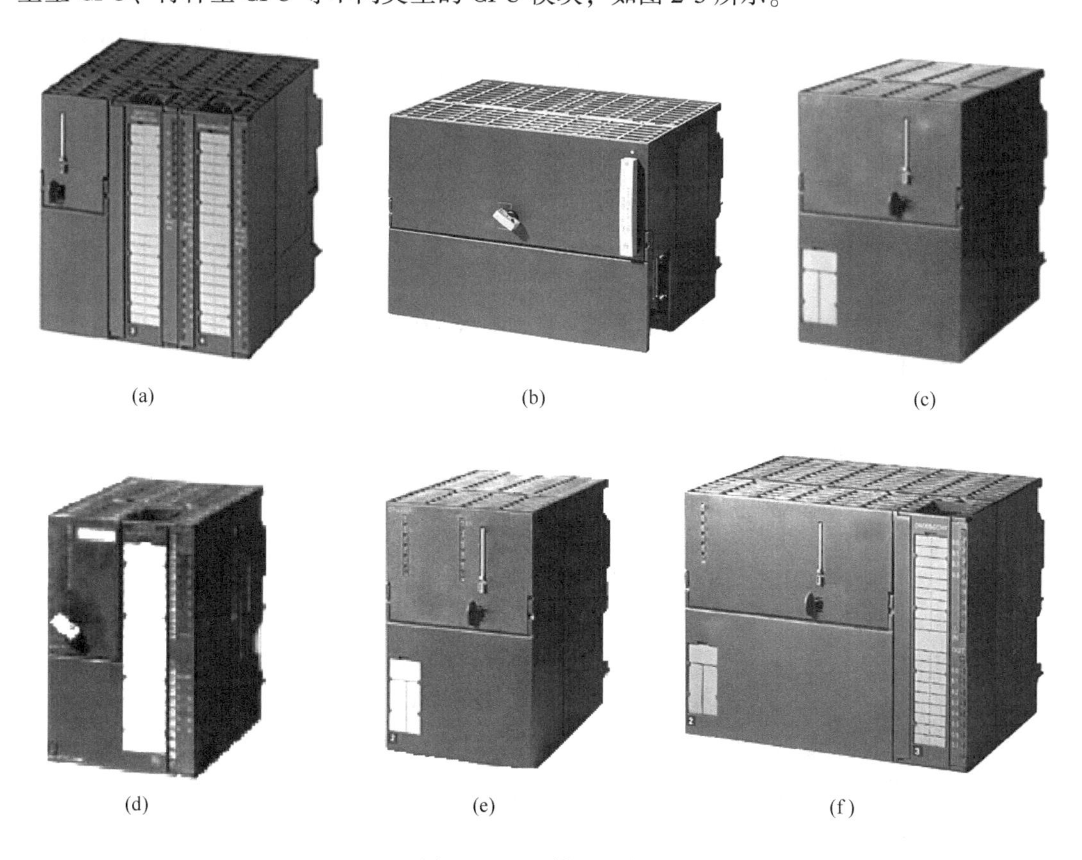

(a) (b) (c)

(d) (e) (f)

图 2-3 CPU 模块的类型
(a) 紧凑型 CPU；(b) 标准型 CPU；(c) 革新型 CPU；
(d) 户外型 CPU；(e) 故障安全型 CPU；(f) 特种型 CPU

(1) 紧凑型 CPU。适用于有较高要求的系统。

1) CPU312C：带有集成的数字量输入和输出，并具有与过程相关的功能，比较适用于具有较高要求的小型应用。CPU 运行时需要微存储卡（MMC）。

2) CPU313C：带有集成的数字量和模拟量的输入和输出，并具有与过程相关的功能，能够满足对处理能力和响应时间要求较高的场合。CPU 运行时需要微存储卡（MMC）。

3) CPU313C-2PtP：带有集成的数字量输入和输出及一个 RS422/485 串口，并具有与过程相关的功能，能够满足处理量大、响应时间快的场合。CPU 运行时需要微存储卡（MMC）。

4）CPU313C-2DP：带有集成的数字量输入和输出，以及 PROFIBUS-DP 主/从接口，并具有与过程相关的功能，可以完成具有特殊功能的任务，可以连接标准 I/O 设备。CPU 运行时需要微存储卡（MMC）。

5）CPU314C-2PtP：带有集成的数字量和模拟量 I/O 及一个 RS422/485 串口，并具有与过程相关的功能，能够满足对处理能力和响应时间要求较高的场合。CPU 运行时需要微存储卡（MMC）。

6）CPU314C-2DP：带有集成的数字量和模拟量的输入和输出，以及 PROFIBUS-DP 主/从接口，并具有与过程相关的功能，可以完成具有特殊功能的任务，可以连接单独的 I/O 设备。CPU 运行时需要微存储卡（MMC）。

（2）标准型 CPU。适用于大中规模的 I/O 配置的系统，对二进制和浮点数有较高的处理性能。

1）CPU313：具有扩展程序存储区的低成本的 CPU，比较适用于需要高速处理的小型设备。

2）CPU314：可以进行高速处理以及中等规模的 I/O 配置，用于安装中等规模的程序以及中等指令执行速度的程序。

3）CPU315：具有中到大容量程序存储器，比较适用于大规模的 I/O 配置。

4）CPU315-2DP：具有中到大容量程序存储器和 PROFIBUS-DP 主/接口，比较适用于大规模的 I/O 配置或建立分布式 I/O 系统。

5）CPU316-2DP：具有大容量程序存储器和 PROFIBUS-DP 主/从接口，可进行大规模的 I/O 配置，比较适用于具有分布式或集中式 I/O 配置的工厂应用。

（3）革新型 CPU。适用于大规模 I/O 配置和建立分布式 I/O 结构的系统。

1）CPU312（新型）：是一款全集成自动化（TIA）的 CPU，比较适用于对处理速度中等要求的小规模应用。CPU 运行时需要微存储卡（MMC）。

2）CPU314（新型）：对二进制和浮点数运算具有较高的处理性能，比较适用于对程序量中等要求的应用。CPU 运行时需要微存储卡（MMC）。

3）CPU315-2DP（新型）：具有中、大规模的程序存储容量和数据结构，如果需要可以使用 SIMATIC 功能工具；对二进制和浮点数运算具有较高的处理性能；具有 PROFIBUS-DP 主/从接口。可用于大规模 I/O 配置或建立分布式 I/O 结构。CPU 运行时需要微存储卡（MMC）。

4）CPU317-2DP：具有大容量程序存储器，可用于要求很高的应用；能够满足系列化机床、特殊机床以及车间应用的多任务自动化系统；与集中式 I/O 和分布式 I/O 一起，可用作生产线上的中央控制器；对二进制和浮点数运算具有较高的处理能力；具有 PROFIBUS-DP 主/从接口，可用于大规模的 I/O 配置和建立分布式 I/O 结构；可选用 SIMATIC 工程工具，能够在基于组件的自动化中采用分布式智能系统。CPU 运行时需要微存储卡（MMC）。

5）CPU318-2DP：具有大容量程序存储器和 PROFIBUS-DP 主/从接口，可进行大规模的 I/O 配置，比较适用于建立分布式 I/O 结构。

（4）户外型 CPU。适用于恶劣环境，具有中规模的 I/O 配置。

1）CPU312 IFM：具有紧凑式结构的户外型产品。内部带有集成的数字量 I/O，具有特殊功能和特殊功能的特殊输入。比较适用于恶劣环境下的小系统。

2）CPU314 IFM：具有紧凑式结构的户外型产品。内部带有集成的数字量 I/O，并具有扩展的特殊功能，具有特殊输入。比较适用于恶劣环境下且对响应时间和特殊功能有较高要求的系统。

3）CPU314（户外型）：具有高速处理时间和中等规模 I/O 配置的 CPU。比较适用于恶劣环境下，要求中等规模的程序量和中等规模的指令执行时间的系统。

（5）故障安全型 CPU。适用组态故障安全性的自动化系统。

1）CPU315F：基于 SIMATIC CPU S7-300C，集成有 PROFIBUS-DP 主/从接口，可以组态为一个故障安全型系统，满足安全运行的需要。使用带有 PROFIBUS 协议的 PROFIBUS-DP 可实现与安全相关的通信；利用 ET200M 和 ET200S 可以与故障安全的数字量模块连接；可以在自动化系统中运行与安全无关的标准模块。CPU 运行时需要微存储卡（MMC）。

2）CPU315F-2DP：基于 SIMATIC CPU 315-2DP，集成有一个 MPI 接口、一个 DP/MPI 接口，可以组态为一个故障安全型自动化系统，满足安全运行的需要。使用带有 PROFIsafe 协议的 PROFIBUS-DP 可实现与安全无关的通信；可以与故障安全型 ET200S PROFIsafe I/O 模块进行分布式连接；可以与故障安全型 ET200M I/O 模块进行集中式和分布式连接；标准模块的集中式和分布式使用，可满足与故障安全无关的应用。CPU 运行时需要微存储卡（MMC）。

3）CPU317F-2DP：具有大容量程序存储器、一个 PROFIBUS-DP 主/从接口、一个 DP 主/从 MPI 接口，两个接口可用于集成故障安全模块，可以组态为一个故障安全型自动化系统，可满足安全运行的需要。可以与故障安全型 ET200M I/O 模块进行集中式和分布式连接；与故障安全型 ET200S PROFIsafe I/O 模块可进行分布式连接；标准模块的集中式和分布式使用，可满足与故障安全无关的应用。CPU 运行时需要微存储卡（MMC）。

（6）特种型 CPU。应用于特殊需求场合的自动化系统。

1）CPU317T-2DP：除具有 CPU317-2DP 的全部功能外，增加了智能技术/运动控制功能，能够满足系列化机床、特殊机床以及车间应用的多任务自动化系统，特别适用于同步运动序列（如与虚拟/实际主设备的耦合、减速器同步、凸轮盘或印刷点修正等）；增加了本机 I/O，可实现快速技术功能（如凸轮切换、参考点探测等）；增加了 PROFIBUS-DP（DRIVE）接口，可用来实现驱动部件的等时连接。与集中式 I/O 和分布式 I/O 一起，可用作生产线上的中央控制器；在 PROFIBUS-DP 上，可实现基于组件的自动化分布式智能系统。

2）CPU317-2 PN/DP：具有大容量程序存储器，可用于要求很高的应用；能够在 PROFINET 上实现基于组件的自动化分布式智能系统；借助 PROFINET 代理，可用于基于部件的自动化（CBA）中的 PROFIBUS-DP 智能设备；借助集成的 PROFINET I/O 控制器，可用在 PROFINET 上运行分布式 I/O；能够满足系列化机床、特殊机床以及车间应用的多任务自动化系统；与集中式 I/O 和分布式 I/O 一起，可用作生产线上的中央控制器；可用于大规模的 I/O 配置、建立分布式 I/O 结构；对二进制和浮点数运算具有较高的处理能力；组合了 MPI/PROFIBUS-DP 主/从接口；可选用 SIMATIC 工程工具。CPU 运行时需要微存储卡（MMC）。

2.1.2.2 CPU 模块的面板功能

CPU 内的元件封装在一个牢固而紧凑的塑料机壳内，面板上有状态和故障指示灯 LED、模式选择开关和通信接口。大多数 CPU 还有后备电池盒，存储器插槽可以插入多达数兆字节的 Flash EPROM 微存储器卡（查看 D 微存储器卡），用于掉电后程序和数据的保持。CPU318-2DP 的面板如图 2-4 所示。

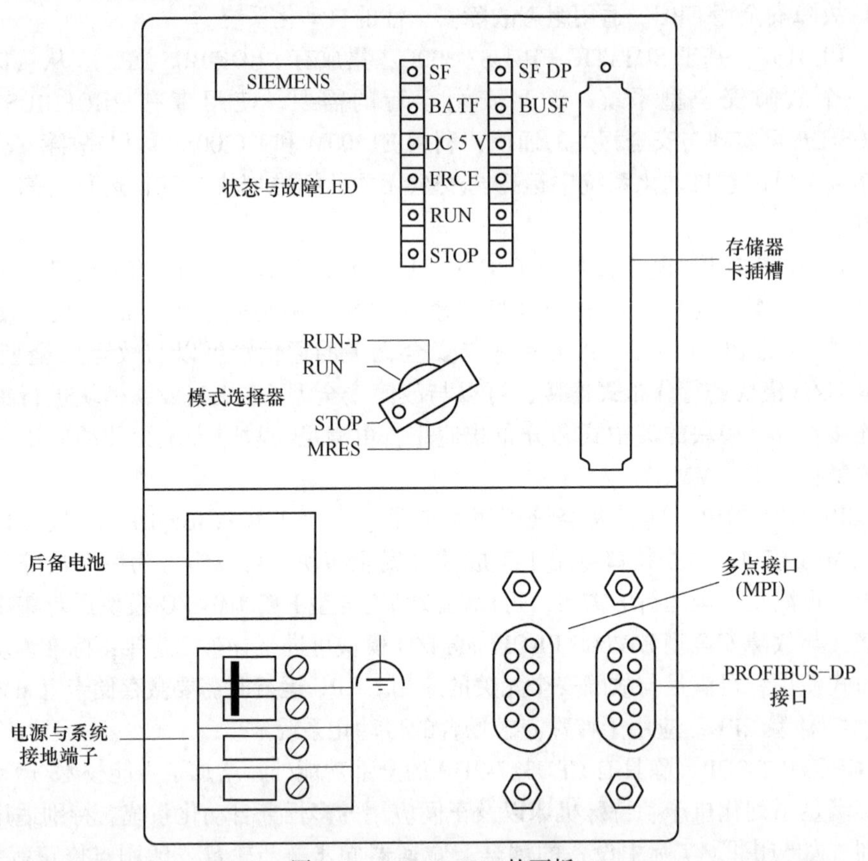

图 2-4　CPU318-2DP 的面板

（1）状态和故障指示灯 LED。CPU 模块面板上的 LED 的意义如下。

1）SF（系统出错/故障显示，红色）：CPU 硬件故障或软件错误时亮。

2）BATF（电池故障，红色）：电池电压低或没有电池时亮。

3）DC 5 V（+5 V 电源指示，绿色）：CPU 和 S7-300 总线的 5 V 电源正常时亮。

4）FRCE（强制，黄色）：至少有一个 I/O 被强制时亮。

5）RUN（运行方式，绿色）：CPU 处于 RUN 状态时亮；重新启动时以 2 Hz 的频率闪亮；HOLD 状态时以 0.5 Hz 的频率闪亮。

6）STOP（停止方式，黄色）：CPU 在 STOP、HOLD 状态或重新启动时常亮；请求存储器复位时以 0.5 Hz 的频率闪亮，正在执行存储器复位时以 2 Hz 的频率闪亮。

7）BUSF（总线错误，红色）：PROFIBUS-DP 接硬件或软件故障时亮，集成有 DP 接口的 CPU 才有此 LED。集成有两个 DP 接口的 CPU 有两个对应的 LED（BUS1F 和

BUS2F）。

（2）CPU 的运行模式。CPU 有 STOP（停机）、STARTUP（启动）、RUN（运行）和 HOLD（保持）4 种操作模式。在所有的模式中，都可以通过 MPI 接口与其他设备通信。

1）STOP 模式。CPU 模块通电后自动进入 STOP 模式，在该模式不执行用户程序，可以接收全局数据和检查系统。

2）RUN 模式。执行用户程序，刷新输入和输出，处理中断和故障信息服务。

3）HOLD 模式。在启动和 RUN 模式执行程序时遇到调试用的断点，用户程序的执行被挂起（暂停），定时器被冻结。

4）STARTUP 模式。启动模式，可以用钥匙开关或编程软件启动 CPU。如果钥匙开关在 RUN 或 RUN-P 位置，通电时自动进入启动模式。

（3）模式选择开关。有的 CPU 的模式选择开关（模式选择器）是一种钥匙开关，操作时需要插入钥匙，用来设定 CPU 当前的运行方式的钥匙拔出后，就不能改变操作方式。这样可以防止未经授权的人员非法删除或改变用户程序。还可以使用多级口令来保护整个数据库，使用户有效地保护其技术机密，防止未经允许地复制和修改。模式选择开关（钥匙开关）各位置的意义如下。

1）RUN-P（运行-编程）位置。CPU 不仅执行用户程序，在运行时还可以通过编程软件读出或修改用户程序，以及改变运行方式。在这个位置不能拔出钥匙。

2）RUN（运行位置）位置。CPU 执行用户程序，可以通过编程软件读出用户程序，但是不能修改用户程序，在这个位置可以取出钥匙。

3）STOP（停止）位置。不执行用户程序，通过编程软件可以读出和修改用户程序，在这个位置可以取出钥匙。

4）MRES（清除存储器）位置。MRES 位置不能保持，在这个位置松手时开关将自动返回 STOP 位置。将钥匙开关从 STOP 状态扳到 MRES 位置，可复位存储器，使 CPU 回到初始状态。工作存储器 RAM 装载存储器中的用户程序和地址区被清除，全部存储器位，定时器、计数器和数据块均被删除，即复位为零，包括有保持功能的数据。CPU 检测硬件，初始化硬件和系统程序的参数，系统参数 CPU 和模块的参数被恢复为默认设置，MPI（多点接口）的参数被保留。如果是快闪存储器卡，CPU 在复位后将它单面的用户程序和系统参数复制到工作存储区。

复位存储器按下述顺序操作：PLC 通电后将钥匙开关从 STOP 位置扳到 MRES 位置 STOP LED 熄灭 1 s，再熄灭 1 s 后保持亮。放开开关，使它回到 STOP 位置，然后又回到 MRES 位置，STOP LED 以 2 Hz 的频率至少闪动 3 s，表示正在执行复位，最后 STOP LED 一直亮，可松开模式开关。

存储器卡被取掉或插入时，CPU 发出系统复位请求，STOP LED 以 0.5 Hz 的频率闪动。此时应将模式选择开关扳到 MRES 位置，执行复位操作。

（4）微存储器卡。

Flash EPROM 为存储卡（MMC）在断电时保存用户程序和某些数据，它可以扩展 CPU 的存储器容量，也可以将有些 CPU 的操作系统保存在 MMC 中，这对于操作系统的升级是非常方便的。MMC 用作装载存储器或便携式保存媒体。MMC 的读写直接在 CPU 内进行，不需要专用的编程器。由于 CPU31xC 没有安装集成的装载存储器，在使用 CPU

时必须插入 MMC，CPU 与 MMC 是分开订货的。

如果在写访问过程中拆下 SIMATIC 微存储卡，卡中的数据会被破坏。在这种情况下，必须将 MMC 插入 CPU 中并删除它，或在 CPU 中格式化存储卡。只有在断电状态或 CPU 处于 STOP 状态时，才能取下存储卡。

（5）通信接口。

所有的 CPU 模块都有一个多点接口 MPI，有的 CPU 模块有一个 MPI 和一个 PROFIBUS-DP 接口，有的 CPU 模块有一个 MPI/DP 接口和一个 DP 接口。

MPI 用于 PLC 与其他西门子 PLC、PG/PC（编程器或个人计算机）、OP（操作员接口）通过 MPI 网络的通信。CPU 通过 MPI 接口或 PROFIBUS-DP 接口在网络上自动地广播它设置的总线参数（即波特率），PLC 可以自动地“挂到”MPI 网络上。PROFIBUS-DP 的传输速率最高 12 Mbit/s，用它与其他西门子带 DP 接口的 PLC、PG/PC、OP 和其他 DP 主站和从站的通信。

（6）电池盒。电池盒是安装锂电池的盒子，在 PLC 断电时，锂电池用来保证实时钟的正常运行，并可以在 RAM 中保存用户程序和更多的数据，保存的时间为 1 年，有的低端 CPU（例如 312IFM 与 313）因为没有实时钟，没有配备锂电池。

（7）电源接线端子。

1）电源模块的 L1、N 端子接 AC 220 V 电源，电源模块的接地端子和 M 端子一般用短路片短接后接地，机架的导轨也应接地。

2）电源模块的 L+和 M 端子分别是 DC 4 V 输出电压的正极和负极。用专用的电源连接器或导线连接电源模块和 CPU 模块的 L+和 M 端子。

（8）实时钟与运行时间计数器。CPU312 IFM 与 CPU313 因为没有锂电池，只有软件实时钟 PLC 断电时停止计时，恢复供电后从断电瞬时的时刻开始计时，有后备锂电池的 CPU 有硬件实时钟，可以在 PLC 电源断电时继续运行，运行小时计数器的计数范围为0~32767 h。

（9）CPU 模块上的集成 I/O。西门子 S7-300 的 CPU 右侧是数字量、模拟量的输入/输出端子。

2.1.3　基础知识　S7-300 系列 PLC 的信号模块的硬件配置

2.1.3.1　数字量信号模块

（1）SM321 数字量输入模块（DI）。数字量输入模块将现场过程送来的数字信号电平转换成 S7-300 内部信号电平。数字量输入模块 SM321（需要外接 24 V 电源供电）有四种类型：直流 16 点输入、直流 32 点输入、交流 16 点输入、交流 8 点输入，其中常用的是直流的输入。

直流 32 点数字量输入模块的内部电路及外部端子接线图，如图 2-5 所示。

交流 32 点数字量输入模块的内部电路及外部端子接线图，如图 2-6 所示。

（2）SM322 数字量输出模块（DO）。数字量输出模块 SM322 将 S7-300 内部信号电平转换成国产所要求的外表信号电平，可直接用于驱动电磁阀、接触器、小型电动机和电动机启动器等。

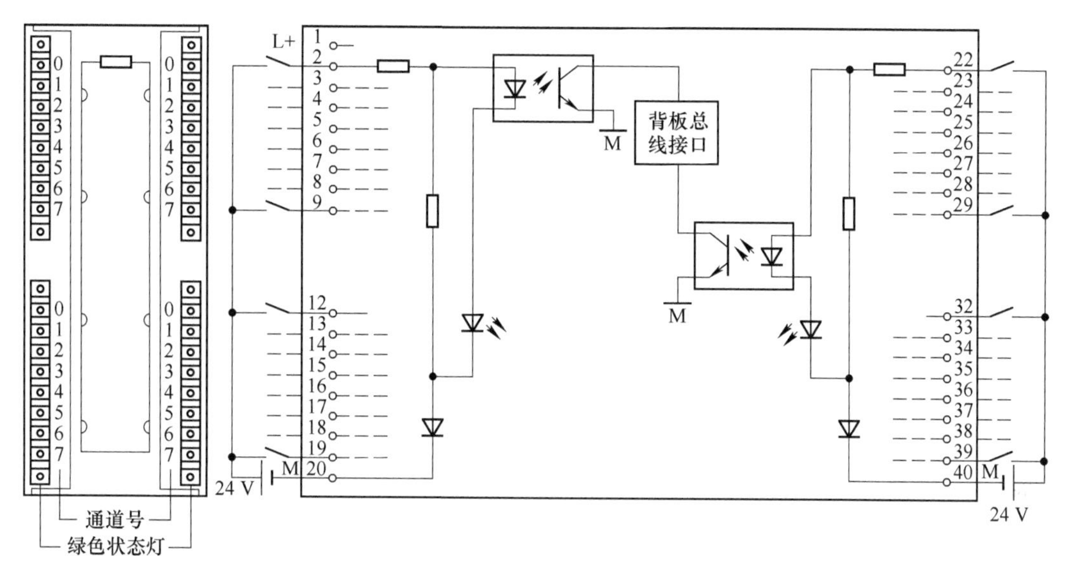

图 2-5 直流 32 点数字量输入模块的内部电路及外部端子接线图

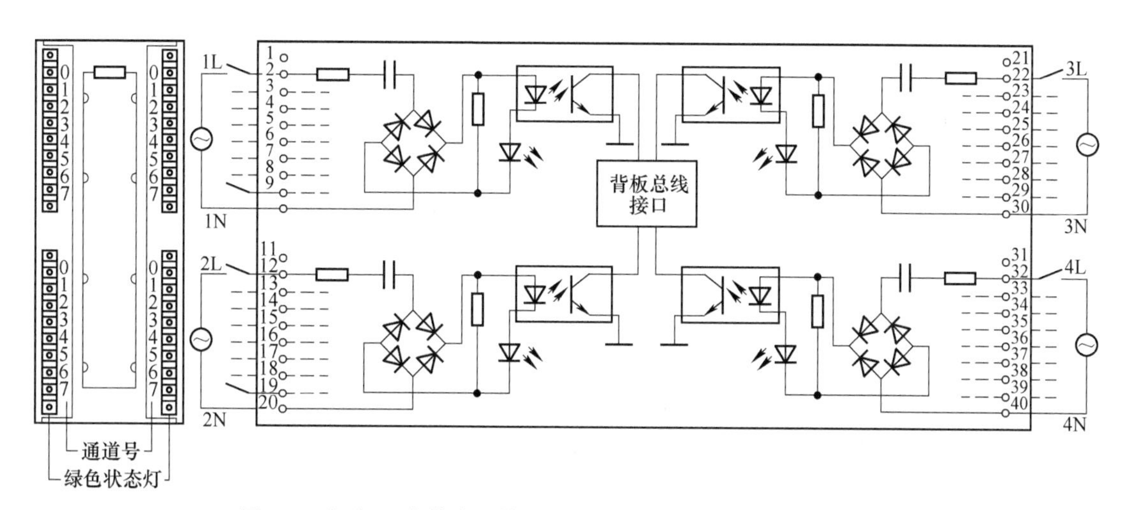

图 2-6 交流 32 点数字量输入模块的内部电路及外部端子接线图

西门子 PLC 的输出模块中有继电器输出、晶闸管输出、晶体管输出三种输出形式。

1）继电器输出：机械式开关装置，噪声大，反应时间长，寿命短，适用于大功率、低频率信号（220 V、380 V 交/直流信号）的切换。优点是不同公共点之间可带不同的交、直流负载，且电压也可不同，带负载电流可达 2 A/点；但继电器输出方式不适用于高频动作的负载，这是由继电器的寿命决定的。其寿命随带负载电流的增加而减少，一般在几十万次至几百万次之间，有的公司产品可达 1000 万次以上，响应时间为 10 ms。16 点数字量继电器输出模块的内部电路及外部端子接线图，如图 2-7 所示。

2）晶闸管输出：电子开关装置，噪声小，反应速度快，寿命长，可承受大功率信号的传输任务。带负载电流为 0.2 A/点，只能带交流负载，可适应高频动作，响应时间为 1 ms。32 点数字量晶闸管输出模块的内部电路及外部端子接线图，如图 2-8 所示。

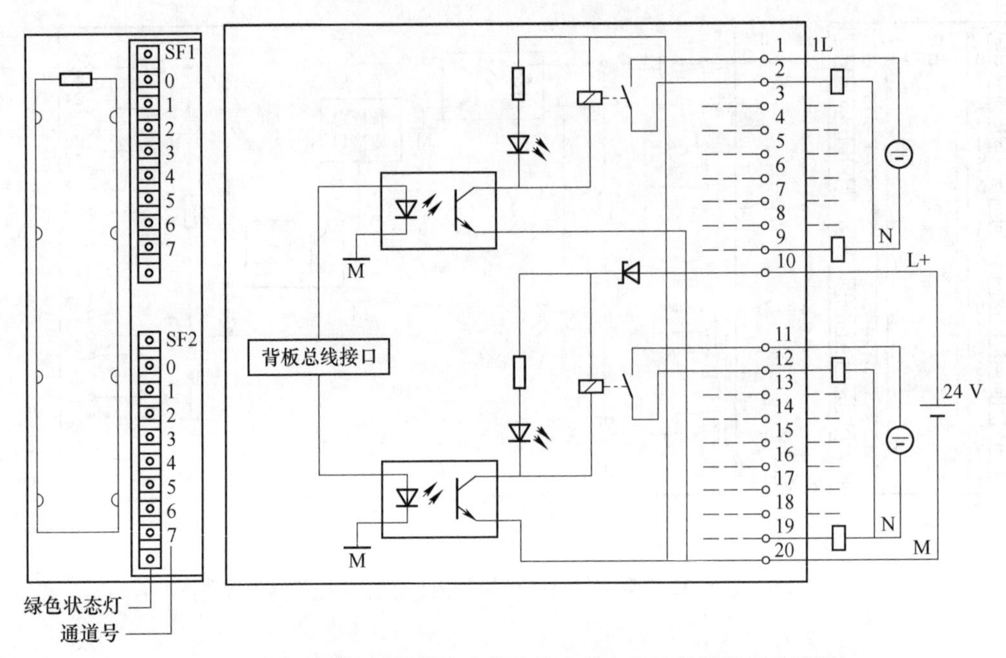

图 2-7　16 点数字量继电器输出模块的内部电路及外部端子接线图

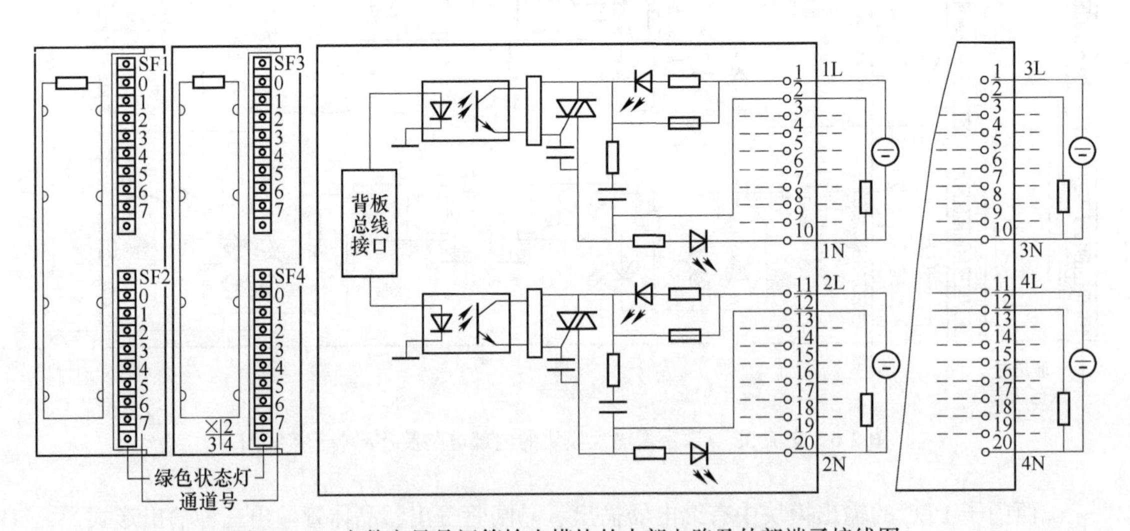

图 2-8　32 点数字量晶闸管输出模块的内部电路及外部端子接线图

3）晶体管输出：电子开关装置，噪声小，反应时间短，寿命长，适用于小功率开关信号传输，可用于高频脉冲信号输出。最大优点是适应于高频动作，响应时间短，一般为 0.2 ms 左右，但它只能带 DC 5~30 V 的负载，最大输出负载电流为 0.5 A/点，但每 4 点不得大于 0.8 A。32 点数字量晶体管输出模块的内部电路及外部端子接线图，如图 2-9 所示。

（3）SM323/SM327 数字量输入/输出模块（DI/DO）。SM323 模块有两种类型：带有 8 个共地输入端和 8 个共地输出端、带有 16 个共地输入端和 16 个共地输出端。两种特性相同。I/O 额定负载电压 24 V（DC），输入电压“1”信号电平为 11~30 V，“0”信号电

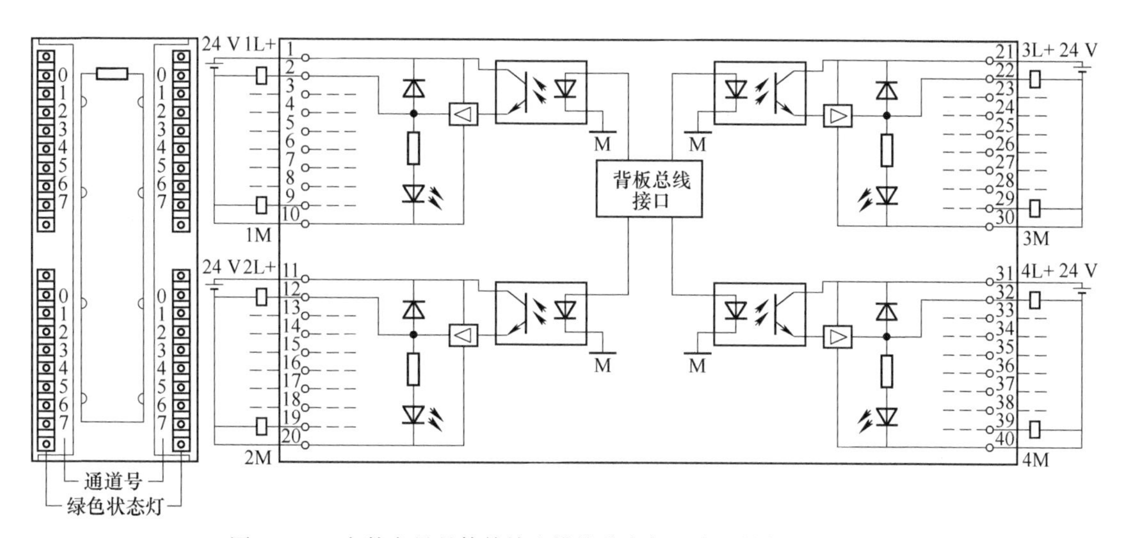

图 2-9　32 点数字量晶体管输出模块的内部电路及外部端子接线图

平为-3～+5 V，I/O 通过光耦与背板总线隔离。在额定输入电压下，输入延迟为 1.2～4.8 ms。输出具有电子短路保护功能。SM327 DI8/DX8 内部电路及外部端子接线图，如图 2-10 所示。

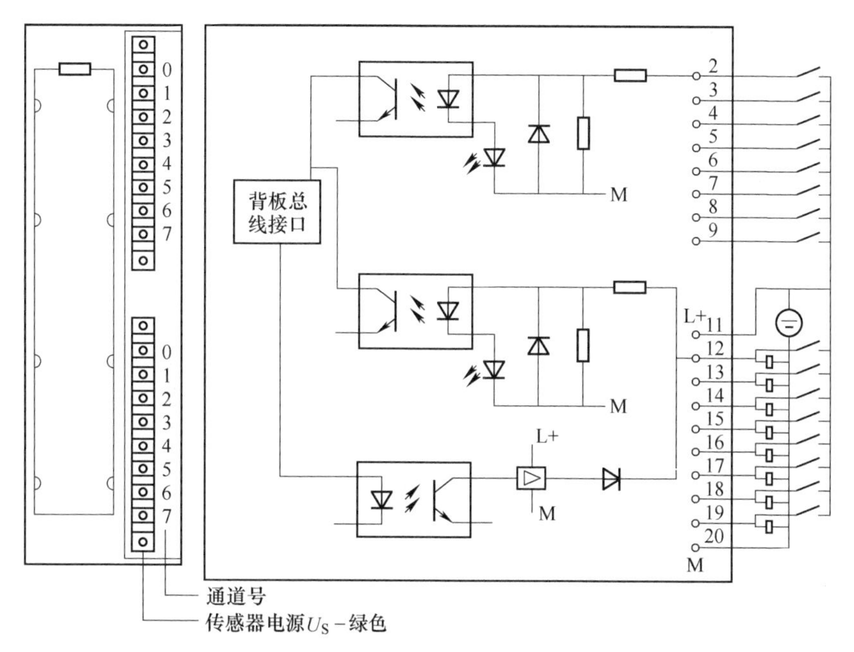

图 2-10　SM327 DI8/DX8 内部电路及外部端子接线图

SM323 DI16/DO16×DC 24 V/0.5 A 内部电路及外部端子接线图，如图 2-11 所示。

2.1.3.2　模拟量信号模块

（1）SM331 模拟量输入模块（AI）。CPU 始终以二进制格式来处理模拟值，模拟输入模块将模拟过程信号转换为数字格式。模拟量输入［简称输入（AI）］模块 SM331 目前

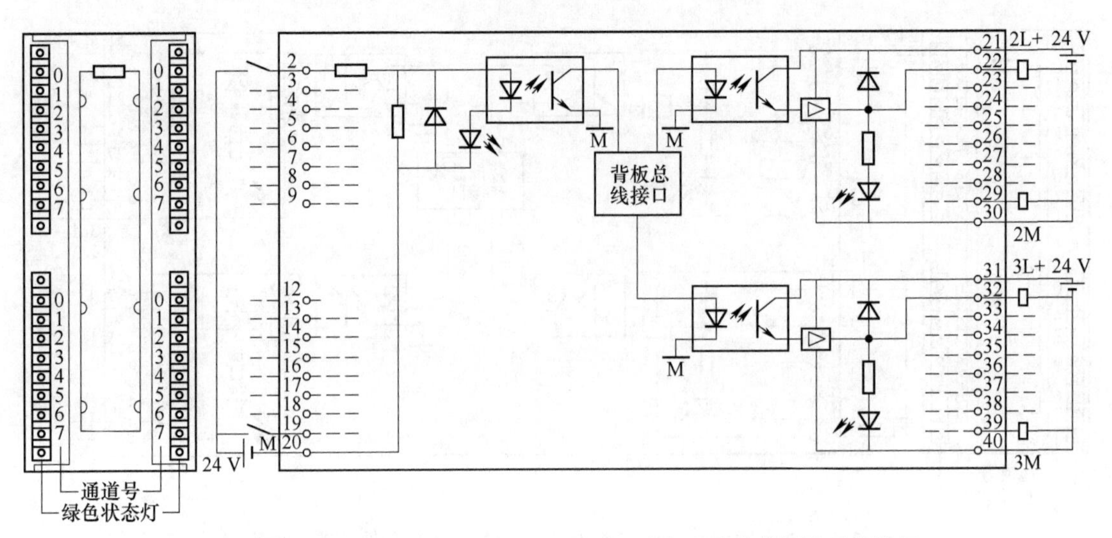

图 2-11　SM323 DI16/DO16×DC 24 V/0.5 A 内部电路及外部端子接线图

有三种规格型号，即 8AI×13 模块、2AI×13 位模块和 8AI×16 位模块。AI8×13 位模拟量输入模块内部电路及外部端子接线图，如图 2-12 所示。

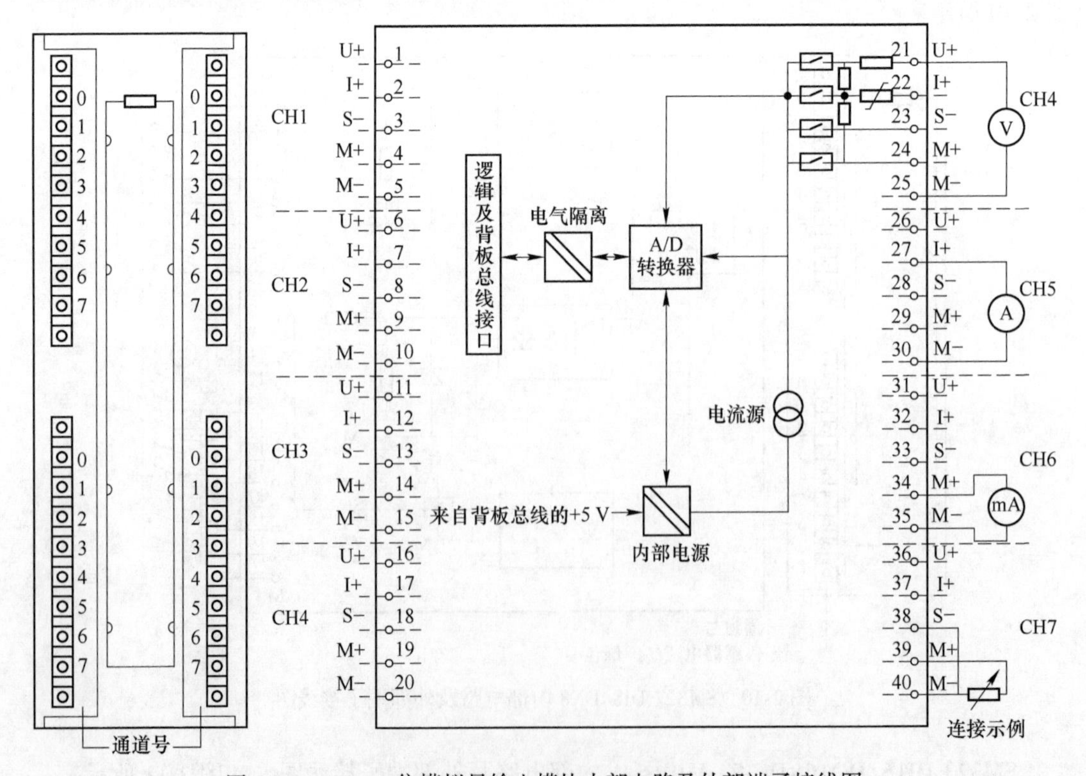

图 2-12　AI8×13 位模拟量输入模块内部电路及外部端子接线图

SM331 主要由 A/D 转换电路、模拟切换开关、补偿电路、恒流源、光电隔离部件、逻辑电路等组成。A/D 转换电路是模块的核心，其转换原理采用积分方法，被测模拟量的精度是所设定的积分时间的正函数，也即积分时间越长，被测值的精度越高。SM331 可选四挡积分时间：2.5 ms、16.7 ms、20 ms 和 100 ms，相对应的表示的精度为 8、12、12 和 14。

（2）SM332 模拟量输出模块（AO）。CPU 始终以二进制格式来处理模拟值。模拟输出模块将数字输出值转换为模拟信号，用于调节电平器输出转速、调节阀的开度等。AO4×12 位模拟量输出模块内部电路及外部端子接线图，如图 2-13 所示。

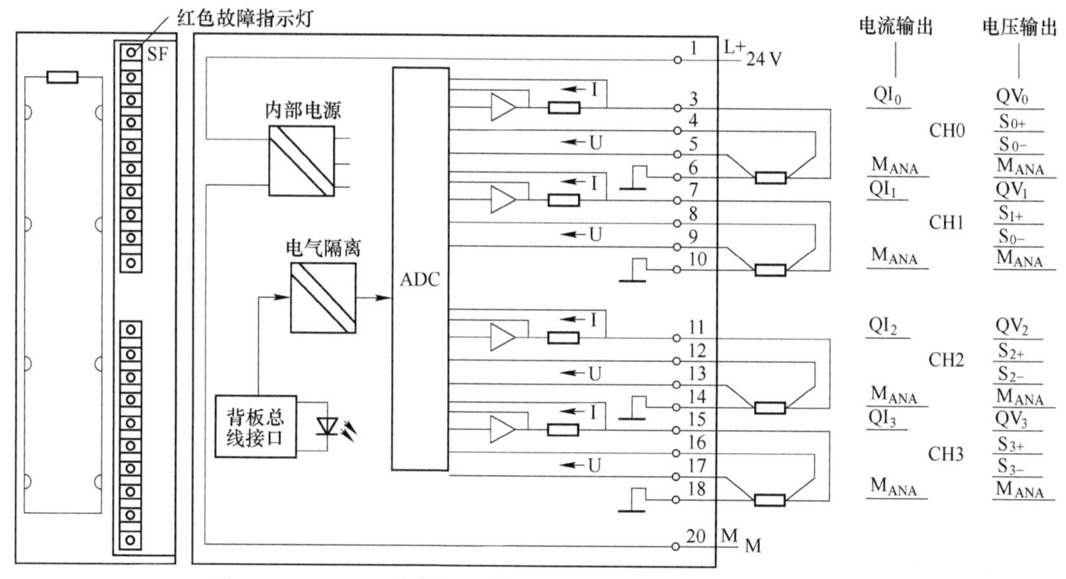

图 2-13 AO4×12 位模拟量输出模块内部电路及外部端子接线图

（3）SM334 模拟量输入/输出模块（AI/AO）。该模块用于连接模拟量传感器和连接器。SM334 AI4/AO2×8/8 bit 的模拟量输入/输出模块，如图 2-14 所示。

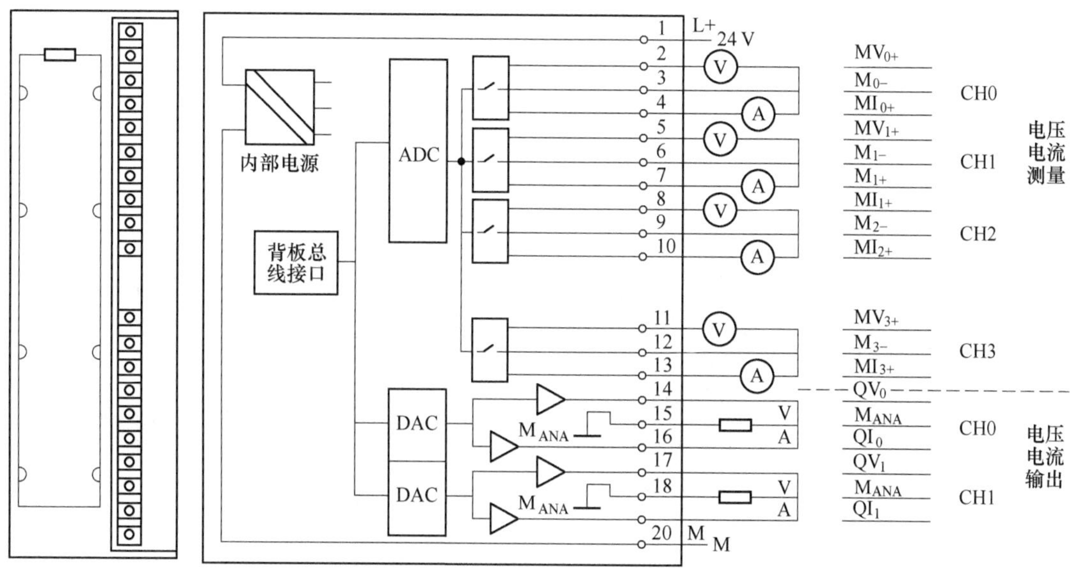

图 2-14 SM334 AI4/AO2×8/8 bit 的模拟量输入/输出模块

可以接线并连接至模拟量输入的传感器。根据测量类型，可以对电压传感器、电流传感器、电阻、热电偶等传感器接线并连接至模拟量输入模块。不同类型传感器与 AI 的连接方式见表 2-2。

表 2-2　传感器与 AI 的连接

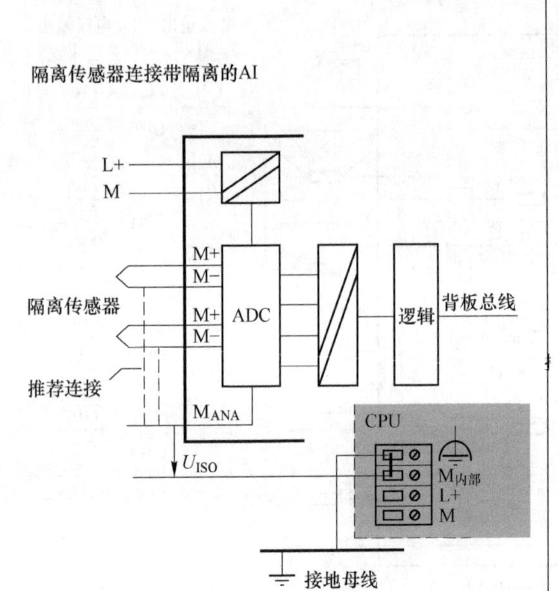

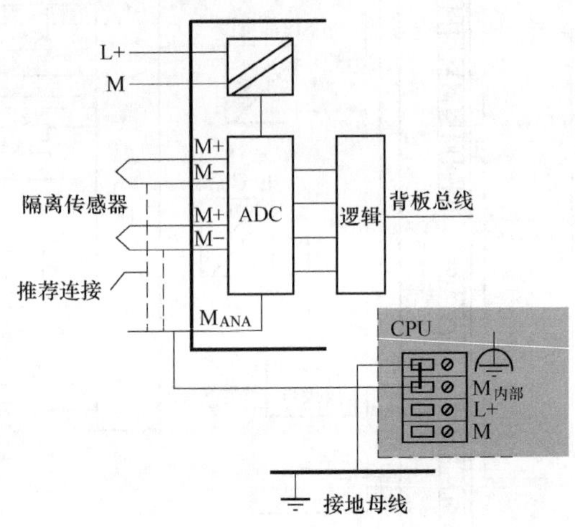

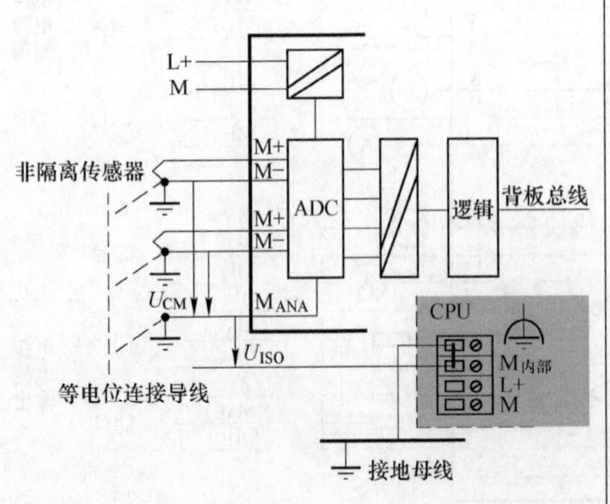

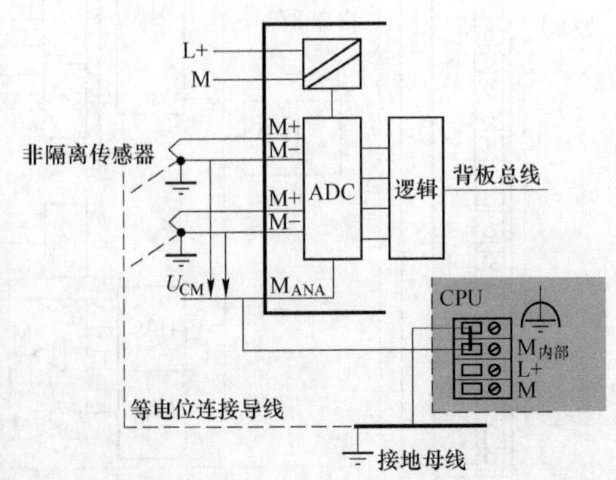

续表 2-2

连接电压传感器至带隔离的AI

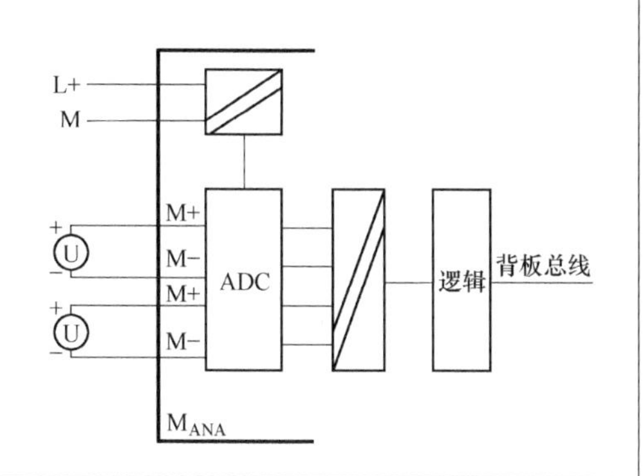

连接2线变送器至带隔离的AI

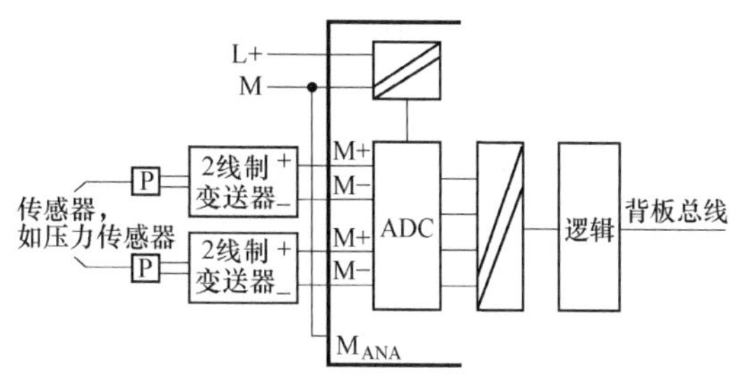

连接从L+供电的2线变送器至带隔离的AI

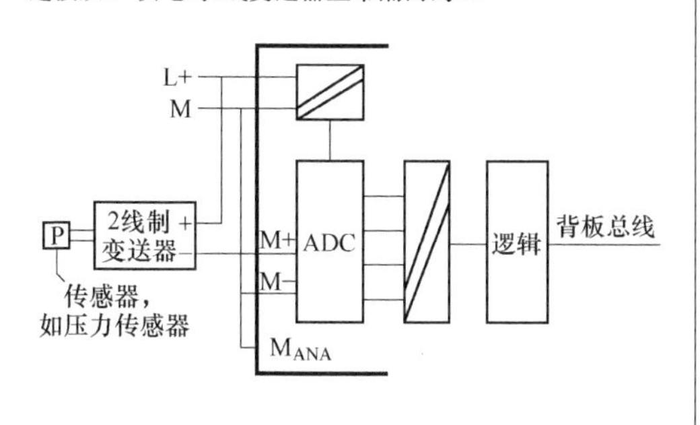

连接4线变送器至带隔离的AI

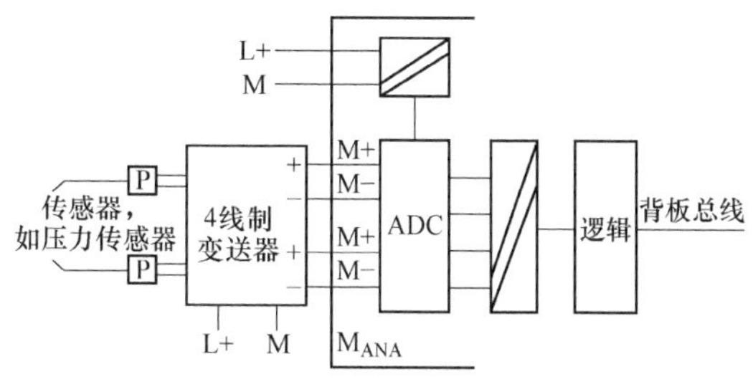

热敏电阻与 AI 的连接方式见表 2-3。

表 2-3 热敏电阻与 AI 的连接

热敏电阻与隔离AI之间的2线连接

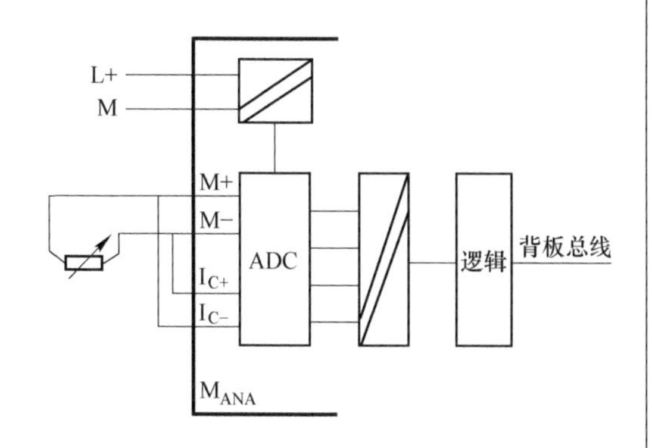

热敏电阻与隔离AI之间的3线连接

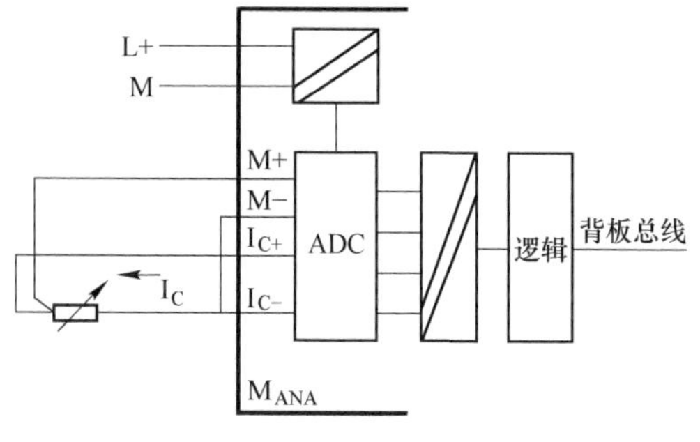

续表 2-3

热敏电阻与AI8×RTD之间的3线连接

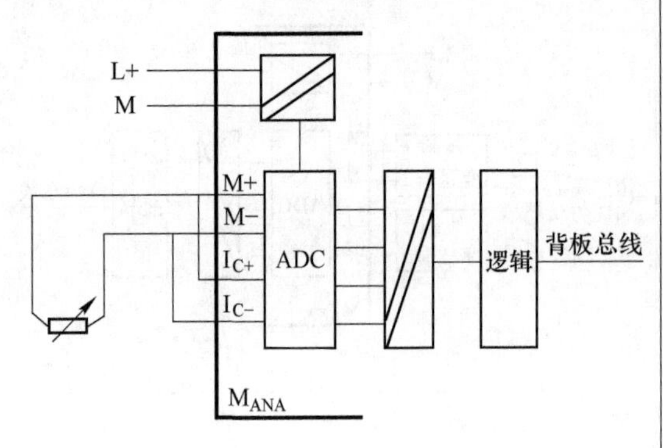

热敏电阻与隔离AI之间的4线连接

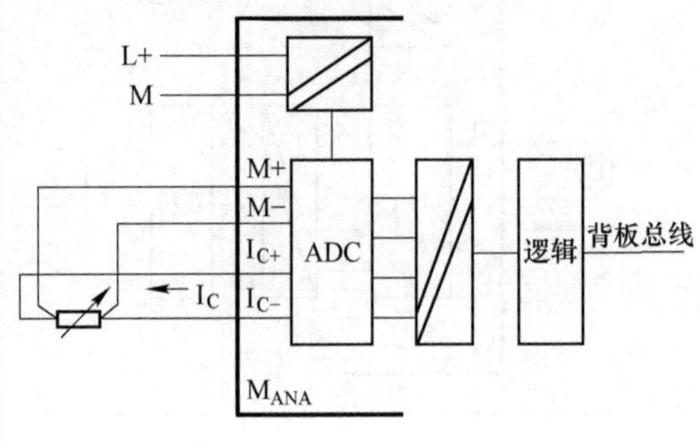

热敏电阻与AI8×13位之间的2线连接

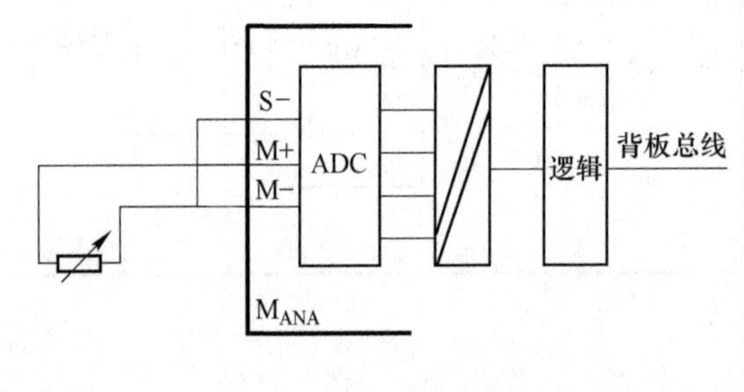

热敏电阻与AI8×13位之间的3线连接

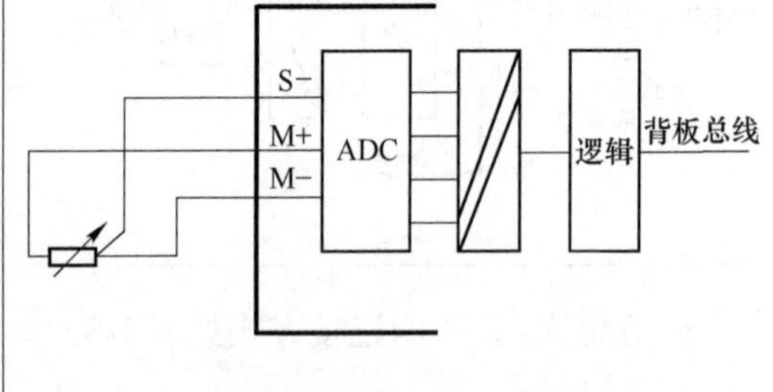

热敏电阻与AI8×13位之间的4线连接

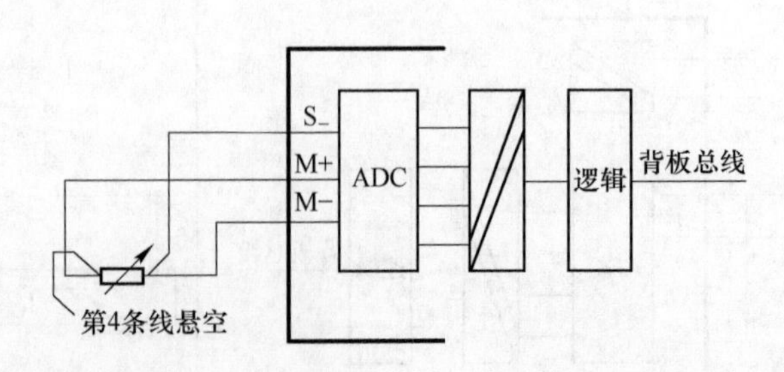

热电偶与 AI 的连接方式见表 2-4。

表 2-4 热电偶与 AI 的连接

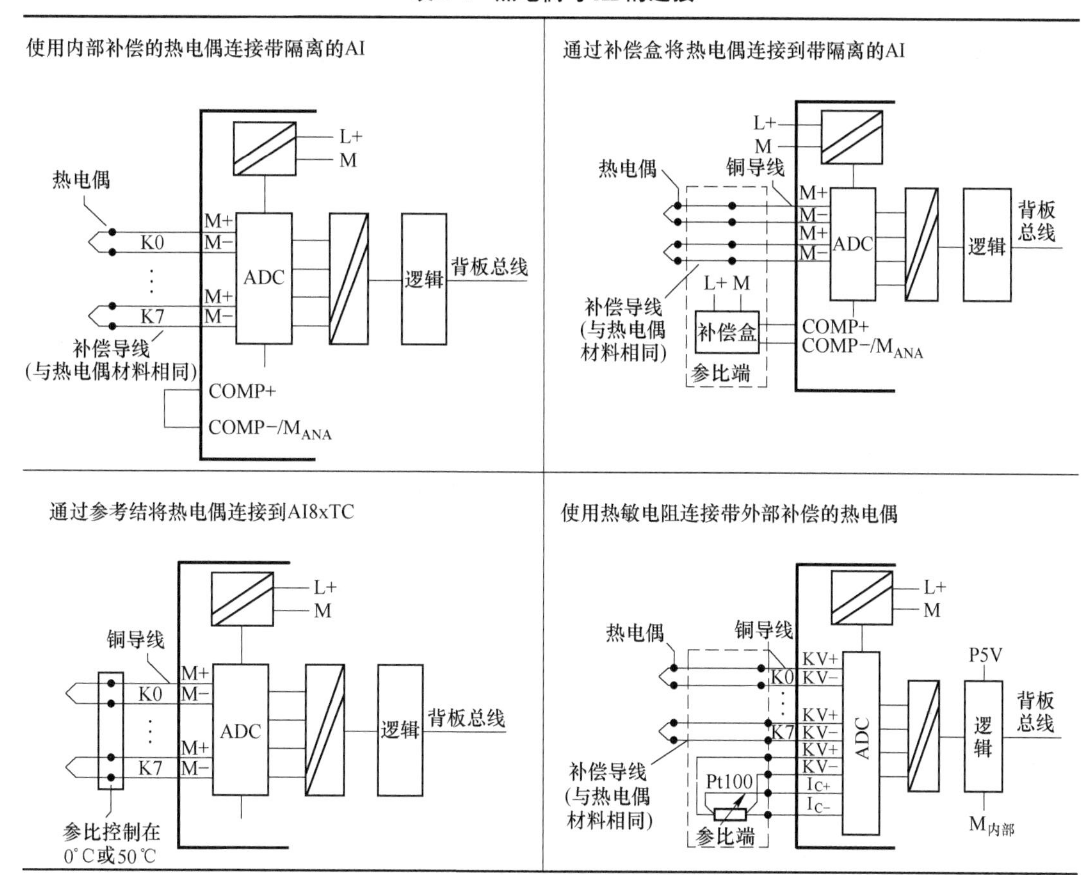

电压输出型模块、电流输出型模块的连接见表 2-5。

表 2-5 电压输出型模块、电流输出型模块的连接

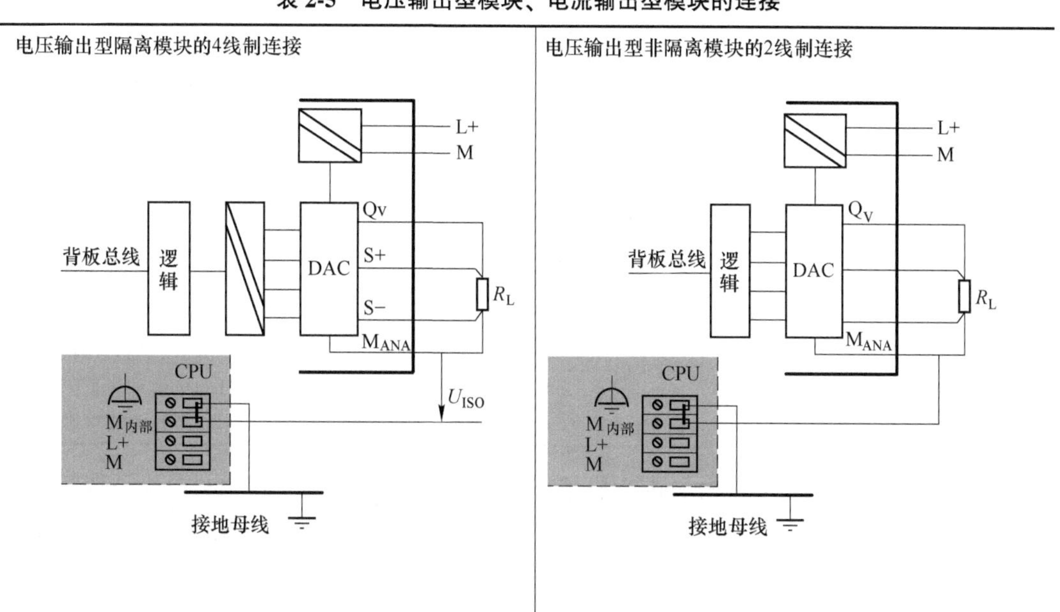

续表 2-5

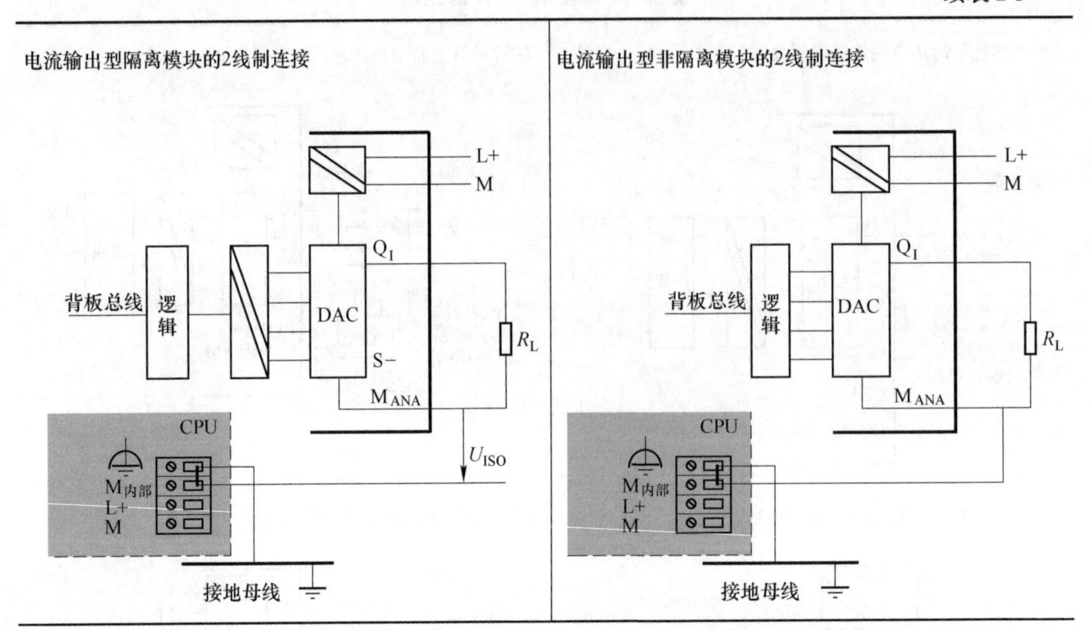

2.1.4 基础知识　S7-300 系列 PLC 的接口模块、通信模块与功能模块

2.1.4.1　接口模块

S7-300 CPU 型号不同允许扩展模块的数量有差异，比较低端的 CPU 是不能扩展的；能够扩展的 CPU 最多可以扩展到 32 个模块。由于每个导轨上最多可以安装 8 个模块，IM 接口模块负责主架导轨与扩展导轨之间的总线连接。IM 模块有 IM360、IM361 和 IM365 三种类型。各接口模块属性见表 2-6。

表 2-6　IM 接口模块属性

属　性	接口模块 IM360	接口模块 IM361	接口模块 IM365
适合在 S7-300 机架中安装	0	1 到 3	0 和 1
数据传送	从 IM360 到 IM361，通过 386 连接电缆	从 IM360 到 IM361，或者从 IM361 到 IM361，通过 386 连接电缆	从 IM365 到 IM365，通过 386 连接电缆
间距	最长 10 m	最长 10 m	1 m，永久连接
特性	—	—	预装配的模块对机架 1 只支持信号模块，IM365 不将通信总线连接到机架 1

采用 IM365 双机架接口模块进行机架扩展，如图 2-15 所示。IM365 模块预装配的机架 0 和机架 1 模块对，总电源 1.2 A，其中每个机架最多可使用 0.8 A。采用固定连接长度为 1 m 的连接电缆。注意：IM365 不将通信总线连接到机架 1，即无法在机架 1 中安装具有通信总线功能的 FM。

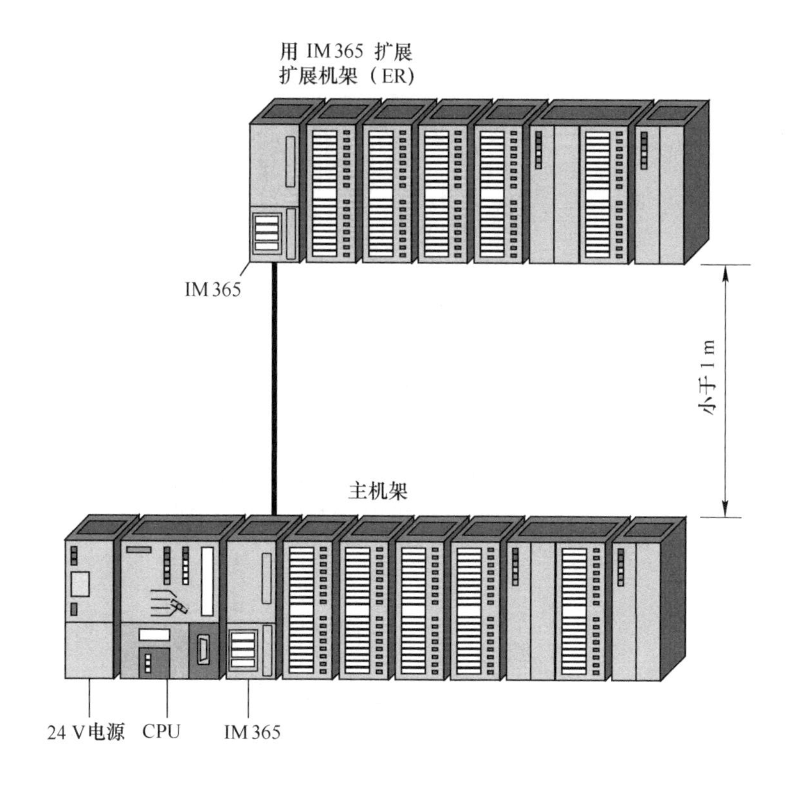

图 2-15　采用 IM365 双机架接口模块进行机架扩展

多机架接口模块，IM360 用于发送数据，IM361 用于接收数据，多机架扩展形式如图 2-16 所示。连 CPU 本身的导轨在内分别接在 4 条导轨上，分别称为：主机架 0、扩展机架 1、扩展机架 2 和扩展机架 3。此时 IM360 接口模块作为 S7-300 的机架 0 的接口，IM361 接口模块采用直流 24 V 供电，作为 S7-300 机架 1 到 3 的接口。数据通过连接电缆 368 从 IM360 传送到 IM361，或者从 IM361 传送到 IM361。IM360 与 IM361 之间的最大距离为 10 m，IM361 与 IM361 之间的最大距离为 10 m。

2.1.4.2　通信处理器（CP）模板

通信处理器（CP）模板包括以下几种。

（1）通信处理器模板 CP340。CP340 用于建立点对点（Point to Point）低速连接，最大传输速率为 19.2 kbit/s。有 3 种通信接口，即 RS-232C（V.24），20 mA（TTY），RS-422/RS-485（X.27）。可通过 ASCII、3964（R）通信协议及打印机驱动软件，实现与 S5 系列 PLC、S7 系列 PLC 及其他厂商的控制系统、机器人控制器、条形码阅读器、扫描仪等设备的通信连接。

（2）通信处理器模板 CP341。CP341 用于建立点对点（Point to Point）的高速连接，最大传输速率为 76.8 kbit/s。当 CPU 没有通信任务时，可通过点对点连接用于高速数据交换。有 3 种通信接口，即 RS-232C（V.24），20 mA（TTY），RS-422/RS-485（X.27）。可通过 ASCII、3964（R）、RK512 及用户指定的通信协议，实现与 S5 系列 PLC、S7 系列

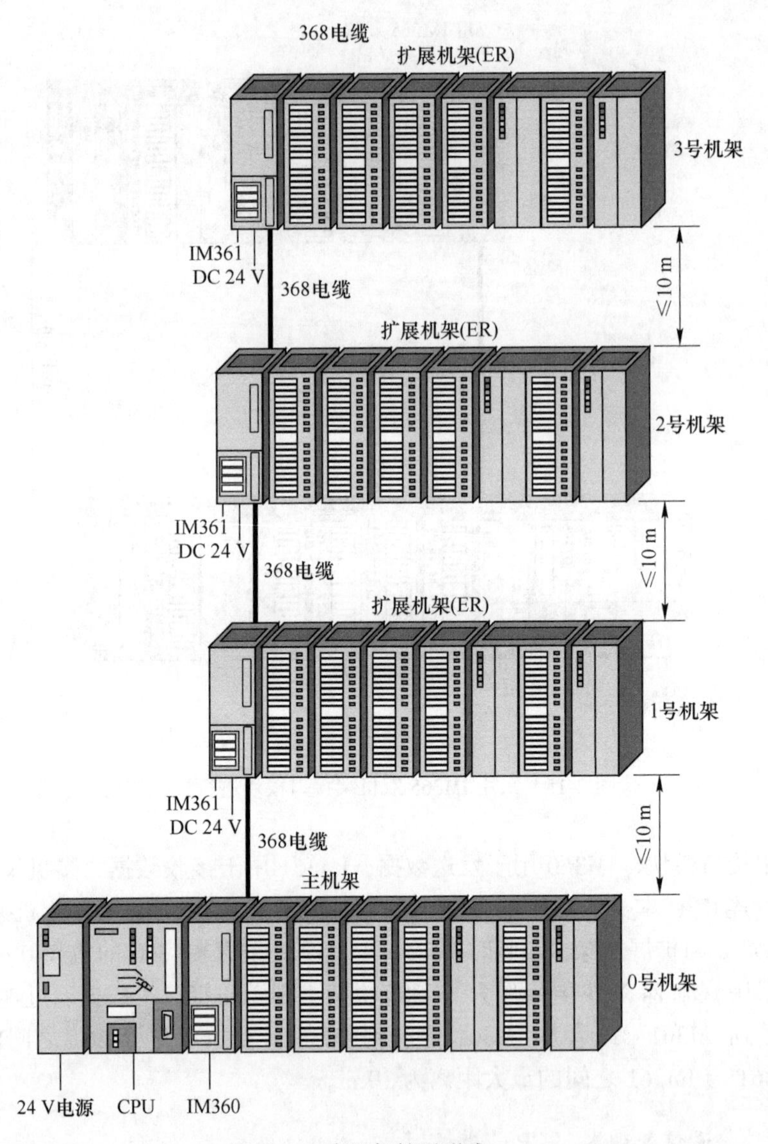

图 2-16　多机架扩展形式

PLC 及其他厂商的控制系统、机器人控制器、条形码阅读器、扫描仪等设备的通信连接。

（3）通信处理器模板 CP342-2/CP343-2。CP342-2/CP343-2 用于实现 S7-300 到 AS-I 接口总线的连接。最多可连接 31 个 AS-I 从站，如果选用二进制从站，最多可选址 248 个二进制元素。具有监测 AS-I 电缆的电源电压的状态和诊断功能。

（4）通信处理器模板 CP342-5。CP342-5 用于实现 S7-300 到 PROFIBUS-DP 现场总线的连接。它分担 CPU 的通信任务，并允许进一步的其他连接，为用户提供各种 PROFIBUS 总线系统服务，可以通过 PROFIBUS-DP 对系统进行远程组态和远程编程。

当 CP342-5 作为主站时，可完全自动处理数据传输，允许 CP 从站或 ET200-DP 从站连接到 S7-300。当 CP342-5 作为从站时，允许 S7-300 与其他 PROFIBUS 主站交换数据。

（5）通信处理器模板 CP343-1。CP343-1 用于实现 S7-300 到工业以太网总线的连接。它自身具有处理器，在工业以太网上独立处理数据通信并允许进一步地连接，完成与编程器、PC、人机界面装置、S5 系列 PLC、S7 系列 PLC 的数据通信。

（6）通信处理器模板 CP343-1 TCP。CP343-1 TCP 使用标准的 TCP/IP 通信协议，实现 S7-300（只限服务器）、S7-400（服务器和客户机）到工业以太网的连接。它自身具有处理器，在工业以太网上独立处理数据通信并允许进一步地连接，完成与编程器、PC、人机界面装置、SS 系列 PLC、S7 系列 PLC 的数据通信。

（7）通信处理器模板 CP343-5。CP343-5 用于实现 S7-300 到 PROFIBUS-FMS 现场总线的连接。它分担 CPU 的通信任务，并允许进一步的其他连接，为用户提供各种 PROFIBUS 总线系统服务，可以通过 PROFIBUS-FMS 对系统进行远程组态和远程编程。

各类通信处理器（CP）模板常用形式，如图 2-17 所示。

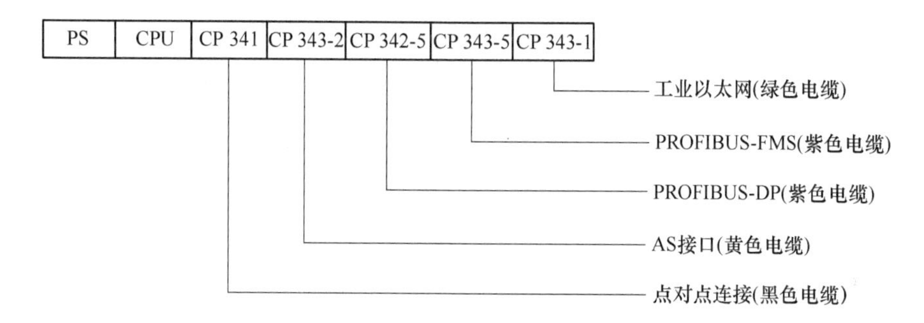

图 2-17 各类通信处理器（CP）模板常用形式

2.1.4.3 功能模块（FM）

S7-300 系列 PLC 有大量的功能模板（Function Model），这些功能模板都是智能模板（模板自身带有 CPU），在执行这些功能时，为 PLC 的 CPU 模板分担了大量的任务。功能模板主要有：FM350-1、FM350-2 计数器模板，FM351 快速/慢速驱动的定位模板，FM353 步进电机的定位模板，FM354 伺服电机的定位模板，FM357-2 定位和连续通道控制模板，SM338 超声波位置探测模板，SM338 SSI 位置探测模板，FM352 电子凸轮控制器，FM352-5 高速布尔运算处理器，FM355 PID 模板，FM355-2 温度 PID 控制模板等。

2.1.5 基础知识 S7-400 系列 PLC 的硬件系统

2.1.5.1 机架

S7-400 的机架具有固定安装在机架上的模块，并向模块提供工作电压，同时通过信号总线将各个模块连接到一起的功能。包含 CPU 的机架称为中央机架（CR）。包含系统中的模块并连接到 CR 的机架称为扩展机架（ER）。机架（UR1）的机械配置，如图 2-18 所示。

S7-400 自动化系统由中央机架（CR）和一个或多个扩展机架（ER）（根据需要）组成。可有针对性应用在缺少插槽时添加 ER 或远程操作信号模块。使用 ER 时，需要接口模块（IM）、附加机架，如有必要可添加附加电源模块。使用接口模块时，必须始终使用

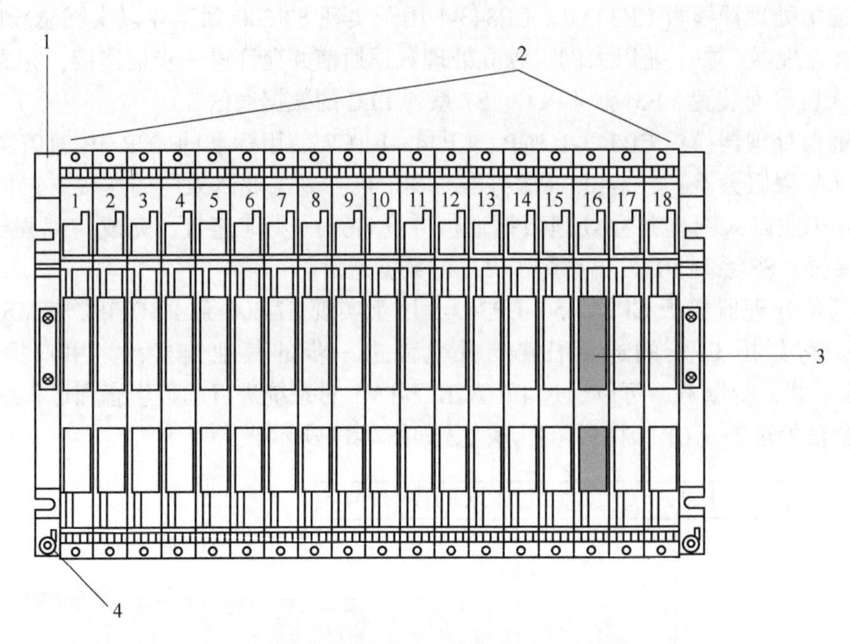

图 2-18　带有 18 个插槽的机架的配置

1—装配导轨；2—塑料部件；3—总线连接器；4—局部接地的连接

相应的连接器件：如果在 CR 中插入发送 IM，则应该在每个连接的 ER 中插入匹配的接收 IM。S7-400 系统常见的机架，见表 2-7。

表 2-7　S7-400 系统常见的机架

机架	插槽数目	可用总线	应用领域	属　性
UR1	18	I/O 总线，通信总线	CR 或 ER	机架适用于 S7-400 中的所有模块类型
UR2	9			
ER1	18	受限 I/O 总线	ER	机架适用于信号模块（SM）、接收 IM 和所有电源模块。I/O 总线有以下限制： （1）不会响应模块中断，因为不存在中总线； （2）模块的供电电压不是 24 V，即不能使用需要 24 V 供电的模块； （3）模块不使用电源模块中的后备电池供电，也不通过在外部施加给 CPU 或接收 IM（EXT. BATT 插座）的电压加电
CR2	18	I/O 总线，分段通信总线，连续	分段 CR	机架适用于除接收 IM 之外的所有 S7-400 模块类型。 I/O 总线细分为 2 个 I/O 总线段，分别有 10 个和 8 个插槽
CR3	4	I/O 总线，通信总线	CR	机架适用于除接收 IM 之外的所有 S7-400 模块类型。CPU41x-H 仅限单机操作

续表 2-7

机架	插槽数目	可用总线	应用领域	属　性
UR2-H	2×9	I/O 总线，分段通信总线，分段	为紧凑安装容错型，系统细分为 CR 或 ER	机架适用于除发送 IM 之外的所有 S7-400 模块类型。 I/O 总线和通信总线分为 2 个总线段，每个总线段有 9 个插槽

2.1.5.2 电源模块

S7-400 的电源模块通过背板总线向机架中的其他模块供给工作电压，不给信号模块提供负载电压。

电源模块采用封装式设计，以便于用户在 S7-400 系统的机架上使用，通过自然对流冷却，采用插入式连接供电电压，带 AC-DC 编码。电源模块防护等级为 Ⅰ 级（带有保护导线），具有短路保护输出，同时监控 DC 5 V 和 DC 24 V 两种输出电压，如果其中一种电压失效，电源模块将向 CPU 报告故障。并且两种输出电压（DC 5 V 和 DC 24 V）共用一个公共接地端。

电源模块采用主时钟控制，前面板上的操作和故障/错误 LED。备用电池作为选件，通过背板总线备份 CPU 和可编程模块中的参数设置和存储器内容（RAM）。另外，备用电池可用来执行 CPU 的重启动。电源模块和被备份的模块都会监视电池电压。

S7-400 常见的电源模块有电源模块 PS407 4A、PS407 10A、PS407 20A、PS405 4A、PS405 10A、PS405 20A。

2.1.5.3 CPU 模块

CPU 模块是控制系统的核心，负责系统的中央控制，存储并执行程序，常见型号应用范围如下。

（1）CPU412-1 满足中等规模的低成本方案，可用于具有少量 I/O 配置的较小型系统中具有组合的 MP/DP 接口，可在 PROFIBUS-DP 网络中运行。

（2）CPU414-2 为中等性能要求中的高需求而设计，可以满足对程序容量和处理速度有较高要求的应用，内置 PROFIBUS-DP 口，可以作为主站和从站直接连接到 PROFIBUS-DP 现场总线。

（3）CPU414-3 为中等性能要求中的高需求而设计，可以满足对程序容量和处理速度有较高要求的应用，内置 PROFIBUS-DP 口，可以作为主站和从站直接连接到 PROFIBUS-DP 现场总线。

（4）CPU414-3 PN/DP 为中等性能要求中的高需求而设计，可以满足对程序容量和处理速度有较高要求的应用，当使用 ERTEC400-ASIC 时，具有交换机功能，它提供了可从外部接触到的两个 PROFINET 端口，除分层网络拓扑结构之外，还可以在新型 S7-400 控制器中创建总线型结构。

（5）CPU416-2 功能强大的 SIMATIC S7-400-CPU 内置 PROFIBUS-DP 口，可以作为主站和从站直接连接到 PROFIBUS-DP 现场总线。

（6）CPU416-3 功能强大的 SIMATIC S7-400-CPU 内置 PROFIBUS-DP 口，可以作为主

站和从站直接连接到 PROFIBUS DP 现场总线。

（7）CPU416-3 PN/DP 功能强大的 SIMATIC S7-400 CPU 为中等性能要求中的高需求而设计，可以满足对程序容量和处理速度有较高要求的应用，当使用 ERTEC400-ASIC 时，具有交换机功能，它提供了可从外部接触到的两个 PROFINET 端口，除分层网络拓扑结构之外，还可以在新型 S7-400 控制器中创建总线型结构。

（8）CPU417-4 DP 功能强大的 SIMATIC S7-400 CPU 内置 PROFIBUS-DP 口，可以作为主站和从站直接连接到 PROFIBUS-DP 现场总线。具有高性能的处理器，灵活的扩展能力，用户程序使用密码保护，可防止非法访问，集成的 HMI 服务，集成的通信功能。

（9）CPU412-3H 操作系统自动地执行所有 S7-400 需要的附加功能（数据通信，故障响应，两个单元的同步功能，自检）。

（10）CPU414-4H 操作系统自动地执行所有 S7-400 需要的附加功能（数据通信，故障响应，两个单元的同步功能，自检）。

（11）CPU417-4H 操作系统自动地执行所有 S7-400 需要的附加功能（数据通信，故障响应，两个单元的同步功能，自检）。

（12）CPU416F-2 支持建立一个故障安全自动化系统，以满足不断增长的安全需要，适用于生产功能、用户程序使用密码保护、防止非法访问、集成 HMI 服务、集成通信功能等场合。

2.1.5.4　数字量模块

数字量输入模块 SM421 的基本特性见表 2-8，可作为选型的依据。

表 2-8　数字量输入模块 SM421 的基本特性

特性	SM421；DI 32xDC 24 V (-1BL0x-)	SM421；DI 16xDC 24 V (-7BH0x-)	SM421；DI 16xAC 120 V (-5EH00-)	SM421；DI 16xUC 24/60 V (-7DH00-)	SM421；DI 16xUC 120/230 V (-1FH00-)	SM421；DI 16xUC 120/230 V (-1FH20-)	SM421；DI 32xUC 120 V (-1EL00-)
输入点数	32DI；按每组 32 个隔离	16DI；按每组 8 个隔离	16DI；按每组 1 个隔离	16DI；按每组 1 个隔离	16DI；按每组 4 个隔离	16DI；按每组 4 个隔离	32DI；按每组 8 个隔离
额定输入电压	DC 24 V	DC 24 V	AC 120 V	UC 24~60 V	AC 120 V/DC 230 V	UC 120/230 V	AC/DC 120 V
适用于	开关；2 线接近开关（BERO）						
可组态诊断	否	是	否	可以	否	否	否
诊断中断	否	可以	否	可以	否	否	否
边沿变换时产生硬件中断	否	可以	否	可以	否	否	否
可调整输入延迟	否	可以	否	可以	否	否	否
替换值输出	—	可以	—	—	—	—	—
特殊特性	高包装密度	快速且具有中断功能	通道特定隔离	中断功能，具有低可变电压	用于高可变电压	用于高可变电压，输入特性曲线符合 IEC 61131-2	高包装密度

数字量输出模块 SM422，基本特性见表 2-9，可作为选型的依据。

表 2-9 数字量输出模块 SM422 的基本特性

特性	SM422 DO16×DC 24 V/2 A (-1BH1x)	SM422 DO16×DC 20~125 V/1.5 A (-5EH10)	SM422 DO32×DC 24 V/0.5 A (-1BL00)	SM422 DO32×DC 24 V/0.5 A (-7BL00)	SM422 DO8×AC 120/23 V/5 A (-1FF00)	SM422 DO16×AC 120/230 V/2 A (-1FH00)	SM422 DO16×AC 20~120 V/2 A (-5EH00)
输出数	16DO；按每组 8 个隔离	16DO；按每组 8 个隔离，带反极性保护	32DO；按每组 32 个隔离	32DO；按每组 8 个隔离	8DO；按每组 1 个隔离	16DO；按每组 4 个隔离	16DO；按每组 1 个隔离
输出电流/A	2	1.5	0.5	0.5	5	2	2
额定负载电压	DC 24 V	DC 20~125 V	DC 24 V	DC 24 V	AC 120/230 V	AC 120/230 V	AC 20~120 V
可组态诊断	否	是	否	是	否	否	是
诊断中断	否	是	否	是	否	否	是
替换值输出	否	是	否	是	否	否	是
特殊特性	用于高电流	用于可变电压	高包装密度	特别快且具有中断功能	用于高电流，带通道特定隔离	—	用于可变电流，带通道特定隔离

2.1.5.5 模拟量模块

模拟量输入模块将模拟过程信号转换为数字形式，在 STEP7 中，可使用块 FC105 和块 FC106 读取和输出模拟值。可在 STEP7 标准库名为“S5-S7Converting Blocks”的子目录下找到这些 FC。模拟量输入模块 SM431 的基本特性见表 2-10，可作为选型的依据。

表 2-10 模拟量输入模块 SM431 的基本特性

特性	SM431；AI8×13 位 (-1KF00-)	SM431；AI8×14 位 (-1KF10-)	SM431；AI8×14 位 (-1KF20-)	SM431；AI16×13 位 (-0HH0-)	SM431；AI16×16 位 (-7QH00-)	SM431；AI8×RTD16 位 (-7KF10-)	SM431；AI8×16 位 (-7KF00-)
输入个数	8AI 用于 *U/I* 测量，4AI 用于电阻测量	8AI 用于 *U/I* 测量，4AI 用于电阻/温度测量	8AI 用于 *U/I* 测量，4AI 用于电阻测量	16 个输入	16AI 用于 *U/I*/温度测量，8AI 用于电阻测量	8 个输入	8 个输入
分辨率	13 位	14 位	14 位	13 位	16 位	16 位	16 位
测量类型	电压、电流、电阻	电压、电流、电阻、温度	电压、电流、电阻	电压、电流	电压、电流、电阻、温度	电阻	电压、电流、温度
测量原理	积分	积分	瞬时值编码	积分	积分	积分	积分
可组态地诊断	否	否	否	否	是	是	是
诊断中断	否	否	否	否	可进行设置	是	是
阈值监视	否	否	否	否	可进行设置	可进行设置	可进行设置

续表 2-10

超限时硬件中断	否	否	否	否	可进行设置	可进行设置	可进行设置
周期结束时硬件中断	否	否	否	否	可进行设置	否	否
电压关系	模拟量部分与 CPU 隔离			非隔离	模拟量部分与 CPU 隔离		
允许的最大共模电压	通道之间，或连接的传感器的参考电位与 M_{ANA}之间：AC 30 V	通道之间，或通道和中央接地点之间：DC 60 V/AC 30 V（SELV）	通道之间，或连接的传感器的参考电位与 M_{ANA}之间：AC 8 V	通道之间，或连接的传感器的参考电位与中央接地点之间：DC/AC 2 V	通道之间，或通道和中央接地点之间：DC 60 V/AC 30 V（SELV）	通道和中央接地点之间：DC 60 V/AC 30 V（SELV）	通道之间，或通道和中央接地点之间：DC 60 V/AC 30 V（SELV）
需要外部电源	否	DC 24 V（仅限电流，2DMU）[1]	DC 24 V（仅限电流，2DMU）[1]	DC 24 V（仅限电流，2DMU）[1]	DC 24 V（仅限电流，2DMU）[1]	否	否
特殊特性	—	适用于温度测量；温度传感器类型可组态；传感器特性曲线的线性化；可设置测量值的平滑性	快速 A/D 转换，适用于高动态处理场合；可设置测量值的平滑性	—	适用于温度测量；温度传感器类型可组态；传感器特性曲线的线性化；可设置测量值的平滑性	电阻温度计可组态；传感器特性曲线的线性化；可设置测量值的平滑性	内部测量电阻；有内部参考温度的现场接线；可设置测量值的平滑性

注：2-DMU，2 线制传感器。

模拟量输出模块将数字量输出值转换为模拟信号，模拟量输出模块 SM432 的基本特性，见表 2-11，可作为选型的依据。

表 2-11　SM432；AO8x13 位模拟量输出模块的基本特性

属　性	模块 SM432；AO8x13 位 （-1HF00-）
输出个数	8 个
分辨率	13 位
输出类型	每个单独通道：电压、电流
可组态地诊断	否
诊断中断	否
替换值输出	否
电压关系	模拟量部分与以下部分隔离：CPU、负载电压
允许的最大共模电压	通道之间或通道与 M_{ANA}之间为 DC 3 V
特殊特性	—

组态 CR 带有 18 个插槽的机架，如图 2-19 所示。

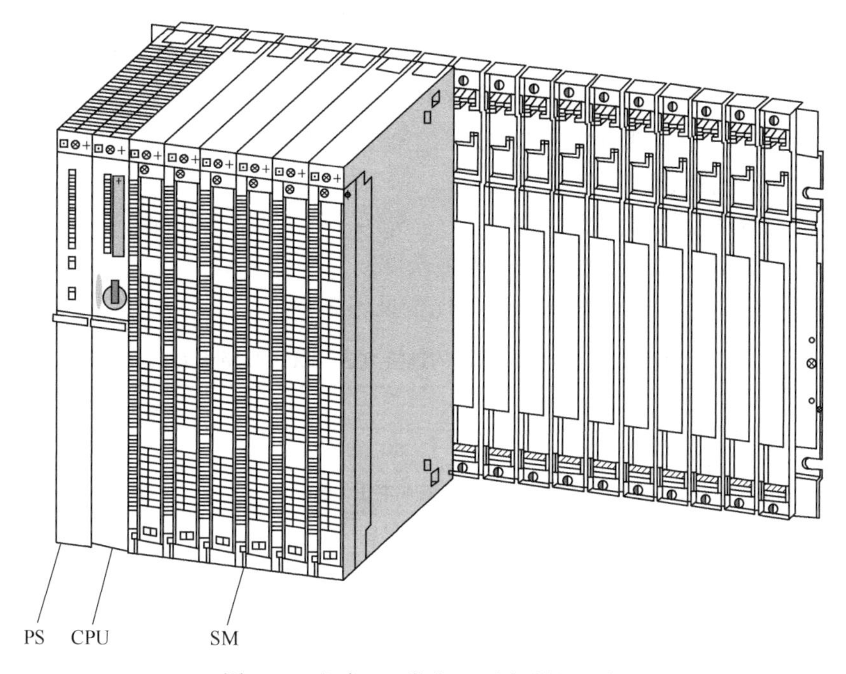

图 2-19 组态 CR 带有 18 个插槽的机架

2.1.5.6 接口模块

要将一个或多个扩展机架 ER 连接到中央机架 CR 时，需要使用接口模块（一个发送 IM 和一个接收 IM）。必须始终同时使用成对的接口模块。在 CR 中插入发送模块（发送 IM）时，需同时将相应的接收模块（接收 IM）插在串联的 ER 中，分别为本地连接和远程连接提供了不同的 IM。

对于使用 IM460-1 和 IM461-1 的本地连接，还会通过接口模块传输 5 V 电源电压。因此，无须在与 IM460-1/IM461-1 相连的 ER 中插入电源模块。IM460-1 两个接口中的各个接口可通过多达 5 A 的电流，即通过 IM460-1/IM461-1 连接的每个 ER 在 5 V 电压时最大可消耗 5 A 电流。IM 接口模块的基本性能见表 2-12。

表 2-12 IM 接口模块的基本性能

项 目	本地连接		远程连接	
发送 IM	460-0	460-1	460-3	460-4
接收 IM	461-0	461-1	461-3	461-4
每个线路可连接的最大 EM 数目	4	1	4	4
最远距离/m	5	1.5	102.25	605
电压传输	否	是	否	否
每个接口传输的最大电流/A	—	5	—	—
通信总线传输	是	否	是	否

将扩展机架连接到中央机架时，必须遵守下列规则。

（1）一个 CR 上最多可连接 21 个 S7-400ER，使用时应该为 ER 分配编号以便识别，必须在接收 IM 的编码开关中设置机架号。可以分配 1~21 的任何机架号，但编号不得重复。

（2）在一个 CR 中最多可插入 6 个发送 IM。不过，一个 CR 中只允许存在 2 个能够传输 5 V 电压的发送 IM。连接到发送 IM 接口的每个链中最多可包括 4 个 ER（不能传输5 V 电压）或一个 ER（能传输 5 V 电压）。

通过通信总线进行数据交换时限定为 7 个机架，即 1 个 CR 和编号为 1~6 的 6 个 ER。不得超过为连接类型指定的最大（总）电缆长度。

IM 接口模块的连接方式与最大线路长度，见表 2-13。

表 2-13　IM 接口模块的连接方式与最大线路长度

连 接 类 型	最大（总）线路长度/m
本地连接，通过 IM460-1 和 IM461-1，带 5 V 电压传输	1.5
本地连接，通过 IM460-0 和 IM461-0，不带 5 V 电压传输	5
远程连接，通过 IM460-3 和 IM461-3 进行	102.25
远程连接，通过 IM460-4 和 IM461-4 进行	605

2.2　S7-300/400 PLC 硬件配置与编程软件的应用

2.2.1　应用实例　S7-300 PLC 的硬件配置流程

2.2.1.1　硬件的组装

S7-300 PLC 采用导轨进行安装。安装装配导轨时，应留有足够的空间用于安装模块和散热，模块上下的间隙至少为 40 mm，左右间隙至少为 20 mm，如图 2-20 所示。

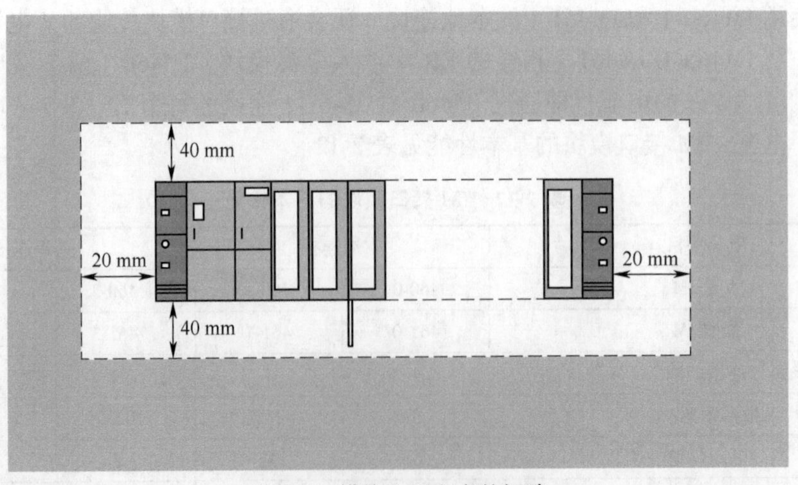

图 2-20　模块上下左右的间隙

S7-300 PLC 可以垂直或水平安装。安装时应始终将 CPU 和电源模块安装在左侧或底部，如图 2-21 所示。

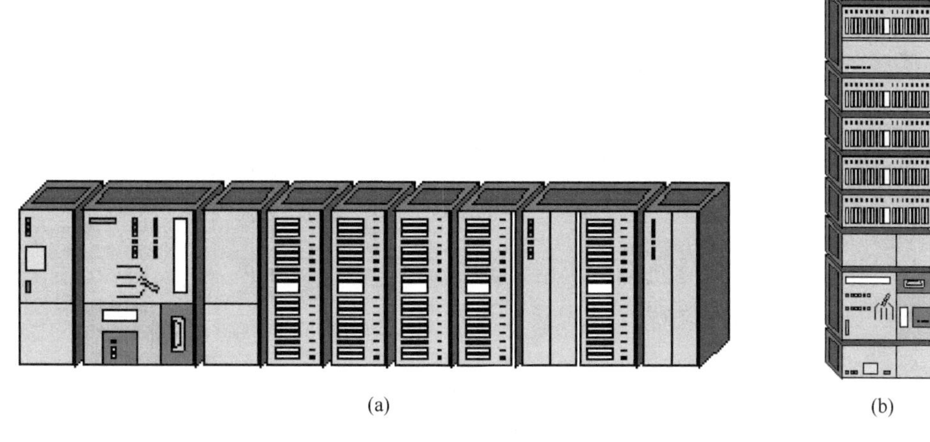

图 2-21　S7-300 PLC 可以垂直或水平安装
（a）S7-300 PLC 水平安装；（b）S7-300 PLC 垂直安装

S7-300 PLC 在一个模块机架上的模块布局如图 2-22 所示。CPU 右侧不得安装八个以上的模块（SM、FM、CP）。安装在机架上的模块的累积功耗在 S7-300 背板总线上不得超过 12 A。系统规定插槽 1 必须是电源模块，插槽 2 必须是 CPU，其他模块可根据需要自行排列安装顺序。

PS	CPU	SM1	SM2	SM3	SM4	SM5	SM6	SM7	SM8

图 2-22　一个模块机架上的模块布局

若采用多机架系统或考虑今后可能扩展为多机架控制系统，可在 CPU 右侧先添加 IM 接口模块，即插槽 3 安装接口模块。典型完成硬件配置的 S7-300 PLC，如图 2-23 所示。

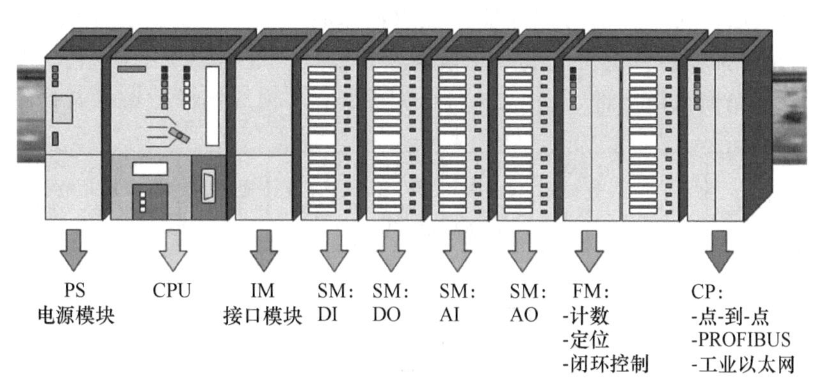

图 2-23　具有接口模块的 S7-300 PLC 系统

安装好导轨后，从左边开始，按照电源模块、CPU、IM、SM、FM、CP 的顺序，依次将模块挂靠在导轨上，并将总线连接器插入 CPU 和接口/信号/功能/通信模块。

除了 CPU 之外，这里的每个模块都带有总线连接器。在插入总线连接器时，必须从 CPU 开始。拔掉装配中“最后一个”模块的总线连接器。将总线连接器插入另一个模块。“最后一个”模块不用再安装总线连接器。总线连接器的形式如图 2-24 所示。

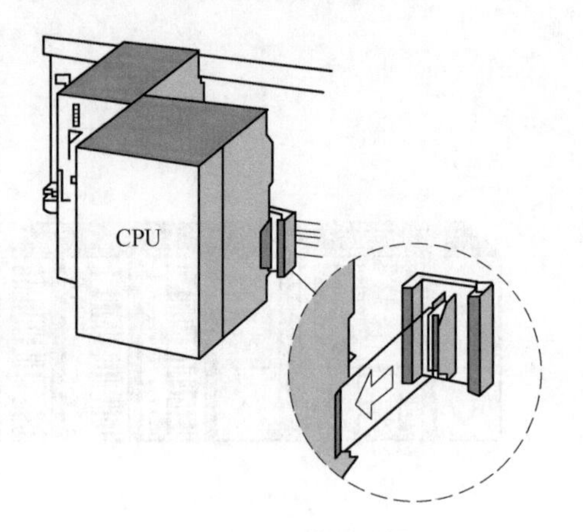

图 2-24　总线连接器

安装时将模块挂靠到导轨上，再滑动到靠近左边的模块，然后向下旋转，CPU 安装过程如图 2-25 所示。

安装完模块后，再用螺钉拧紧模块，如图 2-26 所示。其他模块只需依次采用以上方式安装即可。

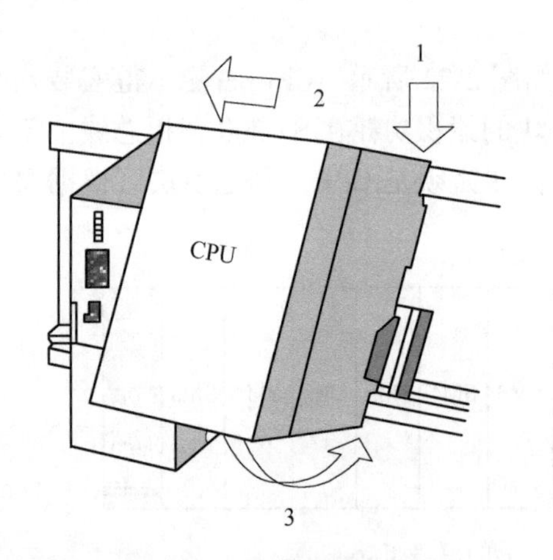

图 2-25　CPU 安装过程

1—将模块挂靠到导轨上；2—滑动到靠近左边的模块；
3—向下旋转

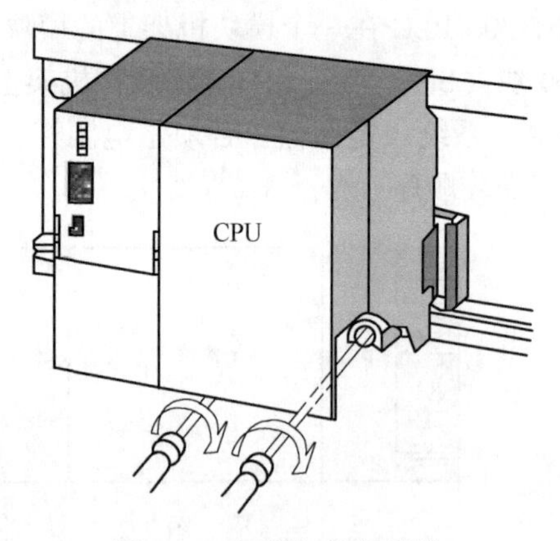

图 2-26　用螺钉拧紧模块

安装好模块后，对于插槽指定寻址（如果尚未将组态数据下载到 CPU，则使用默认寻址模式），每个插槽号都会分配到一个模块起始地址。根据模块的类型，它可以是数字量地址，也可以是模拟量地址。图 2-27 所示为机架 0 各模块插槽位编号对应分配的起始

机架0	PS	CPU	IM	SM 数字量地址 0.0～3.7	SM 数字量地址 4.0～7.7	SM 数字量地址 8.0～11.7	SM 数字量地址 12.0～15.7	SM 数字量地址 16.0～19.7	SM 数字量地址 20.0～23.7	SM 数字量地址 24.0～27.7	SM 数字量地址 28.0～31.7
槽位	1	2	3	4	5	6	7	8	9	10	11
机架0	PS	CPU	IM	SM 模拟量地址 256～270	SM 模拟量地址 272～286	SM 模拟量地址 288～302	SM 模拟量地址 304～318	SM 模拟量地址 320～334	SM 模拟量地址 336～350	SM 模拟量地址 352～366	SM 模拟量地址 368～382

图 2-27　机架 0 各模块插槽编号对应分配的起始地址

地址。用户可根据安装的模块位置，确定系统默认的起始地址。该地址也可在软件系统中重新定义更改。

图 2-28 所示为 S7-300 PLC 的硬件接口与编程地址的对应关系。

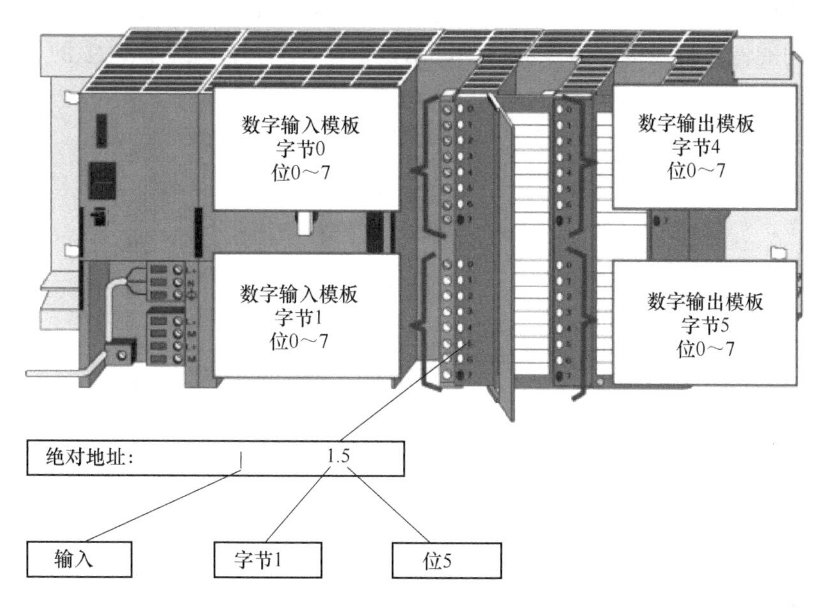

图 2-28 接线端子编号对应分配的地址

对于多机架系统其数字量与模拟量模块系统默认地址，如图 2-29 所示。

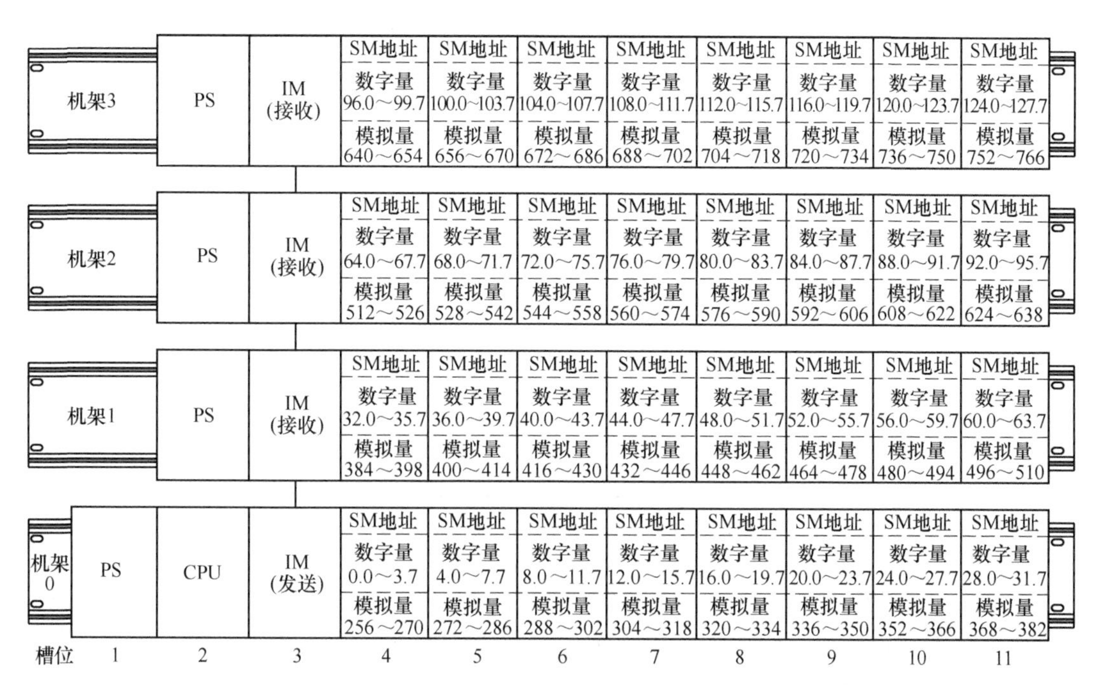

图 2-29 多机架系统其数字量与模拟量模块系统默认地址

2.2.1.2　电气连接

（1）将装配导轨连接到接地体上。装配导轨附带了一个 M6 螺钉用于连接接地体，连接导体的最小横截面：10 mm^2，将接地体连接到导轨，如图 2-30 所示。应始终确保接地体和导轨之间的低阻抗连接，为此应使用低阻抗电缆，尽可能缩短该电缆的长度，使用较大的接触表面。

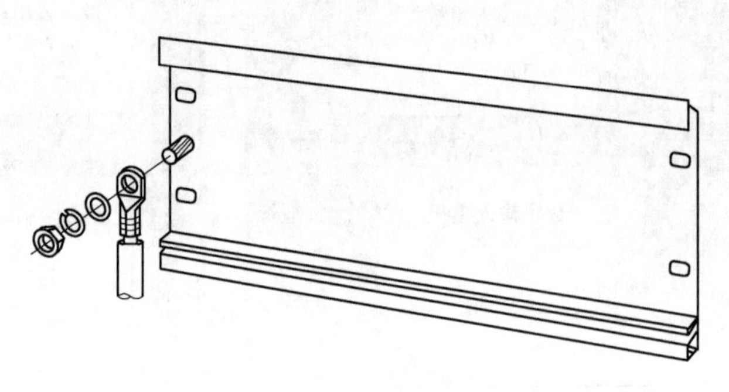

图 2-30　将数字量输入模块连接到安装导轨并将其拧紧

（2）设置电源电压选择器开关。确认电压选择器开关设置符合本地电源电压。要设置选择器开关：可用螺丝刀卸下保护盖；设置选择器开关，以与本地线路电压相符，再重新插入保护盖。其操作过程，如图 2-31 所示。

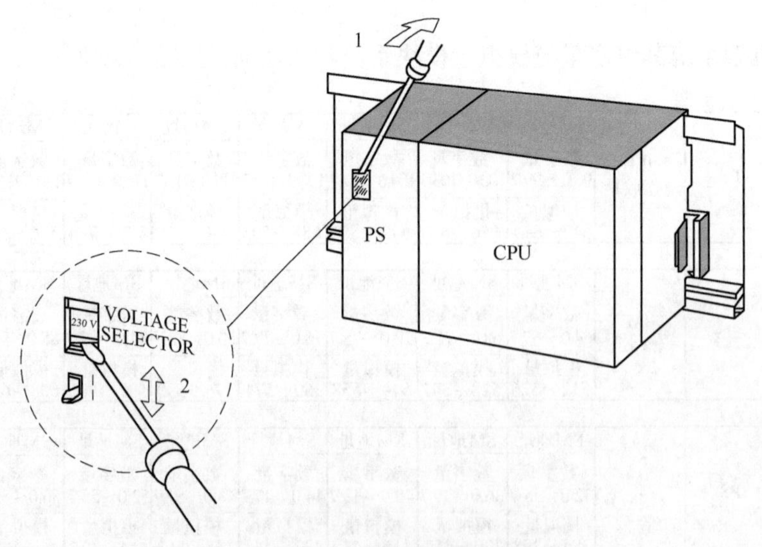

图 2-31　设置电源电压选择器开关

1—用螺丝刀卸下保护盖；2—将选择器开关设置为电源电压

（3）PS 和 CPU 接线。PS307 电源模块配备有两个额外的 DC 24 V 接线端子 L+和 M，它们可为 I/O 模块供电。CPU 的电源连接器是插入式设备，可以拆卸。具体操作：依次打开 PS307 电源模块和 CPU 前面板，松开 PS307 上的电缆夹。将电源电缆的外皮剥去 11 mm长，然后将其连接到 L1、N 和 PS307 的保护接地（PE）端。重新拧紧电缆夹的螺钉。然后，为 PS 和 CPU 接线，CPU 的电源连接器是可拆卸的插入式设备。将 CPU 电源连接电缆的外皮剥去 11 mm。分别将 PS307 上的较低端子 M 和 L+连接到 CPU 上的 M 和 L+端子，如图 2-32 所示。PS307 电源模块配备有两个额外的 DC 24 V 接线端子 L+和 M，它们可为 I/O 模块供电。

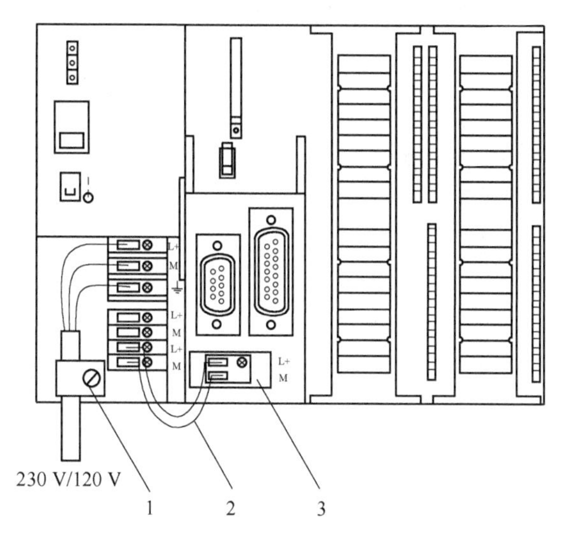

图 2-32　PS 和 CPU 接线

1—电源电缆上的电缆夹；2—PS 和 CPU 之间的连接电缆；3—可拆卸的电源连接器

（4）前连接器接线。所提供的前连接器有 20 针和 40 针两种类型，均有螺紧型或弹簧卡入式两种安装类型。关闭系统电源，打开模块前门，将前连接器放入接线位置，如图 2-33 所示。再将前连接器推入信号模块，直至其锁住。在此位置，前连接器仍然从模块中凸出，在此接线位置，前连接器不会与模块接触，方便接线。可将导线外皮剥去 6 mm 长，进行接线。

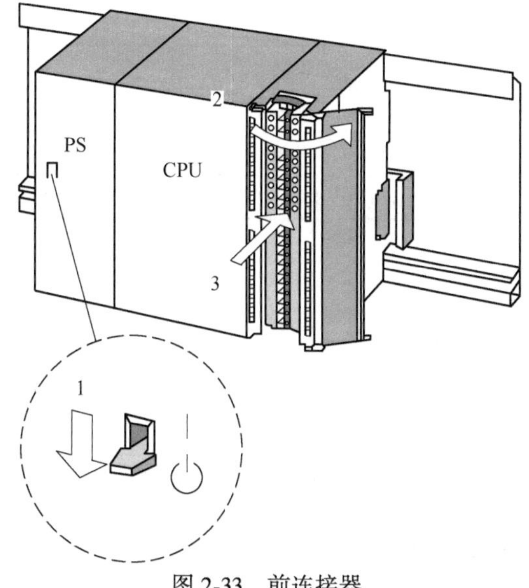

图 2-33　前连接器

1—电源（PS）关闭；2—打开模块；3—位于接线位置的前连接器图

2.2.1.3　将前连接器插入模块

前连接器已接线完毕，可将前连接器插入模块。20 针前连接器插入模块步骤如图 2-34 所示。40 针前连接器插入模块步骤，如图 2-35 所示。

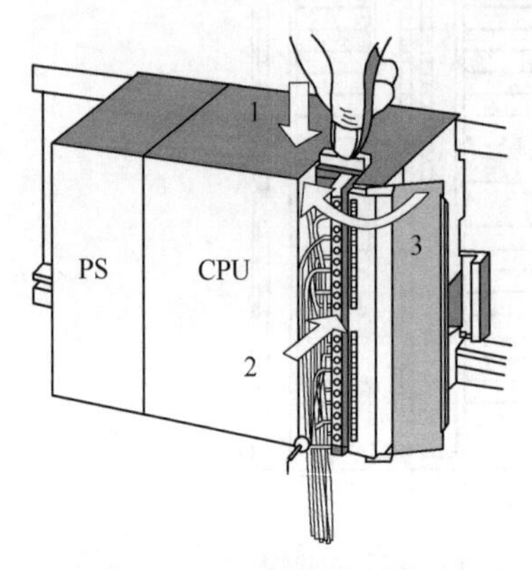

图 2-34　20 针前连接器插入模块步骤
1—按住释放装置；2—插入前连接器；3—合上前面板

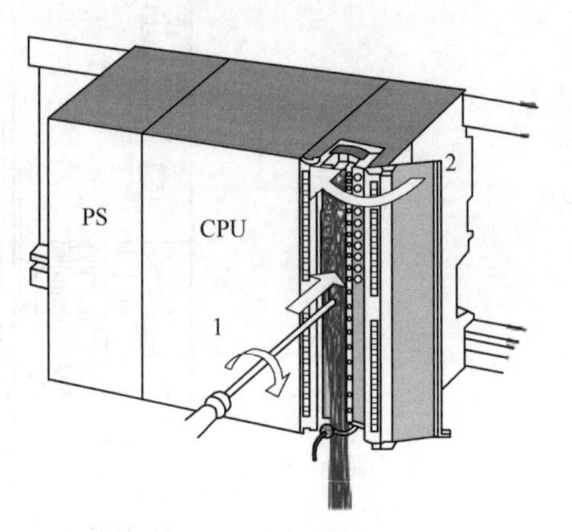

图 2-35　40 针前连接器插入模块步骤
1—拧紧安装螺钉；2—合上前面板

2.2.2　应用实例　STEP7 编程软件基本应用

本例现有一个传送带项目的硬件设备需要配置，其中包括电源模块 PS、CPU 模块、数字量输入/输出模块，具体硬件设备明细见表 2-14。STEP7 软件组态与操作过程可按以下步骤进行操作。

表 2-14　传送带项目硬件设备明细表

模　　块	型　　号	订　货　号
电源模块	PS 307 2 A	6ES7 307-1BA00-0AA0
CPU 模块	CPU315-2 PN/DP	6ES7 315-2EH14-0AB0
数字量输入模块	DI16x24 V DC	6ES7 321-1BH00-0AA0
数字量输出模块	DO16x24 V DC/0.5 A	6ES7 322-1BH00-0AB0

2.2.2.1　创建 STEP7 项目

要完成一个传送带项目的硬件设备配置，首先需要创建一个新的项目。项目管理器为用户提供了两种创建项目的方法：向导创建项目和手动创建项目。下面以手动创建项目为例来新建项目。

打开项目管理器，执行菜单命令“文件”→“新建”，弹出窗口如图 2-36 所示。

2.2.2.2　插入 S7-300 工作站

在项目中，工作站代表了 PLC 的硬件结构，其包含用于组态和给各个模块进行参数分

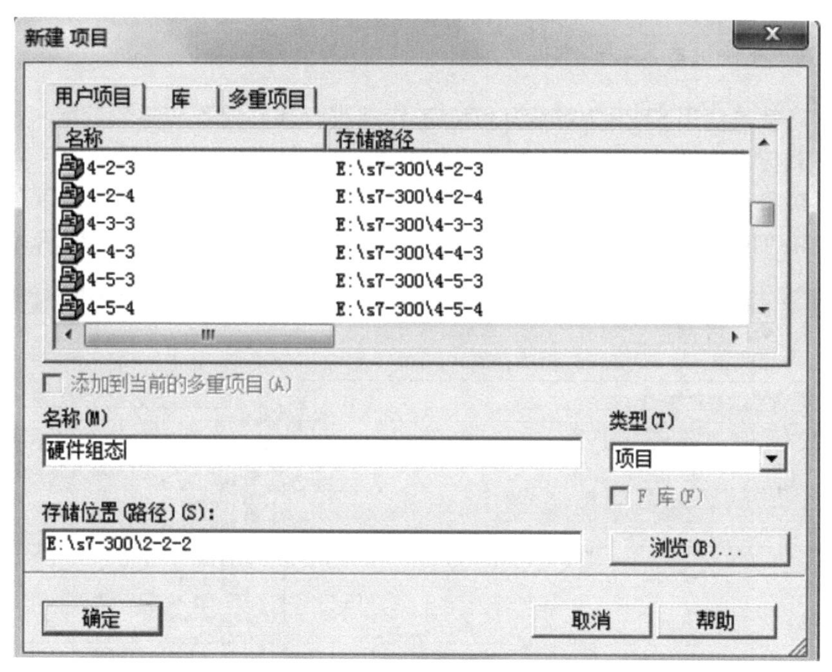

图 2-36 手动创建 STEP7 项目

配的数据。使用手动创建的项目初始不包含任何站，可以使用鼠标单击项目名，按右键“插入新对象”→“SIMATIC 300 站点”插入一个 SIMATIC 300 工作站，如图 2-37 所示。

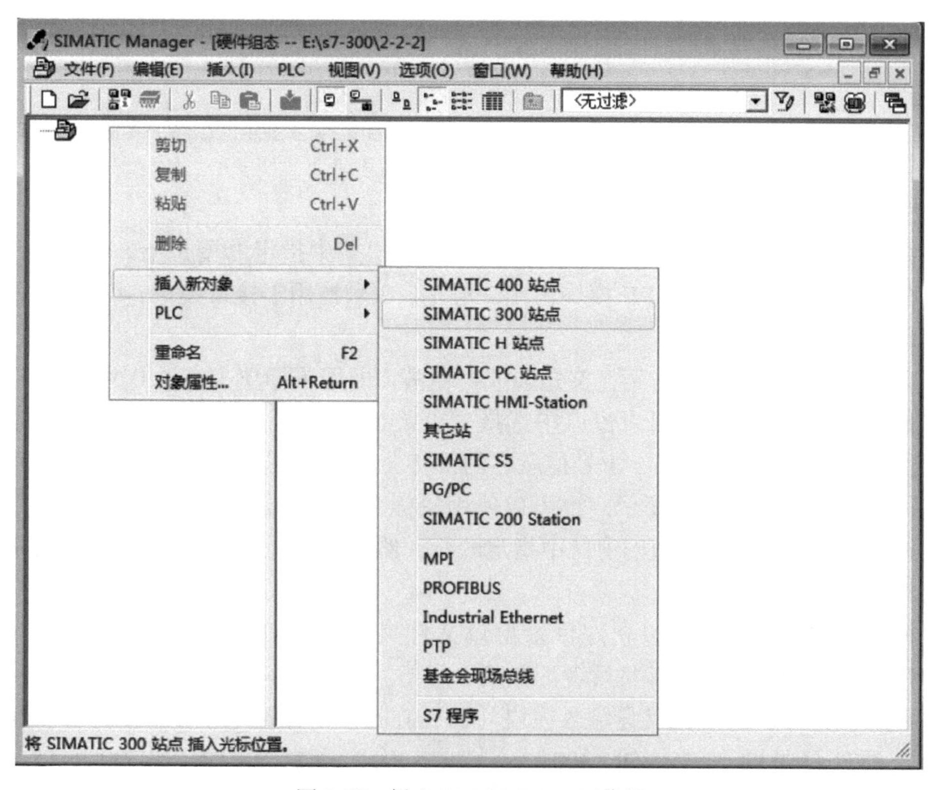

图 2-37 插入 SIMATIC 300 工作站

2.2.2.3　硬件组态

硬件组态就是使用 STEP 7 对 SIMATIC 工作站进行硬件配置和参数分配。所配置的内容以后可下载传送到硬件 PLC 中。组态步骤如下。

在对站对象组态时，须从硬件目录窗口中选择一个机架，S7-300 应选硬件目录窗口文件夹“SIMATIC 300”→“RACK-300”→“Rail”（导轨），如图 2-38 所示。

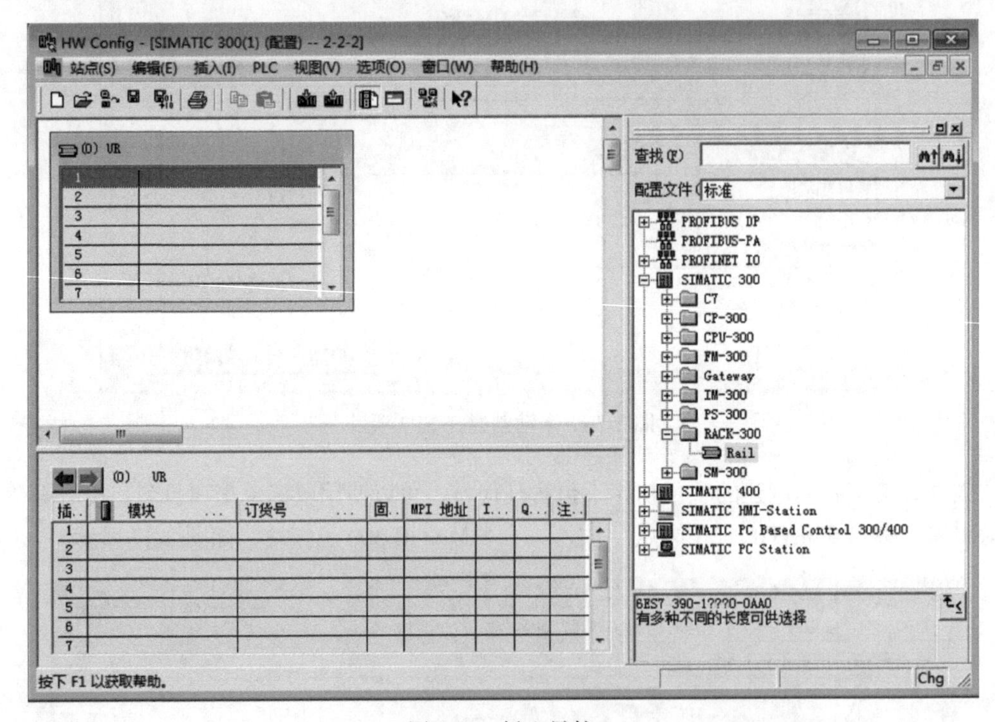

图 2-38　插入导轨

在硬件目录中选择需要的模块，将它们安排在机架中指定的槽位上。S7-300 中央机架的电源模块占用 1 号槽，CPU 模块占用 2 号槽，3 号槽用于接口模块，4~11 号槽用于其他模块。

以在 1 号配置电源模块为例，首先选中 1 号槽，即用鼠标单击左边 0 号中央机架 UR 的 1 号槽。然后在右边硬件目录窗口中选择“SIMATIC 300”→“PS-300”，再用鼠标双击目录窗口中的“PS 307 2A”，1 号槽所在的行将会出现“PS 307 2A”，该电源模块就被配置到 1 号槽了，如图 2-39 所示。也可以使用鼠标左键点击并按住右边硬件目录窗口中选中的模块，将它拖拽到左边的窗口中指定的行，然后放开鼠标左键，该模块就被配置到指定的槽了。

用同样的方法，打开右边硬件目录窗口文件夹“SIMATIC 300”→“CPU-300”→“CPU315-2 PN/DP”模块，并将后者配置到 2 号槽。因为没有接口模块，3 号槽空置。在 4 号槽配置 16 点 DC 24 V 数字量输入模块（DI）在 5 号槽配置 16 点输出模块（DO）。它们都属于硬件目录的“SIMATIC 300”→“SM-300”子目录中的 S7-300 的信号模块（SM），如图 2-40 所示。

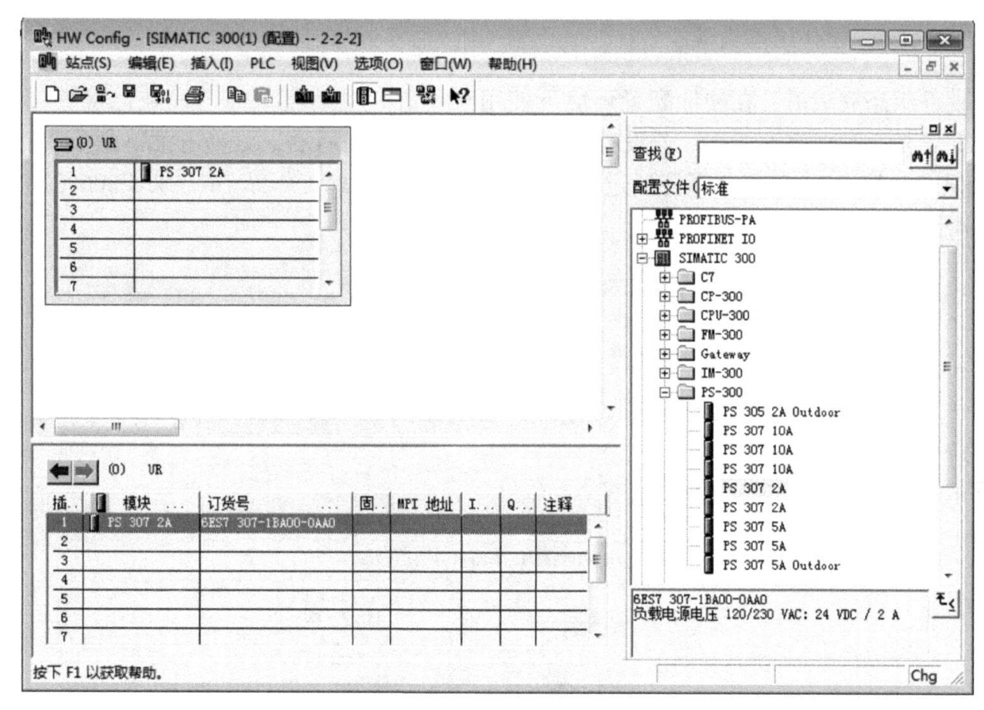

图 2-39　电源模块硬件配置

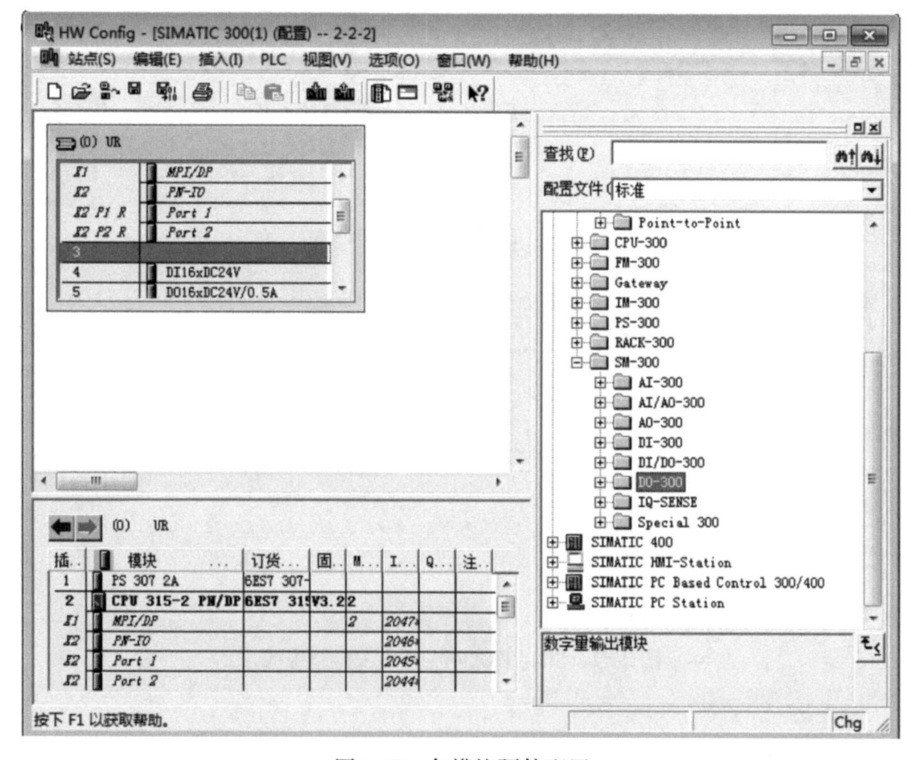

图 2-40　各模块硬件配置

2.2.2.4　硬件组态编译

硬件组态完成后，在硬件配置环境下使用菜单命令“站点”→“一致性检查”检查硬件配置是否存在组态错误。若没有组态错误，如图 2-41 所示，可单击菜单命令“站点”→“保存并编译”。如果编译能通过，则系统会自动在当前工作站 SIMATIC 300（1），如图 2-42 所示。

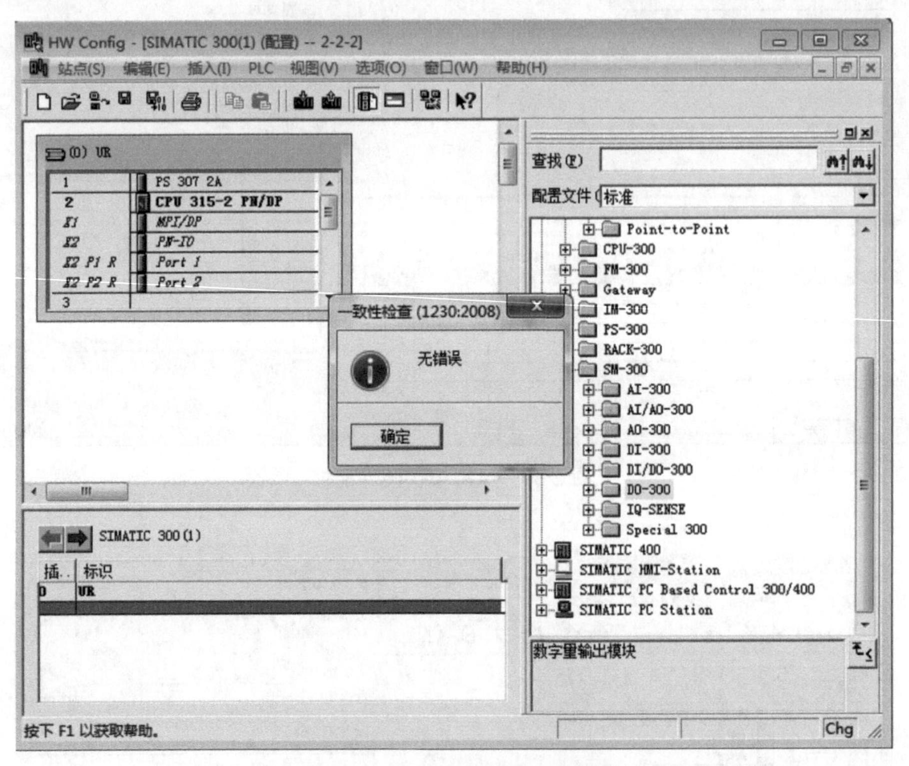

图 2-41　硬件配置一致性检查

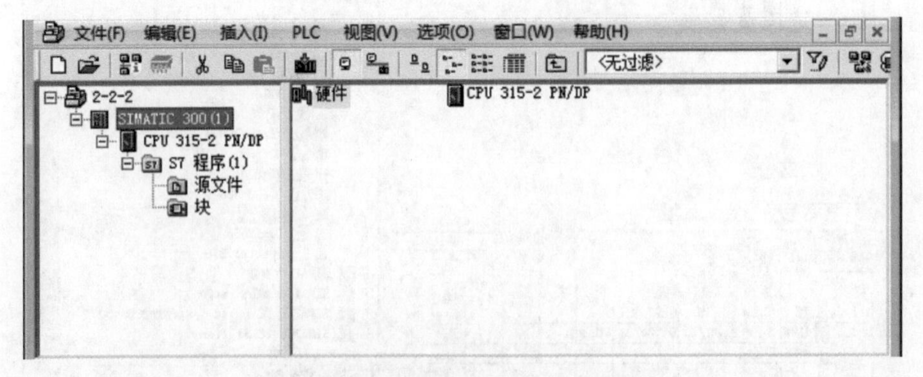

图 2-42　SIMATIC 300（1）工作站生成

2.2.2.5　编辑符号表

在 STEP7 程序设计过程中，为了提高程序的可读性，可以对 I/O 地址起一些符号名。

例如双击 S7 程序中的“符号”，在符号表中，定义地址 I0.0 的符号名称为“Conveyer_Start”，地址 I0.1 的符号名称是“Conveyer_Stop”，地址 Q0.0 的符号名称是“Conveyer_Run”，定义完成后单击“保存”，如图 2-43 所示。

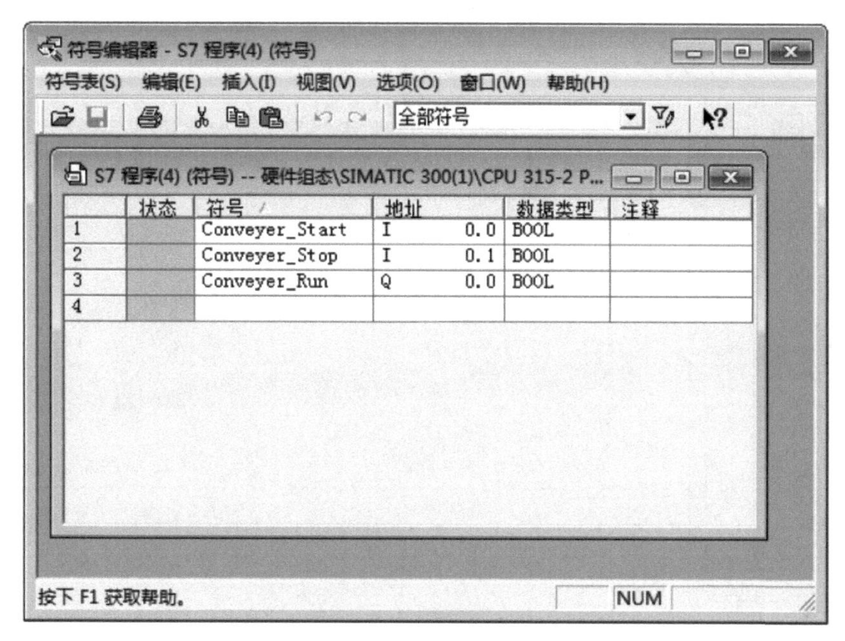

图 2-43　编辑符号表

2.2.2.6　编辑程序

单击左侧项目树中的“S7 程序（1）”左侧的小箭头展开结构，选中“块”，再双击“OB1”打开主程序，如图 2-44 所示。

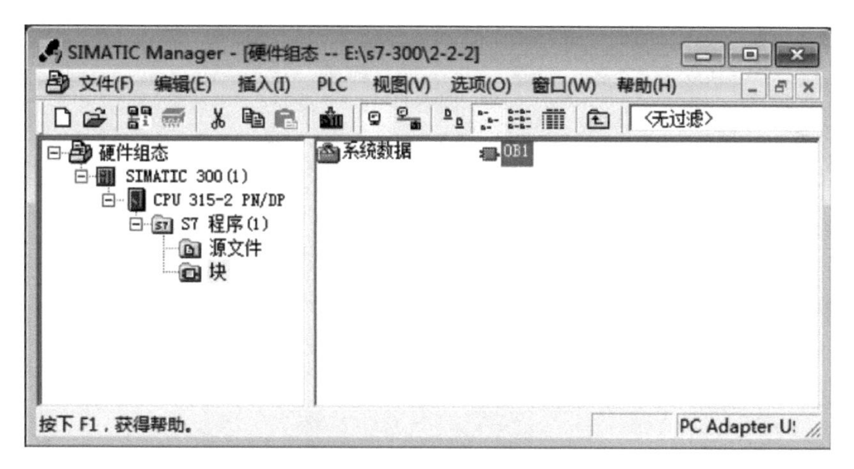

图 2-44　项目主程序 OB1

项目程序编辑时，可从左侧程序元素窗口中使用鼠标左键选中所需用的指令拖拽或双击添加到程序段中，如图 2-45 所示，也可从工具栏中单击所需使用的指令，如图 2-46 所示。当梯形图编辑完成后，在逻辑指令的上方依次输入地址，如图 2-47 所示。

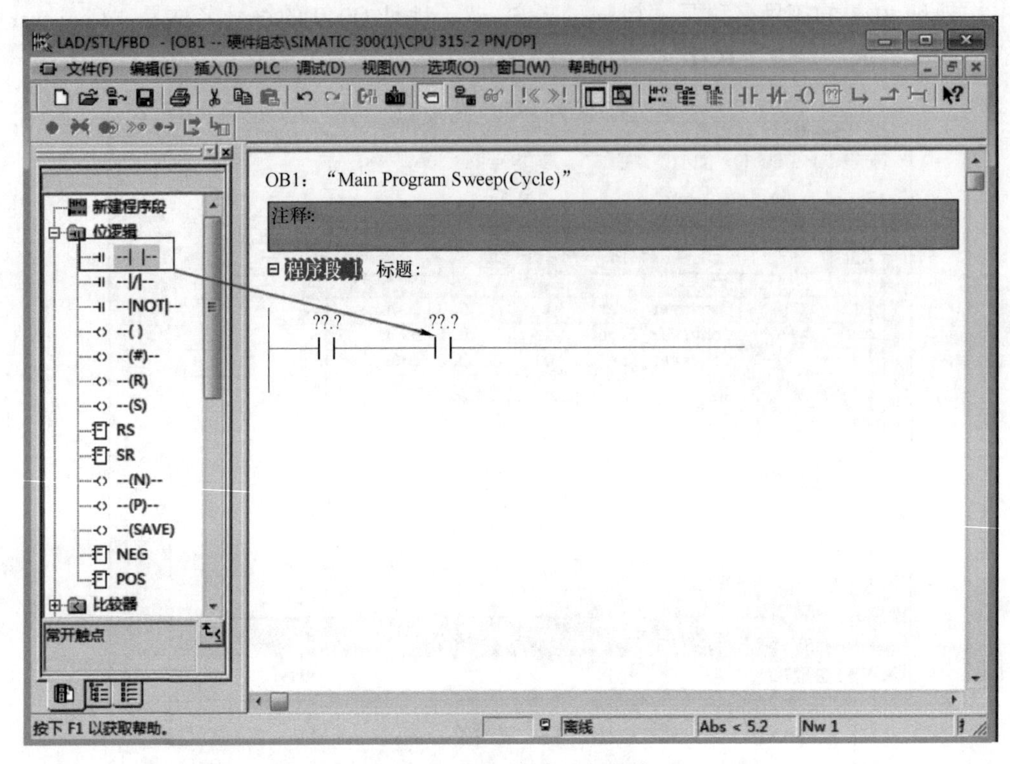

图 2-45　拖拽/双击添加指令

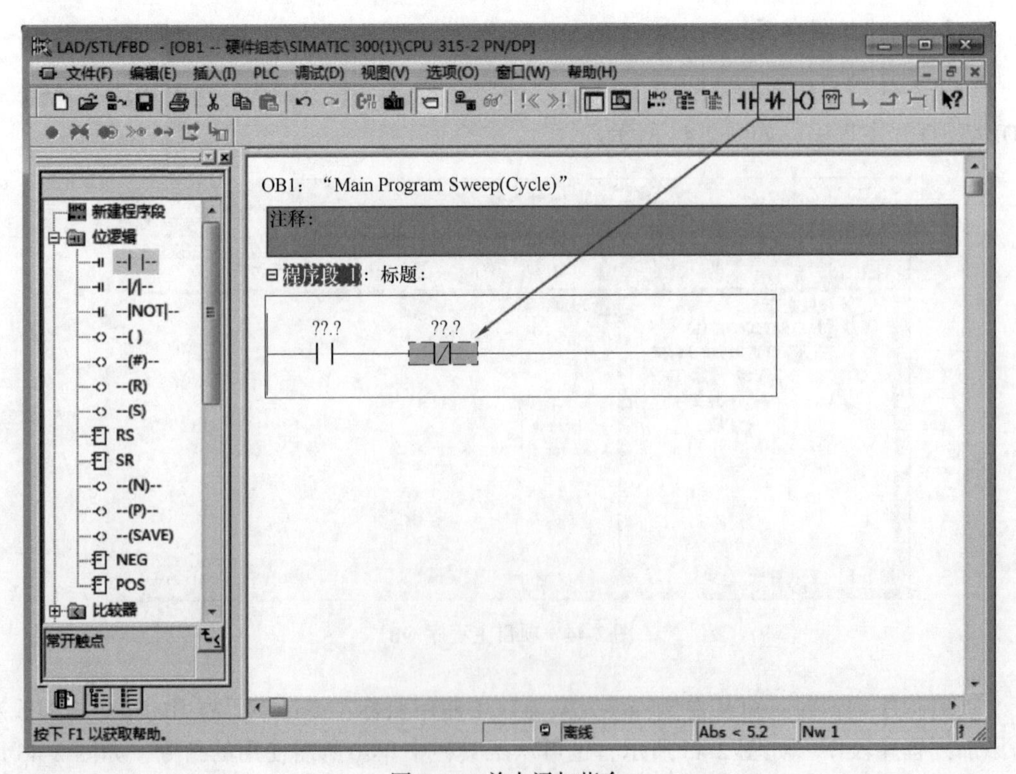

图 2-46　单击添加指令

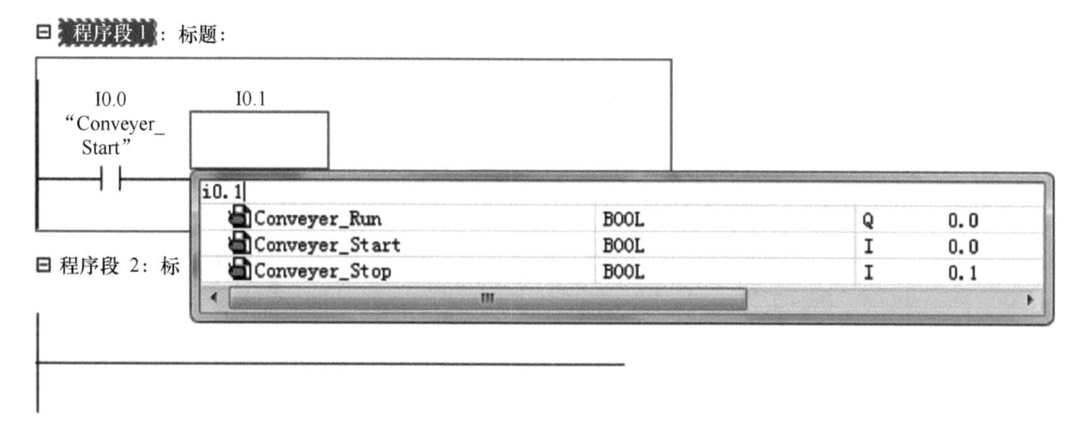

图 2-47　输入地址

2.2.2.7　下载组态与程序

为了测试上文设计的 PLC 控制传送带项目，须将模块信息和程序信息下载到 PLC 的 CPU 模块。要实现编程设备与 PLC 之间的数据传送，首先应正确安装 PLC 硬件模块，然后用编程电缆（如 USB -MPI 电缆、PROFIBUS 总线电缆或 PROFINET 通信网线）将 PLC 与 PG/PC 连接起来。在 SIMATIC Manager 中操作菜单"选项"→"设置 PG/PC 接口"，即可调出图 2-48 所示的编程接口的设备画面，根据使用的编程下载电缆选择相应的驱动设置。

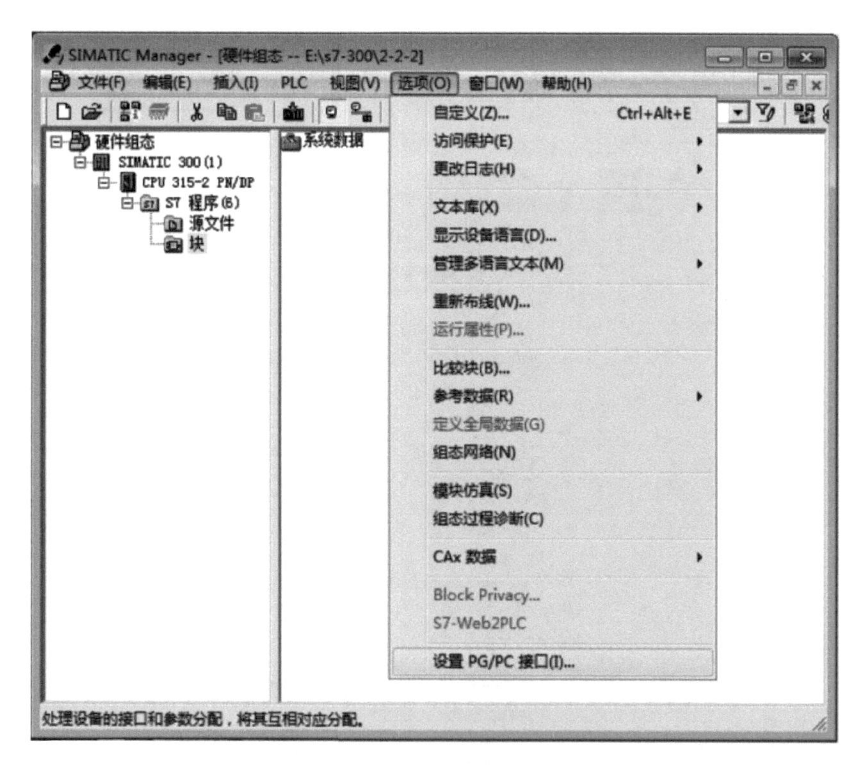

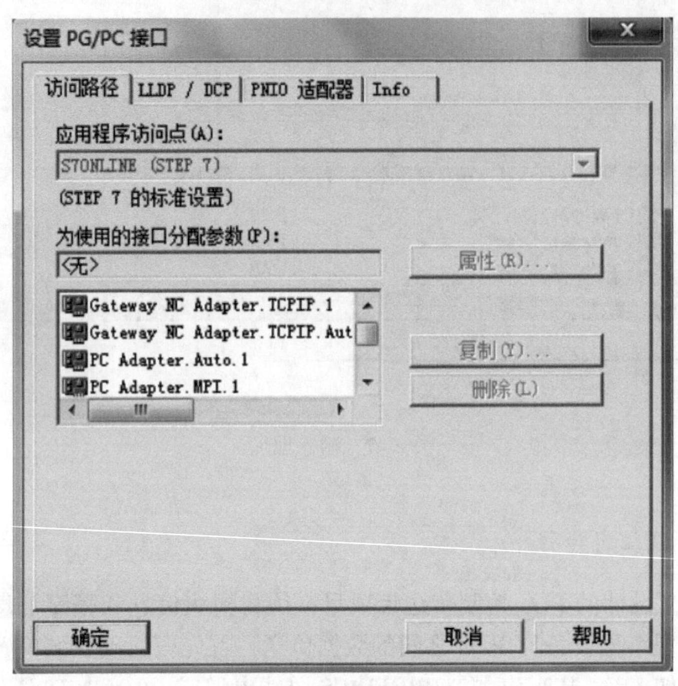

图 2-48　设置通信接口

最后单击菜单“PLC”→“下载”，可以将 STEP7 硬件组态信息下载到 PLC 中，如图 2-49 所示。

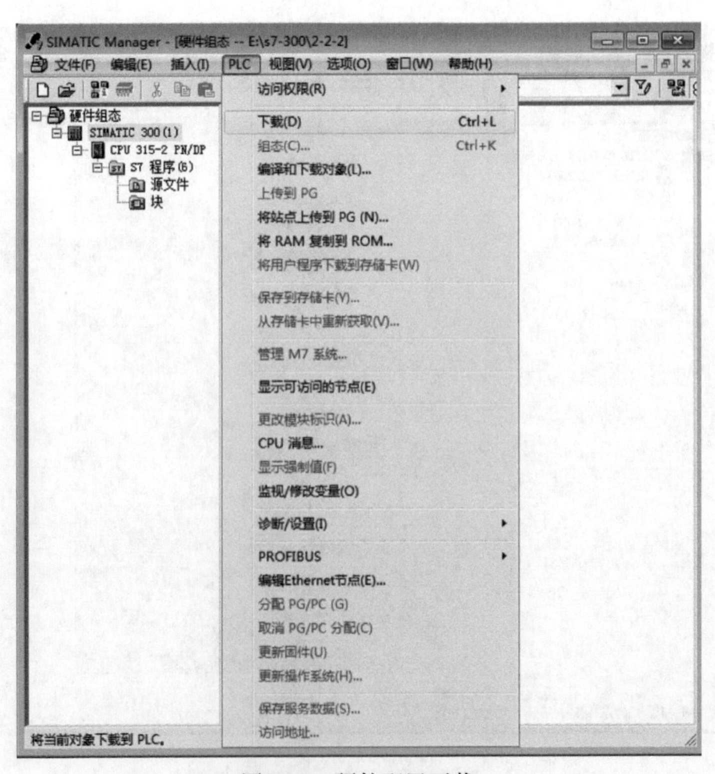

图 2-49　硬件配置下载

2.2.2.8　使用 S7-PLC SIM 调试程序

若用户未准备好调试 PLC 程序的硬件时，可以使用仿真软件 S7-PLC SIM 来替代真实 PLC 硬件对程序进行调试。

单击项目工具条中的“打开仿真器”按钮，如图 2-50 所示。进入 PLC SIM 窗口，窗口中出现 CPU 视图对象，并自动建立了 STEP 7 与仿真 CPU 的连接。在 CPU 视图对象中的“DC”灯为绿色，表示仿真 PLC 的电源接通。单击 CPU 视图对象中的“STOP”“RUN”或“RUN-P”小方框，可使仿真 PLC 切换相应的工作模式，如图 2-51 所示。

图 2-50　仿真按钮

图 2-51　仿真 PLC 切换相应的工作模式

在 SIMATIC 管理器中打开要仿真的用户项目，选中“块”对象，单击工具条中的“下载”按钮，或执行菜单命令“PLC”→“下载”，将所有的块下载到仿真 PLC 中。下面介绍如何在仿真环境下完成项目程序的调试，具体步骤如下。

（1）插入仿真输入、输出变量。单击仿真器菜单“插入”→“输入变量”插入一个地址为 0 的字节型输入变量 IB；同理插入字节型输出变量 QB，如图 2-52 所示。

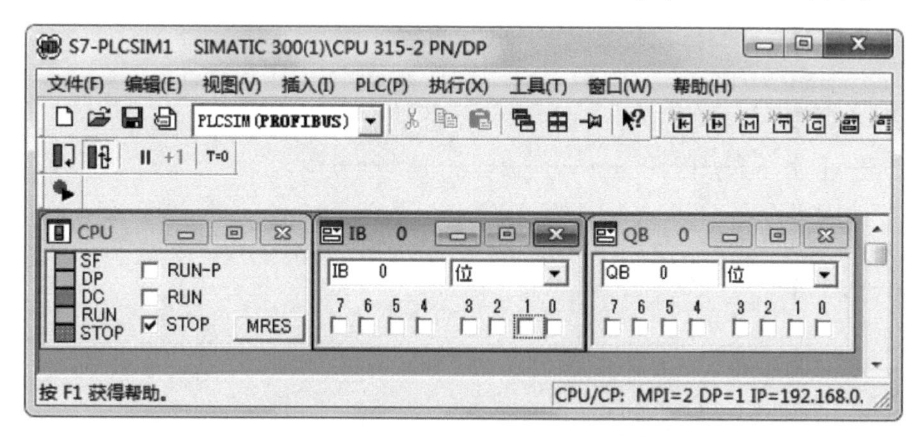

图 2-52　仿真器中插入输入、输出变量

（2）监控程序状态。通过监控程序的运行状态，可以帮助用户进一步判断程序的执行情况。将 CPU 模式从“STOP”切换到“RUN”模式后，开始运行程序。打开编写好的程序，单击工具栏“监控”按钮，激活监控状态。监控状态下会显示信号能流的状态和变量值，处于有效状态的元件显示高亮绿色实线，处于无效状态的元件则显示为蓝色虚线。若启动按钮 I0.0 未按下或停止按钮 I0.1 按下时，传送带输出线圈不亮，如图 2-53 所示。若启动按钮 I0.0 按下时，传送带输出线圈亮起，如图 2-54 所示。

程序段 1：标题：

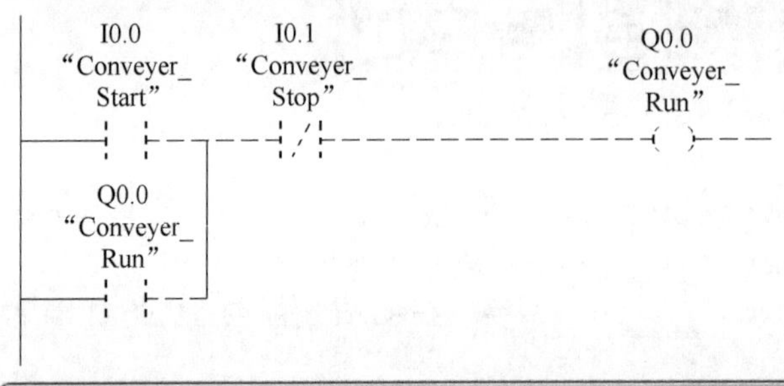

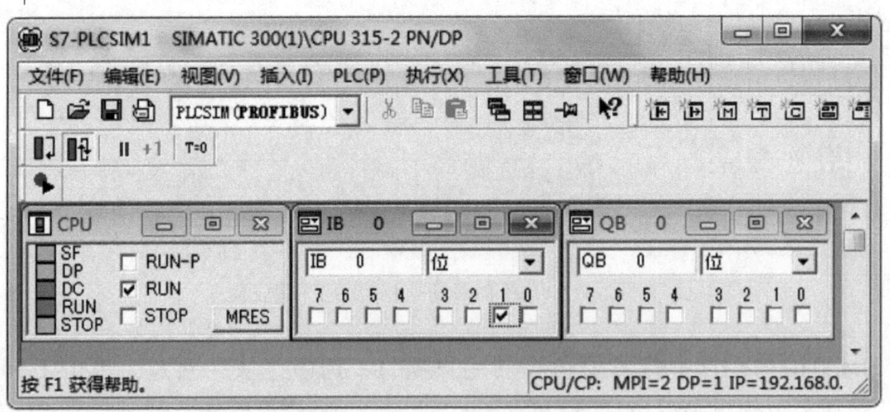

图 2-53　I0.0 未按下或 I0.1 按下时程序运行状态

程序段 1：标题：

I0.0 “Conveyer_Start”　I0.1 “Conveyer_Stop”　Q0.0 “Conveyer_Run”

Q0.0 “Conveyer_Run”

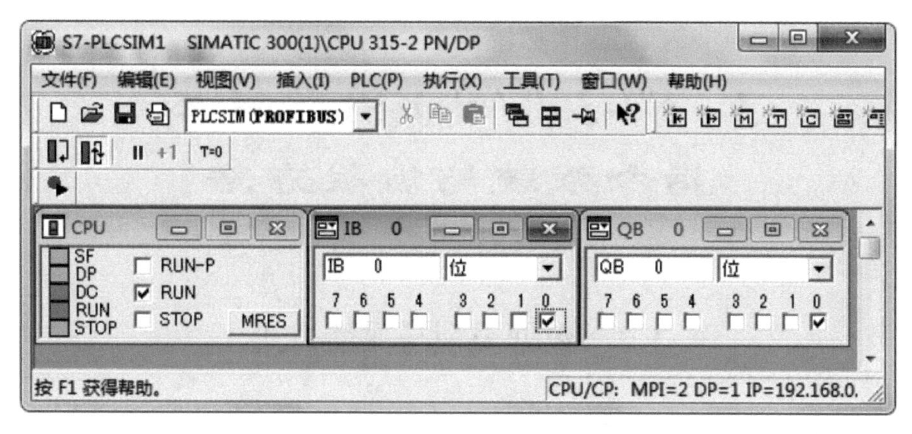

图 2-54 I0.0 按下时程序运行状态

思考与练习

2-1 简述 S7-300 系列 PLC 的系统电源模块的作用。

2-2 S7-300 的 CPU 有几种类型?

2-3 CPU 模块面板上的 LED 的意义有哪些?

2-4 简述 CPU 的运行模式。

2-5 怎样完成复位存储器的操作?

2-6 简述 SM321 数字量输入模块（DI）和 SM322 数字量输出模块（DO）的功能。

2-7 西门子 PLC 的输出模块有哪几种输出模式，各有哪些优缺点?

2-8 简述 SM323 数字量输入/输出模块（DI/DO）的类型。

2-9 SM331 模拟量输入模块（AI）的功能、构成和规格是什么?

2-10 能够扩展的 CPU 最多可以扩展多少个模块，IM 模块的作用和类型有哪些?

2-11 简述 S7-300 系列 PLC 通信处理器（CP）模板的作用。

2-12 S7-300 系列 PLC 的功能模板有哪几类?

2-13 简述 S7400 系列 PLC 的硬件系统构成。

3　S7-300/400 PLC 基本指令系统与编程方法

3.1　数据类型与寻址方式

3.1.1　基础知识　基本数据类型

用户程序中所有的数据必须通过数据类型来识别，SIMATIC S7-300 的数据类型主要分为基本数据类型、复式数据类型、参数类型三大类。

3.1.1.1　基本数据类型

基本数据类型有很多种，用于定义不超过 32 位的数据，每种数据类型在分配存储空间时有确定的位数，如布尔型（BOOL）数据为 1 位、字节型（BYTE）数据为 8 位、字型（WORD）数据为 16 位、双字型（DWORD）数据为 32 位。基本数据类型见表 3-1。

表 3-1　基本数据类型

数据类型	位数	格式选择	取值范围	常数表示方法举例
布尔型（BOOL）	1	布尔量	0，1	
字节型（BYTE）	8	十六进制数	B#16#00～B#16#FF	B#16#10
字型（WORD）	16	二进制数	2#0～2#1111_1111_1111_1111	2#0000 0001 0011 0010
		十六进制数	W#16#0～W#16#FFFF	W#16#15A0
		BCD 码	C#0～C#999	C#988
		无符号十进制数	B#（0，0）～B#（255，255）	B#（10，30）
双字型（DWORD）	32	二进制数	2#0～2#1111 1111 1111 1111 1111 1111 1111 1111	2#1000 0001 0001 1000 1001 1001 0111 1111
		十六进制数	DW#16#0000 0000～DW#16#FFFF FFFF	DW#16#10
		无符号数	B#（0，0，0，0）～B#（255，255，255，255）	B#（1，10，10，20）
字符型	8	字符	任何可以打印的字符（ASCII>31），除去 DEL 和“”	'A'
整数型（INT）	16	有符号十进制数	-32768～32767	12

续表 3-1

数据类型	位数	格式选择	取值范围	常数表示方法举例
双整数型（DINT）	32	有符号十进制数	L#-214783648~L#214783647	L#12
实数型（REAL）	32	IEEE 浮点数	上限：±3.402823e+38 下限：±1.175495e-38	1.326e-5
时间型（TIME）	32	IEC 时间精度 1 ms	T#-24D_20H_31M_23S_648MS T#24D_20H_31M_23S_648MS	T#0D_1H_1M_0S_0MS
日期型（DATE）	32	IEC 时间精度 1 天	D#1990_1_1~D#2168_12_31	DATE#1996_3_15
每天时间型（TOD）	32	每天时间精度 1 ms	TOD#0：0：0.0~ TOD#23：59：59.999	TOD#2：35：10.933
系统时间型 S5Time	32	S5 时间时基 10 ms（默认）	S5T#0H_0M_0S_10MS~ S5T#2H_46M_30S_0MS	S5T#0H_5M_0S_10MS

3.1.1.2 复式数据类型

复式数据类型中的数据由基本数据类型的数据组合而成，其长度可能超过 32 位。SIMATIC S7-300 中可以有 DATE_AND_TIME、STRING、ARRAY、STRUCT 等复式数据类型。

（1）日期_时间(DATE_AND_TIME)。用于表示日期时间，定义 64 位区间（8 字节)。用 BCD 码存储时间信息。字节 0~字节 7，分别是年、月、日、小时、分、秒、毫秒、星期几等信息。

（2）字符串（STRING)。可定义 254 个字符，字符串的默认大小为 256 个字节（存放 254 个字符，外加双字节字头)，可以通过定义字符串的实际数目来减少预留值，如：[STRING] 7'SIEMENS'。

（3）数组（ARRAY)。定义一种数据格式的多维数组。如："ARRAY [1..2，1..3] OF INT" 表示 2×3 的整数二维数组。

（4）构造（STRUCT)。定义多种数据类型组合的数组，它可定义构造中的数组，也可以是构造中的组合数组。

3.1.1.3 参数类型

参数类型用于向 FB（功能块）和 FC（功能）传送参数，简单地说就是定义接口参数的数据类型，它包括以下几种接口参数的数据类型。

（1）定时器（Timer）类型。通常大小为 2 个字节，指定执行逻辑块时要使用的定时器，如：T21。

（2）计数器（Counter）类型。通常大小为 2 个字节，指定执行逻辑块时要使用的计数器，如：C3。

（3）块 BLOCK_FB，BLOCK_FC，BLOCK_DB，BLOCK_SDB。通常大小为 2 个字节，定义的程序块作为输入/输出接口，参数的声明决定程序块的类型，如：FB（功能块)、FC（功能)、DB 等，如：FB20。

(4) 指针 (Pointer)。通常大小为 6 个字节，定义内存单元，如：P#M50.0。

(5) Any (10 个字节指针类型)。通常大小为 10 个字节，如果实参是未知的数据类型，或可以使用任意的数据类型时，可以选择“ANY”类型。如：P#M50.0，byte 10。

3.1.2 基础知识 S7-300 系列 PLC 的地址区

3.1.2.1 存储区地址

西门子 S7-300 CPU 的存储区如图 3-1 所示。存储区分为装载存储区、工作存储区和系统存储区 3 个区域。

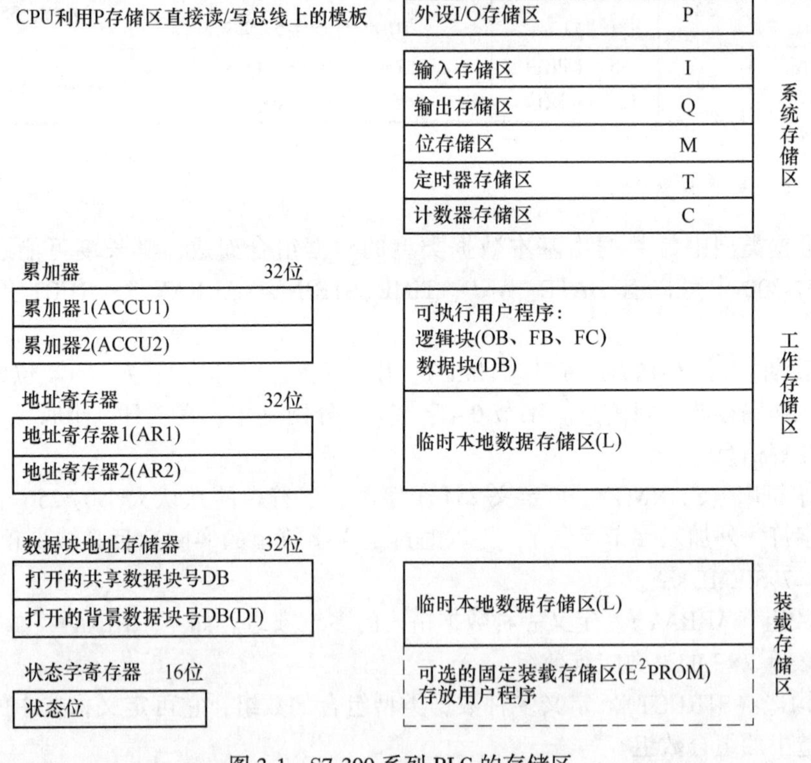

图 3-1 S7-300 系列 PLC 的存储区

(1) 装载存储区 (Load Memory)。装载存储区是用来存放用户程序和附加的系统数据（组态信息、连接及模块参数等），可以是 CPU 内部的 RAM，也可以是 FEPROM (MMC 卡)，CPU31xC 型号及一些新型号 CPU 只能使用 MMC 卡。

当用户下载程序时，把项目中的程序块及数据块下载到工作存储区，项目中的注释及号不能下载，只能保存在编程设备的硬盘中。

(2) 工作存储区 (Work Memory)。工作存储区是集成在 CPU 内部高速存取的 RAM。CPU 自动把装载存储区的可执行部分复制到工作存储区，在运行用户程序时，CPU 扫描工作存储区的程序和数据，包括组织块、功能块、功能及数据块。

在进行复位存储区操作时，工作存储区的程序和部分数据被清除，而 MMC 卡的程序和数据、MPI 多点接口的参数不会被清除。

如果不希望CPU把用户程序的部分数据块从装载存储区自动复制到工作存储区，可以把其标识为UNLINKED（与执行无关），在有必要时使用BLKMOV（SFC 20）指令将其复制到工作存储区中。

（3）系统存储区（System Memory）。系统存储区为用户运行程序提供一个存储器集合，其分为很多个区域，用户程序指令可以直接或间接寻址访问。常用的区域有输入映像寄存器（I）、输出映像寄存器（Q）、位存储器（M）、外部输入寄存器（PI）、外部输出寄存器（PQ）、定时器（T）、计数器（C）、数据块寄存器（DB）、本地数据寄存器（L）。这些地址区可访问的单位及表示方法，见表3-2。

此外还有步的编号（S），累加器（ACC1、ACC，S7-400CPU有4个累加器，还包含ACC3和ACC4）、地址寄存器（AR1、AR2）、数据块地址存储器（DB、DI）、状态寄存器和诊断缓冲区等。

S7系列PLC的物理存储器以字节为单位，所以规定字节单元为存储单元，每个字节单元存储8位信息。存储单元可以位、字节、字、双字为单位使用，例如，MW0由MB0和MB1组成，MB0是高位字节，MB1是低位字节。在分配存储区地址时，要防止因字节重叠造成读/写错误。以字节单元为基准标记的存储单元的位、字节、字和双字的相互关系及表示方法如图3-2所示。

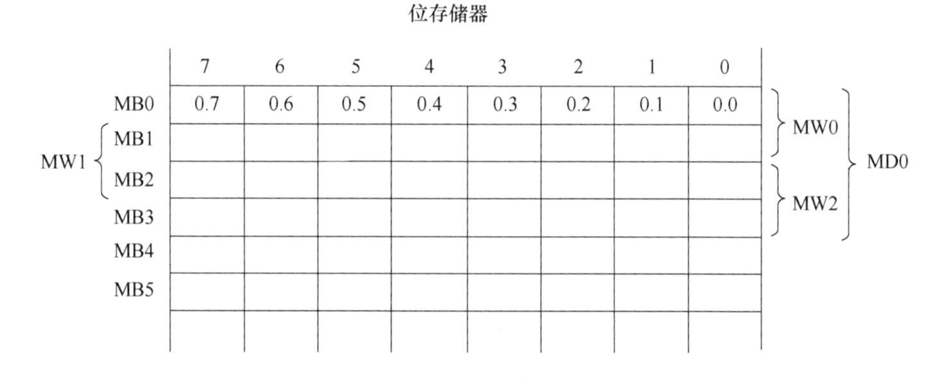

图3-2 字节存储单元的位、字节、字和双字的相互关系及表示方法

表3-2 S7-300地址区符号及表示方法

地址区域	区域功能	访问方式	标识符	最大地址范围
输入映像寄存器（I）	在循环扫描的开始，操作系统从过程中读取的输入信号存入本区域，供程序使用	输入位	IB.X	0~65535.7
		输入字节	IB	0~65535
		输入字	IW	0~65534
		输入双字	ID	0~65532
输出映像寄存器（Q）	在循环扫描期间，程序运算得到的输出值存入本区域。在循环扫描的末尾，操作系统从中读出输出值送到输出模板	输出位	QB.X	0~65535.7
		输出字节	QB	0~65535
		输出字	QW	0~65534
		输出双字	QD	0~65532

续表 3-2

<table>
<tr><th>地址区域</th><th>区域功能</th><th colspan="2">访问方式</th><th>标识符</th><th>最大地址范围</th></tr>
<tr><td rowspan="4">位存储器（M）</td><td rowspan="4">用于存储在程序中运算的中间结果</td><td colspan="2">存储器位</td><td>MB. X</td><td>0~255. 7</td></tr>
<tr><td colspan="2">存储器字节</td><td>MB</td><td>0~255</td></tr>
<tr><td colspan="2">存储器字</td><td>MW</td><td>0~254</td></tr>
<tr><td colspan="2">存储器双字</td><td>MD</td><td>0~252</td></tr>
<tr><td rowspan="3">外部输入寄存器（PI）</td><td rowspan="3">通过本区域，用户程序可以直接访问过程输入模板</td><td colspan="2">外部输入字节</td><td>PIB</td><td>0~65535</td></tr>
<tr><td colspan="2">外部输入字</td><td>PIW</td><td>0~65534</td></tr>
<tr><td colspan="2">外部输入双字</td><td>PID</td><td>0~65532</td></tr>
<tr><td rowspan="3">外部输出寄存器（PQ）</td><td rowspan="3">通过本区域，用户程序可以直接访问过程输出模板</td><td colspan="2">外部输出字节</td><td>PQB</td><td>0~65535</td></tr>
<tr><td colspan="2">外部输出字</td><td>PQW</td><td>0~65534</td></tr>
<tr><td colspan="2">外部输出双字</td><td>PQD</td><td>0~65532</td></tr>
<tr><td>定时器（T）</td><td>用于存储定时剩余时间</td><td colspan="2">定时器</td><td>T</td><td>0~255</td></tr>
<tr><td>计数器（C）</td><td>用于存储当前计数器值</td><td colspan="2">计数器</td><td>C</td><td>0~255</td></tr>
<tr><td rowspan="8">数据块寄存器（DB）</td><td rowspan="8">本区域含有所有数据块的数据，可根据需要同时打开两个不同的数据块。可用 OPN DB 打开一个数据块，用 OPN DI 打开另一个数据块。用指令 L DBWi 和 L DIWi 进一步确定被访问数据块中的具体数据。在用 OPN DI 时，打开的是与功能块 FB 和系统功能块 SFB 相关联的背景数据块</td><td rowspan="4">用 OPN DB 指令</td><td>数据位</td><td>DBX</td><td>0~65535. 7</td></tr>
<tr><td>数据字节</td><td>DBB</td><td>0~65535</td></tr>
<tr><td>数据字</td><td>DBW</td><td>0~65534</td></tr>
<tr><td>数据双字</td><td>DBD</td><td>0~65532</td></tr>
<tr><td rowspan="4">用 OPN DI 指令</td><td>数据位</td><td>DIX</td><td>0~65535. 7</td></tr>
<tr><td>数据字节</td><td>DIB</td><td>0~65535</td></tr>
<tr><td>数据字</td><td>DIW</td><td>0~65534</td></tr>
<tr><td>数据双字</td><td>DID</td><td>0~65532</td></tr>
<tr><td rowspan="4">本地数据寄存器（L）</td><td rowspan="4">用于存放逻辑块（OB、FB 和 FC）中使用的临时数据，也称为动态本地数据。一般用作中间暂存器。当逻辑块结束时，数据丢失</td><td colspan="2">临时本地数据位</td><td>L</td><td>0~65535. 7</td></tr>
<tr><td colspan="2">临时本地数据字节</td><td>LB</td><td>0~65535</td></tr>
<tr><td colspan="2">临时本地数据字</td><td>LW</td><td>0~65534</td></tr>
<tr><td colspan="2">临时本地数据双字</td><td>LD</td><td>0~65532</td></tr>
</table>

3.1.2.2　状态字

状态字用于表示 CPU 执行指令时所具有的状态。某些指令可否执行或以何种方式执行可能取决于状态字中的某些位，指令执行时也可能改变状态字中的某些位，可以用位逻辑指令或字逻辑指令访问并检测状态字。状态字的结构如图 3-3 所示。

（1）首位检测位（$\overline{FC}$）。状态字的 0 位为首位检测位。CPU 对逻辑串第 1 条指令的检测称为首位检测，如果首位检测位为 0，表明一个梯形逻辑网络的开始或为逻辑串的第 1 条指令。检测的结果（0 或 1）直接保存在状态字的第 1 位 RLO 中。该位在逻辑串的开始时总是 0，在逻辑串执行过程中为 1，输出指令或与逻辑运算有关的转移指令（表示一个逻辑串结束的指令）时将该位清 0。

（2）逻辑操作结果（RLO）。状态字的 1 位称为逻辑操作结果（Result of Logic Operation，RLO）。该位存储逻辑操作指令或比较指令的结果。在逻辑串中，RLO 位的状

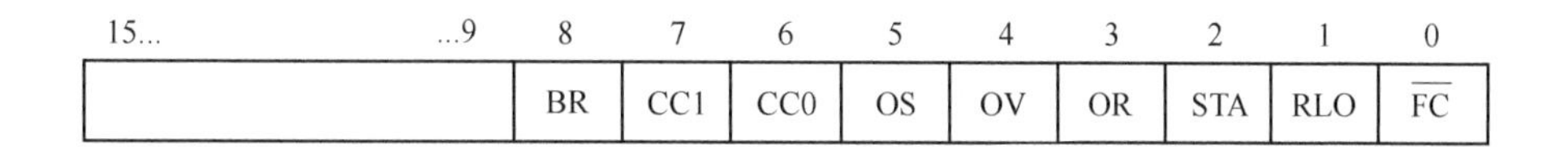

图 3-3 状态字的结构

态表示有关信号流的信息，RLO 的状态为 1，表明有信号流（通），RLO 的状态为 0，表明无信号流（断）。可用 RLO 触发跳转指令。

（3）状态位（STA）。状态字的 2 位称为状态位。该位不能用于指令检测，它只是在程序测试中被 CPU 解释并使用。当用位逻辑指令读/写存储器时，STA 总是与该位的值取得一致，否则，STA 始终被置 1。

（4）或位（OR）。状态字的 3 位称为或位。在先逻辑“与”、后逻辑“或”的逻辑块中，OR 位暂存逻辑“与”的操作结果，以便后面进行逻辑“或”运算。其他指令将 OR 位清 0。

（5）溢出位（OV）。状态字的 4 位称为溢出位。当算术运算或浮点数比较指令执行时出现错误（溢出、非法操作、不规范格式）时，OV 位被置 1，如果执行结果正常，该位被清 0。

（6）溢出状态保持位（OS）。状态字的 5 位称为溢出状态保持位（或称为存储溢出位）。它保存了 OV 位的状态，可用于指明在先前的一些指令执行过程中是否产生过错误。使 OS 位复位的指令是 JOS（OS=1 时跳转）、块调用指令和块结束指令。

（7）条件码 1（CC1）和条件码 0（CC0）。状态字的 7 位和 6 位称为条件码 1 和条件码 0。这两位结合起来用于表示在累加器 1 中产生的算术运算结果与 0 的大小关系，见表 3-3。

表 3-3 算术运算的 CC1 和 CC0

CC1	CC0	算术运算无溢出	整数算术运算有溢出	浮点数算术运算有溢出
0	0	结果=0	整数加时产生负范围溢出	平缓下溢
0	1	结果<0	乘除时负范围溢出；加减取负时正溢出	负范围溢出
1	0	结果>0	乘除时正范围溢出；加减时负范围溢出	正范围溢出
1	1	—	除数为 0	非法操作

逻辑运算结果与 0 的大小关系，以及比较指令的执行结果或移位指令的移出状态见表 3-4。

表 3-4 比较、移位、字逻辑指令后的 CC1 和 CC0

CC1	CC0	比较指令	移位和循环移位指令	字逻辑指令
0	0	累加器 2=累加器 1	移出位=0	结果=0
0	1	累加器 2<累加器 1	—	—

续表 3-4

CC1	CC0	比较指令	移位和循环移位指令	字逻辑指令
1	0	累加器 2>累加器 1	—	结果≠0
1	1	—	移出位=1	---

（8）二进制结果位（BR）。状态字的 8 位为二进制结果位。它将字处理程序与位处理联系起来，在一段既有位操作又有字操作的程序中，用于表示字操作结果是否正确（异常）。将 BR 位加入程序后，无论字操作结果如何，都不会造成二进制逻辑链中断。在 LAD 的方块指令中，BR 位与 ENO 有对应关系，用于表明方块指令是否被正确执行：如果执行出现了错误，BR 位为 0，ENO 也为 0；如果功能被正确执行，BR 位为 1，ENO 也为 1。

在用户编写的 FB 或 FC 程序中，必须对 BR 位进行管理，当功能块正确运行后，使 BR 位为 1，否则使其为 0。使用 STL 的 SAVE 指令或 LAD 的——（SAVE）指令，可将 RLO 存入 BR 位中，从而达到管理 BR 位的目的。当 FB 或 FC 执行无错误时，使 RLO 位为 1，并存入 BR 位，否则在 BR 位存入 0。

3.1.2.3　常量与变量

数据类型属于抽象概念，在编程时，并不能直接操作数据类型，而是要操作数据的实例。实例是数据类型的具体表现，包括“常量”与“变量”两种。

“常量”英文名称“constant”，是指在程序的运行过程中其值不能被改变的量。常量存放在只读存储区，任何试图修改常量值的代码都将引发错误。

常量可以有不同的数据类型，可以是“字节”“字”或者“双字”。比如：B#16#10 表示以“字节”形式存放的常量（占用 1 个字节），其值为十六进制的“10”；W#16#10 表示以“字”形式存放的常量（占用 2 个字节），其值为十六进制的“10”；DW#16#10 表示以“双字”形式存放的常量（占用 4 个字节），其值为十六进制的“10”。

上面的例子可以看出，虽然常量存放的值都为“10”，但是由于声明的数据类型不同，所以它占用的内存的资源也不同，知道了这个道理，在以后的程序设计中，就可以根据具体的需要，采用不同数据类型的常量，以便能节省内存资源，提高程序的运行效率。

常量可以表示二进制数据，用前缀“2#”表示，比如：“2#1010”表示二进制的“1010”。在进行按位“与”的操作中，二进制的常量使用起来会很方便。

常量可以声明成整数类型，在 SAMITIC STEP7 平台下用 L#”表示，比如：“L#10”表示十进制的“10”；“L#”也可以表示负数，比如“L#-5”表示十进制的“-5”。“L#”声明的常量占用 4 个字节，总计 32 位。

常数可以声明成实数（浮点数），不需要特殊的前缀，只需要在书写时加上小数点即可，比如“10.0”，编辑器会自动使用科学记数法表示该数值。

常量还可以表示时间，用“S5T#”表示。S5 格式的时间常量占用 2 个字节，其格式为 S5T#D_H_M_S_MS，其中“D”表示“天”，“H”表示小时，“M”表示“分钟”，“S”表示“秒”，“MS”表示“毫秒”。比如：S5T#1M5S 表示 1 分钟零五秒，时间常量一般和定时器（Timer）配合使用。

“变量”英文名称“variable”，是在程序的运行过程中值可以被修改的量，例如，对于每次块调用，可以为在块接口中声明的变量分配不同的值。从而可以重复使用已编程的块，用于实现多种用途。变量由变量名称、数据类型组成。与定义常量不同的是，定义变量时需要明确其存储区域。

西门子 S7 系列 PLC 的存储区域包括：输入过程映像区（I）、输出过程映像区（Q）、位存储区（M）、定时器区（T）和计数器区（C）。比如 M0.1 表示以“位”的方式来操作“位存储区”的第 0 个字节的第 1 位；MB0 表示“位存储区”的第 0 个字节；MW0 表示“位存储区”的第 0 个字；MD0 表示“位存储区”的第 0 个双字。

这种以存储区的编号来表示变量的方式称为变量的绝对地址表示。绝对地址不能直观地表示实际物理信号意义，程序的可读性较差。为了增加程序的可读性，西门子 S7 系列 PLC 还支持使用符号名称来表示变量，比如可以给 M0.1 起个符号名“Switch_Open”，这样就知道该变量与开关的打开状态有关。

可一般访问权的 PLC 变量和 DB 变量都有绝对地址。也可进行声明变量，即可以为程序定义具有不同范围的变量，如：PLC 变量、全局数据块中的 DB 变量可以在整个 CPU 范围内被各类块使用，背景数据块中的 DB 变量，这些背景数据块主要用于声明它们的块中。

变量类型之间的区别见表 3-5。

表 3-5 变量类型之间的区别

项目	PLC 变量	背景 DB 中的变量	全局 DB 中的变量
应用范围	1. 在整个 CPU 中有效。 2. CPU 中的所有块均可使用。 3. 该名称在 CPU 中唯一	1. 主要用于定义它们的块中。 2. 该名称在背景 DB 中唯一	1. CPU 中的所有块均可使用。 2. 该名称在全局 DB 中唯一
可用的字符	1. 字母、数字、特殊字符。 2. 不可使用引号。 3. 不可使用保留关键字	1. 字母、数字、特殊字符。 2. 不可使用保留关键字	1. 字母、数字、特殊字符。 2. 不可使用保留关键字
使用	1. I/O 信号（I、IB、IW、ID、Q、QB、QW、QD）。 2. 位存储器（M、MB、MW、MD）	1. 块参数（输入、输出和输入/输出参数）。 2. 块的静态数据	静态数据
定义位置	PLC 变量表	块接口	全局 DB 声明表

3.1.3 基础知识 数据存储区的寻址方式

寻址方式即对数据存储区进行读写访问的方式。S7-300 系列 PLC 的寻址方式有立即寻址、存储器直接寻址和间接寻址三大类。

3.1.3.1 立即寻址

立即寻址是对操作数是常数或常量的寻址方式，其特点是操作数值直接表示在指令中，出现在指令中的操作数称为立即数。有些指令的操作数是唯一的，为简化起见，并不在指令中写出。立即寻址方式可用来提供常数、设置初值等。常数值可分为字节、字、双字型等数据。CPU 以二进制方式存储所有常数。在指令中可用十进制、十六进制、ASCII 码或浮点数形式来表示操作数。

立即寻址示例。

```
SET                    把 RLO 置 1
OW   W#16#320;         将常量 W#16#320 与 ACCU 或运算
L    1352;             把整数 1352 装入 ACCU1
L    'ABCD'            把 ASCII 码字符 ABCD 装入 ACCU1
L    C#100             把 BCD 码常数 100（计数值）装入 ACCU1
AW   W#16#3A12         常数 W#16#3A12 与 ACCU1 的低位相"与"，运算结果
     在 ACCU1 的低字中
```

3.1.3.2　存储器直接寻址

存储器直接寻址包括对寄存器和存储器的直接寻址。在直接寻址的指令中，直接给出操作数的存储单元地址，包括寄存器或存储器的区域、长度和位置，根据这个地址就可以立即找到该数据。

对于系统存储器中的 I、Q、M 和 L 存储区，是按字节进行排列的，对其中的存储单元进行的直接寻址方式包括位寻址、字节寻址、字寻址和双字寻址。

位寻址是对存储器中的某一位进行读写访问。

格式：地址标识符　字节地址/位地址

其中，地址标识符指明存储区的类型，可以是 I、Q、M 和 L。字节地址和位地址指明寻址的具体位置。例如，访问输入过程映像区 I 中的第 1 字节第 5 位，如图 3-4 阴影部分所示，地址表示为 I1.5。

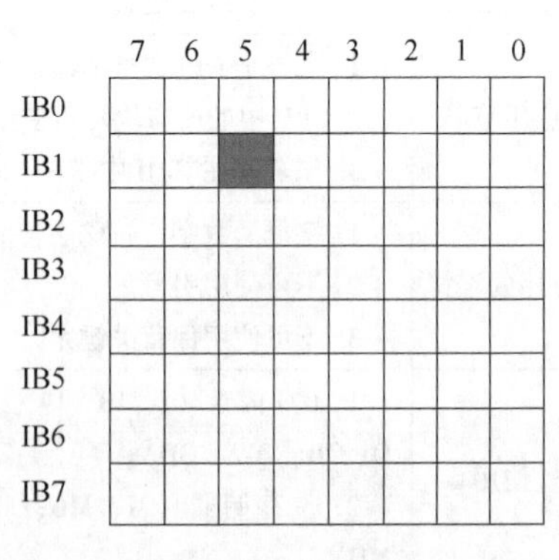

图 3-4　位寻址示意

对 I、Q、M 和 L 存储区也可以以 1B 或 2B 或 4B 为单位进行一次读写访问。

格式：地址标识符　长度　类型　字节起始地址

其中，长度类型包括字节、字和双字，分别用"B"（Byte）、"W"（Word）和"D"（Double Word）表示。例如，VB100 表示变量存储器区中的第 100 字节，VW100 表示变量存储器区中的第 100 和 101 两个字节，VD100 表示变量存储器区中的第 100、101、102 和 103 四个字节。需要注意，当数据长度为字或双字时，最高有效字节为起始地址字节。图 3-5 所示为 VB100、VW100、VD100 三种寻址方式所对应访问的存储器空间及高低位排列的方式。

字节/字/双字寻址举例。

对于 I/O 外设，也可以使用字节寻址、字寻址和双字寻址。例如：PIB0，表示输入过程映像区第 0 字节所对应的输入外设存储器单元；再如 PQW2，表示输出过程映像区第 2 字节与第 3 字节所对应的输出外设存储器单元。

数据块存储区也是按字节进行排列的，也可以使用位寻址、字节寻址、字寻址和双字寻址方式对数据块进行读写访问。其中，字节、字和双字的寻址格式同 I、Q、M、L 存储

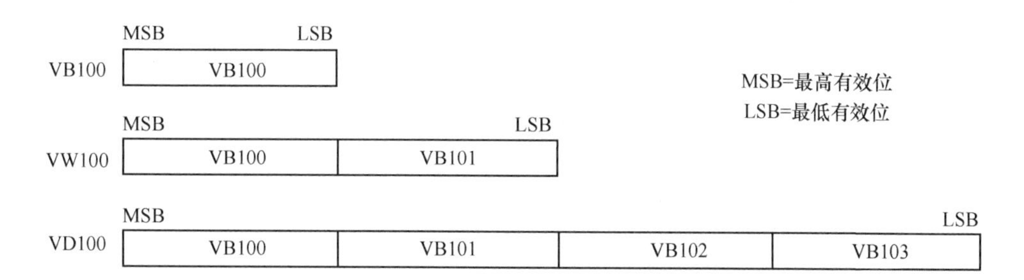

图 3-5 字节/字/双字寻址举例

区，位寻址的格式需要在地址标识符 DB 后加 X。如 DBX2.3，表示寻址数据块第 2 字节第 3 位；DBB10 表示寻址数据块第 10 字节；DBW4 表示寻址数据块第 4、5 两个字节；DBD20 表示寻址数据块第 20、21、22 和 23 四个字节。表 3-2 为 I、Q、M、L、I/O 外设和数据块存储区的直接寻址方式。

3.1.3.3 间接寻址

间接寻址又分为存储器间接寻址和寄存器间接寻址。

（1）存储器间接寻址简称间接寻址。该寻址方式在指令中以存储器的形式给出操作数所在存储器单元的地址，也就是说该存储器的内容是操作数所在存储器单元的地址。该存储器一般称为地址指针，在指令中需写在方括号“［ ］”内。地址指针可以是字或双字。对于地址范围小于 65535（即 16 位二进制数所表示的最大值）的存储器（如 T、C、DB、FB、FC 等）可以用字指针，其指针格式如图 3-6 所示。

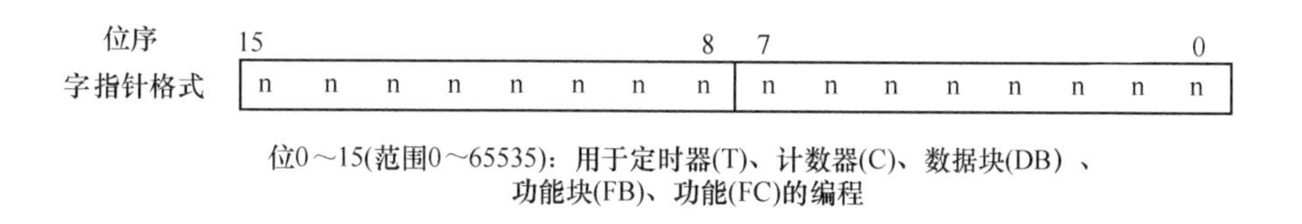

图 3-6 存储器间接寻址的字指针格式

对于其他存储器（如 IOM 等）则要使用双字指针。如果要用双字指针访问字节、字或双字存储器，必须保证指针的位编号为 0，只有双字 MDLD、DBD 和 DID 能做双字地址指针，存储器间接寻址的双字指针格式如图 3-7 所示，位 0~2（XXX）为被寻址位的位编号（范围 0~7），位 3~18 为被寻址字节的字节编号（范围 0~65535）。

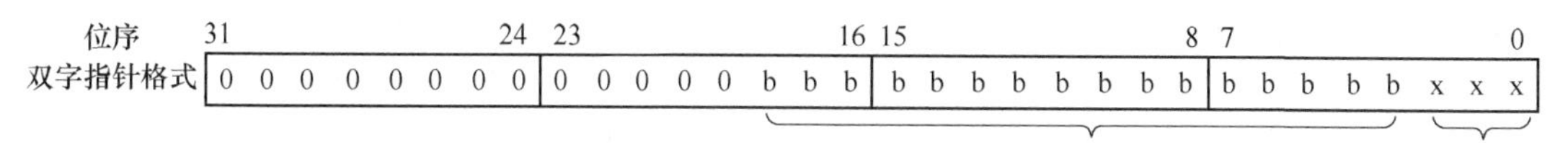

图 3-7 存储器间接寻址的双字指针格式

存储器间接寻址的单字格式的指针寻址示例。

```
L    2            说明：将数字 2#0000000000000010 装入累加器 1
T    MW50         将累加器 1 低字中的内容传给 MW50 作为指针值
OPN  DB35         打开共享数据块 DB35
LD   BW［MW50］   将共享数据块 DBW2 的内容装入累加器 1
```

存储器间接寻址的双字格式的指针寻址示例。

```
L    P#8.7        说明：把指针值装载到累加器 1
T    [MD2]        把指针值传送到 MD2
A    [MD2]        查询 I8.7 的信号状态
=    Q[MD2]       给输出位 Q8.7 赋值
```

上面程序中 Q［MD2］中的 MD2 称为地址指针，其里面的数值代表地址。使用存储器间接寻址，该存储器的值是操作数的地址，因此改变了存储器的值就相当于改变了操作数的地址，在循环程序中经常使用存储器间接寻址。

（2）寄存器间接寻址简称寄存器寻址。在 S7 中有两个地址寄存器，分别是 AR1 和 AR2。通过地址寄存器，可以对各存储区的存储器内容实现寄存器间接寻址。地址寄存器的内容加上偏移量形成地址指针，该指针指向数值所在的存储单元。地址寄存器及偏移量必须写在方括号“［ ］”内。寄存器间接寻址的语句不改变地址寄存器中的数值。用寄存器指针访问一个字节、字或双字时，必须保证地址指针中位地址编号为 0。

地址寄存器的地址指针有两种格式，其长度均为双字，指针格式如图 3-8 所示。

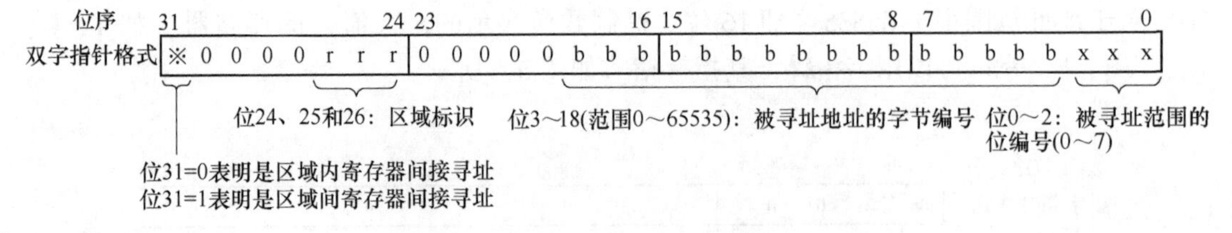

图 3-8　寄存器间接寻址的双字指针格式

3.2　OB 组织块与编程语言简介

3.2.1　基础知识　OB 组织块可实现的功能

S7-300/400 PLC 的程序分为系统程序和用户程序。

（1）系统程序是协调 PLC 内部事务的程序，与控制对象特定的任务无关，在从经销商拿 CPU 硬件的时候，CPU 里面本身就包含了系统程序。系统程序完成 PLC 的启动/停止、映像区的更新、用户程序的调用、中断的响应、错误及通信处理等任务。

（2）用户程序需要用户使用 STEP7 编程软件编写程序，然后下载到 CPU 中，可以完成特定控制任务。用户程序由 OB 块、FC、SFC、FB、SFB、DB 和 DI 等组成。

用户程序根据特定的控制任务，把编写的程序和各程序需要的数据都放在块中，然后通过调用这些块来完成控制。这些“块”称为逻辑块，见表 3-6。

表 3-6 逻辑块与数据块

块	说明	例举	块分类
OB	组织块：是操作系统与用户程序的接口	OB1、OB100	逻辑块
FC	功能：由用户编写，完成需要功能，没有存储区	FC2	
FB	功能块：由用户编写，完成需要功能，有存储区	FB5	
SFC	系统功能：集成在 STEP7 中，完成特定功能，没有存储区	SFC1	
SFB	系统功能块：集成在 STEP7 中，完成特定功能，有存储区	SFB30	
DB	共享数据块：存储数据用，可以供给所用块使用	DB5	数据块
DI	背景数据块：用于指定 FB 或 SFB 传递参数或保存数据	DI10	

其中，FC 和 FB 分为用户编写及系统定义标准的 FC 和 FB。

组织块（OB）是 CPU 的操作系统与用户程序之间的接口。当系统启动 CPU 时、在循环或定时执行过程中、出错时、发生硬件触发时，将会启动不同种类的 OB。

组织块 OB 都是事件触发而执行的中断程序块，按照已分配的优先级来执行 CPU 的组织块。请注意：并非所有的 CPU 均可处理 STEP7 中可用的所有 OB。

3.2.1.1 OB1（循环组织块，又称主程序）

OB1 循环组织块见表 3-7。S7 CPU 的操作系统定期执行 OB1。当操作系统完成启动后，将启动循环执行 OB1。程序循环 OB1 可以包含整个用户程序，这种在程序循环 OB1 中线性设计处理小型自动化任务解决方案的程序，也可以在 OB1 中调用其他功能（FC、SFC）和功能块（FB、SFB）。

表 3-7 OB1 循环组织块

OB 块分类	OB 块名称	功能	优先级	说明
循环执行	OB1	系统启动结束或 OB1 结束	1	自由循环

执行 OB1 后，操作系统发送全局数据。重新启动 OB1 之前，操作系统会将过程映像输出表写入输出模块中、更新过程映像输入表以及接收 CPU 的任何全局数据。操作系统在运行期受监视的所有 OB 块中，OB1 的优先级最低，也就是除 OB90 之外的其他所有 OB 块均可中断 OB1 的执行。

S7 专门有监视运行 OB1 的扫描时间的时间监视器，最大扫描时间默认为 150 ms。用户编程时可以使用 SFC43 “RE_TRIGR”来重新启动时间监视。如果用户程序超出了 OB1 的最大扫描时间，则操作系统将调用 OB80（时间错误 OB 块），如果没有发现 OB80，则 CPU 将转为 STOP 模式。除了监视最大扫描时间外，还可以保证最小扫描时间。操作系统将延迟启动新循环（将过程映像输出表写入输出模块中），直至达到最小扫描时间为止。

3.2.1.2 时间中断组织块（OB10~OB17）

时间中断组织块见表 3-8。时间中断组织块可以单次运行，也可定期运行：每分钟、每小时、每天、每月、每个月末。对于每月执行的时间中断 OB，只可将 1、2、…、28 日作为起始日期。要启动时间中断，必须先设置中断，然后再将其激活。

表 3-8 时间中断组织块

OB 块分类	OB 块名称	功 能	优先级	说 明
时间中断	OB10	时间中断 0	2	没有默认时间，使用时需要指定时间
	OB11	时间中断 1		
	OB12	时间中断 2		
	OB13	时间中断 3		
	OB14	时间中断 4		
	OB15	时间中断 5		
	OB16	时间中断 6		
	OB17	时间中断 7		

时间中断组织块有以下 4 种可能的启动方式。

(1) 自动启动时间中断。一旦使用 STEP7 设置并激活了时间中断，即自动启动时间中断。

(2) 使用 STEP7 设置时间中断，然后通过调用程序中的 SFC30 “ACT-TINT” 来激活它。

(3) 通过调用 SFC28 “SET_ TINT”来设置时间中断，然后通过调用 SFC30 “ACT_ TINT”来激活它。

(4) 使用 SFC39~SFC42 禁用或延迟和重新启用时间中断。

由于时间中断仅以指定的时间间隔发生，因此在执行用户程序期间，某些条件可能会影响 OB 的操作。

3.2.1.3 延时中断组织块（OB20~OB23）

延时中断组织块见表 3-9。S7 提供多达 4 个在指定延迟后执行的 OB（OB20~OB23）。每个延时 OB 均可通过调用 SFC32（SRT_ DINT）来启动。延迟时间是 SFC32 的一个输入参数。

表 3-9 延时中断组织块

OB 块分类	OB 块名称	功 能	优先级	说 明
延时中断	OB20	延时中断 0	3	没有默认时间，使用时需要指定时间
	OB21	延时中断 1	4	
	OB22	延时中断 2	5	
	OB23	延时中断 3	6	

当用户程序调用 SFC32（SRT_ DINT）时，需要提供 OB 编号、延迟时间和用户专用的标识符。经过指定的延迟后，相应的 OB 将会启动。还可使用 SFC33 取消尚未启动的延时中断，可以使用 SFC34 访问延时中断组织块的状态。可使用 SFC39~SFC42 来禁用或延迟并重新使能延迟中断。

只有当 CPU 处于 RUN 模式下时才会执行延时 OB。暖重启或冷重启将清除延时 OB 的所有启动事件。

延迟时间（单位为ms）和OB编号一起传送给SFC32，时间到期后，操作系统将启动相应的OB。设置延时中，最基本的步骤是：调用SFC32（SRT_DINT），并将延时中断OB作为用户程序的一部分下载到CPU。

如果发生了操作系统试图启动一个尚未装载的OB，并且用户在调用SFC32“SRT_DINT”时指定了其编号，或在完全执行延时OB之前发生延时中断的下一个启动事件时，操作系统将调用异步错误OB。

3.2.1.4 循环中断组织块（OB30~OB38）

循环中断组织块见表3-10。S7提供了9个循环中断OB（OB30~OB38），可以指定固定时间间隔来中断用户程序。循环中断OB的等距启动时间是由时间间隔和相位偏移量决定的。

表3-10 循环中断组织块

OB块分类	OB块名称	功 能	优先级	说 明
循环中断	OB30	循环中断0	7	默认时间5 s
	OB31	循环中断1	8	默认时间2 s
	OB32	循环中断2	9	默认时间1 s
	OB33	循环中断3	10	默认时间500 ms
	OB34	循环中断4	11	默认时间200 ms
	OB35	循环中断5	12	默认时间100 ms
	OB36	循环中断6	13	默认时间50 ms
	OB37	循环中断7	14	默认时间20 ms
	OB38	循环中断8	15	默认时间10 ms

用户编写程序时，必须确保每个循环中断OB的运行时间远远小于其时间间隔。如果因时间间隔已到期，在预期的再次执行前未完全执行循环中断OB，则启动时间错误OB（OB80），稍后将执行导致错误的循环中断。

在编写程序时如果有多个循环中断OB，设置要求循环中断的时间间隔又成整数倍，那么有可能会出现处理循环中断的时间过长而引起超出扫描周期时间错误。为了避免这种情况最好定义一个偏移量时间，偏移量时间务必要小于间隔时间。偏移量时间使循环间隔时间到达后，延时偏移量的时间再执行循环中断，偏移量时间不会影响循环中断的周期。

用户编写程序时可使用SFC39~SFC42来禁用或延迟，并重新启用循环中断。使用SFC39来取消激活循环中断，使用SFC40来激活循环中断。

3.2.1.5 硬件中断组织块（OB40~OB47）

硬件中断组织块见表3-11。S7提供了8个独立的硬件中断，每一中断都具有自己的OB。硬件中断组织块是对具有中断能力的数字量信号模块（SM）、通信处理器（CP）和功能模块（FM）信号变化进行中断响应。

对于具有中断能力的数字量信号模块（SM），可以使用STEP7软件在硬件组态时设置硬件中断，也可以使用SFC55~SFC57为模块的硬件中断分配参数来实现设置硬件中断。

对于具有中断能力的通信处理器（CP）和功能模块（FM），可以使用 STEP7 软件在硬件组态时按照向导的对话框设置相应的参数来实现设置中断。

表 3-11　硬件中断组织块

OB 块分类	OB 块名称	功　能	优先级	说　明
硬件中断	OB40	硬件中断 0	16	由模块信号触发
	OB41	硬件中断 1	17	
	OB42	硬件中断 2	18	
	OB43	硬件中断 3	19	
	OB44	硬件中断 4	20	
	OB45	硬件中断 5	21	
	OB46	硬件中断 6	22	
	OB47	硬件中断 7	23	

3.2.1.6　同步循环中断组织块（OB61～OB65）

同步循环中断组织块见表 3-12。同步循环中断 OB 是通过同步循环中断选择在具有 DP 循环的同步循环中启动的程序。OB61 充当同步循环中断 TSAL1 的接口 OB。在使用 L 或 T 命令直接访问以及使用 SFC14 “DPRD_DAT”和 SFC15 “DPWR_DAT”时，应避免访问已为其过程映像分区分配到 OB61～OB65 的连接的 I/O 区域。

表 3-12　同步循环中断组织块

OB 块分类	OB 块名称	功　能	优先级	说　明
同步循环中断	OB61	同步循环中断 1	25	同步循环中断
	OB62	同步循环中断 2		
	OB63	同步循环中断 3		
	OB64	同步循环中断 4		
	OB65	技术同步中断		技术同步中断，仅适用于 Technonlogy CPU

3.2.1.7　异步故障中断组织块（OB70～OB88）

异步故障中断组织块见表 3-13。

OB80 在执行程序过程中当出现超出周期时间、执行 OB 时出现确认错误、因提前时间而使 OB 的启动时间被跳过或在 CR 后恢复 RUN 模式等任意一个错误，S7-300 CPU 的操作系统都会调用异步故障中断组织块 OB80。例如，如果在上一次调用之后发生了某一循环中断 OB 的启动事件，而同一 OB 此时仍在执行中，则操作系统将调用 OB80。

可以使用 SFC39～SFC42 禁用延迟和重新启用时间错误 OB。如果因超出了扫描时间而导致在同一扫描周期内调用了两次 OB80，则 CPU 转为 STOP 模式。通过在程序中适当的位置调用 SFC43 “RE_TRIGR”，可防止这种情况。

表 3-13　异步故障中断组织块

OB 块分类	OB 块名称	功　　能	优先级	说　　明
异步错误（硬件或系统错误）	OB70	I/O 冗余故障	25	只对应 H CPU
	OB72	CPU 冗余故障	28	
	OB73	通信冗余故障	25	
	OB80	时间错误	26、28	超出最大循环时间
	OB81	电源错误	25、28	电源错误
	OB82	诊断错误		输入断线（有诊断的模块）
	OB83	模板拔/插中断		S7-400 CPU 运行时模板拔/插中断
	OB84	CPU 硬件故障	25	MPI 接口电平错误
	OB85	程序故障		模块映像区错误
	OB86	扩展机架、DP 主站系统或用于分布式 I/O 的站故障		扩展设备或 DP 从站错误
	OB87	通信故障		读取信息格式错误
	OB88	过程故障	28	过程中断

如果在 OB80 中没有编写取消跳过的日期时间中断，只执行第一次跳过的日期时间中断，其他的被忽略了；如果需要执行新的日期时间中断，必须在 OB80 里编写判断是哪个日期时间中断，然后使用 SFC29 “CAN_TINT”取消被跳过的日期时间中断。

异步故障中断组织块中其他 OB 模块的功能为：OB81 诊断中断，如诊断出电源故障；OB82 诊断中断，如诊断出 I/O 模板中某个通道短路；OB83 插入/拔出模板中断，如 PLC 系统运行中被拔出了一个输出模板；OB84 CPU 硬件错误，如 MPI 网络接口错误；OB85 优先级错误，如程序未安排 OBx 组织块；OB86 机架故障；OB87 通信错误，如在全局数据通信中有错误的标识符；OB88 过程故障。

3.2.1.8　背景中断组织块（OB90）

背景中断组织块见表 3-14。通过 STEP7，可以设置（如果允许设置）并能确保最小扫描周期，如果比 CPU 实际运行的扫描周期时间长，那么完成实际程序扫描后将执行 OB90（如果存在），一直执行到最小设置的扫描周期时间然后中断 OB90，开始下一个实际程序扫描周期；如果 OB 不存在，CPU 将专门等待到最小设置的扫描周期时间，然后开始下一个实际程序扫描周期。

表 3-14　背景中断组织块

OB 块分类	OB 块名称	功　　能	优先级	说　　明
背景循环	OB90	设置最小扫描时间比实际扫描时间大时	29	背景循环

如果在 OB90 中执行 SFC 或 SFB 功能时，尽管到了最小设置的扫描时间，也不会被

OB1 中断，因为 SFC 和 SFB 的优先级与 OB1 相同，不会被 OB1 所中断。所以对于最小扫描周期与周期监视时间差别不大的组态，OB90 中的 SFC 和 SFB 调用有可能意外地超出扫描周期时间。

在所有 OB 中，OB90 的优先级最低，任何系统活动和中断都会将其中断（每次在最小周期到期后由 OB1 中断），只有在未达到设置的最小扫描周期的情况下才会被恢复继续执行 OB90。

3.2.1.9 启动中断组织块（OB100～OB102）

启动中断组织块见表 3-15，启动中断组织块在 STARTUP 模式中进行“暖启动”“热启动”和“冷启动”时会执行不同的启动组织块：OB100 是暖启动组织块，OB101 是热启动组织块（不适用于 S7-300 和 S7-400H），OB102 是冷启动组织块。

当在上电后，将模式选择器由 STOP 切换为 RUN-P 时，使用通信功能（编程设备中的单命令或者通过调用不同 CPU 上的通信功能块 19“START”或 21“RESUME”）发出请求后，多值计算的同步或在链接之后的 H 系统中（仅适用于待机的 CPU）时，系统根据启动事件、特定的 CPU 及其参数，将调用适当的启动组织块（OB100、OB101 或 OB102）。

在启动组织块里一般把相应的初始化程序编写在里面，在执行启动组织块时不会执行时间中断组织块及硬件中断组织块。执行启动组织块的程序不会出现时间错误，因为这时程序监视定时器还没有激活。

表 3-15 启动中断组织块

OB 块分类	OB 块名称	功 能	优先级	说 明
系统启动完成中断	OB100	暖启动	27	当系统启动完毕，按照相应的启动方式执行相应的启动 OB
	OB101	热启动		
	OB102	冷启动		

3.2.1.10 同步错误（用户程序错误）组织块（OB121～OB122）

同步错误（用户程序错误）组织块见表 3-16。当发生与用户程序有关的错误时，CPU 操作系统将会调用同步错误组织块（OB121 或 OB122）。

同步错误组织块的优先级与出现错误的块的优先级相同，所以在同步错误组织块中可以访问出现错误时所在块的累加器或其他存储器的内容。利用这些特性，可以在同步错误组织块中处理相应的错误，例如当检测到一个通道输入模拟量模块的输入信息时，可以在 OB122 中使用 SFC44“REPLVAL”，可将 OB122 中适当的值传送到中断优先级的累加器中，这样程序就可以使用此替换值。

在执行程序期间可以使用 SFC36（MSK_FLT）屏蔽启动事件和使用 SFC37“DMSK_FLT”取消被屏蔽启动事件。使用 SFC36（MSK_FLT）可以屏蔽预定义的错误代码事件不触发 OB，但是 CPU 中错误诊断区会记录发生的被屏蔽的错误。

表3-16 同步错误（用户程序错误）组织块

OB块分类	OB块名称	功　能	优先级	说　明
同步错误（用户程序错误）	OB121	编程错误	导致错误的OB优先级相同	编程错误
	OB122	I/O访问错误		I/O访问错误

当调用SFC36时，必须在当前优先级中屏蔽同步错误，可以使用错误过滤器屏蔽同步错误。已屏蔽的同步错误将不调用OB，而只是输入到错误寄存器中，可以通过SFC38“READ_ERR”读取错误寄存器。

3.2.1.11 其他组织块

其他组织块见表3-17，此处不再赘述。

表3-17 其他组织块

OB块分类	OB块名称	功　能	优先级	说　明
状态中断	OB55	状态中断	2	DPV1中断
更新中断	OB56	更新中断		
制造商制定中断	OB57	制造商制定中断		DPV1的CPU可用
SFC35调用中断	OB60	SFC35调用中断	25	多处理器中断

3.2.2 基础知识 编程语言简介

西门子从STEP7应用设计软件包开始就为S7-300/400系列PLC提供多种编程语言，所支持的PLC编程语言非常丰富。该软件的标准版支持LAD（梯形图）、STL（语句表）及FBD（功能块图）3种基本编程语言，并且在STEP7中可以相互转换。专业版附加对GRAPH（顺序控制）、SCL（结构化控制语言）、HiGraph（图形编程语言）、CFC（连续功能图）等编程语言的支持。不同的编程语言可供不同知识背景的人员采用。

（1）LAD（梯形图）。LAD（梯形图）如图3-9所示，是一种图形语言，比较形象直观，容易掌握，是PLC程序设计中最常用的编程语言，被用户称为第一编程语言。梯形图与电气操作原理图相对应，具有直观性和对应性，与原有继电器控制相一致，电气设计人员易于掌握。

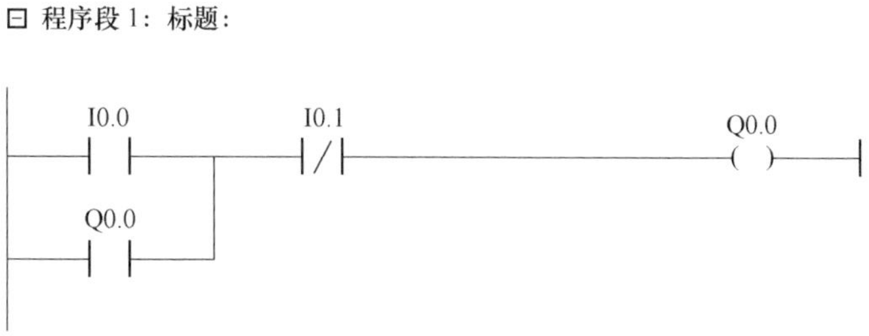

图3-9 LAD（梯形图）

（2）STL（语句表）。STL（语句表）如图3-10所示，指令表编程语言是类似于汇编语言的一种助记符编程语言，和汇编语言一样由操作码和操作数组成。由多条语句组成一个程序段，语句表可供习惯汇编语言的用户使用，在运行时间和要求的存储空间方面最优。在设计通信、数学运算等高级应用程序时建议使用语句表。

```
Network 1 ：电动机启停控制程序段
A(
O       "SB1"                    I0.0          -- 启动按钮
O       "KM"                     Q4.1          -- 接触器驱动
)
AN      "SB2"                    I0.1          -- 停止按钮
=       "KM"                     Q4.1          -- 接触器驱动
```

图 3-10　STL（语句表）<需更换为自锁电路>

（3）FBD（功能块图）。FBD（功能块图）语言如图 3-11 所示，是与数字逻辑电路类似的一种 PLC 编程语言。采用功能模块图的形式，来表示模块所具有的功能。FBD 比较适合有数字电路基础的编程人员使用。

⊟ 程序段 1：标题：

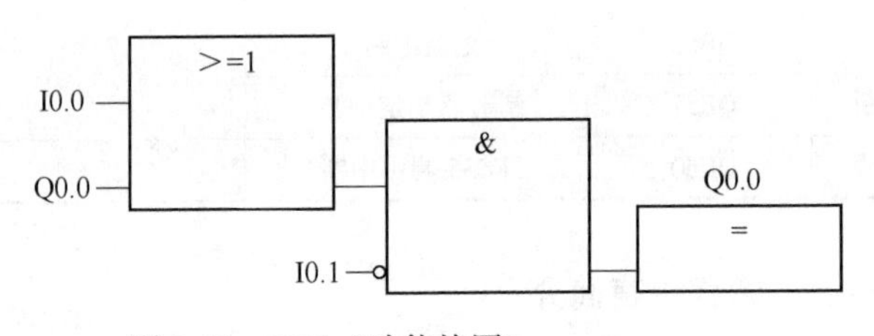

图 3-11　FBD（功能块图）

（4）GRAPH（顺序控制）。GRAPH（顺序控制）语言如图 3-12 所示，类似于解决问题的流程图，用来编程顺序控制的程序。编写时，工艺过程被划分为若干个顺序出现的步，每步中包括控制输出的动作，从一步到另一步的转换由转换条件来控制，特别适合于生产制造过程。

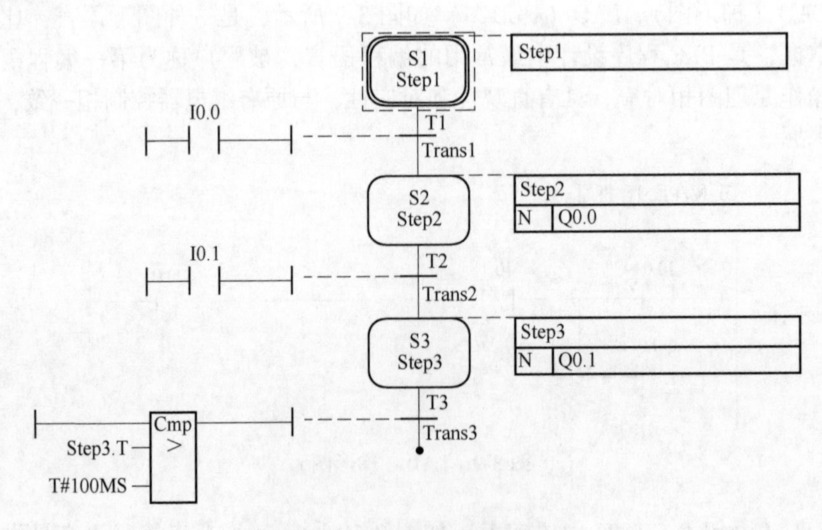

图 3-12　GRAPH（顺序控制）

（5）SCL（结构化控制语言）。SCL（结构化控制语言）如图 3-13 所示。与梯形图相比，它实现复杂的数学运算，编写的程序非常简洁和紧凑。STEP7 的 S7 SCL 结构化控制语言编程结构和 C 语言、Pascal 语言相似。结构化文本是为 IEC61131-3 标准创建的一种专用的高级编程语言，特别适合习惯使用高级语言编程的人使用。

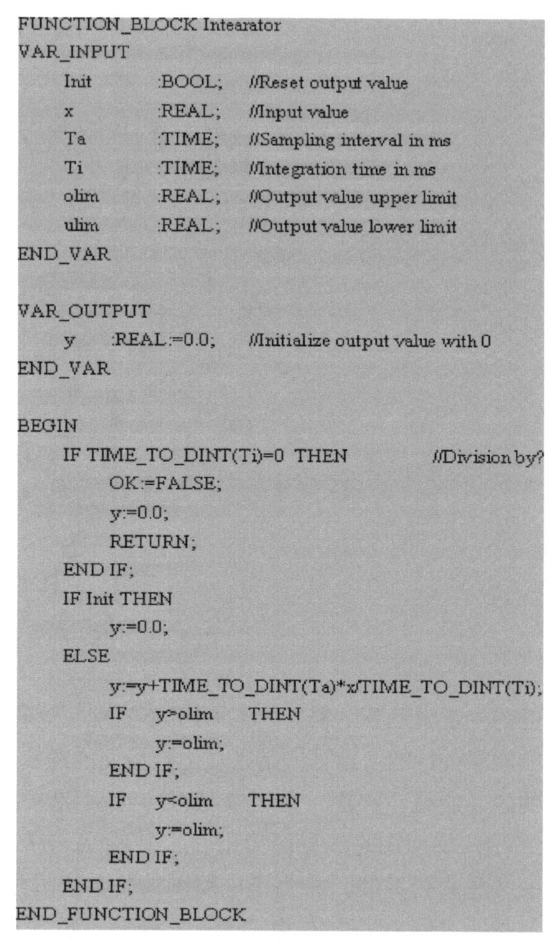

```
FUNCTION_BLOCK Intearator
VAR_INPUT
    Init    :BOOL;    //Reset output value
    x       :REAL;    //Input value
    Ta      :TIME;    //Sampling interval in ms
    Ti      :TIME;    //Integration time in ms
    olim    :REAL;    //Output value upper limit
    ulim    :REAL;    //Output value lower limit
END_VAR

VAR_OUTPUT
    y    :REAL:=0.0;    //Initialize output value with 0
END_VAR

BEGIN
    IF TIME_TO_DINT(Ti)=0  THEN            //Division by?
        OK:=FALSE;
        y:=0.0;
        RETURN;
    END IF;
    IF Init THEN
        y:=0.0;
    ELSE
        y:=y+TIME_TO_DINT(Ta)*x/TIME_TO_DINT(Ti);
        IF    y>olim    THEN
            y:=olim;
        END IF;
        IF    y<olim    THEN
            y:=olim;
        END IF;
    END IF;
END_FUNCTION_BLOCK
```

图 3-13　SCL（结构化控制语言）

（6）HiGraph（图形编程语言）。HiGraph（图形编程语言）如图 3-14 所示，允许用状态图描述生产过程，将自动控制下的机器或系统分成若干个功能单元，并为每个单元生成状态图，然后利用信息通信将功能单元组合在一起形成完整的系统。

上面几种编程语言，其中应用最多的是梯形图和指令表（语句表）。这两种编程语言初学者一定要很好地掌握。梯形图与指令表之间存在着一定的对应关系，它们之间可以互相转换，西门子 PLC 编程软件是以梯形图编程、语句表编程为主要界面，不管用户用什么语言编写的程序，都能自动转换。

本书将重点学习梯形图编程语言的编程，特别指出学习梯形图的方法及要点。

（1）梯形图中的某些编程元件沿用了继电器这一名称，例如输入继电器、输出继电器、内部辅助继电器等，但是它们不是真实的物理继电器（即硬件继电器），而是在用户程序中使用的编程元件（也叫软继电器）。比如输入继电器 I0.0，它实际上是 PLC 的一个输入端子，把这个输入端子就想象是一个继电器，这个“继电器”要与物理继电器相似的话也应该有“线圈”“触点”。所谓“线圈”实际上叫“输入映像寄存器”，是 PLC 内部输入部分的一个存储单元，这个存储单元状态只有两种：“1”和“0”，这种状态的变化由外部输入开关来控制。若外部开关接通，则此存储单元为“1”，相当于继电器的线圈“得电”，其编程元件“触点”也就有相应的变化，即常开触点闭合，常闭触点断开；若外部开关断开，则此存储单元为“0”，相当于继电器的线圈“失电”，其“触点”恢复到常态。同理，PLC 的输出端子 Q0.0 也可以看成是一个输出继电器，其线圈叫“输出映像寄存器”，是 PLC 内部输出部分的一个存储单元，其状态的变化由内部程序控制，若状态为“1”时，相当于输出继电器的线圈“得电”，其所带的“触点”也发生相应的变化，作用于输出端口，控制外部电器动作。

（2）梯形图是根据图中各编程元件（线圈、触点）的状态和逻辑关系得出输出元件状

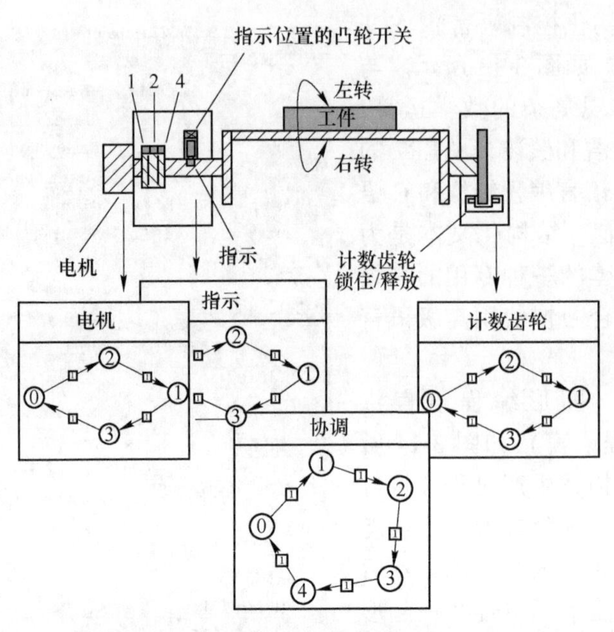

图 3-14　HiGraph（图形编程语言）

态的一个逻辑运算。根据 PLC 的工作原理，这种逻辑运算是按梯形图中从上至下、从左至右的顺序进行的。运算的结果马上被后面的逻辑运算所利用，逻辑运算是根据输入映像寄存器的值（所谓“线圈”的得电与否），而不是根据运算时外部开关的状态来进行的。

（3）梯形图是一种图形语言，其画法与传统继电器控制电路相同。梯形图两侧先各画一条垂直公共线，相当于电路图的公共小母线。借助电路图的分析方法，可以想象左右两侧母线之间有一个左为“正”，右为“负”的直流电源电压。里面的编程元件（如线圈、触点）的画法也与电路图相似，中间的连接关系无外乎串联、并联或混联等。假设某条线路接通，就相当于在两边电压作用下有电流从左至右流动，梯形图中把这叫“概念流”或“能流”。

3.3　位逻辑指令及其应用

位逻辑指令使用两个数字“1”和“0”。这两个数字是构成二进制系统的基础。这两个数字“1”和“0”称为二进制数字或位。对于触点和线圈而言，“1”表示已激活，“0”表示未激活。位逻辑指令解释信号状态“1”和“0”，并根据布尔逻辑将其组合。这些组合产生称为“逻辑运算结果”（RLO）的结果“1”或“0”。由位逻辑指令触发的逻辑运算可以执行各种功能。

3.3.1　基础知识　触点、取反 RLO 与输出指令

3.3.1.1　常开触点

常开触点指令在梯形图中的形式如图 3-15 所示。该指令的参数见表 3-18。

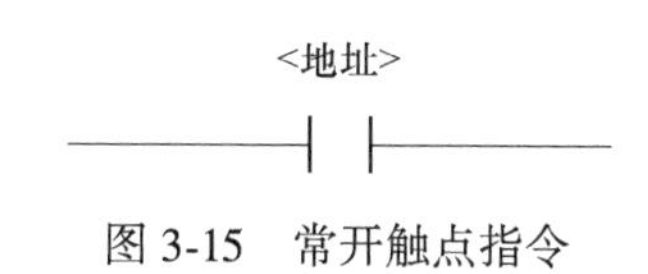

图 3-15　常开触点指令

表 3-18　常开触点指令的参数

参　　数	数 据 类 型	存 储 器 区	描　　述
<地址>	BOOL	I、Q、M、L、D、T、C	选中的位

功能：常开触点存储在指定<地址>的位值为“1”时，处于闭合状态。触点闭合时，梯形图轨道能流过触点，逻辑运算结果（RLO）＝“1”。否则，如果指定<地址>的信号状态为“0”，触点将处于断开状态。触点断开时，能流不流过触点，逻辑运算结果（RLO）＝“0”。串联使用时，通过 AND 逻辑将常开触点与 RLO 位进行连接。并联使用时，通过 OR 逻辑将常开触点与 RLO 位进行连接。

3.3.1.2　常闭触点

图 3-16　常闭触点指令

常闭触点指令在梯形图中的形式如图 3-16 所示。该指令的参数见表 3-19。

表 3-19　常闭触点指令的参数

参　　数	数据类型	存储器区	描述
<地址>	BOOL	I、Q、M、L、D、T、C	选中的位

功能：常闭触点存储在指定<地址>的位值为“0”时，（常闭触点）处于闭合状态。触点闭合时，梯形图轨道能流过触点，逻辑运算结果（RLO）＝“1”。否则，如果指定<地址>的信号状态为“1”，将断开触点。触点断开时，能流不流过触点，逻辑运算结果（RLO）＝“0”。串联使用时，通过 AND 逻辑将常闭触点与 RLO 位进行连接。并联使用时，通过 OR 逻辑将常闭触点与 RLO 位进行连接。

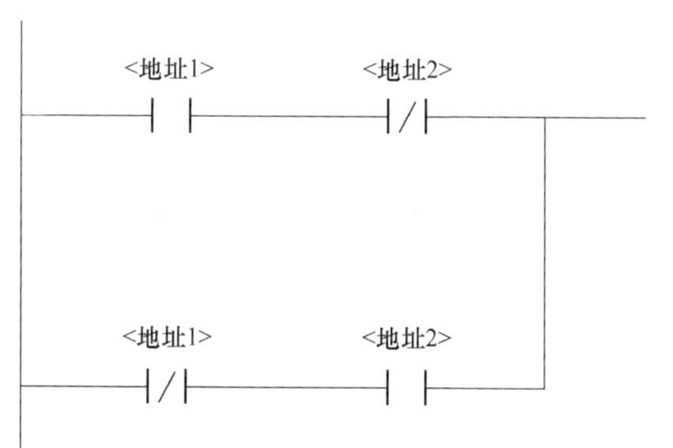

图 3-17　XOR 逻辑“异或”

3.3.1.3　XOR 逻辑“异或”

XOR 逻辑“异或”指令在梯形图中的形式如图 3-17 所示。该指令的参数见表 3-20。

表 3-20　XOR 逻辑“异或”指令的参数

参　　数	数据类型	存储器区	描　　述
<地址 1>	BOOL	I、Q、M、L、D、T、C	扫描的位
<地址 2>	BOOL	I、Q、M、L、D、T、C	扫描的位

3.3.1.4　能流取反

能流取反指令在梯形图中的应用如图 3-18 所示。

功能：使用取反 RLO 位，可对逻辑运算结果 RLO 的信号状态进行取反。如果该指令输入的信号状态为“1”，则指令输出的信号状态为“0”。如果该指令输入的信号状态为“0”，则输出的信号状态为“1”。

3.3.1.5　线圈

线圈指令在梯形图中的形式，如图 3-19 所示。该指令的参数见表 3-21。

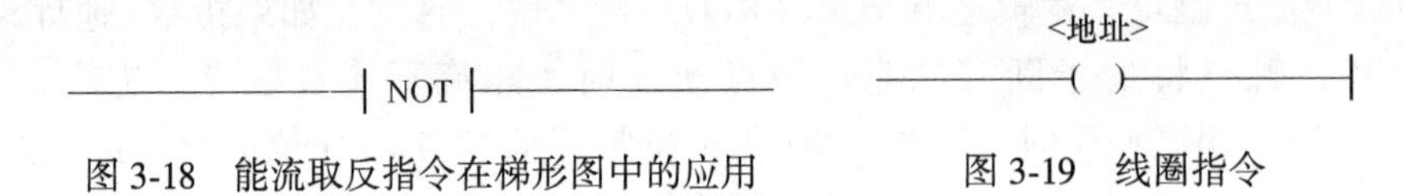

图 3-18　能流取反指令在梯形图中的应用　　　图 3-19　线圈指令

表 3-21　线圈指令的参数

参　　数	数据类型	存储器区	描述
<地址>	BOOL	I、Q、M、L、D	分配位

功能：输出线圈的工作方式与继电器逻辑图中线圈的工作方式类似。如果有能流通过线圈（RLO=1），将置位<地址>位置的位为“1”。如果没有能流通过线圈（RLO=0），将置位<地址>位置的位为“0”。只能将输出线圈置于梯级的右端。可以有多个（最多 16 个）输出单元，可使用能流取反单元创建取反输出。

3.3.1.6　中线输出

<地址>
(#)

图 3-20　中线输出指令

中线输出指令在梯形图中的形式，如图 3-20 所示。该指令的参数见表 3-22。

表 3-22　中线输出指令的参数

参　　数	数据类型	存储器区	描述
<地址>	BOOL	I、Q、M、*L、D	分配位

注意：只有在逻辑块（FC、FB、OB）的变量声明表中将 L 区地址声明为 TEMP 时，才能使用 L 区地址。

功能：中间输出是中间分配单元，它将 RLO 位状态（能流状态）保存到指定<地址>。中间输出单元保存前面分支单元的逻辑结果。以串联方式与其他触点连接时，可以像插入触点那样插入中间输出。不能将中间输出单元连接到电源轨道、直接连接在分支的后面或连接在分支的尾部。使用能流取反可以创建取反中间输出。

3.3.2　应用实例　PLC 控制传送带检测瓶子

图 3-21 所示为检测瓶子是否直立的装置。当瓶子从传送带上移过时，它被两个光电管检测确定瓶子是否直立，如果瓶子不是直立的，则被推出杆推到传送带外。

其端口（I/O）分配表见表 3-23。

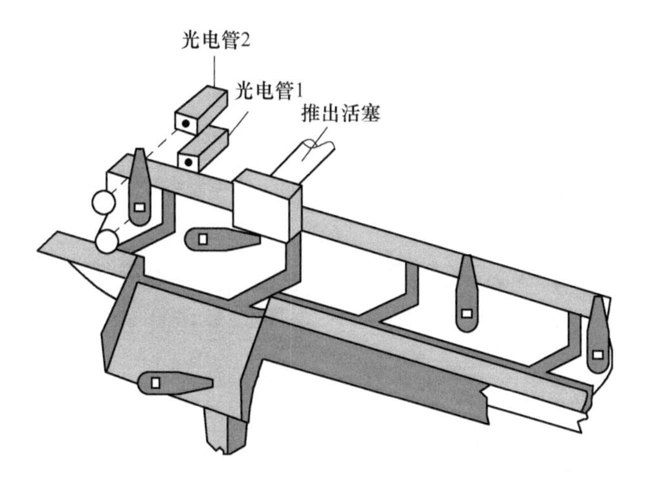

图 3-21 检测瓶子是否直立的装置

表 3-23 I/O 分配表

输 入		输 出	
输入设备	输入编号	输出设备	输出编号
自动检测瓶底光电管 1	I0.0	推出活塞	Q4.0
自动检测瓶顶光电管 2	I0.1		

根据表 3-23 得到外部接线图，如图 3-22 所示。

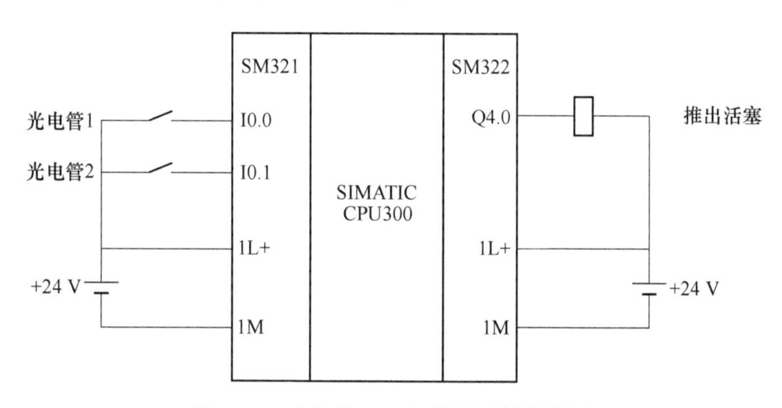

图 3-22 对应的 PLC 与外围元件接线图

图 3-23 所示的梯形图可解决以上问题，两个光电管检测，从而得到两个输入 I0.0 和 I0.1，如果瓶子不处于直立状态，光电管 2 就不能给出输入 I0.1 信号，则 Q4.0 得电，推出活塞将空瓶推出。

图 3-24 所示为根据 I/O 分配表建立的 PLC 符号表。建立符号表后，在 PLC 的程序中可直接使用变量名来替代绝对地址，使得 PLC 程序具有较好的可读性，同时也便于进行调试，其控制梯形图如图 3-25 所示。

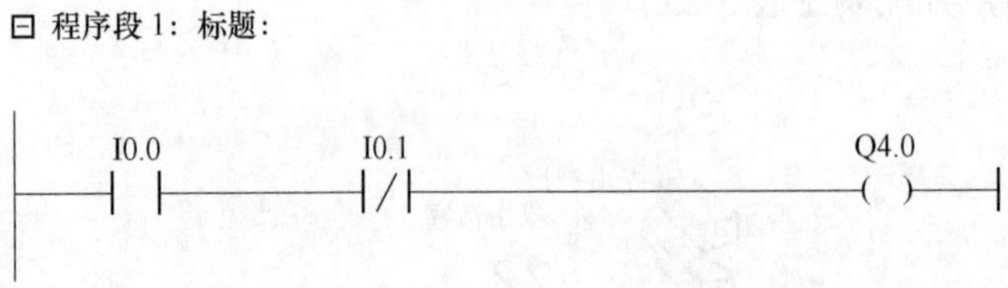

⊟ 程序段 1：标题：

I0.0　I0.1　Q4.0

图 3-23　检测瓶子是否直立的装置控制程序梯形图

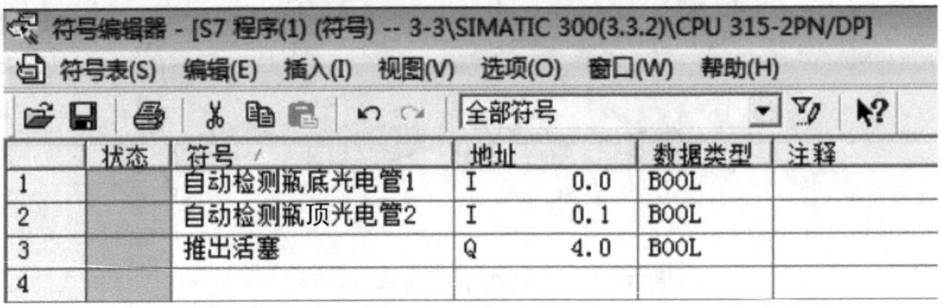

符号编辑器 - [S7 程序(1) (符号) -- 3-3\SIMATIC 300(3.3.2)\CPU 315-2PN/DP]

符号表(S)　编辑(E)　插入(I)　视图(V)　选项(O)　窗口(W)　帮助(H)

全部符号

	状态	符号 /	地址		数据类型	注释
1		自动检测瓶底光电管1	I	0.0	BOOL	
2		自动检测瓶顶光电管2	I	0.1	BOOL	
3		推出活塞	Q	4.0	BOOL	
4						

图 3-24　检测瓶子是否直立的装置 PLC 符号表

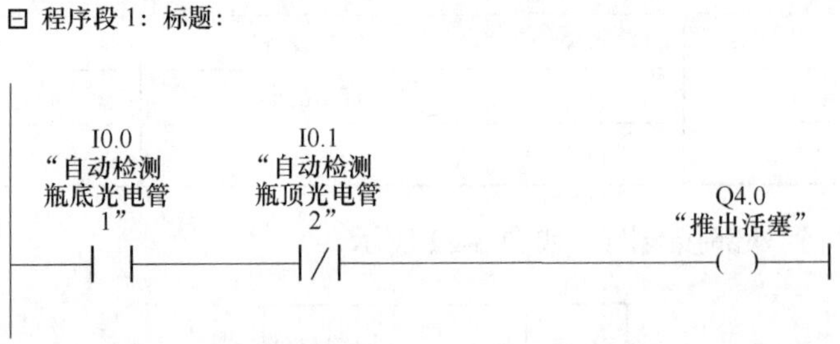

⊟ 程序段 1：标题：

I0.0 “自动检测瓶底光电管1”　I0.1 “自动检测瓶顶光电管2”　Q4.0 “推出活塞”

图 3-25　采用变量表后检测瓶子是否直立的装置 PLC 程序梯形图

3.3.3　基础知识　置位/复位指令

3.3.3.1　复位输出

该指令在梯形图中的应用如图 3-26 所示。该指令的参数见表 3-24。

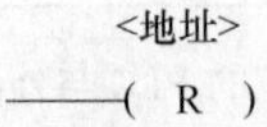

<地址>

—(R)

图 3-26　复位输出指令在梯形图中的应用

表 3-24　复位输出指令的参数

参　数	数据类型	存储器区	描　述
<地址>	BOOL	I、Q、M、L、D、T、C	复位

功能：只有在前面指令的 RLO 为“1”（能流通过线圈）时，才会执行复位线圈。如

果能流通过线圈（RLO 为“1”），将把单元的指定<地址>复位为“0”。RLO 为“0”（没有能流通过线圈）将不起作用，单元指定<地址>的状态将保持不变。<地址>也可以是值复位为“0”的定时器（T 编号）或值复位为“0”的计数器（C 编号）。

<地址>

——(S)

图 3-27 置位输出指令在梯形图中的应用

3.3.3.2 置位输出

该指令在梯形图中的应用如图 3-27 所示。该指令的参数见表 3-25。

表 3-25 置位输出指令的参数

参　数	数据类型	存储器区	描　述
<地址>	BOOL	I、Q、M、L、D	置位

功能：只有在前面指令的 RLO 为“1”（能流通过线圈）时，才会执行置位线圈。如果 RLO 为“1”，将把单元的指定<地址>置位为“1”。RLO = 0 将不起作用，单元的指定<地址>的当前状态将保持不变。

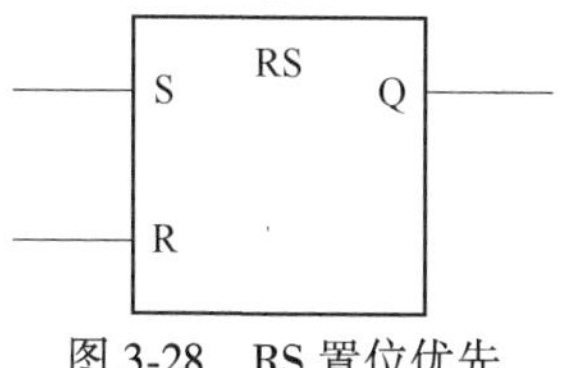

图 3-28 RS 置位优先型 RS 双稳态触发器

3.3.3.3 RS 置位优先型 RS 双稳态触发器

该指令在梯形图中的形式，如图 3-28 所示。该指令的参数见表 3-26。

表 3-26 RS 置位优先型 RS 双稳态触发器指令的参数

参　数	数据类型	存储器区	描　述
<地址>	BOOL	I、Q、M、L、D	置位或复位
S	BOOL	I、Q、M、L、D	启用置位指令
R	BOOL	I、Q、M、L、D	启用复位指令
Q	BOOL	I、Q、M、L、D	<地址>的信号状态

功能：如果 R 输入端的信号状态为“1”，S 输入端的信号状态为“0”，则复位 RS（置位优先型 RS 双稳态触发器）。否则，如果 R 输入端的信号状态为“0”，S 输入端的信号状态为“1”，则置位触发器。如果两个输入端的 RLO 状态均为“1”，则指令的执行顺序是最重要的。RS 触发器先在指定<地址>执行复位指令，然后执行置位指令，以使该地址在执行余下的程序扫描过程中保持置位状态。

只有在 RLO 为“1”时，才会执行 S（置位）和 R（复位）指令。这些指令不受 RLO 为“0”的影响，指令中指定的<地址>保持不变。

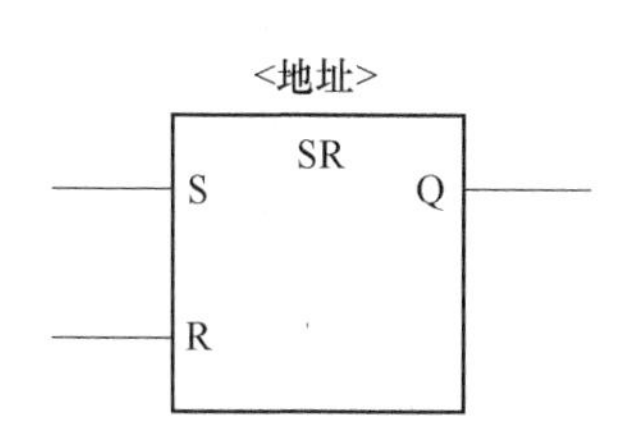

图 3-29 SR 复位优先型 SR 双稳态触发器

3.3.3.4 SR 复位优先型 SR 双稳态触发器

该指令在梯形图中的形式，如图 3-29 所示。该指令的参数见表 3-27。

表 3-27　SR 复位优先型 SR 双稳态触发器指令的参数

参数	数据类型	存储器区	描　述
<地址>	BOOL	I、Q、M、L、D	置位或复位
S	BOOL	I、Q、M、L、D	启用置位指令
R	BOOL	I、Q、M、L、D	启用复位指令
Q	BOOL	I、Q、M、L、D	<地址>的信号状态

功能：如果 S 输入端的信号状态为“1”，R 输入端的信号状态为“0”，则置位 SR (复位优先型 SR 双稳态触发器)。否则，如果 S 输入端的信号状态为“0”，R 输入端的信号状态为“1”，则复位触发器。如果两个输入端的 RLO 状态均为“1”，则指令的执行顺序是最重要的。SR 触发器先在指定<地址>执行置位指令，然后执行复位指令，以使该地址在执行余下的程序扫描过程中保持复位状态。

只有在 RLO 为“1”时，才会执行 S（置位）和 R（复位）指令。这些指令不受 RLO 为“0”的影响，指令中指定的<地址>保持不变。

3.3.4　应用实例　自锁电路应用

图 3-30 所示为控制风扇电路。按下按钮 SB1，电动机启动使电风扇运行。按下停止按钮 SB2，电动机停止运行使电风扇停转。I/O 分配表见表 3-28。

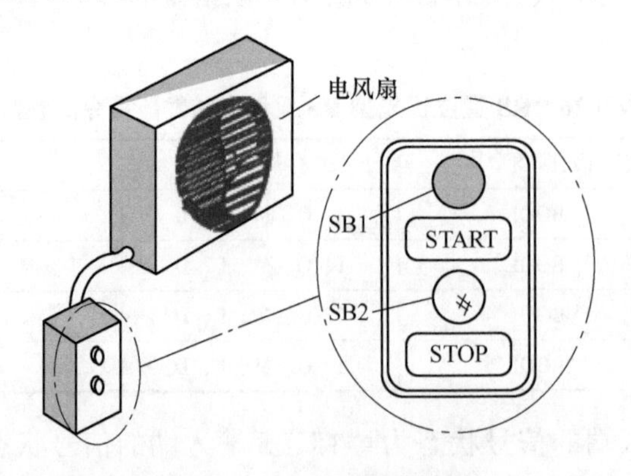

图 3-30　PLC 控制风扇电路

表 3-28　电风扇控制的 I/O 分配表

输　入		输　出	
输入设备	输入编号	输出设备	输出编号
启动按钮 SB1	I0.1	电动机	Q4.0
停止按钮 SB2	I0.2		

图 3-31 所示的梯形图可解决以上问题，当 SB1 按钮被按下后，I0.1 接通，使 Q4.0 得电，电动机启动使电风扇运行，同时 Q4.0 常开触点闭合，此后即便松开启动按钮 SB1，Q4.0 仍可继续得电，使电动机继续运行。当按下停止按钮 SB2 后，I0.2 断开，使 Q4.0 断电，电动机停止运行使电风扇停转。

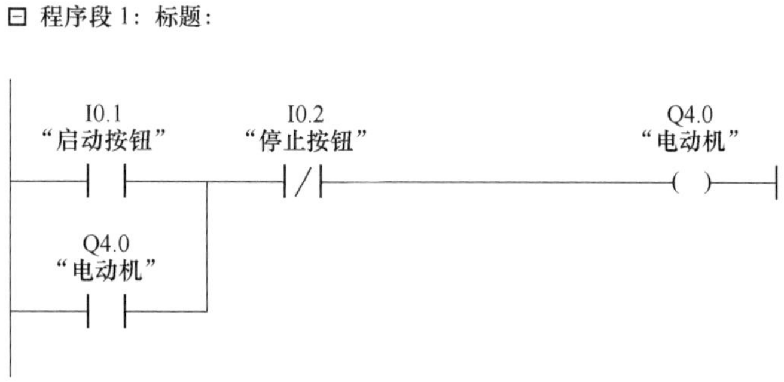

程序段 1：标题：

I0.1
“启动按钮”
I0.2
“停止按钮”
Q4.0
“电动机”
Q4.0
“电动机”

图 3-31　电风扇自锁控制程序梯形图一

除了采用自锁电路控制之外，图 3-32 为采用置位指令和复位指令控制的梯形图，其控制功能与图 3-31 相同。

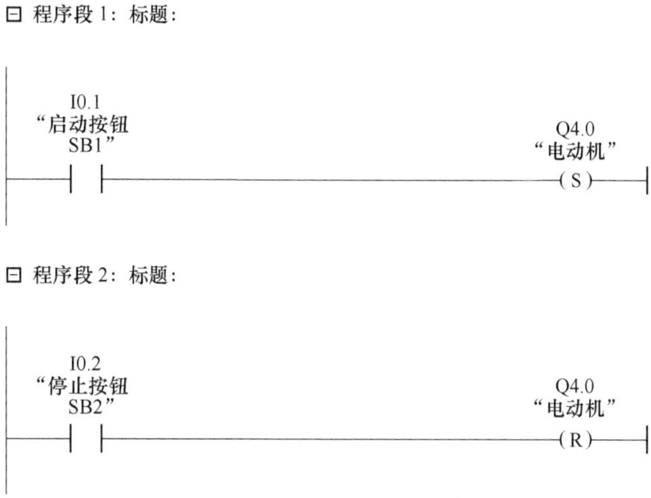

程序段 1：标题：

I0.1
“启动按钮
SB1”
Q4.0
“电动机”
(S)

程序段 2：标题：

I0.2
“停止按钮
SB2”
Q4.0
“电动机”
(R)

图 3-32　电风扇自锁控制程序梯形图二

3.3.5　基础知识　边沿检测指令

<地址>
(N)

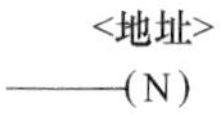

图 3-33　RLO 负跳沿检测指令

3.3.5.1　RLO 负跳沿检测

RLO 负跳沿检测指令在梯形图中，如图 3-33 所示。该指令的参数见表 3-29。

表 3-29　RLO 负跳沿检测指令的参数

参数	数据类型	存储器区	描　述
<地址>	BOOL	I、Q、M、L、D	边沿存储位，存储 RLO 的上一信号状态

功能：RLO 负跳沿检测地址中“1”到“0”的信号变化，并在指令后将其显示为 RLO=“1”。将 RLO 中的当前信号状态与地址的信号状态（边沿存储位）进行比

较。如果在执行指令前地址的信号状态为“1”，RLO 为“0”，则在执行指令后 RLO 将是“1”（脉冲），在所有其他情况下将是“0”。指令执行前的 RLO 状态存储在地址中。

图 3-34 为出现信号负跳沿和正跳沿时，信号状态的变化。

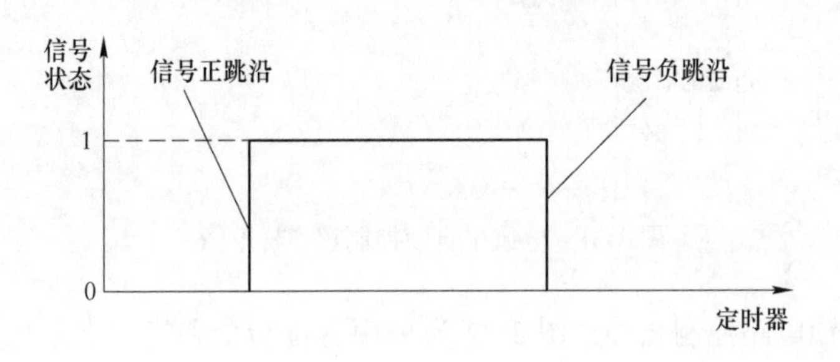

图 3-34　信号负跳沿和正跳沿

3.3.5.2　RLO 正跳沿检测

RLO 正跳沿检测指令在梯形图中，如图 3-35 所示。该指令的参数见表 3-30。

<地址>

——(P)

图 3-35　RLO 正跳沿检测指令

表 3-30　RLO 正跳沿检测指令的参数

参数	数据类型	存储器区	描　述
<地址>	BOOL	I、Q、M、L、D	边沿存储位，存储 RLO 的上一信号状态

功能：RLO 正跳沿检测地址中“0”到“1”的信号变化，并在指令后将其显示为 RLO=“1”。将 RLO 中的当前信号状态与地址的信号状态（边沿存储位）进行比较。如果在执行指令前地址的信号状态为“0”，RLO 为“1”，则在执行指令后 RLO 将是“1”（脉冲），在所有其他情况下将是“0”。指令执行前的 RLO 状态存储在地址中。

3.3.5.3　SAVE

SAVE 指令在梯形图中，如图 3-36 所示。

功能：将 RLO 保存到状态字的 BR 位。第一个校验位/FC 不复位。因此，BR 位的状态包括在下一程序段中的与逻辑运算内。

3.3.5.4　NEG 地址下降沿检测

NEG 地址下降沿检测指令在梯形图中，如图 3-37 所示。该指令的参数见表 3-31。

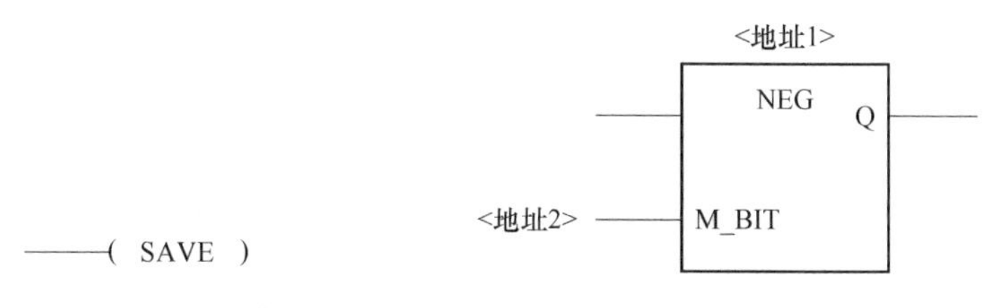

图 3-36 SAVE 指令　　图 3-37 NEG 地址下降沿检测指令

表 3-31 NEG 地址下降沿检测指令的参数

参数	数据类型	存储器区	描　述
<地址 1>	BOOL	I、Q、M、L、D	已扫描信号
<地址 2>	BOOL	I、Q、M、L、D	M_BIT 边沿存储位，存储<地址 1>的前一个信号状态
Q	BOOL	I、Q、M、L、D	单触发输出

功能：NEG（地址下降沿检测）比较<地址 1>的信号状态与前一次扫描的信号状态（存储在<地址 2>中）。如果当前 RLO 状态为“0”且其前一状态为“1”（检测到下降沿），执行此指令后 RLO 位将是“1”。

3.3.5.5 POS 地址上升沿检测

POS 地址上升沿检测指令在梯形图中，如图 3-38 所示。该指令的参数见表 3-32。

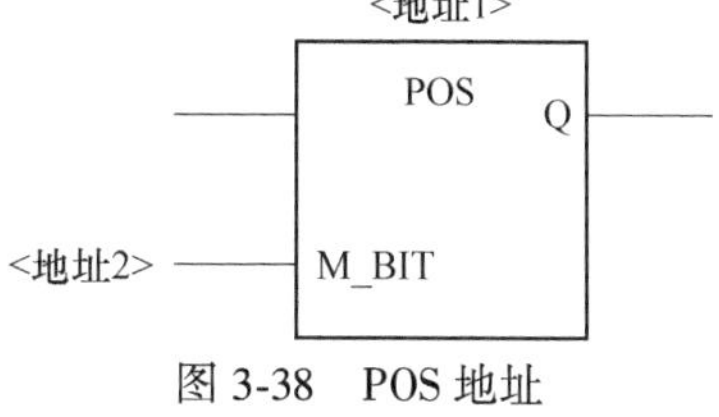

图 3-38 POS 地址上升沿检测指令

表 3-32 POS 地址上升沿检测指令的参数

参　数	数据类型	存储器区	描　述
<地址 1>	BOOL	I、Q、M、L、D	已扫描信号
<地址 2>	BOOL	I、Q、M、L、D	M_BIT 边沿存储位，存储<地址 1>的前一个信号状态
Q	BOOL	I、Q、M、L、D	单触发输出

功能：POS（地址上升沿检测）比较<地址 1>的信号状态与前一次扫描的信号状态（存储在<地址 2>中）。如果当前 RLO 状态为“1”且其前一状态为“0”（检测到上升沿），执行此指令后 RLO 位将是“1”。

3.3.6 应用实例 PLC 控制自动检票放行装置

图 3-39 所示为自动检票放行装置。当一辆车到达检票栏时，按钮被司机按下，接收一张停车票后，输出驱动电机，栏杆升起，允许车辆进入停车场。当传感器检测到车已通过，栏杆自动回到水平位置，等待下一位顾客。其端口（I/O）分配表见表 3-33。

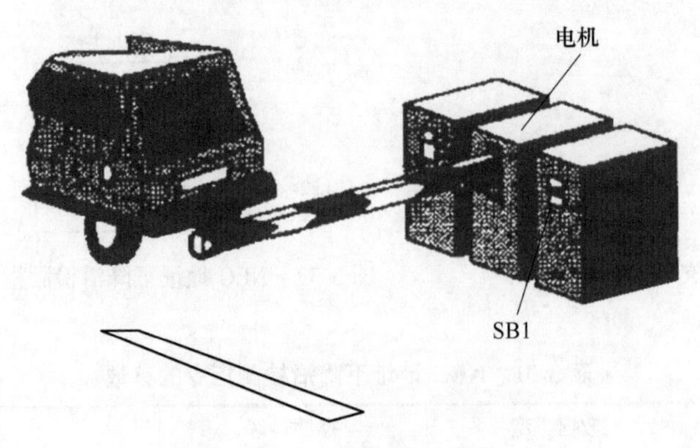

图 3-39　自动检票放行装置

表 3-33　自动检票放行装置 I/O 分配表

输　入		输　出	
输入设备	输入编号	输出设备	输出编号
收停车票 SB1	I0. 0	栏杆升起	Q4. 0
检测传感器	I0. 1		

图 3-40 所示的梯形图可解决以上问题，当 SB1 按钮被按下后，I0. 0 接通，使 Q4. 0 得电，升起栏杆。由于 SB1 为按钮，放手后会复位，因此必须对 Q4. 0 进行自锁，当车通过检测传感器 I0. 1 时，检测传感器 I0. 1 接通，直到检测传感器 I0. 1 信号消失时，自动切断 Q4. 0，使栏杆复位，等待下一位顾客。

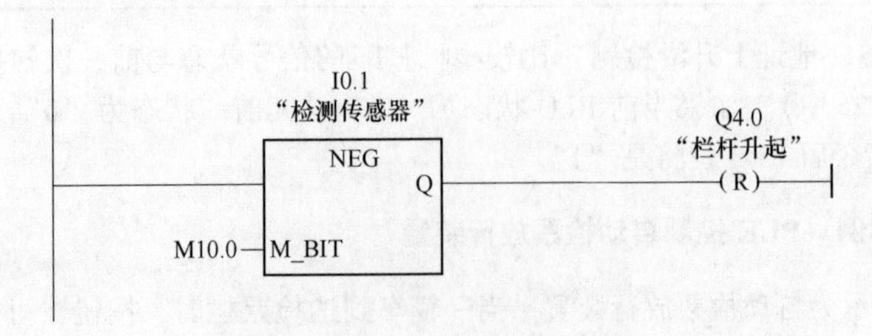

图 3-40　自动检票放行装置控制程序

3.4　定时器指令及其应用

3.4.1　基础知识　S_PULSE 脉冲 S5定时器指令

3.4.1.1　S_PULSE 脉冲 S5定时器

S_PULSE 脉冲 S5定时器其图形符号如图 3-41（a）所示，其定时功能时序图如图 3-41（b）所示。其各部分参数见表 3-34。

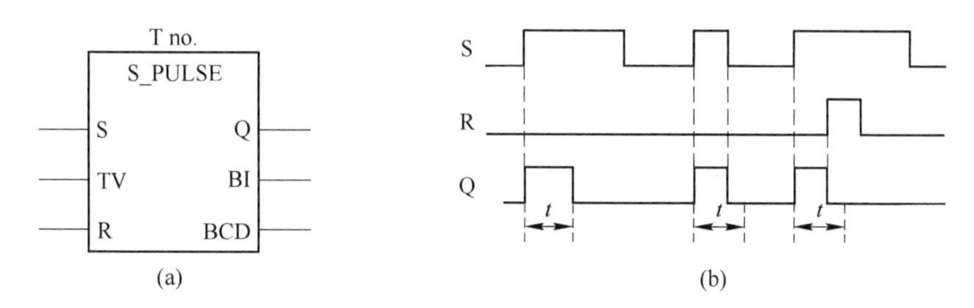

图 3-41　S_PULSE 脉冲 S5定时器

表 3-34　S_PULSE 脉冲 S5定时器参数

参数	数据类型	存储器区	描　　述
T 编号	TIMER	T	定时器标识号，其范围依赖于 CPU
S	BOOL	I、Q、M、L、D	使能输入
TV	S5TIME	I、Q、M、L、D	预设时间值
R	BOOL	I、Q、M、L、D	复位输入
BI	WORD	I、Q、M、L、D	剩余时间值，整型格式
BCD	WORD	I、Q、M、L、D	剩余时间值，BCD 格式
Q	BOOL	I、Q、M、L、D	定时器的状态

功能：如果在启动 S 输入端有一个上升沿，S_PULSE(脉冲 S5 定时器）将启动指定的定时器。信号变化始终是启用定时器的必要条件。定时器在输入端 S 的信号状态为“1”时运行，但最长周期是由输入端 TV 指定的时间值决定。只要定时器运行，输出端 Q 的信号状态就为“1”。如果在时间间隔结束前，S 输入端从“1”变为“0”，则定时器将停止。这种情况下，输出端 Q 的信号状态为“0”。

如果在定时器运行期间定时器复位 R 输入从“0”变为“1”时，则定时器将被复位。当前时间和时间基准也被设置为零。如果定时器不是正在运行，则定时器 R 输入端的逻辑“1”没有任何作用。

当前时间值可从输出 BI 和 BCD 扫描得到。时间值在 BI 端是二进制编码，在 BCD 端是 BCD 编码。当前时间值为初始 TV 值减去定时器启动后经过的时间。

3.4.1.2　脉冲定时器线圈

脉冲定时器线圈的梯形图符号如图 3-42 所示，其各部分参数见表 3-35。

<T编号>
——(SP)
<时间值>

图 3-42　脉冲定时器线圈的梯形图

表 3-35　脉冲定时器线圈参数

参数	数据类型	存储器区	描　述
<T 编号>	TIMER	T	定时器标识号，其范围依赖于 CPU
<时间值>	S5TIME	I、Q、M、L、D	预设时间值

功能：如果 RLO 状态有一个上升沿，脉冲定时器线圈将以该<时间值>启动指定的定时器。只要 RLO 保持正值（“1”），定时器就继续运行指定的时间间隔。只要定时器运行，计数器的信号状态就为“1”。如果在达到时间值前，RLO 中的信号状态从“1”变为“0”，则定时器将停止。这种情况下，对于“1”的扫描始终产生结果“0”。

图 3-43（a）所示为脉冲定时器线圈指令应用，图 3-43（b）为图 3-43（a）对应的时序图。

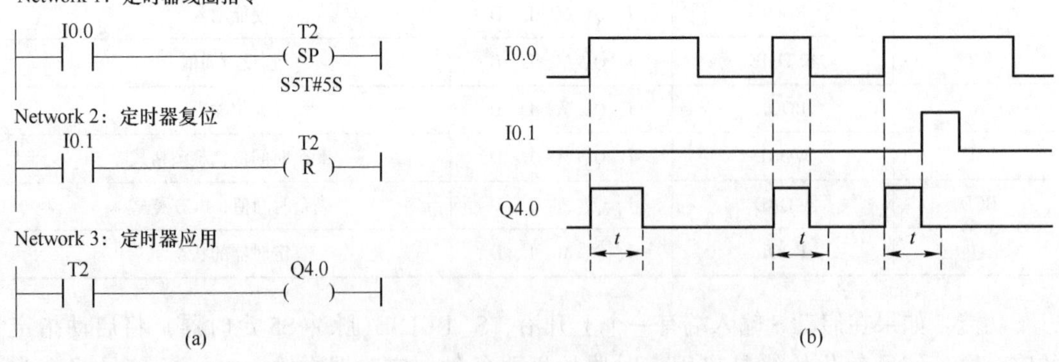

图 3-43　脉冲定时器线圈指令应用及对应时序图

3.4.2　应用实例　PLC 控制智力抢答器

图 3-44 所示的框图是智力竞赛抢答装置控制系统示意图。主持人位置上有一个总停止按钮 S06，控制 3 个抢答桌。主持人说出题目并按动启动按钮 S07 后，谁先按按钮，谁的桌子上的灯即亮。当主持人再按总启动停止 S06 后，灯才灭（否则一直亮着）。三个抢答桌的按钮安排：一是儿童组，抢答桌上有两个按钮 S01 和 S02，并联形式连接，无论按哪一个，桌上的灯 LD1 即亮；二是中学生组，抢答桌上只有一个按钮 S03，且只有一个

人，一按灯 LD2 即亮；三是大人组，抢答桌上也有两个按钮 S04 和 S05，串联形式连接，只有两个按钮都按下，抢答桌上的灯 LD3 才亮。当主持人将启动按钮 S07 按下之后，10 s 之内有人抢答按钮，电铃 DL 即响。其端口（I/O）分配表见表 3-36。

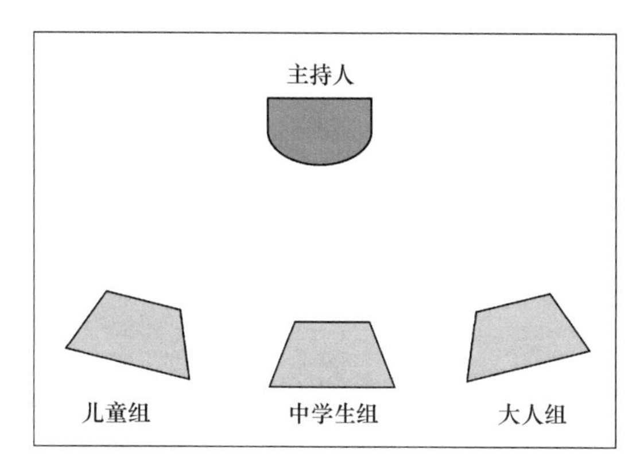

图 3-44 智力竞赛抢答装置控制系统示意图

表 3-36 输入输出端口配置

输 入		输 出	
输入设备	输入编号	输出设备	输出编号
儿童按钮 S01	I0. 0	儿童组指示灯 LD1	Q4. 0
儿童按钮 S02	I0. 1	中学生组指示灯 LD2	Q4. 1
中学生按钮 S03	I0. 2	大人组指示灯 LD3	Q4. 2
大人按钮 S04	I0. 3	电铃 DL	Q4. 3
大人按钮 S05	I0. 4		
主持人总停按钮 S06	I0. 5		
主持人启动按钮 S07	I0. 6		

图 3-45 所示的梯形图可实现以上控制要求，梯形图中采用 S_PULSE 脉冲 S5定时器进行延时。

⊟ 程序段 1：标题：

I0.6
“主持人启动按钮S07”

I0.5
“主持人总停按钮S06”

M0.0

M0.0

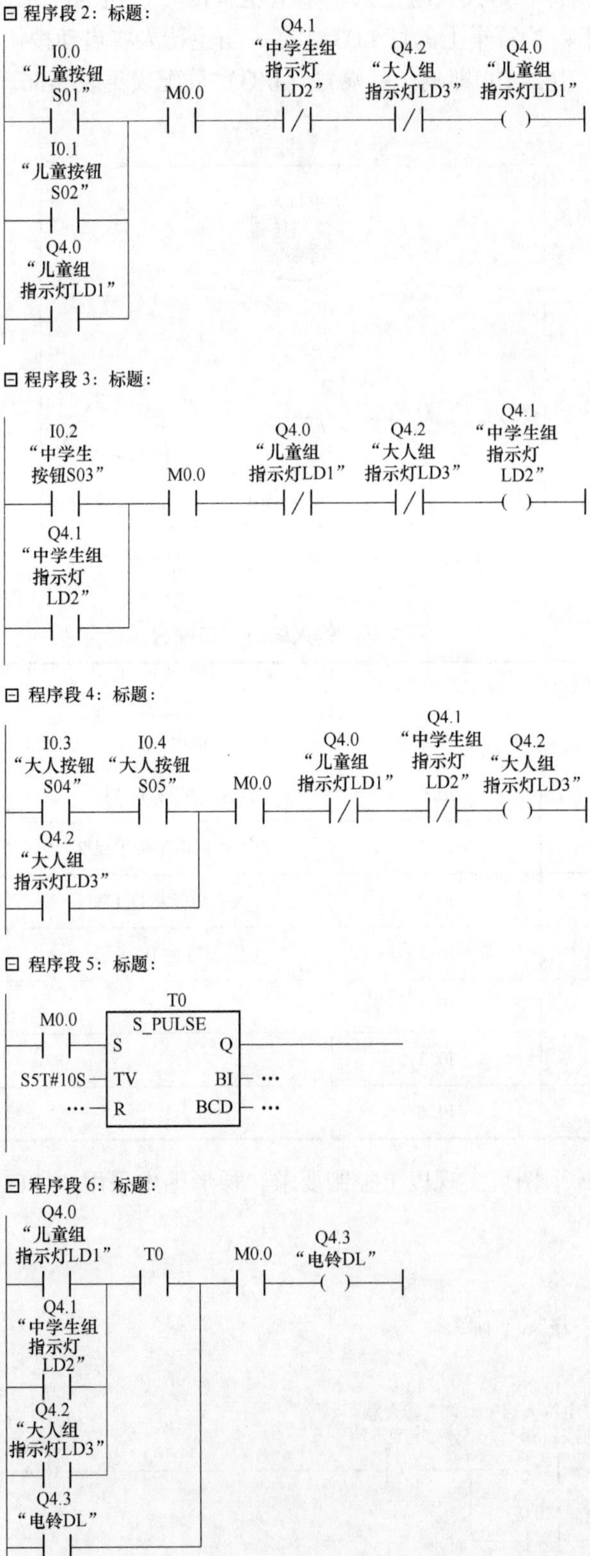

⊟ 程序段 2：标题：

I0.0 “儿童按钮 S01”　M0.0　Q4.1 “中学生组指示灯 LD2”　Q4.2 “大人组指示灯LD3”　Q4.0 “儿童组指示灯LD1”
I0.1 “儿童按钮 S02”
Q4.0 “儿童组指示灯LD1”

⊟ 程序段 3：标题：

I0.2 “中学生按钮S03”　M0.0　Q4.0 “儿童组指示灯LD1”　Q4.2 “大人组指示灯LD3”　Q4.1 “中学生组指示灯 LD2”
Q4.1 “中学生组指示灯 LD2”

⊟ 程序段 4：标题：

I0.3 “大人按钮 S04”　I0.4 “大人按钮 S05”　M0.0　Q4.0 “儿童组指示灯LD1”　Q4.1 “中学生组指示灯 LD2”　Q4.2 “大人组指示灯LD3”
Q4.2 “大人组指示灯LD3”

⊟ 程序段 5：标题：

M0.0　T0 S_PULSE
S　Q
S5T#10S — TV　BI — …
… — R　BCD — …

⊟ 程序段 6：标题：

Q4.0 “儿童组指示灯LD1”　T0　M0.0　Q4.3 “电铃DL”
Q4.1 “中学生组指示灯 LD2”
Q4.2 “大人组指示灯LD3”
Q4.3 “电铃DL”

图 3-45　S_ PULSE 脉冲 S5定时器指令形式的智力竞赛抢答装置控制梯形图

图 3-45 中的程序段 5 中的 S_PULSE 脉冲 S5定时器指令形式可采用脉冲定时器线圈指令替代，如图 3-46 所示。

日 程序段 5：标题：

M0.0　　T0　　SP　　S5T#10S

图 3-46　S_PULSE 脉冲 S5定时器指令形式可采用脉冲定时器线圈指令替代

3.4.3　基础知识　S_PEXT 扩展脉冲 S5定时器指令

3.4.3.1　S_PEXT 扩展脉冲 S5定时器

S_PEXT 扩展脉冲 S5定时器其图形符号如图 3-47（a）所示，其定时功能时序图如图 3-47（b）所示。其各部分参数见表 3-34。

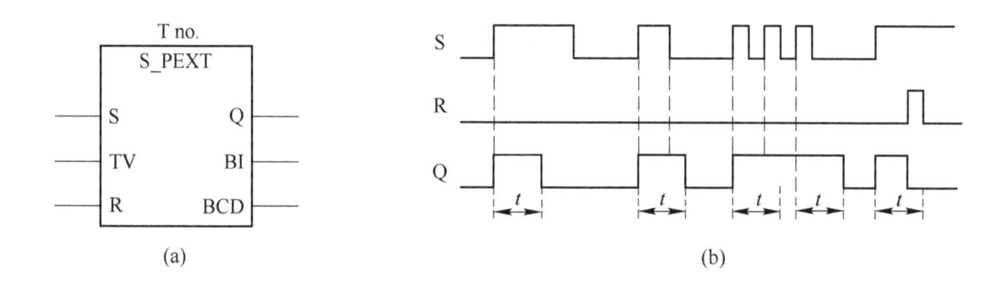

图 3-47　S_PEXT 扩展脉冲 S5定时器

功能：如果在启动（S）输入端有一个上升沿，S_PEXT(扩展脉冲 S5 定时器）将启动指定的定时器。信号变化始终是启用定时器的必要条件。定时器以在输入端 TV 指定的预设时间间隔运行，即使在时间间隔结束前，S 输入端的信号状态变为“0”，只要定时器运行，输出端 Q 的信号状态就为“1”。如果在定时器运行期间输入端 S 的信号状态从“0”变为“1”，则将使用预设的时间值重新启动（重新触发）定时器。

如果在定时器运行期间复位（R）输入从“0”变为“1”，则定时器复位。当前时间和时间基准被设置为零。

当前时间值可从输出 BI 和 BCD 扫描得到。时间值在 BI 处为二进制编码，在 BCD 处为 BCD 编码。当前时间值为初始 TV 值减去定时器启动后经过的时间。

3.4.3.2　扩展脉冲定时器线圈

扩展脉冲定时器线圈符号如图 3-48 所示，其各部分参数见表 3-35。

功能：如果 RLO 状态有一个上升沿，扩展脉冲定时器线圈将以指定的<时间值>启动指定的定时器。定时器继续运行指定的时间间隔，即使定时器达到指定时间前 RLO 变为“0”，只要定时器运行，计数器的信号状态就为“1”。如果在定时器运行期间 RLO 从“0”变为“1”，则将以指定的<时间值>重新启动定时器（重新触发）。

<T编号>
——(SE)
<时间值>

图 3-48　扩展脉冲定时器线圈的梯形图

图 3-49（a）所示为扩展脉冲定时器线圈指令应用，图 3-49（b）为图 3-49（a）对应的时序图。

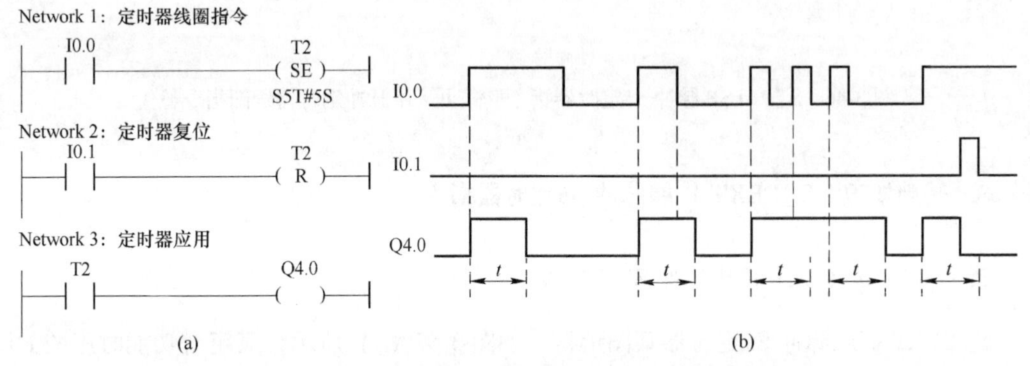

图 3-49　扩展脉冲定时器线圈指令应用及对应时序图

3.4.4　应用实例　PLC 控制工业控制手柄

对于控制系统工程师，一个常用的安全手段是使操作者必须处在一个相对任何控制设备都很安全的位置。其中最简单的方法是使操作者在远处操作，如图 3-50 所示，该安全系统被许多工程师称为“无暇手柄”，它是一个很简单但非常实用的控制方法。其端口（I/O）分配表见表 3-37。

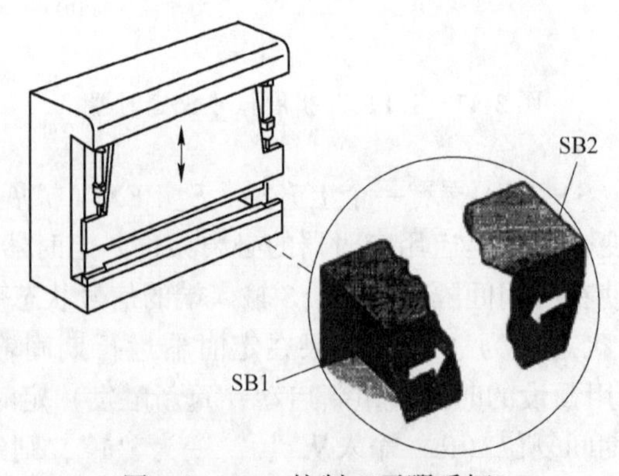

图 3-50　PLC 控制“无暇手柄”

表 3-37　工业控制手柄 I/O 分配表

输　入		输　出	
输入设备	输入编号	输出设备	输出编号
左手按钮 SB1	I0. 0	预定作用	Q4. 0
右手按钮 SB2	I0. 1		

“柄”是用来指初始化和操作被控机器的方法，它用两个按钮构成一个“无暇手柄”(两个按钮必须同时按下)，用此方法能防止只用一手就能进行控制的情况。常把按钮放在控制板上直接相对的两端，按钮之间的距离保持在 300 mm 左右。为了防止操作者误碰按钮，或者采取某种方式使得一只手已操作按钮，每个按钮都凹放在一个金属罩下，作用是使操作者能位于一个没有危险的位置。两个操作者的手都在忙于控制按钮，按钮上的金属使手得到保护，而且，也不容易更改对专用设施的安排。

图 3-51 为一个简单的两键控制实例，它采用串联的形式进行控制。

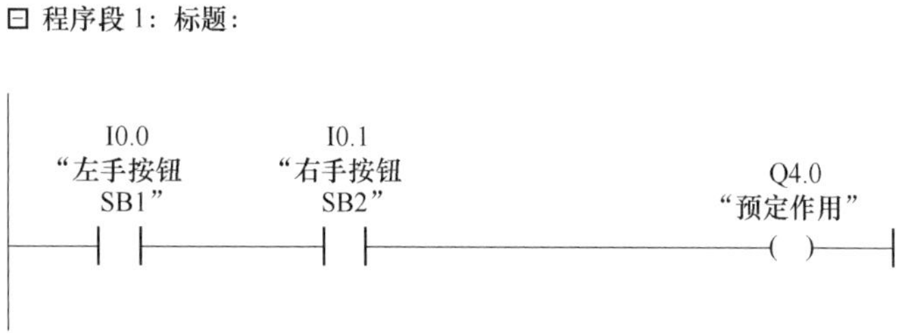

程序段 1：标题：

I0.0 “左手按钮 SB1”　I0.1 “右手按钮 SB2”　Q4.0 “预定作用”

图 3-51　PLC 控制“无暇手柄”程序梯形图

图 3-52 的方法进了一步，采用了信号上升沿置位操作数指令，要求两个按钮同时按下，

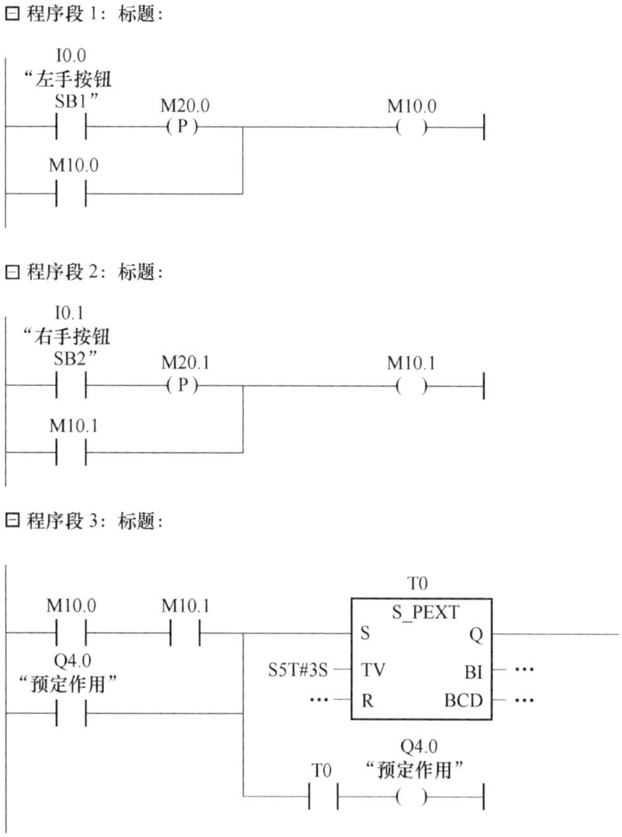

程序段 1：标题：

I0.0 “左手按钮 SB1”　M20.0 (P)　M10.0 ( )

M10.0

程序段 2：标题：

I0.1 “右手按钮 SB2”　M20.1 (P)　M10.1 ( )

M10.1

程序段 3：标题：

M10.0　M10.1　T0 S_PEXT S Q

Q4.0 “预定作用”　S5T#3S — TV BI — …

… — R BCD — …

T0　Q4.0 “预定作用” ( )

图 3-52　采用了在信号上升沿置位操作数的 PLC 控制“无暇手柄”程序梯形图

则 M10.0、M10.1 才能同时接通，驱动 Q4.0 动作。由于 M10.0、M10.1 只接通一个扫描周期，为保证 Q4.0 动作连续，应加入自锁。

实质上由于人的双手同步性不会完全一致，因此图 3-52 的程序只是在理论上成立，真实的控制程序如图 3-53 所示。图 3-53 中采用了 M10.0、T10 将 I0.0 的上升沿信号接通 0.5 s，M10.1、T11 将 I0.1 的上升沿信号接通 0.5 s，以解决双手同步性不一致的问题。

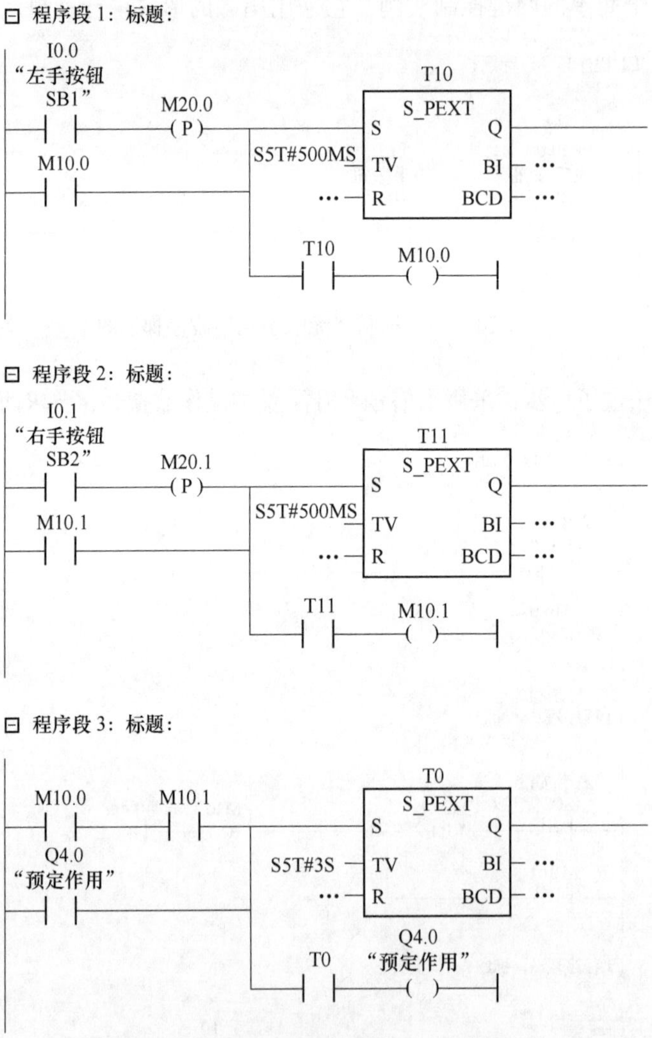

⊟ 程序段 1：标题：

I0.0 “左手按钮 SB1”　M20.0 (P)　T10 S_PEXT　S　Q　S5T#500MS TV　BI　… R　BCD
M10.0
T10　M10.0 ( )

⊟ 程序段 2：标题：

I0.1 “右手按钮 SB2”　M20.1 (P)　T11 S_PEXT　S　Q　S5T#500MS TV　BI　… R　BCD
M10.1
T11　M10.1 ( )

⊟ 程序段 3：标题：

M10.0　M10.1　T0 S_PEXT　S　Q　S5T#3S TV　BI　… R　BCD
Q4.0 “预定作用”
T0　Q4.0 “预定作用” ( )

图 3-53　采用了在信号上升沿置位操作数的真实 PLC 控制“无暇手柄”程序

图 3-53 为采用 TP 指令延时 0.5 s 进行控制的梯形图。可见脉冲指令的实质是将长信号转化为一个扫描周期的短信号，而只需借助时间继电器又可将一个扫描周期的信号转换成所需时长的长信号。有了这些指令，人们就不需再关心信号的长短问题，而只需考虑信号是否采集到，因为只要能够采集到信号，信号本身的长短是可通过程序进行转换的。

3.4.5 基础知识 S_ODT 接通延时 S5定时器指令

3.4.5.1 S_ODT 接通延时 S5定时器

S_ODT 接通延时 S5定时器其图形符号如图 3-54（a）所示，其定时功能时序图如图 3-54（b）所示。其各部分参数见表 3-34。

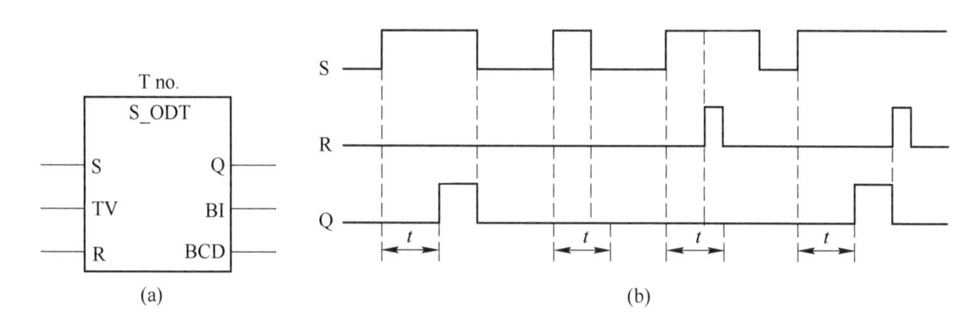

图 3-54 S_ODT 接通延时 S5定时器

功能：如果在启动（S）输入端有一个上升沿，S_ODT(接通延时 S5 定时器）将启动指定的定时器。信号变化始终是启用定时器的必要条件。只要输入端 S 的信号状态为正，定时器就以在输入端 TV 指定的时间间隔运行。定时器达到指定时间而没有出错，并且 S 输入端的信号状态仍为“1”时，输出端 Q 的信号状态为“1”。如果定时器运行期间输入端 S 的信号状态从“1”变为“0”，定时器将停止。这种情况下，输出端 Q 的信号状态为“0”。

如果在定时器运行期间复位（R）输入从“0”变为“1”，则定时器复位。当前时间和时间基准被设置为零。然后，输出端 Q 的信号状态变为“0”。如果在定时器没有运行时 R 输入端有一个逻辑“1”，并且输入端 S 的 RLO 为“1”，则定时器也复位。

当前时间值可从输出 BI 和 BCD 扫描得到。时间值在 BI 处为二进制编码，在 BCD 处为 BCD 编码。当前时间值为初始 TV 值减去定时器启动后经过的时间。

3.4.5.2 接通延时定时器线圈

接通延时定时器线圈符号如图 3-55 所示，其各部分参数见表 3-35。

功能：如果 RLO 状态有一个上升沿，接通延时定时器线圈将以该<时间值>启动指定的定时器。如果达到该<时间值>而没有出错，且 RLO 仍为“1”，则定时器的信号状态为“1”。如果在定时器运行期间 RLO 从“1”变为“0”，则定时器复位。这种情况下，对于“1”的扫描始终产生结果“0”。

<T编号>
——(SD)
<时间值>

图 3-55 接通延时定时器线圈的梯形图

图 3-56（a）所示为接通延时定时器线圈指令应用，图 3-56（b）为图 3-56（a）对应的时序图。

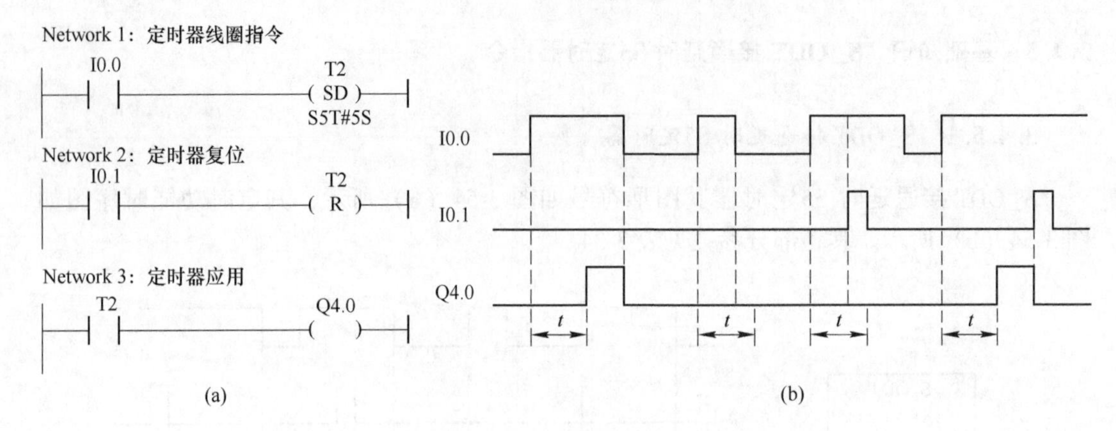

图 3-56　接通延时定时器线圈指令应用及对应时序图

3.4.6　应用实例　PLC 控制两级传输带

图 3-57 所示为 PLC 控制两级传输带系统。两条传输带传输物品，为防止物料堆积，启动后 2 号传输带先运行 5 s 后 1 号传输带再运行，停机时 1 号传输带先停止，10 s 后 2 号传输带才停。其端口（I/O）分配表见表 3-38。

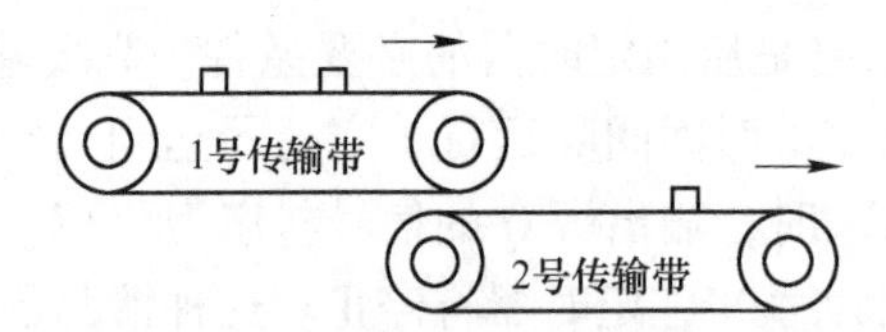

图 3-57　PLC 控制两级传输带系统

表 3-38　两级传输带系统 I/O 分配表

输　入		输　出	
输入设备	输入编号	输出设备	输出编号
启动按钮 SB1	I0. 0	1 号传输带	Q4. 0
停止按钮 SB2	I0. 1	2 号传输带	Q4. 1

图 3-58 所示的梯形图可实现以上控制要求，梯形图中采用 S_ ODT 接通延时 S5定时器指令进行延时。

图 3-58 中的 S_ ODT 接通延时 S5定时器指令形式可采用接通延时定时器线圈指令替代，如图 3-59 所示。

3.4.7　基础知识　S_ ODTS 保持接通延时 S5定时器指令

3. 4. 7. 1　S_ ODTS 保持接通延时 S5定时器

S_ ODTS 保持接通延时 S5定时器其图形符号如图 3-60（a）所示，其定时功能时序图如图 3-60（b）所示。其各部分参数见表 3-34。

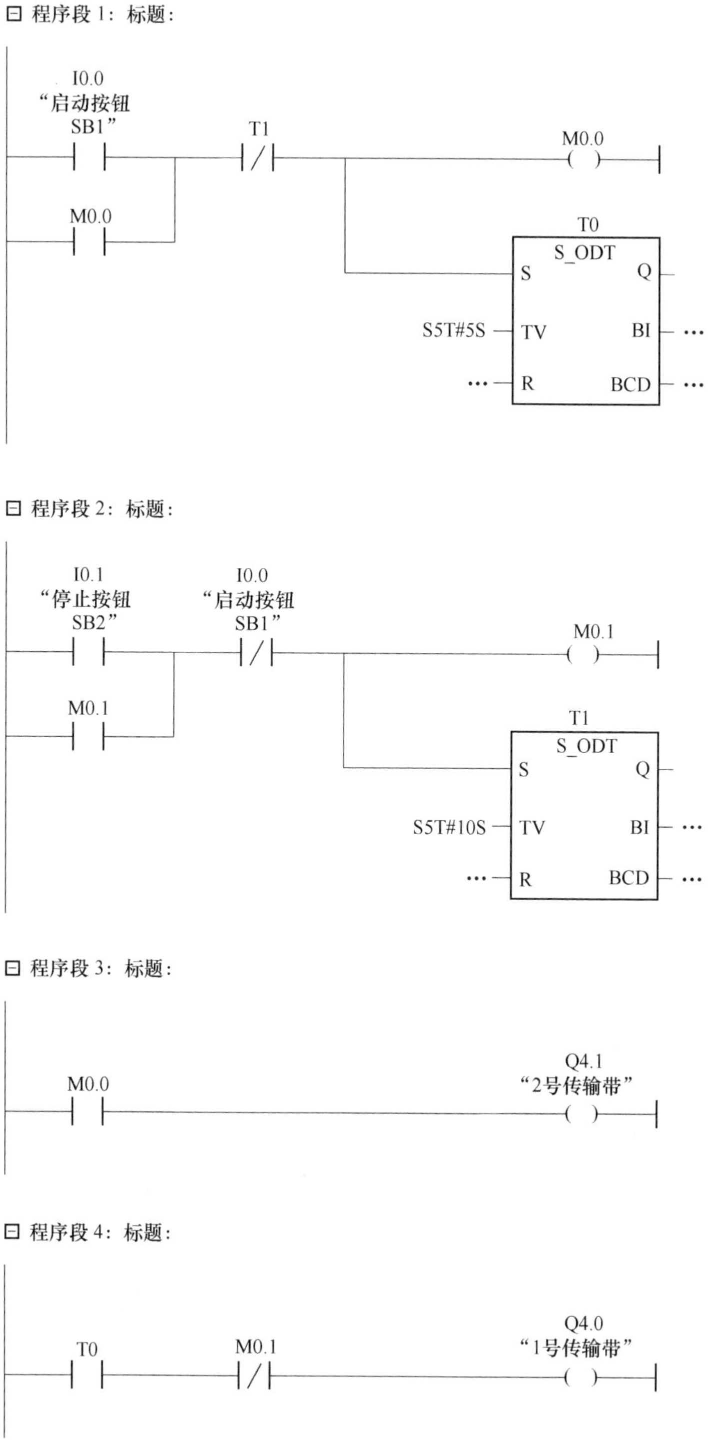

程序段 1：标题：

I0.0
"启动按钮
SB1"
T1
M0.0
M0.0
T0
S_ODT
S Q
S5T#5S TV BI …
… R BCD …

程序段 2：标题：

I0.1
"停止按钮
SB2"
I0.0
"启动按钮
SB1"
M0.1
M0.1
T1
S_ODT
S Q
S5T#10S TV BI …
… R BCD …

程序段 3：标题：

M0.0
Q4.1
"2号传输带"

程序段 4：标题：

T0
M0.1
Q4.0
"1号传输带"

图 3-58 采用 S_ ODT 接通延时 S5定时器指令的 PLC 控制两级传输带系统控制梯形图

⊟ 程序段 1：标题：

I0.0
“启动按钮
SB1”
T1
Q4.1
“2号传输带”
Q4.1
“2号传输带”
M0.0
T0
SD
S5T#5S

⊟ 程序段 2：标题：

T0
Q4.0
“1号传输带”

⊟ 程序段 3：标题：

I0.1
“停止按钮
SB2”
Q4.1
“2号传输带”
M0.0
M0.0
T1
SD
S5T#10S

图 3-59　采用接通延时定时器线圈指令进行延时的 PLC 控制两级传输带系统控制梯形图

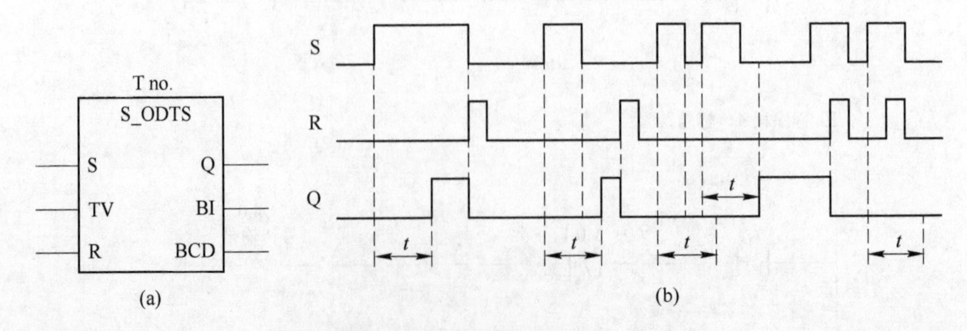

图 3-60　S_ ODTS 保持接通延时 S5定时器

功能：如果在启动（S）输入端有一个上升沿，S_ ODTS（保持接通延时 S5 定时器）将启动指定的定时器。信号变化始终是启用定时器的必要条件。定时器以在输入端 TV 指定的时间间隔运行，即使在时间间隔结束前，输入端 S 的信号状态变为“0”，定时器预定时间结束时，输出端 Q 的信号状态为“1”，而无论输入端 S 的信号状态如何。如果在定时器运行时输入端 S 的信号状态从“0”变为“1”，则定时器将以指定的时间重新启动（重新触发）。

如果复位（R）输入从“0”变为“1”，则无论 S 输入端的 RLO 如何，定时器都将复位。然后，输出端 Q 的信号状态变为“0”。

当前时间值可从输出 BI 和 BCD 扫描得到。时间值在 BI 端是二进制编码，在 BCD 端是 BCD 编码。当前时间值为初始 TV 值减去定时器启动后经过的时间。

3.4.7.2　带保持的接通延迟定时器线圈

带保持的接通延迟定时器线圈符号如图 3-61 所示，其各部分参数见表 3-35。

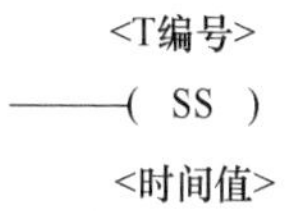

<T编号>

——(SS)

<时间值>

图 3-61　带保持的接通延迟定时器线圈的梯形图

功能：如果 RLO 状态有一个上升沿，保持接通延时定时器线圈将启动指定的定时器。如果达到时间值，定时器的信号状态为“1”。只有明确进行复位，定时器才可能重新启动。只有复位才能将定时器的信号状态设为“0”。如果在定时器运行期间 RLO 从“0”变为“1”，则定时器以指定的时间值重新启动。

图 3-62（a）所示为带保持的接通延迟定时器线圈指令应用，图 3-62（b）为图 3-62（a）对应的时序图。

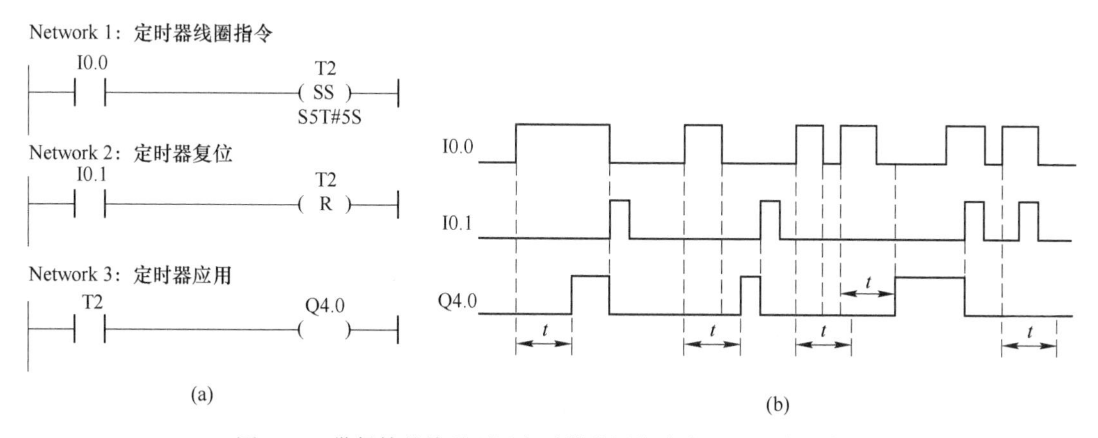

图 3-62　带保持的接通延迟定时器线圈指令应用及对应时序图

3.4.8　应用实例　PLC 控制传送带检测系统

图 3-63 所示为物料检测站，按下启动按钮 SB1，传送带运转。若传送带上 3 s 内无产品通过，则检测器下的检测点报警，传送带停止运行。按下恢复按钮 SB2 后报警器停止报警。其端口（I/O）分配表见表 3-39。

图 3-64 所示的梯形图可实现以上控制要求，梯形图中采用 S_ODTS 保持接通延时 S5 定时器指令进行延时。

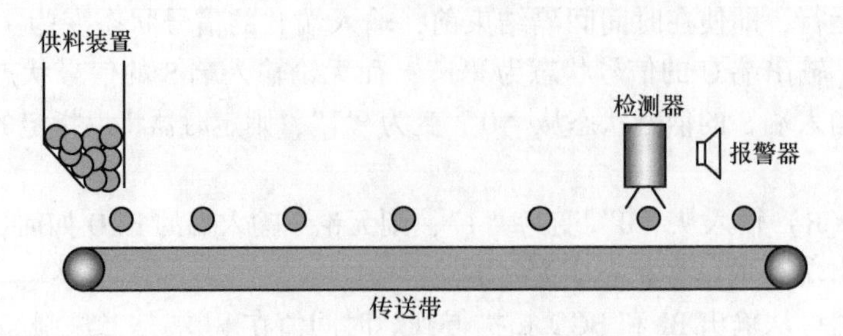

图 3-63　物料检测站系统示意图

表 3-39　PLC 控制传送带检测系统 I/O 分配表

输　入		输　出	
输入设备	输入编号	输出设备	输出编号
启动按钮 SB1	I0. 0	传送带	Q4. 0
恢复按钮 SB2	I0. 1	报警器	Q4. 1
检测器	I0. 2		

⊟ 程序段 1：标题：

I0.0
"启动按钮
SB1"
Q4.1
"报警器"
Q4.0
"传送带"
Q4.0
"传送带"

⊟ 程序段 2：标题：

Q4.0
"传送带"
M10.0
(P)
T0
S_ODTS
S
Q
I0.2
"检测器"
S5T#3S
TV
BI
…
M10.1
(P)
I0.1
"恢复按钮
SB2"
R
BCD
…

⊟ 程序段 3：标题：

T0
Q4.1
"报警器"

图 3-64　采用 S_ODTS 保持接通延时 S5定时器指令的物料检测站系统控制梯形图

图 3-64 中的采用 S_ODTS 保持接通延时 S5定时器指令形式，可采用带保持的接

通延迟定时器线圈替代，如图 3-65 所示。

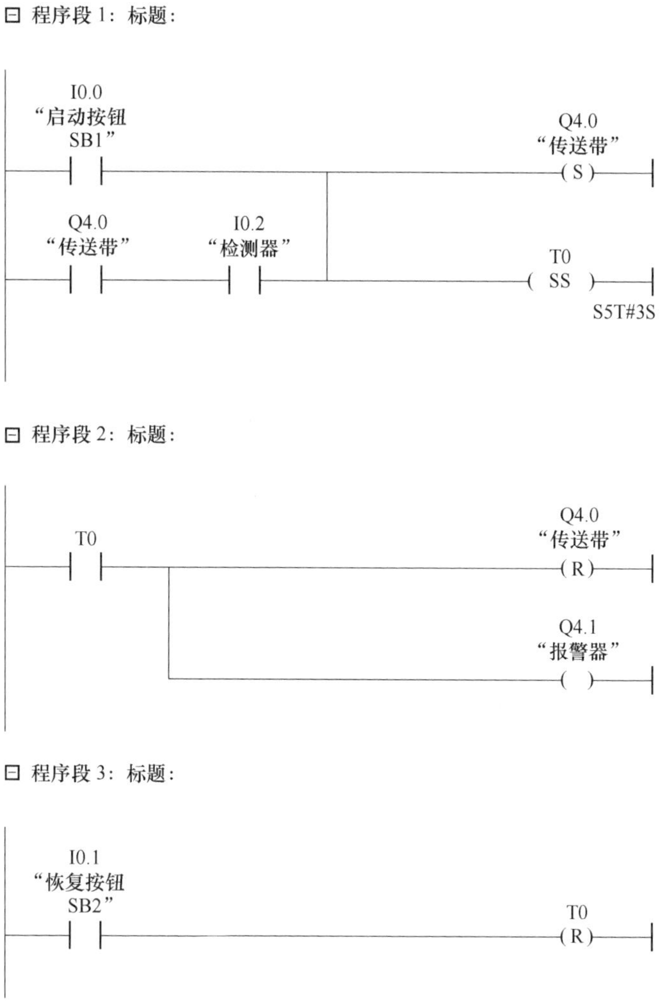

⊟ 程序段 1：标题：

I0.0
“启动按钮
SB1”
Q4.0
“传送带”
(S)
Q4.0
“传送带”
I0.2
“检测器”
T0
(SS)
S5T#3S

⊟ 程序段 2：标题：

T0
Q4.0
“传送带”
(R)
Q4.1
“报警器”
( )

⊟ 程序段 3：标题：

I0.1
“恢复按钮
SB2”
T0
(R)

图 3-65　采用带保持的接通延迟定时器线圈指令进行延时的物料检测站系统控制梯形图

3.4.9　基础知识　S_OFFDT 断电延时 S5定时器指令

3.4.9.1　S_OFFDT 断开延时 S5定时器

S_OFFDT 断开延时 S5定时器其图形符号如图 3-66（a）所示，其定时功能时序图如图 3-66（b）所示。其各部分参数见表 3-34。

其功能为：如果在启动（S）输入端有一个下降沿，S_OFFDT(断开延时 S5 定时器）将启动指定的定时器。信号变化始终是启用定时器的必要条件。如果 S 输入端的信号状态为“1”，或定时器正在运行，则输出端 Q 的信号状态为“1”。如果在定时器运行期间输入端 S 的信号状态从“0”变为“1”时，定时器将复位。输入端 S 的信号状态再次从“1”变为“0”后，定时器才能重新启动。

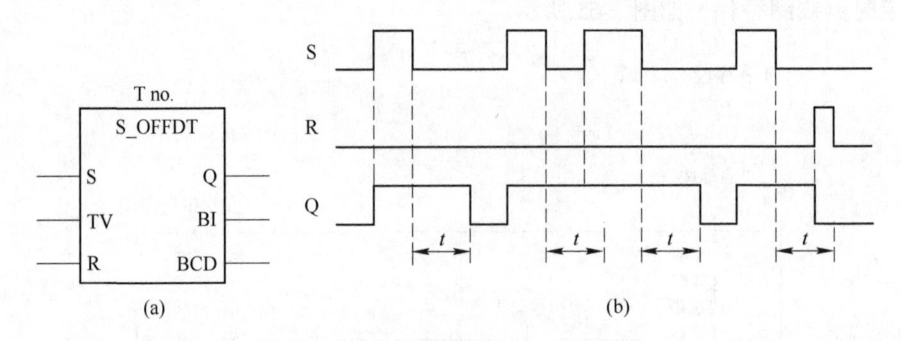

图 3-66　S_ OFFDT 断开延时 S5定时器

如果在定时器运行期间复位（R）输入从“0”变为“1”时，定时器将复位。

当前时间值可从输出 BI 和 BCD 扫描得到。时间值在 BI 端是二进制编码，在 BCD 端是 BCD 编码。当前时间值为初始 TV 值减去定时器启动后经过的时间。

3.4.9.2　—（SF）断开延时定时器线圈

<T编号>

——(SF)

<时间值>

图 3-67　断开延时定时器线圈的梯形图

断开延时定时器线圈符号如图 3-67 所示，其各部分参数见表 3-35。

其功能为：如果 RLO 状态有一个下降沿，断开延时定时器线圈将启动指定的定时器。当 RLO 为“1”时或只要定时器在<时间值>时间间隔内运行，定时器就为“1”。如果在定时器运行期间 RLO 从“0”变为“1”，则定时器复位。只要 RLO 从“1”变为“0”，定时器即会重新启动。

图 3-68（a）所示为断开延时定时器线圈指令应用，图 3-68（b）为图 3-68（a）对应的时序图。

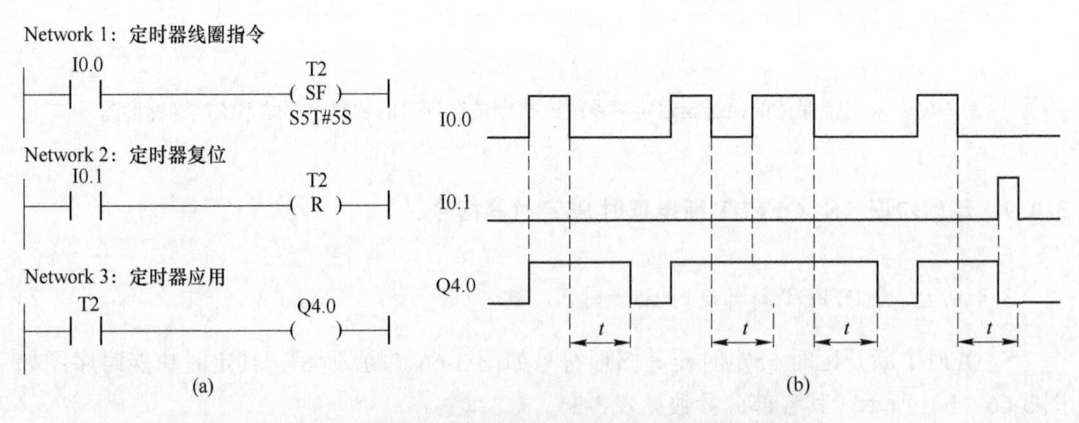

图 3-68　断开延时定时器线圈指令应用及对应时序图

3.4.10　应用实例　PLC 控制门禁系统

PLC 控制门禁系统如图 3-69 所示。试设计一个门禁程序，要求可刷卡开门，开门后

5 s自动关门，关门过程中当检测到有人通过时，停止关门，人通过后5 s再关闭门。其端口（I/O）分配表见表3-40。

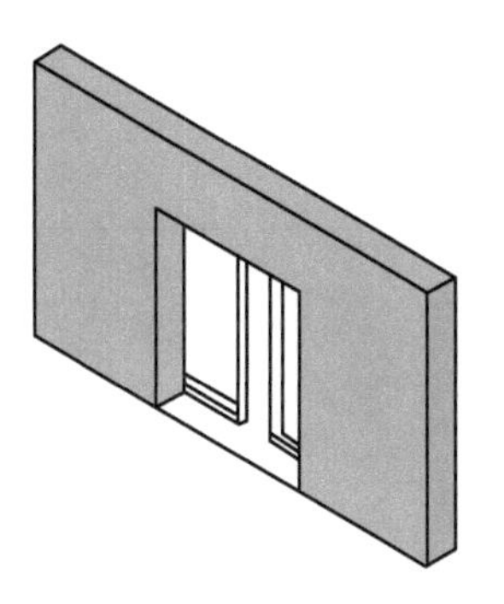

图3-69　PLC控制门禁系统

表3-40　PLC控制门禁系统I/O分配表

输　入		输　出	
输入设备	输入编号	输出设备	输出编号
门禁刷卡	I0.0	开门接触器	Q4.0
检测传感器	I0.1	关门接触器	Q4.1
开门限位	I0.2		
关门限位	I0.3		

图3-70所示的梯形图可实现以上控制要求，梯形图中采用S_OFFDT断开延时S5定时器指令进行延时。

⊟ 程序段1：标题：

I0.0
“门禁刷卡”
I0.2
“开门限位”
M0.0
M0.0

⊟ 程序段2：标题：

I0.0
“门禁刷卡”
I0.3
“关门限位”
M0.1
M0.1

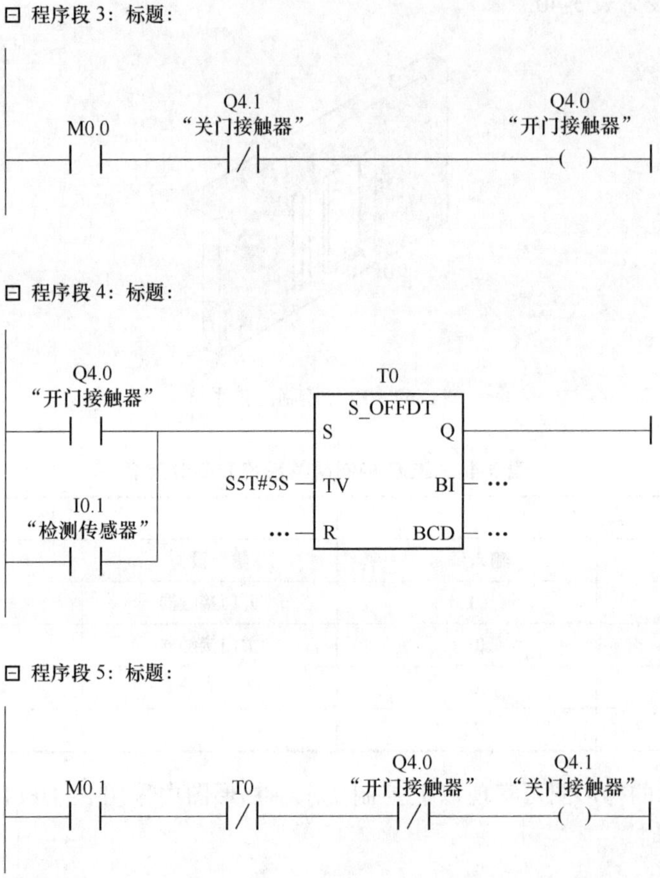

图 3-70　采用 S_ OFFDT 断开延时 S5定时器指令的 PLC 控制门禁系统控制梯形图

图 3-70 中的程序段 4 中的 S_ OFFDT 断开延时 S5定时器指令形式可采用断开延时定时器线圈指令替代，如图 3-71 所示。

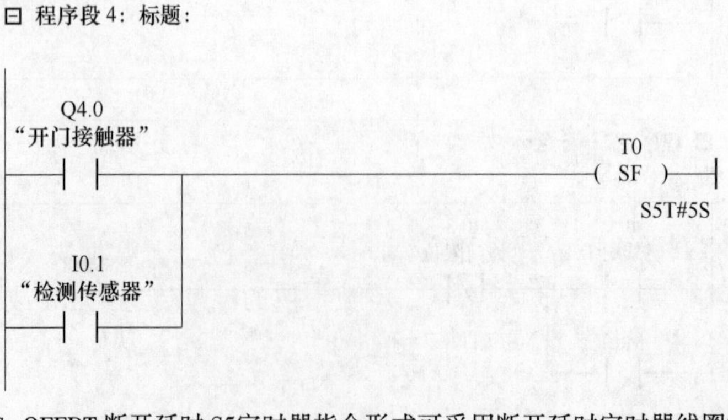

图 3-71　S_ OFFDT 断开延时 S5定时器指令形式可采用断开延时定时器线圈指令替代

3.5 计数器指令及其应用

3.5.1 基础知识 升值计数器指令

3.5.1.1 S_CU 升值计数器

S_CU 升值计数器图形符号如图3-72 所示，该指令的参数见表 3-41。

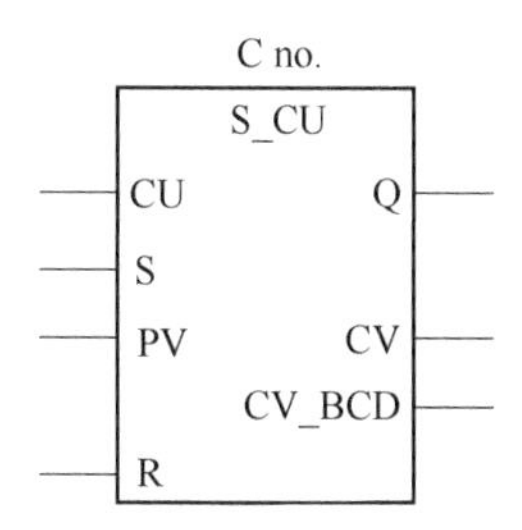

图 3-72 S_CU 升值计数器图形符号

表3-41 S_CU 升值计数器各部分参数

参数	数据类型	存储器区	描　述
C 编号	COUNTER	C	计数器标识号,其范围依赖于 CPU
CU	BOOL	I、Q、M、L、D	升值计数输入
S	BOOL	I、Q、M、L、D	为预设计数器设置输入
PV	WORD	I、Q、M、L、D 或常数	将计数器值以“C#<值>”的格式输入 (范围 0~999)
PV	WORD	I、Q、M、L、D	预设计数器的值
R	BOOL	I、Q、M、L、D	复位输入
CV	WORD	I、Q、M、L、D	当前计数器值，十六进制数字
CV_BCD	WORD	I、Q、M、L、D	当前计数器值，BCD 码
Q	BOOL	I、Q、M、L、D	状态计数器

功能：如果输入 S 有上升沿，则 S_CU(升值计数器）预置为输入 PV 的值。如果输入 R 为“1”，则计数器复位，并将计数值设置为零。

如果输入 CU 的信号状态从“0”切换为“1”，并且计数器的值小于“999”，则计数器的值增 1。如果已设置计数器并且输入 CU 为 RLO=1，则即使没有从上升沿到下降沿或下降沿到上升沿的变化，计数器也会在下一个扫描周期进行相应的计数。如果计数值大于等于零（“0”），则输出 Q 的信号状态为“1”。

3.5.1.2 设置计数器值

设置计数器值的梯形图符号如图 3-73 所示，该指令的参数见表 3-42。

——(SC)——

图 3-73　设置计数器值的梯形图

表 3-42　设置计数器值参数

参数	数据类型	存储器区	描　述
<C 编号>	COUNTER	C	要预置的计数器编号
<预设值>	WORD	I、Q、M、L、D 或常数	预置 BCD 的值 (0~999)

功能：仅在 RLO 中有上升沿时，设置计数器值才会执行。此时，预设值被传送至指定的计数器。

3.5.1.3　升值计数器线圈

升值计数器线圈的梯形图符号如图 3-74 所示，该指令的参数见表 3-43。

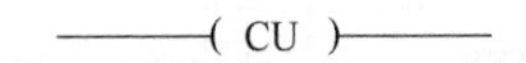

图 3-74　升值计数器线圈的梯形图

表 3-43　升值计数器线圈参数

参数	数据类型	存储器区	描　述
<C 编号>	COUNTER	C	要预置的计数器编号

功能：如在 RLO 中有上升沿，并且计数器的值小于“999”，则升值计数器线圈将指定计数器的值加 1。如果 RLO 中没有上升沿，或者计数器的值已经是“999”，则计数器值不变。图 3-75 所示为初值预置 SC 指令与 CU 指令配合实现 S_CU 指令的功能。

Network 1：设置计数器值

I0.0　C2　(SC)　C#5

Network 2：计数器计数

I0.1　C2　(CU)

Network 3：计数器复位

I0.2　C2　(R)

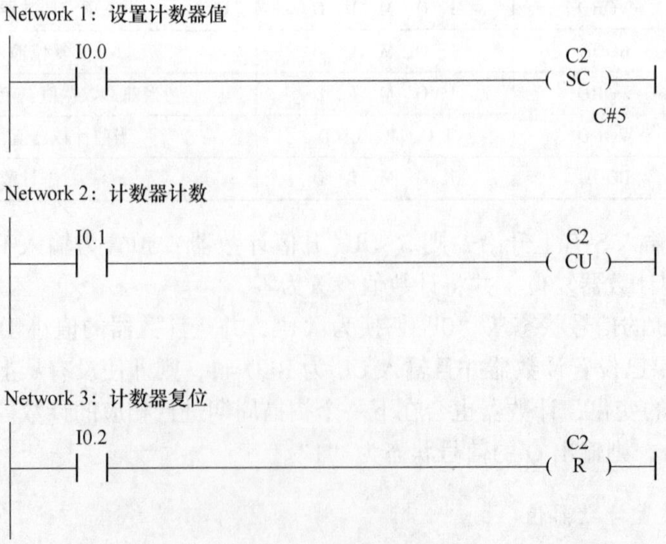

图 3-75　初值预置 SC 指令与 CU 指令配合实现 S_CU 指令的功能

3.5.2 基础知识 降值计数器指令

3.5.2.1 S_CD 降值计数器

S_CD 降值计数器图形符号如图3-76 所示，该指令的参数见表 3-44。

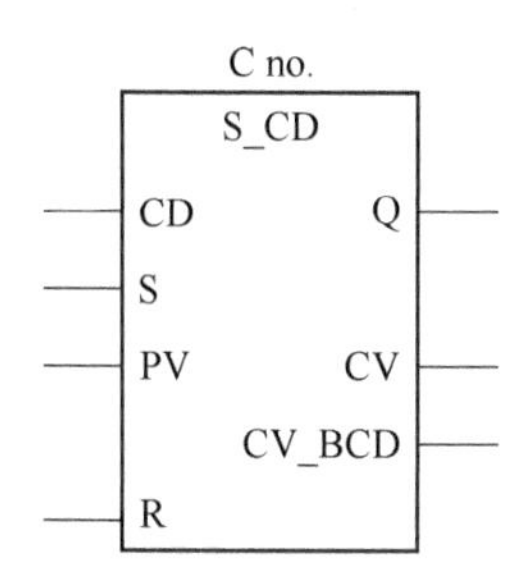

图 3-76 S_CD 降值计数器图形符号

表3-44 S_CD 降值计数器各部分参数

参数	数据类型	存储器区	描 述
C 编号	COUNTER	C	计数器标识号,其范围依赖于 CPU
CD	BOOL	I、Q、M、L、D	降值计数输入
S	BOOL	I、Q、M、L、D	为预设计数器设置输入
PV	WORD	I、Q、M、L、D 或常数	将计数器值以“C#<值>”的格式输入（范围 0~999）
PV	WORD	I、Q、M、L、D	预设计数器的值
R	BOOL	I、Q、M、L、D	复位输入
CV	WORD	I、Q、M、L、D	当前计数器值，十六进制数字
CV_BCD	WORD	I、Q、M、L、D	当前计数器值，BCD 码
Q	BOOL	I、Q、M、L、D	状态计数器

功能：如果输入 S 有上升沿，则 S_CD(降值计数器）设置为输入 PV 的值。如果输入 R 为 1，则计数器复位，并将计数值设置为零。

如果输入 CD 的信号状态从“0”切换为“1”，并且计数器的值大于零，则计数器的值减 1。

如果已设置计数器并且输入 CD 为 RLO = 1，则即使没有从上升沿到下降沿或下降沿到上升沿的变化，计数器也会在下一个扫描周期进行相应的计数。

如果计数值大于等于零（“0”），则输出 Q 的信号状态为“1”。

3.5.2.2 降值计数器线圈

降值计数器线圈的梯形图符号如图 3-77 所示，该指令的参数见表 3-45。

——(CD)——

图 3-77 降值计数器线圈的梯形图

表 3-45　降值计数器线圈参数

参数	数据类型	存储器区	描　述
<C 编号>	COUNTER	C	要预置的计数器编号

功能：如果 RLO 状态中有上升沿，并且计数器的值大于“0”，则降值计数器线圈将指定计数器的值减 1。如果 RLO 中没有上升沿，或者计数器的值已经是“0”，则计数器值不变。图 3-78 所示为初值预置 SC 指令与 CD 指令配合实现 S_CD 指令的功能。

Network 1：设置计数器值

I0.0　C2　(SC)　C#5

Network 2：计数器计数

I0.1　C2　(CD)

Network 3：计数器复位

I0.2　C2　(R)

图 3-78　初值预置 SC 指令与 CD 指令配合实现 S_CD 指令的功能

3.5.3　应用实例　PLC 控制自动贴商标装置

图 3-79 所示为检测随传送带运动物品的位置，自动贴商标装置。按下启动按钮，传送带转动。当产品从传送带上送过来时，经过两个光电管，即可检测传送线上物品的位置。当信号被两个光电管同时接收到，传送带停止，贴商标执行机构完成贴商标操作。3 s 后传送带再次运行，同时系统自动进行计数。当每贴完 6 件商品后，传送带暂停 10 s，进行手动包装操作，10 s 后传送带重新运行。按下停止按钮，传送带停止。重新按启动按钮后，系统重新计数运行。

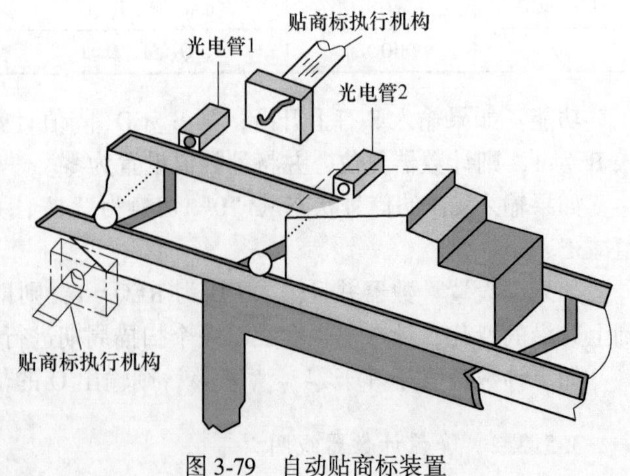

图 3-79　自动贴商标装置

采用端口（I/O）分配表来确立输入、输出与实际元件的控制关系，见表 3-46。

表 3-46 自动贴商标装置 I/O 分配表

输 入		输 出	
输入设备	输入编号	输出设备	输出编号
启动按钮	I0.0	传送带转动	Q4.0
停止按钮	I0.1	贴商标执行机构	Q4.1
光电按钮 1	I0.2		
光电按钮 2	I0.3		

如图 3-80 所示，当信号被两个光电管同时接收到，I0.2 和 I0.3 同时接通时，Q4.1 得电，贴商标执行机构将商标移到物体上，自动完成贴商标操作，使用 S_CD 指令进行计数控制梯形图程序。

程序段 1：标题：

I0.0 “启动按钮”
I0.1 “停止按钮”
M0.0
M0.0

程序段 2：标题：

M0.0
M0.1
C0
Q4.0 “传送带转动”

程序段 3：标题：

I0.2 “光电按钮1”
I0.3 “光电按钮2”
M20.0 (P)
M0.1 (S)

程序段 4：标题：

M0.1
Q4.1 “贴商标执行机构”
T0
S_ODT
S Q
S5T#3S TV BI …
… R BCD …
M0.1 (R)

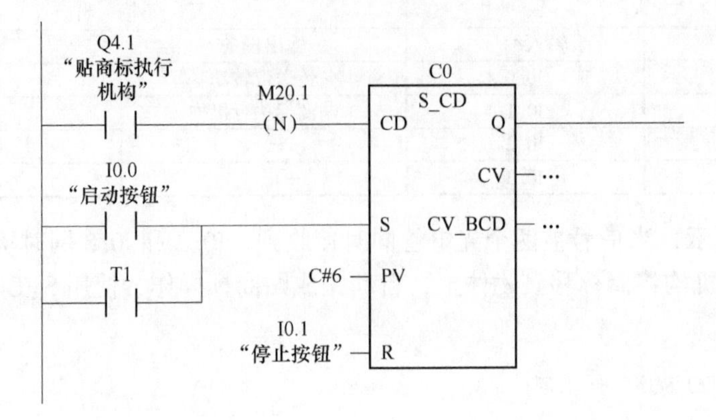

图 3-80　PLC 控制自动贴商标装置梯形图

3.5.4　基础知识　S_CUD 双向计数器指令

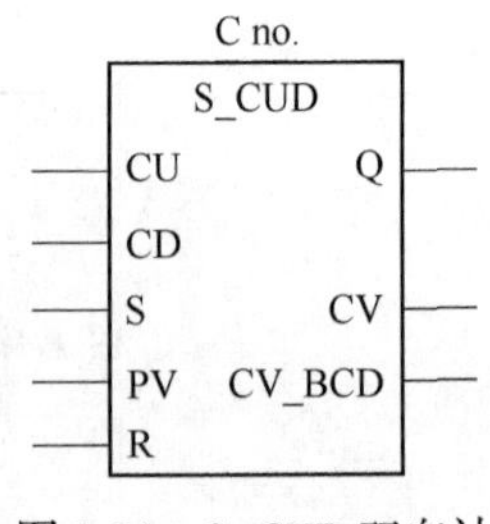

图 3-81　S_CUD 双向计数器图形符号

S_CUD 双向计数器图形符号如图3-81 所示，该指令的参数见表 3-47。

功能：如果输入 S 有上升沿，S_CUD(双向计数器) 预置为输入 PV 的值。如果输入 R 为 1，则计数器复位，并将计数值设置为零。如果输入 CU 的信号状态从“0”切换为“1”，并且计数器的值小于“999”，则计数器的值增 1。如果输入 CD 有上升沿，并且计数器的值大于“0”，则计数器的值减 1。

表 3-47　S_CUD 双向计数器各部分参数

参数	数据类型	存储器区	描　述
C 编号	COUNTER	C	计数器标识号,其范围依赖于 CPU
CU	BOOL	I、Q、M、L、D	升值计数输入
CD	BOOL	I、Q、M、L、D	降值计数输入
S	BOOL	I、Q、M、L、D	为预设计数器设置输入
PV	WORD	I、Q、M、L、D 或常数	将计数器值以“C#<值>”的格式输入（范围 0~999）
PV	WORD	I、Q、M、L、D	预设计数器的值
R	BOOL	I、Q、M、L、D	复位输入
CV	WORD	I、Q、M、L、D	当前计数器值，十六进制数字
CV_BCD	WORD	I、Q、M、L、D	当前计数器值，BCD 码
Q	BOOL	I、Q、M、L、D	计数器的状态

如果两个计数器输入都有上升沿，则执行两个指令，并且计数值保持不变。如果已设置计数器并且输入 CU/CD 为 RLO=1，则即使没有从上升沿到下降沿或下降沿到上升沿的变化，计数器也会在下一个扫描周期进行相应的计数。如果计数值大于等于零(“0”)，则输出 Q 的信号状态为“1”。

图 3-82 所示为 SC 指令与 CU 和 CD 配合实现 S _ CUD 的功能。

Network 1：设置计数器值

```
      I0.0                                  C2
 ----| |-----------------------------------( SC )----|
                                             C#5
```

Network 2：计数器计数

```
      I0.1                                  C2
 ----| |-----------------------------------( CU )----|
```

Network 3：计数器减计数

```
      I0.2                                  C2
 ----| |-----------------------------------( CD )----|
```

Network 4：计数器复位

```
      I0.3                                  C2
 ----| |-----------------------------------( R )----|
```

图 3-82 SC 指令与 CU 和 CD 配合实现 S _ CUD 的功能

3.5.5 应用实例 PLC 控制车位统计系统

图 3-83 所示为车库车位自动统计系统。整个车库最多可存放 20 辆车，当车库每进入

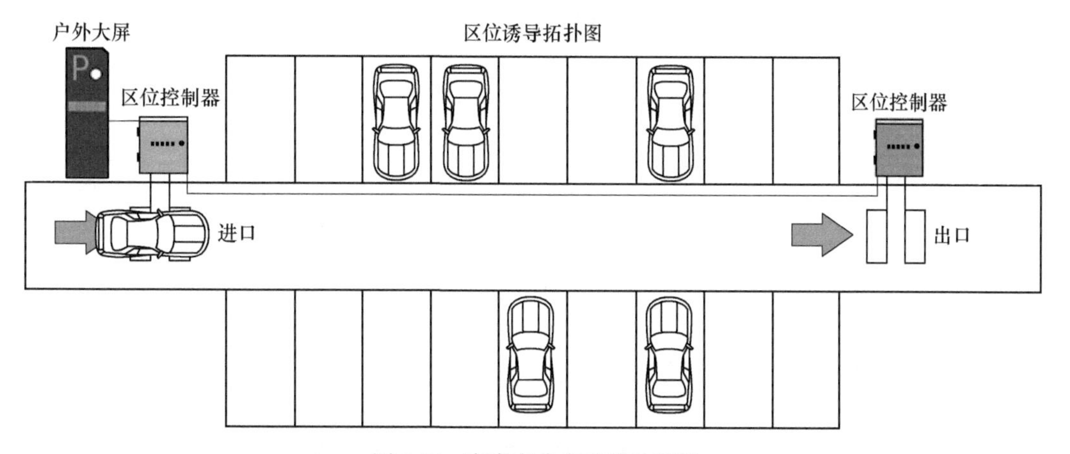

图 3-83 车库车位自动统计系统

一辆车，系统自动加 1，每出去一辆车，系统自动减 1。当车位满时，点亮指示灯，显示车库已满。

其端口（I/O）分配表见表 3-48。

表 3-48　PLC 控制车位统计系统 I/O 分配表

输　入		输　出	
输入设备	输入编号	输出设备	输出编号
入口光电检测开关	I0. 0	车库已满报警指示灯	Q0. 0
出口光电检测开关	I0. 1		

图 3-84 所示为车位自动统计系统 PLC 控制梯形图，梯形图采用 S _ CUD 双向计数器指令进行计数，当计数值达到 20，则点亮车库已满报警指示灯，提醒外来车辆不要再进入。

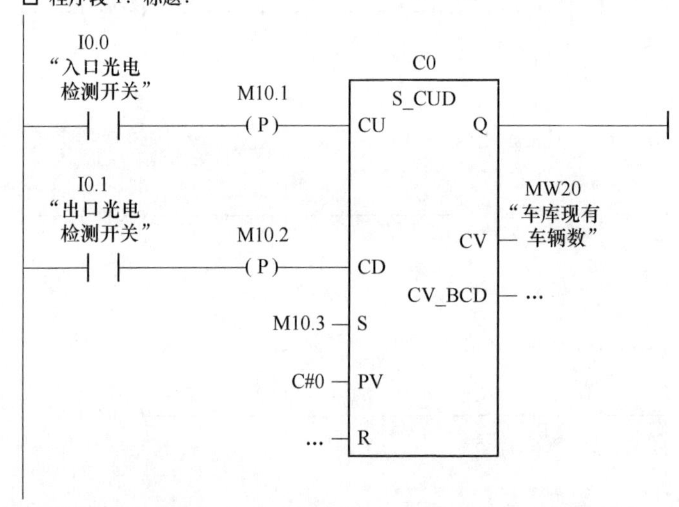

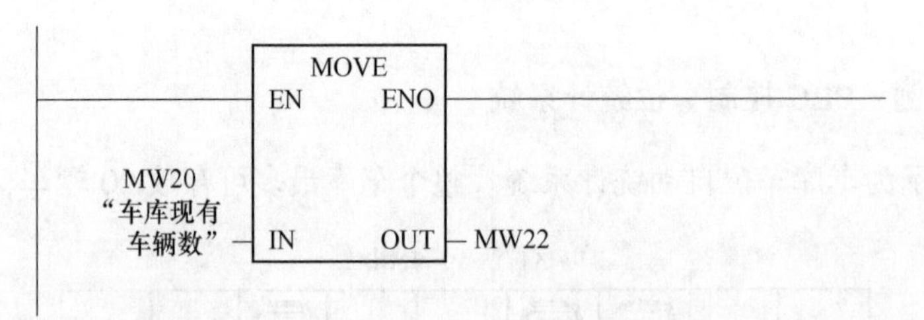

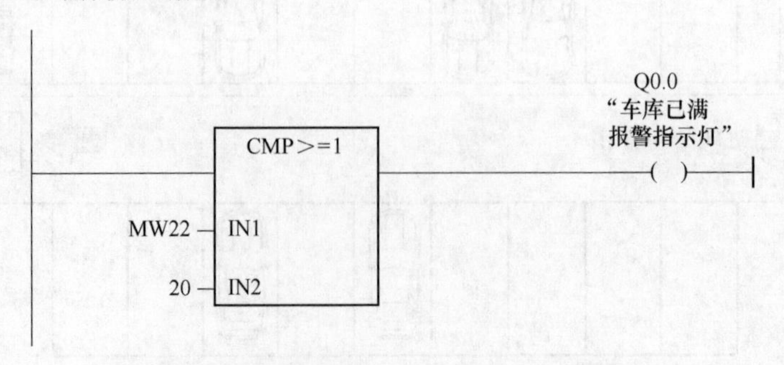

图 3-84　车位自动统计系统 PLC 控制梯形图

3.6 转换继电-接触器线路为梯形图

3.6.1 应用实例 电动机正反转控制

PLC 控制电机正反转控制电路的继电-接触器线路如图 3-85 所示。控制要求如下：按下正转启动按钮 SB1 电机正转，按下反转启动按钮 SB2 电机反转，再次按下正转启动按钮，电机再次正转，按下停止按钮电机停止运行。

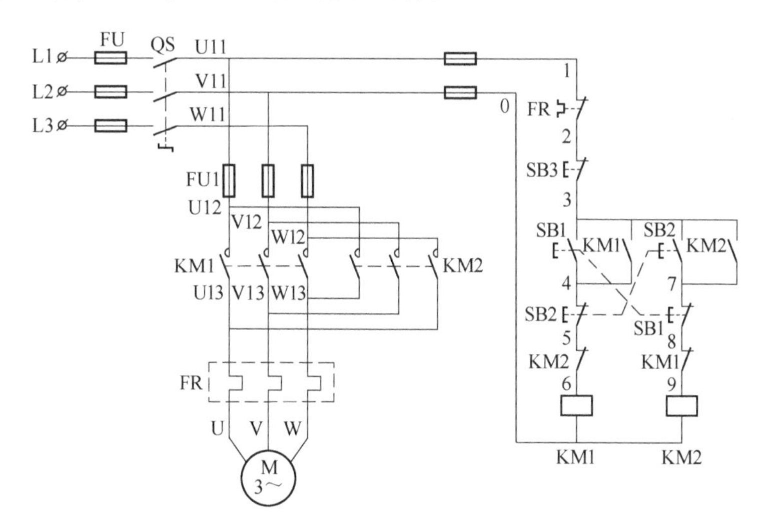

图 3-85 双重联锁正反转控制线路

设定输入/输出（I/O）分配表，见表 3-49。

表 3-49 PLC 控制正反转 I/O 分配表

输 入		输 出	
输入设备	输入编号	输出设备	输出编号
正转启动按钮 SB1	I0.0	正转接触器 KM1	Q4.0
反转启动按钮 SB2	I0.1	反转接触器 KM2	Q4.1
停止按钮 SB3	I0.2		
热继电器 FR（常闭）	I0.3		

根据控制设定输入/输出（I/O）分配表，绘制硬件接线图，如图 3-86 所示。注意图中在 PLC 的输出端的 KM1、KM2 线圈回路采用了接触器互锁的硬件保护形式，这是软件保护所不能替代的形式。接触器互锁是为了解决当接触器硬件发生故障时，保证两个接触器不会同时接通。若只采用软件互锁保护，则无法实现其保护目的。

正反转控制的继电-接触器控制线路如图 3-87 所示，根据 I/O 分配表将对应的输入器件编号用 PLC 的输入继电器替代，输出驱动元件编号用 PLC 的输出继电器替代即可得到图 3-88 所示转换后的梯形图。

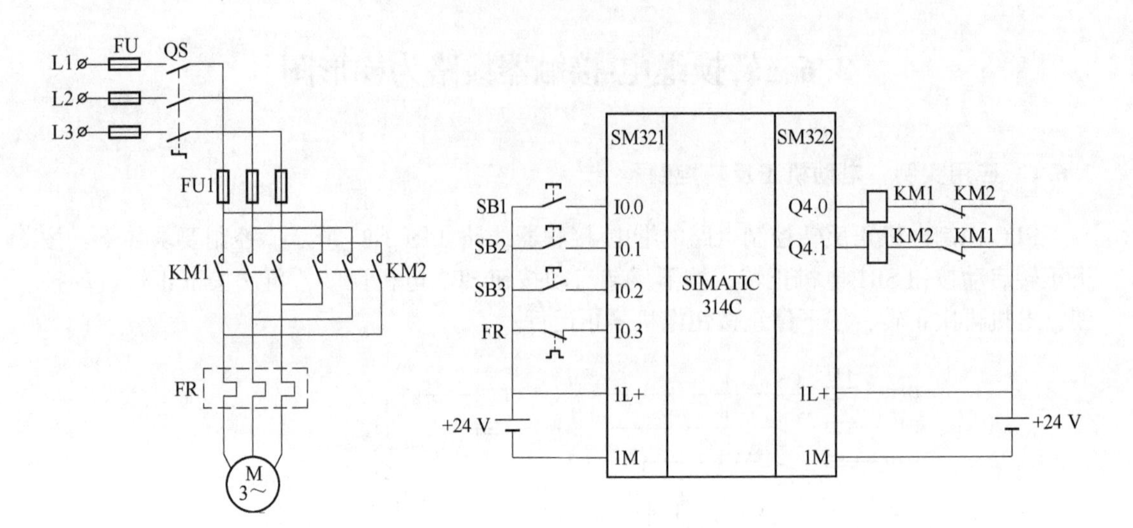

图 3-86　PLC 控制正反转硬件接线图

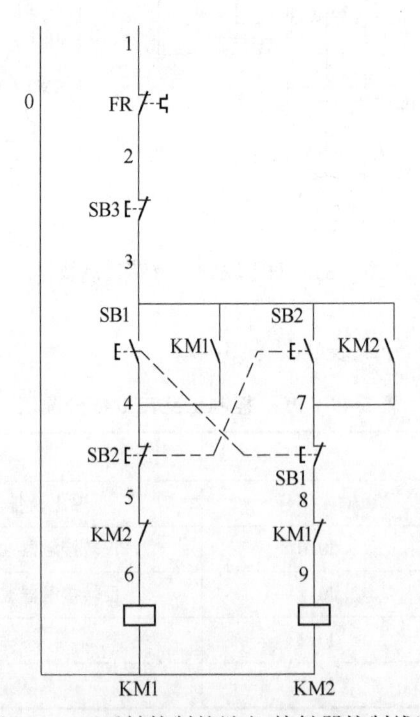

图 3-87　正反转控制的继电-接触器控制线路

根据图 3-87 的正反转控制的继电-接触器控制线路，将其采用对应的 I/O 输入替代，再转为横向放置，得到 PLC 控制正反转电路的控制梯形图，如图 3-88 所示。

注意：由于热继电器 FR 采用常闭输入形式，因此在梯形图中应采用常开触点进行替代。

通常会按串联触点多的程序放在上方，并联触点多的程序放在左方的原则进行调整。考虑到接触-继电器控制要节省触点，而 PLC 控制的触点个数无限制，将控制停止按钮

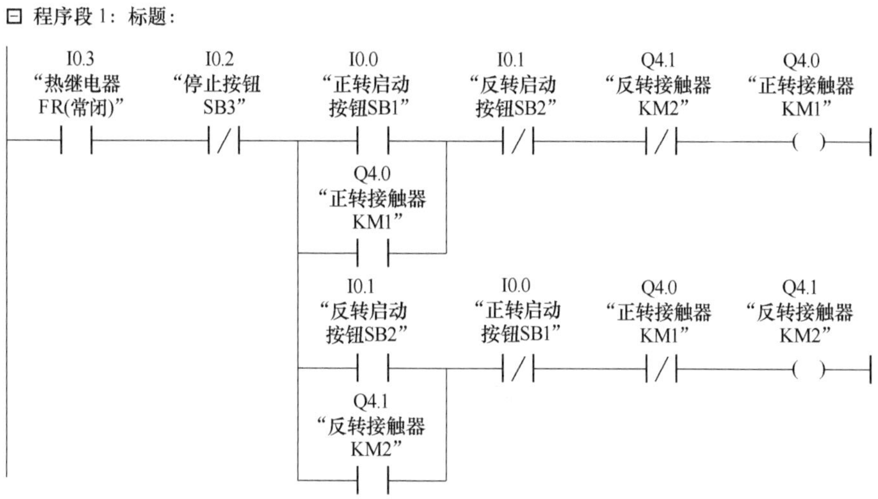

⊟ 程序段 1：标题：

I0.3 “热继电器FR(常闭)”　I0.2 “停止按钮SB3”　I0.0 “正转启动按钮SB1”　I0.1 “反转启动按钮SB2”　Q4.1 “反转接触器KM2”　Q4.0 “正转接触器KM1”

Q4.0 “正转接触器KM1”

I0.1 “反转启动按钮SB2”　I0.0 “正转启动按钮SB1”　Q4.0 “正转接触器KM1”　Q4.1 “反转接触器KM2”

Q4.1 “反转接触器KM2”

图 3-88　正反转控制的继电-接触器控制线路转换后的梯形图

I0.2 常闭与热保护 I0.3 常开分别串联到 Q4.0、Q4.1 控制回路进行控制，可将控制梯形图调整，如图 3-89 所示。

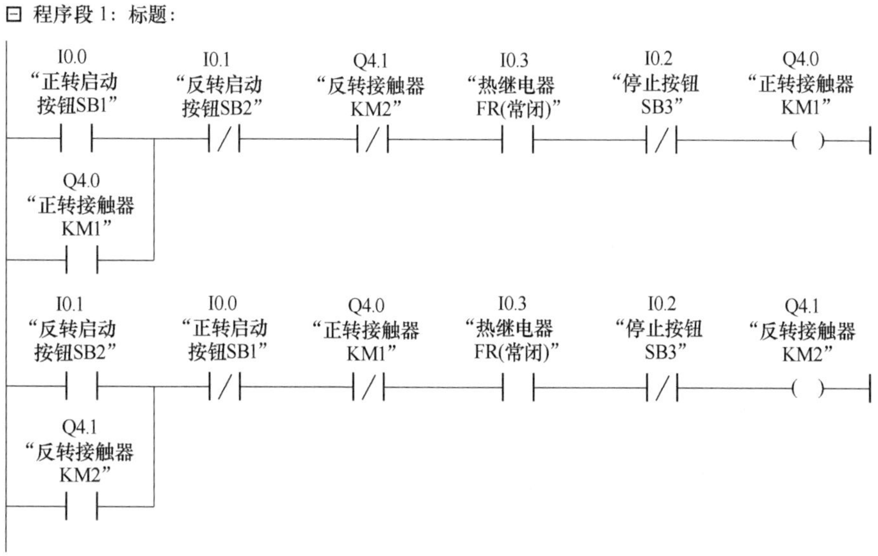

⊟ 程序段 1：标题：

I0.0 “正转启动按钮SB1”　I0.1 “反转启动按钮SB2”　Q4.1 “反转接触器KM2”　I0.3 “热继电器FR(常闭)”　I0.2 “停止按钮SB3”　Q4.0 “正转接触器KM1”

Q4.0 “正转接触器KM1”

I0.1 “反转启动按钮SB2”　I0.0 “正转启动按钮SB1”　Q4.0 “正转接触器KM1”　I0.3 “热继电器FR(常闭)”　I0.2 “停止按钮SB3”　Q4.1 “反转接触器KM2”

Q4.1 “反转接触器KM2”

图 3-89　调整后的 PLC 控制正反转梯形图

考虑热继电器常闭触点的保护作用，也可以将热继电器的常闭触点串联在输出的硬件回路中，实现硬件的保护。系统接线原理图如图 3-90 所示。此时，对应的梯形图如图 3-91所示。

3.6.2　应用实例　Y-△降压启动控制

PLC 控制电机Y-△降压启动的继电-接触器线路如图 3-92 所示。其基本控制功能如下。按下启动按钮 SB2 时，使 KM1 接触器线圈得电，KM1 主触点闭合使电动机 M 得电，

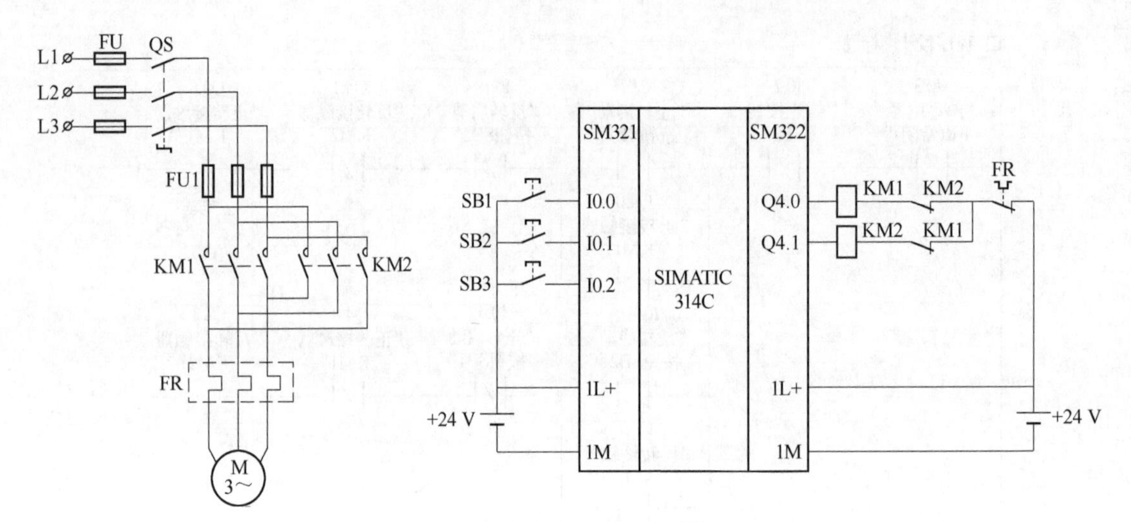

图 3-90　热继电器常闭触点实现硬件保护原理图

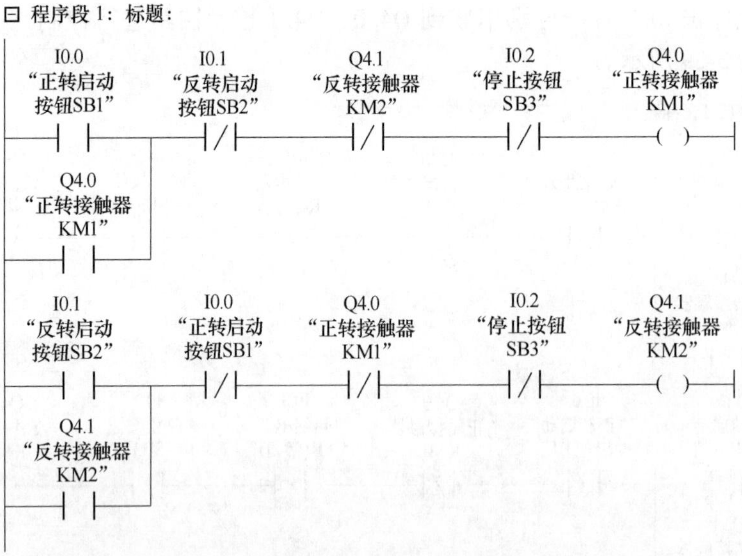

程序段 1：标题：

I0.0 “正转启动按钮SB1”　I0.1 “反转启动按钮SB2”　Q4.1 “反转接触器KM2”　I0.2 “停止按钮SB3”　Q4.0 “正转接触器KM1”

Q4.0 “正转接触器KM1”

I0.1 “反转启动按钮SB2”　I0.0 “正转启动按钮SB1”　Q4.0 “正转接触器KM1”　I0.2 “停止按钮SB3”　Q4.1 “反转接触器KM2”

Q4.1 “反转接触器KM2”

图 3-91　热继电器常闭触点实现硬件保护时对应的控制梯形图

同时 KM3 接触器线圈得电，KM3 主触点闭合使电动机接成星形起动，时间继电器 KT 接通开始定时。当松开启动按钮 SB2 后，由于 KM1 常开触点闭合自锁，使电动机 M 继续星形启动。当定时器定时时间到，则 KT 常闭触点断开，使 KM3 线圈失电，主触点断开星形联结，同时 KT 常开触点闭合，使 KM2 接触器线圈得电，KM2 主触点闭合使电动机接成三角形运行。按下停止按钮 SB1 时，其常闭触点断开，使接触器 KM1、KM2 线圈失电，其主触点断开使电动机 M 失电停止。

当电路发生过载时，热继电器 FR 常闭断开，切断整个电路的通路，使接触器 KM1、KM2、KM3 线圈失电，其主触点断开使电动机 M 失电停止。

设定输入/输出（I/O）分配表，见表 3-50。

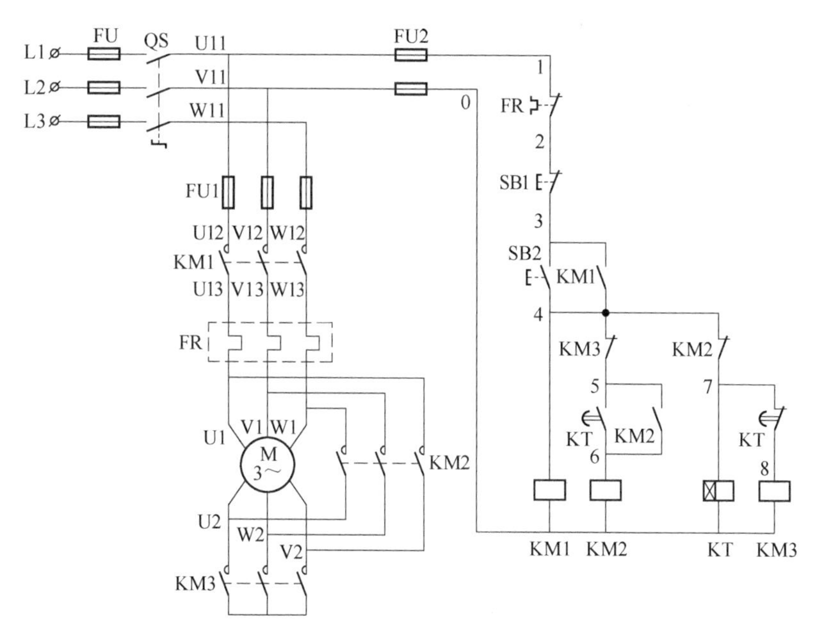

图 3-92　Y-△降压启动控制线路

表 3-50　Y-△启动控制线路的 I/O 分配表

输　入		输　出	
输入设备	输入编号	输出设备	输出编号
停止按钮 SB1	I0.0	接触器 KM1	Q4.0
启动按钮 SB2	I0.1	接触器 KM2	Q4.1
热继电器常闭触点 FR	I0.2	接触器 KM3	Q4.2

根据控制设定输入/输出（I/O）分配表，绘制硬件接线图，如图 3-93 所示。注意图

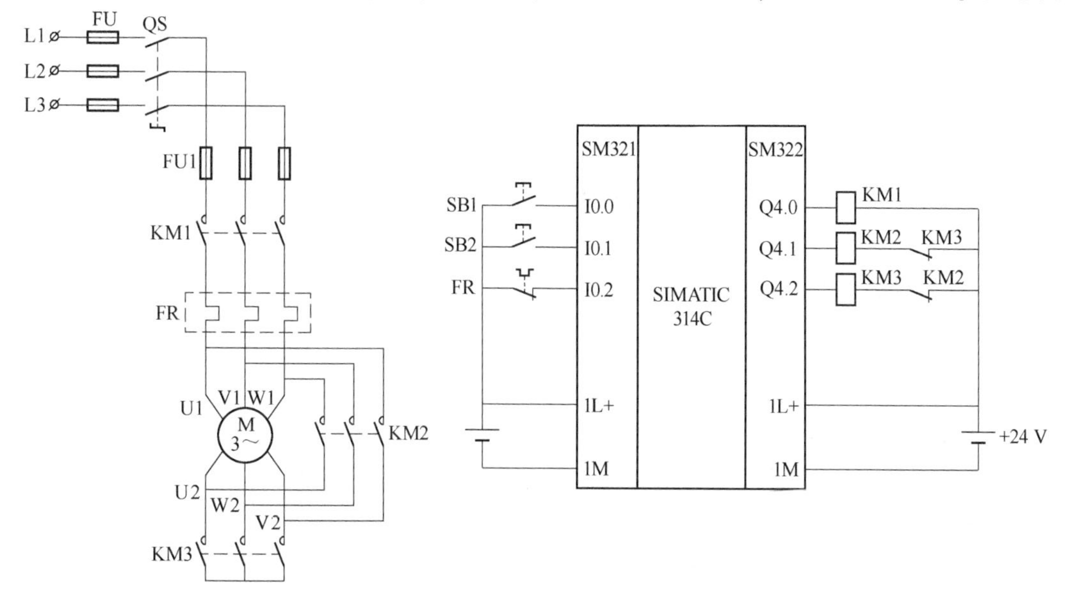

图 3-93　PLC 控制Y-△降压启动硬件接线图

中在 PLC 的输出端的 KM2、KM3 线圈回路采用了接触器互锁的硬件保护形式，这是软件保护所不能替代的形式。接触器互锁是为了解决当接触器硬件发生故障时，保证两个接触器不会同时接通。若只采用软件互锁保护，则无法实现其保护目的。

将继电控制线路按 I/O 分配表的编号，编写出梯形图，如图 3-94 所示。注意：由于热继电器的保护触点采用常闭触点输入，因此程序中的 I0.2（FR 常闭）采用常开触点。由于 FR 为常闭，当 PLC 通电后 I0.2 得电，其常开触点闭合为电路启动做好准备。

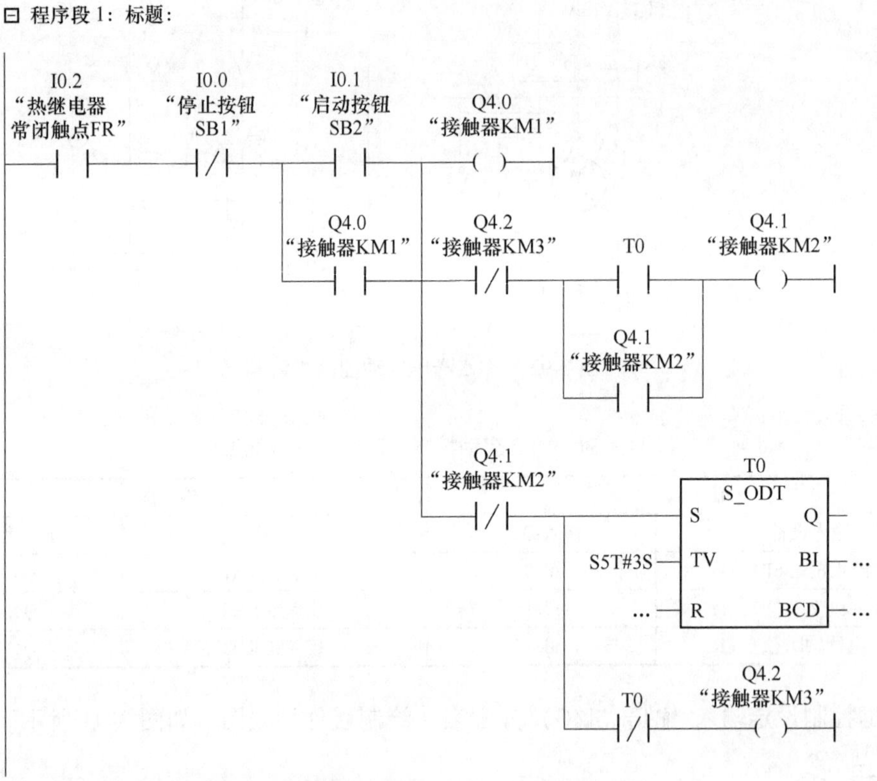

⊟ 程序段 1：标题：

图 3-94　PLC 控制电动机Y-△启动的控制程序梯形图

3.7　起保停方式设计梯形图

3.7.1　应用实例　PLC 控制搬运小车

图 3-95 所示为装卸料小车的自动控制电路。启动按钮 SB1 用来开启运料小车，停止按钮 SB2 用来立即停止运料小车。工作流程如下。

（1）按 SB1 启动按钮，小车在 1 号仓停留（装料）10 s 后，第一次由 1 号仓送料到 2 号仓，碰限位开关 SQ2 后，停留（卸料）5 s，然后空车返回到 1 号仓碰限位开关 SQ1 停留（装料）10 s；

（2）小车第二次由 1 号仓送料到 3 号仓，经过限位开关 SQ2 不停留，继续向前，当到达 3 号仓碰限位开关 SQ3 停留（卸料）8 s，然后空车返回到 1 号仓碰限位开关 SQ1 停留（装料）10 s；

（3）然后再重新进行上述工作过程；

（4）按下 SB2，小车在任意状态立即停止工作。

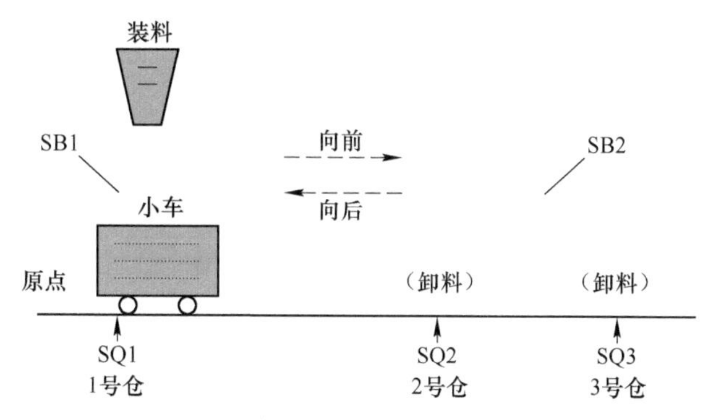

图 3-95　装卸料小车的自动控制电路

其端口（I/O）分配表见表 3-51。

表 3-51　双联开关控制 I/O 分配表

输　入		输　出	
输入设备	输入编号	输出设备	输出编号
启动按钮 SB1	I0.0	向前接触器 KM1	Q4.0
停止按钮 SB2	I0.1	向后接触器 KM2	Q4.1
限位开关 SQ1	I0.2		
限位开关 SQ2	I0.3		
限位开关 SQ3	I0.4		

启动按钮 I0.0 用来开启运料小车，停止按钮 I0.1 用来立即停止运料小车。考虑到运料小车启动后按钮释放，因此采用 M0.0 记忆启动信号。其控制梯形图如图 3-96 所示。

程序段1：记忆启动信号状态

I0.0 “启动按钮SB1”　I0.1 “停止按钮SB2”　M0.0

M0.0

图 3-96　采用 M0.0 记忆启动信号梯形图

设定小车在 1 号仓停留（装料）10 s 由定时器 T0 计时，则 T0 接通，小车前进。设定辅助继电器 M0.1 来区分是否在限位开关 SQ2（I0.3）处停留过，若停留过则 M0.1 接通，未停留则 M0.1 断开。此时可采用 M0.1 与 I0.3 常闭并联，若 M0.1 接通则 I0.3 常闭失效，小车继续前进，碰到限位开关 SQ3（I0.4）停止。其控制梯形图如图 3-97 所示。

⊟ 程序段2：小车向前

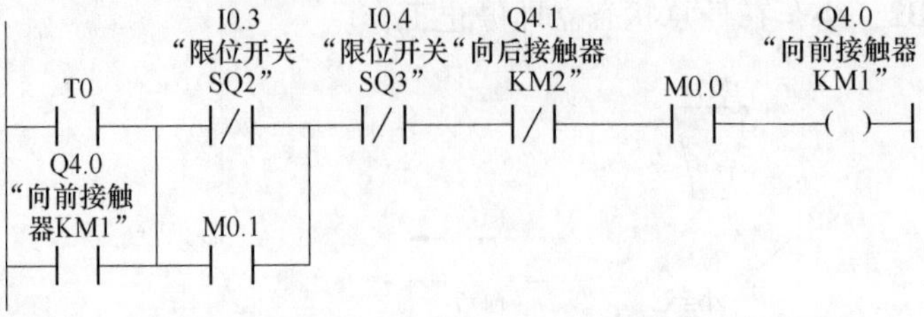

T0　I0.3 “限位开关SQ2”　I0.4 “限位开关SQ3”　Q4.1 “向后接触器KM2”　M0.0　Q4.0 “向前接触器KM1”

Q4.0 “向前接触器KM1”　M0.1

图 3-97　小车前进控制梯形图

小车在 2 号仓停留 5 s 由 T1 计时，在 3 号仓停留 8 s 由 T2 计时，时间到则小车返回，到 1 号仓碰限位开关 SQ1 停留，其控制梯形图如图 3-98 所示。

⊟ 程序段 3：小车向后

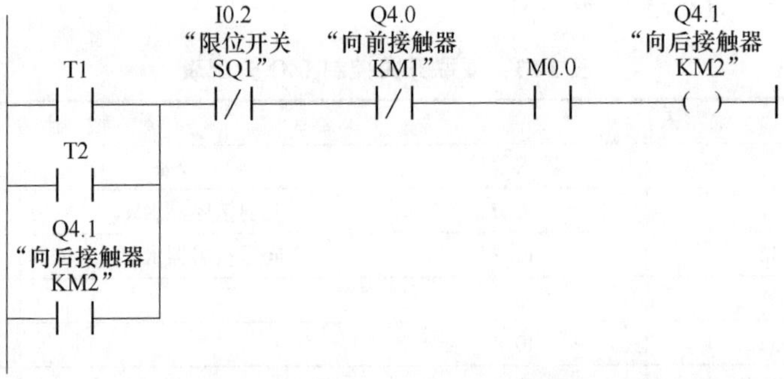

T1　I0.2 “限位开关SQ1”　Q4.0 “向前接触器KM1”　M0.0　Q4.1 “向后接触器KM2”

T2

Q4.1 “向后接触器KM2”

图 3-98　小车后退控制梯形图

小车碰到各限位开关则启动相应的定时器延时，其控制梯形图如图 3-99 所示。

⊟ 程序段 4: SQ1延时10 s

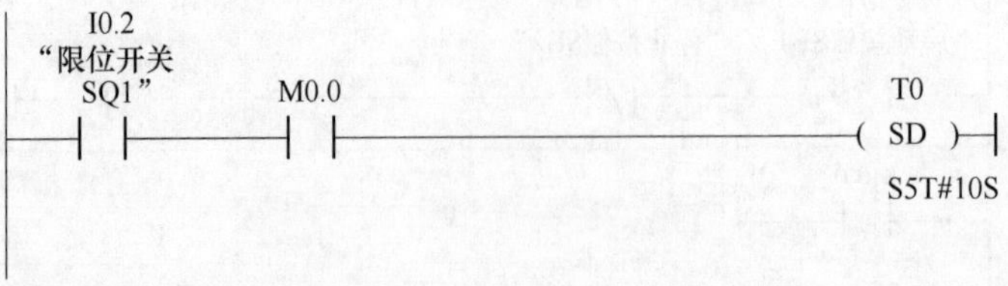

I0.2 “限位开关SQ1”　M0.0　T0 SD S5T#10S

⊟ 程序段 5: SQ2延时5 s

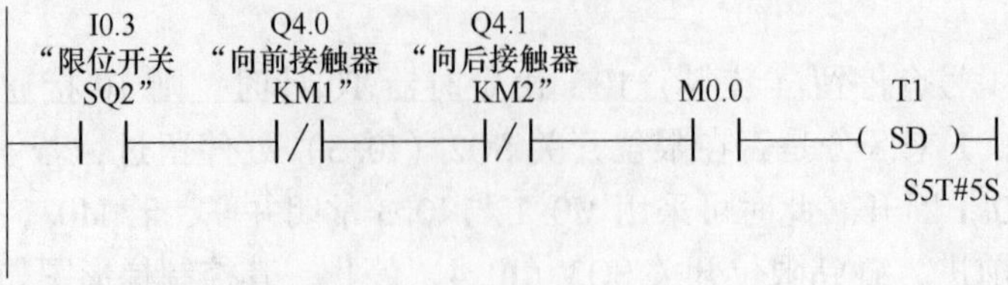

I0.3 “限位开关SQ2”　Q4.0 “向前接触器KM1”　Q4.1 “向后接触器KM2”　M0.0　T1 SD S5T#5S

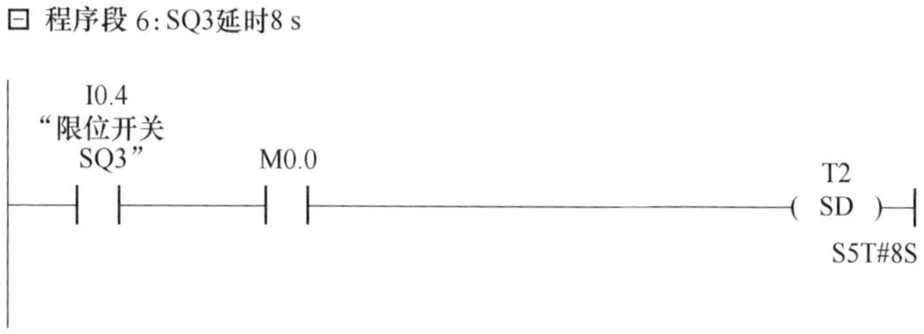

⊟ 程序段 6:SQ3延时8 s

图 3-99 小车在各限位开关处延时梯形图

小车在 SQ2（I0.3）处停留，即 I0.3 接通，同时 Q4.0、Q4.1 断开时，启动辅助继电器 M0.1，记忆小车在 SQ2（I0.3）处停留过，碰到限位开关 SQ3（I0.4）则说明小车未曾在 SQ2（I0.3）处停留过，则解除 M0.1 的记忆信号，其控制梯形图如图 3-100 所示。

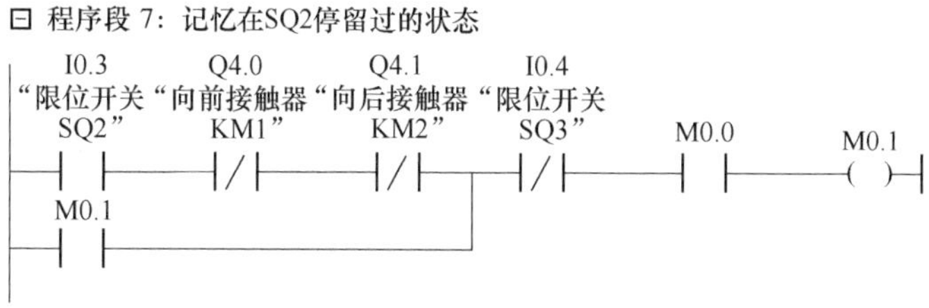

⊟ 程序段 7：记忆在SQ2停留过的状态

图 3-100 记忆小车是否在 SQ2（I0.3）处停留梯形图

PLC 控制搬运小车完整的控制梯形图如图 3-101 所示。

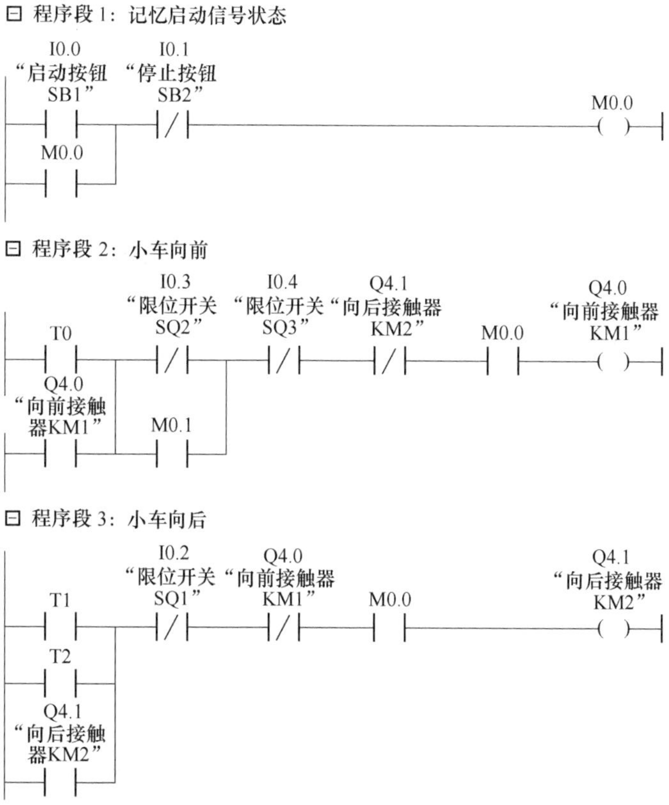

⊟ 程序段 1：记忆启动信号状态

⊟ 程序段 2：小车向前

⊟ 程序段 3：小车向后

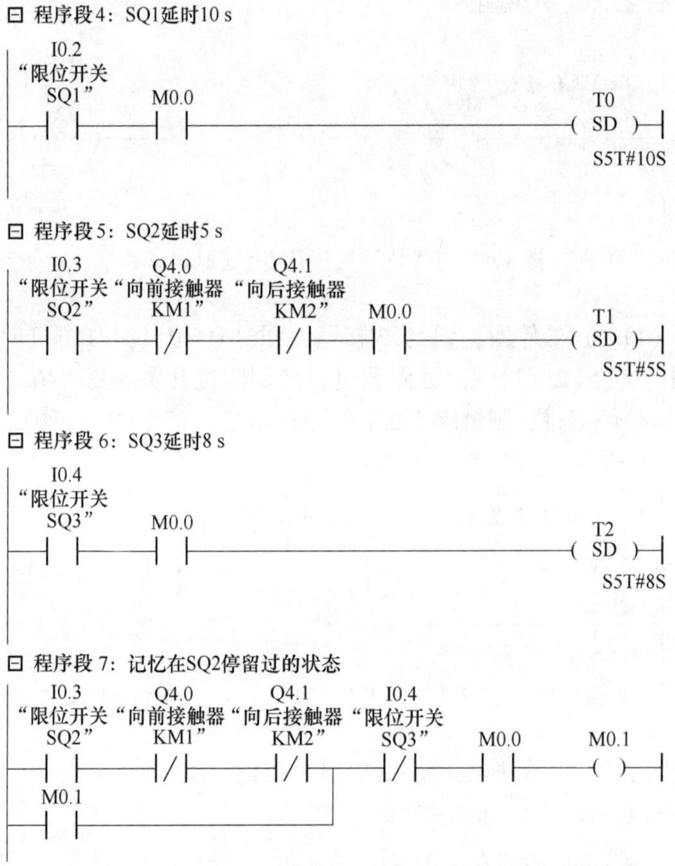

⊟ 程序段4：SQ1延时10 s

I0.2 “限位开关 SQ1”　M0.0　T0 (SD) S5T#10S

⊟ 程序段5：SQ2延时5 s

I0.3 “限位开关 SQ2”　Q4.0 “向前接触器 KM1”　Q4.1 “向后接触器 KM2”　M0.0　T1 (SD) S5T#5S

⊟ 程序段 6：SQ3延时8 s

I0.4 “限位开关 SQ3”　M0.0　T2 (SD) S5T#8S

⊟ 程序段 7：记忆在SQ2停留过的状态

I0.3 “限位开关 SQ2”　Q4.0 “向前接触器 KM1”　Q4.1 “向后接触器 KM2”　I0.4 “限位开关 SQ3”　M0.0　M0.1 ( )

M0.1

图 3-101　PLC 控制搬运小车完整的控制梯形图

3.7.2　应用实例　PLC 控制传输带电机的自动控制系统

PLC 控制传输带电机的自动控制系统示意图，如图 3-102 所示。其控制要求如下。某车间运料传输带分为两段，由两台电动机分别驱动。按启动按钮 SB1，电动机 M2 开始运行并保持连续工作，被运送的物品前进；被传感器 SQ2 检测，启动电动机 M1 运载物品前进；物品被传感器 SQ1 检测，延时 3 s，停止电动机 M1。上述过程不断进行，直到按下停止按钮 SB2 传送电机 M2 立刻停止。

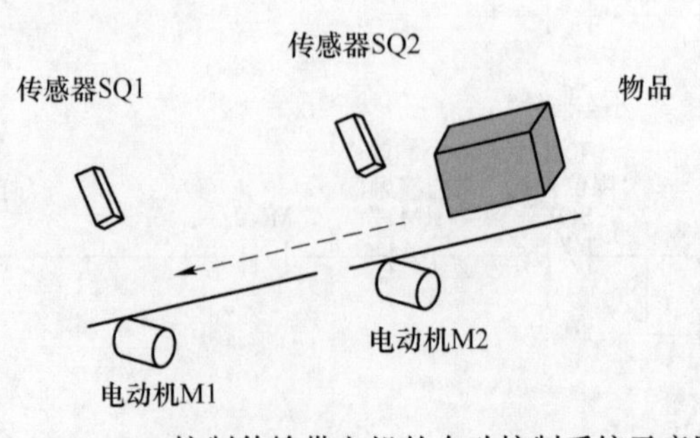

图 3-102　PLC 控制传输带电机的自动控制系统示意图

设定 I/O 分配表见表 3-52。

表 3-52 PLC 控制传输带电机的自动控制系统 I/O 分配表

输　入		输　出	
输入设备	输入编号	输出设备	输出编号
启动按钮 SB1	I0. 0	电动机 M2	Q4. 0
停止按钮 SB2	I0. 1	电动机 M1	Q4. 1
传感器 SQ2	I0. 2		
传感器 SQ1	I0. 3		

对于电动机 M2（Q4. 0），按下启动按钮 SB1（I0. 0）后电动机 M2（Q4. 0）一直运行，直至按下停止按钮 SB2（I0. 1）后停止运行，因此这是一个自锁控制线路，其控制梯形图如图 3-103 所示。

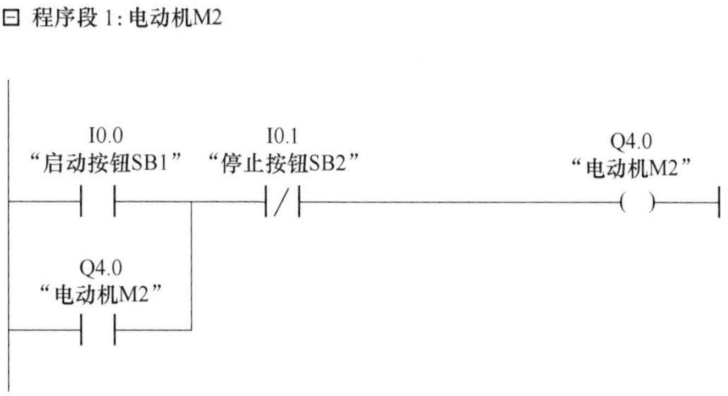

图 3-103 电动机 M2（Q4. 0）控制梯形图

对于电动机 M1（Q4. 1），传感器检测 SQ2（I0. 2）检测到物品后，电动机 M1（Q4. 1）开始运行，直至物品被传感器 SQ1 检测到，延时 3 s 后（T0 延时时间到）停止运行，此处采用自锁控制线路实现，其控制梯形图如图 3-104 所示。

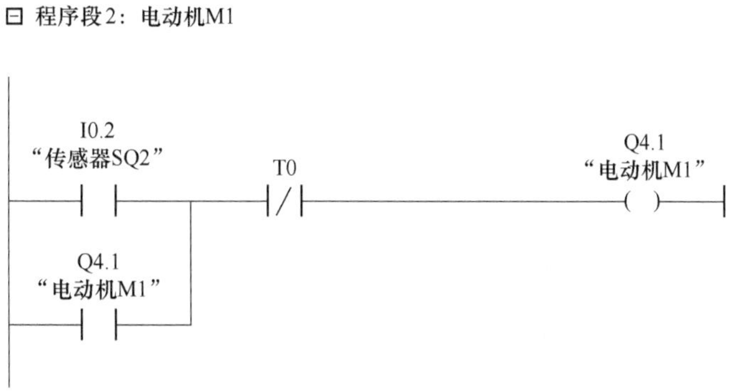

图 3-104 电动机 M1（Q4. 1）控制梯形图

定时器 T0 在物品被传感器 SQ1（I0. 3）检测到后开始计时 3 s，由于物料在传输带上继续运动，传感器 SQ1（I0. 3）的启动信号需要保持，故采用辅助继电器 M0 记忆传感器 SQ1（I0. 3）的信号。当定时器 T0 延时时间到，可解除辅助继电器 M0 记忆信号，其控制梯形图如图 3-105 所示。

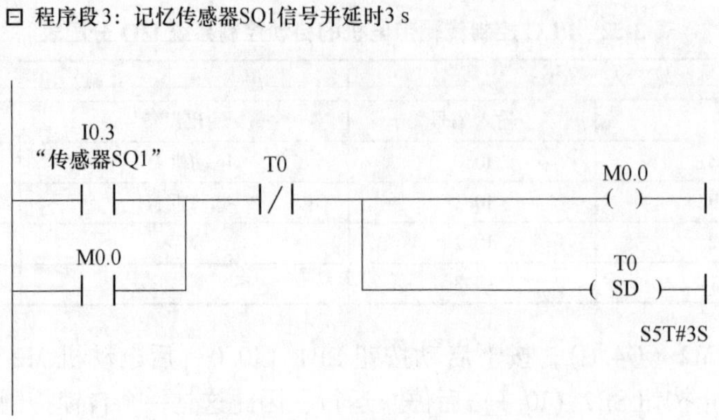

⊟ 程序段 3：记忆传感器SQ1信号并延时3 s

I0.3 "传感器SQ1"　T0　M0.0 ( )
M0.0　T0 (SD) S5T#3S

图 3-105　定时器 T0 与记忆 SQ1 信号 M0 的控制梯形图

PLC 控制传输带电机的自动控制系统的控制梯形图，如图 3-106 所示。

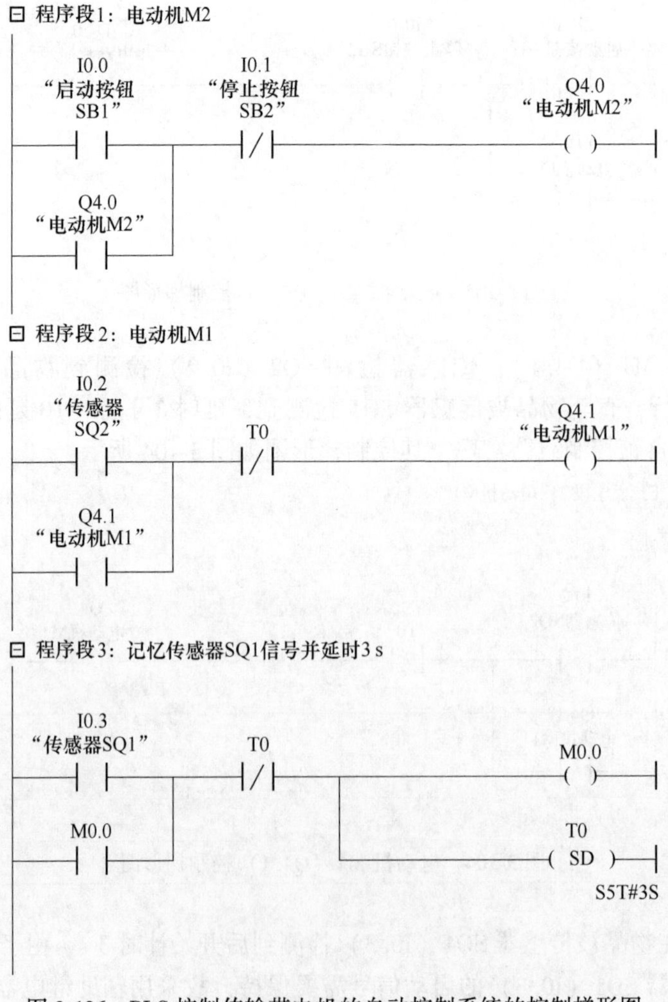

⊟ 程序段 1：电动机M2

I0.0 "启动按钮 SB1"　I0.1 "停止按钮 SB2"　Q4.0 "电动机M2" ( )
Q4.0 "电动机M2"

⊟ 程序段 2：电动机M1

I0.2 "传感器 SQ2"　T0　Q4.1 "电动机M1" ( )
Q4.1 "电动机M1"

⊟ 程序段 3：记忆传感器SQ1信号并延时3 s

I0.3 "传感器SQ1"　T0　M0.0 ( )
M0.0　T0 (SD) S5T#3S

图 3-106　PLC 控制传输带电机的自动控制系统的控制梯形图

3.8 时序逻辑方式设计梯形图

3.8.1 应用实例 PLC 控制彩灯闪烁

PLC 控制彩灯闪烁电路系统示意图，如图 3-107 所示。其控制要求如下。

图 3-107 PLC 控制彩灯闪烁电路系统示意图

（1）彩灯电路受一启动开关 S07 控制，当 S07 接通时，彩灯系统 LD1～LD3 开始顺序工作。当 S07 断开时，彩灯全熄灭。

（2）彩灯工作循环：LD1 彩灯亮，延时 8 s 后，闪烁 3 次（每一周期为亮 0.5 s，熄 0.5 s），LD2 彩灯亮，延时 2 s 后，LD3 彩灯亮；LD2 彩灯继续亮，延时 2 s 后熄灭；LD3 彩灯延时 10 s 后，进入再循环。

设定 I/O 分配表见表 3-53。

表 3-53 PLC 控制彩灯闪烁电路系统 I/O 分配表

输入		输出	
输入设备	输入编号	输出设备	输出编号
启动开关 S07	I0.0	彩灯 LD1	Q4.0
		彩灯 LD2	Q4.1
		彩灯 LD3	Q4.2

上述程序采用了计数器进行计数，以实现彩灯 LD1（Q4.0）闪烁 3 次的问题。但就分析过程可见，程序虽然不复杂，但在细节处理中要考虑的问题较多，同时还必须考虑整个周期完成后的计数器复位问题。此时可换个角度考虑，采用时间进行控制。由于 LD1 每次闪烁周期为 1 s，那么闪烁 3 次，花去时间为 3 s，只需在 3 s 后切换到 LD2（Q4.1）即可，如图 3-108 所示。

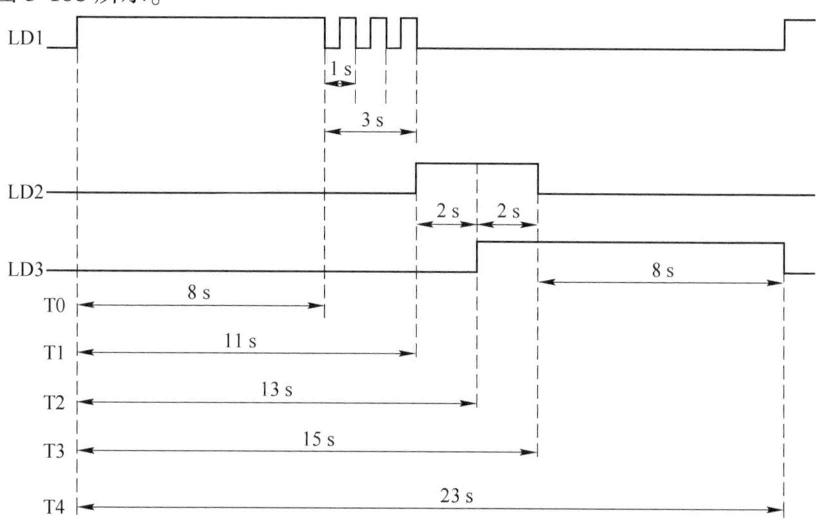

图 3-108 采用定时器处理彩灯闪烁中闪烁次数

根据图 3-108 的时序图，采用时间控制彩灯梯形图如图 3-109 所示。

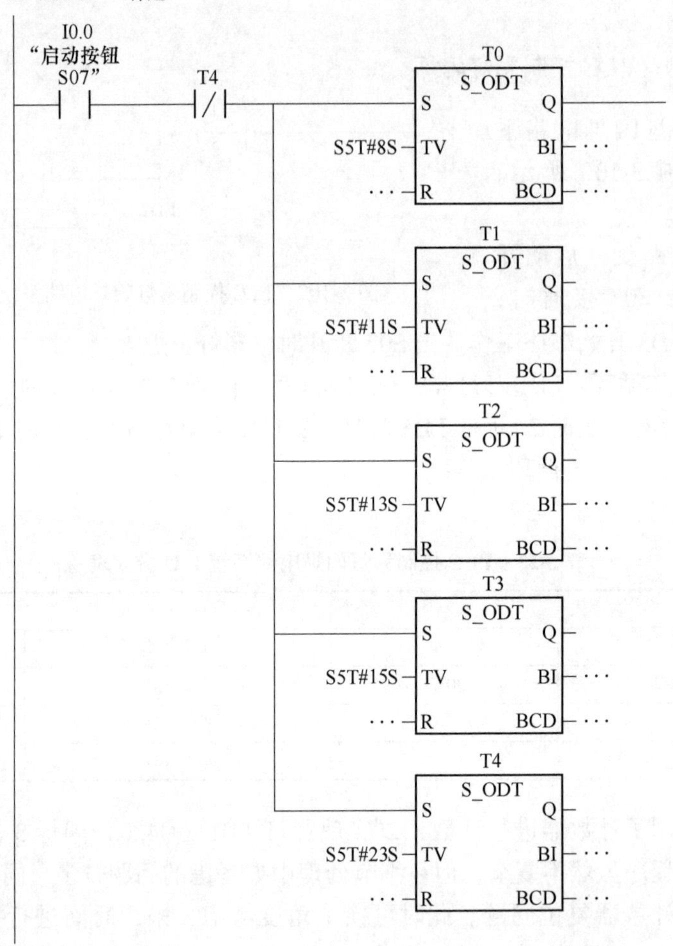

程序段 2：标题：

T0　T6　T5 S_ODT S Q

S5T#500MS TV BI

R BCD

T5　T6 S_ODT S Q

S5T#500MS TV BI

R BCD

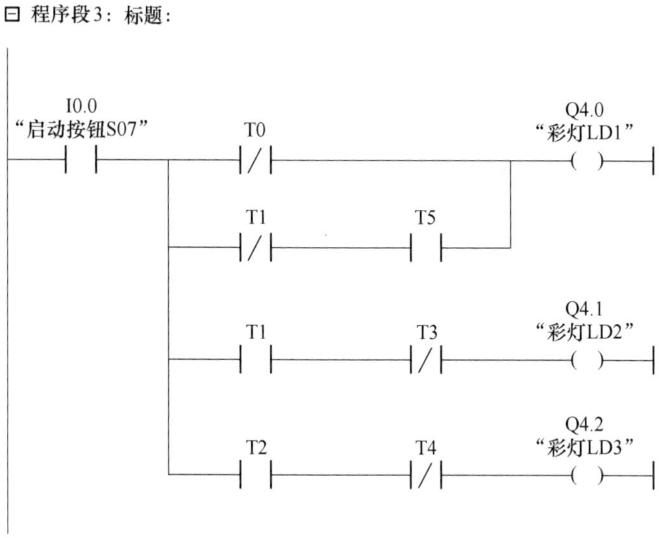

⊟ 程序段3：标题：

I0.0
“启动按钮S07”
T0
Q4.0
“彩灯LD1”
T1
T5
T1
T3
Q4.1
“彩灯LD2”
T2
T4
Q4.2
“彩灯LD3”

图 3-109　采用时间控制彩灯梯形图

3.8.2　基础知识　访问 CPU 的时钟存储器

要使用该功能，在硬件配置时需要设置 CPU 的属性，其中有一个选项为时钟存储器，选中选择框就可激活该功能，如图 3-110 所示。

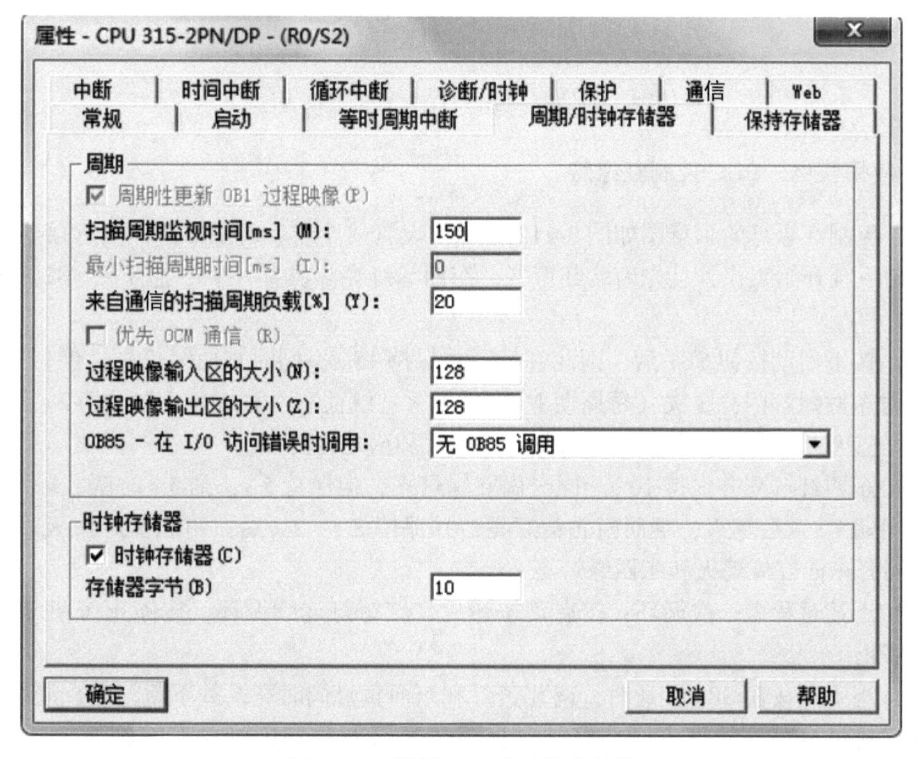

图 3-110　设置 CPU 的时钟存储器

在存储器字节区域输入想为该项功能设置的 MB 的地址，如需要使用 MB10，则直接输入 10。时钟存储器的功能是对所定义的 MB 的各个位周期性地改变其二进制的值（占空比为 1∶1）。时钟存储器的各位的周期及频率见表 3-54。

表 3-54　时钟存储器的各位的周期及频率

位序	7	6	5	4	3	2	1	0
周期/s	2	1.6	1	0.8	0.5	0.4	0.2	0.1
频率/Hz	0.5	0.625	1	1.25	2	2.5	5	10

使用时钟存储器的 M10.5 可得到 1 s 为周期的交替通断信号，作为闪烁信号。PLC 控制的灯闪烁（1 s 为 1 个周期）控制程序如图 3-111 所示。

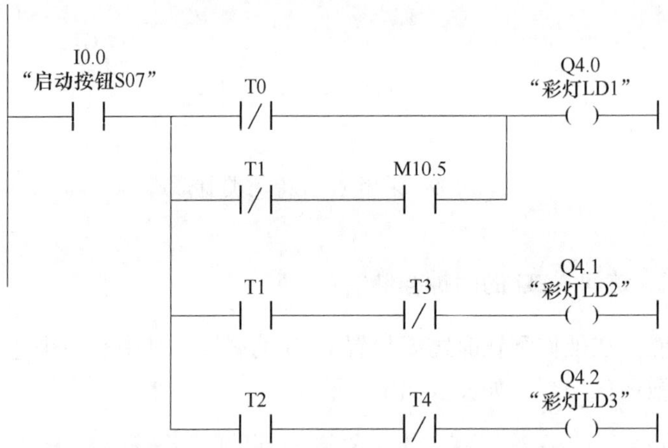

图 3-111　彩灯 LD1（Q4.0）的控制程序

3.8.3　应用实例　PLC 控制红绿灯

PLC 控制红绿灯的示意图如图 3-112 所示。设置一个启动开关 SB1，当它接通时，信号灯控制系统开始工作，且先南北红灯亮，东西绿灯亮。设置一个停止开关 SB2。工艺流程如下。

（1）按下启动按钮 SB1 后，南北红灯亮并保持 15 s，同时东西绿灯亮，但保持 10 s，到 10 s 时东西绿灯闪亮 3 次（每周期 1 s）后熄灭；继而东西黄灯亮，并保持 2 s，2 s 后，东西黄灯熄灭，东西红灯亮，同时南北红灯熄灭和南北绿灯亮。

（2）东西红灯亮并保持 10 s。同时南北绿灯亮，但保持 5 s，到 5 s 时南北绿灯闪亮 3 次（每周期 1 s）后熄灭；继而南北黄灯亮，并保持 2 s，2 s 后，南北黄灯熄灭，南北红灯亮，同时东西红灯熄灭和东西绿灯亮。

（3）上述过程做一次循环；按启动按钮后，红绿灯连续循环，按停止按钮 SB2 红绿灯立即停止。

（4）当强制按钮 SB3 接通时，南北黄灯和东西黄灯同时亮，并不断闪亮，周期为 2 s，同时将控制台报警信号灯点亮。控制台报警信号灯及强制闪烁的黄灯在下一次启动时熄灭。

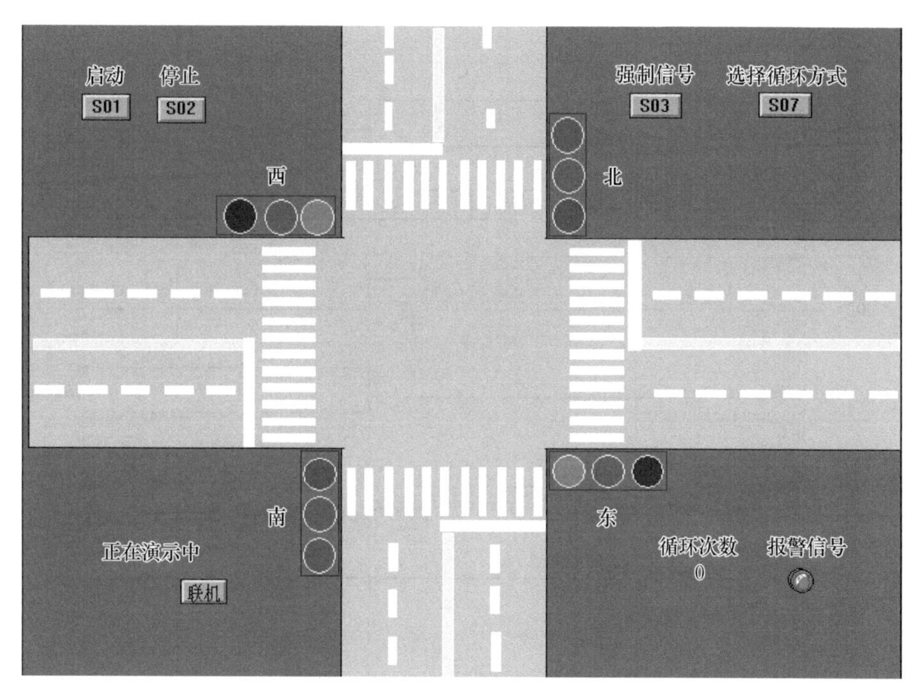

图 3-112 PLC 控制红绿灯示意图

设定 PLC 控制红绿灯的 I/O 分配表见表 3-55。

表 3-55 PLC 控制红绿灯的 I/O 分配表

输 入		输 出	
输入设备	输入编号	输出设备	输出编号
启动按钮 SB1	I0.0	南北红灯	Q4.0
停止按钮 SB2	I0.1	东西绿灯	Q4.1
强制按钮 SB3	I0.2	东西黄灯	Q4.2
		东西红灯	Q4.3
		南北绿灯	Q4.4
		南北黄灯	Q4.5
		报警信号灯	Q4.6

根据以上控制要求绘制出红绿灯控制电路的时序图，如图 3-113 所示。

由时序图可知程序的控制麻烦主要在绿灯的闪烁问题。而处理绿灯的闪烁问题与上节中的彩灯闪烁问题相同，可考虑采用标准的振荡电路形式、CPU 时钟存储器、使用特殊定时器指令等方法解决振荡电路，其闪烁次数也可采用计数方法或时间控制的方式解决。采用时间控制的基本控制程序如图 3-114 所示。

在该控制梯形图中两次用到振荡电路：一次是采用 T6、T7 构成 1 s 的振荡电路，用

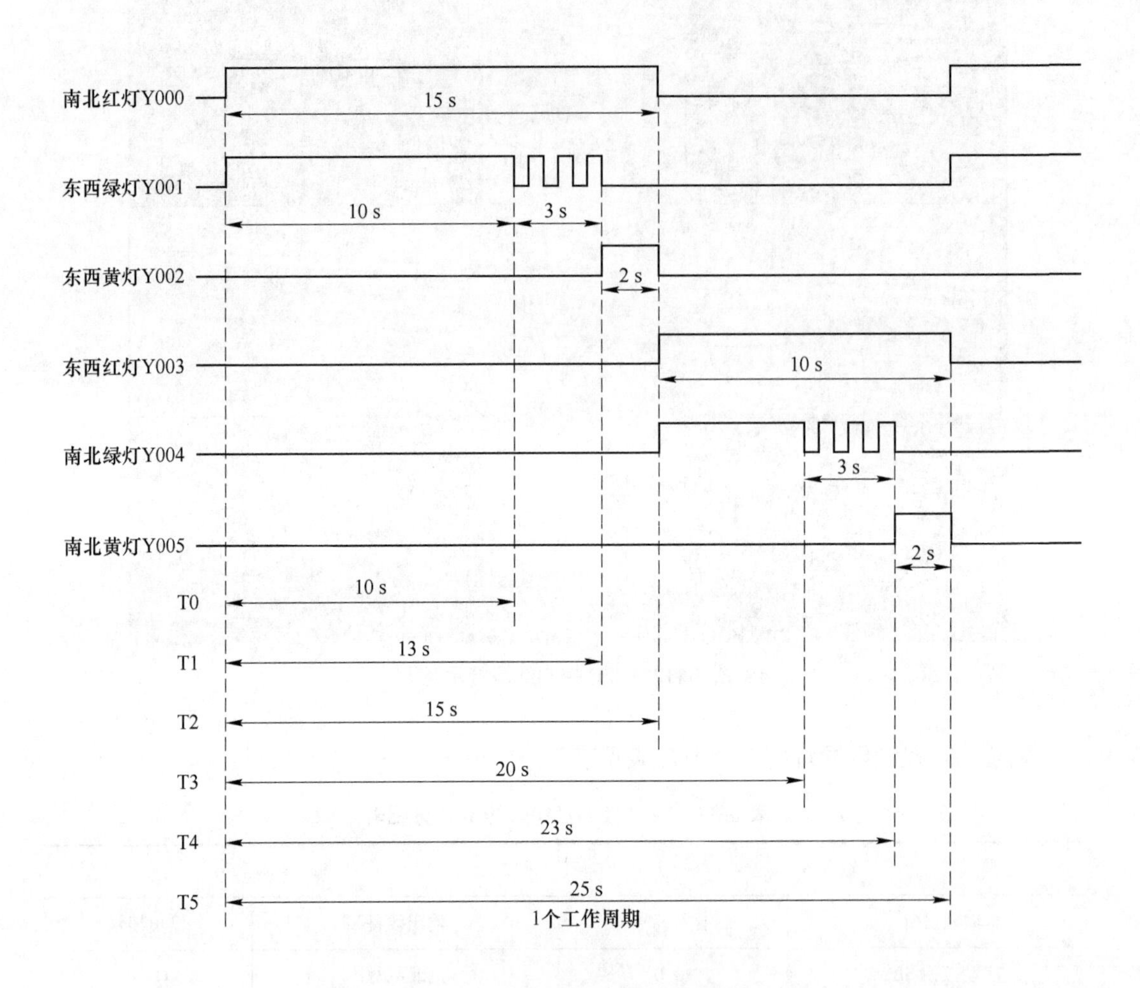

图 3-113　红绿灯控制电路的时序图

以满足绿灯的闪烁，另一次是采用 T8、T9 构成 2 s 的振荡电路，用以满足报警时黄灯的闪烁。但实际上，由于报警时黄灯闪烁的周期是正常工作时绿灯闪烁周期的 2 倍，因此可采用二分频电路直接获取黄灯闪烁的信号，省略采用 T8、T9 构成 2 s 的振荡电路。

⊟ 程序段1：标题：

I0.0 "启动按钮SB1"　I0.2 "强制按钮SB3"　I0.1 "停止按钮SB2"　M0.0
M0.0

⊟ 程序段2：标题：

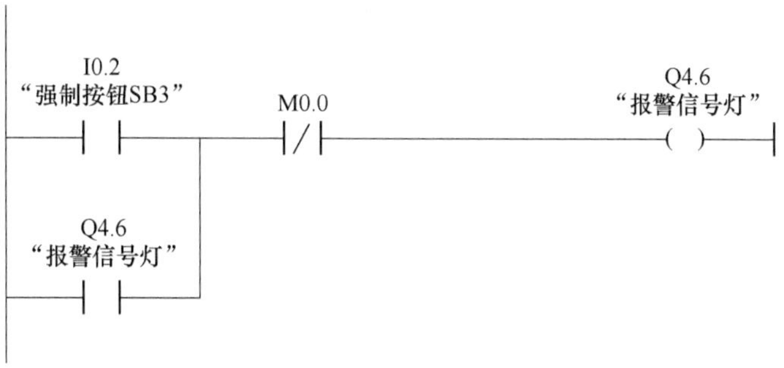

I0.2 "强制按钮SB3"
Q4.6 "报警信号灯"
M0.0
Q4.6 "报警信号灯"

⊟ 程序段3：标题：

M0.0
T5
T0 SD S5T#10S
T1 SD S5T#13S
T2 SD S5T#15S
T3 SD S5T#20S
T4 SD S5T#23S
T5 SD S5T#25S
T7
T6 SD S5T#500MS
T6
T7 SD S5T#500MS

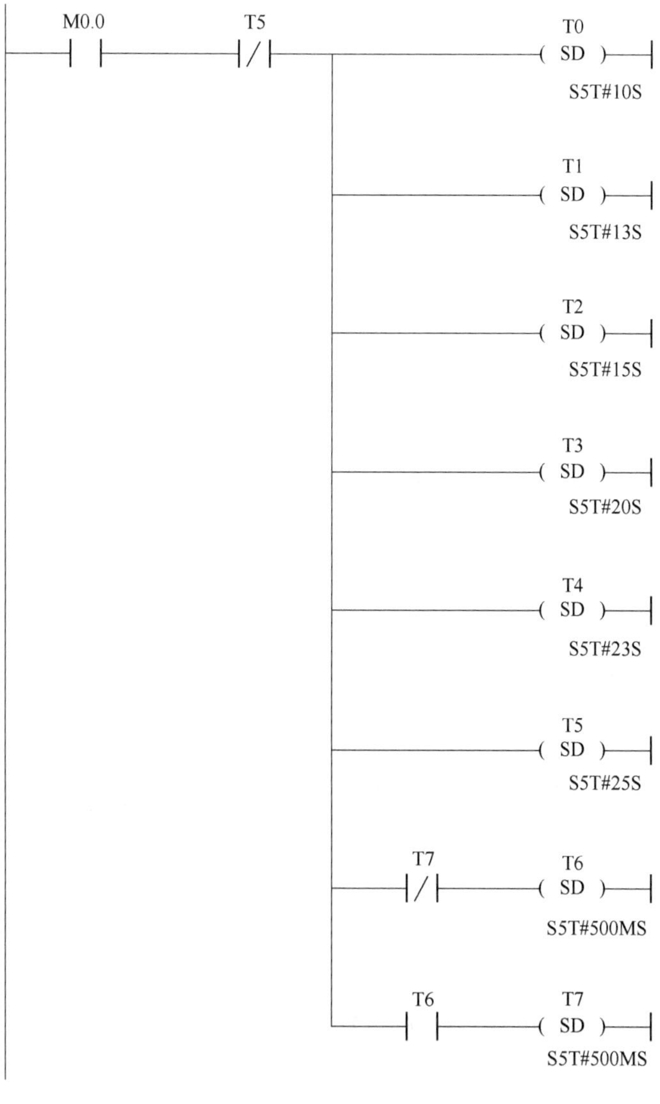

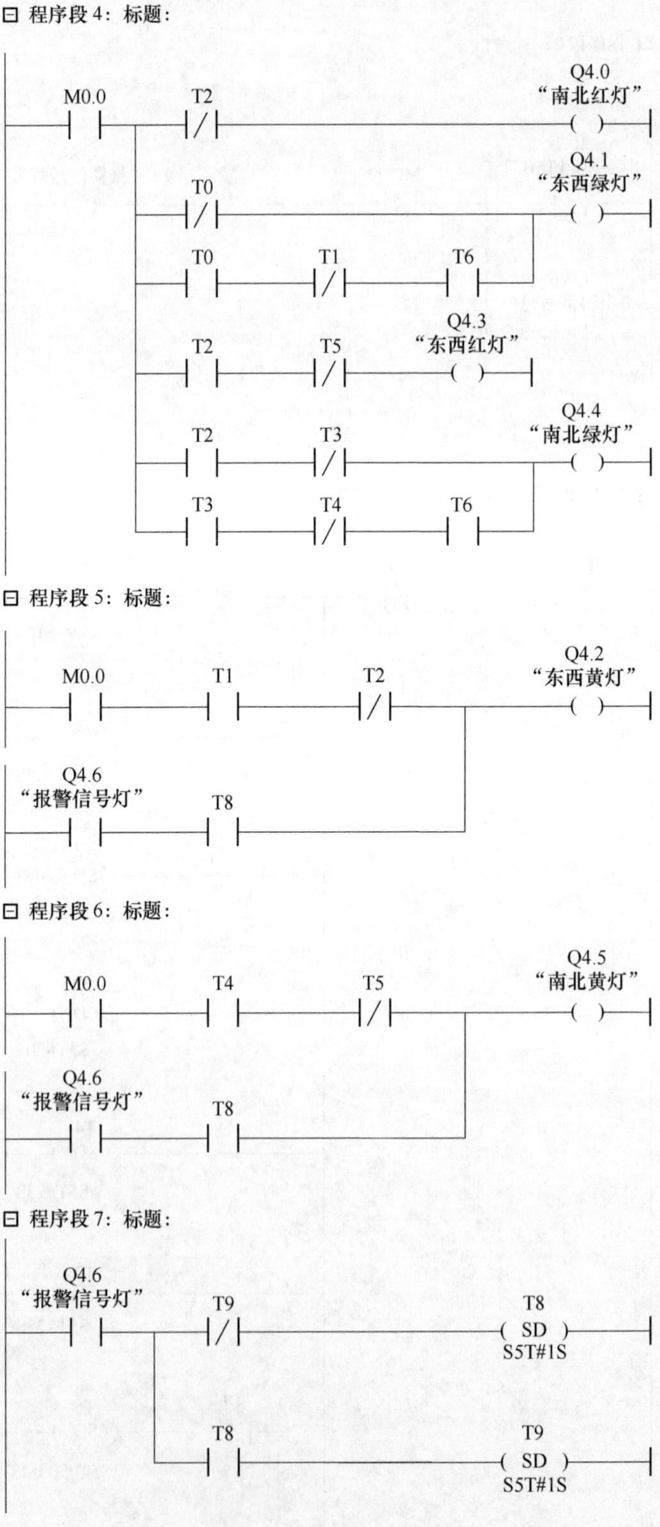

⊟ 程序段 4：标题：

M0.0 T2 Q4.0 “南北红灯”
T0 Q4.1 “东西绿灯”
T0 T1 T6
T2 T5 Q4.3 “东西红灯”
T2 T3 Q4.4 “南北绿灯”
T3 T4 T6

⊟ 程序段 5：标题：

M0.0 T1 T2 Q4.2 “东西黄灯”
Q4.6 “报警信号灯” T8

⊟ 程序段 6：标题：

M0.0 T4 T5 Q4.5 “南北黄灯”
Q4.6 “报警信号灯” T8

⊟ 程序段 7：标题：

Q4.6 “报警信号灯” T9 T8 SD S5T#1S
T8 T9 SD S5T#1S

图 3-114　采用时间控制方式控制红绿灯的梯形图

思考与练习

3-1　填空题

（1）常量存放在________，可以是________、________或者________不同的数据类型。

（2）变量由________、________组成，定义变量时需要明确________。

（3）西门子 S7 系列 PLC 的存储区域包括：________、________、________、________和________。

（4）以存储区的编号来表示变量的方式称为变量的________表示。

（5）组织块（OB）是 CPU 的操作系统与________之间的接口，当系统启动 CPU 时，在________执行过程中、出错时、发生硬件触发时，将会启动不同种类的 OB。

（6）OB1 是________，又称主程序。当操作系统完成启动后，将启动循环执行 OB1。

（7）S7 专门有监视运行 OB1 的扫描时间的时间监视器，最大扫描时间的默认为________。

（8）OB10～OB17 是________组织块；OB20～OB23 是________组织块；OB30～OB38 是________组织块；OB40～OB47 是________组织块；OB61～OB65 是________组织块；OB70～OB88 是________组织块；OB90 是________组织块；OB100～OB102 是________组织块；OB121～OB122 是________组织块。

（9）常开触点指令的功能是常开触点存储在指定<地址>的位值为________时，处于闭合状态；如果指定<地址>的信号状态为________，触点将处于断开状态。

（10）当常闭触点存储在指定<地址>的位值为________时，（常闭触点）处于闭合状态，如果指定<地址>的信号状态为________，将断开触点。

（11）线圈指令的功能：如果有能流通过线圈（RLO＝1），将置位<地址>位置的位为________，如果没有能流通过线圈（RLO＝0），将置位<地址>位置的位为________。

（12）复位输出的功能：只有在前面指令的 RLO 为________（能流通过线圈）时，才会执行---（R）（复位线圈）。

（13）置位输出的功能：只有在前面指令的 RLO 为________（能流通过线圈）时，才会执行---（S）（置位线圈）。如果 RLO 为“1”，将把单元的指定<地址>置位为“1”。RLO＝0 将不起作用，单元的指定<地址>的当前状态将保持不变。

（14）RS 置位优先型 RS 双稳态触发器的功能：如果________输入端的信号状态为“1”________输入端的信号状态为“0”，则复位 RS（置位优先型 RS 双稳态触发器），如果 R 输入端的信号状态为________，S 输入端的信号状态为________，则置位触发器；如果两个输入端的 RLO 状态均为________，则指令的执行顺序是最重要的。RS 触发器先在指定<地址>执行复位指令，然后执行置位指令，以使该地址在执行余下的程序扫描过程中保持置位状态。

（15）边沿检测指令有________、________、________、________和________。

（16）脉冲 S5 定时器指令包含________和________。

（17）S_PEXT 扩展脉冲 S5 定时器指令包含________和________。

（18）S_ODT 接通延时 S5 定时器指令包含________和________。

（19）S_ODTS 保持接通延时 S5 定时器指令包含________和________。

（20）S_OFFDT 断电延时 S5 定时器指令包含________和________。

（21）升值计数器指令包含________、________和________。

（22）降值计数器指令包含________和________。

（23）双向计数器指令的功能是：如果输入 S 有________，S_CUD（双向计数器）预置为输入________的值；如果输入 R 为 1，则计数器________，并将计数值设置为零。

（24）要使用访问 CPU 的时钟存储器，在________时需要设置 CPU 的属性，选中时钟存储器选择框就可激活该功能。

3-2　简答题

（1）SIMATICS7-300 的数据类型有哪几种？

（2）S7-300 系列 PLC 的存储区分为哪几种？

（3）简述工作存储区（Work Memory）的功能。

（4）系统存储区（System Memory）有哪几种？

（5）状态字的结构是什么？

（6）常量、变量的定义是什么？

（7）寻址方式有哪几种，各有什么特点？

（8）简述 S7-300/400 PLC 的逻辑块和数据块的功能。

（9）时间中断组织块有几种可能的启动方式？

（10）西门子从 STEP7 应用设计软件包为 S7-300/400 系列 PLC 提供哪些编程语言？

4　S7-300/400 PLC 数据操作指令及其应用

4.1　传送、比较指令与转换指令及其应用

4.1.1　基础知识　传送、比较指令

4.1.1.1　MOVE 分配值传送指令

MOVE 分配值传送指令在梯形图中，如图 4-1 所示。该指令的参数见表 4-1。

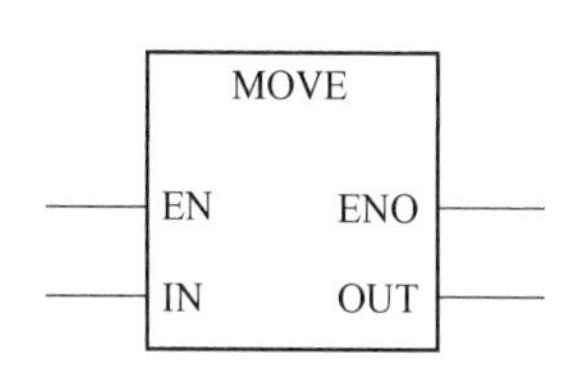

图 4-1　MOVE 分配值传送指令

表 4-1　MOVE 分配值传送指令的参数

参　　数	数据类型	存储器区	描　　述
EN	BOOL	I、Q、M、L、D	启用输入
ENO	BOOL	I、Q、M、L、D	启用输出
IN	所有长度为 8、16 或 32 位的基本数据类型	I、Q、M、L、D 或常数	源值
OUT	所有长度为 8、16 或 32 位的基本数据类型	I、Q、M、L、D	目标地址

MOVE（分配值）通过启用 EN 输入来激活。在 IN 输入中指定的值被复制到 OUT 输出中指定的地址中。ENO 与 EN 的逻辑状态相同。MOVE 只能复制 BYTE、WORD 或 DWORD 数据对象。用户自定义数据类型（如数组或结构）必须使用系统功能 “BLKMOVE”（SFC 20）来复制。

4.1.1.2　CMP ？I 整数比较

整数比较指令包含等于、大于、大于等于、不等于、小于、小于等于六条指令，在梯形图中，如图 4-2 所示。该指令的参数见表 4-2。

CMP ？I（整数比较）的使用方法与标准触点类似。它可位于任何可放置标准触点的位置。可根据用户选择的比较类型比较 IN1 和 IN2。

如果比较结果为 true，则此函数的 RLO 为 “1”。如果以串联方式使用该框，则使用 “与” 运算将其链接至整个梯级程序段的 RLO；如果以并联方式使用该框，则使用 “或” 运算将其链接至整个梯级程序段的 RLO。

4.1.1.3　CMP ？D 长整数比较

长整数比较指令包含等于、大于、大于等于、不等于、小于、小于等于六条指令，在

梯形图中，如图 4-3 所示。该指令的参数见表 4-3。

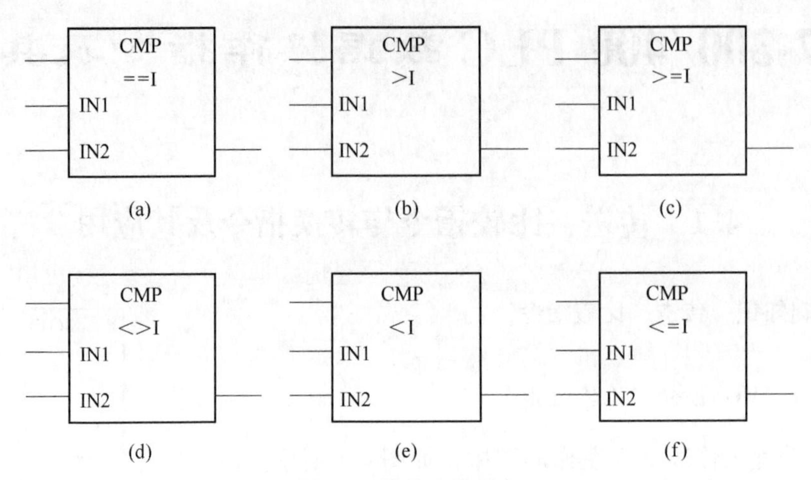

图 4-2　整数比较指令

(a) 等于；(b) 大于；(c) 大于等于；(d) 不等于；(e) 小于；(f) 小于等于

表 4-2　整数比较指令的参数

参　数	数据类型	存储器区	描　述
输入框	BOOL	I、Q、M、L、D	上一逻辑运算的结果
输出框	BOOL	I、Q、M、L、D	比较的结果，仅在输入框的 RLO=1 时才进一步处理
IN1	INT	I、Q、M、L、D 或常数	要比较的第一个值
IN2	INT	I、Q、M、L、D 或常数	要比较的第二个值

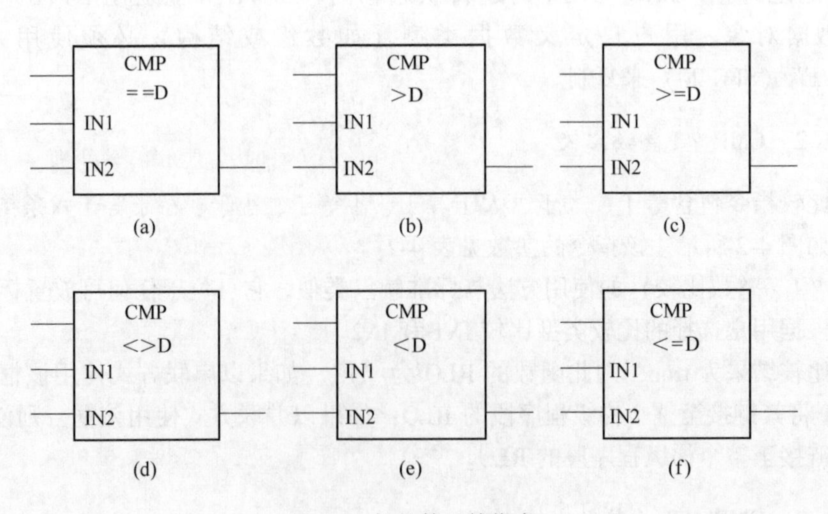

图 4-3　长整数比较指令

(a) 等于；(b) 大于；(c) 大于等于；(d) 不等于；(e) 小于；(f) 小于等于

表 4-3 长整数比较指令的参数

参数	数据类型	存储器区	描　述
输入框	BOOL	I、Q、M、L、D	上一逻辑运算的结果
输出框	BOOL	I、Q、M、L、D	比较的结果，仅在输入框的 RLO=1 时才进一步处理
IN1	DINT	I、Q、M、L、D 或常数	要比较的第一个值
IN2	DINT	I、Q、M、L、D 或常数	要比较的第二个值

CMP ？D（长整数比较）的使用方法与标准触点类似。它可位于任何可放置标准触点的位置。可根据用户选择的比较类型比较 IN1 和 IN2。

如果比较结果为 true，则此函数的 RLO 为“1”。如果以串联方式使用比较单元，则使用“与”运算将其链接至梯级程序段的 RLO；如果以并联方式使用该框，则使用“或”运算将其链接至梯级程序段的 RLO。

4.1.1.4 CMP ？R 实数比较

实数比较指令包含等于、大于、大于等于、不等于、小于、小于等于六条指令，在梯形图中，如图 4-4 所示。该指令的参数见表 4-4。

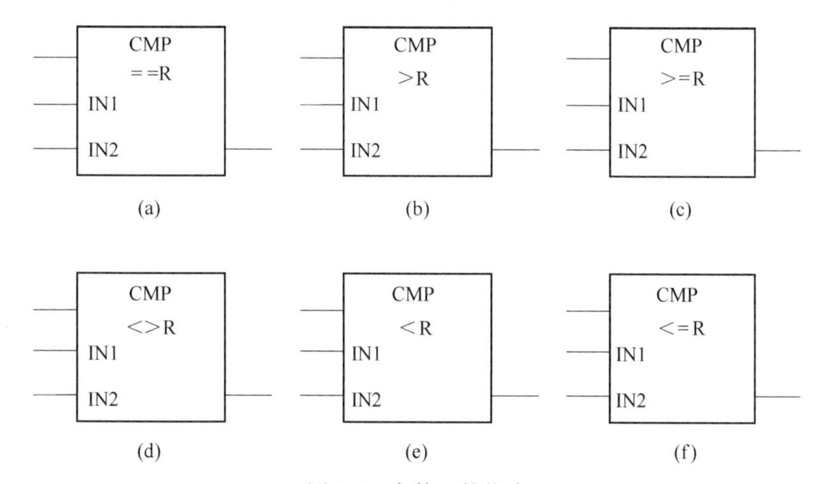

图 4-4 实数比较指令

(a) 等于；(b) 大于；(c) 大于等于；(d) 不等于；(e) 小于；(f) 小于等于

表 4-4 实数比较指令的参数

参　数	数据类型	存储器区	描　述
输入框	BOOL	I、Q、M、L、D	上一逻辑运算的结果
输出框	BOOL	I、Q、M、L、D	比较的结果，仅在输入框的 RLO=1 时才进一步处理

续表 4-4

参　数	数据类型	存储器区	描　述
IN1	DINT	I、Q、M、L、D 或常数	要比较的第一个值
IN2	DINT	I、Q、M、L、D 或常数	要比较的第二个值

CMP ？R（比较实数）的使用方法类似标准触点。它可位于任何可放置标准触点的位置。可根据用户选择的比较类型比较 IN1 和 IN2。

如果比较结果为 true，则此函数的 RLO 为“1”。如果以串联方式使用该框，则使用“与”运算将其链接至整个梯级程序段的 RLO；如果以并联方式使用该框，则使用“或”运算将其链接至整个梯级程序段的 RLO。

4.1.2　基础知识　转换指令

转换指令读取参数 IN 的内容，然后进行转换或改变其符号。可通过参数 OUT 查询结果。

4.1.2.1　BCD 码和整数到其他类型转换指令

BCD 码和整数到其他类型转换指令列表见表 4-5。

表 4-5　BCD 码和整数到其他类型转换指令列表

指令	名称	梯形图形式	使用案例
BCD _ I	BCD 码转换为整型	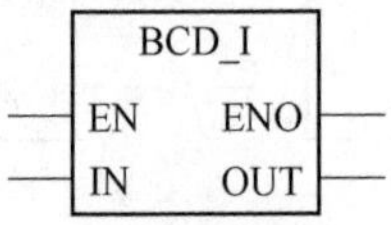 BCD_I EN　ENO IN　OUT	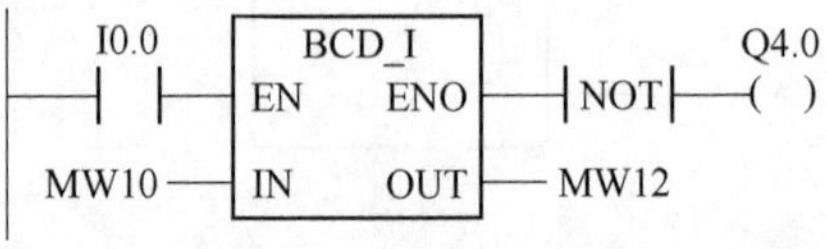 I0.0　BCD_I　Q4.0 EN　ENO —NOT—( ) MW10 — IN　OUT — MW12
I _ BCD	整型转换为 BCD 码	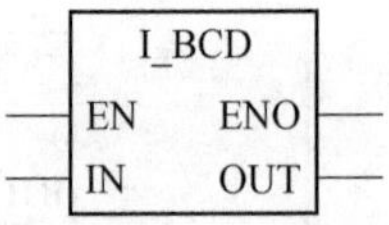 I_BCD EN　ENO IN　OUT	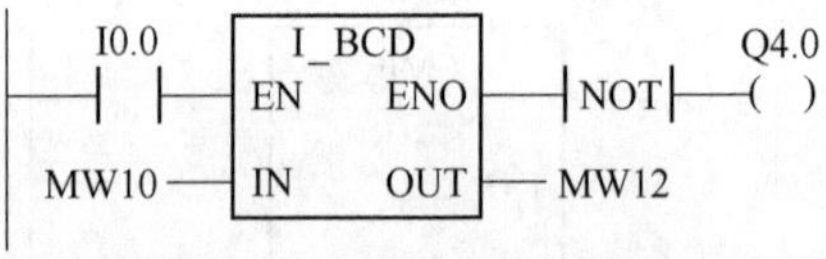 I0.0　I_BCD　Q4.0 EN　ENO —NOT—( ) MW10 — IN　OUT — MW12
BCD _ DI	BCD 码转换为长整型	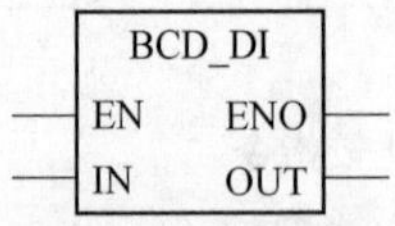 BCD_DI EN　ENO IN　OUT	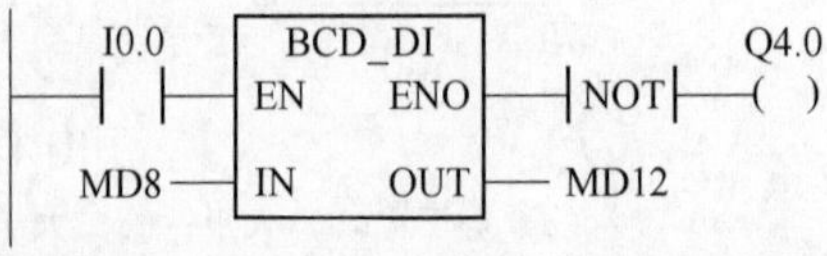 I0.0　BCD_DI　Q4.0 EN　ENO —NOT—( ) MD8 — IN　OUT — MD12
I _ DINT	整型转换为长整型	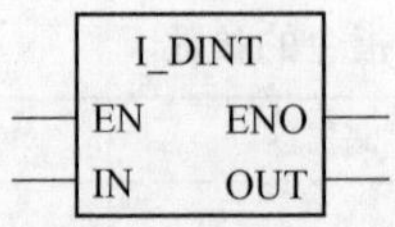 I_DINT EN　ENO IN　OUT	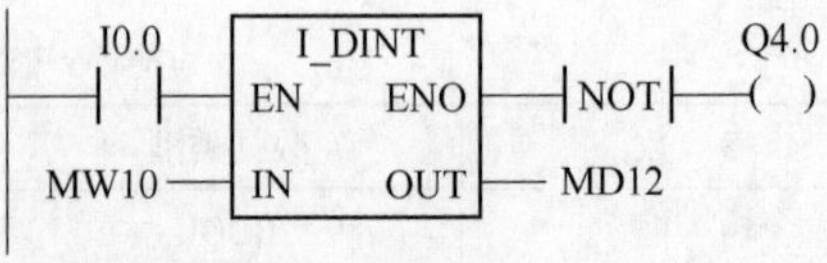 I0.0　I_DINT　Q4.0 EN　ENO —NOT—( ) MW10 — IN　OUT — MD12
DI _ BCD	长整型转换为 BCD 码	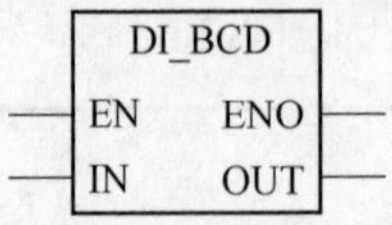 DI_BCD EN　ENO IN　OUT	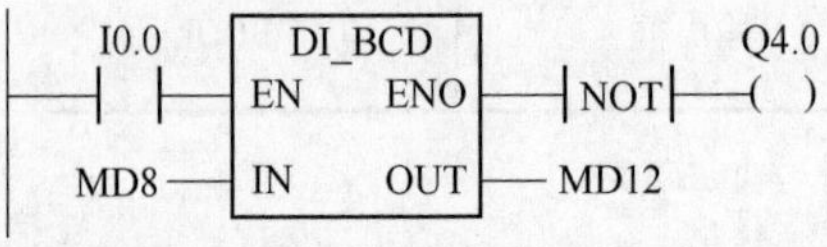 I0.0　DI_BCD　Q4.0 EN　ENO —NOT—( ) MD8 — IN　OUT — MD12

续表 4-5

指令	名称	梯形图形式	使用案例
DI_REAL	长整型转换为浮点型	DI_REAL EN ENO IN OUT	I0.0 DI_REAL Q4.0 EN ENO NOT ( ) MD8 IN OUT MD12

表 4-5 梯形图中 EN 为启用输入，其数据类型为 BOOL 型，涉及的存储器区为 I、Q、M、L、D；ENO 为启用输出，其数据类型为 BOOL 型，涉及的存储器区为 I、Q、M、L、D。IN/OUT 为对应的 BCD（BCD 码）、I（INT 整型）、DI（DINT 长整型）、REAL（REAL 浮点型），如涉及长整型的转化时，对应的 BCD 数据类型为 DWORD，其他时候数据类型为 WORD，涉及的存储器区为 I、Q、M、L、D。

4.1.2.2 整数和实数的码型变换指令

整数和实数的码型变换指令见表 4-6。

表 4-6 整数和实数的码型变换指令

指令	名称	梯形图形式	使 用 案 例
INV_I	对整数求反码	INV_I EN ENO IN OUT	I0.0 INV_I Q4.0 EN ENO NOT ( ) MW8 IN OUT MW10
INV_DI	二进制反码双精度整数	INV_DI EN ENO IN OUT	I0.0 INV_DI Q4.0 EN ENO NOT ( ) MD8 IN OUT MD12
NEG_I	对整数求补码	NEG_I EN ENO IN OUT	I0.0 NEG_I Q4.0 EN ENO NOT ( ) MW8 IN OUT MW10
NEG_DI	二进制补码双精度整数	NEG_DI EN ENO IN OUT	I0.0 NEG_DI Q4.0 EN ENO NOT ( ) MD8 IN OUT MD12
NEG_R	浮点数取反	NEG_R EN ENO IN OUT	I0.0 NEG_R Q4.0 EN ENO NOT ( ) MD8 IN OUT MD12

表 4-6 梯形图中 EN 为启用输入，其数据类型为 BOOL 型，涉及的存储器区为 I、Q、M、L、D；ENO 为启用输出，其数据类型为 BOOL 型，涉及的存储器区为 I、Q、M、L、D。IN/OUT 为对应的 I（INT 整型）、DI（DINT 长整型）、R（REAL 浮点型），涉及的存

储器区为 I、Q、M、L、D。特别要指出的是：转换前后的数据类型不会发生变化。

4. 1. 2. 3　实数取整指令

实数取整指令列表见表 4-7。

表 4-7　实数取整指令列表

指令	名称	梯形图形式	使用案例
ROUND	取整到最接近的双精度整数	ROUND EN ENO IN OUT	I0.0 ROUND EN ENO NOT Q4.0 ( ) MD8 IN OUT MD12
TRUNC	截取双精度整数部分	TRUNC EN ENO IN OUT	I0.0 TRUNC EN ENO NOT Q4.0 ( ) MD8 IN OUT MD12
CEIL	向上取整	CEIL EN ENO IN OUT	I0.0 CEIL EN ENO NOT Q4.0 ( ) MD8 IN OUT MD12
FLOOR	向下取整	FLOOR EN ENO IN OUT	I0.0 FLOOR EN ENO NOT Q4.0 ( ) MD8 IN OUT MD12

表 4-7 内对应 4 条指令，梯形图中 EN 为启用输入，其数据类型为 BOOL 型，涉及的存储器区为 I、Q、M、L、D；ENO 为启用输出，其数据类型为 BOOL 型，涉及的存储器区为 I、Q、M、L、D；IN 为输入 REAL 浮点型，涉及的存储器区为 I、Q、M、L、D；OUT 为 DINT 长整型，涉及的存储器区也为 I、Q、M、L、D。

4. 1. 3　应用实例　采用比较指令实现单个定时器的 PLC 控制彩灯闪烁

PLC 控制彩灯闪烁电路系统示意图如图 4-5 所示。其控制要求如下。

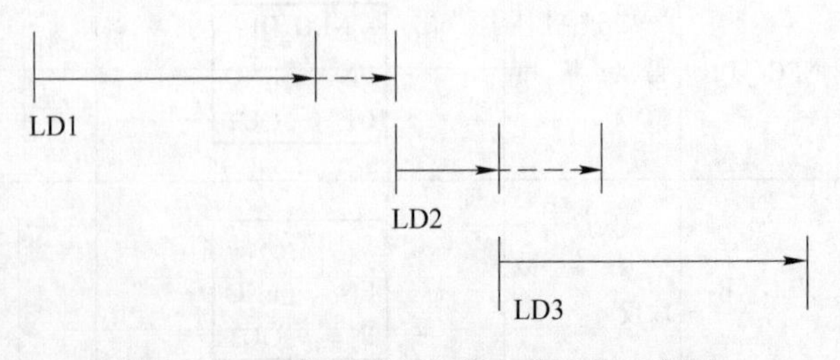

图 4-5　PLC 控制彩灯闪烁电路系统示意图

（1）彩灯电路受一启动开关 S07 控制，当 S07 接通时，彩灯系统 LD1～LD3 开始顺序工作。当 S07 断开时，彩灯全熄灭。

（2）彩灯工作循环：LD1 彩灯亮，延时 8 s 后，闪烁 3 次（每一周期为亮 0. 5 s，熄 0. 5 s），LD2 彩灯亮，延时 2 s 后，LD3 彩灯亮；LD2 彩灯继续亮，延时

2 s 后熄灭；LD3 彩灯延时 10 s 后，进入再循环。

设定 I/O 分配表见表 4-8。

表 4-8 PLC 控制彩灯闪烁系统 I/O 分配表

输　入		输　出	
输入设备	输入编号	输出设备	输出编号
启动开关 S07	I0.0	彩灯 LD1	Q0.0
		彩灯 LD2	Q0.1
		彩灯 LD3	Q0.2

应用比较指令，将一个基准定时器的当前值分别与多个定时设定值进行比较，利用这些指令所提供的多个比较触点，可以获得多个定时器的控制效果。

这种方法的要点是应用触点比较指令来编制 PLC 时序控制程序时，同一个时序控制过程仅需要一个基准定时器。因此，使用该方法编程，首先需设置一个符合时序控制要求的基准定时器，采用多个触点比较指令，把基准定时器的当前值与期望的多个定时设定值相比较，再利用比较触点的逻辑组合，形成若干个时间段，将 PLC 的各实际输出与有关时间段相对应，即可达到时序控制的目的。

此时可考虑使用基准定时器作为整个时序控制的时间标准，其他的任意时刻均应以此为计时标准，而每个所需的定时时间也必须转换为相应的期望定时设定值，因此基准定时器的定时设定值应大于或等于整个时序过程所用的时间（或循环周期）。基准定时器可以直接采用普通定时器，也可以由定时器加一计数器构成。采用时间基准比较的时序图如图4-6 所示。

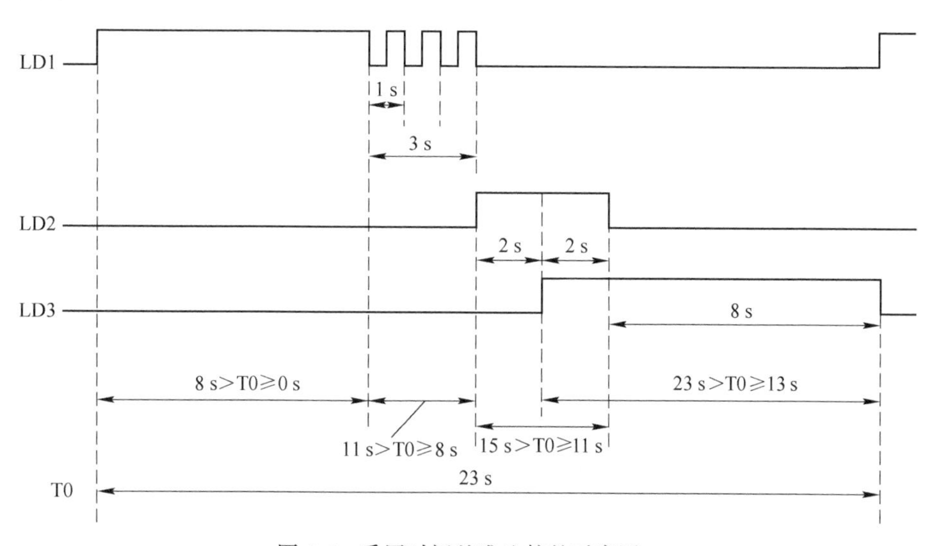

图 4-6 采用时间基准比较的时序图

根据时间基准比较的时序法编制彩灯闪烁程序，如图 4-7 所示。采用触点比较指令编制的 PLC 时序控制程序，具有直观简便、思路清晰、编程效率高、易读、易调试、易修改、易维护等显著特点，尤其是所需的基准定时器不但可以是普通定时器，而且也可以采用定时器加上计数器的形式构成。通过对其计时（或计数）的当前值，与期望的若干个定时设定值进行比较，还可以用 PLC 实现更长时间范围内的时序控制。

⊟ 程序段 1：标题：

I0.0 “启动开关 S07” —| |— M0.0 —( )—

⊟ 程序段 2：标题：

M0.0 —| |— T0 —|/|— T0 S_ODT: S, TV = S5T#23S, R = …, Q, BI — MW10, BCD — …

⊟ 程序段 3：标题：

M0.0 —| |— T2 —|/|— T1 S_ODT: S, TV = S5T#500MS, R = …, Q, BI — …, BCD — …

T1 —| |— T2 S_ODT: S, TV = S5T#500MS, R = …, Q, BI — …, BCD — …

⊟ 程序段 4：标题：

M0.0 —| |— CMP<=I (IN1 = MW10, IN2 = 230) — CMP>I (IN1 = MW10, IN2 = 150) — Q0.0 “彩灯LD1” —( )—

CMP<=I (IN1 = MW10, IN2 = 150) — CMP>=I (IN1 = MW10, IN2 = 120) — T1 —| |—

⊟ 程序段 5：标题：

M0.0
CMP<=I
MW10 — IN1
120 — IN2
CMP>I
MW10 — IN1
80 — IN2
Q0.1
“彩灯LD2”

⊟ 程序段 6：标题：

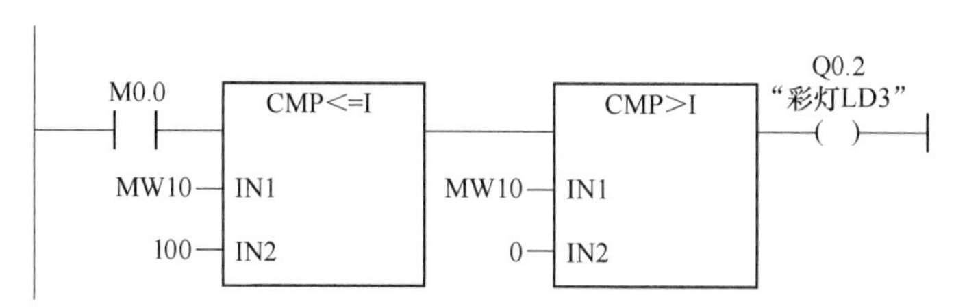

图 4-7　用时间基准比较的时序法编制彩灯闪烁程序

4.1.4　应用实例　PLC 控制计件包装及其数据显示系统

某计件包装系统的工作过程示意图，如图 4-8 所示。其控制要求如下。

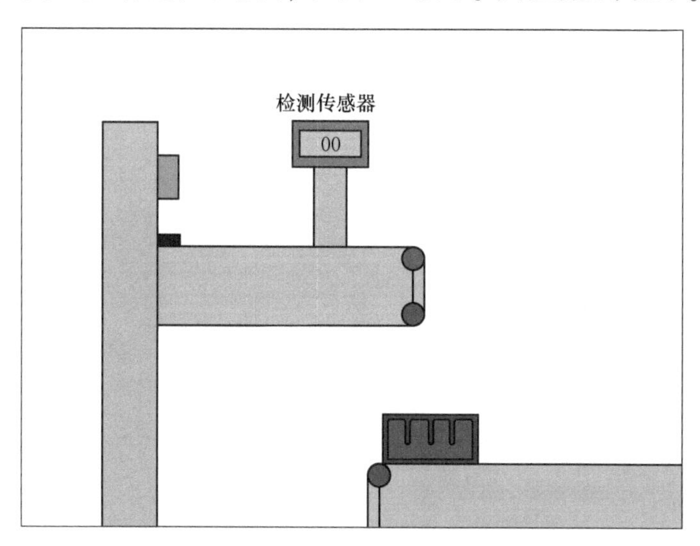

图 4-8　计件包装系统的工作过程示意图

按下按钮 SB1 启动传送带 1 转动，传送带 1 上的器件经过检测传感器时，传感器发出一个器件的计数脉冲，并将器件传送到传送带 2 上的箱子里进行计数包装，根据需要盒内的工件数量由外部拨码盘设定（0~99），且只能在系统停止时才能设定，用两位数码管显示当前计数值，计数到达时，延时 3 s，停止传送带 1，同时启动传送带 2，传送带 2 保持运行 5 s 后，再启动传送带 1，重复以上计数过程，当中途按下了停止按钮 SB2 后，则本次包装才能结束。

确定输入/输出（I/O）分配表，见表 4-9。

表 4-9　计件包装系统 I/O 分配表

输　入		输　出	
输入设备	输入编号	输出设备	输出编号
拨码盘输入 1	I0. 0	数码管显示 1	Q4. 0
	I0. 1		Q4. 1
	I0. 2		Q4. 2
	I0. 3		Q4. 3
拨码盘输入 2	I0. 4	数码管显示 2	Q4. 4
	I0. 5		Q4. 5
	I0. 6		Q4. 6
	I0. 7		Q4. 7
启动按钮 SB1	I1. 0	传送带 1	Q5. 0
停止按钮 SB2	I1. 1	传送带 2	Q5. 1
检测传感器	I1. 2		

根据 I/O 分配表，编写 PLC 控制计件包装及其数据显示系统控制梯形图，如图 4-9 所示。

⊟ 程序段 1：标题：

I1.0
“启动按钮
SB1”
M1.1
M0.0
M0.0

⊟ 程序段 2：标题：

I1.1
“停止按钮
SB2”
M1.1
M0.1
M0.1

⊟ 程序段 3：标题：

M0.0
M1.0
Q5.1
“传送带2”
Q5.0
“传送带1”

⊟ 程序段4：标题：

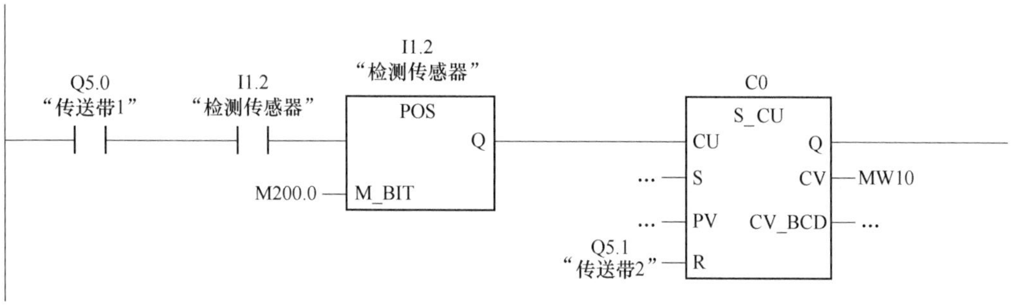

Q5.0 "传送带1" I1.2 "检测传感器" I1.2 "检测传感器" POS Q M200.0 — M_BIT C0 S_CU CU Q … — S CV — MW10 … — PV CV_BCD — … Q5.1 "传送带2" — R

⊟ 程序段5：标题：

I_BCD EN ENO MW10 — IN OUT — MW20 MOVE EN ENO MW20 — IN OUT — QB4

⊟ 程序段6：标题：

M0.0 (/) MOVE EN ENO IB0 — IN OUT — MW30 BCD_I EN ENO MW30 — IN OUT — MW40

⊟ 程序段7：标题：

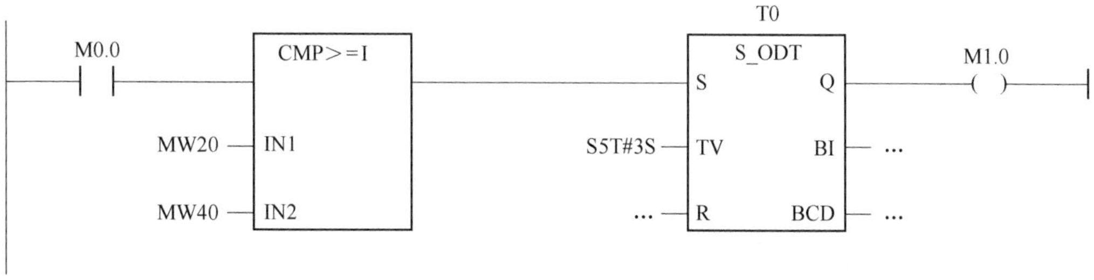

M0.0 CMP>=I MW20 — IN1 MW40 — IN2 T0 S_ODT S Q S5T#3S — TV BI — … … — R BCD — … M1.0 ( )

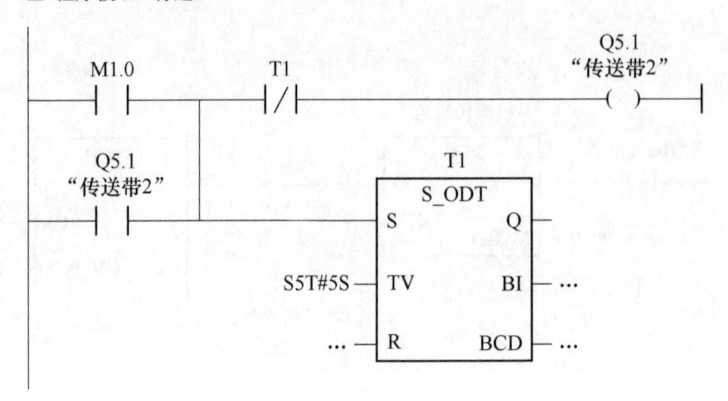

图 4-9　PLC 控制计件包装及其数据显示系统控制梯形图

4.2　数学函数指令及其应用

4.2.1　基础知识　整型数学运算指令

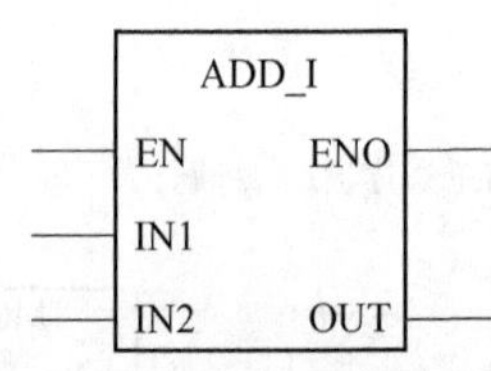

图 4-10　ADD _ I 加上整数指令

4.2.1.1　ADD _ I 加上整数

ADD _ I 加上整数指令在梯形图中如图 4-10 所示。该指令的参数见表 4-10。

表 4-10　ADD _ I 加上整数指令的参数

参　数	数据类型	存储器区	描　　述
EN	BOOL	I、Q、M、L、D	启用输入
ENO	BOOL	I、Q、M、L、D	启用输出
IN1	INT	I、Q、M、L、D 或常数	被加数
IN2	INT	I、Q、M、L、D 或常数	加数
OUT	INT	I、Q、M、L、D	相加结果

在启用（EN）输入端通过一个逻辑“1”来激活 ADD _ I（整数加）。IN1 和 IN2 相加，其结果通过 OUT 来查看。如果该结果超出了整数（16 位）允许的范围，OV 位和 OS 位将为“1”并且 ENO 为逻辑“0”，此时不执行此后由 ENO 连接的其他函数。

SUB_I	
EN	ENO
IN1	
IN2	OUT

图 4-11 SUB _ I 减去整数指令

4.2.1.2 SUB _ I 减去整数

SUB _ I 减去整数指令在梯形图中如图 4-11 所示。该指令的参数见表 4-11。

表 4-11 SUB _ I 减去整数指令的参数

参 数	数据类型	存储器区	描 述
EN	BOOL	I、Q、M、L、D	启用输入
ENO	BOOL	I、Q、M、L、D	启用输出
IN1	INT	I、Q、M、L、D 或常数	被减数
IN2	INT	I、Q、M、L、D 或常数	减数
OUT	INT	I、Q、M、L、D	相减结果

在启用（EN）输入端通过逻辑“1”激活 SUB _ I（减去整数）。从 IN1 中减去 IN2，并通过 OUT 查看结果。如果该结果超出了整数（16 位）允许的范围，OV 位和 OS 位将为“1”并且 ENO 为逻辑“0”，此时不执行此后由 ENO 连接的其他函数。

MUL_I	
EN	ENO
IN1	
IN2	OUT

图 4-12 MUL _ I 乘以整数指令

4.2.1.3 MUL _ I 乘以整数

MUL _ I 乘以整数指令在梯形图中如图 4-12 所示。该指令的参数见表 4-12。

表 4-12 MUL _ I 乘以整数指令的参数

参 数	数据类型	存储器区	描 述
EN	BOOL	I、Q、M、L、D	启用输入
ENO	BOOL	I、Q、M、L、D	启用输出
IN1	INT	I、Q、M、L、D 或常数	被乘数

续表 4-12

参　数	数据类型	存储器区	描　　述
IN2	INT	I、Q、M、L、D 或常数	第二个乘运算值
OUT	INT	I、Q、M、L、D	乘运算结果

在启用（EN）输入端通过逻辑“1”激活 MUL _ I（乘以整数）。IN1 和 IN2 相乘，结果通过 OUT 查看。如果该结果超出了整数（16 位）允许的范围，OV 位和 OS 位将为“1”并且 ENO 为逻辑“0”，此时不执行此后由 ENO 连接的其他函数。

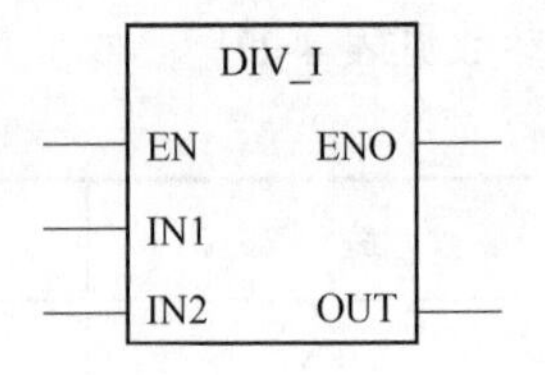

图 4-13　DIV _ I 除以整数指令

4.2.1.4　DIV _ I 除以整数

DIV _ I 除以整数指令在梯形图中如图 4-13 所示。该指令的参数见表 4-13。

表 4-13　DIV _ I 除以整数指令的参数

参　数	数据类型	存储器区	描　　述
EN	BOOL	I、Q、M、L、D	启用输入
ENO	BOOL	I、Q、M、L、D	启用输出
IN1	INT	I、Q、M、L、D 或常数	被除数
IN2	INT	I、Q、M、L、D 或常数	除数
OUT	INT	I、Q、M、L、D	除法结果

在启用（EN）输入端通过逻辑“1”激活 DIV _ I（除以整数）。IN1 除以 IN2，结果可通过 OUT 查看。如果该结果超出了整数（16 位）允许的范围，OV 位和 OS 位将为“1”并且 ENO 为逻辑“0”，此时不执行此后由 ENO 连接的其他函数。

4.2.1.5　双精度整数的加、减、乘、除

双精度整数的加、减、乘、除在梯形图中如图 4-14 所示。该指令的参数见表 4-14。

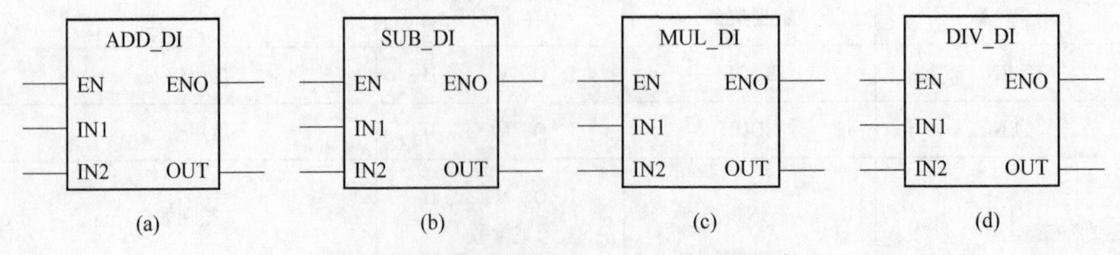

图 4-14　双精度整数的加、减、乘、除指令

（a）ADD _ DI 加上；（b）SUB _ DI 减去；（c）MUL _ DI 乘以；（d）DIV _ DI 除以

表 4-14　双精度整数的加、减、乘、除指令的参数

参　数	数据类型	存储器区	描　　述
EN	BOOL	I、Q、M、L、D	启用输入
ENO	BOOL	I、Q、M、L、D	启用输出
IN1	DINT	I、Q、M、L、D 或常数	被加数/被减数/被乘数/被除数
IN2	DINT	I、Q、M、L、D 或常数	加数/减数/乘数/除数
OUT	DINT	I、Q、M、L、D	运算结果

在启用（EN）输入端通过逻辑“1”激活相应的 ADD _ DI、SUB _ DI、MUL _ DI、DIV _ DI 运算。IN1 和 IN2 运算后，其结果通过 OUT 来查看。如果该结果超出了长整数（32 位）允许的范围，OV 位和 OS 位将为“1”并且 ENO 为逻辑“0”，此时不执行此后由 ENO 连接的其他函数。

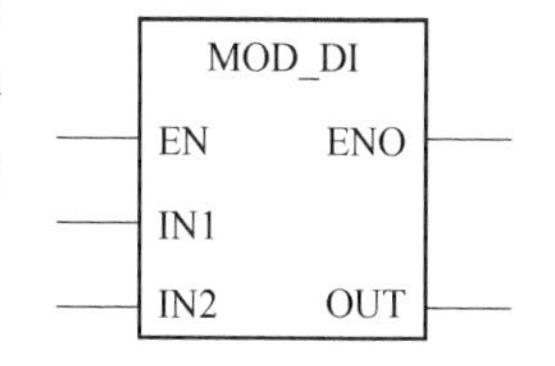

图 4-15　MOD _ DI 返回双精度除法的余数指令

4.2.1.6　MOD _ DI 返回双精度除法的余数

MOD _ DI 返回双精度除法的余数指令在梯形图中，如图 4-15 所示。该指令的参数见表 4-15。

表 4-15　MOD _ DI 返回双精度除法的余数指令的参数

参　数	数据类型	存储器区	描　　述
EN	BOOL	I、Q、M、L、D	启用输入
ENO	BOOL	I、Q、M、L、D	启用输出
IN1	DINT	I、Q、M、L、D 或常数	被除数
IN2	DINT	I、Q、M、L、D 或常数	除数
OUT	DINT	I、Q、M、L、D	除运算的余数

在启用（EN）输入端通过逻辑“1”激活 MOD _ DI（返回双精度除法的余数）。IN1 除以 IN2，余数可通过 OUT 查看。如果该结果超出了长整数（32 位）允许的范围，OV 位和 OS 位将为“1”并且 ENO 为逻辑“0”，此时不执行此后由 ENO 连接的其他函数。

4.2.2　基础知识　浮点型数学运算指令

4.2.2.1　实数的加、减、乘、除

实数的加、减、乘、除在梯形图中如图 4-16 所示。该指令的参数见表 4-16。

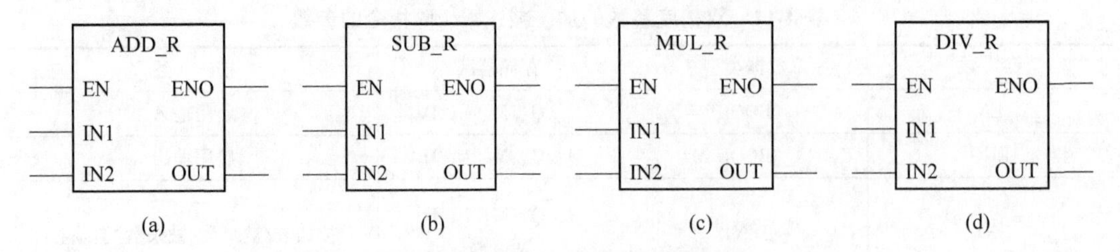

图 4-16　实数的加、减、乘、除指令
(a) ADD _ R 加上；(b) SUB _ R 减去；(c) MUL _ R 乘以；(d) DIV _ R 除以

表 4-16　实数的加、减、乘、除指令的参数

参　数	数据类型	存储器区	描　述
EN	BOOL	I、Q、M、L、D	启用输入
ENO	BOOL	I、Q、M、L、D	启用输出
IN1	REAL	I、Q、M、L、D 或常数	被加数/被减数/被乘数/被除数
IN2	REAL	I、Q、M、L、D 或常数	加数/减数/乘数/除数
OUT	REAL	I、Q、M、L、D	运算结果

在启用（EN）输入端通过逻辑“1”激活相应的 ADD _ R、SUB _ R、MUL _ R、DIV _ R 运算。IN1 和 IN2 运算后，其结果通过 OUT 来查看。如果结果超出了浮点数允许的范围（溢出或下溢），OV 位和 OS 位将为“1”并且 ENO 为“0”，此时不执行此后由 ENO 连接的其他功能。

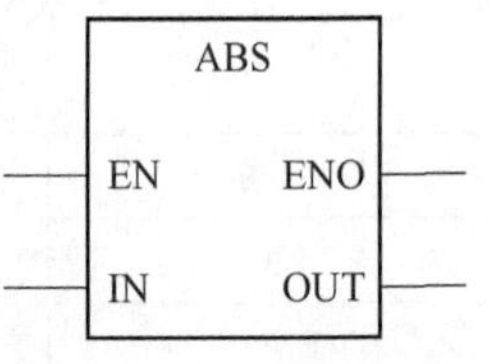

图 4-17　ABS 求浮点数的绝对值指令

4.2.2.2　ABS 求浮点数的绝对值

ABS 求浮点数的绝对值指令在梯形图中如图 4-17 所示。该指令的参数见表 4-17。

表 4-17　ABS 求浮点数的绝对值指令的参数

参　数	数据类型	存储器区	描　述
EN	BOOL	I、Q、M、L、D	启用输入
ENO	BOOL	I、Q、M、L、D	启用输出
IN	REAL	I、Q、M、L、D 或常数	输入值：浮点
OUT	REAL	I、Q、M、L、D	输出值：浮点数的绝对值

4.2.2.3　数学运算扩充指令

数学运算扩充指令列表见表 4-18。

表 4-18 数学运算扩充指令列表

指令	名称	梯形图形式	说 明
SQR	求平方	SQR EN ENO IN OUT	求浮点数的平方
SQRT	求平方根	SQRT EN ENO IN OUT	求浮点数的平方根
LN	求自然对数	LN EN ENO IN OUT	求浮点数的以 e（2.71828…）为底的自然对数值
EXP	求指数值	EXP EN ENO IN OUT	求浮点数的以 e（=2.71828）为底的指数
SIN	求正弦值	SIN EN ENO IN OUT	求浮点数的正弦值。这里浮点数代表以弧度为单位的一个角度
COS	求余弦值	COS EN ENO IN OUT	求浮点数的余弦值。这里浮点数代表以弧度为单位的一个角度
TAN	求正切值	TAN EN ENO IN OUT	求浮点数的正切值。这里浮点数代表以弧度为单位的一个角度
ASIN	求反正弦值	ASIN EN ENO IN OUT	求一个定义在-1≤输入值≤1 范围内的浮点数的反正弦值。结果代表$-\frac{\pi}{2}$≤输出值≤$+\frac{\pi}{2}$的一个以弧度为单位的角度
ACOS	求反余弦值	ACOS EN ENO IN OUT	求一个定义在-1≤输入值≤1 范围内的浮点数的反余弦值。结果代表 0≤输出值≤π 内的一个以弧度为单位的角度
ATAN	求反正切值	ATAN EN ENO IN OUT	求浮点数的反正切值。结果代表$-\frac{\pi}{2}$≤输出值≤$+\frac{\pi}{2}$内的一个以弧度为单位的角度

表 4-18 中所有数学运算扩充指令的启用输入 EN，数据类型为 BOOL，存储器区为 I、Q、M、L、D；启用输出 ENO 数据类型为 BOOL，存储器区为 I、Q、M、L、D；输入值 IN 数据类型为 REAL，存储器区为 I、Q、M、L、D 或常数；输出值 OUT 数据类型为 REAL，存储器区为 I、Q、M、L、D。

4.2.3 应用实例　PLC 控制水泵电机随机启动

通常在水塔控制的过程中，为保证控制的可靠性，在水塔泵房内安装有三台交流异步电动机水泵，三台水泵电动机正常情况下只运转两台，另一台为备用。为了防止备用机组因长期闲置而出现锈蚀等故障，正常情况下，按下启动按钮，三台水泵电动机中运转两台水泵电动机，备用的另一台水泵电动机的转动是随机的。

设定 I/O 分配表见表 4-19。

表 4-19　PLC 控制水泵电机随机启动 I/O 分配表

输　入		输　出	
输入设备	输入编号	输出设备	输出编号
启动按钮 SB1	I0.0	1 号水泵	Q4.0
停止按钮 SB2	I0.1	2 号水泵	Q4.1
		3 号水泵	Q4.2

从该控制的实质来说，随机输入考虑启动按钮按下后，对扫描周期进行计数，因为即便是同一个人其按同一个按钮的扫描周期也是不确定的。因此可在启动按钮按下对扫描周期进行计数，计数到“3”则自动归零处理这个随机输入信号。其梯形图如图 4-18 所示。

⊟ 程序段 1：标题：

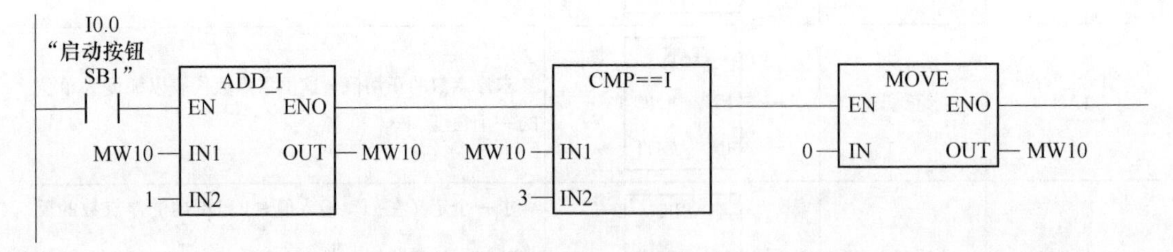

⊟ 程序段 2：标题：

I0.0
“启动按钮
SB1”
M100.0
(N)
MOVE
EN
ENO
MW10
IN
OUT
MW12
M0.1
(S)

⊟ 程序段3：标题：

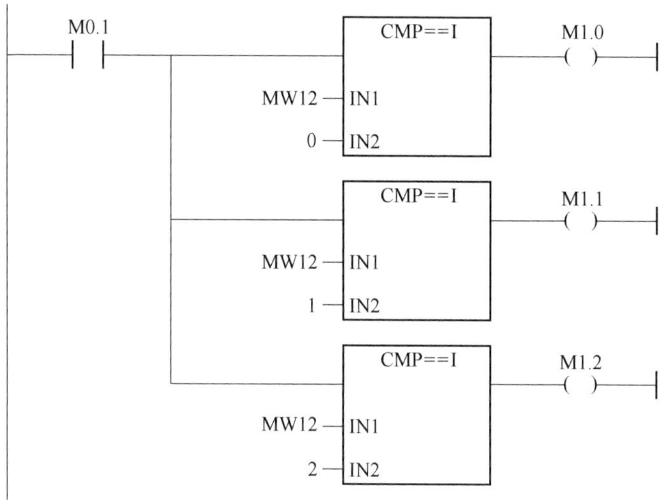

M0.1
CMP==I
MW12 — IN1
0 — IN2
M1.0
CMP==I
MW12 — IN1
1 — IN2
M1.1
CMP==I
MW12 — IN1
2 — IN2
M1.2

⊟ 程序段4：标题：

M1.0
M1.1
Q4.0
"1号水泵"

⊟ 程序段5：标题：

M1.1
M1.2
Q4.1
"2号水泵"

⊟ 程序段6：标题：

M1.2
M1.0
Q4.2
"3号水泵"

⊟ 程序段 7：标题：

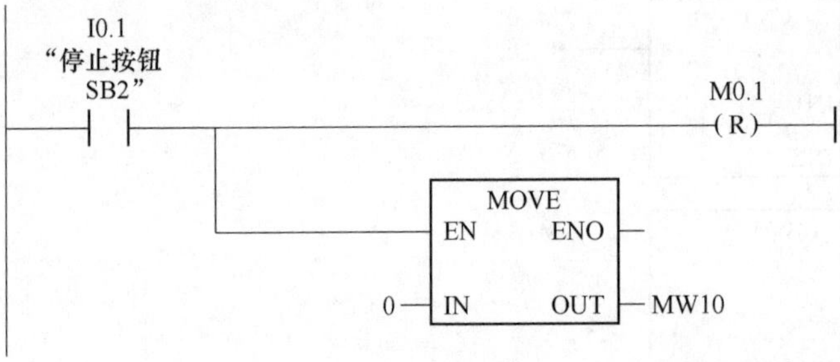

I0.1
“停止按钮
SB2”
M0.1
(R)
MOVE
EN
ENO
0
IN
OUT
MW10

图 4-18　PLC 控制水泵电机随机启动梯形图

4.2.4　应用实例　PLC 控制液位报警系统

工业的发展对混合液体的配比准确度提出了更高的要求，其质量取决于设计、制造和检测各个环节，而液位的高低是影响液体质量的关键因素。下面将介绍一种由 PLC 控制的混料罐控制系统，该系统能够根据液位的高低，对液体的混合进行自动控制。

某企业研制出一种新配方需投入运行，混料罐 PLC 控制系统工作示意图如图 4-19 所示。

搅拌电机
1号进料阀
高液位
中液位
2号进料阀
出料阀
低液位

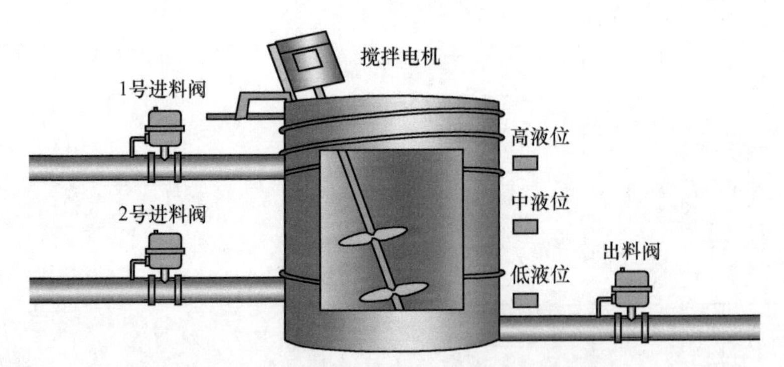

图 4-19　混料罐 PLC 控制系统工作示意图

其混料装置控制要求如下。

（1）当系统转至运行时，1 号、2 号进料阀关闭，出料阀门打开 10 s 将容器放空后关闭。

（2）按下启动按钮，1 号进料阀打开，液体 A 流入容器。液面到达中液位时，关闭 1 号进料阀门，打开 2 号进料阀。液面到达高液位时，关闭 2 号进料阀，搅拌电机开始搅匀。搅拌电机工作 5 s 后停止搅动，出料阀打开，开始放出混合液体。当液面下降到低限位时，出料阀继续打开，过 2 s 后，容器放空，出料阀关闭，开始下一循环。

（3）按下停止按钮 SB2 后，系统在当前的混合液体操作处理完毕后，才停止操作（停在初始状态上）。

根据控制要求，设定 PLC 控制水泵电机随机启动 I/O 分配表，见表 4-20。

表 4-20 PLC 控制水泵电机随机启动 I/O 分配表

输　入		输　出	
输入设备	输入编号	输出设备	输出编号
启动按钮 SB1	I0.0	1 号进料阀	Q4.0
停止按钮 SB2	I0.1	2 号进料阀	Q4.1
低液位	I0.2	出料阀	Q4.2
中液位	I0.3	搅拌电机	Q4.3
高液位	I0.4		

根据控制要求，结合 I/O 分配表，编写 PLC 控制液位报警系统控制程序，如图 4-20 所示。

⊟ 程序段 1：标题：

M100.0
M1000.0
(P)
MOVE
EN ENO
100 IN OUT MW10

⊟ 程序段 2：标题：

I0.1
“停止按钮
SB2”
I0.0
“启动按钮
SB1”
M0.0
M0.0
( )

⊟ 程序段 3：标题：

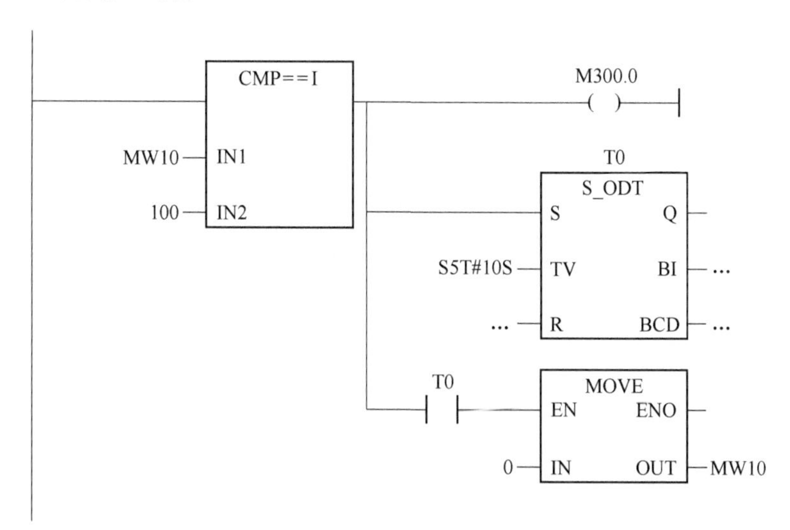

⊟ 程序段4：标题：

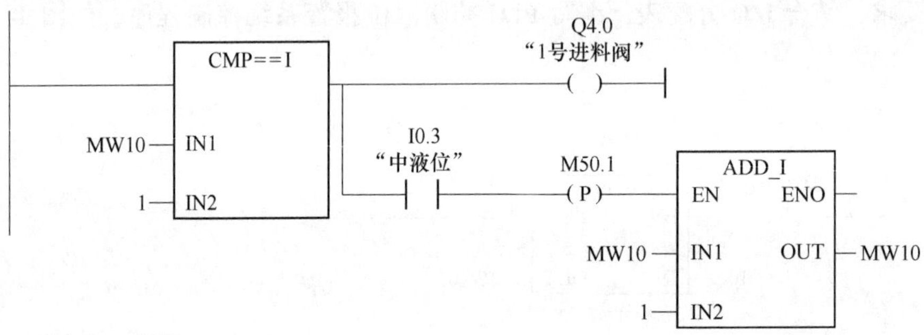

⊟ 程序段5：标题：

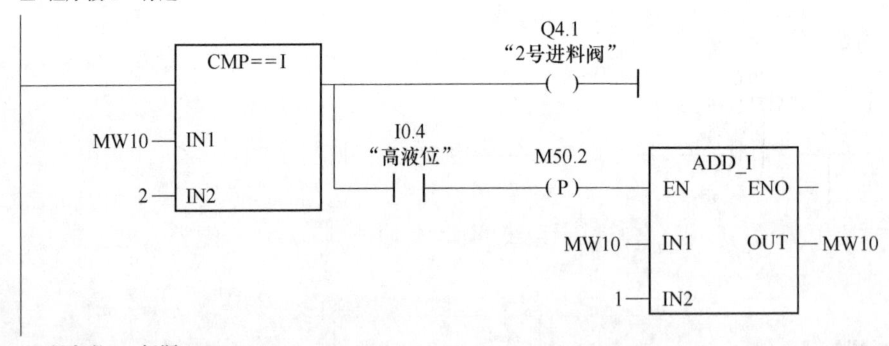

⊟ 程序段6：标题：

⊟ 程序段7：标题：

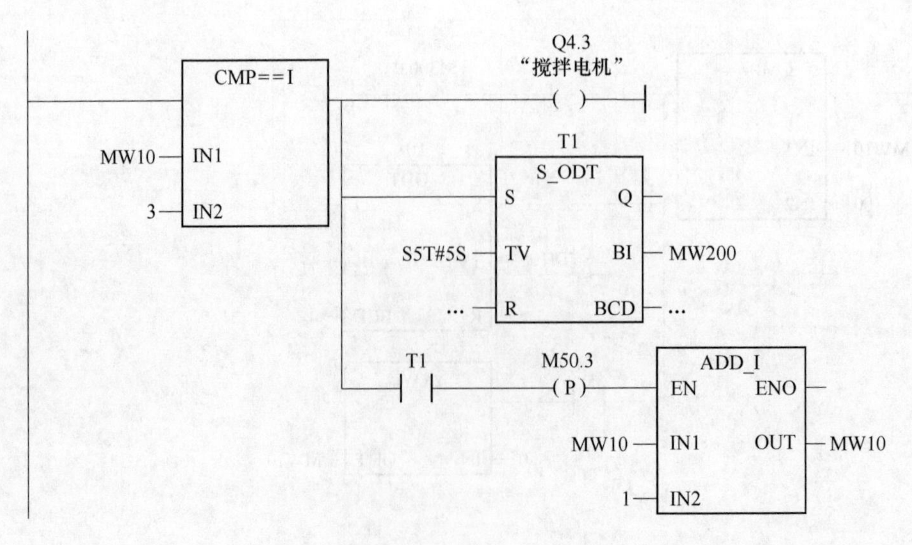

⊟ 程序段8：标题：

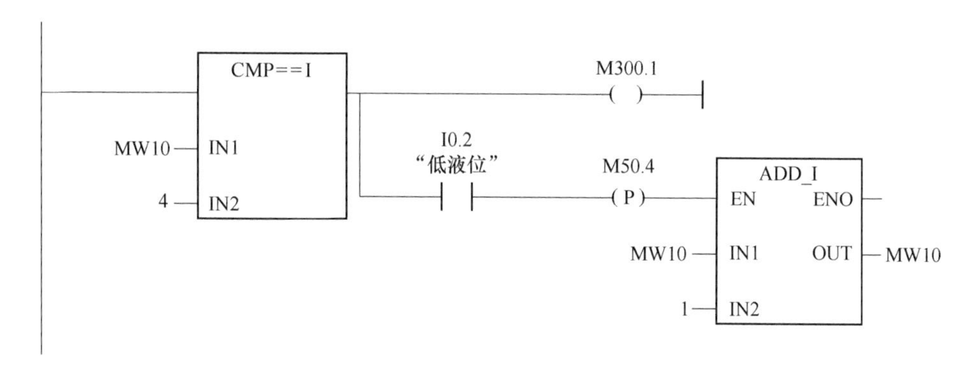

⊟ 程序段9：标题：

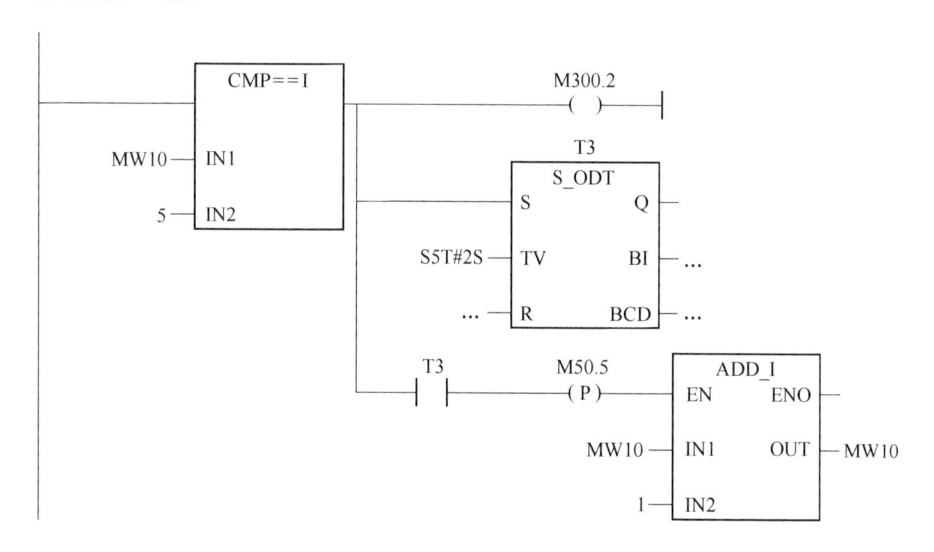

⊟ 程序段10：标题：

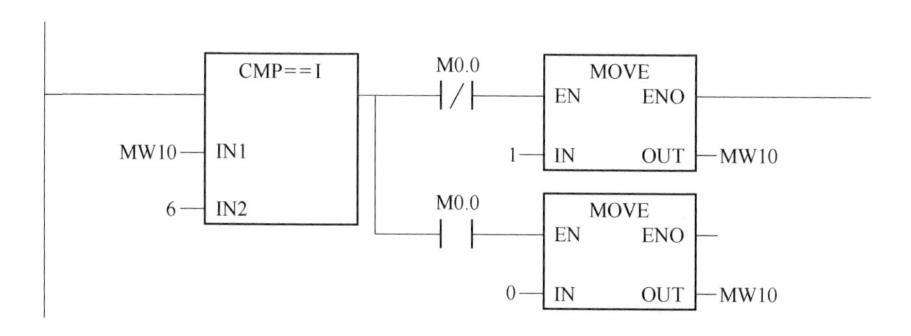

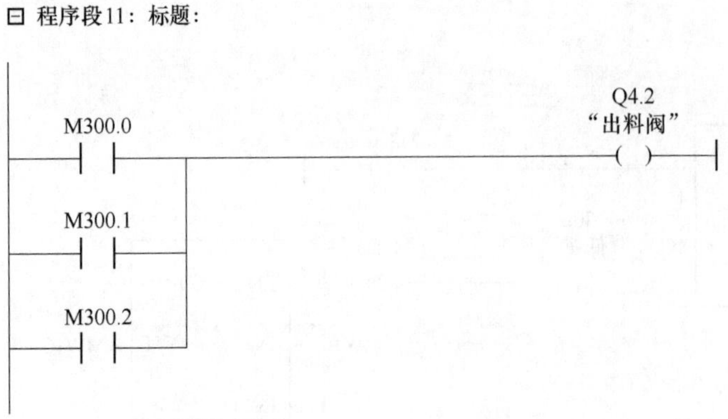

⊟ 程序段11：标题：

M300.0　M300.1　M300.2　Q4.2 "出料阀"

图 4-20　PLC 控制液位报警系统控制程序

4.3　逻辑控制指令与程序控制指令及其应用

4.3.1　基础知识　逻辑控制指令

逻辑控制指令是指逻辑块内的跳转和循环指令，这些指令可以中断原有的线性程序扫描，并跳转到目标地址处重新执行线性程序扫描。目标地址由跳转指令后面的标号指定，该地址标号指出程序要跳往何处，可向前跳转，也可以向后跳转，最大跳转距离为 -32768字或 32767 字。逻辑控制指令可以在所有逻辑块，如：组织块（OB）、功能块（FB）和功能（FC）。

4.3.1.1　LABEL 标号

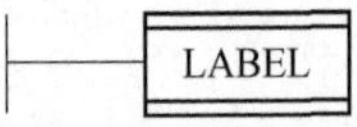

LABEL

图 4-21　LABEL 标号指令

LABEL 标号指令在梯形图中，如图 4-21 所示。

LABEL 是跳转指令目标的标识符。将标号作为目标时，目标标号必须位于程序段的开头。可以从梯形图浏览器中选择 LABEL，在程序段的开头输入目标标号。在显示的空框中，键入标号的名称。第一个字符必须是字母表中的字母；其他字符可以是字母或数字（例如，CAS1）。每个—（JMP）或—（JMPN）都还必须有与之对应的跳转标号（LABEL）。

4.3.1.2　—（JMP）跳转

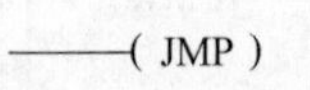

<标号名称>

——(JMP)

图 4-22　—（JMP）跳转指令

—（JMP）跳转指令在梯形图中，如图 4-22 所示。

—（JMP）（为 1 时在块内跳转）左侧电源轨道与指令间没有其他梯形图元素时执行的是绝对跳转。每一个—（JMP）都还必须有与之对应的目标（LABEL）。跳转指令和标号间的所有指令都不予执行。

—（JMP）无条件跳转指令的使用如图 4-23 所示，此时程序始终执行跳转，并忽略跳转指令和跳转标号间的指令。

—（JMP）无条件跳转指令在梯形图中，如图 4-24 所示。如果 I0.0＝“1”，则执行跳转到标号 CAS1。由于此跳转的存在，即使 I0.3 处有逻辑“1”，也不会执行复位输出 Q4.0 的指令。

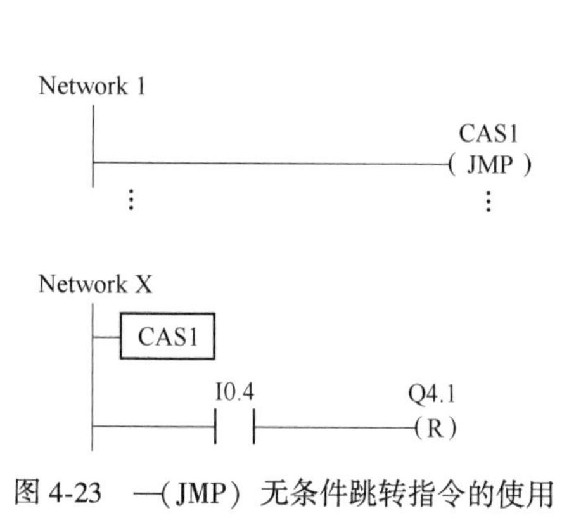

图 4-23　—(JMP) 无条件跳转指令的使用

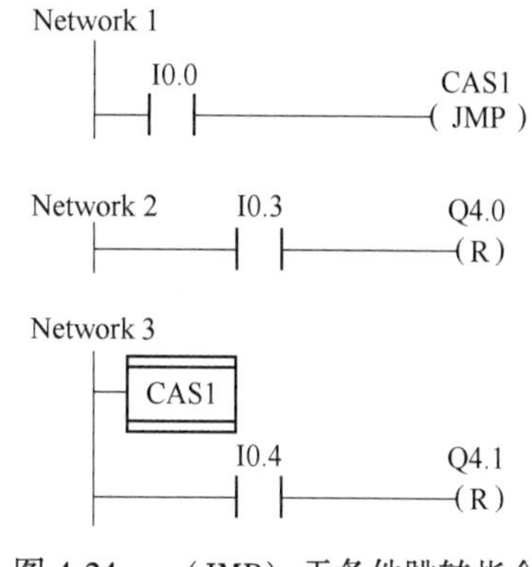

图 4-24　—(JMP) 无条件跳转指令

4.3.1.3　—(JMPN) 若非则跳转

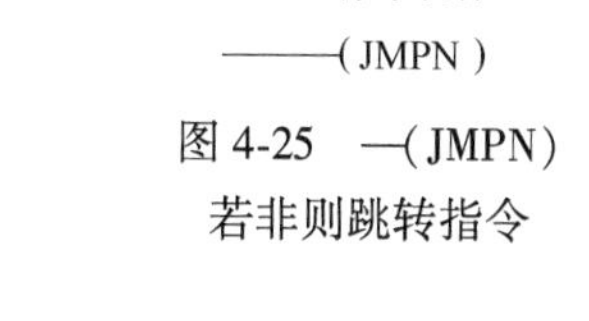

图 4-25　—(JMPN)
若非则跳转指令

—(JMPN) 若非则跳转指令在梯形图中，如图 4-25 所示。

—(JMPN) (若非则跳转) 相当于在 RLO 为“0” 时执行的“转到标号” 功能。每一个—(JMPN) 都还必须有与之对应的目标 (LABEL)。跳转指令和标号间的所有指令都不予执行。如果未执行条件跳转，RLO 将在执行跳转指令后变为“1”。

图 4-26 所示为若非则跳转指令在梯形图中的使用。如果 I0.0 = “0”，则执行跳转到标号 CAS1。由于此跳转的存在，即使 I0.3 处有逻辑“1”，也不会执行复位输出 Q4.0 的指令。

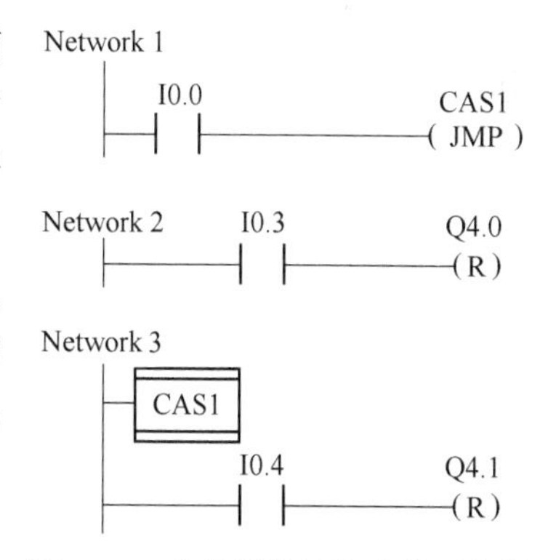

图 4-26　若非则跳转指令使用案例

4.3.2　基础知识　程序控制指令

4.3.2.1　—(OPN) 打开数据块：DB 或 DI 指令

<DB编号>或< DI编号 >
—(OPN)

图 4-27　—(OPN)
打开数据块：DB 或 DI 指令

—(OPN) 打开数据块指令在梯形图中，如图 4-27 所示。该指令的参数见表 4-21。

表 4-21　—(OPN) 打开数据块：DB 或 DI 的参数

参　数	数据类型	存储器区	描　　述
<DB 编号> <DI 编号>	BLOCK _ DB	DB、DI	DB/DI 编号，其范围依赖于 CPU

—(OPN) (打开数据块) 打开共享数据块 (DB) 或背景数据块 (DI)。—(OPN) 函数是一种对数据块的无条件调用的指令。将数据块的编号传送到 DB 或 DI 寄存器中。后续的 DB 和 DI 命令根据寄存器内容访问相应的块。

4.3.2.2　调用指令

调用指令列表见表 4-22。

表 4-22　调用指令列表

指令	名称	梯形图形式	说　明
—(CALL)	调用来自线圈的 FC SFC（不带参数）	<FC/SFC编号> ——(CALL)	用于调用没有传递参数的功能（FC）或系统功能（SFC）
CALL _ FB	调用 FB	<DB no.> FB no. EN ENO	用于调用一个功能（FB）。当 EN 为“1”时，执行调用
CALL _ FC	调用 FC	FC no. EN ENO	用于调用一个功能（FC）。当 EN 为“1”时，执行调用
CALL _ SFB	调用系统 FB	<DB no.> SFB no. EN ENO	用于调用一个 SFB。当 EN 为“1” 时，执行调用
CALL _ SFC	调用系统 FC	SFC no. EN ENO	用于调用一个 SFC。当 EN 为“1” 时，执行调用

使用 CALL _ FB、CALL _ FC、CALL _ SFB、CALL _ SFC 时，该符号取决于各自的 FB、FC、SFB、SFC 是否带参数以及带多少个参数。它必须具有 EN、ENO，以及 FB、FC、SFB、SFC 各自的名称或编号。且使用时通常要用到—(OPN）打开数据块指令，打开背景数据块。

4.3.2.3　主控继电器指令

主控继电器（MCR）是一种继电器梯形图逻辑的主开关，用于控制电流（能流）的通断。主控继电器指令列表见表 4-23。

表 4-23　主控继电器指令列表

指令	名　称	梯形图形式	说　明
MCR<	主控继电器打开	—(MCR<)	主控继电器接通将 RLO 保存在 MCR 堆栈中，并产生一条新的子母线，其后的连接均受控于该子母线
MCR>	主控继电器关闭	—(MCR>)	主控继电器停止。从该指令开始，将禁止 MCR 控制
MCRA	主控继电器激活	—(MCRA)	主控继电器启动。从该指令开始可按 MCR 控制
MCRD	主控继电器取消激活	—(MCRD)	主控继电器断开恢复 RLO，结束子母线

MCR 嵌套堆栈为 LIFO（后入先出）堆栈，且只能有 8 个堆栈条目（嵌套级别）。

4.3.2.4 —(RET) 返回

——(RET)

图 4-28 —(RET) 返回指令

—(RET) 返回指令在梯形图中，如图 4-28 所示。RET（返回）用于有条件的退出块。对于该输出，要求在前面使用一个逻辑运算。

4.3.3 应用实例 PLC 控制工件装配（点动与连续的混合控制）

装配单元外观如图 4-29 所示，装配单元的基本功能是完成将该单元料仓内的黑色或白色小圆柱工件嵌入到已加工的工件中的装配过程。

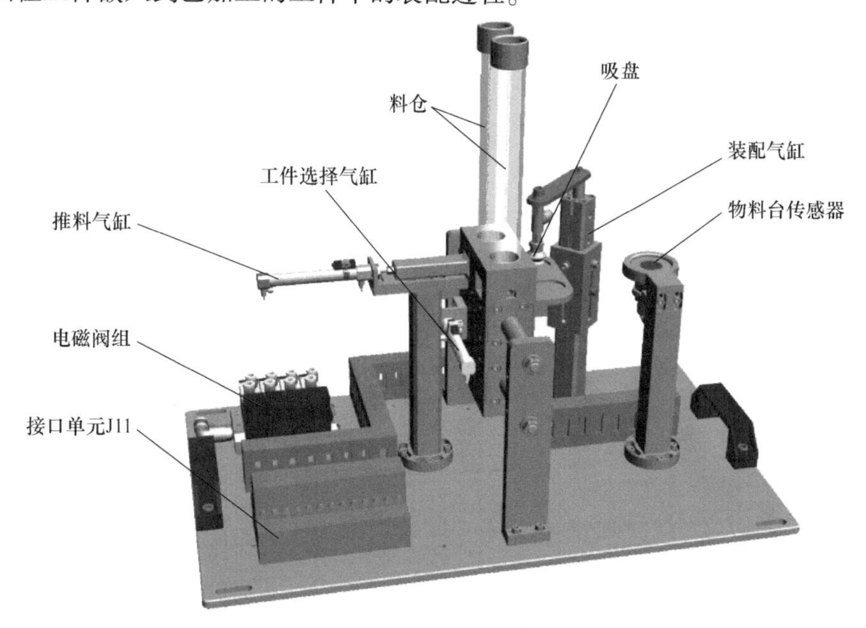

图 4-29 工件装配单元

本系统具有自动工作方式与手动点动工作方式，具体由自动工作与手动点动工作转换开关 K1 选择。当 K1 = 1 时为手动点动工作，系统可通过三个点动按钮和外部选择开关对电磁阀进行控制以便对设备进行调整，检修和事故处理。在自动工作时。

（1）装配控制要求：装配单元物料台的传感器检测到有工件放入，装配单元进行黑色或白色小工件的装配操作。具体装配时装配黑色小工件还是白色小工件由外部开关选择，装配结束后由机器人将其搬运至立体仓库单元入库平台。

（2）装配单元装配工艺流程：吸盘摆出→推出小工件→吸盘摆回→吸料→吸盘摆出→装配小工件→吸盘摆回。

确定输入/输出（I/O）分配表见表 4-24。

表 4-24 PLC 控制工件装配的 I/O 分配表

输　入		输　出	
输入设备	输入编号	输出设备	输出编号
手、自动选择开关 K1	I0.0	装配旋转气缸电磁阀	Q4.0

续表 4-24

输　入		输　出	
输入设备	输入编号	输出设备	输出编号
手动装配旋转	I0. 1	装配吸盘气缸电磁阀	Q4. 1
手动装配吸盘	I0. 2	料筒气缸定位电磁阀	Q4. 2
手动料筒定位	I0. 3	配件推出气缸电磁阀	Q4. 3
手动配件推出	I0. 4		
启动按钮	I0. 5		
装配台传感器	I0. 6		
装配旋转气缸左限位	I0. 7		
装配旋转气缸右限位	I1. 0		
装配检测传感器	I1. 1		
左料筒气缸退回限位	I1. 2		
配件推出气缸伸出限位	I1. 3		
外部选择开关	I1. 4		

手、自动程序调用结构，如图 4-30 所示。

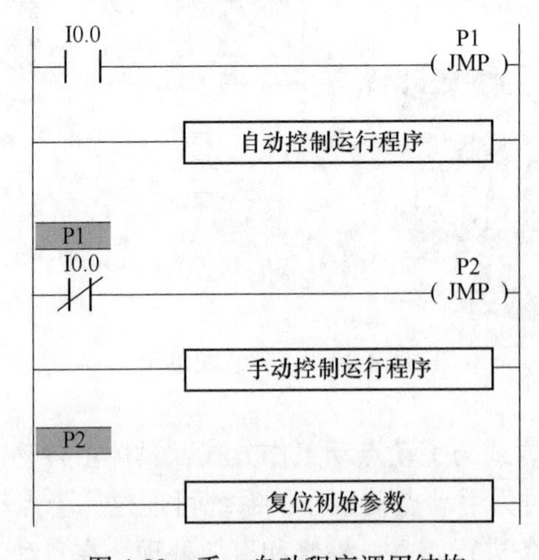

图 4-30　手、自动程序调用结构

自动控制运行程序梯形图如图 4-31 所示。

⊟ 程序段 1：标题：

I0.0
“手、自动选择开关”

P1
(JMP)

⊟ 程序段 2：标题：

M100.0
M100.1
(P)
MOVE
EN
ENO
0 IN
OUT MW10

⊟ 程序段 3：标题：

CMP= =I
MW10 IN1
0 IN2
I0.5
"启动按钮"
M50.0
(P)
ADD_I
EN
ENO
MW10 IN1
OUT MW10
10 IN2

⊟ 程序段 4：标题：

CMP= =I
MW10 IN1
10 IN2
I1.2
"左料筒气缸退回限位"
I1.4
"外部选择开关"
Q4.2
"料筒气缸定位电磁阀"
(S)
I1.4
"外部选择开关"
Q4.2
"料筒气缸定位电磁阀"
(R)
I0.6
"装配台传感器"
M50.1
(P)
ADD_I
EN
ENO
MW10 IN1
OUT MW10
1 IN2

⊟ 程序段 5：标题：

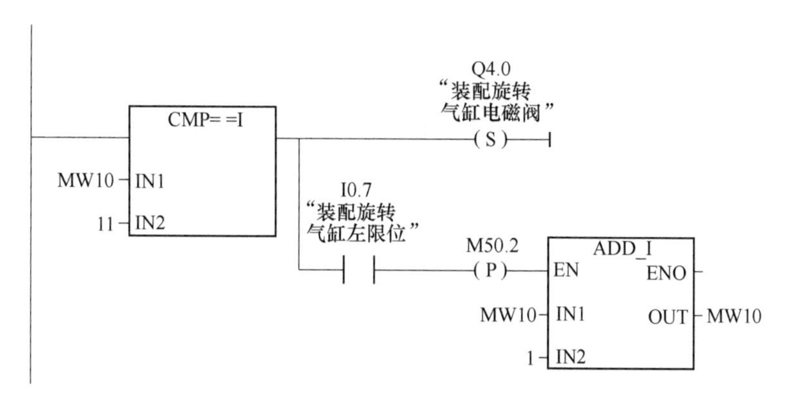

⊟ 程序段6：标题：

Q4.3
“配件推出
气缸电磁阀”
CMP==I
MW10 IN1
12 IN2
(S)
I1.3
“配件推出
气缸伸出限
位”
M50.3
(P)
ADD_I
EN ENO
MW10 IN1 OUT MW10
1 IN2

⊟ 程序段7：标题：

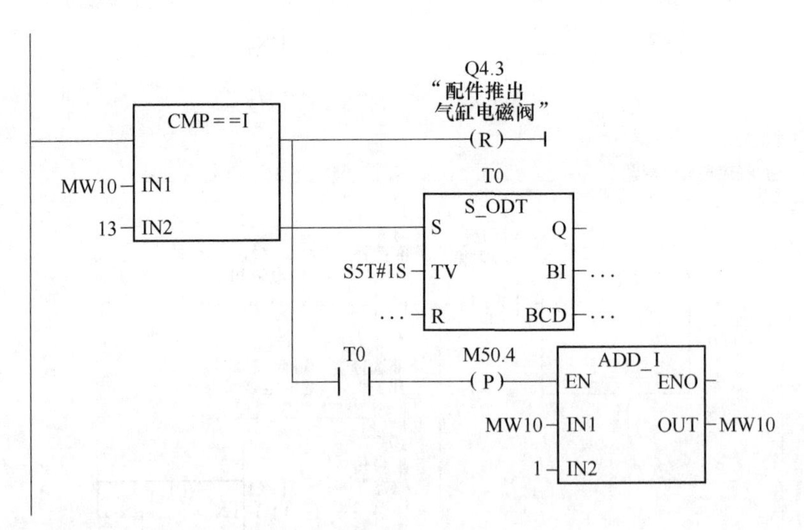

⊟ 程序段8：标题：

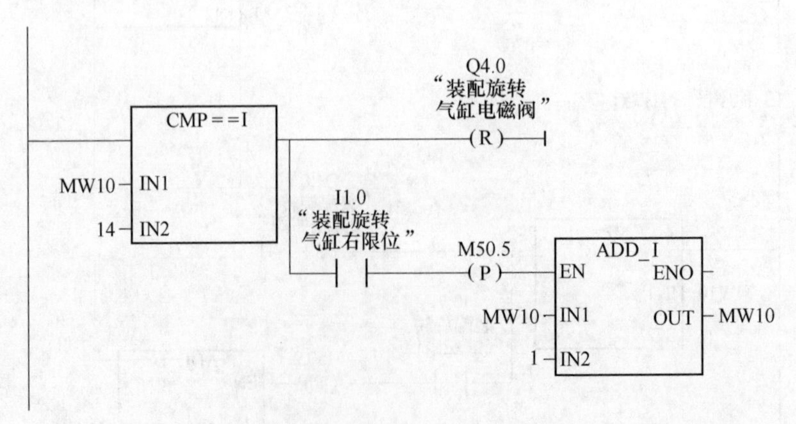

⊟ 程序段9：标题：

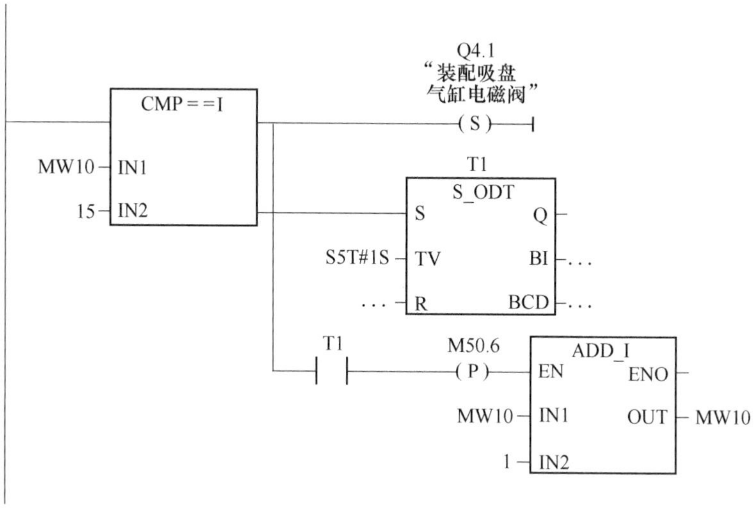

Q4.1
“装配吸盘
气缸电磁阀”
CMP==I
MW10 IN1
15 IN2
(S)
T1
S_ODT
S Q
S5T#1S TV BI ...
... R BCD ...
T1
M50.6
(P)
ADD_I
EN ENO
MW10 IN1 OUT MW10
1 IN2

⊟ 程序段10：标题：

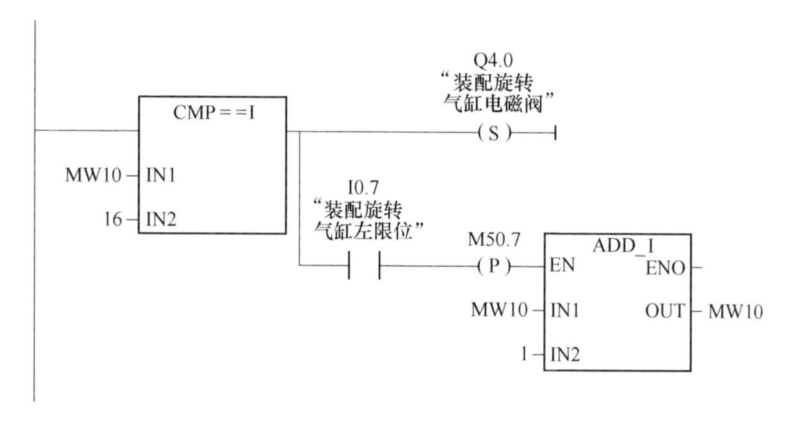

⊟ 程序段11：标题：

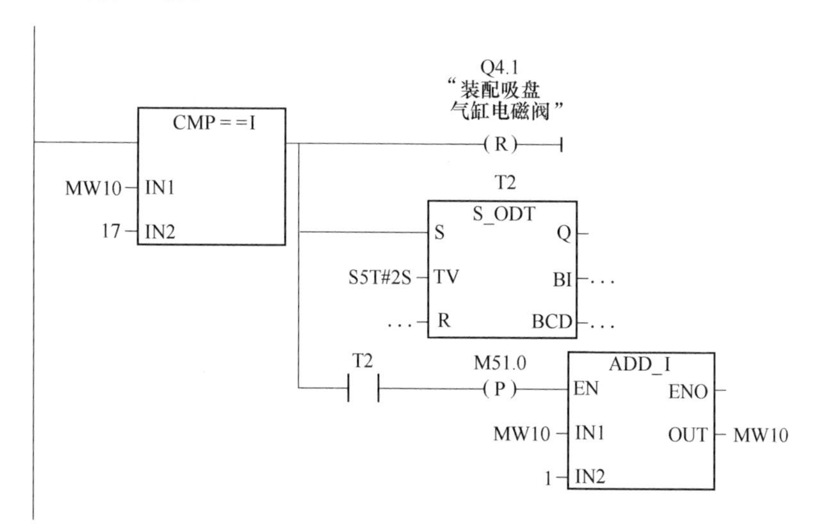

⊟ 程序段12：标题：

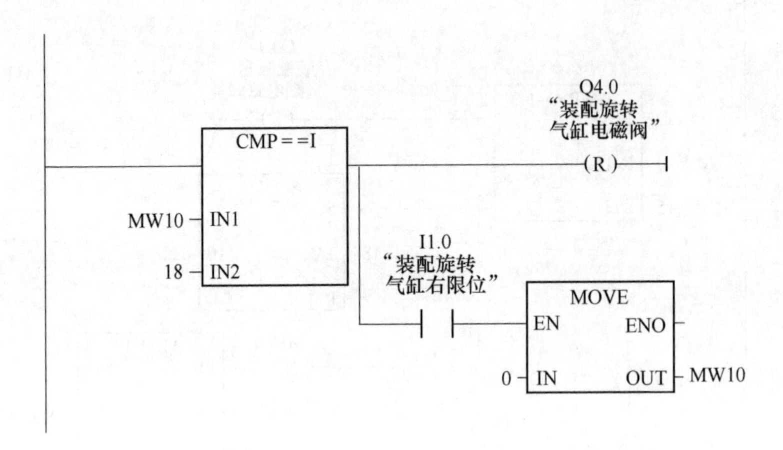

图 4-31　PLC 控制工件装配手动控制运行梯形图

手动控制运行程序梯形图如图 4-32 所示。

⊟ 程序段13：标题：

P1

I0.0
“手、自动选
择开关”
P2
(JMP)

⊟ 程序段14：标题：

I0.1
“手动装配
旋转”
Q4.0
“装配旋转
气缸电磁阀”
( )

⊟ 程序段15：标题：

I0.2
“手动装配
吸盘”
Q4.1
“装配吸盘
气缸电磁阀”
( )

⊟ 程序段16：标题：

I0.3
“手动料筒
定位”

I1.2
“左料筒气
缸退回限位”

Q4.2
“料筒气缸
定位电磁阀”

⊟ 程序段17：标题：

I0.4
“手动配件
推出”

Q4.3
“配件推出
气缸电磁阀”

⊟ 程序段18：标题：

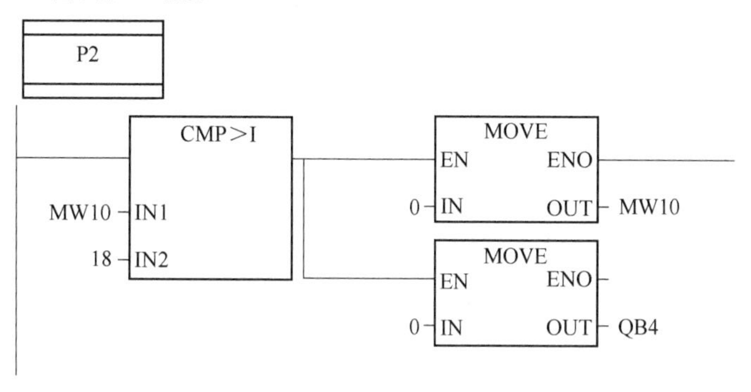

图 4-32　PLC 控制工件装配手动控制运行梯形图

4.4　字逻辑运算指令及其应用

4.4.1　基础知识　单字逻辑运算指令

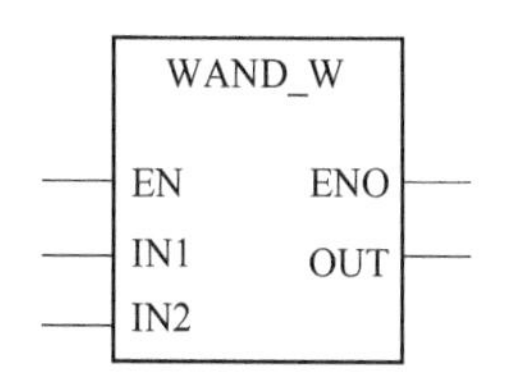

图 4-33　WAND _ W 单字与运算指令

字逻辑指令按照布尔逻辑逐位比较字（16 位）对。如果输出 OUT 的结果不等于 0，将把状态字的 CC1 位设置为“1”。如果输出 OUT 的结果等于 0，将把状态字的 CC1 位设置为“0”。

4.4.1.1　WAND _ W 单字与运算

WAND _ W 单字与运算指令在梯形图中，如图 4-33 所示。该指令的参数见表 4-25。

表 4-25　WAND _ W 单字与运算指令的参数

参　数	数据类型	存储器区	描　　述
EN	BOOL	I、Q、M、L、D	启用输入
ENO	BOOL	I、Q、M、L、D	启用输出
IN1	WORD	I、Q、M、L、D	逻辑运算的第一个值
IN2	WORD	I、Q、M、L、D	逻辑运算的第二个值
OUT	WORD	I、Q、M、L、D	逻辑运算的结果单字

使能（EN）输入的信号状态为“1”时将激活 WAND _ W（单字与运算），并逐位对 IN1 和 IN2 处的两个字值进行与运算。可以在输出 OUT 扫描结果。ENO 与 EN 的逻辑状态相同。

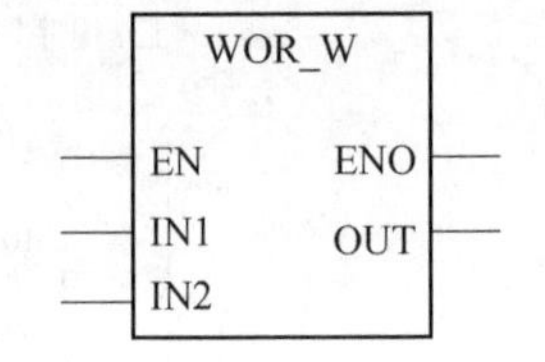

图 4-34　WOR _ W 单字或运算指令

4.4.1.2　WOR _ W 单字或运算

WOR _ W 单字或运算指令在梯形图中，如图 4-34 所示。该指令的参数见表 4-26。

表 4-26　WOR _ W 单字或运算指令的参数

参　数	数据类型	存储器区	描　　述
EN	BOOL	I、Q、M、L、D	启用输入
ENO	BOOL	I、Q、M、L、D	启用输出
IN1	WORD	I、Q、M、L、D	逻辑运算的第一个值
IN2	WORD	I、Q、M、L、D	逻辑运算的第二个值
OUT	WORD	I、Q、M、L、D	逻辑运算的结果单字

使能（EN）输入的信号状态为“1”时将激活 WOR _ W（单字或运算），并逐位对 IN1 和 IN2 处的两个字值进行或运算。可以在输出 OUT 扫描结果。ENO 与 EN 的逻辑状态相同。

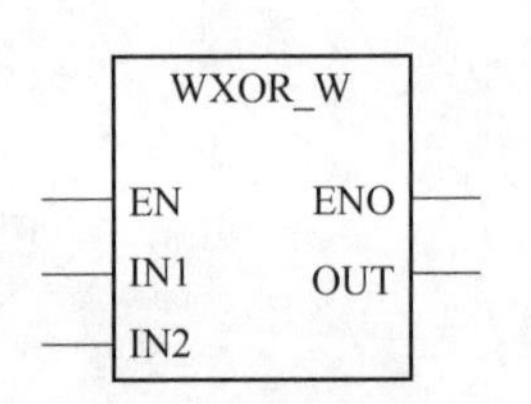

图 4-35　WXOR _ W 单字异或运算指令

4.4.1.3　WXOR _ W 单字异或运算

WXOR _ W 单字异或运算指令在梯形图中，如图 4-35 所示。该指令的参数见表 4-27。

表 4-27　WXOR _ W 单字异或运算指令的参数

参　数	数据类型	存储器区	描　　述
EN	BOOL	I、Q、M、L、D	启用输入
ENO	BOOL	I、Q、M、L、D	启用输出
IN1	WORD	I、Q、M、L、D	逻辑运算的第一个值
IN2	WORD	I、Q、M、L、D	逻辑运算的第二个值
OUT	WORD	I、Q、M、L、D	逻辑运算的结果单字

使能（EN）输入的信号状态为“1”时将激活 WXOR _ W（单字异或运算），并逐位对 IN1 和 IN2 处的两个字值进行异或运算。可以在输出 OUT 扫描结果。ENO 与 EN 的逻辑状态相同。

4.4.2 基础知识 双字逻辑运算指令

双字逻辑指令按照布尔逻辑逐位比较双字（32 位）对。如果输出 OUT 的结果不等于 0，将把状态字的 CC1 位设置为“1”。如果输出 OUT 的结果等于 0，将把状态字的 CC1 位设置为“0”。

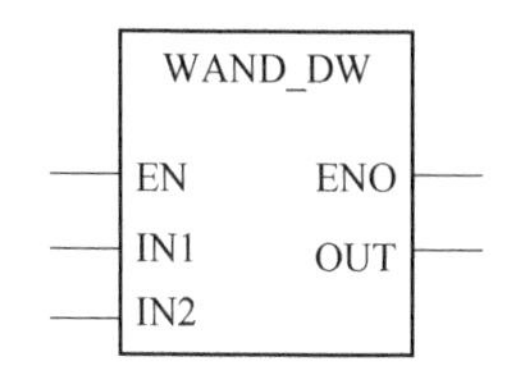

图 4-36 WAND _ DW 双字与运算指令

4.4.2.1 WAND _ DW 双字与运算指令

WAND _ DW 双字与运算指令在梯形图中，如图 4-36 所示。该指令的参数见表 4-28。

表 4-28 WAND _ DW 双字与运算指令的参数

参 数	数据类型	存储器区	描 述
EN	BOOL	I、Q、M、L、D	启用输入
ENO	BOOL	I、Q、M、L、D	启用输出
IN1	DWORD	I、Q、M、L、D	逻辑运算的第一个值
IN2	DWORD	I、Q、M、L、D	逻辑运算的第二个值
OUT	DWORD	I、Q、M、L、D	逻辑运算的结果双字

使能（EN）输入的信号状态为“1”时将激活 WAND _ DW（双字与运算），并逐位对 IN1 和 IN2 处的两个字值进行与运算。可以在输出 OUT 扫描结果。ENO 与 EN 的逻辑状态相同。

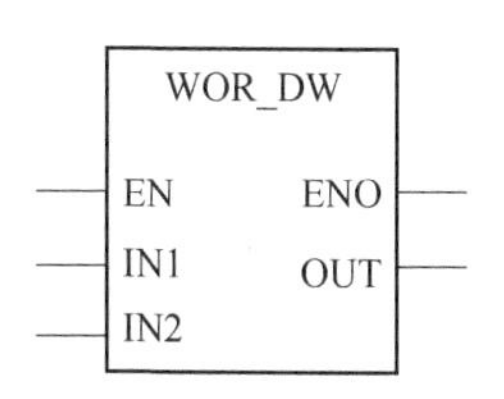

图 4-37 WOR _ DW 双字或运算指令

4.4.2.2 WOR _ DW 双字或运算指令

WOR _ DW 双字或运算指令在梯形图中，如图 4-37 所示。该指令的参数见表 4-29。

表 4-29 WOR _ DW 双字或运算指令的参数

参 数	数据类型	存储器区	描 述
EN	BOOL	I、Q、M、L、D	启用输入
ENO	BOOL	I、Q、M、L、D	启用输出
IN1	DWORD	I、Q、M、L、D	逻辑运算的第一个值
IN2	DWORD	I、Q、M、L、D	逻辑运算的第二个值
OUT	DWORD	I、Q、M、L、D	逻辑运算的结果双字

使能（EN）输入的信号状态为“1”时将激活 WOR _ DW（双字或运算），并逐位对 IN1 和 IN2 处的两个字值进行或运算。可以在输出 OUT 扫描结果。ENO 与 EN 的逻辑状态相同。

4.4.2.3　WXOR _ DW 双字异或运算指令

WXOR _ DW 双字异或运算指令在梯形图中，如图 4-38 所示。该指令的参数见表 4-30。

WXOR_DW
EN　ENO
IN1　OUT
IN2

图 4-38　WXOR _ DW 双字异或运算指令

表 4-30　WXOR _ DW 双字异或运算指令的参数

参　数	数据类型	存储器区	描　述
EN	BOOL	I、Q、M、L、D	启用输入
ENO	BOOL	I、Q、M、L、D	启用输出
IN1	DWORD	I、Q、M、L、D	逻辑运算的第一个值
IN2	DWORD	I、Q、M、L、D	逻辑运算的第二个值
OUT	DWORD	I、Q、M、L、D	逻辑运算的结果双字

使能（EN）输入的信号状态为“1”时将激活 WXOR _ DW（双字异或运算），并逐位对 IN1 和 IN2 处的两个字值进行异或运算。可以在输出 OUT 扫描结果。ENO 与 EN 的逻辑状态相同。

4.4.3　应用实例　PLC 控制机械手系统

PLC 控制机械手示意图如图4-39所示。其控制要求如下。

（1）定义机械手“取与放”搬运系统的原点为左上方所达到的极限位置，其左限位开关闭合，上限位开关闭合，机械手处于放松状态。

（2）搬运过程是机械手把工件从 A 处搬到 B 处。

（3）上升和下降、左移和右移均由电磁阀驱动气缸来实现。

（4）当工件处于 B 处上方准备下放时，为确保安全，用光电开关检测 B 处有无工件，只有在 B 处无工件时才能发出下放信号。

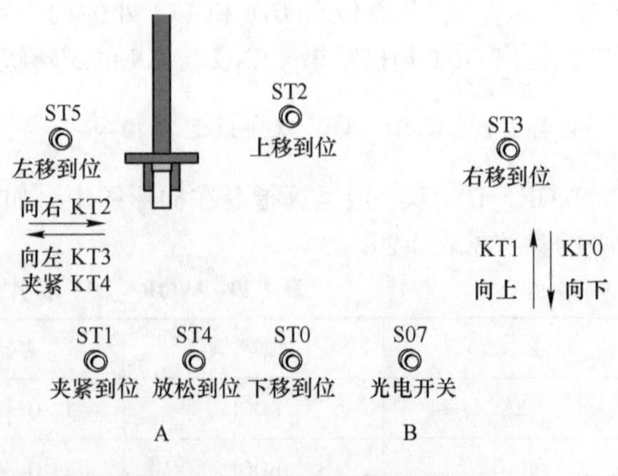

图 4-39　PLC 控制机械手示意图

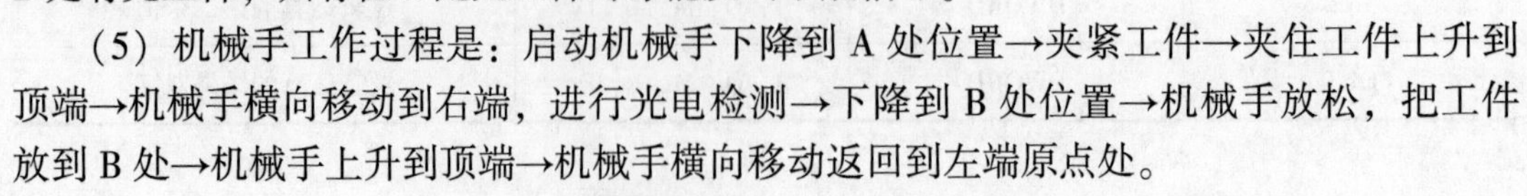

（5）机械手工作过程是：启动机械手下降到 A 处位置→夹紧工件→夹住工件上升到顶端→机械手横向移动到右端，进行光电检测→下降到 B 处位置→机械手放松，把工件放到 B 处→机械手上升到顶端→机械手横向移动返回到左端原点处。

（6）机械手连续循环，按停止按钮 SB2，机械手立即回原点；再次按启动按钮 SB1，机械手恢复原来动作继续运行。

根据控制要求确定输入/输出（I/O）分配表，见表 4-31。

表 4-31　机械手 I/O 分配表

输　入		输　出	
输入设备	输入编号	输出设备	输出编号
启动按钮 SB1	I0.0	下降电磁阀 KT0	Q0.0
停止按钮 SB2	I0.1	右移电磁阀 KT1	Q0.1
下降到位 ST0	I0.2	夹紧电磁阀 KT2	Q0.2
夹紧到位 ST1	I0.3		
上升到位 ST2	I0.4		
右移到位 ST3	I0.5		
放松到位 ST4	I0.6		
左移到位 ST5	I0.7		
光电检测开关 S07	I1.0		

由于输出只有下降电磁阀 KT0（Q0.0）、右移电磁阀 KT1（Q0.1）、夹紧电磁阀 KT2（Q0.2）可知所使用的电磁阀均为单电控电磁阀，即得电动作，失电复位。根据工艺要求写出 PLC 控制机械手的控制程序，如图 4-40 所示。

⊟ 程序段 1：标题：

M1000.0
M200.0
(P)
MOVE
EN
ENO
0
IN
OUT
MW10

⊟ 程序段 2：标题：

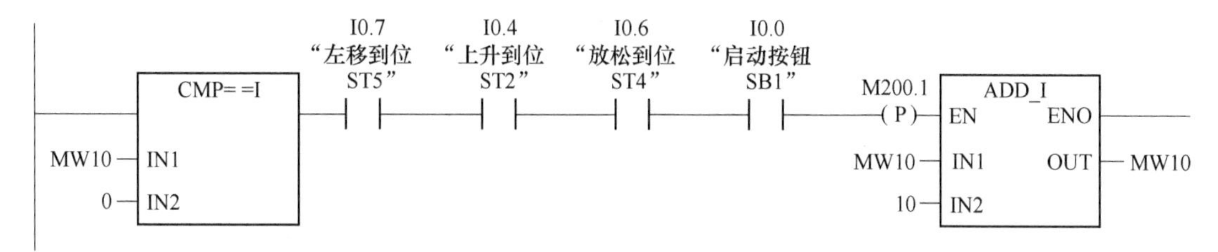

⊟ 程序段 3：标题：

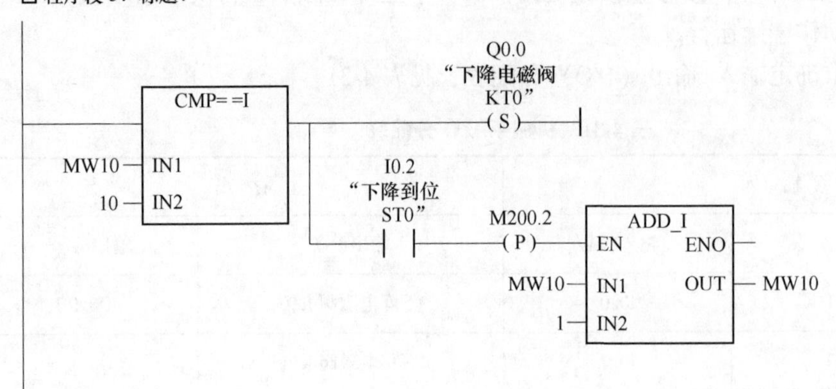

⊟ 程序段 4：标题：

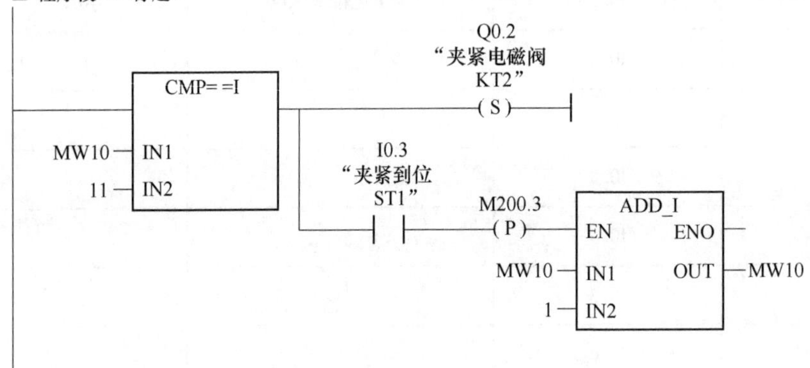

⊟ 程序段 5：标题：

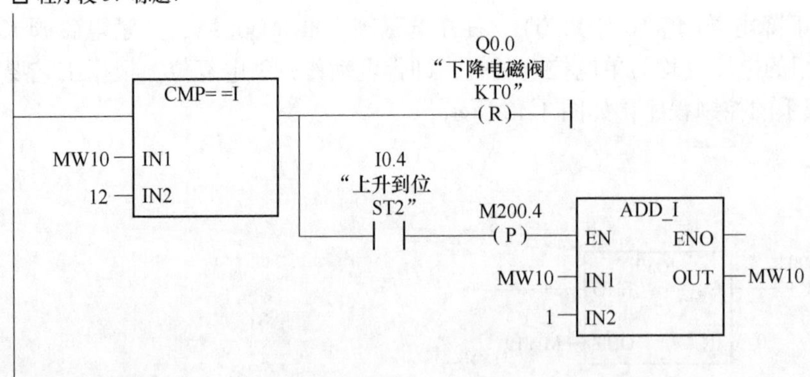

⊟ 程序段 6：标题：

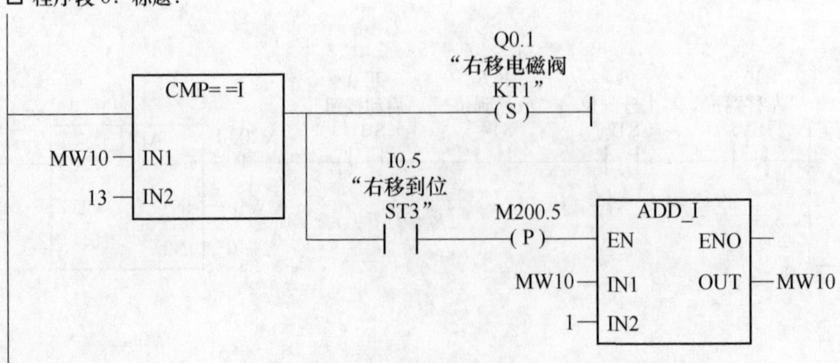

⊟ 程序段 7：标题：

CMP= =I
MW10 IN1
14 IN2
I1.0
“光电检测开关
S07”
Q0.0
“下降电磁阀
KT0”
(S)
I1.0
“光电检测开关
S07”
Q0.0
“下降电磁阀
KT0”
(R)
I0.2
“下降到位
ST0”
M200.6
(P)
ADD_I
EN ENO
MW10 IN1 OUT MW10
1 IN2

⊟ 程序段 8：标题：

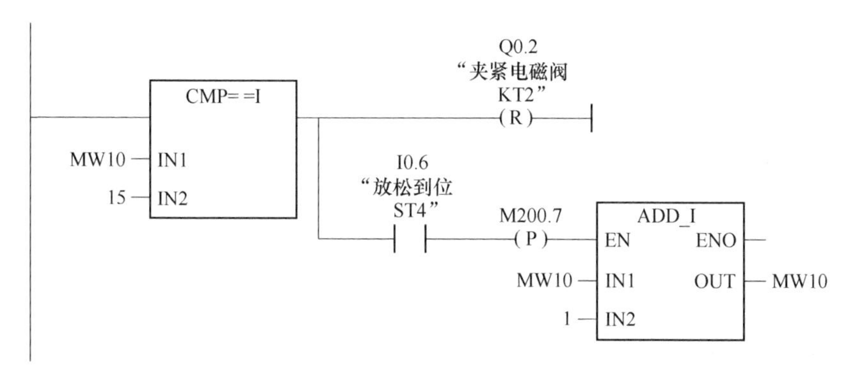

⊟ 程序段 9：标题：

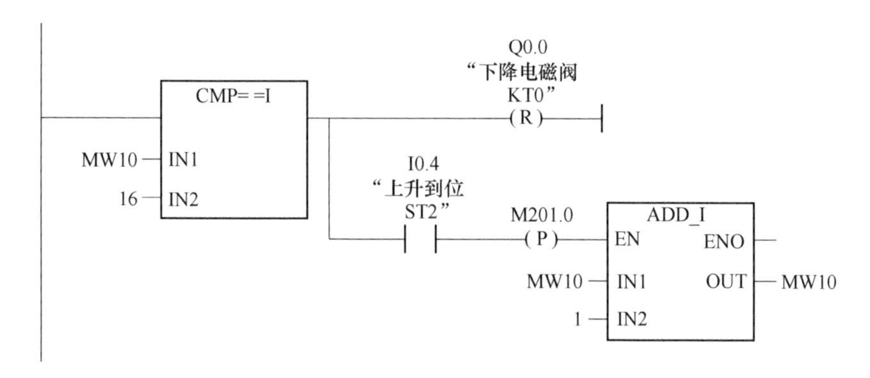

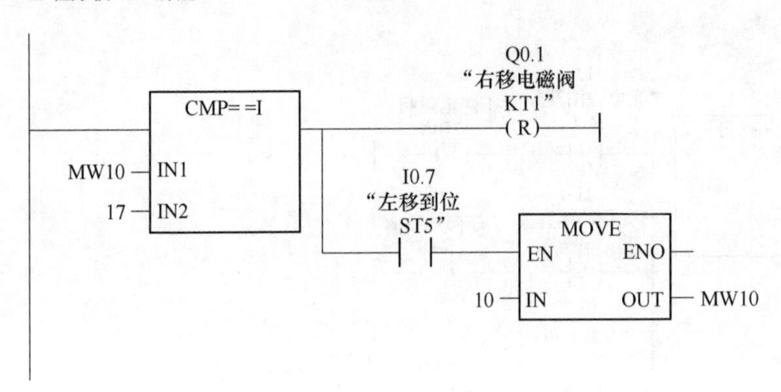

图 4-40　PLC 控制机械手的控制程序梯形图

当按停止按钮 SB2，机械手立即回原点这个要求，根据单电控电磁阀（得电动作，失电复位）的特点，只需将 Q0.0、Q0.1 复位即可，但是必须指出，由于 Q0.2 控制夹紧，需根据其本身的工作情况保留。再次按启动按钮 SB1，机械手恢复原来动作继续运行，则必须对原有输出进行记忆，画出辅助梯形图，如图 4-41 所示。同时还必须指出，由于循环扫描问题，该梯形图必须放在顺控程序之后，否则无法正常执行。

图 4-41 中使用了 WAND _ W 指令，该指令采用按位相与的方式，可根据图 4-42 的方式，分析出保留 Q0.2 时相与的数据。

程序段 11：标题：

I0.1 “停止按钮 SB2”　I0.0 “启动按钮 SB1”　M0.0 ( )

M0.0

程序段 12：标题：

M0.0　M201.1 (P)　MOVE EN ENO　QB0 IN OUT MB20

WAND_W EN ENO　QW0 IN1 OUT QW0　W#16#400 IN2

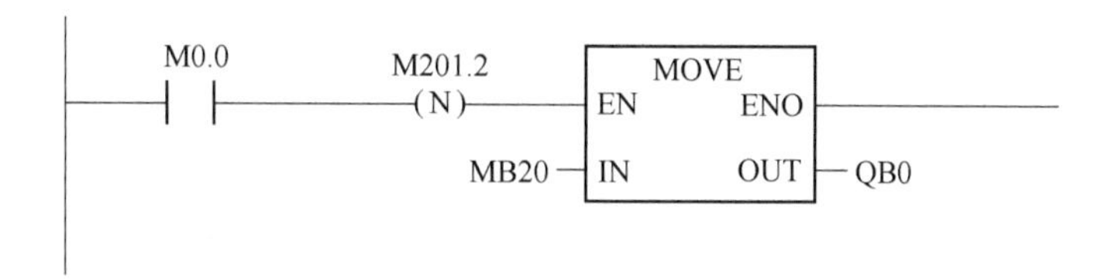

图 4-41 PLC 控制机械手辅助梯形图

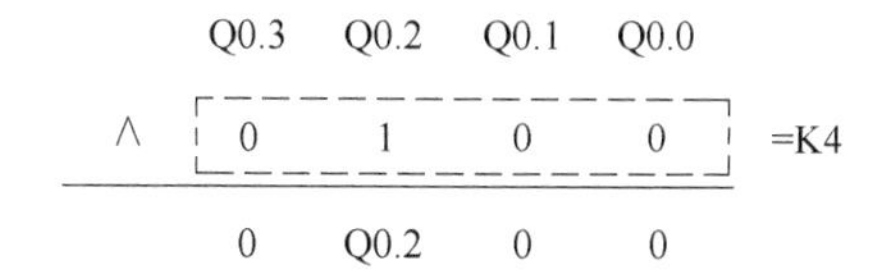

图 4-42 分析出保留 Q0.2 时相与的数据

4.5 移位和循环指令及其应用

4.5.1 基础知识 移位指令

可使用移位指令向左或向右逐位移动输入 IN 的内容。向左移 n 位会将输入 IN 的内容乘以 2 的 n 次幂（2^n）；向右移 n 位则会将输入 IN 的内容除以 2 的 n 次幂（2^n）。例如，如果将十进制值 3 的等效二进制数向左移 3 位，则在累加器中将得到十进制值 24 的等效二进制数。如果将十进制值 16 的等效二进制数向右移 2 位，则在累加器中将得到十进制值 4 的等效二进制数。

为输入参数 N 提供的数值指示要移动的位数。由零或符号位的信号状态（0 代表正数、1 代表负数）填充移位指令空出的位。最后移动的位的信号状态会被载入状态字的 CC1 位中。复位状态字的 CC0 和 OV 位为 0。可使用跳转指令来判断 CC1 位。

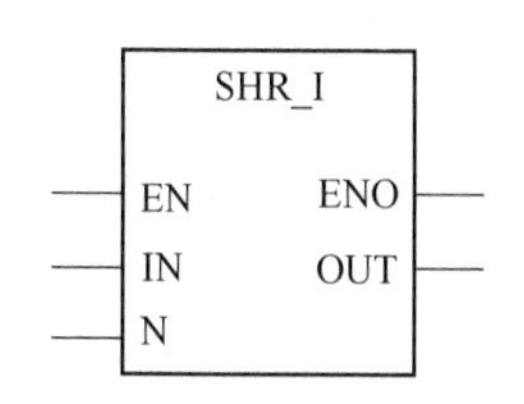

图 4-43 SHR _ I 向右移位整数指令

4.5.1.1 SHR _ I 向右移位整数

SHR _ I 向右移位整数指令在梯形图中，如图 4-43 所示。该指令的参数见表 4-32。

表 4-32 SHR _ I 向右移位整数指令的参数

参 数	数据类型	存储器区	描 述
EN	BOOL	I、Q、M、L、D	启用输入
ENO	BOOL	I、Q、M、L、D	启用输出
IN	INT	I、Q、M、L、D	要移位的值
N	WORD	I、Q、M、L、D	要移动的位数
OUT	INT	I、Q、M、L、D	移位指令的结果

SHR _ I（整数右移）指令通过使能（EN）输入位置上的逻辑“1”来激活。SHR _ I 指令用于将输入 IN 的 0~15 位逐位向右移动。16~31 位不受影响。输入 N 用于指定移位的位数。如果 N 大于 16，命令将按照 N 等于 16 的情况执行。自左移入的、用于填补空出位的位置将被赋予位 15 的逻辑状态（整数的符号位）。这意味着，当该整数为正时，这些位将被赋值“0”，而当该整数为负时，则被赋值为“1”。可在输出 OUT 位置扫描移位指令的结果。如果 N 不等于 0，则 SHR _ I 会将 CC0 位和 OV 位设为“0”。注意：ENO 与 EN 具有相同的信号状态。

如图 4-44 所示，说明了如何将整数数据类型操作数的内容向右移动 4 位。

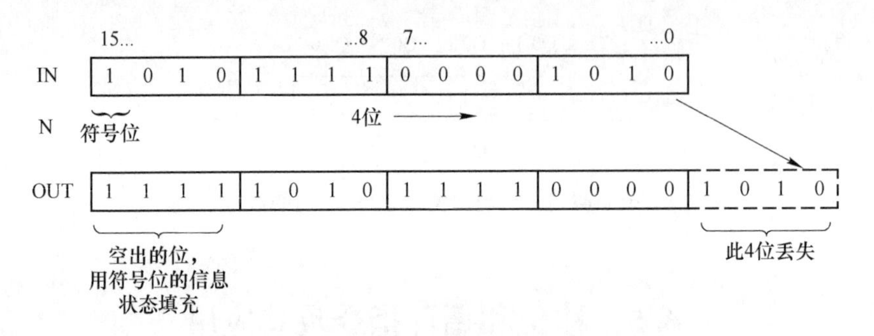

图 4-44　向右移动 4 位

4.5.1.2　SHR _ DI 向右移位双精度整数

SHR _ DI 向右移位双精度整数指令在梯形图中如图 4-45 所示。该指令的参数如见表 4-33。

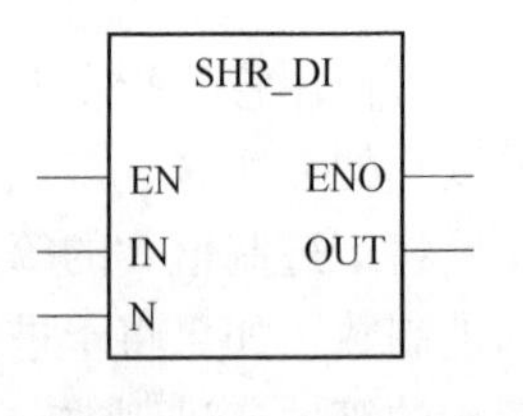

图 4-45　SHR _ DI 向右移位双精度整数指令

SHR _ DI（右移长整数）指令通过使能（EN）输入位置上的逻辑“1”来激活。SHR _ DI 指令用于将输入 IN 的 0~31 位逐位向右移动。输入 N 用于指定移位的位数。如果 N 大于 32，命令将按照 N 等于 32 的情况执行。自左移入的、用于填补空出位的位置将被赋予位 31 的逻辑状态（整数的符号位）。这意味着，当该整数为正时，这些位将被赋值“0”，而当该整数为负时，则被赋值为“1”。可在输出 OUT 位置扫描移位指令的结果。如果 N 不等于 0，则 SHR _ DI 会将 CC0 位和 OV 位设为“0”。注意：ENO 与 EN 具有相同的信号状态。

表 4-33　SHR _ DI 向右移位双精度整数指令的参数

参　数	数据类型	存储器区	描　述
EN	BOOL	I、Q、M、L、D	启用输入
ENO	BOOL	I、Q、M、L、D	启用输出
IN	DINT	I、Q、M、L、D	要移位的值
N	WORD	I、Q、M、L、D	要移动的位数
OUT	DINT	I、Q、M、L、D	移位指令的结果

4.5.1.3　SHL _ W 字左移

SHL _ W 字左移指令在梯形图中如图 4-46 所示。该指令的参数见表 4-34。

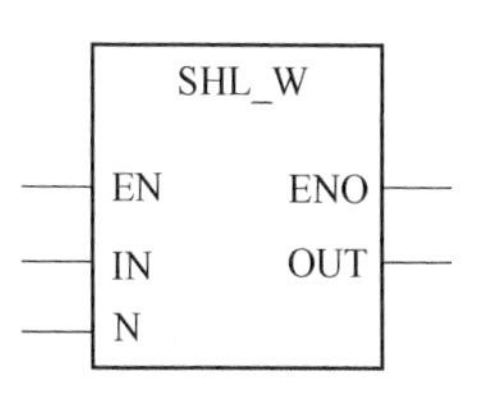

图 4-46　SHL _ W 字左移指令

SHL _ W（字左移）指令通过使能（EN）输入位置上的逻辑“1”来激活。SHL _ W 指令用于将输入 IN 的 0~15 位逐位向左移动。16~31 位不受影响。输入 N 用于指定移位的位数。若 N 大于 16，此命令会在输出 OUT 位置上写入“0”，并将状态字中的 CC0 位和 OV 位设置为“0”。将自右移入 N 个零，用以补上空出的位置。可在输出 OUT 位置扫描移位指令的结果。如果 N 不等于 0，则 SHL _ W 会将 CC0 位和 OV 位设为“0”。注意：ENO 与 EN 具有相同的信号状态。

表 4-34　SHL _ W 字左移指令的参数

参　数	数据类型	存储器区	描　　述
EN	BOOL	I、Q、M、L、D	启用输入
ENO	BOOL	I、Q、M、L、D	启用输出
IN	WORD	I、Q、M、L、D	要移位的值
N	WORD	I、Q、M、L、D	要移动的位数
OUT	WORD	I、Q、M、L、D	移位指令的结果

如图 4-47 所示，说明了如何将 WORD 数据类型操作数的内容向左移动 6 位。

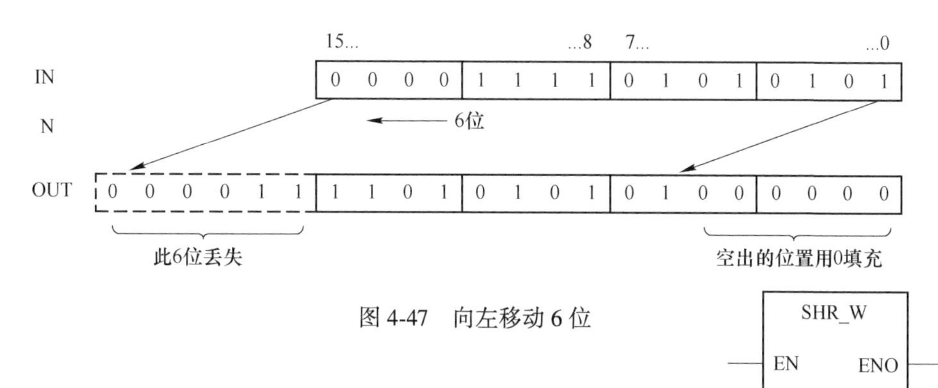

图 4-47　向左移动 6 位

4.5.1.4　SHR _ W 字右移

SHR _ W 字右移指令在梯形图中如图 4-48 所示。该指令的参数见表 4-35。

图 4-48　SHR _ W 字右移指令

表 4-35　SHR _ W 字右移指令的参数

参　数	数据类型	存储器区	描　　述
EN	BOOL	I、Q、M、L、D	启用输入
ENO	BOOL	I、Q、M、L、D	启用输出

续表 4-35

参　数	数据类型	存储器区	描　　述
IN	WORD	I、Q、M、L、D	要移位的值
N	WORD	I、Q、M、L、D	要移动的位数
OUT	WORD	I、Q、M、L、D	移位指令的结果

SHR _ W（字右移）指令通过使能（EN）输入位置上的逻辑“1”来激活。SHR _ W 指令用于将输入 IN 的 0~15 位逐位向右移动。16~31 位不受影响。输入 N 用于指定移位的位数。若 N 大于 16，此命令会在输出 OUT 位置上写入“0”，并将状态字中的 CC0 位和 OV 位设置为“0”。将自左移入 N 个零，用以补上空出的位置。可在输出 OUT 位置扫描移位指令的结果。如果 N 不等于 0，则 SHR _ W 会将 CC0 位和 OV 位设为“0”。注意：ENO 与 EN 具有相同的信号状态。

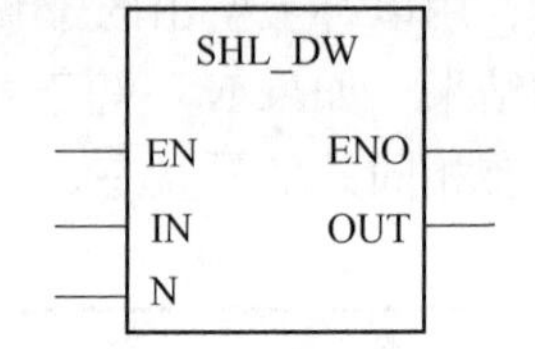

图 4-49　SHL _ DW 双字左移指令

4.5.1.5　SHL _ DW 双字左移

SHL _ DW 双字左移指令在梯形图中如图 4-49 所示。该指令的参数见表 4-36。

表 4-36　SHL _ DW 双字左移指令的参数

参　数	数据类型	存储器区	描　　述
EN	BOOL	I、Q、M、L、D	启用输入
ENO	BOOL	I、Q、M、L、D	启用输出
IN	DWORD	I、Q、M、L、D	要移位的值
N	WORD	I、Q、M、L、D	要移动的位数
OUT	DWORD	I、Q、M、L、D	双字移位指令的结果

SHL _ DW（双字左移）指令通过使能（EN）输入位置上的逻辑“1”来激活。SHL _ DW 指令用于将输入 IN 的 0~31 位逐位向左移动。输入 N 用于指定移位的位数。若 N 大于 32，此命令会在输出 OUT 位置上写入“0”并将状态字中的 CC0 位和 OV 位设置为“0”。将自右移入 N 个零，用以补上空出的位置。可在输出 OUT 位置扫描双字移位指令的结果。如果 N 不等于 0，则 SHL _ DW 会将 CC0 位和 OV 位设为“0”。注意：ENO 与 EN 具有相同的信号状态。

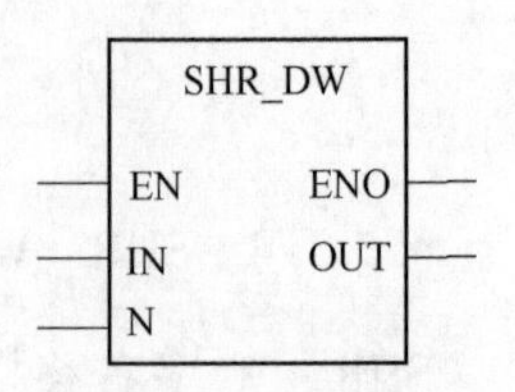

图 4-50　SHR _ DW 双字右移指令

4.5.1.6　SHR _ DW 双字右移

SHR _ DW 双字右移指令在梯形图中如图 4-50 所示。该指令的参数见表 4-37。

表 4-37　SHR _ DW 双字右移指令的参数

参　数	数据类型	存储器区	描　　述
EN	BOOL	I、Q、M、L、D	启用输入

续表 4-37

参　数	数据类型	存储器区	描　　述
ENO	BOOL	I、Q、M、L、D	启用输出
IN	DWORD	I、Q、M、L、D	要移位的值
N	WORD	I、Q、M、L、D	要移动的位数
OUT	DWORD	I、Q、M、L、D	双字移位指令的结果

SHR _ DW（双字右移）指令通过使能（EN）输入位置上的逻辑“1”来激活。SHR _ DW 指令用于将输入 IN 的 0~31 位逐位向右移动。输入 N 用于指定移位的位数。若 N 大于 32，此命令会在输出 OUT 位置上写入“0”并将状态字中的 CC0 位和 OV 位设置为“0”。将自左移入 N 个零，用以补上空出的位置。可在输出 OUT 位置扫描双字移位指令的结果。如果 N 不等于 0，则 SHR _ DW 会将 CC0 位和 OV 位设为“0”。注意：ENO 与 EN 具有相同的信号状态。

如图 4-51 所示，说明了如何将 DWORD 数据类型操作数的内容向右移动 3 位。

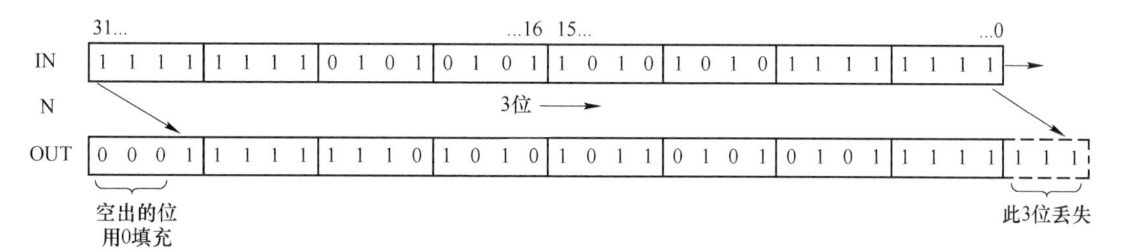

图 4-51　DWORD 向右移动 3 位

4.5.2　基础知识　循环移位指令

可使用循环移位指令将输入 IN 的所有内容向左或向右逐位循环移位。移空的位将用被移出输入 IN 的位的信号状态补上。

为输入参数 N 提供的数值指定要循环移位的位数。取决于指令的具体情况，循环移位也可以通过状态字的 CC1 位进行。复位状态字的 CC0 位为 0。

4.5.2.1　ROL _ DW 双字循环左移

ROL _ DW 双字循环左移指令在梯形图中如图 4-52 所示。该指令的参数见表 4-38。

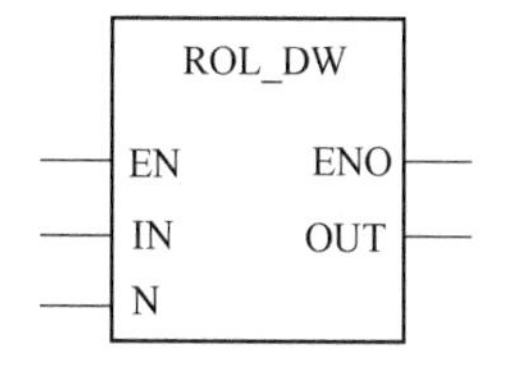

图 4-52　ROL _ DW 双字循环左移指令

表 4-38　ROL _ DW 双字循环左移指令的参数

参　数	数据类型	存储器区	描　　述
EN	BOOL	I、Q、M、L、D	启用输入
ENO	BOOL	I、Q、M、L、D	启用输出
IN	DWORD	I、Q、M、L、D	要循环移位的值

续表 4-38

参　数	数据类型	存储器区	描　述
N	WORD	I、Q、M、L、D	要循环移位的位数
OUT	DWORD	I、Q、M、L、D	双字循环指令的结果

ROL _ DW（双字循环左移）指令通过使能（EN）输入位置上的逻辑“1”来激活。ROL _ DW 指令用于将输入 IN 的全部内容逐位向左循环移位。输入 N 用于指定循环移位的位数。如果 N 大于 32，则双字 IN 将被循环移位［（N-1）对 32 求模，所得的余数］+1 位。自右移入的位位置将被赋予向左循环移出的各个位的逻辑状态。可在输出 OUT 位置扫描双字循环指令的结果。如果 N 不等于 0，则 ROL _ DW 会将 CC0 位和 OV 位设为“0”。注意：ENO 与 EN 具有相同的信号状态。

如图 4-53 所示，显示了如何将 DWORD 数据类型操作数的内容向左循环移动 3 位。

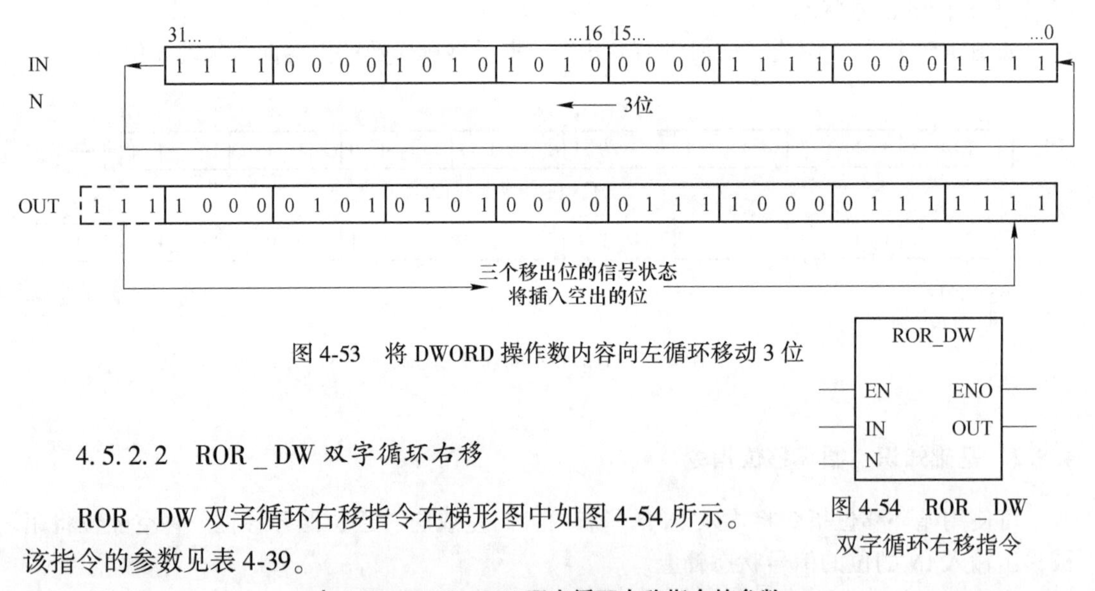

图 4-53　将 DWORD 操作数内容向左循环移动 3 位

图 4-54　ROR _ DW 双字循环右移指令

4.5.2.2　ROR _ DW 双字循环右移

ROR _ DW 双字循环右移指令在梯形图中如图 4-54 所示。该指令的参数见表 4-39。

表 4-39　ROR _ DW 双字循环右移指令的参数

参　数	数据类型	存储器区	描　述
EN	BOOL	I、Q、M、L、D	启用输入
ENO	BOOL	I、Q、M、L、D	启用输出
IN	DWORD	I、Q、M、L、D	要循环移位的值
N	WORD	I、Q、M、L、D	要循环移位的位数
OUT	DWORD	I、Q、M、L、D	双字循环指令的结果

ROR _ DW（双字循环右移）指令通过使能（EN）输入位置上的逻辑“1”来激活。ROR _ DW 指令用于将输入 IN 的全部内容逐位向右循环移位。输入 N 用于指定循环移位的位数。如果 N 大于 32，则双字 IN 将被循环移位［（N-1）对 32 求模，所得的余数］+1 位。自左移入的位位置将被赋予向右循环移出的各个位的逻辑状态。可在输出 OUT 位置扫描双字循环指令的结果。如果 N 不等于 0，则 ROR _ DW 会将 CC0 位和 OV 位置为

“0”。注意：ENO 与 EN 具有相同的信号状态。

如图 4-55 所示，显示了如何将 DWORD 数据类型操作数的内容向右循环移动 3 位。

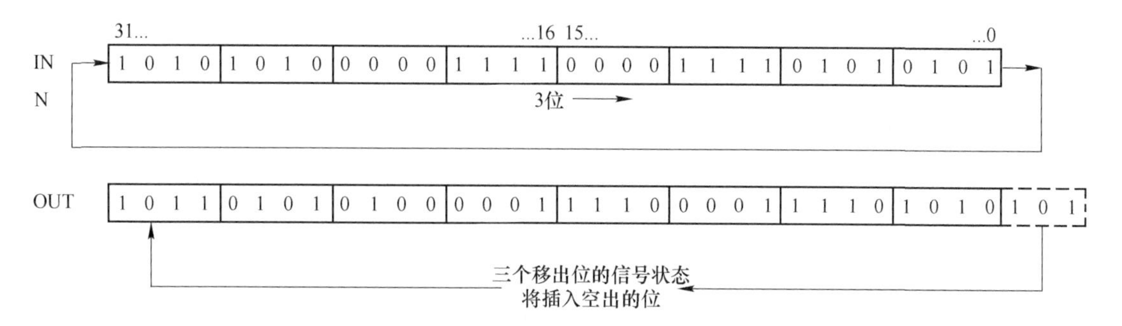

图 4-55　将 DWORD 操作数内容向右循环移动 3 位

4.5.3　应用实例　PLC 控制花式喷泉

某一花式喷泉系统的工作过程示意图如图 4-56 所示。其控制要求如下：喷水池有红、黄、蓝三色灯，两个喷水龙头和一个带动龙头移动的电磁阀，按 S01 启动按钮开始动作，喷水池的动作以 45 s 为一个循环，每 5 s 为一个节拍，如此不断循环直到按下 S02 停止按钮后停止。

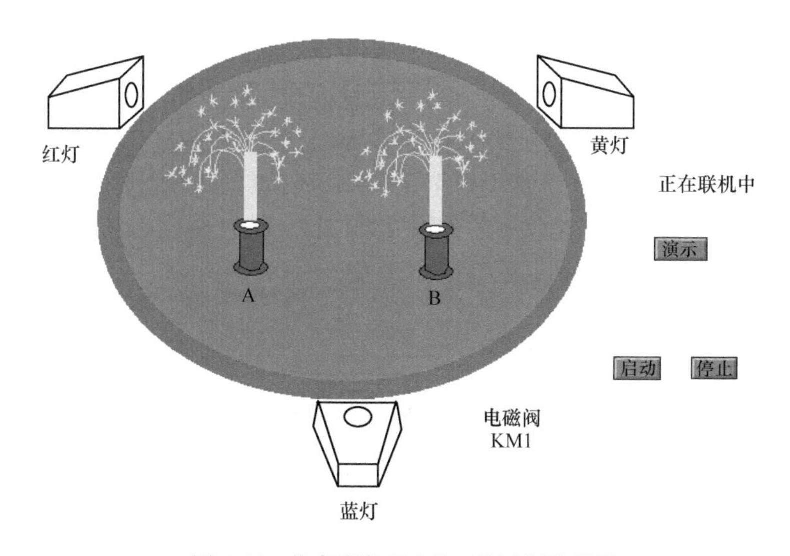

图 4-56　花式喷泉系统的工作过程示意图

灯、喷水龙头和电磁阀的动作安排见表 4-40，状态表中在该设备有输出的节拍下显示灰色，无输出为空白。

表 4-40　花式喷泉工作状态表

设备	1	2	3	4	5	6	7	8	9
红灯		（灰色）					（灰色）		

续表 4-40

设备	1	2	3	4	5	6	7	8	9
黄灯									
蓝灯									
喷水龙头 A									
喷水龙头 B									
电磁阀									

设定输入/输出（I/O）分配表，见表 4-41。

表 4-41　花式喷泉系统 I/O 分配表

输　入		输　出	
输入设备	输入编号	输出设备	输出编号
启动按钮 S01	I0.0	红灯	Q4.0
停止按钮 S02	I0.1	黄灯	Q4.1
		蓝灯	Q4.2
		喷水龙头 A	Q4.3
		喷水龙头 B	Q4.4
		电磁阀	Q4.5

通常在这类程序中可考虑采用移位指令来实现控制要求。其根本原理是在数据中的最低位（或最高位）存放一个“1”，其他位均为“0”，然后在满足条件的情况下，依次将数据中的“1”进行移位，由于数据中始终只有一位为“1”，每次移位后就相当于转移了一个状态。因此此方法与状态转移图的方法是异曲同工的。根据工艺要求画出控制梯形图，如图 4-57 所示。

⊟ 程序段 1：标题：

M1000.0　M200.0　MOVE　EN　ENO　0　IN　OUT　MW10

⊟ 程序段 2：标题：

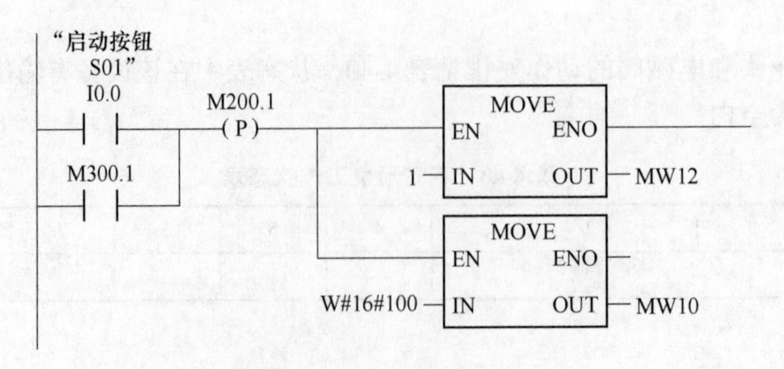

⊟ 程序段 3：标题：

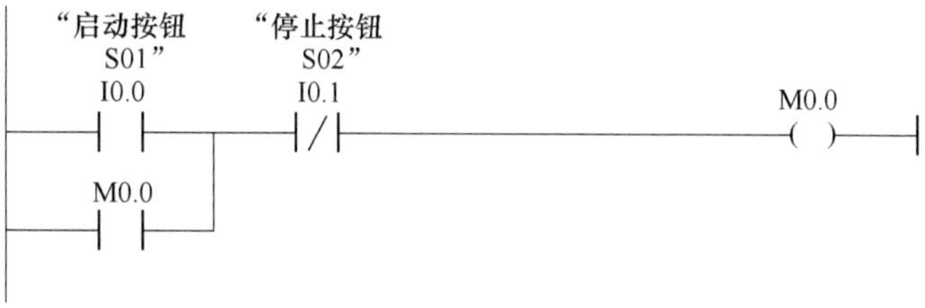

⊟ 程序段 4：标题：

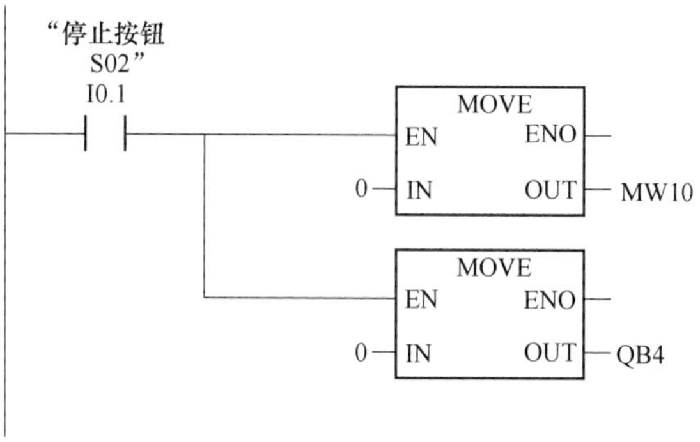

⊟ 程序段 5：标题：

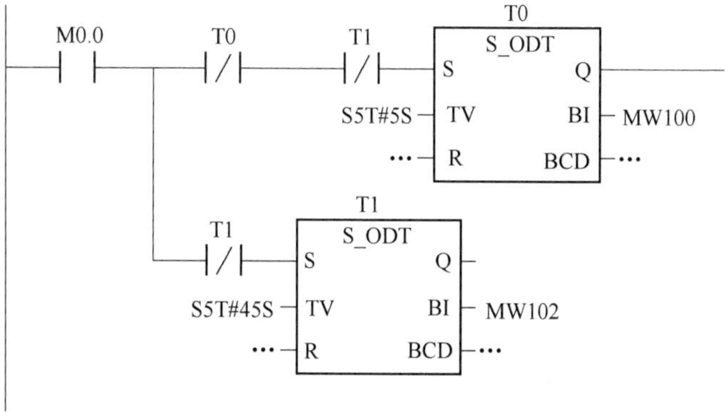

⊟ 程序段 6：标题：

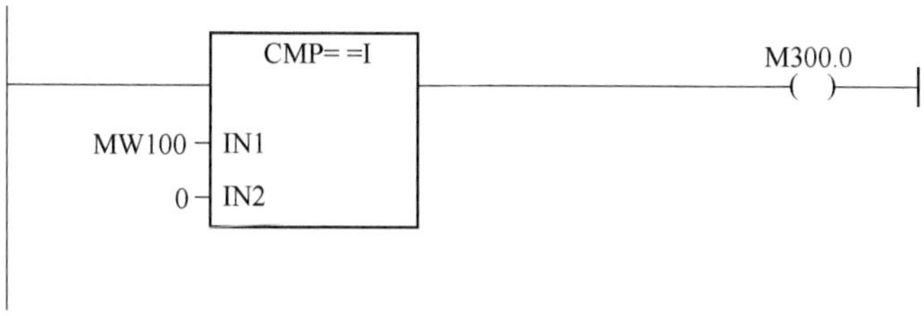

⊟ 程序段 7：标题：

CMP= =I
MW102 — IN1
0 — IN2
M300.1
( )

⊟ 程序段 8：标题：

M300.0
M200.2
(P)
SHR_I
EN　ENO
MW10 — IN　OUT — MW10
MW12 — N

⊟ 程序段 9：标题：

M10.0
MOVE
EN　ENO
0 — IN　OUT — QB4

⊟ 程序段 10：标题：

M11.7
MOVE
EN　ENO
W#16#35 — IN　OUT — QB4

⊟ 程序段 11：标题：

M11.6
MOVE
EN　ENO
W#16#34 — IN　OUT — QB4

⊟ 程序段 12：标题：

M11.5
MOVE
EN　ENO
W#16#26 — IN　OUT — QB4

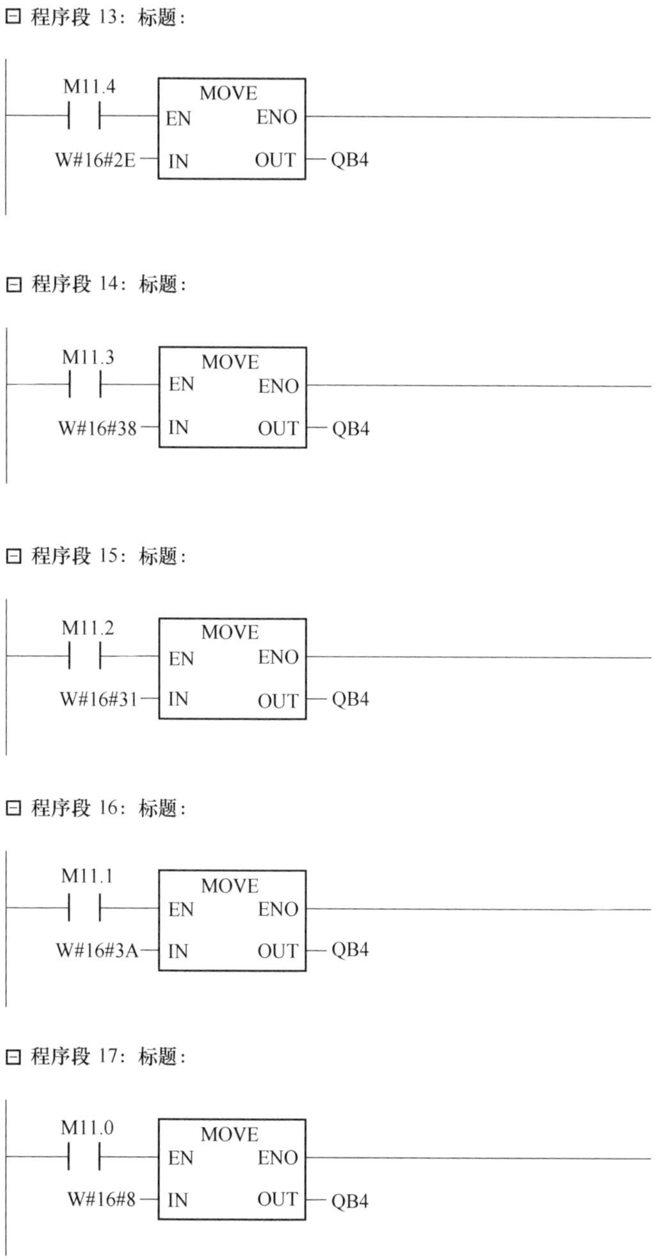

日 程序段 13：标题：

M11.4　MOVE　EN　ENO
W#16#2E — IN　OUT — QB4

日 程序段 14：标题：

M11.3　MOVE　EN　ENO
W#16#38 — IN　OUT — QB4

日 程序段 15：标题：

M11.2　MOVE　EN　ENO
W#16#31 — IN　OUT — QB4

日 程序段 16：标题：

M11.1　MOVE　EN　ENO
W#16#3A — IN　OUT — QB4

日 程序段 17：标题：

M11.0　MOVE　EN　ENO
W#16#8 — IN　OUT — QB4

图 4-57　花式喷泉系统控制梯形图

4.5.4　应用实例　PLC 控制水泵电机随机启动

通常在水塔控制的过程中，为保证控制的可靠性，在水塔泵房内安装有三台交流异步电动机水泵，三台水泵电动机正常情况下只运转两台，另一台为备用。为了防止备用机组因长期闲置而出现锈蚀等故障，正常情况下，按下启动按钮，三台水泵电动机中，哪两台水泵电动机运转，哪一台水泵电动机备用，这个选择是随机的。

设定 I/O 分配表，见表 4-42。

表 4-42　PLC 控制水泵电机随机启动系统 I/O 分配表

输　入		输　出	
输入设备	输入编号	输出设备	输出编号
启动按钮 SB1	I0. 0	1 号水泵	Q4. 0
停止按钮 SB2	I0. 1	2 号水泵	Q4. 1
		3 号水泵	Q4. 2

该问题实际上是一个随机处理问题，即按下按钮后哪两台水泵的启动是不确定的。这对于 PLC 来说是一种麻烦。因为程序控制通常是有自身的规律性，缺乏规律的问题要依靠程序来解决就比较麻烦。对于控制来说，首先是要找到一个随机的信号，启动按钮按下，运行多少个扫描周期是不确定的。设定 M0. 0 为“1”，使每个扫描周期该“1”信号在 M0. 0~M0. 3 中循环右移 1 次，如图 4-58 所示。由于 M0. 0~M0. 3 中只有 1 位为“1”，此方法类似小时候的“击鼓传花”游戏，故输出信号只有两个泵随机输出。

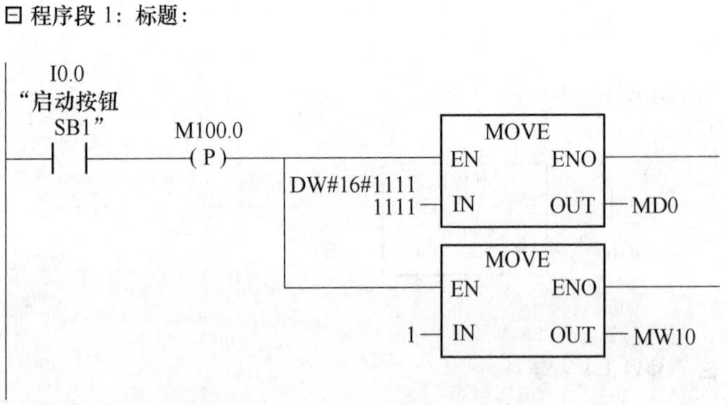

⊟ 程序段 1：标题：

```
  I0.0
“启动按钮
  SB1”        M100.0              MOVE
──┤ ├────────(P)──┬────────EN      ENO──
                  │ DW#16#1111
                  │      1111──IN   OUT──MD0
                  │           MOVE
                  └────────EN      ENO──
                        1──IN   OUT──MW10
```

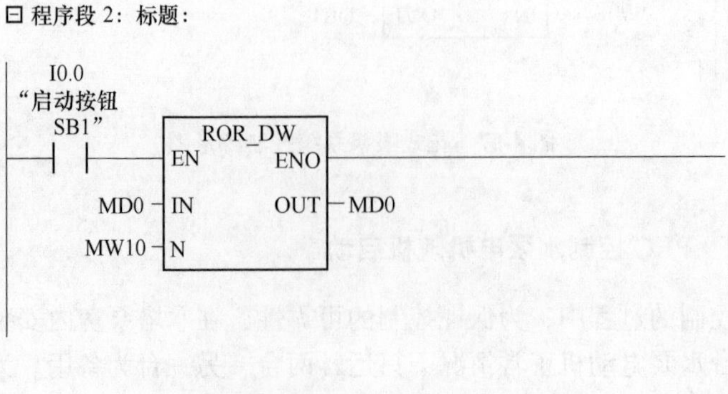

⊟ 程序段 2：标题：

```
  I0.0
“启动按钮
  SB1”        ROR_DW
──┤ ├───────EN      ENO──────
      MD0──IN      OUT──MD0
     MW10──N
```

⊟ 程序段 3：标题：

M0.0
M0.1
M0.3
Q4.0
“1号水泵”

⊟ 程序段 4：标题：

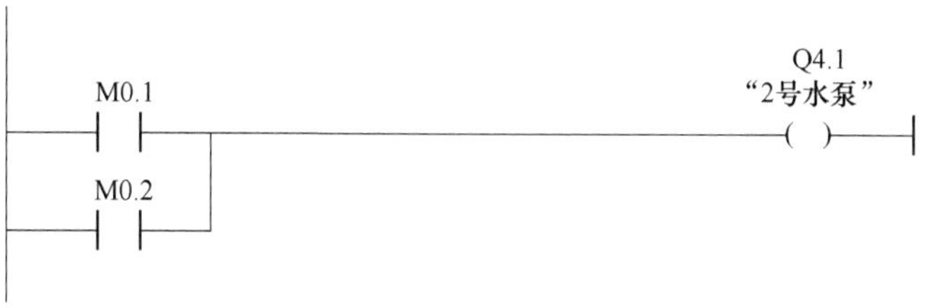

M0.1
M0.2
Q4.1
“2号水泵”

⊟ 程序段 5：标题：

M0.2
M0.0
M0.3
Q4.2
“3号水泵”

⊟ 程序段 6：标题：

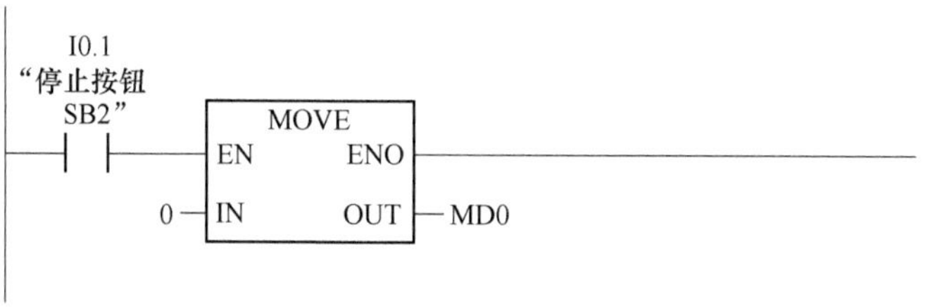

I0.1
“停止按钮
SB2”
MOVE
EN　ENO
0 — IN　OUT — MD0

图 4-58　采用移位指令控制随机水泵启动控制梯形图

思考与练习

4-1　填空题

（1）MOVE 是________，通过启用________输入来激活。在________输入中指定的值被复制到 OUT 输出中指定的地址中。

（2）整数比较指令包含________、________、________、________、________以及________六条指令。

（3）长整数比较指令包含________、________、________、________、________以及________六条指令。

（4）实数比较指令包含________、________、________、________、________以及________六条指令。

（5）________读取参数 IN 的内容，然后进行转换或改变其符号。包括________、________和________等。

（6）整型数学运算指令包括________、________、________、________、________和________等。

（7）逻辑控制指令是指________指令，这些指令可以中断原有的线性程序扫描，并跳转到________处重新执行线性程序扫描。

（8）逻辑控制指令包括________、________和________。

（9）字逻辑指令按照________逐位比较字（16 位）对。如果输出 OUT 的结果不等于 0，将把状态字的 CC1 位设置为________。如果输出 OUT 的结果等于 0，将把状态字的 CC1 位设置为________。

（10）单字逻辑运算指令包括________、________和________。

（11）________指令按照布尔逻辑逐位比较双字（32 位）对。如果输出 OUT 的结果不等于 0，将把状态字的________设置为“1”。如果输出 OUT 的结果等于 0，将把状态字的 CC1 位设置为“0”。

（12）双字逻辑指令包括________、________和________。

（13）移位指令包括________、________、________、________、________和________等。

（14）循环移位指令包括________和________。

4-2　思考题

（1）简述整型数学运算指令的功能。

（2）简述实数的加、减、乘、除指令的功能。

（3）简述数学运算扩充指令的功能。

（4）简述程序控制指令的功能。

（5）简述移位指令的功能。

（6）简述循环移位指令的功能。

5 SIMATIC S7-300/400 PLC 的结构与程序设计

5.1 程序与数据块

5.1.1 基础知识 CPU 中的程序

5.1.1.1 线性化编程

所谓线性程序结构就是将整个用户程序连续放置在一个循环程序块（OB1）中，块中的程序按顺序执行，CPU 通过反复执行 OB1 来实现自动化控制任务。图 5-1 所示为一个线性程序示意图，“Main1”程序循环 OB1 包含整个用户程序。这种结构和 PLC 所代替的硬接线继电器控制类似，CPU 逐条地处理指令。事实上，所有的程序都可以用线性结构实现。

线性化编程一般适用于相对简单的程序编写。本书第 3 章、第 4 章的程序普遍采用这种结构。通常建议仅对简单程序采用线性编程。

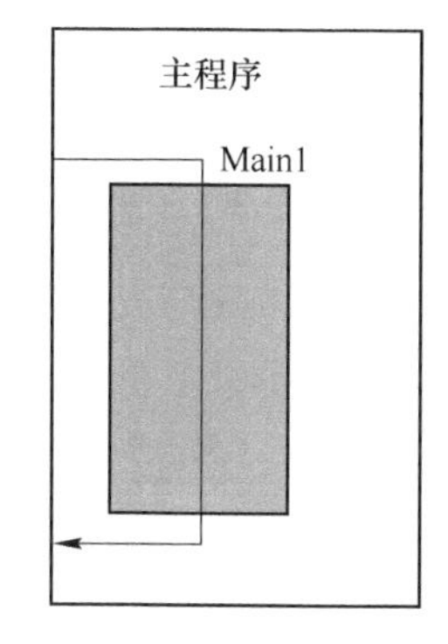

图 5-1 线性程序示意图

5.1.1.2 分部程序（分部编程、分块编程）

所谓分部程序就是将整个程序按任务分成若干个部分，并分别放置在不同的功能（FC）、功能块（FB）及组织块中，在一个块中可以进一步分解成段。在组织块 OB1 中包含按顺序调用其他块的指令，并控制程序执行。

在分部程序中，既无数据交换，也不存在重复利用的程序代码。功能（FC）和功能块（FB）不传递也不接收参数，分部程序结构的编程效率比线性程序有所提高，程序测试也较方便，对程序员的要求也不太高。对不太复杂的控制程序可考虑采用这种程序结构。

5.1.1.3 结构化编程

所谓结构化编程是将复杂自动化任务分割成与过程工艺功能相对应或可重复使用的更小的子任务，将更易于对这些复杂任务进行处理和管理。这些子任务在用户程序中以块来表示。因此，每个块是用户程序的独立部分。

结构化程序有以下优点。

(1) 通过结构化更容易进行大程序编程。

(2) 各个程序段都可实现标准化，通过更改参数反复使用。

（3）程序结构更简单。

（4）更改程序变得更容易。

（5）可分别测试程序段，因而可简化程序排错过程。

（6）简化了调试。

图 5-2 所示为一个结构化程序示意图，“Main1”程序循环 OB 依次调用一些子程序，它们执行所定义的子任务。

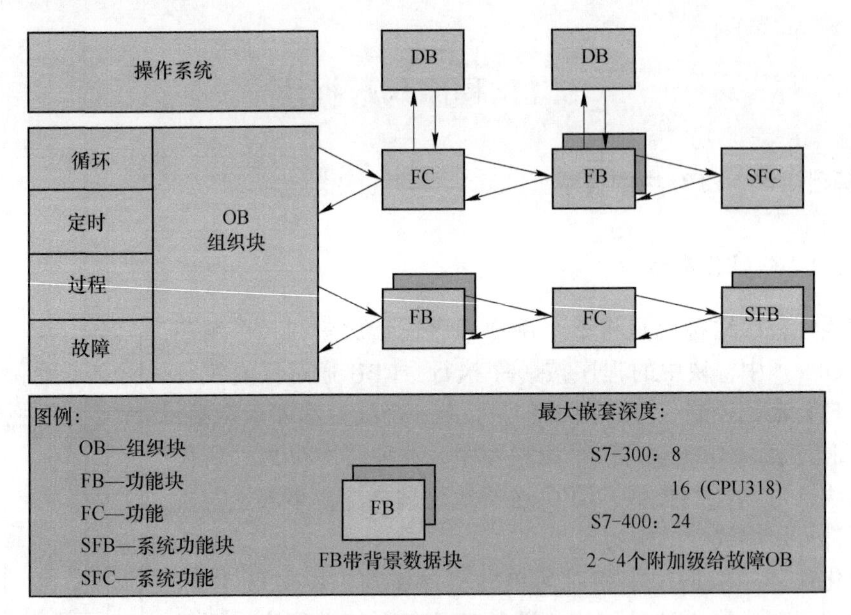

图 5-2　结构化程序示意图

要执行用户程序中的块，必须通过其他块对它们进行调用。当一个块调用另一个块时，将执行被调用块的指令。只有完成被调用块的执行后，才会继续执行调用块，并且继续执行块调用后的指令。图 5-3 所示为用户程序中块调用的顺序。

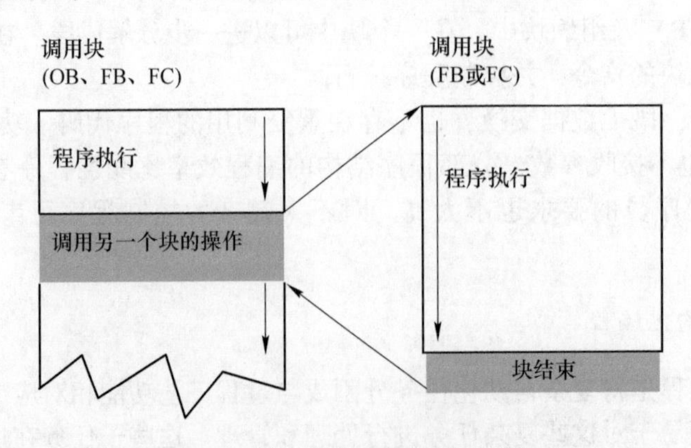

图 5-3　用户程序中块调用的顺序

调用块时，必须给块接口中的参数赋值。通过提供输入参数，用户可以指定用于执行块的数据。通过提供输出参数用户可以指定执行结果的保存位置。块调用的顺序和嵌套称为调用层级。可用的嵌套深度取决于CPU。

5.1.2 基础知识 数据块中的数据存储

5.1.2.1 数据块

数据块（DB）可用来存储用户程序中逻辑块的变量数据（如数值）。与临时数据不同，当逻辑块执行结束或数据块关闭时，数据块中的数据保持不变。

用户程序可以位、字节、字或双字操作访问数据块中的数据，可以使用符号或绝对地址。

A 数据块的分类

数据块分为共享数据块、背景数据块和用户定义数据块三类。

（1）共享数据块又称全局数据块。用于存储全局数据，所有逻辑块（OB、FC、FB）都可以访问共享数据块存储的信息。

（2）背景数据块用作“私有存储器区”，即用作功能块（FB）的“存储器”。FB的参数和静态变量安排在它的背景数据块中。背景数据块不是由用户编辑的，而是由编辑器生成的。

（3）用户定义数据块（DB of type）是以UDT为模板所生成的数据块。创建用户定义数据块之前，必须先创建一个用户定义数据类型，如UDT1，并在LAD/STL/FBD S7程序编辑器内定义。

B 数据块寄存器

CPU有两个数据块寄存器：DB和DI寄存器。DB表示的是共享数据。DI表示的是背景数据。这样，可以同时打开两个数据块。

共享数据块用来存放用户程序使用的共享数据，DBX是数据块中的数据位，DBB、DBW和DBD分别是数据块中的数据字节、数据字和数据双字。

背景数据块用来为FB（功能块）提供参数，DIX是背景数据块中的数据位，DIB、DIW和DID分别是背景数据块中的数据字节、数据字和数据双字。背景数据块一般只能用作调用它的FB里，但DI也可以打开和共享使用，只是使用的位置只能是独立于打开它的那个块里，而只能打开唯一的DI。不能像DB数据打开一样用作全局共享。

5.1.2.2 数据块的数据结构

A 基本数据类型

根据IEC1131-3定义，长度不超过32位，可利用STEP 7基本指令处理，能完全装入S7处理器的累加器中。基本数据类型如下所述。

（1）位数据类型：BOOL、BYTE、WORD、DWORD、CHAR。

（2）数字数据类型：INT、DINT、REAL。

（3）定时器类型：S5TIME、TIME、DATE、TIME _ OF _ DAY。

（4）复杂数据类型。

B 复杂数据类型

复杂数据类型只能结合共享数据块的变量声明使用。复杂数据类型可大于32位，用装入指令不能把复杂数据类型完全装入累加器，一般利用库中的标准块（“IEC” S7 程序）处理复杂数据类型。复杂数据类型包括：时间（DATE _ AND _ TIME）类型、矩阵（ARRAY）类型、结构（STRUCT）类型、字符串（STRING）类型。

C　用户定义数据类型（UDT）

STEP 7 允许利用数据块编辑器，将基本数据类型和复杂数据类型组合成长度大于 32 位的用户定义数据类型（User-Defined dataType，UDT）。用户定义数据类型不能存储在 PLC 中，只能存放在硬盘上的 UDT 块中。如图 5-4 所示，可以用用户定义数据类型作“模板”建立数据块，以节省录入时间。可用于建立结构化数据块、建立包含几个相同单元的矩阵、在带有给定结构的 FC 和 FB 中建立局部变量。对用户定义的数据类型进行进一步编辑，编辑 UDT1，如图 5-5 所示。

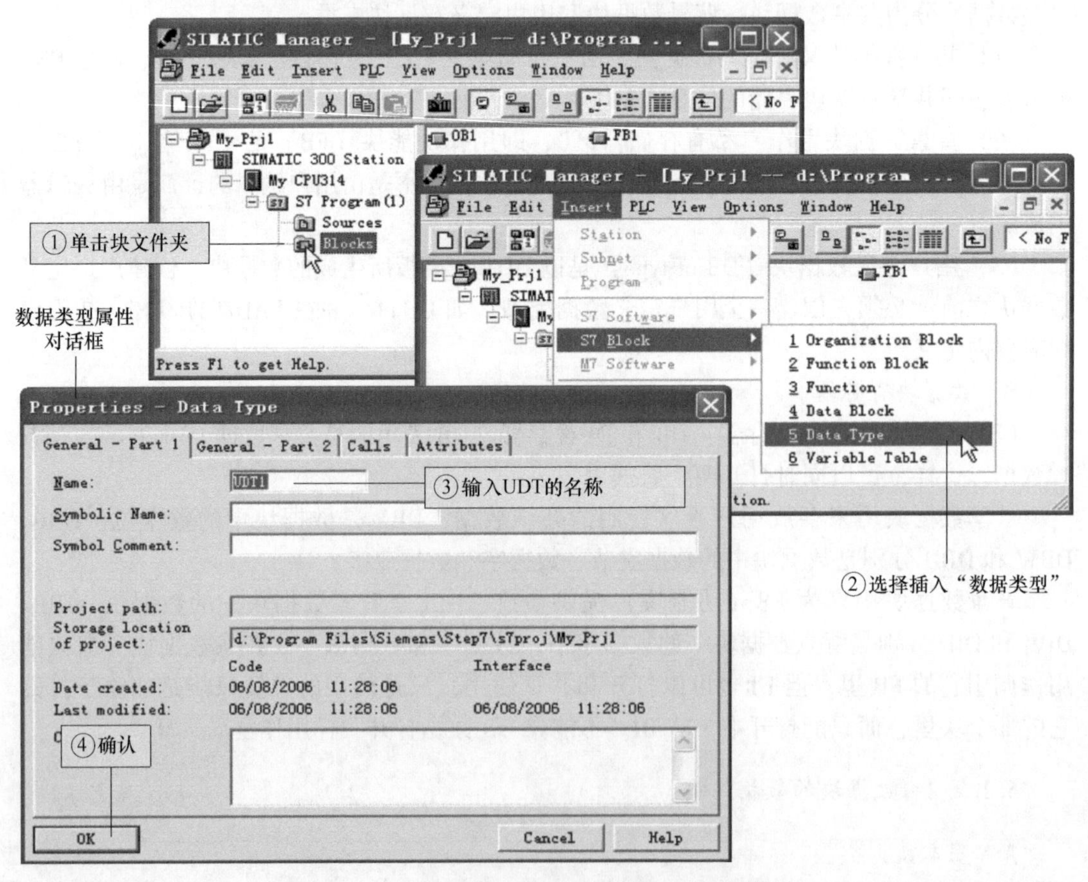

图 5-4　用户定义数据类型作“模板”建立数据块

5.1.2.3　建立数据块

在 STEP 7 中，为了避免出现系统错误，在使用数据块之前，必须先建立数据块，并在块中定义变量（包括变量符号名、数据类型以及初始值等）。数据块中变量的顺序及类型决定了数据块的数据结构，变量的数量决定了数据块的大小。数据块建立后，还必须同程序块一起下载到 CPU 中，才能被程序块访问。

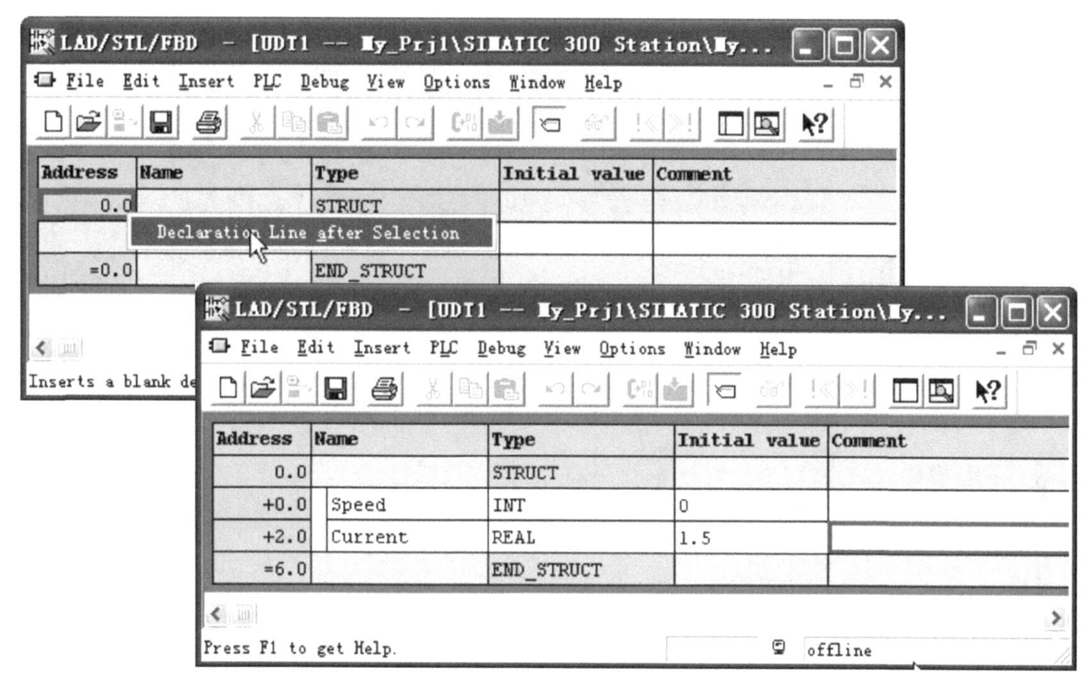

图 5-5　编辑 UDT

（1）方法 1：用 SIMATIC Manager 创建数据块，如图 5-6 所示。

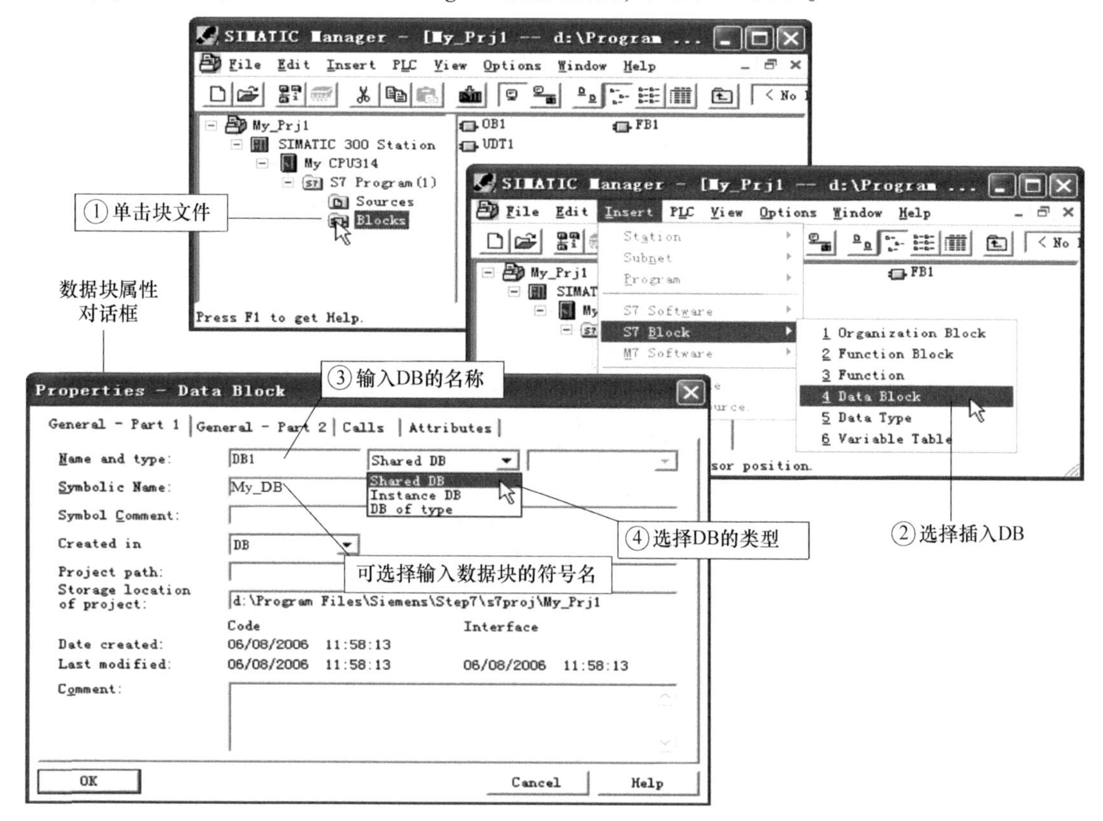

图 5-6　用 SIMATIC Manager 创建数据块

（2）方法 2：用 LAD/STL/FBD S7 程序编辑器创建数据块，如图 5-7 所示。

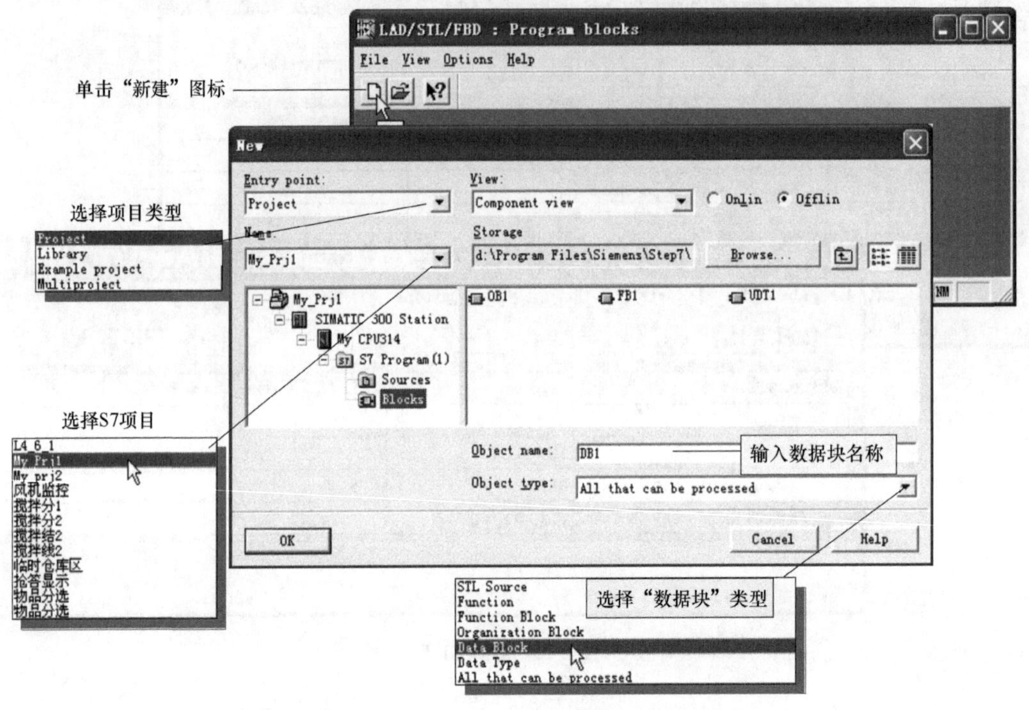

图 5-7　用 LAD/STL/FBD S7 程序编辑器创建数据块

对新建的 DB，可进行类型选择，如图 5-8 所示。

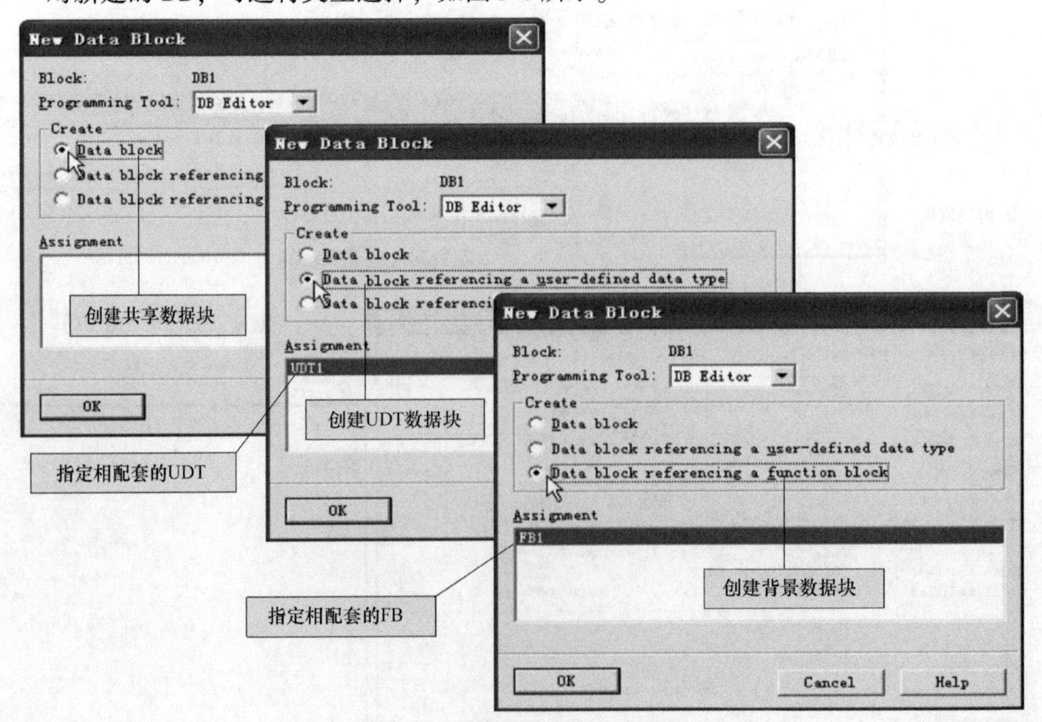

图 5-8　对新建的 DB 进行类型选择

选择完成后，可编辑数据块（变量定义），如图 5-9 所示。变量定义完成后，应单击保存按钮保存并编译（测试）。如果没有错误则需要单击下载按钮，像逻辑块一样，将数据块下载到 CPU。

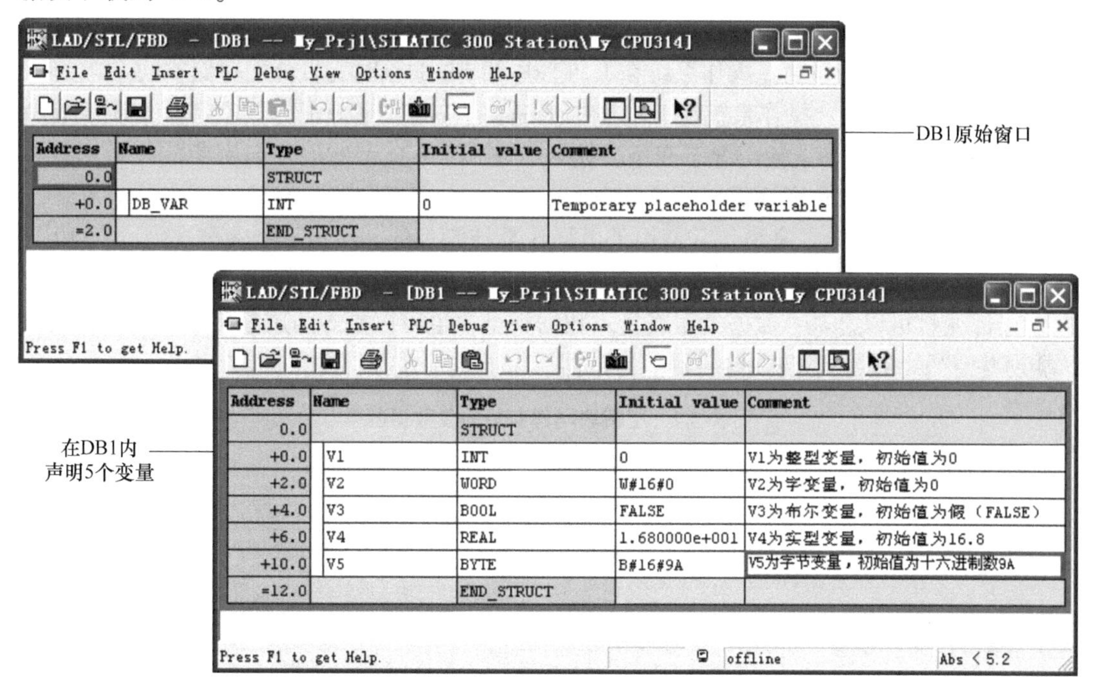

图 5-9 编辑数据块（变量定义）

在用户程序中可能存在多个数据块，而每个数据块的数据结构并不完全相同，因此在访问数据块时，必须指明数据块的编号、数据类型与位置。如果访问不存在的数据单元或数据块，而且没有编写错误处理 OB 块，CPU 将进入 STOP 模式。

5.2 逻辑块（FC 和 FB）的结构及编程

5.2.1 基础知识 逻辑块（FC 和 FB）的结构

逻辑块（OB、FB、FC）由变量声明表、代码段及其属性等几部分组成。

（1）局部变量声明表。每个逻辑块前部都有一个变量声明表，称为局部变量声明表。局部变量声明表所包含的内容见表 5-1。

表 5-1 局部变量声明表

变量名	类型	说 明
输入参数	In	由调用逻辑块的块提供数据，输入给逻辑块的指令
输出参数	Out	向调用逻辑块的块返回参数，即从逻辑块输出结果数据
I/O 参数	In _ Out	参数的值由调用该块的其他块提供，由逻辑块处理修改，然后返回
静态变量	Stat	静态变量存储在背景数据块中，块调用结束后，其内容被保留
状态变量	Temp	临时变量存储在 L 堆栈中，块执行结束变量的值因被其他内容覆盖而丢失

（2）逻辑块局部变量的数据类型。局部数据分为参数和局部变量两大类，局部变量又包括静态变量和临时变量（暂态变量）两种。

对于功能块（FB），操作系统为参数及静态变量分配的存储空间是背景数据块。这样参数变量在背景数据块中留有运行结果备份。在调用 FB 时，若没有提供实参，则功能块使用背景数据块中的数值。操作系统在 L 堆栈中给 FB 的临时变量分配存储空间。

对于功能（FC），操作系统在 L 堆栈中给 FC 的临时变量分配存储空间。由于没有背景数据块，因而 FC 不能使用静态变量。输入、输出、I/O 参数以指向实参的指针形式存储在操作系统为参数传递而保留的额外空间中。

对于组织块（OB）来说，其调用是由操作系统管理的，用户不能参与。因此，OB 只有定义在 L 堆栈中的临时变量。

局部变量可以是基本数据类型或复式数据类型，也可以是专门用于参数传递的所谓的“参数类型”。参数类型包括定时器、计数器、块的地址或指针等，见表 5-2。

表 5-2　逻辑块局部变量的参数类型

参数类型	大小	说　明
定时器	2 Byte	在功能块中定义一个定时器形参，调用时赋予定时器实参
计数器	2 Byte	在功能块中定义一个计数器形参，调用时赋予计数器实参
FB、FC、DB、SDB	2 Byte	在功能块中定义一个功能块或数据块形参变量，调用时给功能块类或数据块类形参赋予实际的功能块或数据块编号
指针	6 Byte	在功能块中定义一个形参，该形参说明的是内存的地址指针。例如，调用时可给形参赋予实参：P#M50.0 以访问内存 M500.0
ANY	10 Byte	当实参的数据未知时，可以使用该类型

（3）逻辑块的调用过程及内存分配。CPU 提供块堆栈（B 堆栈）来存储与处理被中断块的有关信息。其调用时的工作过程与内存分配，如图 5-10 所示。

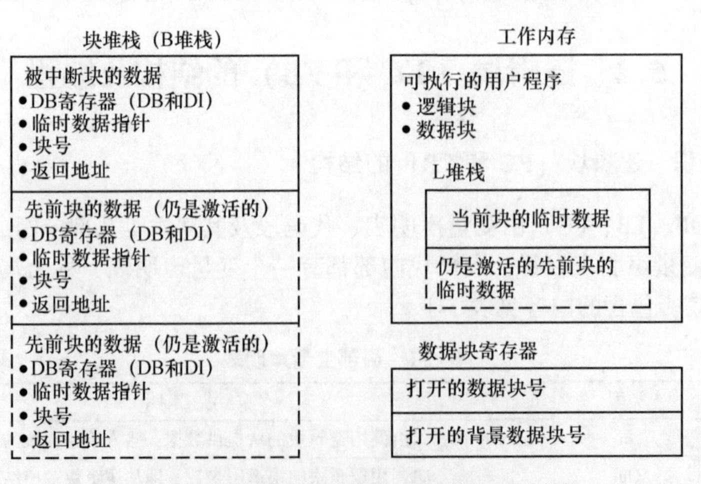

图 5-10　B 堆栈调用时的工作过程与内存分配

用户程序使用的堆栈有以下几类。

（1）局部数据堆栈。简称 L 堆栈，是 CPU 中单独的存储器区，可用来存储逻辑块的局部变量（包括 OB 的起始信息）、调用功能（FC）时要传递的实际参数、梯形图程序中的中间逻辑结果等。可以按位、字节、字和双字来存取。

（2）块堆栈。简称 B 堆栈，是 CPU 系统内存中的一部分，用来存储被中断的块的类型、编号、优先级和返回地址；中断时打开的共享数据块和背景数据块的编号；临时变量的指针（被中断块的 L 堆栈地址）。

（3）中断堆栈。简称 I 堆栈，用来存储当前累加器和地址寄存器的内容、数据块寄存器 DB 和 DI 的内容、局域数据的指针、状态字、MCR（主控继电器）寄存器和 B 堆栈的指针。

调用功能块（FB）时的堆栈操作。

当调用功能块（FB）时，会有以下事件发生。

（1）调用块的地址和返回位置存储在块堆栈中，调用块的临时变量压入 L 堆栈；

（2）数据块 DB 寄存器内容与 DI 寄存器内容交换；

（3）新的数据块地址装入 DI 寄存器；

（4）被调用块的实参装入 DB 和 L 堆栈上部；

（5）当功能块 FB 结束时，先前块的现场信息从块堆栈中弹出，临时变量弹出 L 堆栈；

（6）DB 和 DI 寄存器内容交换。

当调用功能块（FB）时，STEP7 并不一定要求给 FB 形参赋予实参，除非参数是复式数据类型的 I/O 形参或参数类型形参。如果没有给 FB 的形参赋予实参，则功能块（FB）就调用背景数据块内的数值，该数值是在功能块（FB）的变量声明表或背景数据块内为形参所设置初始数值。

调用功能（FC）时的堆栈操作。

当调用功能（FC）时会有以下事件发生。

功能（FC）实参的指针存到调用块的 L 堆栈；调用块的地址和返回位置存储在块堆栈，调用块的局部数据压入 L 堆栈；功能（FC）存储临时变量的 L 堆栈区被推入 L 堆栈上部；当被调用功能（FC）结束时，先前块的信息存储在块堆栈中，临时变量弹出 L 堆栈。

因为功能（FC）不用背景数据块，不能分配初始数值给功能（FC）的局部数据，所以必须给功能（FC）提供实参。以功能（FC）调用为例，L 堆栈操作示意如图 5-11 所示。

5.2.2 基础知识 逻辑块（FC 和 FB）的编程

对逻辑块编程时必须编辑下列三个部分。

（1）变量声明：分别定义形参、静态变量和临时变量（FC 块中不包括静态变量）；确定各变量的声明类型（Decl.）、变量名（Name）和数据类型（Data Type），还要为变量设置初始值（Initial Value）。如果需要还可为变量注释（Comment）。在增量编程模式下，STEP7 将自动产生局部变量地址（Address）。

（2）代码段：对将要由 PLC 进行处理的块代码进行编程。

（3）块属性：块属性包含了其他附加的信息，例如由系统输入的时间标志或路径。此外，也可输入相关详细资料。

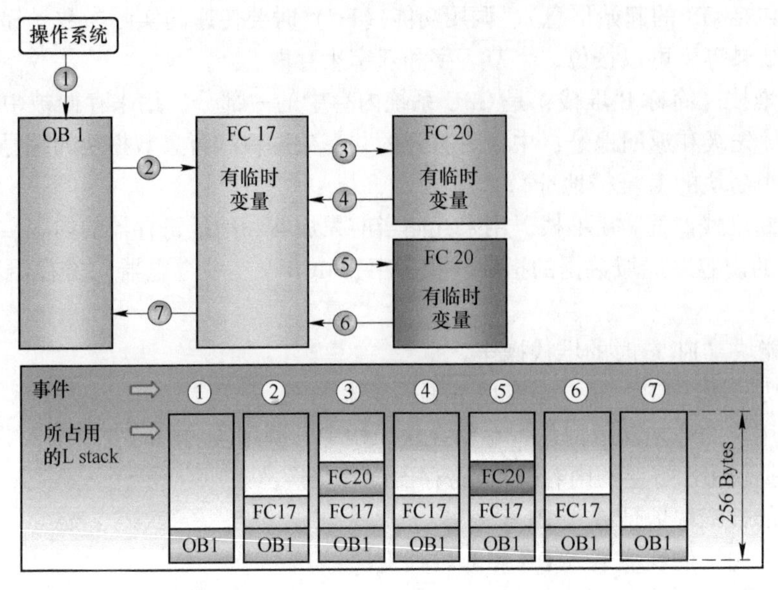

图 5-11 功能（FC）调用时 L 堆栈操作示意

5.2.2.1 临时变量的定义和使用

临时变量的定义和使用如图 5-12 所示。

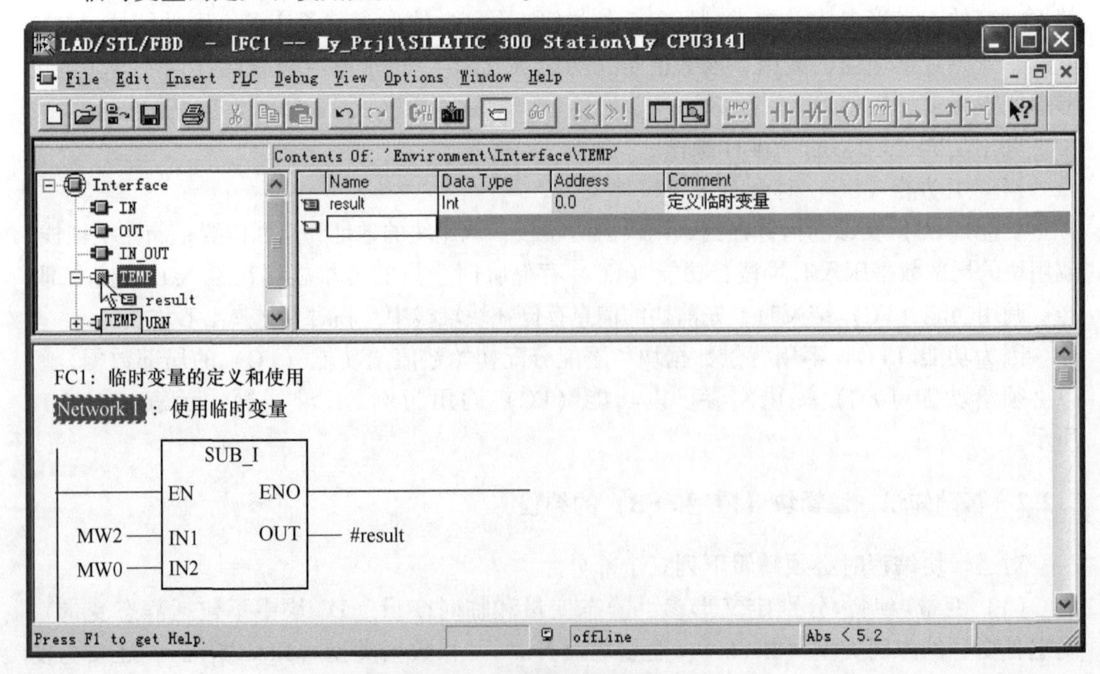

图 5-12 临时变量的定义和使用

5.2.2.2 查看局部数据堆栈的占用

可通过图 5-13 所示的步骤，查看局部数据堆栈的占用情况。

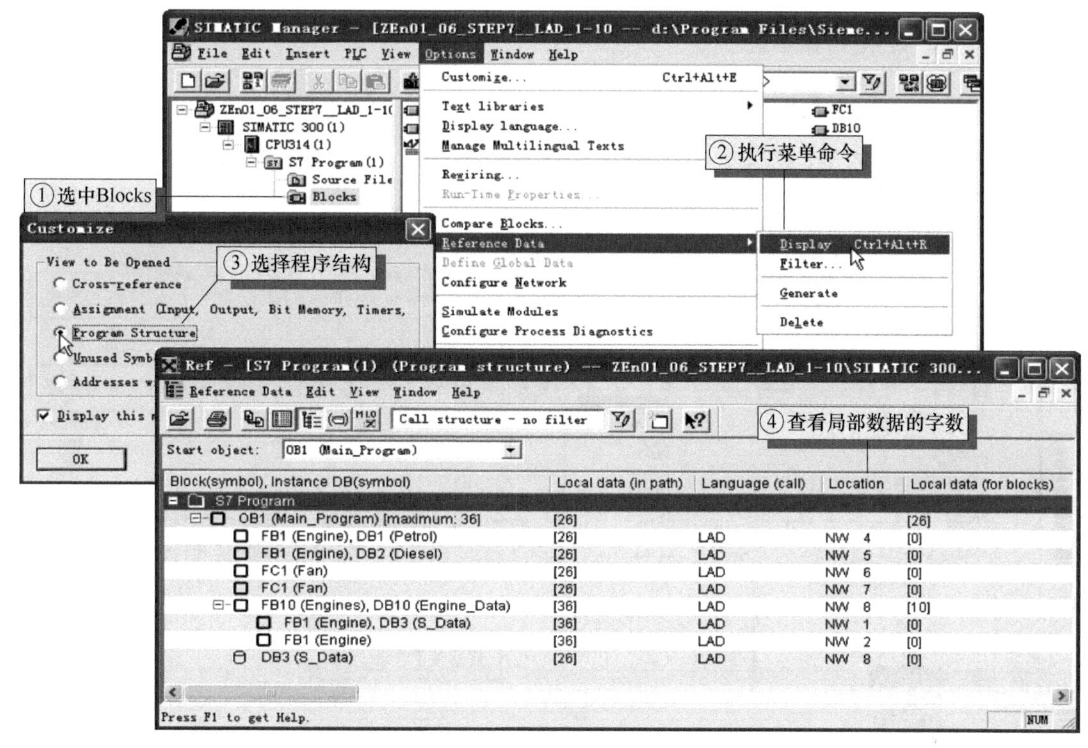

图 5-13 查看局部数据堆栈的占用情况的步骤

5.2.2.3 查看块所需字节数

若需查看块所需字节数，可采用图 5-14 所示的步骤进行操作。

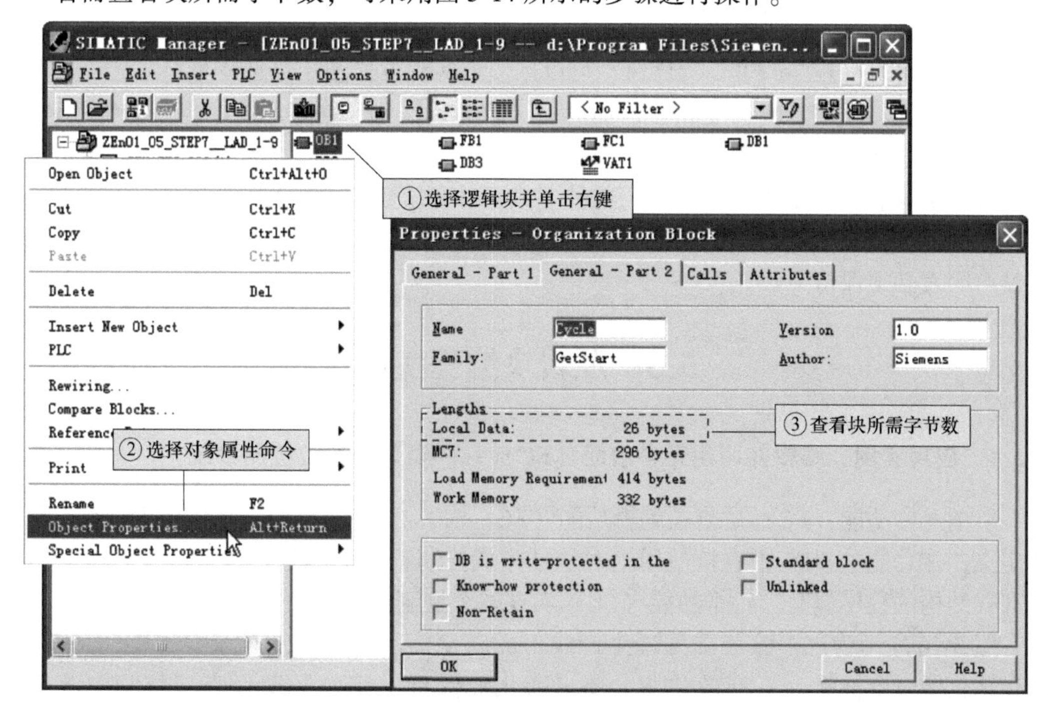

图 5-14 查看块所需字节数的步骤

5.2.2.4 定义形式参数

定义形式参数的操作，如图 5-15 所示。

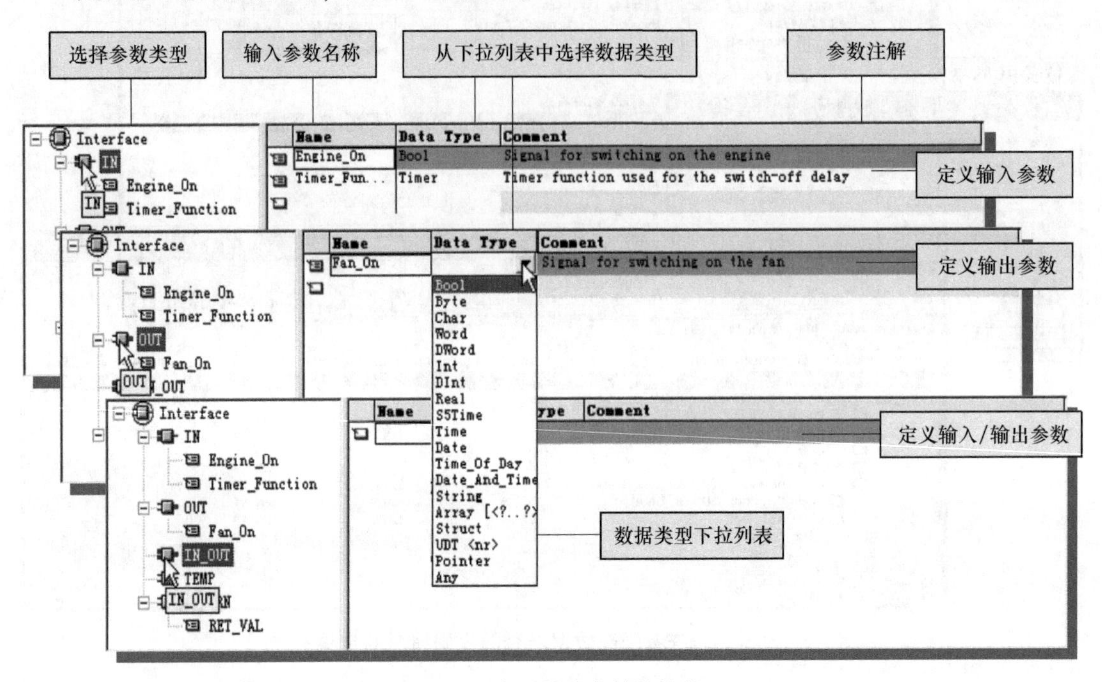

图 5-15 定义形式参数的操作

5.2.2.5 编写逻辑块程序

编写逻辑块（FC 和 FB）程序时，可以用以下两种方式使用局部变量。

（1）使用变量名，此时变量名前加前缀“#”，以区别于在符号表中定义的符号地址。增量方式下，前缀会自动产生。

（2）直接使用局部变量的地址，这种方式只对背景数据块和 L 堆栈有效。

在调用 FB 块时，要说明其背景数据块。背景数据块应在调用前生成，其顺序格式与变量声明表必须保持一致。

5.3 逻辑块编程实例

5.3.1 应用实例 编辑并调用无参功能（FC）——磷化槽液位控制系统

所谓无参功能（FC）是指在编辑功能（FC）时，在局部变量声明表不进行形式参数的定义，在功能（FC）中直接使用绝对地址完成控制程序的编程。这种方式一般应用于分部式结构的程序编写，每个功能（FC）实现整个控制任务的一部分，不重复调用。

图 5-16 所示为汽车涂装前处理生产线中的磷化槽示意图。汽车车身挂在输送链上，经过磷化槽时会被涂上一层磷化膜。要求磷化液保持一定的深度（高液位和中液位之

间)，请编写控制程序。

控制要求：在初始状态时，按下加液按钮，加液泵启动，开始加液。当液位到达中液位时给输送链发信号，表示输送链可以启动，并在5 s后停止加液。当液位低于中液位时，启动加液泵，待到达高液位后，停止加液泵。磷化槽用一段时间后需要换液，此时，按下排液按钮，打开排液阀，并禁止输送链与加液泵启动。当处于低液位以下时，延时10 s后关闭排液阀。设定PLC控制磷化槽液位控制系统输入/输出（I/O）分配表，见表5-3。

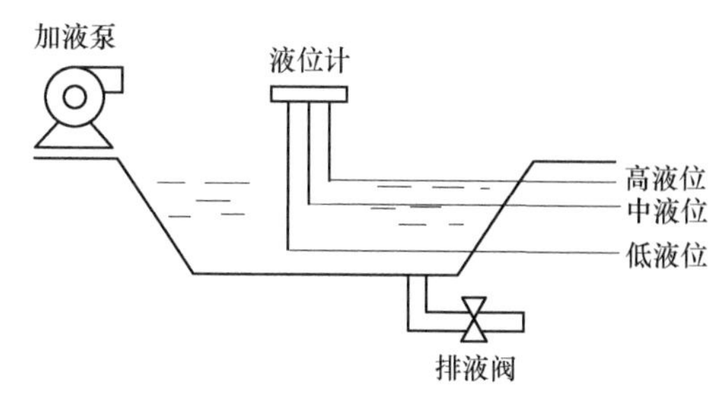

图5-16 磷化槽示意图

表5-3 PLC控制磷化槽液位控制系统I/O分配表

输入		输出	
输入设备	输入编号	输出设备	输出编号
高液位开关	I0.0	输送链	Q4.0
中液位开关	I0.1	加液泵	Q4.1
低液位开关	I0.2	排液阀	Q4.2
加液按钮	I0.3		
排液按钮	I0.4		

5.3.1.1 创建新项目并完成硬件配置

创建新项目，并命名为“液位控制系统”，项目包含组织块OB1和OB100。在“液位控制系统”项目内单击“插入”→“SIMATIC 300站点”，点开“SIMATIC 300”文件夹，打开硬件配置窗口，并完成硬件配置，如图5-17所示。本例采用紧凑型CPU 315-2 PN/DP，完成硬件配置后的界面如图5-18所示。

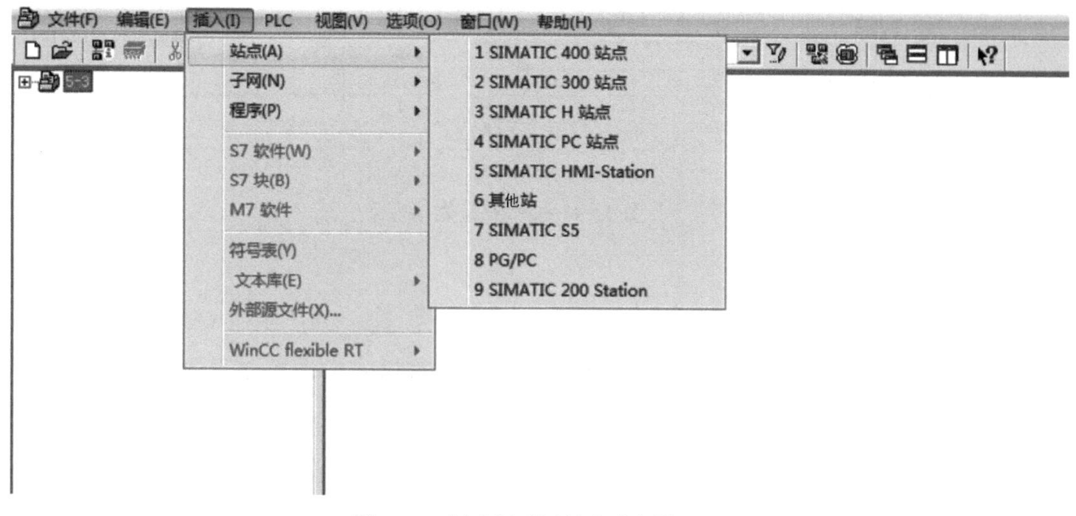

图5-17 创建新项目并完成硬件配置

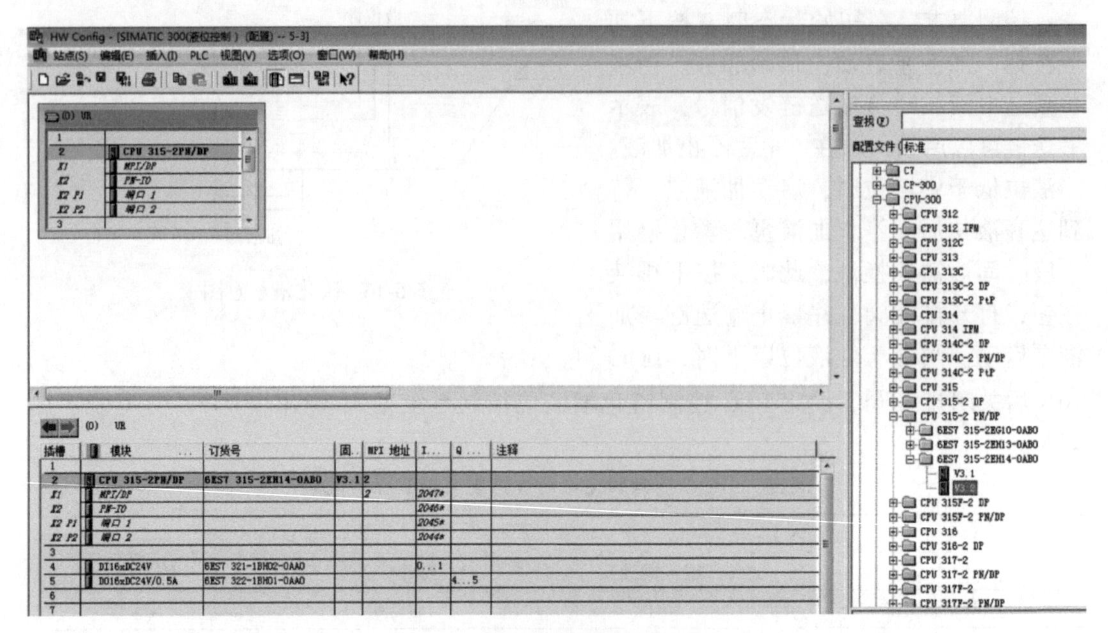

图 5-18　完成硬件配置后的界面

5.3.1.2　编辑符号表

根据 I/O 分配表，设定编辑符号表，如图 5-19 所示。

S7 程序(1) (符号) -- 5-3\SIMATIC 300(液位控制) \CPU 315-2PN/DP

	状态	符号 /	地址		数据类型		注释
1		低液位开关	I	0.2	BOOL		
2		高液位开关	I	0.0	BOOL		
3		加液按钮	I	0.3	BOOL		
4		加液泵	Q	4.1	BOOL		
5		加液控制	FC	2	FC	2	
6		排液按钮	I	0.4	BOOL		
7		排液阀	Q	4.2	BOOL		
8		排液控制	FC	3	FC	3	
9		输送链	Q	4.0	BOOL		
1		输送启动链	FC	1	FC	1	
1		中液位开关	I	0.1	BOOL		
1							

图 5-19　编辑符号表

5.3.1.3　规划程序结构

考虑整个控制过程可分为三个独立的控制过程：输送链启动控制程序、加液控制程序、排液控制程序。针对三个控制过程，分别用 FC1 ~ FC3 实现相应的控制功能，规划程序结构，如图 5-20 所示。

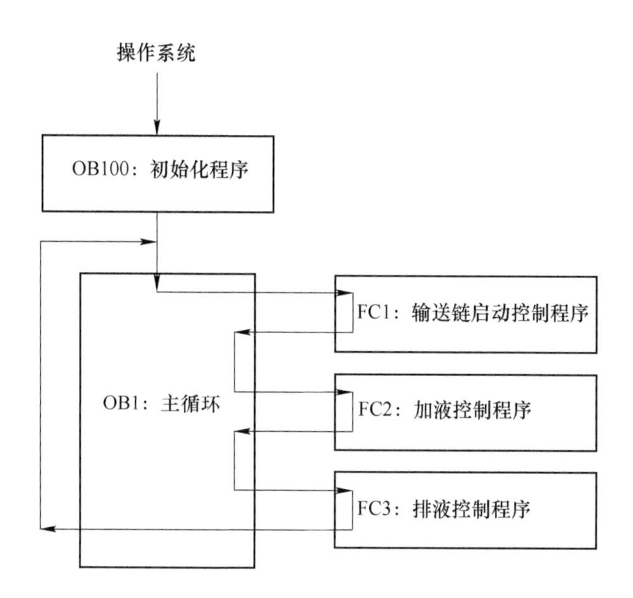

图 5-20　规划程序结构

5.3.1.4　编辑功能（FC）

在“液位控制系统”项目树内选择“S7 程序”→“块”文件，然后反复执行菜单命令“插入”→“S7 块”→“功能”，分别创建 3 个功能（FC）：FC1、FC2 和 FC3 并分别命名为输送链启动控制程序、加液控制程序、排液控制程序。编写 FC1～FC3 控制程序，如图 5-21～图 5-23 所示。

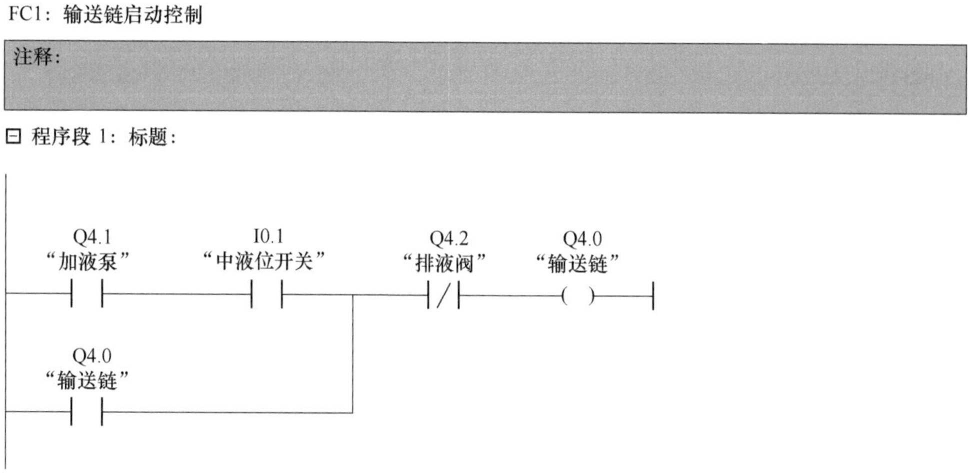

FC1：输送链启动控制

注释：

程序段 1：标题：

Q4.1 “加液泵”　I0.1 “中液位开关”　Q4.2 “排液阀”　Q4.0 “输送链”

Q4.0 “输送链”

图 5-21　FC1 输送链启动控制程序

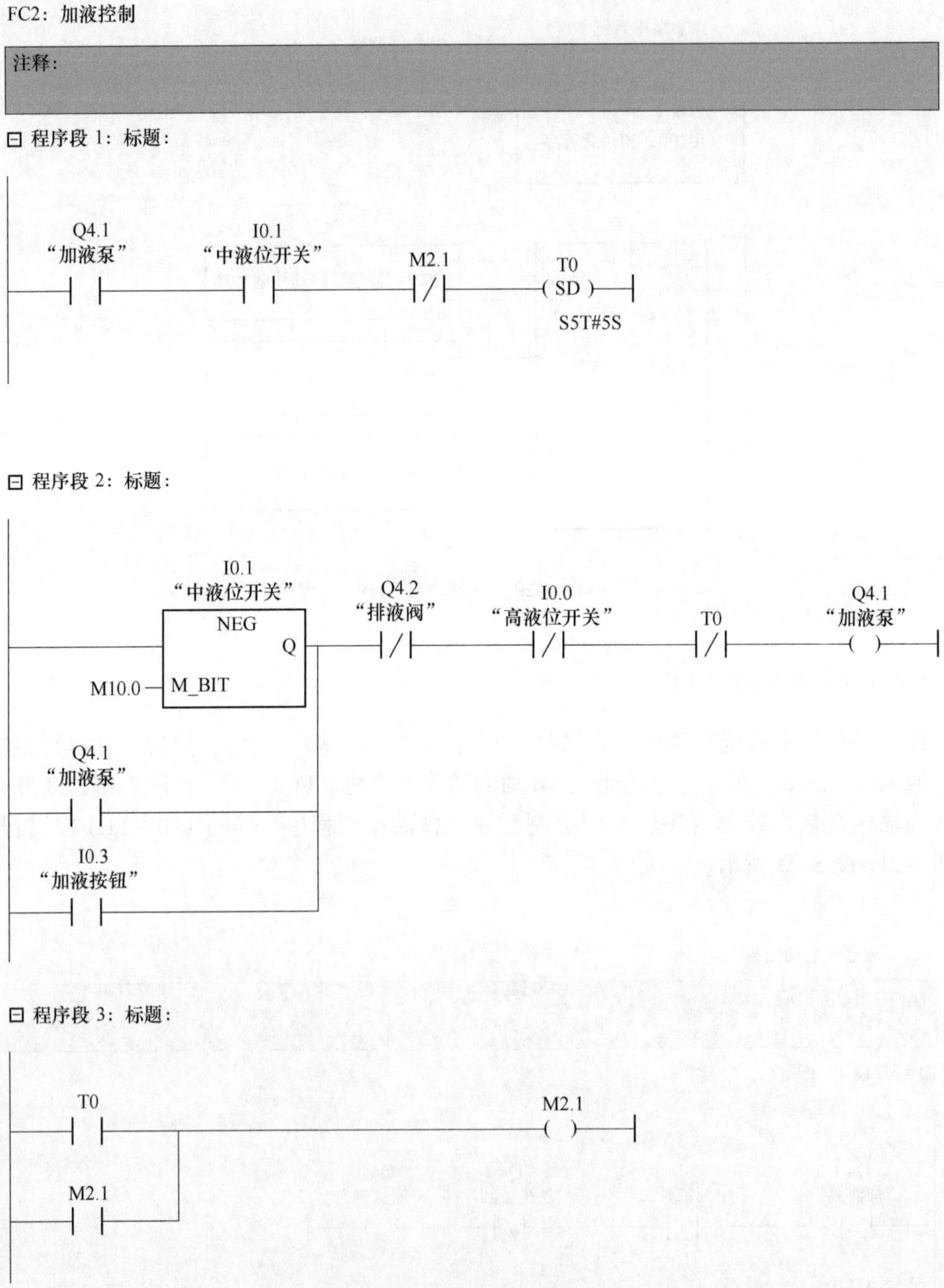

FC2：加液控制

注释：

⊟ 程序段 1：标题：

Q4.1 "加液泵"　I0.1 "中液位开关"　M2.1　T0 (SD) S5T#5S

⊟ 程序段 2：标题：

I0.1 "中液位开关" NEG Q　M10.0 — M_BIT　Q4.2 "排液阀"　I0.0 "高液位开关"　T0　Q4.1 "加液泵" ( )

Q4.1 "加液泵"

I0.3 "加液按钮"

⊟ 程序段 3：标题：

T0　M2.1 ( )

M2.1

图 5-22　FC2 加液控制程序

5.3.1.5　编写组织块控制程序

编写 OB100 的控制程序，初始化所有输出变量，如图 5-24 所示。

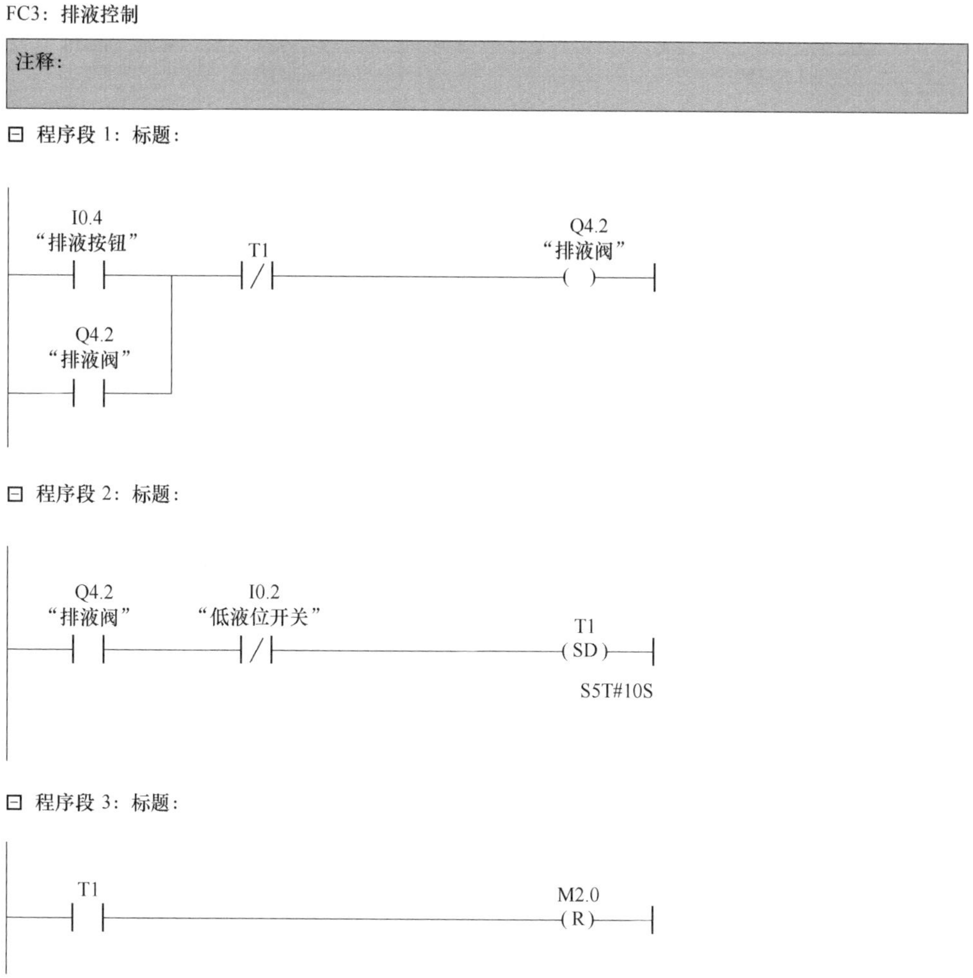

FC3：排液控制

注释：

程序段 1：标题：

I0.4
“排液按钮”
T1
Q4.2
“排液阀”
Q4.2
“排液阀”

程序段 2：标题：

Q4.2
“排液阀”
I0.2
“低液位开关”
T1
(SD)
S5T#10S

程序段 3：标题：

T1
M2.0
(R)

图 5-23　FC3 排液控制程序

在 OB1 中设置初始标识，并启动加液泵，调用无参功能（FC），如图 5-25 所示。

5.3.2　应用实例　编辑并调用有参功能（FC）——PLC 控制变频器转速系统

所谓有参功能（FC）是指编辑功能（FC）时，在局部变量声明表内定义了形式参数，在功能（FC）中使用了虚拟的符号地址完成控制程序的编程，以便在其他块中能重复调用有参功能（FC）。这种方式一般应用于结构化程序编写。

一台 CPU315 使用 PROFIBUS 协议完成对变频器 MM440 的转速控制，如图 5-26 所示。其控制要求如下。当按下启动按钮 SB1 后，电机开始正转，变频器输出频率为 40 Hz（对应变频器速度设定值约为 13108）。后每隔 2 s 变频器输出频率开始递减（分别为 20 Hz、10 Hz），最后以 5 Hz 的输出频率稳定运行。当按下停止按钮 SB2 后，变频器输出为 0 Hz，电机停止转动。设定 PLC 控制变频器转速的输入/输出（I/O）分配表，见表 5-4。

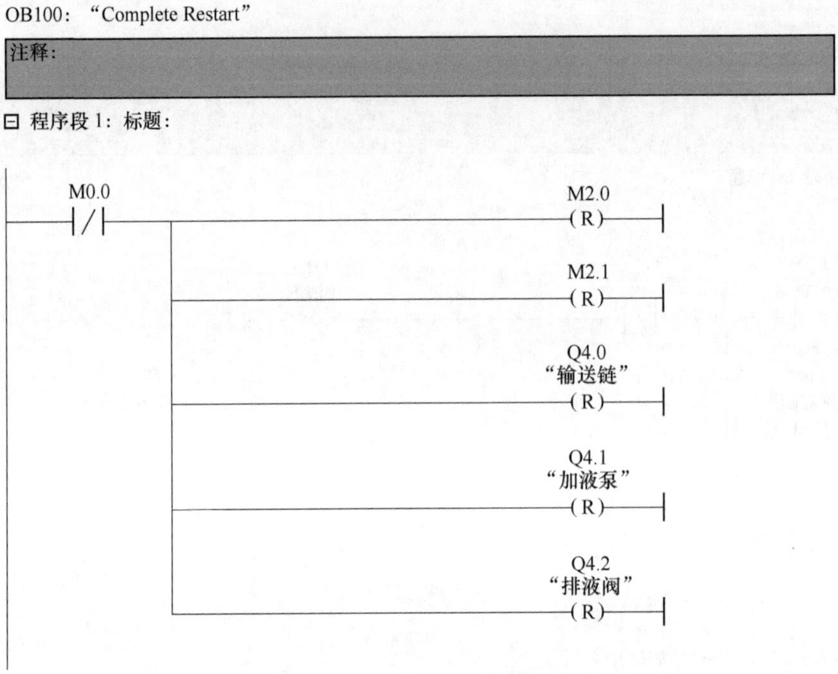

OB100：“Complete Restart”

注释：

⊟ 程序段 1：标题：

M0.0 —|/|—

M2.0 —(R)—

M2.1 —(R)—

Q4.0 “输送链” —(R)—

Q4.1 “加液泵” —(R)—

Q4.2 “排液阀” —(R)—

图 5-24　OB100 的控制程序

表 5-4　PLC 控制变频器转速的 I/O 分配表

输　入		输　出	
输入设备	输入编号	输出设备	输出编号
启动按钮 SB1	I0. 0	变频器控制字	QW4
停止按钮 SB2	I0. 1	变频器速度	QW6

5. 3. 2. 1　创建的 S7 项目并完成硬件配置

使用菜单“文件”→“‘新建项目’向导”创建多级分频器的 S7 项目，并命名为“PLC 控制变频器转速”。打开“SIMATIC 300 Station”文件夹，双击硬件配置图标打开硬件配置窗口，并完成硬件配置。

5. 3. 2. 2　编辑符号表

根据 I/O 分配表，设定编辑符号表，如图 5-27 所示。

5. 3. 2. 3　规划程序结构

在功能 FC1 中编写二分频器控制程序，然后在 OB1 中通过调用 FC1 实现多级分频器的功能。规划程序结构如图 5-28 所示。

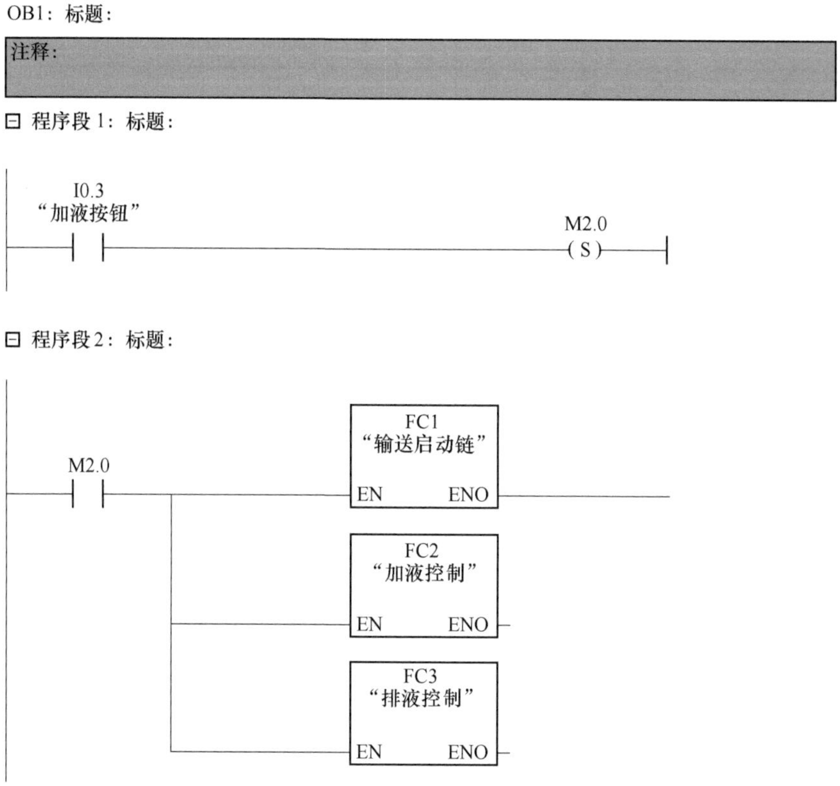

OB1：标题：

注释：

⊟ 程序段 1：标题：

I0.3
"加液按钮"
M2.0
(S)

⊟ 程序段 2：标题：

M2.0
FC1
"输送启动链"
EN　ENO
FC2
"加液控制"
EN　ENO
FC3
"排液控制"
EN　ENO

图 5-25　在 OB1 中调用无参功能（FC）

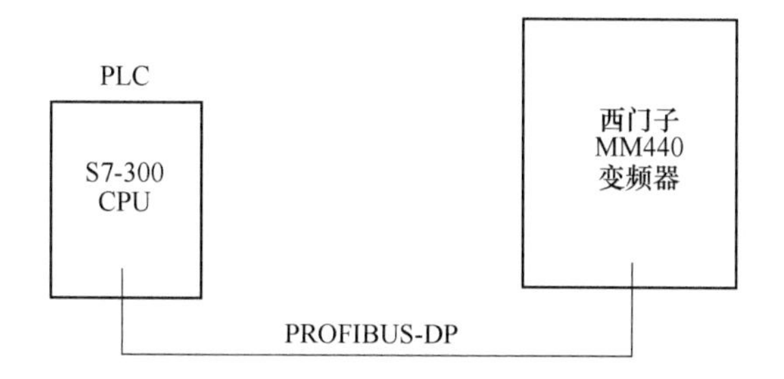

图 5-26　PLC 控制变频器转速

S7 程序(3) (符号) -- 5-3-2\SIMATIC 300(1)\CPU 315-2PN/DP

	状态	符号	地址		数据类型		注释
1		变频器控制字	QW	4	INT		
2		变频器速度	QW	6	INT		
3		启动	I	0.0	BOOL		
4		停止	I	0.1	BOOL		
5		分频器	FC	1	FC	1	
6		F_P2	M	20.0	BOOL		2分频
7		F_P4	M	20.1	BOOL		4分频
8		F_P8	M	20.2	BOOL		8分频
9							

图 5-27　编辑符号表

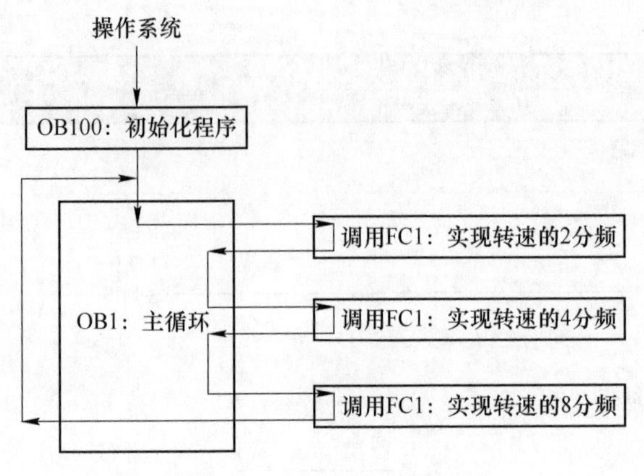

图 5-28　规划程序结构

5.3.2.4　创建有参 FC1

选择“有参 FC”项目的“块”文件夹，然后执行菜单命令“插入新对象”→“功能块”，在块文件夹内创建一个功能，并命名为“FC1”。编辑 FC1 的变量声明表，如图5-29 所示。

接口类型	变量名	数据类型	注释
In	F_IN	INT	频率输入
Out	F_OUT	INT	频率输出

图 5-29　FC1 的变量声明表

使用整数除法编写 FC1 的二分频控制程序，如图 5-30 所示。

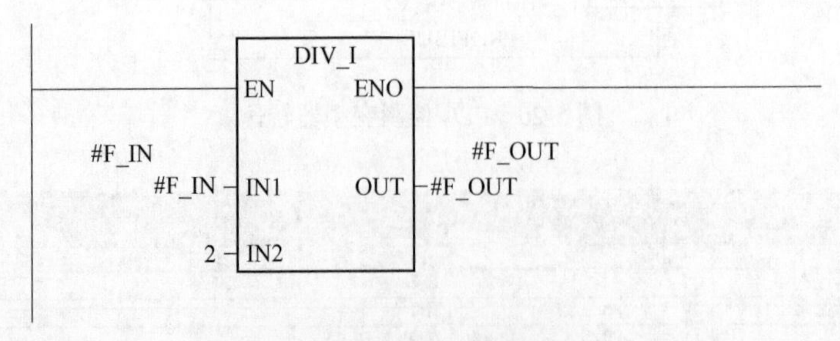

图 5-30　编写 FC1 的控制程序

5.3.2.5　编写组织块程序

在 OB1 中调用有参功能（FC），如图 5-31 所示。

⊟ 程序段1：标题：

I0.0
“启动按钮SB1”

MOVE
EN ENO
13108 – IN OUT – MW10

MOVE
EN ENO
W#16#47F – IN OUT – QW4 “变频器控制字”

M0.0
(S)

⊟ 程序段2：标题：

I0.1
“停止按钮SB2”

MOVE
EN ENO
0 – IN OUT – MW10

MOVE
EN ENO
W#16#47E – IN OUT – QW4 “变频器控制字”

M0.0
(R)

⊟ 程序段3：标题：

M0.0

T0
(SD)
S5T#2S

T1
(SD)
S5T#4S

T2
(SD)
S5T#6S

⊟ 程序段4：标题：

T0

M20.0
2分频
“F_P2”

⊟ 程序段5：标题：

T1

M20.1
4分频
“F_P4”

⊟ 程序段6：8分频

T2

M20.2
8分频
“F_P8”

⊟ 程序段7：标题：

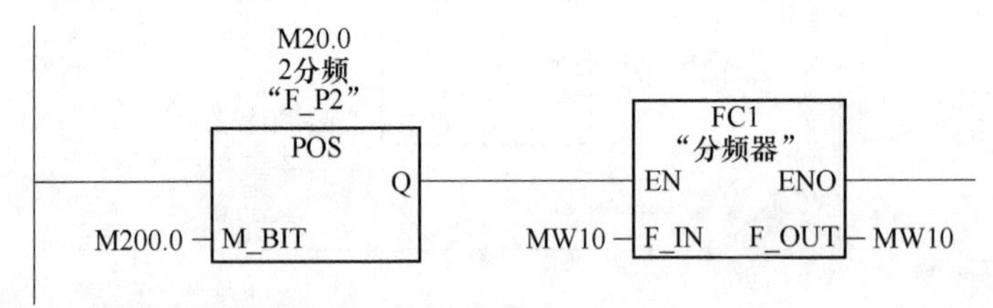

⊟ 程序段8：标题：

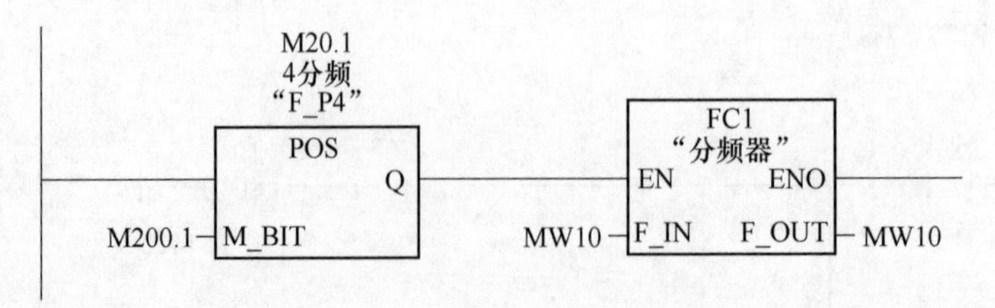

⊟ 程序段9：标题：

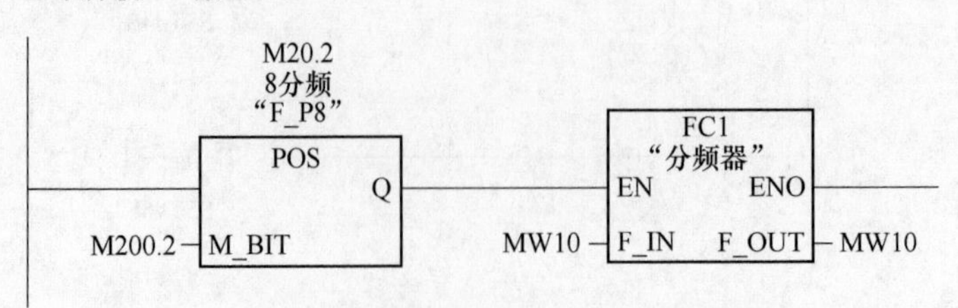

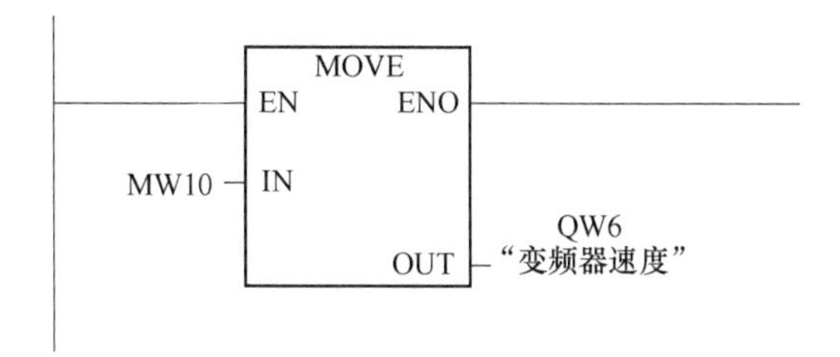

图 5-31 在 OB1 中调用有参功能（FC）

5.3.3 应用实例 编辑并调用无静态参数的功能块（FB）——水箱水位控制系统

功能块（FB）在程序的体系结构中位于组织块之下。它包含程序的一部分，这部分程序在 OB1 中可以多次调用。功能块的所有形参和静态数据都存储在一个单独的、被指定给该功能块的数据块（DB）中，该数据块被称为背景数据块。当调用 FB 时，该背景数据块会自动打开，实际参数的值被存储在背景数据块中；当块退出时，背景数据块中的数据仍然保持。

水箱水位控制系统如图 5-32 所示。系统有 3 个贮水箱，每个水箱有 2 个液位传感器，UH1、UH2、UH3 为高液位传感器，“1”有效；UL1、UL2、UL3 为低液位传感器，“0”有效。Y1、Y3、Y5 分别为 3 个贮水箱进水电磁阀；Y2、Y4、Y6 分别为 3 个贮水水箱放水电磁阀。SB1、SB3、SB5 分别为 3 个贮水箱放水电磁阀手动开启按钮；SB2、SB4、SB6 分别为 3 个贮水箱放水电磁阀手动关闭按钮。

控制要求：SB1、SB3、SB5 在 PLC 外部操作设定，通过人为的方式，按随机的顺序将水箱放空。只要检测到水箱“空”的信号，系统就自动地向水箱注水，直到检测到水箱“满”信号为止。水箱注水的顺序要与水箱放空的顺序相同，每次只能对一个水箱进行注水操作。设定 PLC 控制水箱水位控制系统的输入/输出（I/O）分配表，见表 5-5。

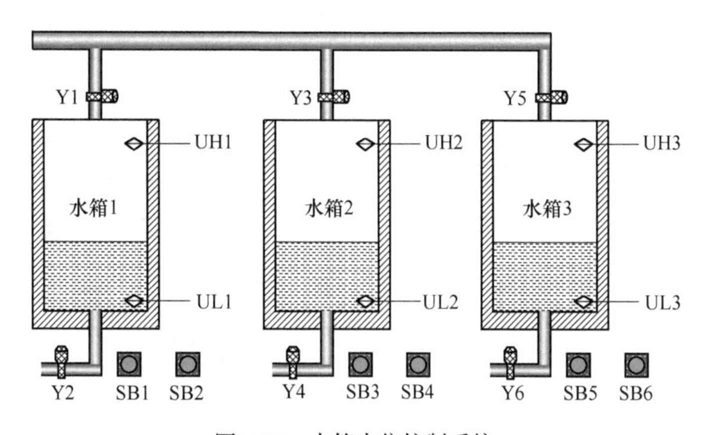

图 5-32 水箱水位控制系统

表 5-5　PLC 控制水箱水位控制系统 I/O 分配表

输　入		输　出	
输入设备	输入编号	输出设备	输出编号
水箱 1 放水电磁阀手动开启按钮 SB1	I0. 0	水箱 1 进水电磁阀	Q4. 0
水箱 1 放水电磁阀手动关闭按钮 SB2	I0. 1	水箱 1 放水电磁阀	Q4. 1
水箱 2 放水电磁阀手动开启按钮 SB3	I0. 2	水箱 2 进水电磁阀	Q4. 2
水箱 2 放水电磁阀手动关闭按钮 SB4	I0. 3	水箱 2 放水电磁阀	Q4. 3
水箱 3 放水电磁阀手动开启按钮 SB5	I0. 4	水箱 3 进水电磁阀	Q4. 4
水箱 3 放水电磁阀手动关闭按钮 SB6	I0. 5	水箱 3 放水电磁阀	Q4. 5
水箱 1 低液位传感器	I1. 0		
水箱 1 高液位传感器	I1. 1		
水箱 2 低液位传感器	I1. 2		
水箱 2 高液位传感器	I1. 3		
水箱 3 低液位传感器	I1. 4		
水箱 3 高液位传感器	I1. 5		

5. 3. 3. 1　创建新项目并完成硬件配置

使用菜单“文件”→“新建项目”创建水箱水位控制系统的新项目，并命名为“水箱水位控制系统”。在“水箱水位控制系统”项目内用右键单击“插入新对象”→“SIMATIC 300 站点”，双击打开“硬件”文件夹，打开硬件配置窗口，并完成硬件配置。

5. 3. 3. 2　编写变量表

根据 I/O 分配表，编辑变量表，如图 5-33 所示。

符号	地址		数据类型		注释
水箱1	DB	1	FB	1	
水箱2	DB	2	FB	1	
水箱3	DB	3	FB	1	
水箱控制	FB	1	FB	1	
SB1	I	0.0	BOOL		水箱1放水电磁阀手动开启按钮，常开
SB2	I	0.1	BOOL		水箱1放水电磁阀手动关闭按钮，常开
SB3	I	0.2	BOOL		水箱2放水电磁阀手动开启按钮，常开
SB4	I	0.3	BOOL		水箱2放水电磁阀手动关闭按钮，常开
SB5	I	0.4	BOOL		水箱3放水电磁阀手动开启按钮，常开
SB6	I	0.5	BOOL		水箱3放水电磁阀手动关闭按钮，常开
UL1	I	1.0	BOOL		水箱1低液位传感器，放空信号
UH1	I	1.1	BOOL		水箱1高液位传感器，水箱满信号
UL2	I	1.2	BOOL		水箱2低液位传感器，放空信号
UH2	I	1.3	BOOL		水箱2高液位传感器，水箱满信号
UL3	I	1.4	BOOL		水箱3低液位传感器，放空信号
UH3	I	1.5	BOOL		水箱3高液位传感器，水箱满信号
COMPLETE RESTART	OB	100	OB	100	Complete Restart
Y1	Q	4.0	BOOL		水箱1进水电磁阀
Y2	Q	4.1	BOOL		水箱1放水电磁阀
Y3	Q	4.2	BOOL		水箱2进水电磁阀
Y4	Q	4.3	BOOL		水箱2放水电磁阀
Y5	Q	4.4	BOOL		水箱3进水电磁阀
Y6	Q	4.5	BOOL		水箱3放水电磁阀

图 5-33　编辑变量表

5.3.3.3　规划程序结构

OB1 为主循环组织块、OB100 初始化程序、FB1 为水箱水位控制程序、DB1 为 A 水箱数据块、DB2 为 B 水箱数据块、DB3 为 C 水箱数据块。规划程序结构如图 5-34 所示。

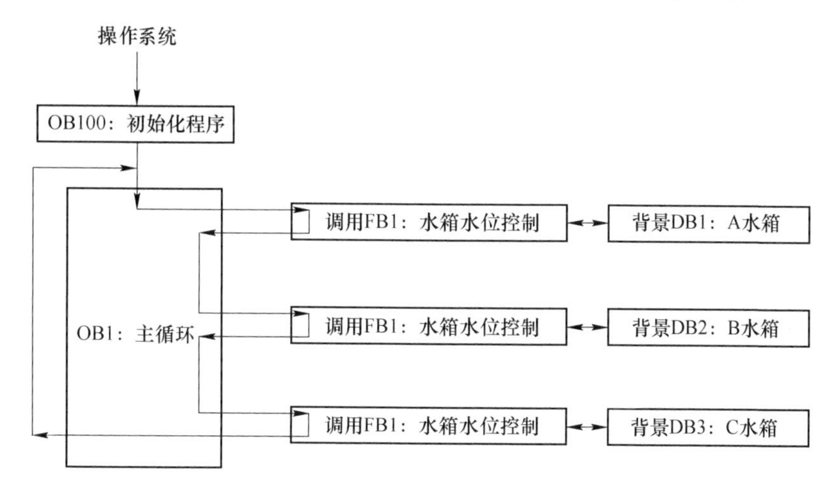

图 5-34　规划程序结构

5.3.3.4　编辑功能（FB1）

进入“块”文件夹，在工作区中，单击鼠标右键“插入新对象”→添加“功能块”FB1 并命名为“水箱控制”。定义局部变量声明表，如图 5-35 所示。根据水箱水位控制要求编写功能块 FB1 的控制程序，如图 5-36 所示。

接口：IN、OUT、IN_OUT、STAT、TEMP

内容：'环境\接口\IN'

名称	数据类型	地址	初始值	排除地址	终端地址	注释
UH	Bool	0.0	FALSE	□	□	高液位传感器，表示水箱满
UL	Bool	0.1	FALSE	□	□	低液位传感器，表示水箱空
SB_ON	Bool	0.2	FALSE	□	□	放水电磁阀开启按钮，常开
SB_OFF	Bool	0.3	FALSE	□	□	放水电磁阀关闭按钮，常开
F_1	Bool	0.4	FALSE	□	□	水箱空标志1
F_2	Bool	0.5	FALSE	□	□	水箱空标志2
Y_IN_1	Bool	0.6	FALSE	□	□	水箱进水互锁电磁阀1
Y_IN_2	Bool	0.7	FALSE	□	□	水箱进水互锁电磁阀2

接口：IN、OUT、IN_OUT

内容：'环境\接口\OUT'

名称	数据类型	地址	初始值	排除地址	终端地址	注释
Y_IN	Bool	2.0	FALSE	□	□	当前水箱进水电磁阀
Y_OUT	Bool	2.1	FALSE	□	□	当前水箱放水电磁阀
F	Bool	2.2	FALSE	□	□	当前水箱空标志

图 5-35　定义局部变量声明表

5.3.3.5　建立背景数据块 DB1、DB2、DB3

在“块文件”工作区分别建立背景数据块 DB1、DB2、DB3。图 5-37 所示为背景数据块 DB1 的设置情况，DB2、DB3 可根据 DB1 自动生成。

⊟ 程序段 1：水箱放水控制

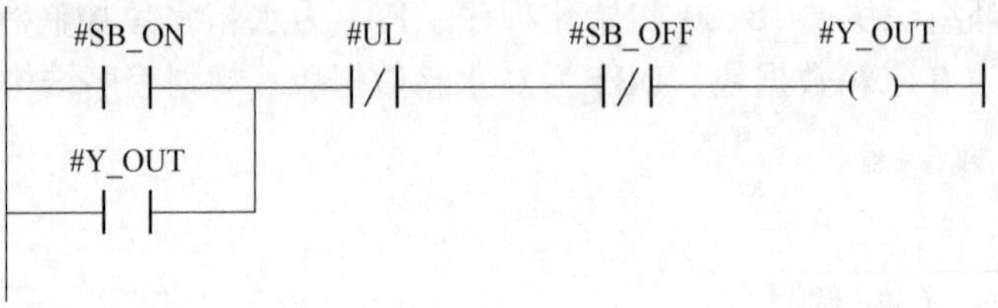

⊟ 程序段 2：设置水箱空标志

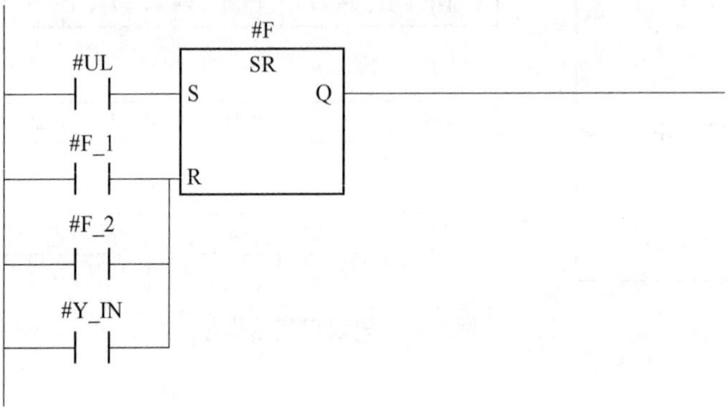

⊟ 程序段 3：　水箱进水控制

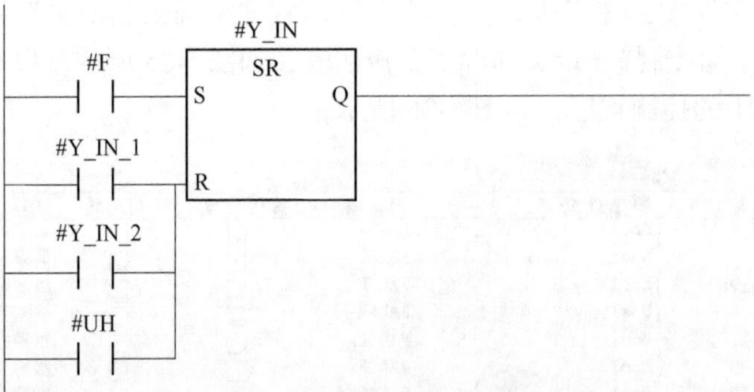

图 5-36　FB1 的控制程序

DB1 -- 5-3-3\SIMATIC 300(1)\CPU 315-2PN/DP

	地址	声明	名称	类型	初始值	实际值	备注
1	0.0	in	UH	BOOL	FALSE	FALSE	高液位传感器，表示水箱满
2	0.1	in	UL	BOOL	FALSE	FALSE	低液位传感器，表示水箱空
3	0.2	in	SB_ON	BOOL	FALSE	FALSE	放水电磁阀开启按钮，常开
4	0.3	in	SB_OFF	BOOL	FALSE	FALSE	放水电磁阀关闭按钮，常开
5	0.4	in	F_1	BOOL	FALSE	FALSE	水箱空标志1
6	0.5	in	F_2	BOOL	FALSE	FALSE	水箱空标志2
7	0.6	in	Y_IN_1	BOOL	FALSE	FALSE	水箱进水互锁电磁阀1
8	0.7	in	Y_IN_2	BOOL	FALSE	FALSE	水箱进水互锁电磁阀2
9	2.0	out	Y_IN	BOOL	FALSE	FALSE	当前水箱进水电磁阀
10	2.1	out	Y_OUT	BOOL	FALSE	FALSE	当前水箱放水电磁阀
11	2.2	out	F	BOOL	FALSE	FALSE	当前水箱空标志

图 5-37　背景数据块 DB1 的设置情况

5.3.3.6 编辑组织块程序

编辑启动组织块 OB100，对所有电磁阀进行复位，如图 5-38 所示。

OB100：“Complete Restart”

注释：

⊟ 程序段 1：标题：

MOVE
EN ENO
0 IN OUT QB4

图 5-38 编辑启动组织块 OB100

在 OB1 中调用无静态参数的功能块（FB），如图 5-39 所示。OB1 中程序如图 5-40 所示。

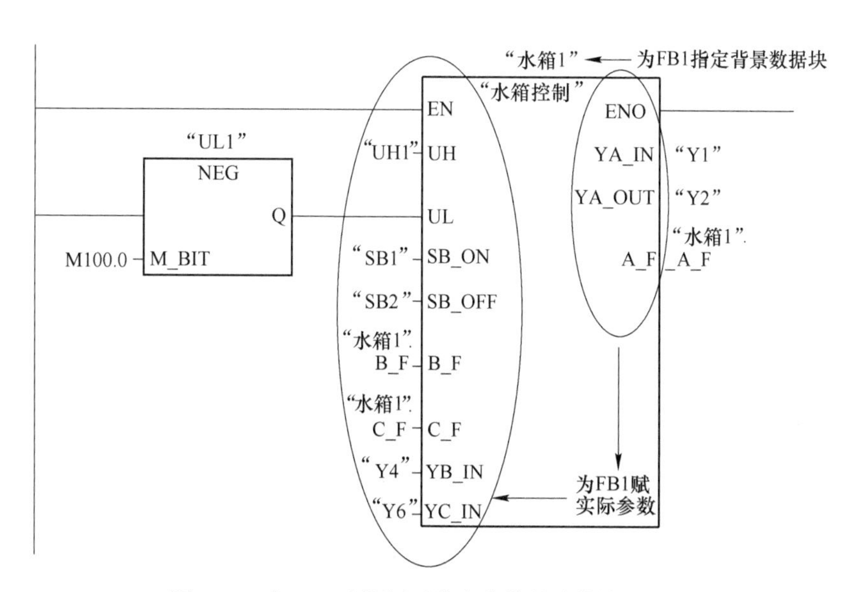

图 5-39 在 OB1 中调用无静态参数的功能块（FB）

5.3.4 应用实例 编辑并调用有静态参数的功能块（FB）——PLC 控制舞台灯光控制系统

在编辑功能块（FB）时，如果程序中需要特定数据的参数，可以考虑将该特定数据定义为静态参数，并在 FB 的声明表内 Static 处声明。

图 5-41 所示为舞台灯光示意图。某舞台需要安装 2 组（每组 8 盏）聚光灯和一个中央灯球，要求灯光以给定的方式点亮与熄灭，请编写控制程序。

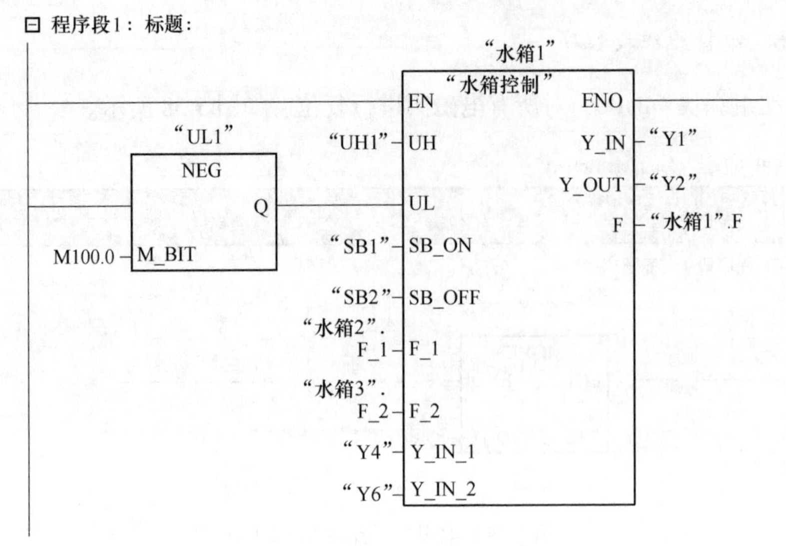

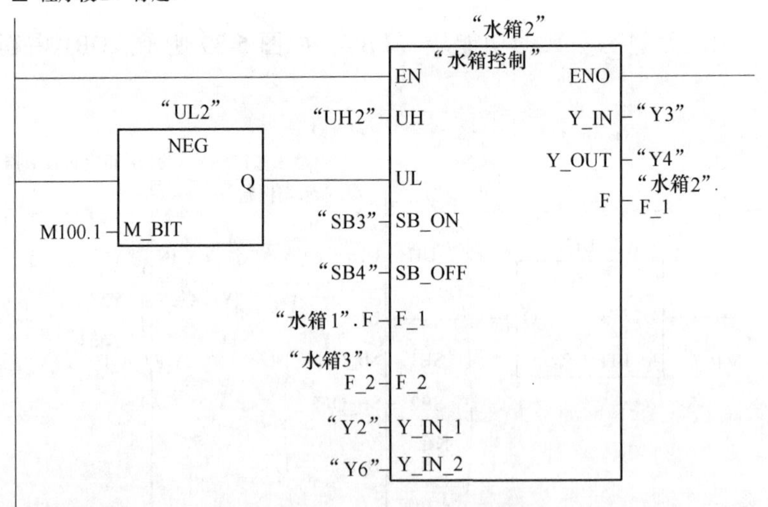

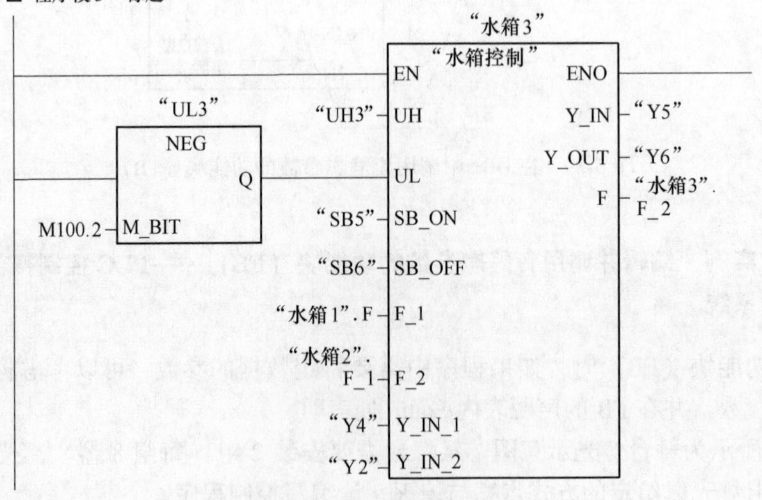

图 5-40　OB1 中调用 FB

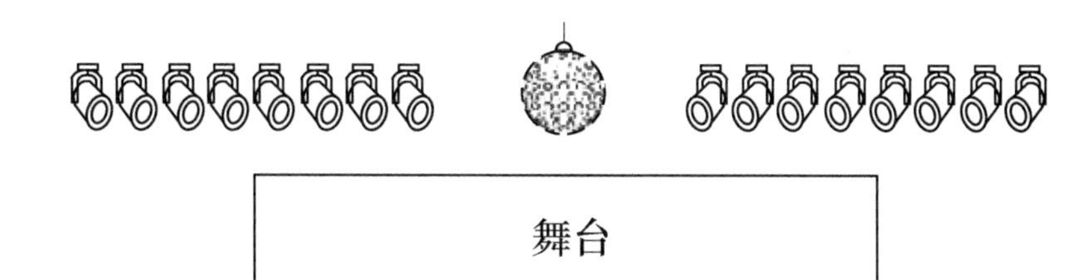

图 5-41 舞台灯光控制示意图

控制要求：按下启动按钮 SB1 后，广场中央灯球先亮 10 s，同时两侧的聚光灯以给定的方式点亮。10 s 后，中央灯球熄灭，聚光灯继续保持点亮。当灯光顺序选择开关等于 0 时，最左和最右两侧的聚光灯向中央逐渐循环移位。当顺序选择开关等于 1 时，聚光灯向两侧逐渐循环移位。聚光灯移位的间隔时间不同，前 10 s 聚光灯移位的间隔时间为 1 s，后 10 s 聚光灯移位的间隔时间为 2 s。按下停止信号 SB2，所有聚光灯全部熄灭。设定 PLC 控制舞台灯光控制系统的输入/输出（I/O）分配表，见表 5-6。

表 5-6 PLC 控制舞台灯光控制系统 I/O 分配表

输 入		输 出	
输入设备	输入编号	输出设备	输出编号
启动 SB1	I0.0	第一组聚光灯（左 8 盏）	QB0
停止 SB2	I0.1	第二组聚光灯（右 8 盏）	QB1
灯光顺序选择	I0.2	中央灯球	Q2.0

5.3.4.1 创建新项目并完成硬件配置

创建新项目，并命名为“广场灯控制系统”，项目包含组织块 OB1。在“舞台灯控制系统”项目内单击“插入”→“SIMATIC 300 站点”，点开“SIMATIC 300”文件夹，打开硬件配置窗口，并完成硬件配置。

5.3.4.2 编写符号表

根据 I/O 分配表，编写符号表，如图 5-42 所示。

符号编辑器 - [S7 程序(1) (符号) -- 5-3\SIMATIC 300 (舞台灯控制)\CPU 315-2PN/DP]

符号表(S) 编辑(E) 插入(I) 视图(V) 选项(O) 窗口(W) 帮助(H)

全部符号

	状态	符号	地址		数据类型	注释
1		启动SB1	I	0.0	BOOL	
2		停止SB2	I	0.1	BOOL	
3		灯光顺序选择	I	0.2	BOOL	
4		右8盏灯	QB	1	BYTE	
5		左8盏灯	QB	0	BYTE	
6		中央灯球	Q	2.0	BOOL	
7						

图 5-42 编写符号表

5.3.4.3　规划程序结构

OB1 为主循环组织块、OB100 初始化程序、FB1 为舞台灯光控制程序、DB1 为聚光灯快速移动数据块、DB2 为聚光灯慢速移动数据块。规划程序结构，如图 5-43 所示。

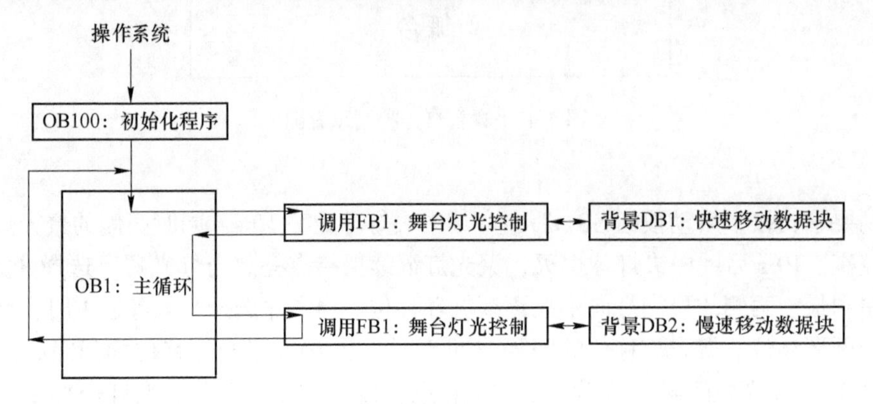

图 5-43　规划程序结构

5.3.4.4　编辑功能块（FB）

定义局部变量声明表，如图 5-44 所示。

接口
- IN
  - T_ON
  - T_OFF
  - SELECTMODE
- OUT
  - LeftLight
  - RightLight
- IN_OUT
- STAT
  - T_ON_C
- TEMP

内容：'环境\接口\IN'

名称	数据类型	地址	初始值	排除地址	终端地址	注释
T_ON	S5Time	0.0	S5T#0MS	□	□	
T_OFF	S5Time	2.0	S5T#0MS	□	□	
SELECTMODE	Bool	4.0	FALSE	□	□	
				□	□	

图 5-44　定义局部变量声明表

编写功能块（FB）程序，如图 5-45 所示。

5.3.4.5　建立背景数据块（DI）

由于在创建 DB1 和 DB2 之前，已经完成了 FB1 的变量声明，建立了相应的数据结构，所以在创建与 FB1 相关联的 DB1 和 DB2 时，STEP7 自动完成了数据块的数据结构。建立背景数据块，如图 5-46 所示。

5.3.4.6　编辑组织块程序

编辑启动组织块 OB100，启动时复位所有聚光灯及设置循环移动位数，如图 5-47 所示。

⊟ 程序段1：标题：

M1.0
T1
T0
(SD)
#T_ON
#T_ON
T1
(SD)
#T_OFF
#T_OFF

⊟ 程序段2：标题：

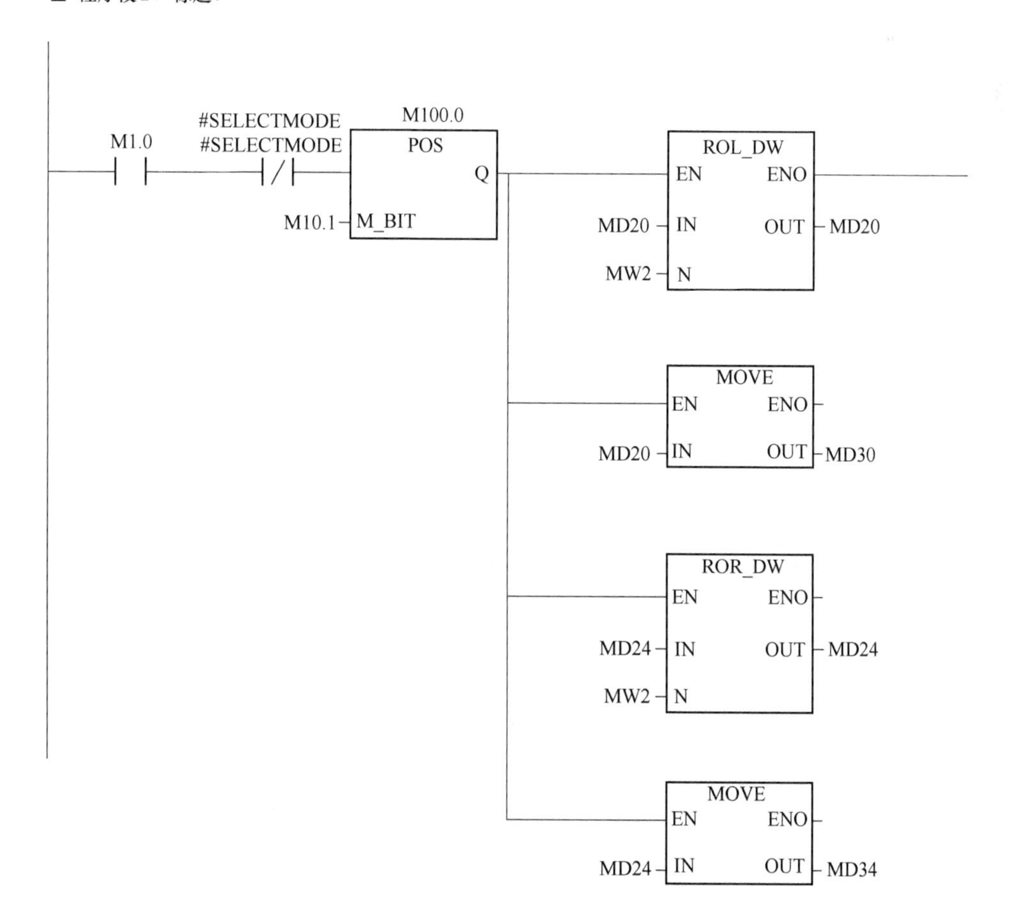

⊟ 程序段 3：标题：

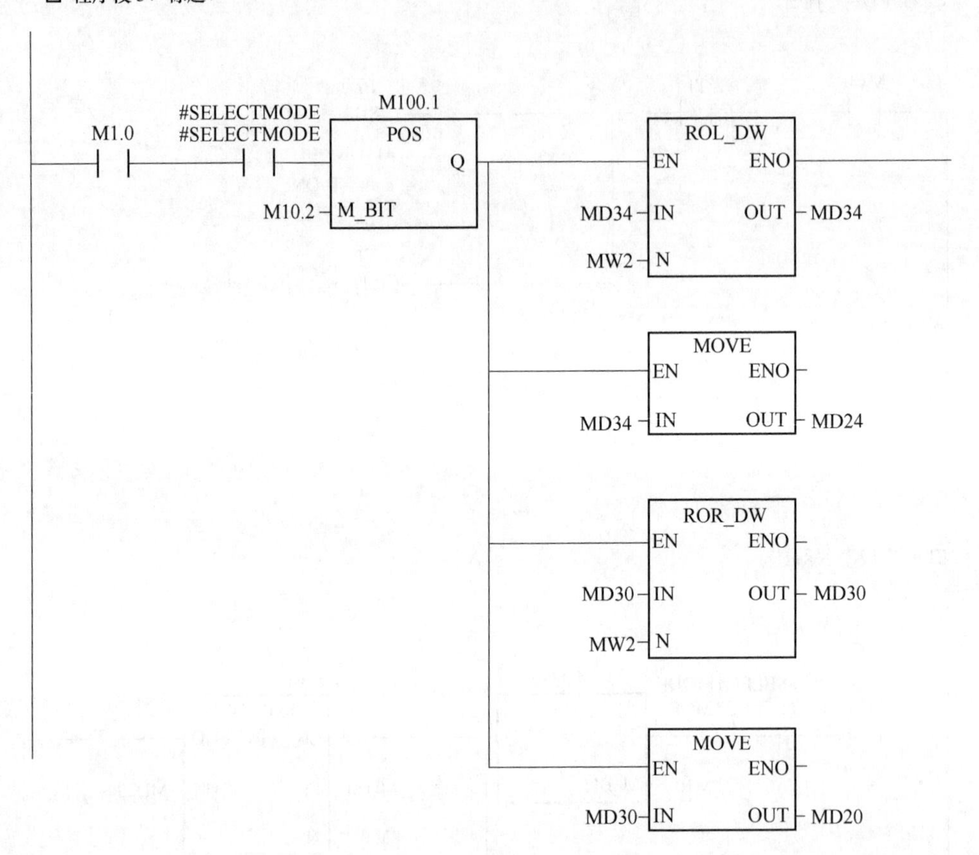

⊟ 程序段 4：标题：

M1.0
#SELECTMODE
#SELECTMODE
MOVE
EN
ENO
MB20
IN
OUT
#LeftLight
#LeftLight
MOVE
EN
ENO
MB24
IN
OUT
#RightLight
#RightLight

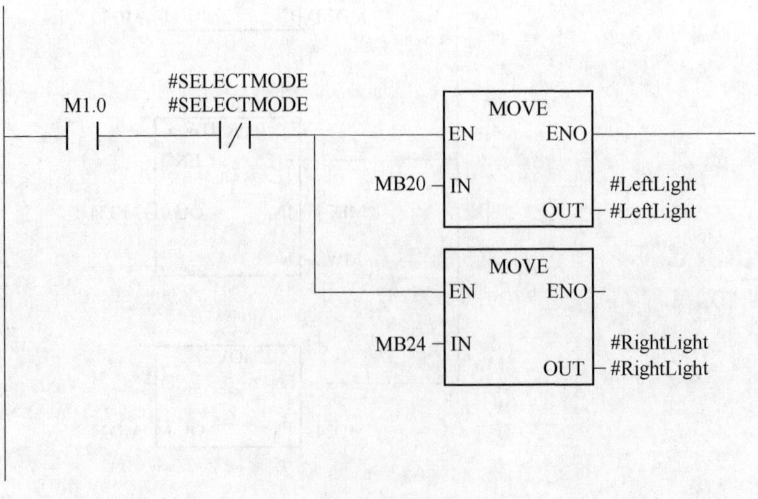

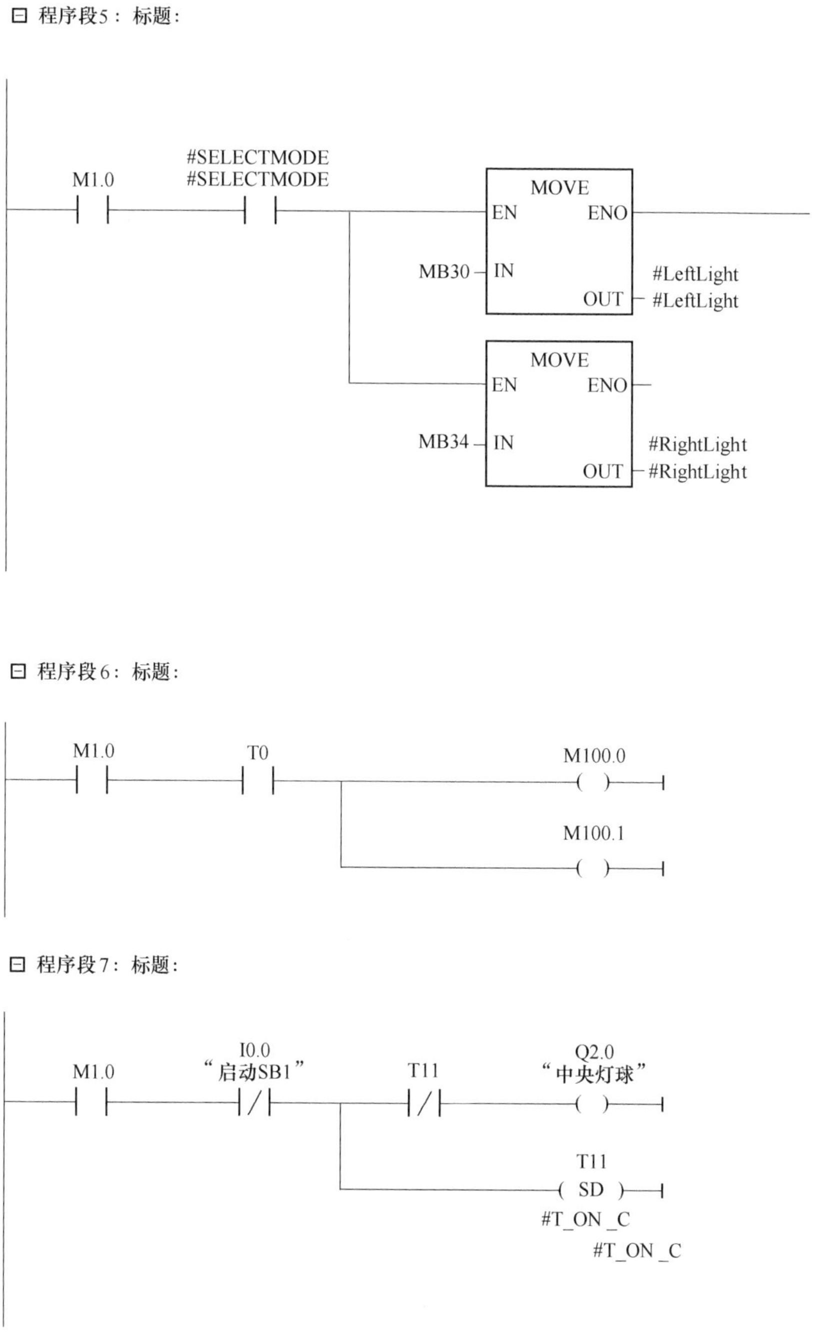

⊟ 程序段5：标题：

M1.0
#SELECTMODE
#SELECTMODE
MOVE
EN ENO
MB30 IN
OUT #LeftLight
#LeftLight
MOVE
EN ENO
MB34 IN
OUT #RightLight
#RightLight

⊟ 程序段6：标题：

M1.0
T0
M100.0
M100.1

⊟ 程序段7：标题：

M1.0
I0.0
“启动SB1”
T11
Q2.0
“中央灯球”
T11
SD
#T_ON_C
#T_ON_C

图 5-45 编写功能块 FB 程序

在 OB1 中调用有静态参数的功能块（FB），OB1 程序如图 5-48 所示。

5.3.5 应用实例 使用多重背景——PLC 控制风机系统

当功能块 FB1 在组织块中被调用时，会形成与 FB1 关联的背景数据块。当 FB1 被多

DB1 -- 5-3\SIMATIC 300 (舞台灯控制)\CPU 315-2PN/DP

	地址	声明	名称	类型	初始值	实际值	备注
1	0.0	in	T_ON	S5TIME	S5T#0MS	S5T#0MS	
2	2.0	in	T_OFF	S5TIME	S5T#0MS	S5T#0MS	
3	4.0	in	SELECTMODE	BOOL	FALSE	FALSE	
4	6.0	out	LeftLight	BYTE	B#16#0	B#16#0	
5	7.0	out	RightLight	BYTE	B#16#0	B#16#0	
6	8.0	stat	T_ON_C	S5TIME	S5T#10S	S5T#10S	

图 5-46　建立背景数据块

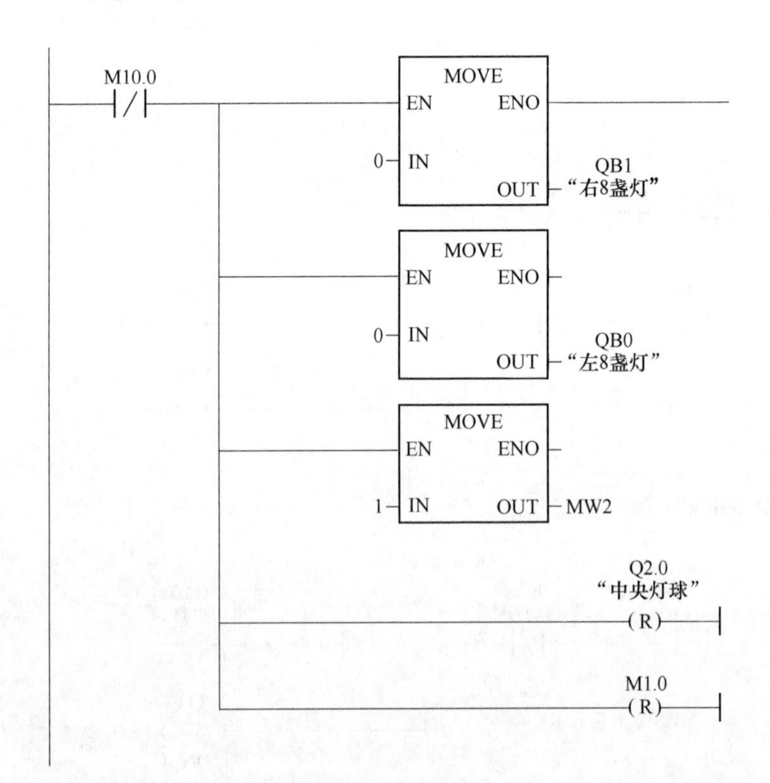

图 5-47　编辑启动组织块 OB100

次调用时，就会形成相应数量的背景数据块，这种情况会占用许多数据块。如果使用多重背景数据块可以有效地减少数据块的数量，其使用思路是创建一个比 FB1 级别更高的功能块，如 FB2，对于 FB1 的每一次调用，都将数据存储在 FB2 的背景数据块中。这样就不需要为 FB1 分配任何背景数据块。

⊟ 程序段 1：标题：

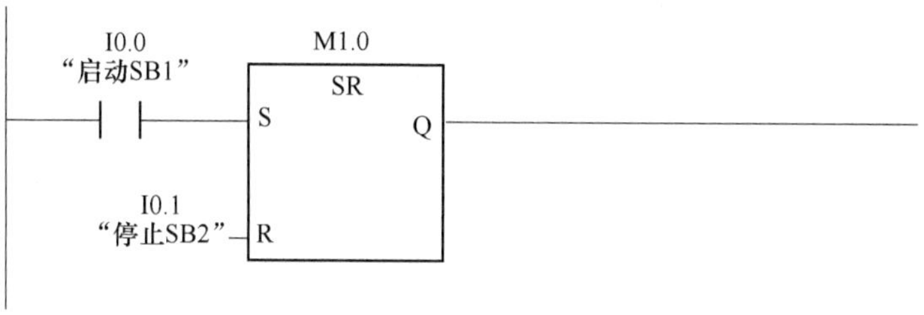

I0.0
"启动SB1"
M1.0
SR
S
Q
I0.1
"停止SB2"
R

⊟ 程序段2：标题：

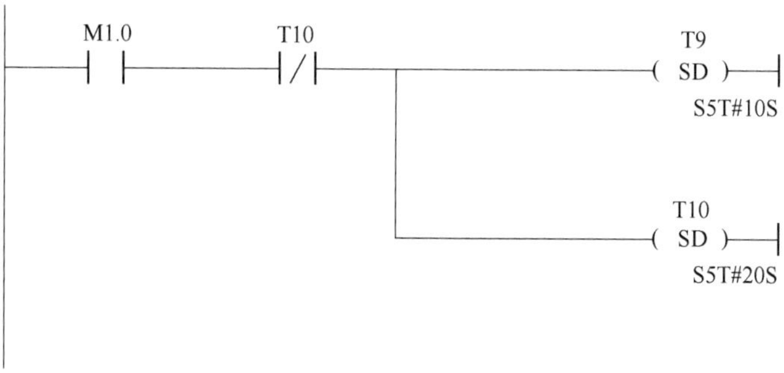

M1.0
T10
T9
SD
S5T#10S
T10
SD
S5T#20S

⊟ 程序段3：标题：

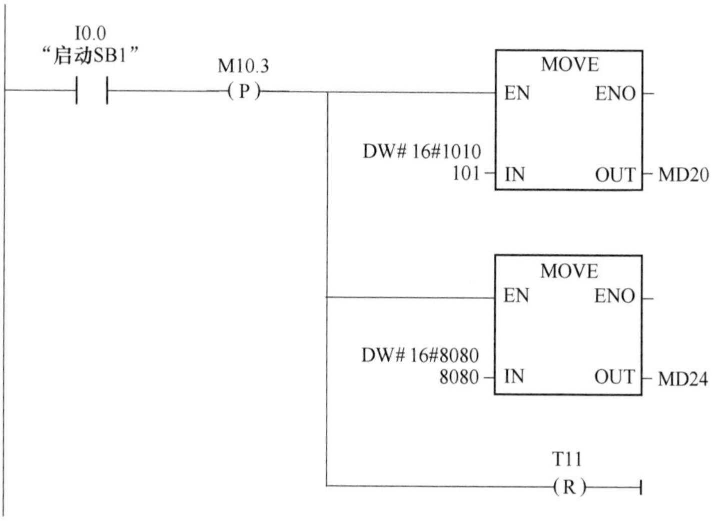

I0.0
"启动SB1"
M10.3
P
MOVE
EN ENO
DW# 16#1010
101
IN OUT
MD20
MOVE
EN ENO
DW# 16#8080
8080
IN OUT
MD24
T11
R

⊟ 程序段4：标题：

DB1
FB1
T9
EN
ENO
S5T#500MS
T_ON
QB0
LEFTLIGHT
“左8盏灯”
S5T#1S
T_OFF
QB1
RIGHTLEFT
“右8盏灯”
I0.2
“灯光顺序选择”
SELECTMODE

⊟ 程序段5：标题：

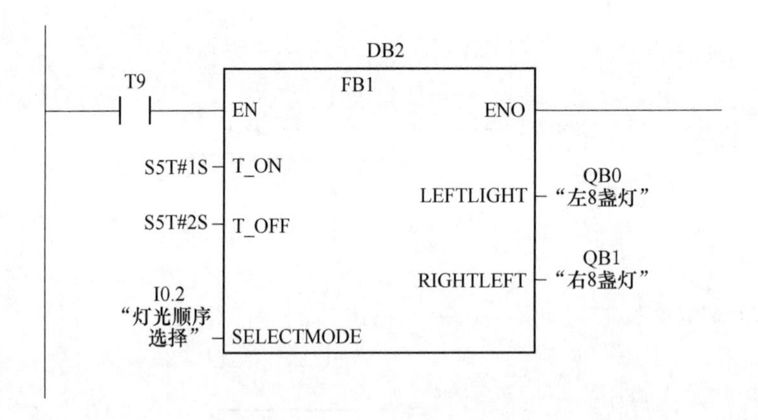

⊟ 程序段6：标题：

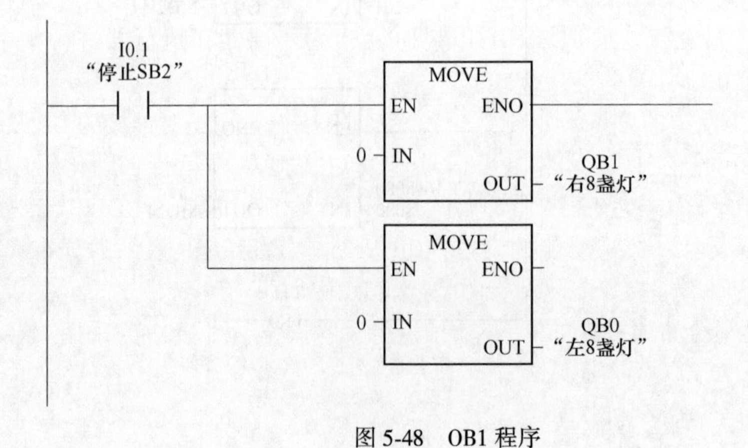

图 5-48　OB1 程序

如图 5-49 所示，某厂的加热炉散热系统由 3 台风机组成，现要求用 PLC 控制风机的启动和关闭。每台风机均设置一个启动按钮和一个停止按钮。设定 I/O 分配表，见表5-7。

控制要求：当按下启动按钮后，当前风机打开。当按下停止按钮后，风机关闭。

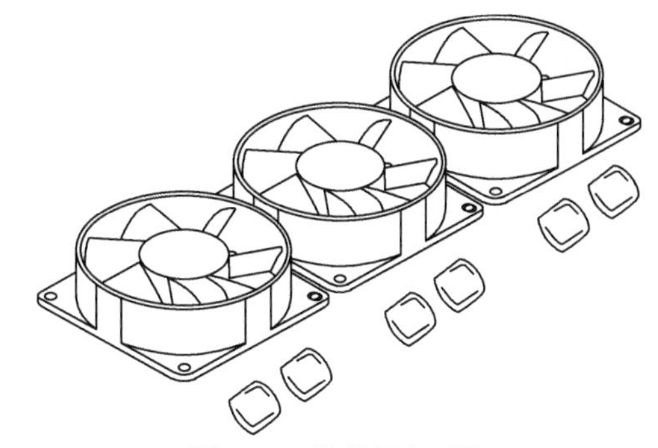

图 5-49　散热风机系统

表 5-7　PLC 控制风机系统 I/O 分配表

输　入		输　出	
输入设备	输入编号	输出设备	输出编号
风机 1 开启按钮 SB1	I0.0	风机 1	Q4.0
风机 1 关闭按钮 SB2	I0.1	风机 2	Q4.1
风机 2 开启按钮 SB3	I0.2	风机 3	Q4.2
风机 2 关闭按钮 SB4	I0.3		
风机 3 开启按钮 SB5	I0.4		
风机 3 关闭按钮 SB6	I0.5		

5.3.5.1　创建新项目并完成硬件配置

使用菜单“文件”→“新建项目”创建风机控制系统的新项目，并命名为“风机控制系统”。在“风机控制系统”项目内右键单击“插入新对象”→“SIMATIC 300 站点”，双击打开“硬件”文件夹，打开硬件配置窗口，并完成硬件配置。

5.3.5.2　编写符号表

根据 I/O 分配表，编辑符号表，如图 5-50 所示。

符号	地址		数据类型		注释
CYCL_EXC	OB	1	OB	1	Cycle Execution
单台风机控制	FB	1	FB	1	
多重背景调用	FB	2	FB	2	
风机1	Q	4.0	BOOL		
风机1关闭	I	0.1	BOOL		
风机1开启	I	0.0	BOOL		
风机2	Q	4.1	BOOL		
风机2关闭	I	0.3	BOOL		
风机2开启	I	0.2	BOOL		
风机3	Q	4.2	BOOL		
风机3关闭	I	0.5	BOOL		
风机3开启	I	0.4	BOOL		

图 5-50　编辑符号表

5.3.5.3　规划程序结构

OB1 为主循环组织块，功能块 FB2 调用作为局域背景的 FB1，其中 FB1 的数据存储在 FB2 的背景数据块 DB10 中。规划程序结构如图 5-51 所示。

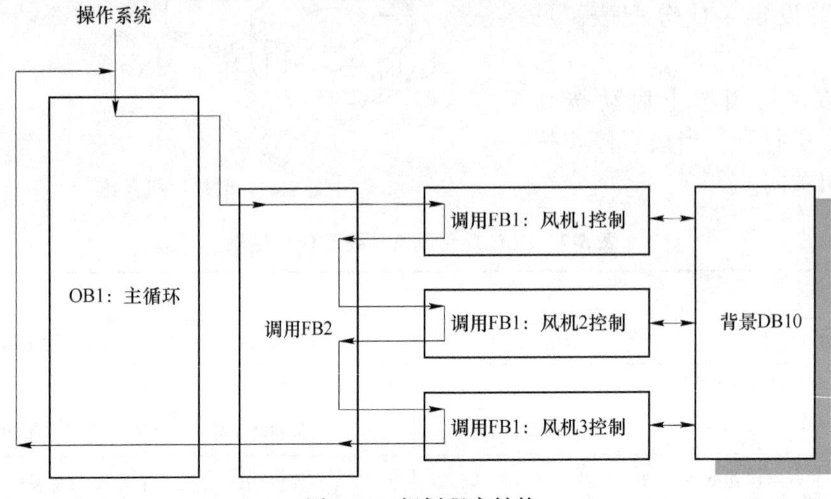

图 5-51　规划程序结构

5.3.5.4　编辑功能块

在该系统的程序结构内，有 2 个功能块 FB1 和 FB2。FB1 为底层功能块，所以应首先创建并编辑，而 FB2 为上层功能块，用于调用 FB1。

(1) 编辑底层功能块 FB1。进入“块”文件夹的工作区后，单击鼠标右键“插入新对象”→添加“功能块”FB1 并命名为“单台风机控制”，并将“多重背景功能”的“√”挑上，如图 5-52 所示。

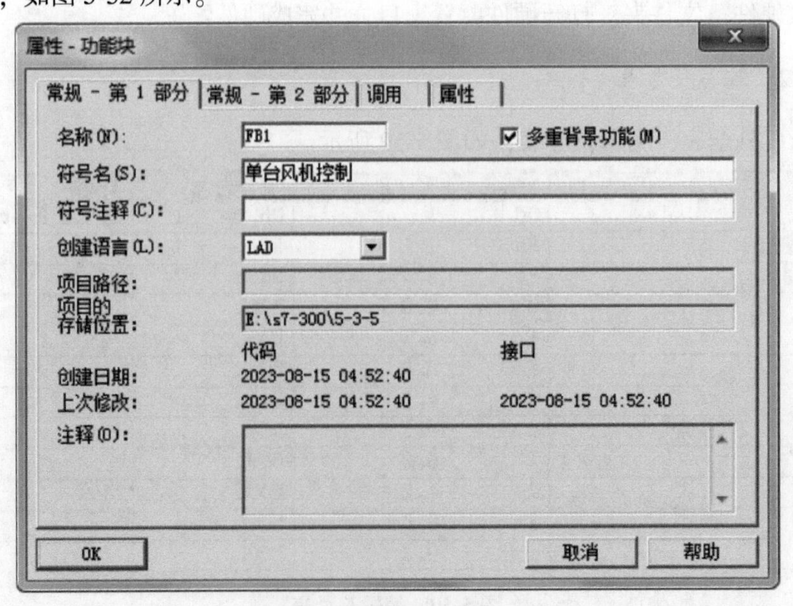

图 5-52　创建底层功能块 FB1

定义功能块 FB1 的变量声明表，如图 5-53 所示。编写风机控制程序，如图 5-54 所示。

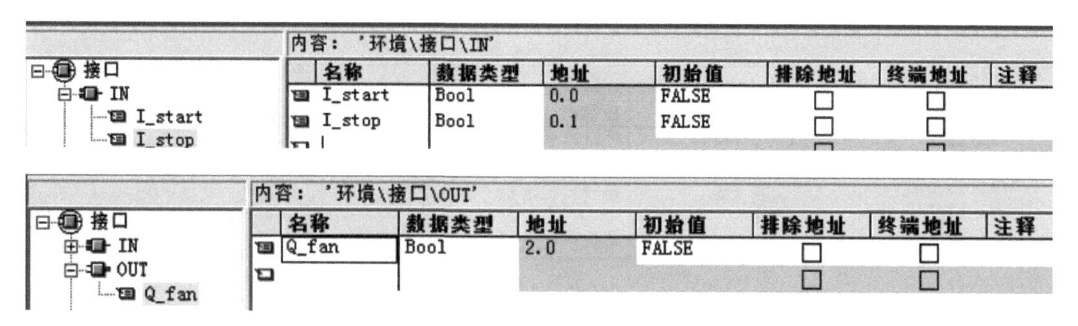

图 5-53 定义 FB1 块局部变量声明表

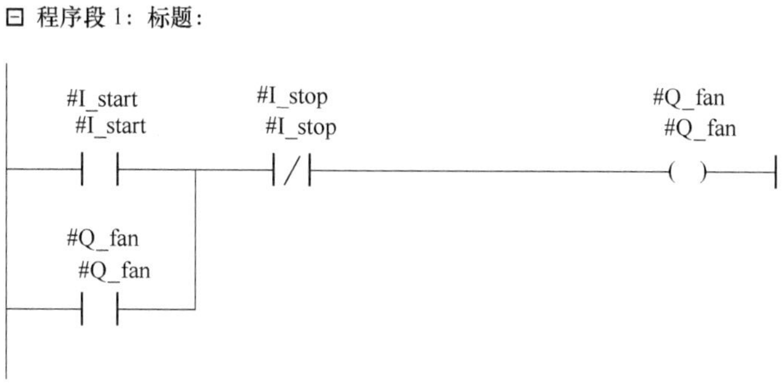

程序段 1：标题：

#I_start
#I_start
#I_stop
#I_stop
#Q_fan
#Q_fan
#Q_fan
#Q_fan

图 5-54 风机启停保电路

（2）编辑上层功能块 FB2。同样进入“块”文件夹的工作区后，单击鼠标右键“插入新对象”→添加“功能块”FB2 并命名为“多重背景调用”，并将“多重背景功能”的“√”挑上，如图 5-55 所示。

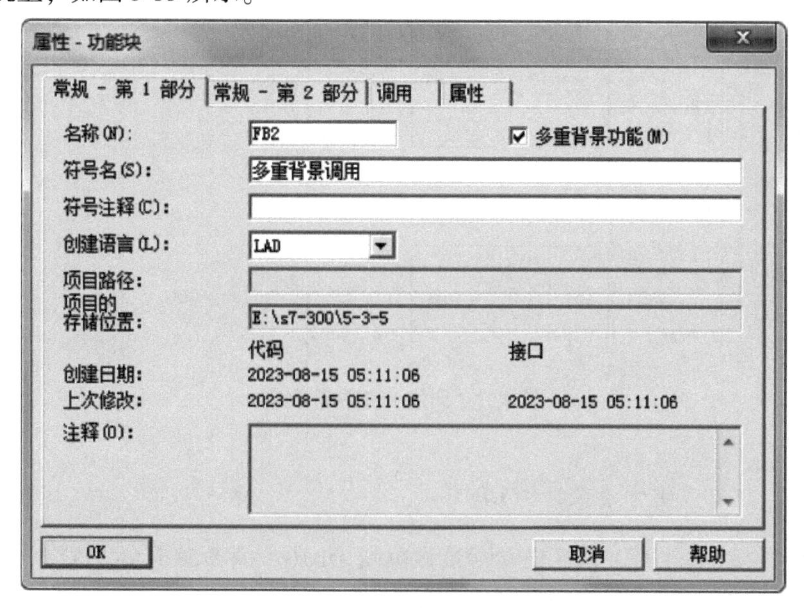

图 5-55 创建上层功能块 FB2

在定义功能块 FB2 的变量声明时，由于 FB1 将作为 FB2 的一个“局部背景”被调用，所以要将 FB2 的变量声明表中静态变量数据类型选择为 FB1（或使用符号名“单台风机控制”），如图 5-56 所示。

内容： '环境\接口\STAT'

接口：IN、OUT、IN_OUT、STAT（fan1）

名称	数据类型	地址	初始值	排除地址	终端地
fan1	单台风机控制	0.0		□	□
fan2	单台风机控制	4.0		□	□
fan3	单台风机控制	8.0		□	□
				□	□

图 5-56　定义 FB2 块局部变量声明表

当完成变量声明表内 FB1 类型的局部实例“fan1、fan2、fan3”声明后，在程序元素目录的“多重背景”目录中就会出现所声明的多重实例，最后即可在 FB2 的程序编辑区调用 FB1 的“局部实例”，如图 5-57 所示。

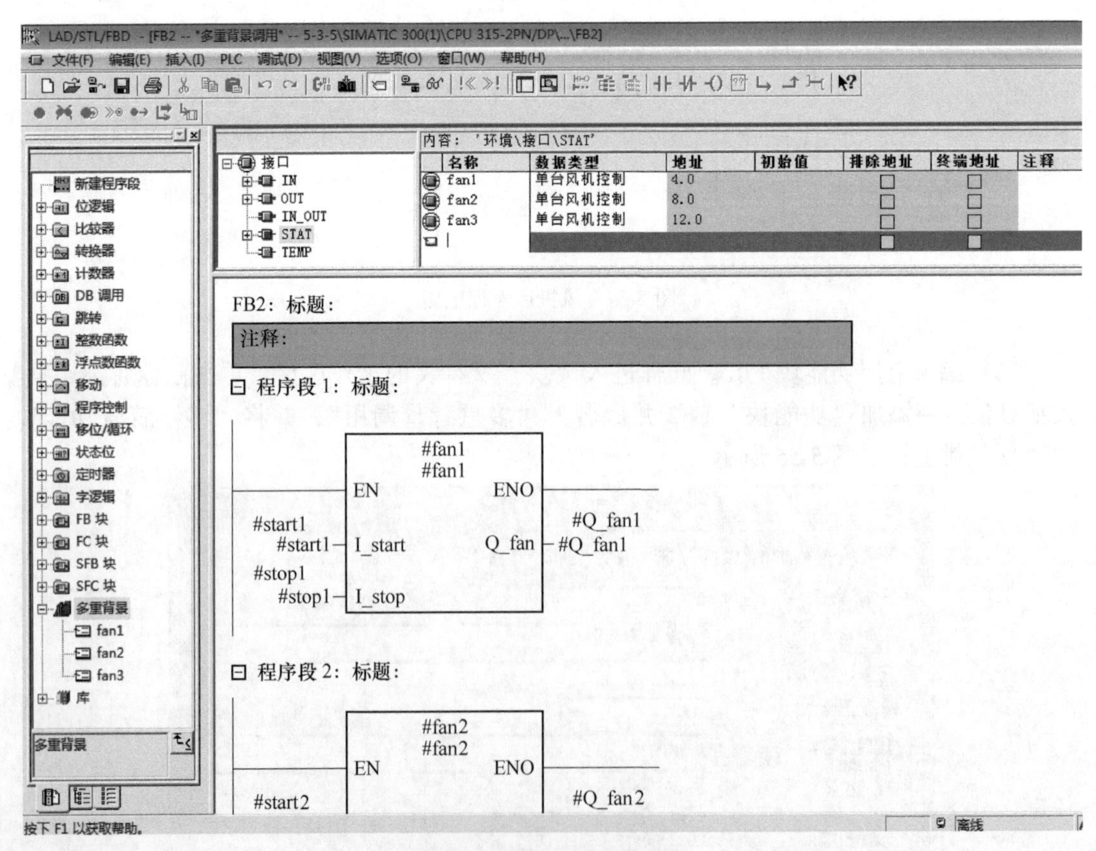

图 5-57　调用 FB1 局部实例

5.3.5.5　建立多重背景数据块 DB10

在项目的“块文件”工作区建立背景数据块 DB10。图 5-58 所示为背景数据块 DB10

的设置情况。

DB10 -- 5-3-5\SIMATIC 300(1)\CPU 315-2PN/DP

	地址	声明	名称	类型	初始值	实际值	备注
1	0.0	in	start1	BOOL	FALSE	FALSE	
2	0.1	in	stop1	BOOL	FALSE	FALSE	
3	0.2	in	start2	BOOL	FALSE	FALSE	
4	0.3	in	stop2	BOOL	FALSE	FALSE	
5	0.4	in	start3	BOOL	FALSE	FALSE	
6	0.5	in	stop3	BOOL	FALSE	FALSE	
7	2.0	out	Q_fan1	BOOL	FALSE	FALSE	
8	2.1	out	Q_fan2	BOOL	FALSE	FALSE	
9	2.2	out	Q_fan3	BOOL	FALSE	FALSE	
10	4.0	stat:in	fan1.I_start	BOOL	FALSE	FALSE	
11	4.1	stat:in	fan1.I_stop	BOOL	FALSE	FALSE	
12	6.0	stat:out	fan1.Q_fan	BOOL	FALSE	FALSE	
13	8.0	stat:in	fan2.I_start	BOOL	FALSE	FALSE	
14	8.1	stat:in	fan2.I_stop	BOOL	FALSE	FALSE	
15	10.0	stat:out	fan2.Q_fan	BOOL	FALSE	FALSE	
16	12.0	stat:in	fan3.I_start	BOOL	FALSE	FALSE	
17	12.1	stat:in	fan3.I_stop	BOOL	FALSE	FALSE	
18	14.0	stat:out	fan3.Q_fan	BOOL	FALSE	FALSE	

图 5-58 背景数据块 DB10 的设置情况

5.3.5.6 编辑组织块程序

在组织块 OB1 中调用 FB2，如图 5-59 所示。

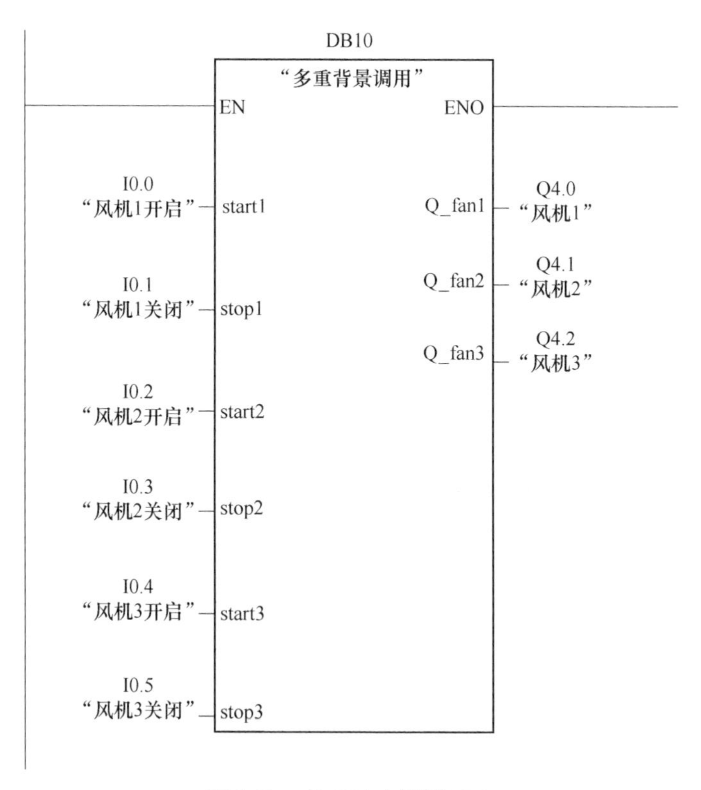

图 5-59 在 OB1 中调用 FB2

思考与练习

5-1　填空题

（1）所谓线性程序结构，就是将整个__________连续放置在一个____________中，块中的程序按顺序执行，CPU 通过反复执行 OB1 来实现自动化控制任务。

（2）所谓分部程序，就是将整个程序按________分成若干个部分，并分别放置在不同的________、__________及__________中，在一个块中可以进一步分解成段。

（3）在分部程序中，既无__________，也不存在重复利用的__________。

（4）所谓结构化编程，是将复杂自动化任务分割成与__________功能相对应或可重复使用的更小的子任务，将更易于对这些复杂任务进行处理和管理。

（5）CPU 有两个数据块寄存器：________和______寄存器。DB 表示的是______，DI 表示的是__________。

（6）基本数据类型包括：__________、__________、__________和 __________。

（7）STEP 7 允许利用数据块编辑器，将基本数据类型和复杂数据类型组合成________用户定义数据类型（UDT：User-Defined dataType）。用户定义数据类型不能存储在 PLC 中，只能存放在硬盘上的__________中。

（8）在用户程序中可能存在多个数据块，每个数据块的数据结构并不完全相同，因此在访问数据块时，必须指明数据块的__________、__________与__________。如果访问不存在的数据单元或数据块，而且没有编写错误处理 OB 块，CPU 将进入__________模式。

（9）逻辑块（OB、FB、FC）由________、________及其__________等几部分组成。

（10）局部数据分为______和______两大类，局部变量又包括______和______两种。

（11）局部变量可以是__________类型或__________类型，也可以是专门用于参数传递的所谓的__________。参数类型包括__________、__________和块的地址或指针等。

5-2　思考题

（1）简述结构化程序的优点有哪些。

（2）什么是数据块，有哪些分类？

（3）什么是共享数据块，什么是背景数据块？

（4）什么复杂数据类型，包括哪些？

（5）建立数据块的方法有哪些？

（6）用户程序使用的堆栈有哪几类？

（7）简述调用功能块（FB）时的堆栈操作步骤。

（8）简述调用功能（FC）时的堆栈操作。

（9）对逻辑块编程时必须编辑哪三个部分？

（10）编写逻辑块（FC 和 FB）程序时，可以用哪两种方式使用局部变量？

6　西门子 PLC 的顺序控制设计方法

6.1　顺序控制方式设计梯形图

6.1.1　基础知识　顺序控制方式设计基本结构

在生产加工中，通常根据控制工艺，可将整个工作过程分为若干个加工阶段，如钻孔加工过程通常分为：原点、快进、工进、停留、返回五个阶段，每个阶段用不同的辅助继电器表示其工作阶段，如图 6-1 所示。

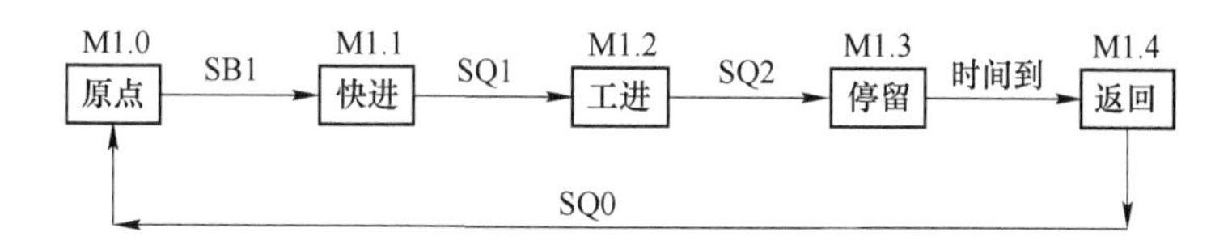

图 6-1　PLC 控制钻孔动力头工作顺序关系

在图 6-1 中按照顺序控制的结构形式，通常用 M_i 表示当前工作阶段，M_{i-1} 表示前一个阶段，M_{i+1} 表示下一个阶段，此时梯形图通常采用顺控结构，如图 6-2 所示。

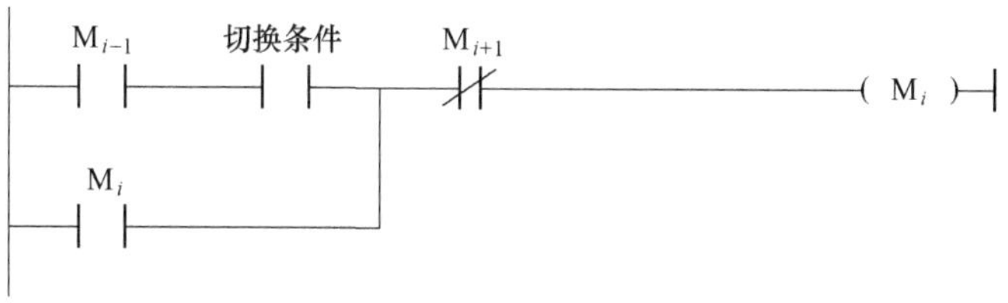

图 6-2　顺控结构梯形图

此后只需按照工艺判断某个输出在哪几个 M 阶段接通，然后将这几个 M 并联即可。例如，Q0. 0 在 M_{i-1} 和 M_{i+2} 阶段接通，此时对应的梯形图，如图 6-3 所示。

图 6-3　Q0. 0 在 M_{i-1} 和 M_{i+2} 阶段接通时对应的梯形图

6.1.2　应用实例　顺序控制方式设计 PLC 控制剪板机

PLC 控制剪板机的示意图如图 6-4 所示。其控制要求如下。开始时压钳和剪刀在上限位置，限位开关 SQ1 和 SQ2 闭合。按下启动按钮后，板料右行至限位开关 SQ3 处，然后压钳下行，压紧板料后压力继电器吸合，压钳保持压紧，剪刀开始下行。剪断板料后，压钳和剪刀同时上行，分别碰到限位开关 SQ1 和 SQ2 后，停止上行。压钳和剪刀都停止后，又开始下一周期的工作。

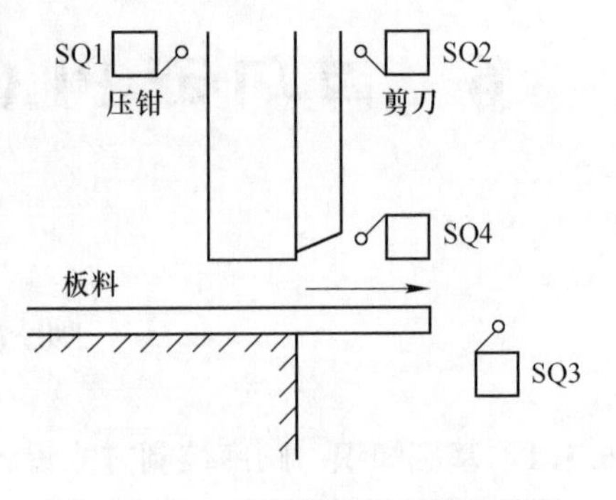

图 6-4　PLC 控制剪板机工作示意图

确定输入/输出（I/O）分配表，见表 6-1。

表 6-1　PLC 控制剪板机 I/O 分配表

输　入		输　出	
输入设备	输入编号	输出设备	输出编号
启动按钮 SB1	I0. 0	板料右行电机	Q4. 0
压钳上限位开关 SQ1	I0. 1	压钳下行电磁阀 YV1	Q4. 1
剪刀上限位开关 SQ2	I0. 2	压钳上行电磁阀 YV2	Q4. 2
右行限位开关 SQ3	I0. 3	剪刀下行电磁阀 YV3	Q4. 3
压力继电器	I0. 4	剪刀上行电磁阀 YV4	Q4. 4
剪刀下限位开关 SQ4	I0. 5		

根据控制工艺，可将整个工作过程分为原始位置、板料右行、压钳下行、剪刀下行、复位 5 个阶段，每个阶段用不同的辅助继电器表示其工作阶段，如图 6-5 所示。

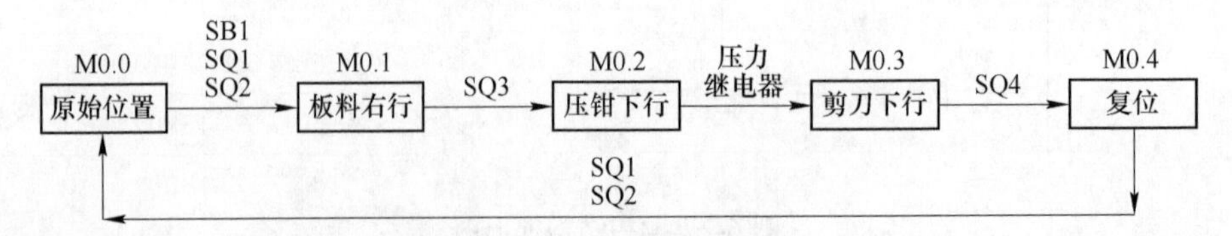

图 6-5　工作顺序关系

按照图 6-5 所示阶段，根据控制工艺，开机就进入原点初始阶段，通过 OB100 启动组织块，即 CPU 在重新上电或 STOP 到 RUN 时，先运行 OB100 一次，再循环执行 OB1，使 M0. 0 接通。同时考虑在 M0. 4 接通的情况下，限位开关 SQ1（I0. 1）、SQ2（I0. 2）接通也应该进入原点初始阶段；当程序进入板料右行阶段 M0. 1 接通时，应切断 M0. 0 原点初始阶段程序梯形图，如图 6-6 和图 6-7 所示。

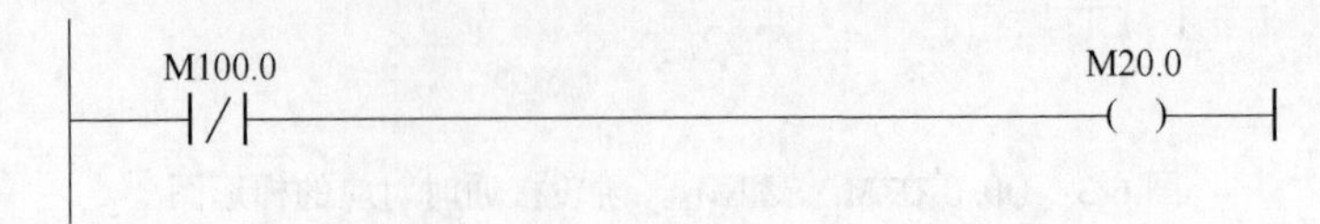

图 6-6　OB100 启动信号程序梯形图

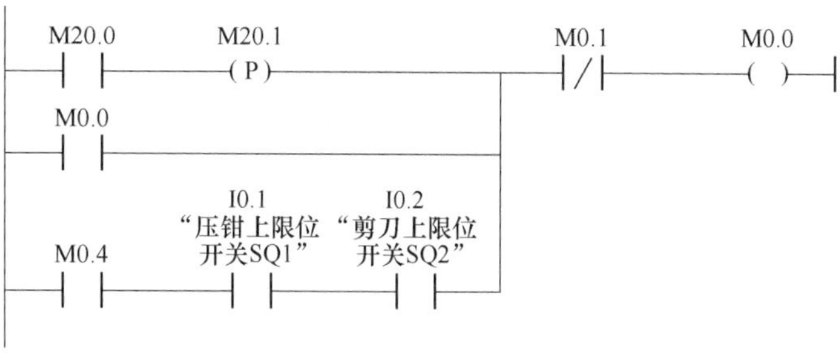

图 6-7 OB1 原点初始阶段程序梯形图

按照图 6-5 所示阶段，在原点初始阶段 M0.0 接通情况下，当限位开关 SQ1（I0.1）、SQ2（I0.2）接通时，按下启动按钮 SB1（I0.0）可进入板料右行阶段 M0.1；当程序进入压钳下行阶段 M0.2 接通时，应切断板料右行阶段 M0.1。板料右行阶段程序梯形图，如图 6-8 所示。

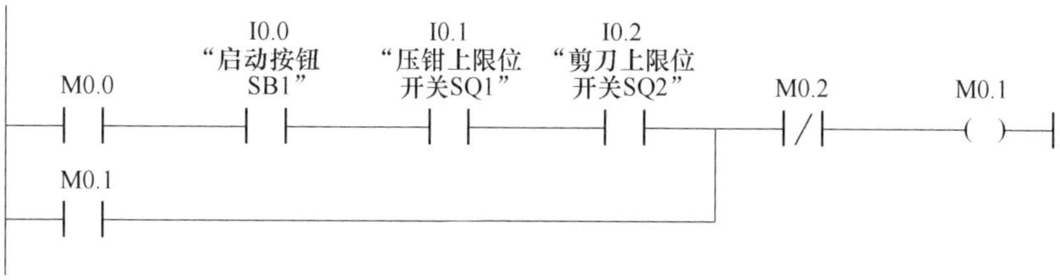

图 6-8 板料右行阶段程序梯形图

按照图 6-5 所示阶段，在板料右行阶段 M0.1 接通情况下，当限位开关 SQ3（I0.3）接通时，可进入压钳下行阶段 M0.2；当程序进入剪刀下行阶段 M0.3 接通时，应切断压钳下行阶段 M0.2。压钳下行阶段程序梯形图，如图 6-9 所示。

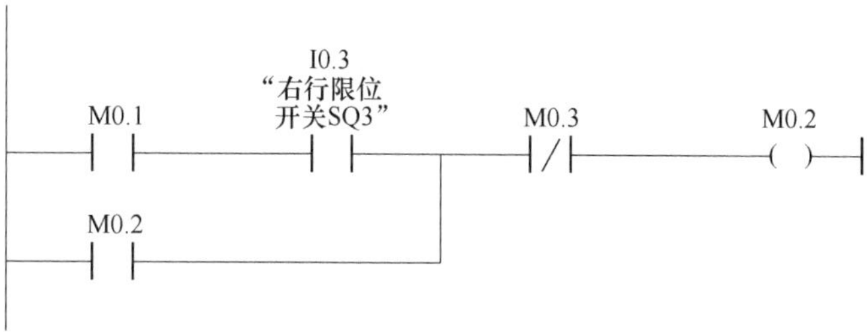

图 6-9 压钳下行阶段程序梯形图

同理在压钳下行阶段 M0.2 接通情况下，当压力继电器（I0.4）接通时，可进入剪刀下行阶段 M0.3；当程序进入复位阶段 M0.4 接通时，应切断剪刀下行阶段 M3。剪刀下行阶段程序梯形图，如图 6-10 所示。

在剪刀下行阶段 M0.3 接通情况下，当限位开关 SQ4（I0.5）接通时，可进入复位阶段 M0.4；当程序进入原点初始阶段 M0.0 接通时，应切断复位阶段 M0.4。复位阶段程序梯形图，如图 6-11 所示。

处理完上述各阶段的通断情况，可逐个分析各输出对应的工作阶段。板料右行电机在

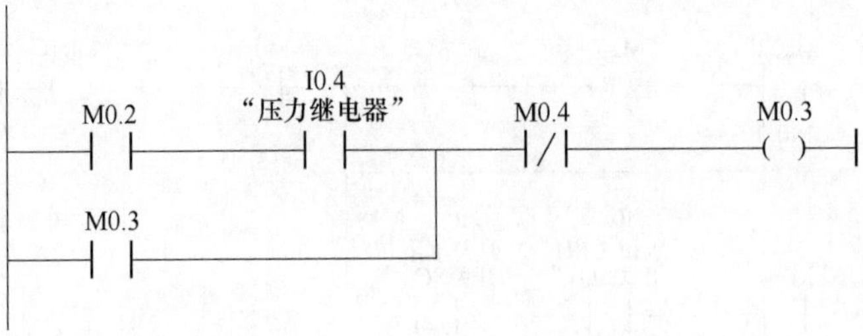

图 6-10　剪刀下行阶段程序梯形图

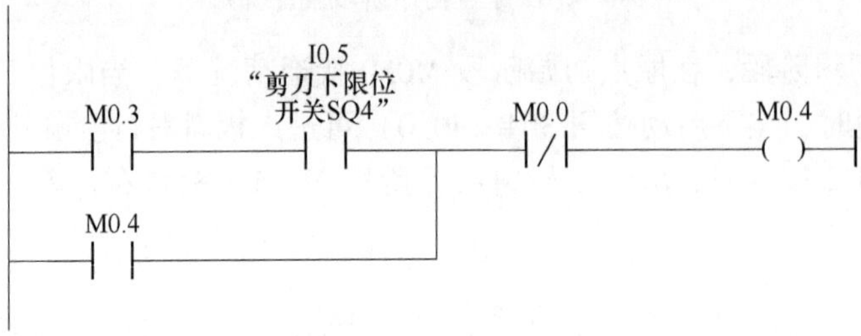

图 6-11　复位阶段程序梯形图

板料右行阶段 M0. 1 处于接通状态，绘制板料右行电机的控制程序梯形图，如图 6-12 所示。

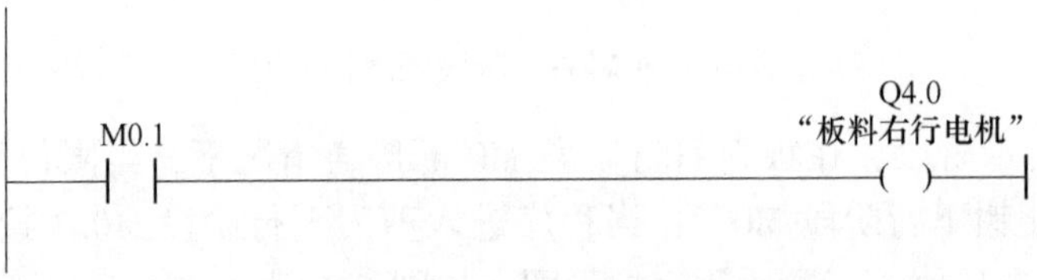

图 6-12　板料右行电机的控制程序梯形图

压钳下行电磁阀 YV1 在压钳下行阶段 M0. 2 处于接通状态，绘制电磁阀 YV1 的控制程序梯形图，如图 6-13 所示。

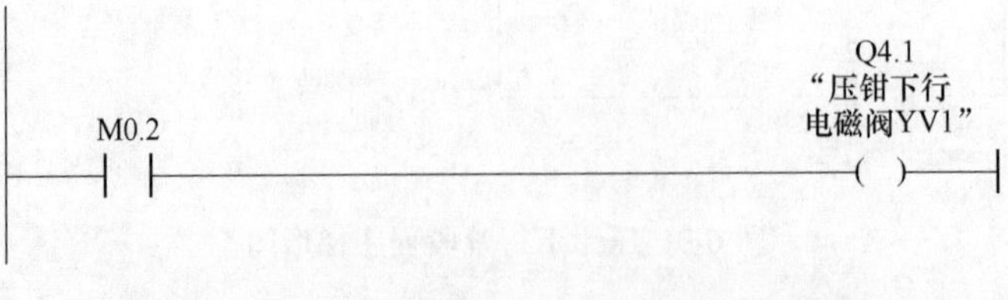

图 6-13　压钳下行电磁阀 YV1 的控制程序梯形图

剪刀下行电磁阀 YV3 在剪刀下行阶段 M0. 3 处于接通状态，绘制电磁阀 YV3 的控制程序梯形图，如图 6-14 所示。

压钳上行电磁阀 YV2 与剪刀上行电磁阀 YV4 在复位阶段 M0. 4 处于接通状态，绘制电磁阀 YV2 与电磁阀 YV4 的控制程序梯形图，如图 6-15 所示。

整理各部分控制梯形图，得到完整的采用顺序控制方式设计的 PLC 控制剪板机的自动控制梯形图，如图 6-16 所示。

图 6-14　剪刀下行电磁阀 YV3 的控制程序梯形图

图 6-15　电磁阀 YV2 与电磁阀 YV4 的控制程序梯形图

OB100:

⊟ 程序段 1: 标题:

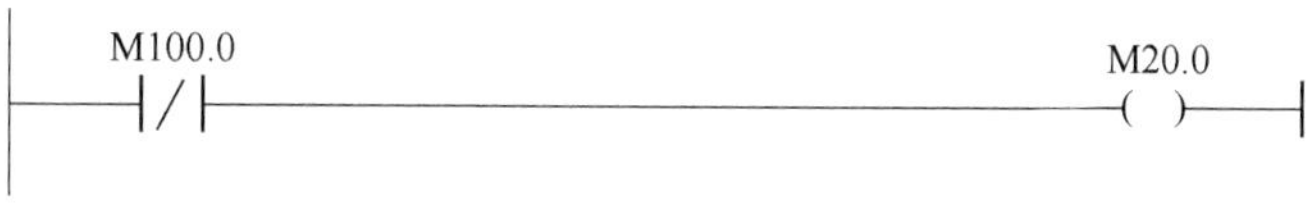

OB1:

⊟ 程序段 1: 标题:

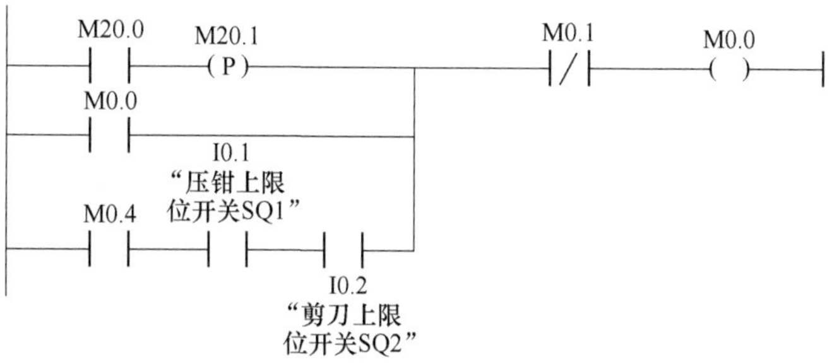

⊟ 程序段 2: 标题:

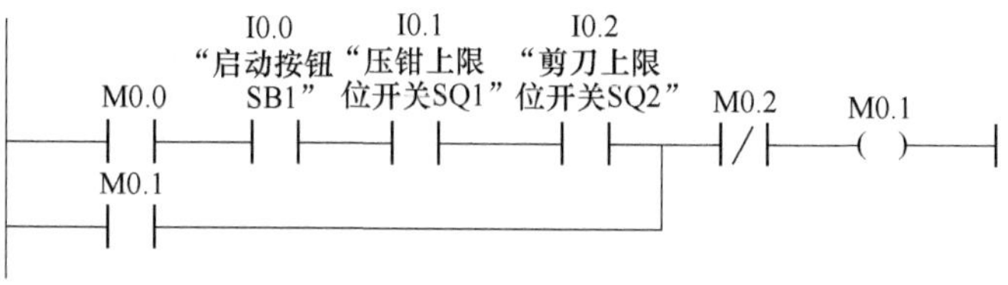

⊟ 程序段 3：标题：

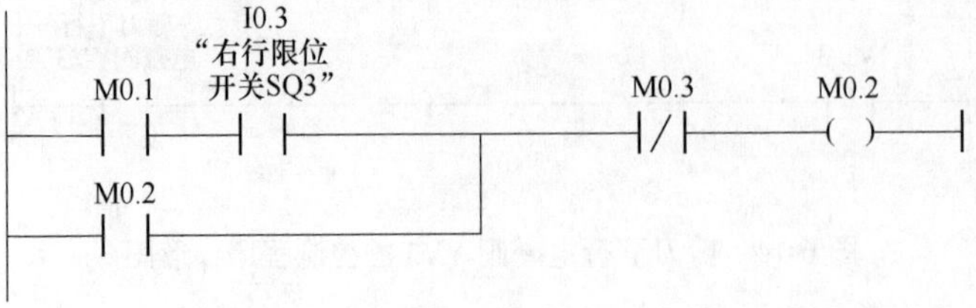

I0.3
“右行限位
M0.1　开关SQ3”　M0.3　M0.2
M0.2

⊟ 程序段 4：标题：

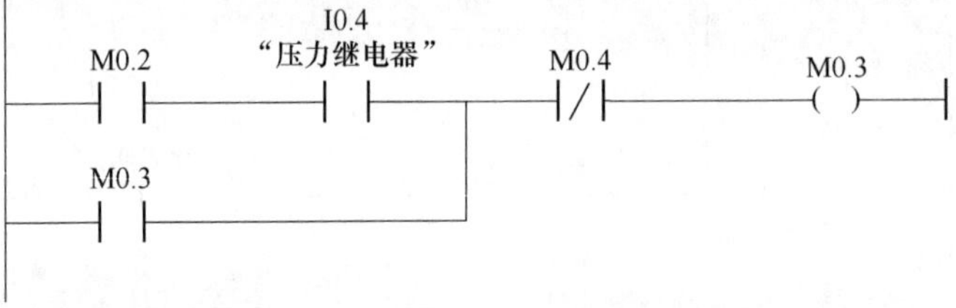

I0.4
M0.2　“压力继电器”　M0.4　M0.3
M0.3

⊟ 程序段 5：标题：

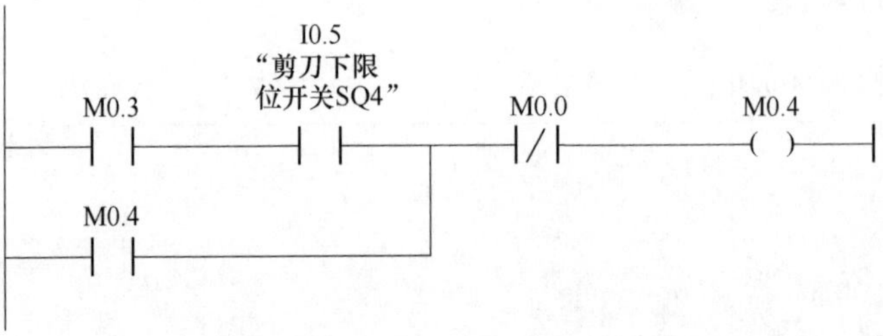

I0.5
“剪刀下限
M0.3　位开关SQ4”　M0.0　M0.4
M0.4

⊟ 程序段 6：标题：

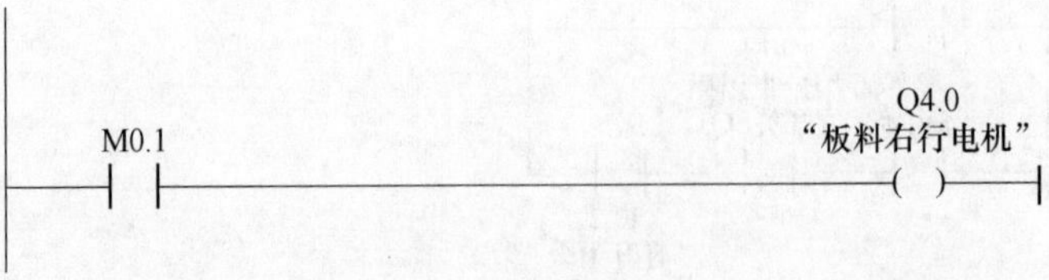

Q4.0
M0.1　“板料右行电机”

⊟ 程序段 7：标题：

Q4.1
“压钳下行
M0.2　电磁阀YV1”

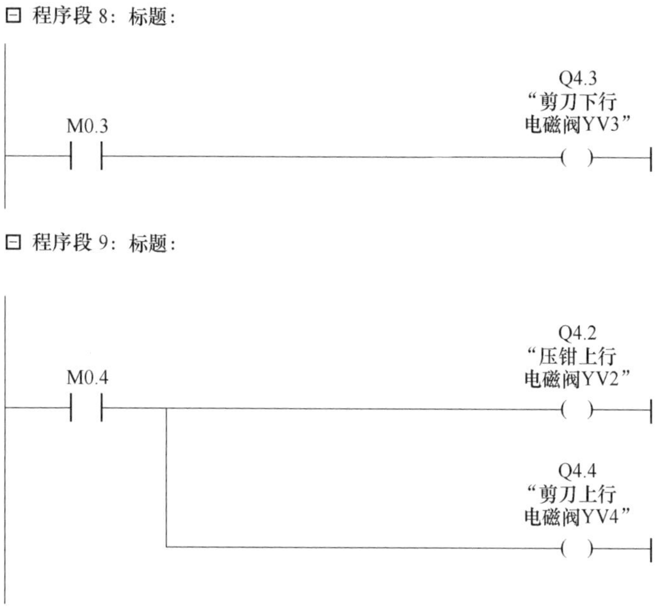

程序段 8：标题：

M0.3

Q4.3
“剪刀下行
电磁阀YV3”

程序段 9：标题：

M0.4

Q4.2
“压钳上行
电磁阀YV2”

Q4.4
“剪刀上行
电磁阀YV4”

图 6-16 PLC 控制剪板机控制程序

6.2 西门子 PLC 的 GRAPH 编程

6.2.1 基础知识 S7-GRAPH 简介

西门子 PLC 的 S7-GRAPH 编程语言在 IEC 标准中又被称作“顺序功能图（Sequential Function Chart，SFC）”，它一般用于编制复杂的顺控程序。

在 PLC 程序中，相当一部分程序是控制一台设备按照某个工艺流程一步步地完成相应的动作步骤。对于这样的顺序控制程序，程序设计者通常需要先画出整个工艺流程图，再通过流程图来编辑设计梯形图程序。若将该工艺流程图直接作为可执行的程序，那么程序设计的工作将变得方便高效。最终在 20 世纪 80 年代，“顺序功能图”这种程序设计方法被提出来，并发展成为了 IEC 标准，收录于 IEC61131-3 中。

目前，S7-300/400/1500 系列 PLC 都可使用 GRAPH 语言进行编程，但 S7-200/S7-1200 系列 PLC 还不支持 GRAPH 语言。

6.2.2 基础知识 S7-GRAPH 的应用基础

6.2.2.1 S7-GRAPH 函数块建立

创建一个目录并完善目录的硬件组态，然后在块的目录里插入编写语言为 GRAPH 的功能块。方法是在空白处单击右键，选择“插入新对象”→“功能块”，如图 6-17 所示。

在建立新 FB 块的对话框中，将编程语言设置为 GRAPH，如图 6-18 所示。

双击打开新建的 FB 块，进入 GRAPH 语言的编辑界面，如图 6-19 所示。S7-GRAPH 界面由菜单栏、通用快捷工具、顺序控制工具栏、浏览窗口、工作区及信息窗口组成。浏览窗

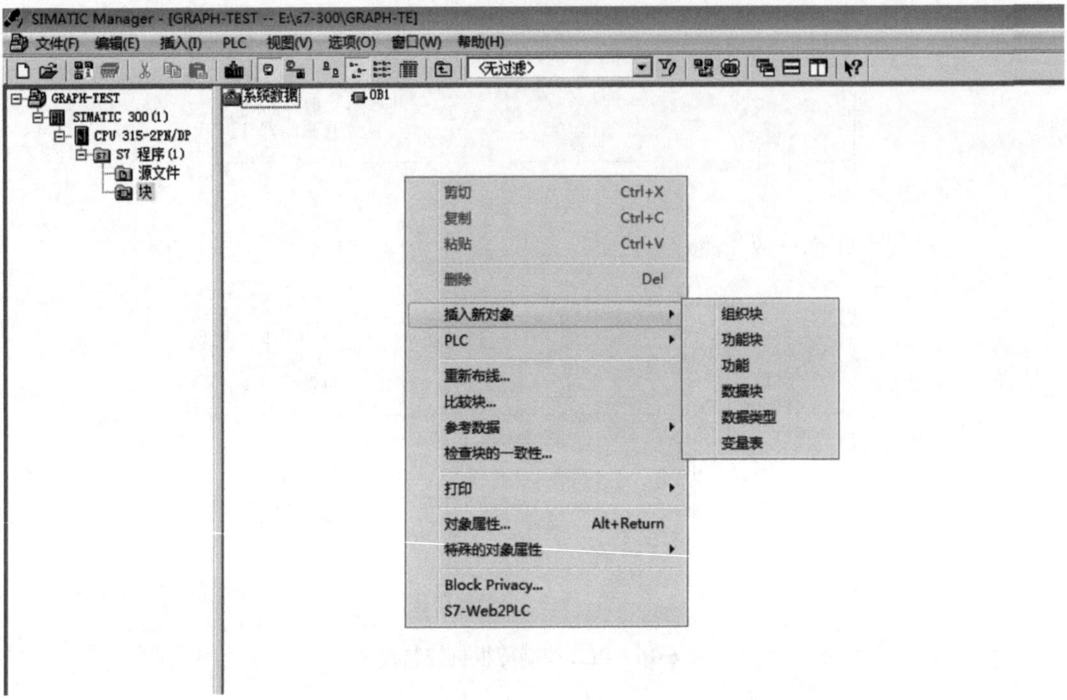

图 6-17　添加 GRAPH 函数块

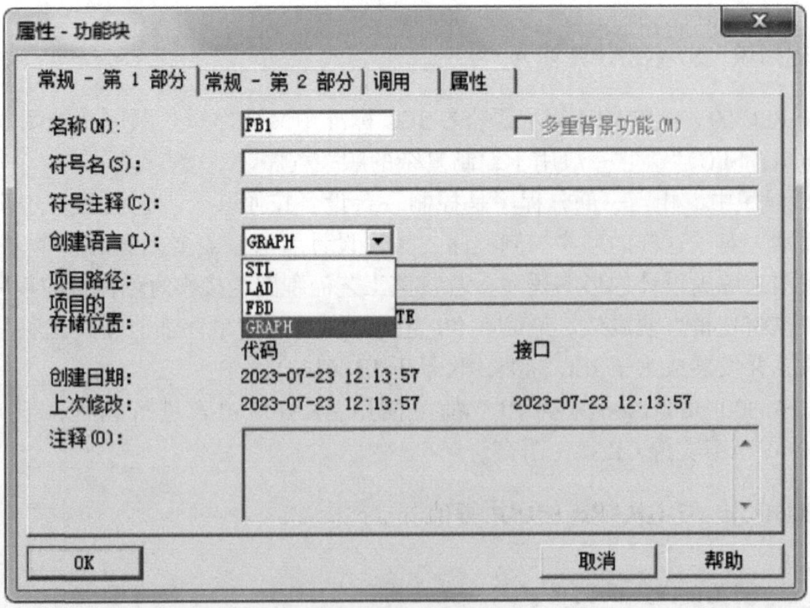

图 6-18　建立使用 GRAPH 语言的 FB 块

口里可以查看 Graphics（图形）、Sequencer（顺序器）和 Variables（变量）三种浏览界面。

Graphics 浏览窗口上面和底下是永久程序界面，中间是分层的 Graph 程序界面。Sequencer 浏览窗口可以浏览程序的总体结构，同时可以浏览程序界面的局部内容。Variables 浏览窗口可以浏览编程时可能用到的元素，在这里除系统变量外，可以定义、编辑及修改变量。

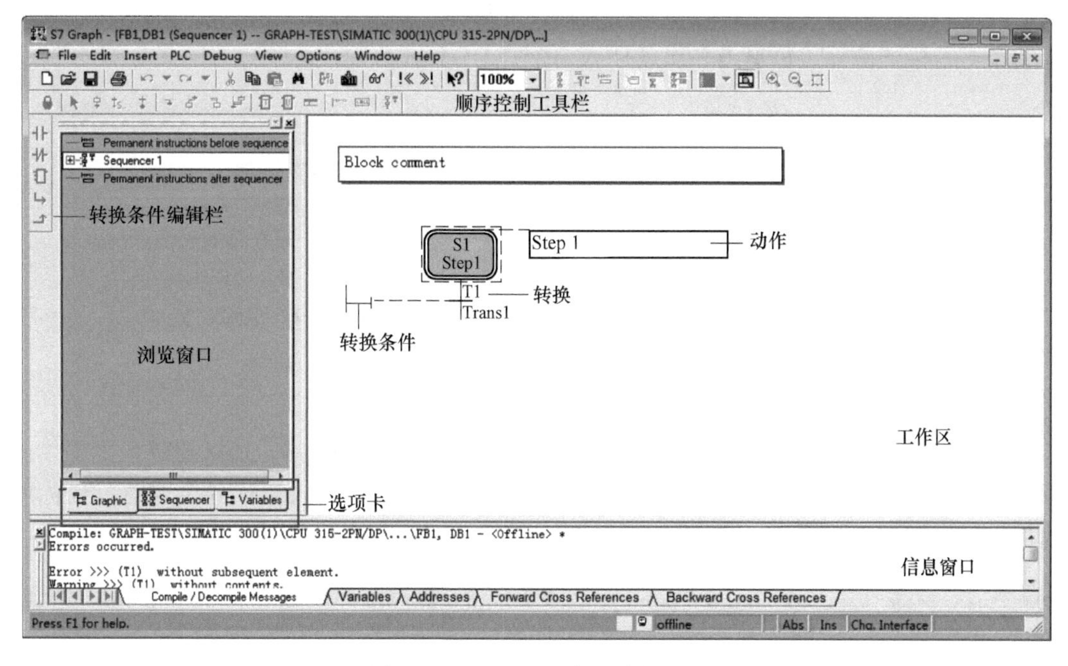

图 6-19 GRAPH 语言的编辑界面

6.2.2.2 顺控器的编辑

在对 S7-GRAPH 进行插入操作中，允许直接（Direct）和拖放（Drag-and-Drop）两种方式对工作区进行编辑，顺控器的编辑界面如图 6-20 所示。

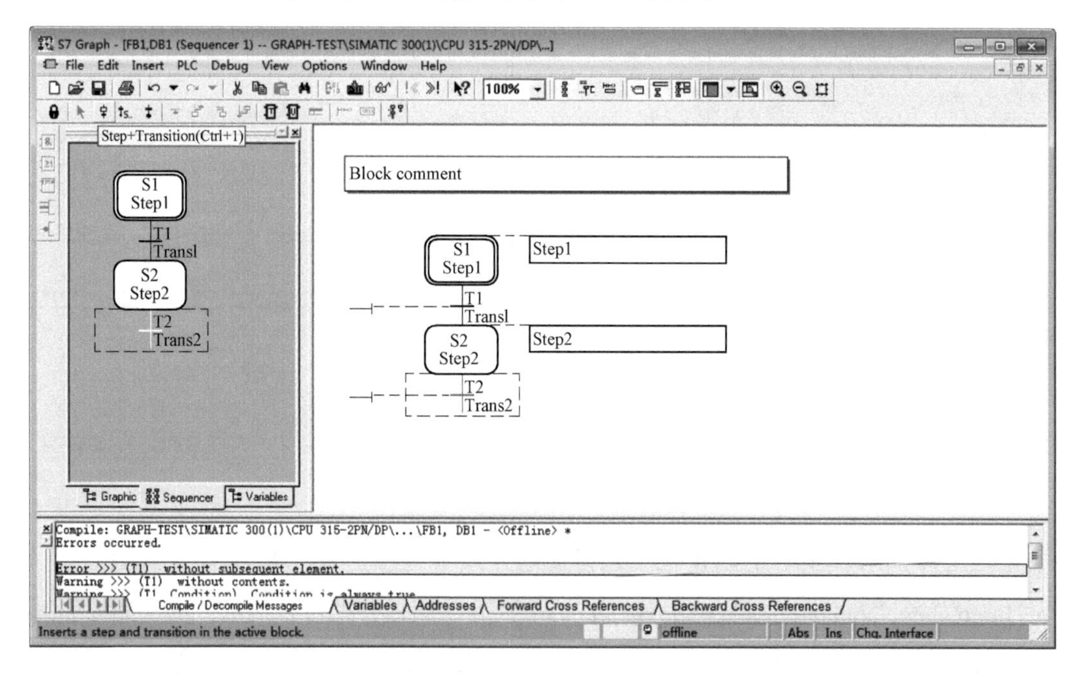

图 6-20 顺控器的编辑界面

当使用直接方式时，可在编辑界面中选择准备插入的位置，然后单击图 6-21 所示希望插入的目标图标即可以在指定位置插入期待的目标。如果是插入多个相同的目标，可以连续单击目标的图标，每单击一次就插入一个。

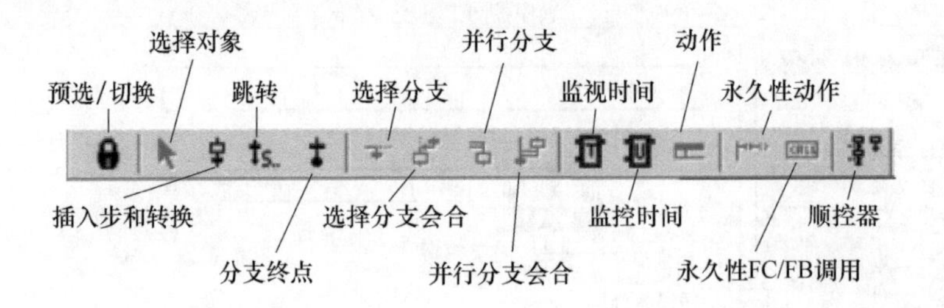

图 6-21　单击方式顺控器工具条

当使用拖放方式时，需单击菜单栏“Insert” - “Drag-and-Drop”选择拖放模式。单击图 6-22 所示希望插入的目标图标，然后使用移动鼠标到希望插入目标的位置时，鼠标的附加指示标识变为，这时放开鼠标左键，即可以在指定位置插入期待的目标。

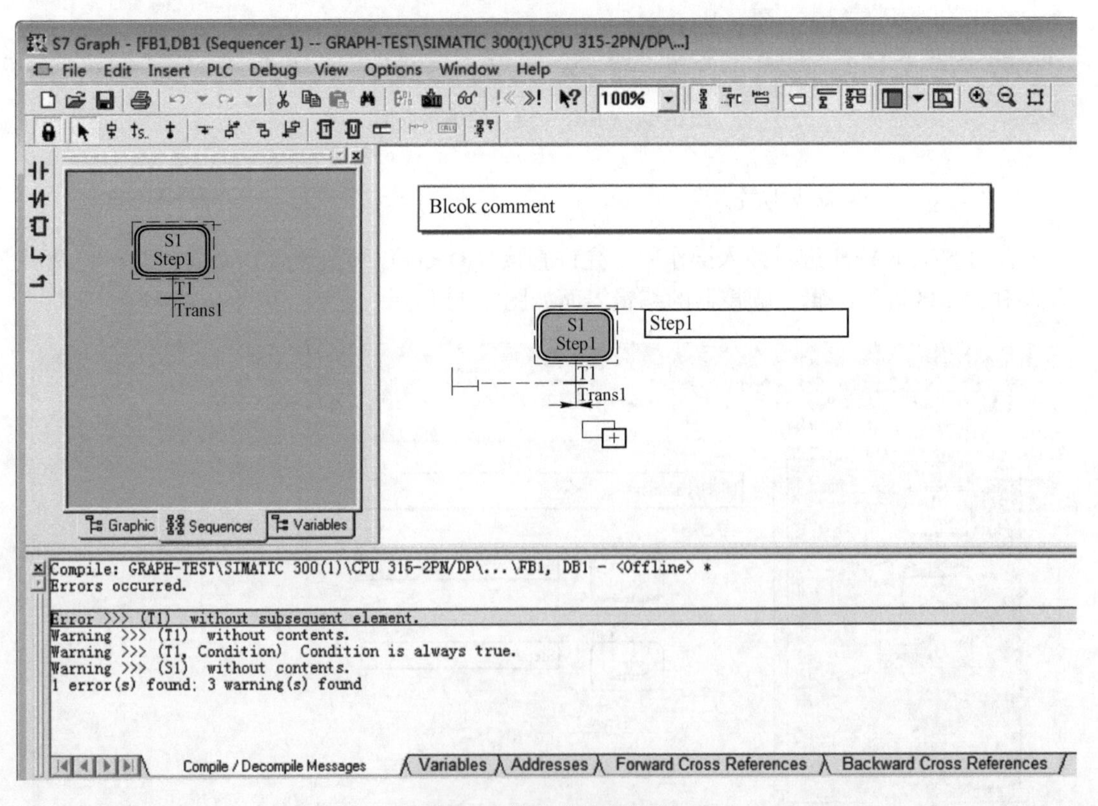

图 6-22　转换条件的拖放

在程序中插入“步”的动作框可选择插入方式“直接”或“拖放”，然后单击菜单栏“Insert”→“Action”或顺控工具栏上“ ”图标，即可以插入“步”的动作框，如图 6-23 所示。当插入“步”的动作框后，可单击该步的动作框并进行控制动作编辑，每一个动作框包含指令和地址。若在动作框左边写上指令“N”，可在右边写上地址“Q0.0”，表示当该“步”为活动步时 Q0.0 输出“1”，当该“步”为不活动步时 Q0.0 输出“0”，如图 6-24 所示。动作框里常用的指令见表 6-2，事件类型见表 6-3。

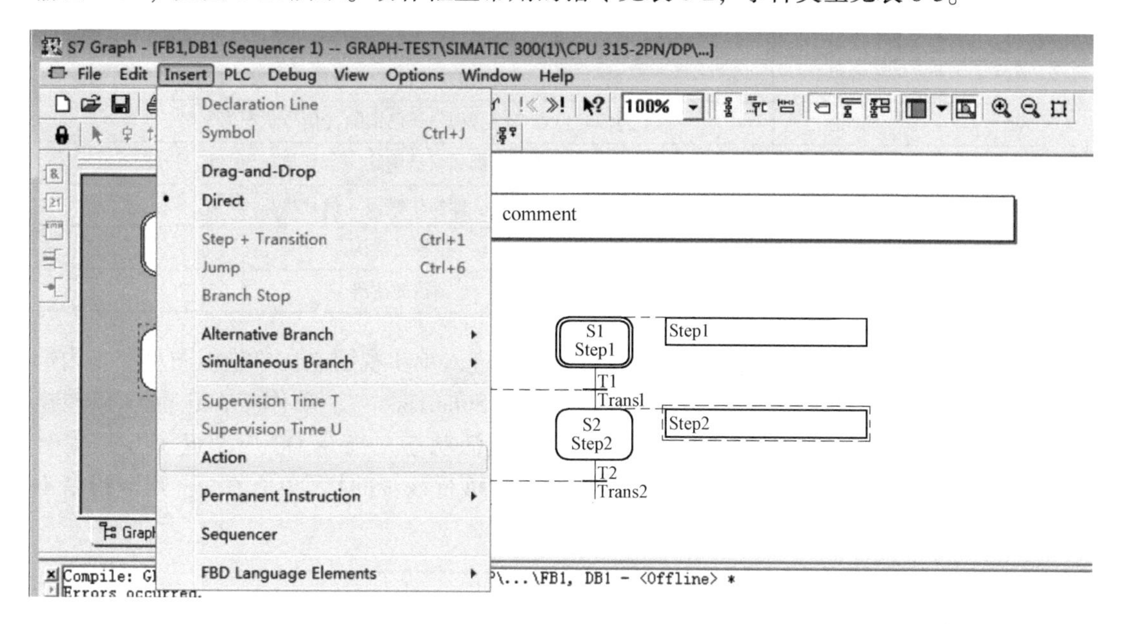

图 6-23　插入“步”的动作框

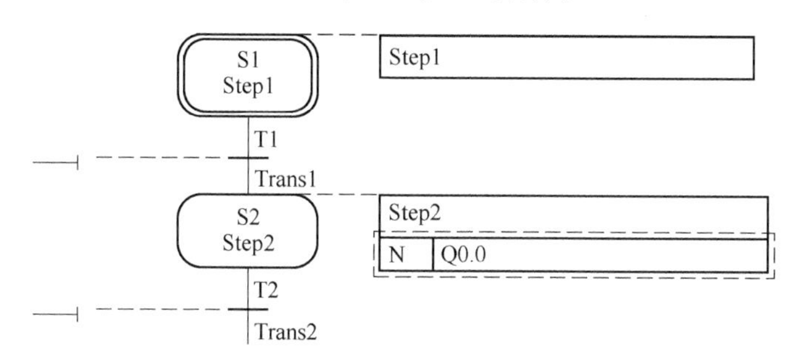

图 6-24　编辑“步”的动作

表 6-2　动作框里常用的指令

指令（符号）	指令基本动作描述
N	当该“步”为活动步时，地址输出“1”。 当该“步”为不活动步时，地址输出“0”
S	当该“步”为活动步时，地址输出“1”并保持（即置位）
R	当该“步”为活动步时，地址输出“0”并保持（即复位）
D	当该“步”为活动步时，开始计时（时间由该框 T#xx 指定），当时间到，地址输出“1”。 当该“步”为不活动步时，地址输出“0”
L	当该“步”为活动步时，地址输出“1”并开始计时（时间由该框 T#xx 指定），当时间到，地址输出“0”。 当该“步”为不活动步时，地址输出“0”
CALL	当该“步”为活动步时，调用指定的程序块

表 6-3 动作框里常用的事件类型

事件	信号检测	描 述
S1	上升沿	步已激活（信号状态为“1”）
S0	下降沿	步已取消激活（信号状态为“0”）
V1	上升沿	满足监控条件，即发生错误（信号状态为“1”）
V0	下降沿	不再满足监控条件，即错误已消除（信号状态为“0”）
L0	上升沿	满足互锁条件，即错误已消除（信号状态为“1”）
L1	下降沿	不满足互锁条件，即发生错误（信号状态为“0”）
A1	上升沿	报警已确认
R1	上升沿	到达的注册

在完成步的编辑后，可双击该步打开单步视图进入单步视图。在单步视图里该步内部可以编辑的程序分为：互锁（Interlock）、监控（Supervision）、动作（Actions）和转换(Trans)。这里主要介绍一下互锁：当该步处在激活状态，指令 Q0.0 设置了互锁信号 I10.0，只有互锁信号 I10.0 被接通时，才可以正常执行该步的指令 Q0.0，否则该指令不被执行，如图 6-25 所示。

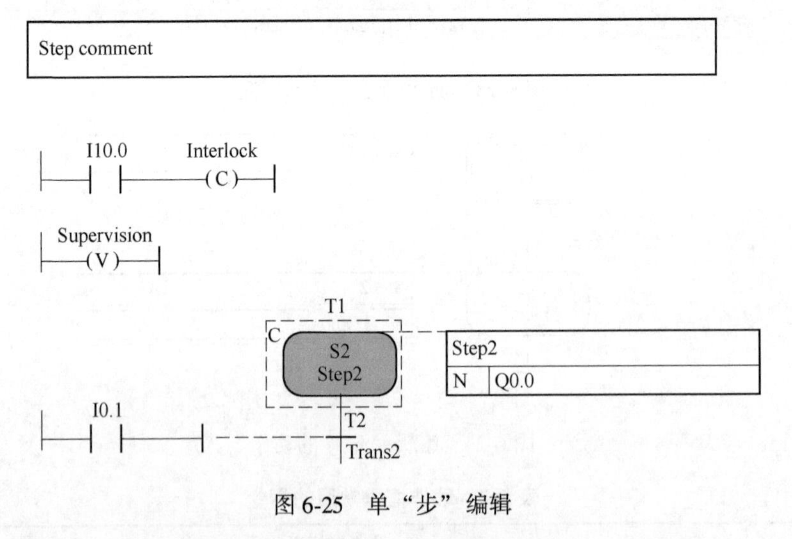

图 6-25 单“步”编辑

在编写转移条件时，转移条件程序的指令主要有常开触点、常闭触点、比较指令、监视时间 T 或监视时间 U，在顺序器工具条中分别用“”“”“”“”和“”表示（视图选择梯形图编程语言时）。

插入转移“指令”时，首先选择插入方式“单击”或“拖放”，然后单击所需要的图标，即可以在指定地方插入转移指令。然后在每个指令的地方写上地址即可。比如选择“单击”模式，选中“步 1”（S1）的转移条件 T1，再单击工具条上的“常开触点”后就可以把常开触点指令放到转移条件 T1 里然后写上指令的地址“M0.0”，如图 6-26 所示。

同理也可将“步 3”（S3）的监控激活时间作为指令写入转换条件 T3，如图 6-27 所示。

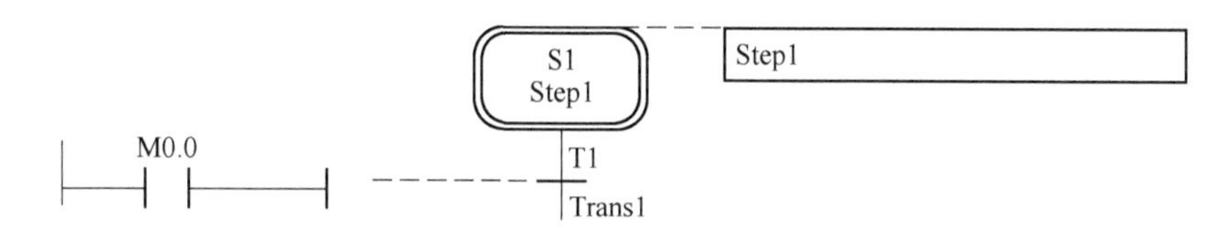

图6-26　条件转移指令

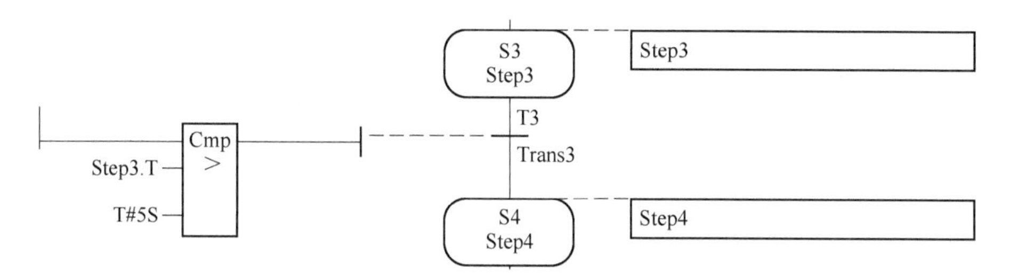

图6-27　以步的激活时间作为条件转移指令

顺控器中“步”的最后一般是跳转或结束指令，在顺控器工具条中分别用和表示。在插入跳转或结束“指令”时，首先选择插入模式“单击”或“拖放”，然后单击和图标，即可以在指定地方插入跳转或结束指令。如果是跳转指令还需要写上跳转到那一“步”的地址代码，如图6-28所示。

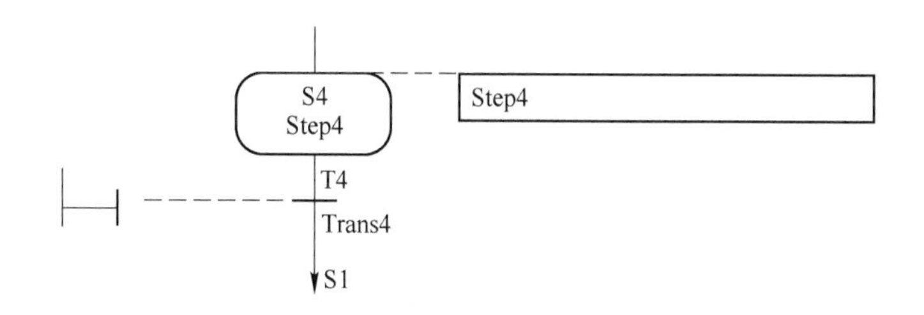

图6-28　跳转指令

6.2.2.3　GRAPH函数块的设置与调用

当GRAPH函数块被调用时，会使用到S7-GRAPH的功能参数集，一般不同的参数集对应的功能块形式也不相同。具体操作为：执行菜单命令“Options”（选项）→“Block settings ”（块设置），在打开的对话框的“FB Parameters”（FB参数）有四个参数集可选择，分别为：“Minimum”（最小）、“Standard”（标准）、“Maximum”（最大）、“User-defined”（用户定义），如图6-29所示。本例选用“Standard”（标准参数集），其接口含义见表6-4。

当GRAPH函数块编辑完毕后，可将指令列表的“FB块”文件夹中的FB1拖拽至Main（OB1）的程序段中进行调用，同时在FB1方框的上面输入它的背景数据块DB1，如图6-30所示。

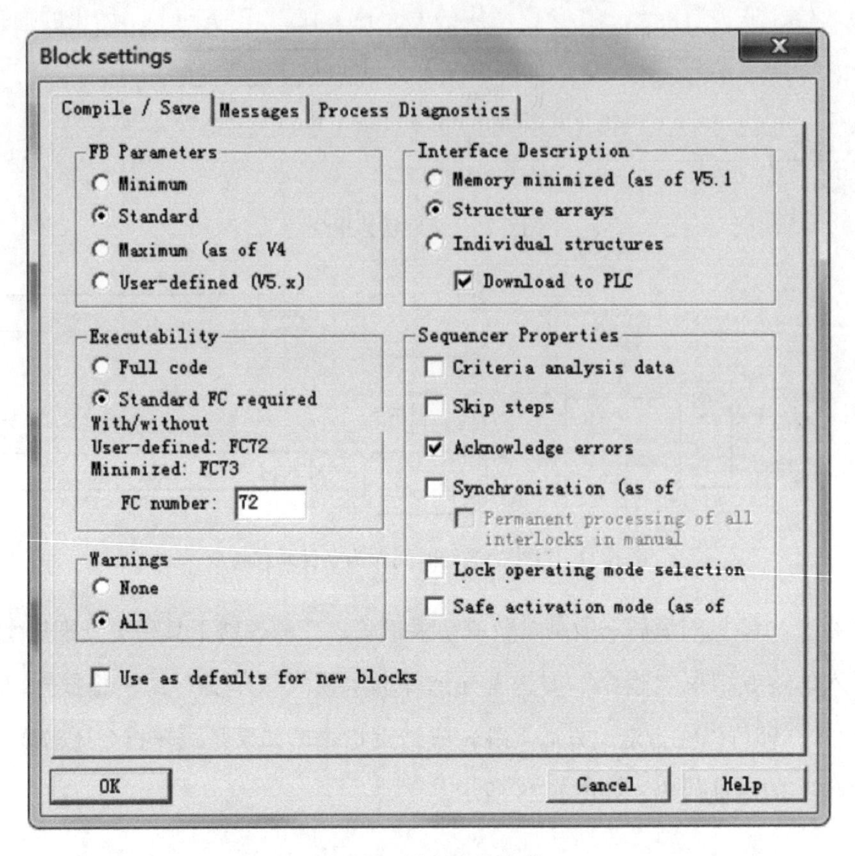

图 6-29　设置块的参数

表 6-4　GRAPH 函数块标准参数集

参数	数据类型	描　述
OFF_ SQ	BOOL	关闭顺控程序，即激活所有步
INIT_ SQ	BOOL	激活初始步，复位顺控程序
ACK_ EF	BOOL	确认故障，强制切换到下一步
S_ PREV	BOOL	自动模式：向上翻页浏览当前活动步，显示“S_ NO”参数中的步号；手动模式：显示“S_ NO”中的上一步（较小编号）
S_ NEXT	BOOL	自动模式：向下翻页浏览当前活动步，显示“S_ NO”参数中的步号；手动模式：显示“S_ NO”中的下一步（较大编号）
SW_ AUTO	BOOL	操作模式切换：自动模式
SW_ TAP	BOOL	操作模式切换：半自动模式
SW_ MAN	BOOL	操作模式切换：手动模式，不启动单独的顺序
S_ SEL	INT	如果在手动模式下选择输出参数“S_ NO”的步号，则需使用“S_ ON”／“S_ OFF”进行启用/禁用
S_ ON	BOOL	手动模式：激活所显示的步
S_ OFF	BOOL	手动模式：取消激活所显示的步

续表 6-4

参数	数据类型	描　　述
T_ PUSH	BOOL	如果满足条件且“T_ PUSH”（边沿），则转换条件切换到下一步类型：请求
S_ NO	INT	显示步号
S_ MORE	BOOL	激活其他步
S_ ACTIVE	BOOL	所显示的步处于活动状态
ERR_ FLT	BOOL	常规故障
AUTO_ ON	BOOL	显示自动模式
TAP_ ON	BOOL	显示半自动模式
MAN_ ON	BOOL	显示手动模式

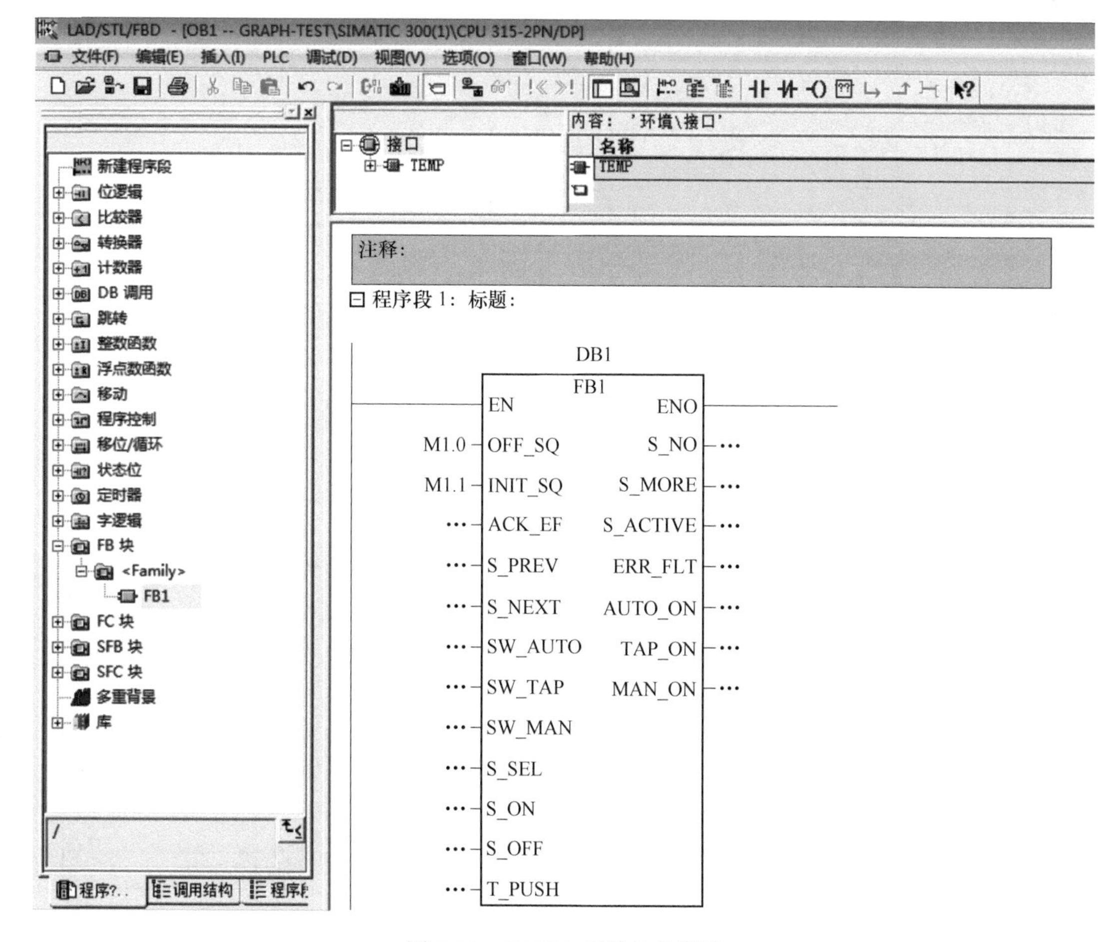

图 6-30　GRAPH 函数块的调用

6.2.2.4　GRAPH 函数块的下载与监控

当 GRAPH 函数块在 OB1 被调用后，可按菜单栏 [下载图标] 将程序下载至 PLC 中。双击进

入函数块并按下 [66]，可对顺控器的各步状态进行监控，如图 6-31 所示。

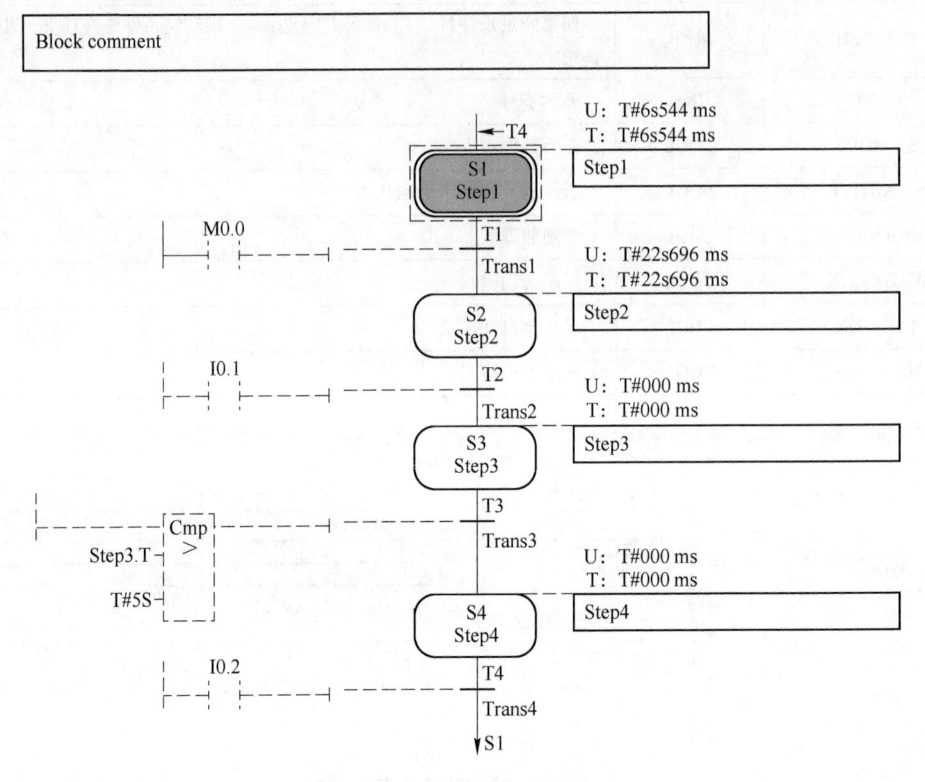

图 6-31　监控 GRAPH 函数块

6.3　单流程的程序设计

6.3.1　基础知识　单流程的程序设计

单流程的程序是由一系列相继激活的步组成，每一步的后面仅有一个转换，每一个转换后面只有一步，整个流程图中没有分支与合并的地方，如图 6-32 所示。其中，对一些编辑和制图方法与符号进行标准化，具体如下。

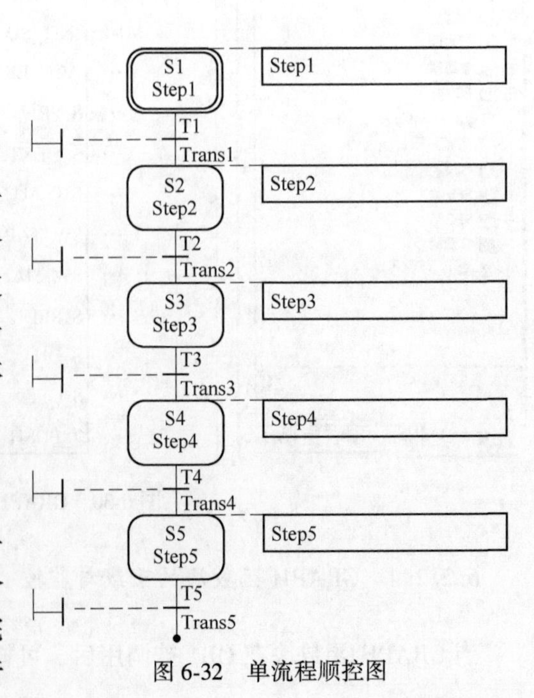

图 6-32　单流程顺控图

6.3.1.1　步

图 6-32 中的每一个“Step”称为一“步”。一般将顺序控制的流程分为若干个阶段，每个阶段被称为“步”。前一“步”完成之后（满足了运行下一步的条件），运行

下一“步”，依次运行下来完成整个控制流程。最开始运行的“步”称为起始步，用双方框表示，其余的步用方框表示。步执行的顺序永远从上至下排列，同时之间用有向实线段连接。

每步都有一个步编号和步名称，其中步编号由字母“S”和数字组成，步编号可以由用户逐一修改，也可以批量修改，但在顺控图中每一步的编号都是唯一的，不能与其他步重复。

在每一步的右上角都有一个文档模样的图标，用于在顺控器视图下显示和编辑该步内的指令。

6.3.1.2 转换条件

在图6-32中，完成上一步之后，且满足运行下一步的条件时运行下一步，这种过程称为步与步之间的转换。在表示步与步之间关系的有向实线段上，画上一个横杠，表示转换。横杠的右侧注明这次转换的编号和名称。转换编号由字母“T”和数字组成，转换编号数字可以由用户逐一修改或批量修改，但在顺控图中每一个转换编号是唯一的，不能与其他转换重复。

在横杠的右侧由点状线延伸去连接一个梯形图的图标，单击这个图标可以使用梯形图或者逻辑结构图编辑本次转换的条件。

6.3.1.3 结束符

任意程序的最后可以连接一个符号来表示该程序执行到当前位置。若图6-32所示为一个单流程程序，应在该程序最后加入黑色实心圆表示程序结束。

6.3.2 应用实例 PLC控制剪板机

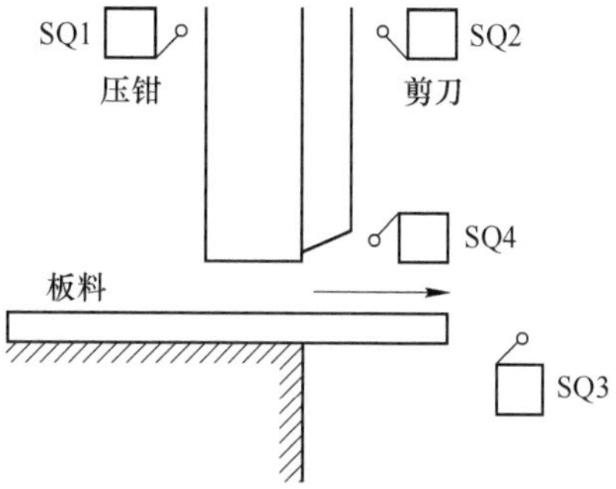

图6-33 PLC控制剪板机工作示意图

PLC控制剪板机的示意图如图6-33所示。其控制要求如下。开始时压钳和剪刀在上限位置，限位开关SQ1和SQ2闭合。按下启动按钮后，板料右行至限位开关SQ3处，然后压钳下行，压紧板料后压力继电器吸合，压钳保持压紧，剪刀开始下行。剪断板料后，压钳和剪刀同时上行，分别碰到限位开关SQ1和SQ2后，停止上行。压钳和剪刀都停止后，又开始下一周期的工作。

确定输入/输出（I/O）分配表，见表6-5。

表6-5 PLC控制剪板机I/O分配表

输　入		输　出	
输入设备	输入编号	输出设备	输出编号
启动按钮SB1	I0.0	板料右行电机	Q4.0
压钳上限位开关SQ1	I0.1	压钳下行电磁阀YV1	Q4.1
剪刀上限位开关SQ2	I0.2	压钳上行电磁阀YV2	Q4.2

续表 6-5

输　入		输　出	
输入设备	输入编号	输出设备	输出编号
右行限位开关 SQ3	I0. 3	剪刀下行电磁阀 YV3	Q4. 3
压力继电器	I0. 4	剪刀上行电磁阀 YV4	Q4. 4
剪刀下限位开关 SQ4	I0. 5		

按照 PLC 控制剪板机的控制工艺，采用 S7-GRAPH 进行单流程的程序设计。根据工艺要求画出顺控图，如图 6-34 所示，是一个简单流程的顺控图，当 PLC 在开机时进入初始状态 S1，当程序运行使剪板机回到原位时，利用限位开关 SQ1（I0. 1）、SQ2（I0. 2）为转移条件使工艺流程停止。

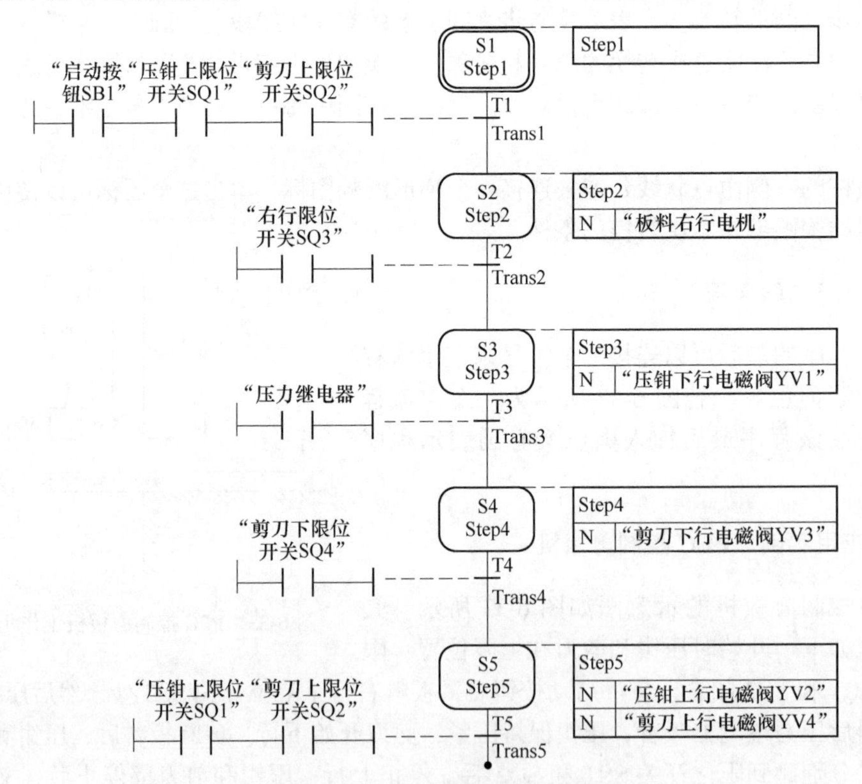

图 6-34　PLC 控制剪板机顺控图

6.4　循环与跳转程序设计

6.4.1　基础知识　循环程序设计

循环程序是当某步运行完成之后，需要回到本序列之前的某步重新运行，这时就需要跳转结构，该结构如图 6-35 所示。在程序中需要跳转的位置上画一个向下的箭头，并在箭头旁边标明跳转到哪一步。在跳转到的那个步前再画一个向左的箭头，并在箭头右侧标注从哪个转换跳转而来。当程序执行完 S5 步后首先判断是否满足转换条件 Trans5。若不满足转换条件，再判断是否满足转换条件 Trans7。若满足转换条件，程序则再跳转回原先单序列结构中的 Step4 步，如此循环下去，直至满足转换条件 Trans5，关闭转换条件 Trans7，程序进入 Step6 步。

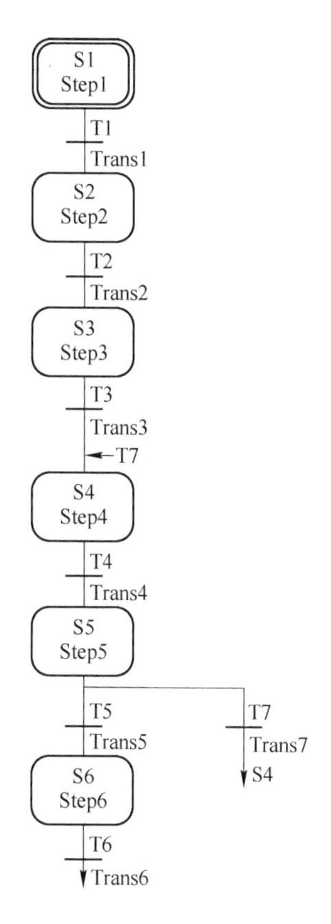

图 6-35　循环程序顺控图

6.4.2　应用实例　PLC 控制自动送料机械手

自动送料机械手如图 6-36 所示。

（1）定义机械手“取与放”搬运系统的原点为左上方所达到的极限位置，其左限位开关闭合，上限位开关闭合，机械手处于放松状态。

（2）搬运过程是机械手把工件从 A 处搬到 B 处。

（3）上升和下降、左移和右移均由电磁阀驱动气缸来实现。

（4）当工件处于 B 处上方准备下放时，为确保安全，用光电开关检测 B 处有无工件，只有在 B 处无工件时才能发出下放信号。

（5）机械手工作过程是：启动机械手下降到 A 处位置→夹紧工件→夹住工件上升到顶端→机械手横向移动到右端，进行光电检测→下降到 B 处位置→机械手放松，把工件放到 B 处→机械手上升到顶端→机械手横向移动返回到左端原点处。

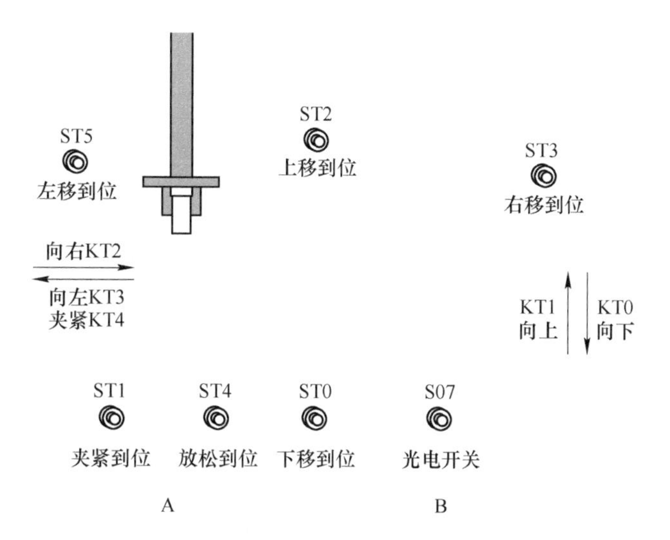

图 6-36　PLC 控制机械手搬运系统示意图

（6）机械手连续循环，按停止按钮 S02，机械手立即停止；再次按启动按钮 S01，机械手继续运行。设定的输入端口分配表见表 6-6。

根据工艺要求画出顺控图，如图 6-37 所示。

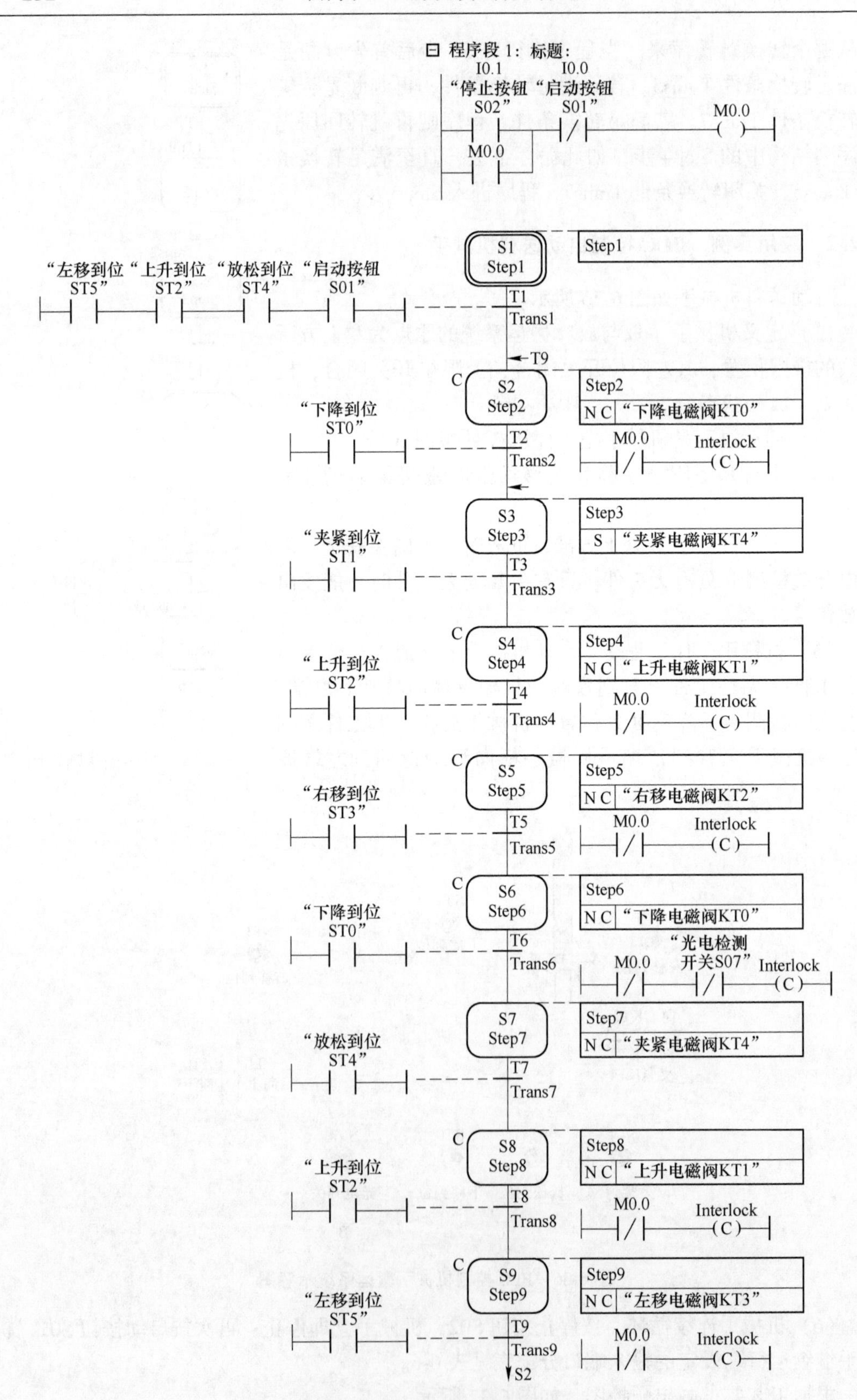

图 6-37　PLC 控制机械手的顺控图

表 6-6 机械手 I/O 分配表

输入		输出	
输入设备	输入编号	输出设备	输出编号
启动按钮 S01	I0.0	下降电磁阀 KT0	Q0.0
停止按钮 S02	I0.1	上升电磁阀 KT1	Q0.1
下降到位 ST0	I0.2	右移电磁阀 KT2	Q0.2
夹紧到位 ST1	I0.3	左移电磁阀 KT3	Q0.3
上升到位 ST2	I0.4	夹紧电磁阀 KT4	Q0.4
右移到位 ST3	I0.5		
放松到位 ST4	I0.6		
左移到位 ST5	I0.7		
光电检测开关 S07	I1.0		

6.4.3 基础知识 跳转程序设计

跳转程序是当某步运行完成之后，需要跳转到同一个分支或另一个分支的某个位置，去执行不同的工艺动作，如图 6-38 所示。当运行至转换 Trans7 后跳转至另一个序列中的 Step4 步，在该单序列结构中运行至转换 Trans5 时，再跳转回原先单序列结构中的 Step1 步，如此循环下去。

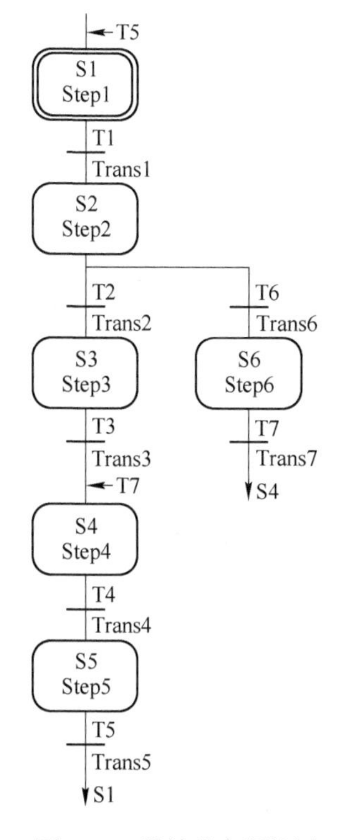

图 6-38 跳转程序顺控图

6.4.4　应用实例　PLC 控制拣瓶流水线

某一产品检验传输线的工作过程示意图，如图 6-39 所示。其控制要求如下：产品在传送带上移动到传感器 2 处，由检测传感器 2 检验产品是否合格。当传感器 2 等于 1 时为合格品，传感器 2 等于 0 时为次品，如果是合格品则传送带继续转动，将产品送到前方的成品箱；如果是次品则传送带将产品送到传感器 1，由传感器 1 发出信号，传送带停转，由机械手将次品送到次品箱中。机械手动作均由单向阀控制液压装置来实现。

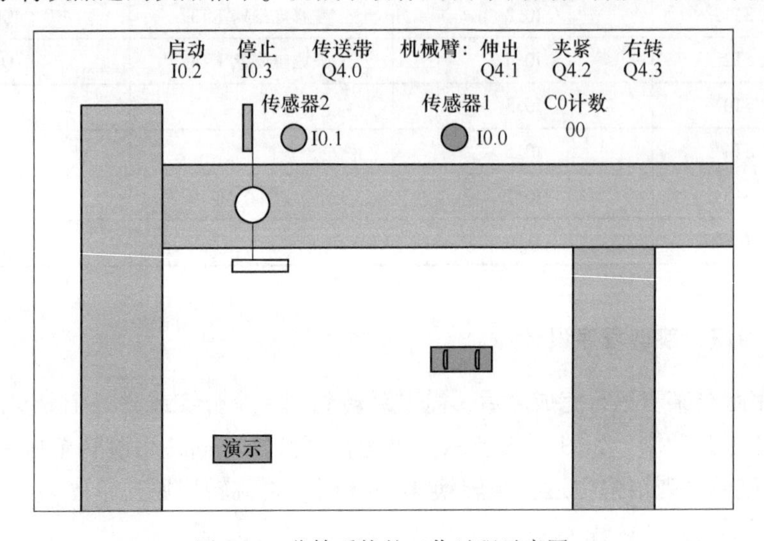

图 6-39　分拣系统的工作过程示意图

机械手动作为：

伸出 —1 s后→ 夹紧产品 —1 s后→ 顺时针转90° —1 s后→ 放松 —1 s后→ 缩回 —1 s后→ 逆时针转90°返回原位 —1 s后→ 停止

当按了启动按钮 SB1 后，传送带转动，产品检验连续进行，当验出 5 只次品后，暂停 5 s，调换次品箱，然后继续检验。

当按了停止按钮 SB2 后，如遇次品则待机械手复位后停止检验，遇到成品时，产品到达传感器 1 处时停止。

根据控制要求设置输入输出分配表，见表 6-7。

表 6-7　PLC 控制拣瓶流水线 I/O 端口配置

输　　入		输　　出	
输入设备	输入编号	输出设备	输出编号
传感器 1	I0. 0	传送带 1	Q4. 0
传感器 2	I0. 1	机械臂伸出缩回	Q4. 1
启动按钮 SB1	I0. 2	控制机械手夹紧松开	Q4. 2
停止按钮 SB2	I0. 3	机械臂右旋转	Q4. 3

根据控制工艺要求绘制顺控图，如图 6-40 所示。

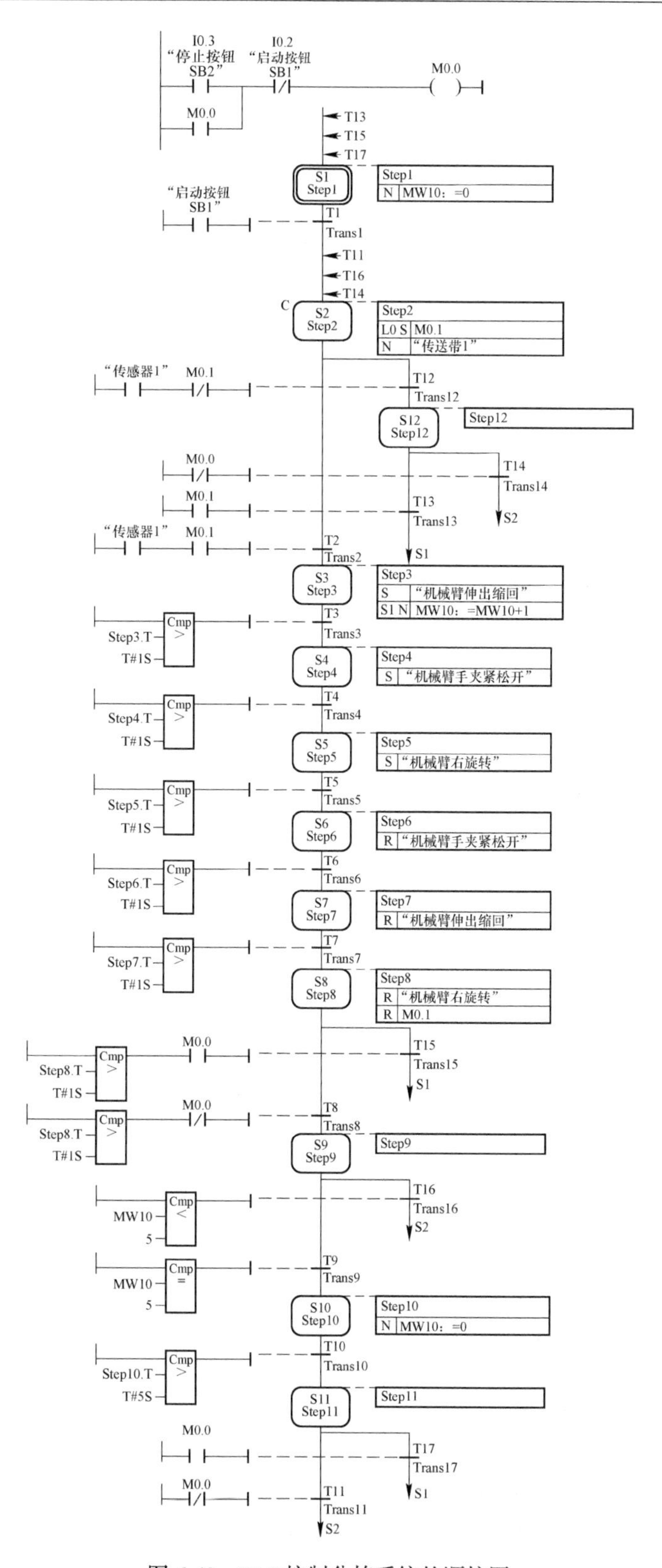

图 6-40　PLC 控制分拣系统的顺控图

6.5　选择分支与并行分支程序设计

6.5.1　基础知识　选择性分支

如图 6-41 所示，当有多条路径，而只能选择其中一条路径来执行，这种分支方式称为选择分支。选择性结构是指一个活动步之后，紧接着有几个后续步可供选择的结构形式，它称为选择序列。选择序列的各个分支都有各自的转换条件。

选择性结构可分为分支和汇合。选择性分支是从多个分支中选择执行某一条分支流程，转换符号只能标在水平连线之下，一般只允许同时选择一个序列。编程时先进行驱动处理，再设置转移条件，编程时由左到右逐个编程。选择性汇合是指编程时先进行汇合前状态的输出处理，再朝汇合状态转移。转换符号在水平连线之上，从左到右进行汇合转移。

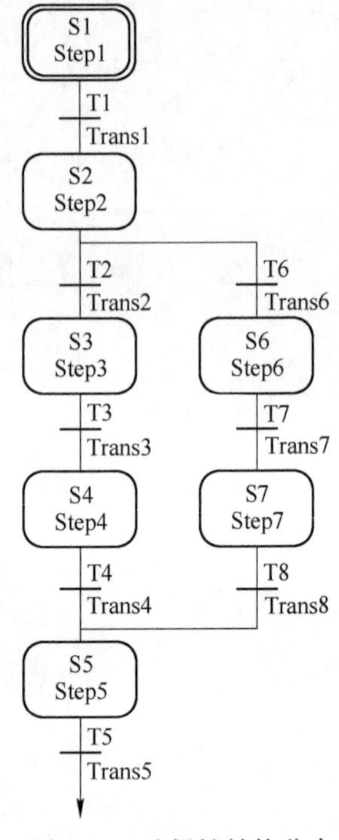

图 6-41　选择性结构分支与汇合顺控图

6.5.2　应用实例　PLC 控制工作方式可选的运料小车

图 6-42 所示为 PLC 控制工作方式可选的运料小车示意图。其控制要求如下。

（1）启动按钮 SB1 用来开启运料小车，停止按钮 SB2 用来手动停止运料小车，按 S07 选择工作方式按钮（程序每次只读小车到达 SQ2 以前的值）。

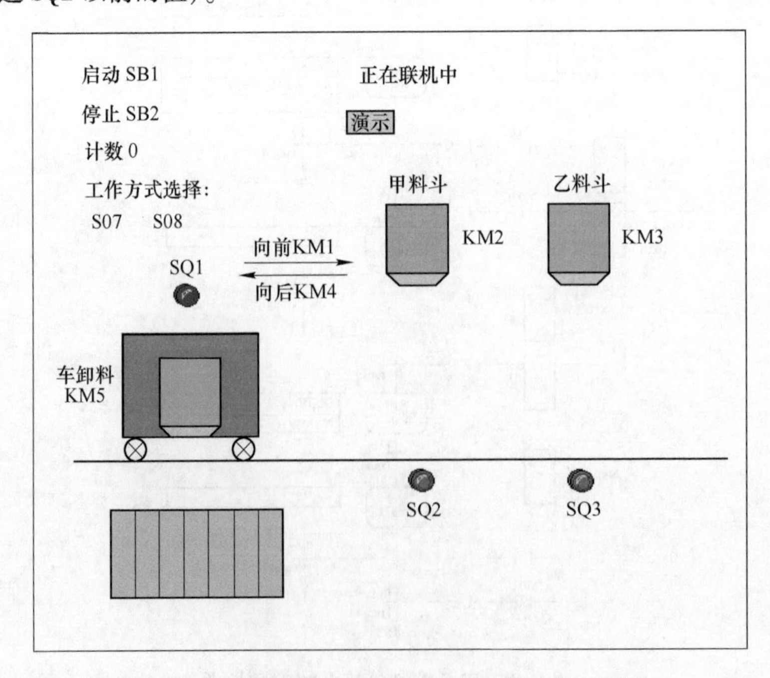

图 6-42　PLC 控制工作方式可选的运料小车示意图

（2）按启动按钮 SB1 小车从原点启动，KM1 接触器吸合使小车向前直到碰 SQ2 开关。

（3）当 S07=0 时，采用第一种工作方式：小车停，KM2 接触器吸合使甲料斗装料 5 s，然后小车继续向前运行直到碰 SQ3 开关停，此时 KM3 接触器吸合使乙料斗装料 3 s。

（4）当 S07=1 时，采用第二种工作方式：小车停，KM2 接触器吸合使甲料斗装料 3 s，然后小车继续向前运行直到碰 SQ3 开关停，此时 KM3 接触器吸合使乙料斗装料 5 s。

完成以上任何一种方式后，KM4 接触器吸合小车返回原点，直到碰 SQ1 开关停止，KM5 接触器吸合使小车卸料 5 s 后完成一次循环。在此循环过程中按下 SB2 按钮，小车完成一次循环后停止运行，不然小车完成 3 次循环后自动停止。

确定输入/输出（I/O）分配表，见表 6-8。

表 6-8 工作方式可选的运料小车 I/O 分配表

输　入		输　出	
输入设备	输入编号	输出设备	输出编号
启动按钮 SB1	I0.0	向前接触器 KM1	Q4.0
停止按钮 SB2	I0.1	甲装料接触器 KM2	Q4.1
开关 SQ1	I0.2	乙装料接触器 KM3	Q4.2
开关 SQ2	I0.3	向后接触器 KM4	Q4.3
开关 SQ3	I0.4	车卸料接触器 KM5	Q4.4
选择按钮 S07	I0.5		
选择按钮 S08	I0.6		

根据工艺要求画出顺控图，采用图 6-43 所示的自锁电路梯形图记忆停止信号，配合顺控图使用。其顺控图如图 6-44 所示。

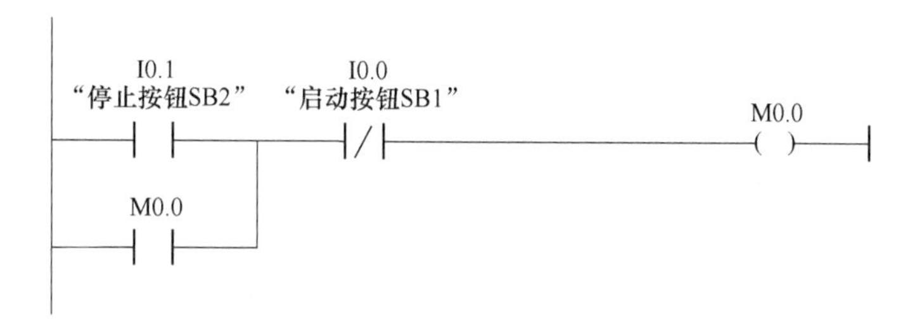

图 6-43 自锁电路记忆停止信号

6.5.3 基础知识 并行分支

图 6-45 所示为并行分支顺控图。并行结构是转移条件满足时，同时执行几个分支，当所有分支都执行结束后，若转移条件满足，再转向汇合状态。有向连线的水平部分用双线表示，每个序列中活动步的进展是独立的。

并行结构可分为并行分支和并行汇合。并行分支的编程首先进行驱动处理，然后进行转移处理。在表示同步的水平双线之上，只允许有一个转换符号。并行汇合先进行汇合前状态的驱动处理，再进行转移处理。转移处理从左到右依次进行。在表示同步的水平双线

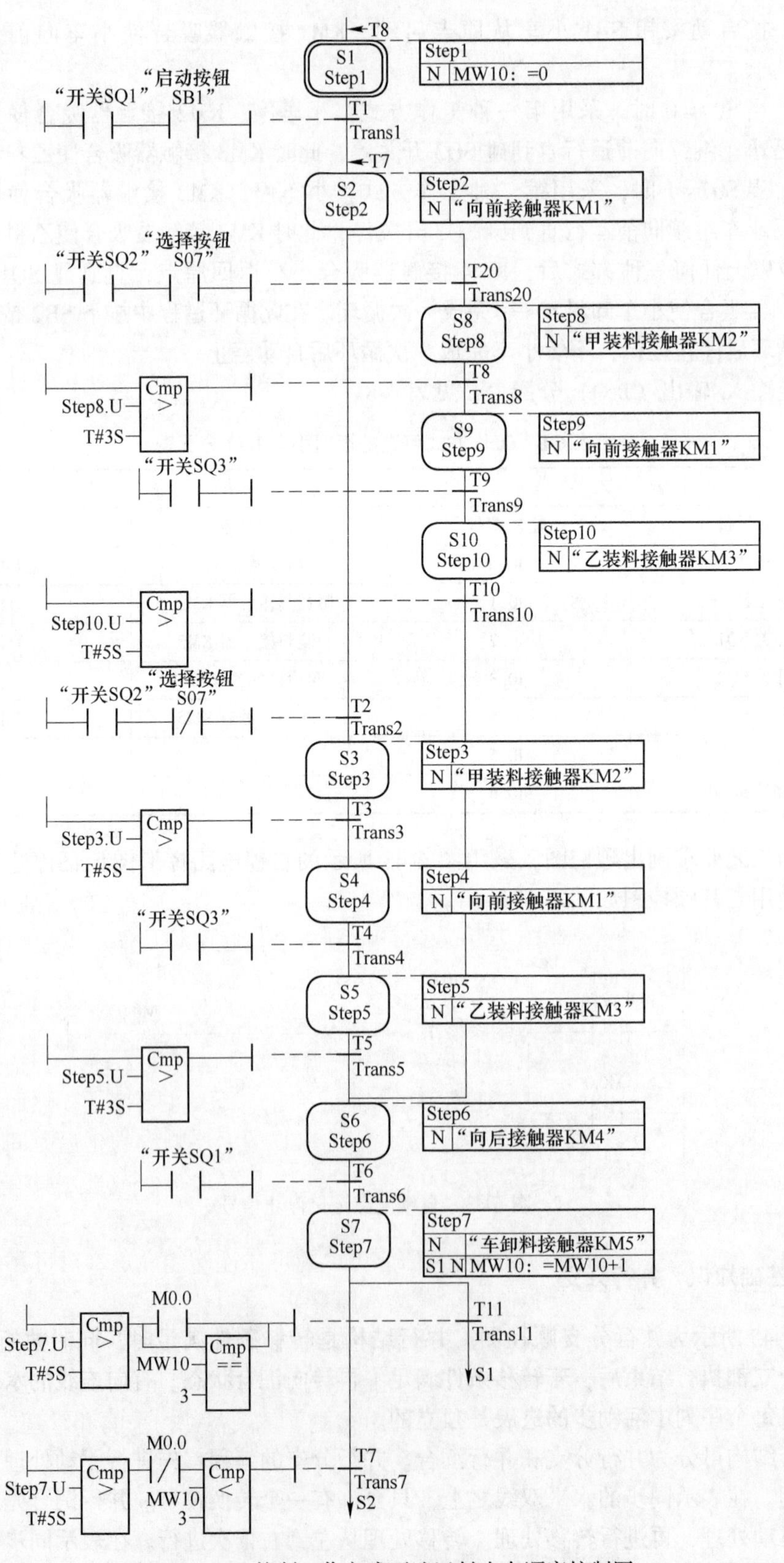

图 6-44　PLC 控制工作方式可选运料小车顺序控制图

之下，只允许有一个转换符号。

6.5.4 应用实例 PLC控制专用钻床控制系统

图6-46所示为专用钻床控制系统，其控制要求如下。此钻床用来加工圆盘状零件上均匀分布的6个孔，开始自动运行时两个钻头在最上面的位置，限位开关SQ3和SQ5均为ON。操作人员放好工件后，按下启动按钮SB1，YV0变为ON，工件被夹紧，夹紧后压力继电器SQ1为ON，YV1和YV3使两只钻头同时开始下降工作，分别钻到由限位开关SQ2和SQ4设定的深度时，YV2和YV4使两只钻头分别上行，升到由限位开关SQ3和SQ5设定的起始位置时，分别停止上行，计数器的当前值加1。两个都上升到位后，若没有钻完3对孔，YV5使工作旋转120°后又开始钻第2对孔。3对孔都钻完后。计数器的当前值等于设定值3，YV6使工件松开，松开到位时，限位开关SQ7为ON，系统返回初始状态。

确定输入/输出（I/O）分配表，见表6-9。

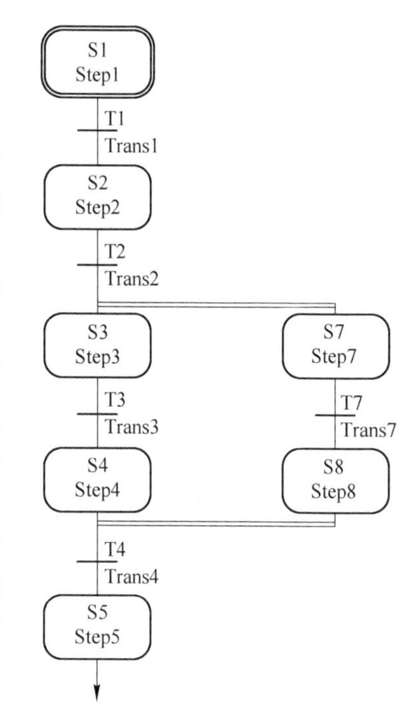

图6-45 并行结构分支与汇合顺控图

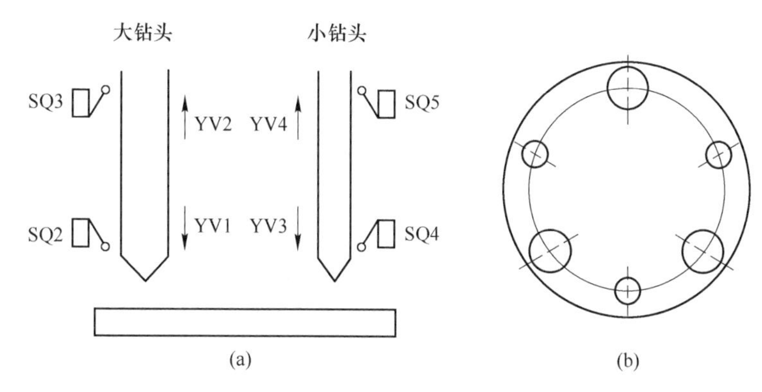

图6-46 专用钻孔机床控制系统工作示意图
（a）侧视图；（b）工件俯视图

表6-9 PLC控制双面钻孔机床I/O分配表

输　入		输　出	
输入设备	输入编号	输出设备	输出编号
启动按钮SB1	I0.0	夹紧电磁阀YV0	Q4.0
夹紧限位开关SQ1	I0.1	大钻头下降电磁阀YV1	Q4.1
大钻头下限位开关SQ2	I0.2	大钻头上升电磁阀YV2	Q4.2
大钻头上限位开关SQ3	I0.3	小钻头下降电磁阀YV3	Q4.3
小钻头下限位开关SQ4	I0.4	小钻头上升电磁阀YV4	Q4.4
小钻头上限位开关SQ5	I0.5	旋转电机	Q4.5
松开限位开关SQ6	I0.6	放松电磁阀YV6	Q4.6
放松限位开关SQ7	I0.7	大钻头转动	Q4.7
旋转120°限位开关SQ8	I1.0	小钻头转动	Q5.0

根据工艺要求画出顺控图，如图 6-47 所示。

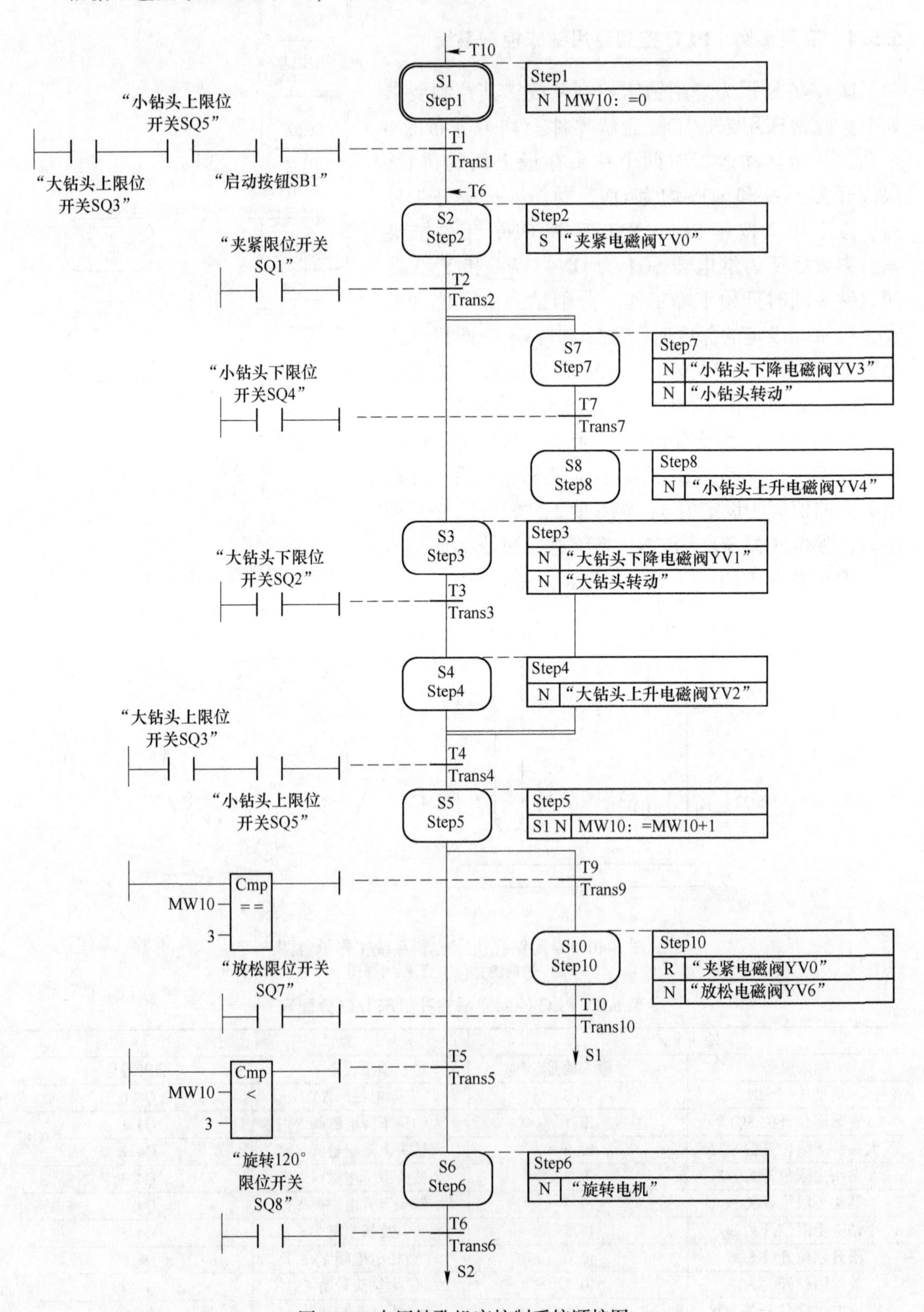

图 6-47　专用钻孔机床控制系统顺控图

从图 6-47 所示的顺控图中可以看出，顺控图中出现了两个单独分支各自执行自己的状态流程（即左右两个转孔动力头同时工作，各行其是，当两个动力头都完成各自的工作）后，再转入公共的状态之中。此类顺控图称为并行分支与汇合的顺控图。

思考与练习

6-1 填空题

（1）西门子 PLC 的 S7-GRAPH 编程语言在 IEC 标准中又被称作________，它一般用于编制复杂的________程序。

（2）“顺序功能图”这种程序设计方法在________被提出来，并发展成为了 IEC 标准，S7-300/400/1500 系列 PLC 都可使用________进行编程。

（3）S7-GRAPH 界面由_______、_______、_______、_______、_____以及_______组成。浏览窗口里可以查看_______、_______和________ 三种浏览界面。

（4）在对 S7-GRAPH 进行插入操作中，允许________和________两种方式对工作区进行编辑。

（5）在单步视图里，该步内部可以编辑的程序分为：_____、_____、_____ 以及________ 。

（6）在打开的对话框“FB Parameters”（FB 参数）有_______参数集可选择分别为：________、________、________、________。

（7）当 GRAPH 函数块编辑完毕后，可将指令列表的________文件夹中的 FB1 拖拽至________的程序段中进行调用。

（8）单流程的程序是由一系列相继激活的_____组成，每一步的后面仅有一个_____，每一个转换后面只有_____，整个流程图中没有_____与_______的地方。

（9）任意程序的最后可以连接一个________来表示该程序执行到当前位置。一个单流程程序，应在该程序最后加入________表示程序结束。

（10）跳转程序是当某步运行完成之后，需要跳转到_______或________的某个位置去执行不同的工艺动作。

6-2 思考题

（1）简述 S7-GRAPH 浏览窗口的功能。

（2）简述“步”的作用。

（3）简述“转换条件”的功能。

（4）简述循环程序的工作过程。

（5）简述选择性分支的结构及功能。

（6）什么是并行分支？简述其结构。

7 S7-300/400 PLC 模拟量功能与网络通信

7.1 S7-300/400 PLC 的模拟量功能

7.1.1 基础知识 SCALE 功能

SCALE（FC105）功能将一个整形数 INTEGER（IN）转换成上限、下限之间的实际的工程值（LO_ LIM and HI_ LIM），结果写到 OUT。其功能块如图 7-1 所示，其各参数功能见表 7-1。

使用 SCALE（FC105）功能时，其转化公式如下：

$$OUT = \frac{FLOAT(IN) - K1}{K2 - K1} \times (HI\_LIM - LO\_LIM) + LO\_LIM$$

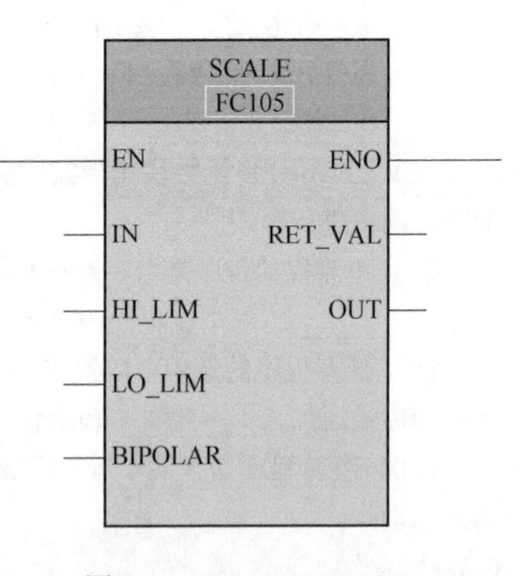

图 7-1 SCALE（FC105）

常数 K1 和 K2 的值取决于输入值（IN）是双极性 BIPOLAR 还是单极性 UNIPOLAR。

双极性 BIPOLAR，即输入的整形数为 -27648～27648，此时 K1 = -27648.0，K2 = +27648.0。单极性 UNIPOLAR，即输入的整形数为 0～27648，此时 K1 = 0.0，K2 = +27648.0

如果输入的整形数大于 K2，输出（OUT）限位到 HI_ LIM，并返回错误代码。如果输入的整形数小于 K1，输出限位到 LO_ LIM，并返回错误代码。

反向定标的实现是通过定义 LO_ LIM > HI_ LIM 来实现的。反向定标后的输出值随着输入值的增大而减小。

表 7-1 SCALE（FC105）的参数

参数	声明	数据类型	存储区	描述
EN	输入	BOOL	I、Q、M、D、L	使能输入，高电平有效
ENO	输出	BOOL	I、Q、M、D、L	使能输出，如正确执行完毕，则为 1
IN	输入	REAL	I、Q、M、D、L、P、Constant	要转换成工程量的输入值
HI_ LIM	输入	REAL	I、Q、M、D、L、P、Constant	工程量上限
LO_ LIM	输入	REAL	I、Q、M、D、L、P、Constant	工程量下限
BIPOLAR	输入	BOOL	I、Q、M、D、L	1 表示输入为双极性； 0 表示输入为单极性
OUT	输出	INT	I、Q、M、D、L、P	量程转换结果

续表 7-1

参数	声明	数据类型	存储区	描述
RET_ VAL	输出	WORD	I、Q、M、D、L、P	返回值 W#16#0000 代表指令执行正确。如返回值不是 W#16#0000，则需在错误代码表中查该值的含义

错误信息：如输入的整形数大于 K2，则输出（OUT）限位到 HI_ LIM，并返回错误值。如输入的整形数小于 K1，输出限位到 LO_ LIM，并返回错误值。ENO 端的信号状态置为 0 且返回值 RET_ VAL 为 W#16#0008。

【例 7-1】 如图 7-2 所示，输入 I0.0 为 1，SCALE 功能被执行。此时整形数 22 将被转换成 0.0~100.0 的实数并写到 OUT。输入是双极性 BIPOLAR，用 I2.0 来设置。执行前后数据见表 7-2。

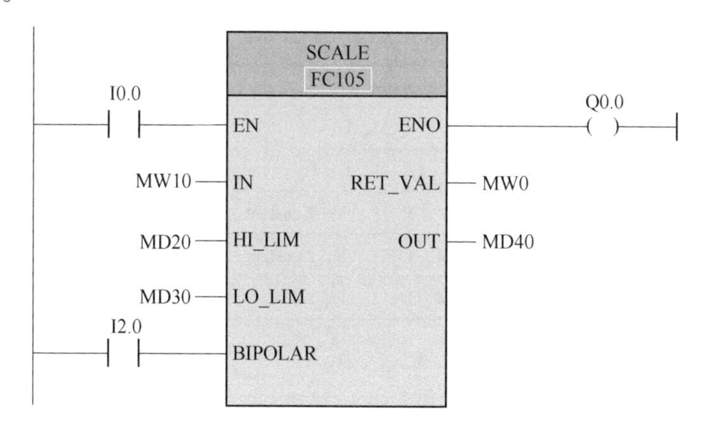

图 7-2　SCALE（FC105）应用

表 7-2　SCALE（FC105）功能执行前后数据

执行前		执行后	
IN	MW10 = 22	OUT	MD40 = 50.03978588
HI_ LIM	MD20 = 100.0		
LO_ LIM	MD30 = 0.0		
OUT	MD40 = 0.0		
BIPOLA R	I2.0 = TRUE		

7.1.2　基础知识　UNSCALE 功能

UNSCALE（FC106）功能将一个实数 REAL（IN）转换成上限、下限之间的实际的工程值（LO_ LIM and HI_ LIM），数据类型为整形数，结果写到 OUT。其功能块如图 7-3 所示，其各参数功能见表 7-3。

使用 UNSCALE（FC106）功能时，其转化公式如下：

$$OUT = \frac{IN - LO\_LIM}{HI\_LIM - LO\_LIM} \times (K2 - K1) + K1$$

常数 K1 和 K2 的值取决于输入值（IN）是双极性 BIPOLAR 还是单极性 UNIPOLAR。

极性 BIPOLAR，即输出的整形数为-27648~27648，此时 K1= -27648.0，K2 =+27648.0。单极性 UNIPOLAR，即输出的整形数为0~27648，此时 K1=0.0，K2=+27648.0。

错误信息：如果输入值在下限 LO_ LIM 和上限 HI_ LIM 的范围以外，输出（OUT）限位到与其相近的上限或下限值（视其单极性 UNIPOLAR 或双极性 BIPOLAR 而定），并返回错误代码。ENO 端的信号状态置为 0 且返回值 RET_ VAL 为 W#16#0008。

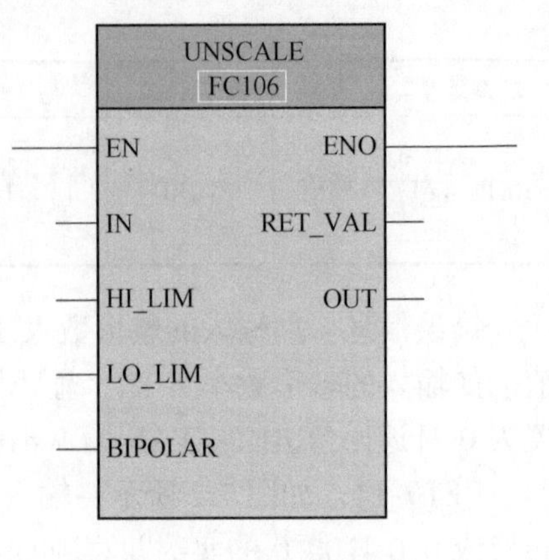

图 7-3　UNSCALE（FC106）

表 7-3　UNSCALE（FC106）的参数

参数	声明	数据类型	存储区	描　　述
EN	输入	BOOL	I、Q、M、D、L	使能输入，高电平有效
ENO	输出	BOOL	I、Q、M、D、L	使能输出，如正确执行完毕，则为 1
IN	输入	REAL	I、Q、M、D、L、P、Constant	要转换成整形数的输入值
HI_ LIM	输入	REAL	I、Q、M、D、L、P、Constant	工程量上限
LO_ LIM	输入	REAL	I、Q、M、D、L、P、Constant	工程量下限
BIPOLAR	输入	BOOL	I、Q、M、D、L	1 表示输入为双极性； 0 表示输入为单极性
OUT	输出	INT	I、Q、M、D、L、P	量程转换结果
RET_ VAL	输出	WORD	I、Q、M、D、L、P	返回值 W#16#0000 代表指令执行正确。如返回值不是 W#16#0000，则需在错误代码表中查该值的含义

【例 7-2】　如图 7-4 所示，输入 I0.0 为 1，UNSCALE 功能被执行。此时实数 50.03978588 将被转换成 0.0~100.0 的工程量，再转换成整形数并写到 OUT。输入是双极性 BIPOLAR，用 I2.0 来设置。执行前后数据见表 7-4。

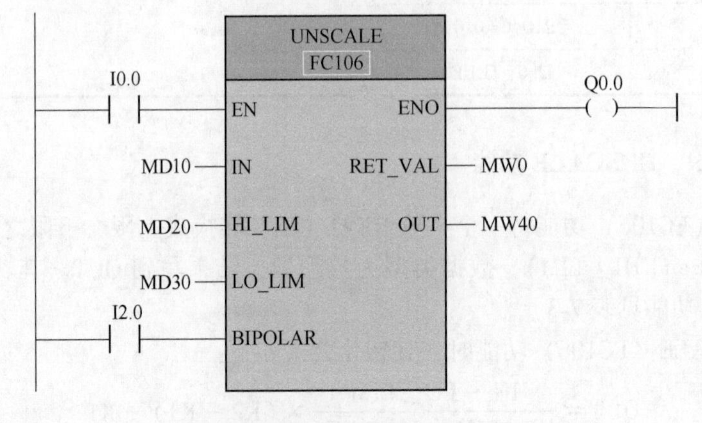

图 7-4　UNSCALE（FC106）应用

表 7-4 UNSCALE（FC106）功能执行前后数据

执行前		执行后	
IN	MD10=50.03978588	OUT	MW40=22
HI_ LIM	MD20=100.0		
LO_ LIM	MD30=0.0		
OUT	MW40=0		
BIPOLA R	I2.0=TRUE		

注：通常每一个项目都有不止一个模拟量需要转换，FC105 和 FC106 在程序中都可多次调用，调用的方法同上述例子程序。

7.1.3 应用实例 PLC 控制液位系统应用

某企业有一套液位控制系统，它由两个水箱、一个水泵、一个管道阀组成。上水箱水位检测由超声波传感器完成，其上、下限测量范围为模拟量信号输入（输入 0~10 V 电压对应水箱水位 0~2000 mm）。下水箱上、下限为开关量信号，如图 7-5 所示。

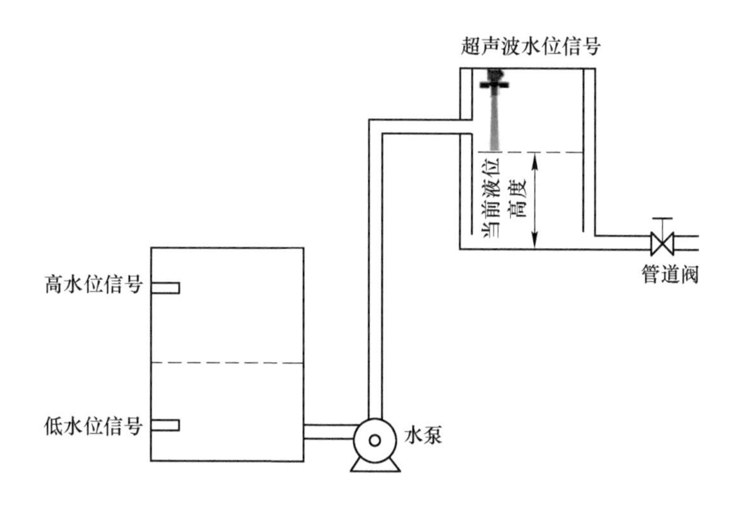

图 7-5 PLC 控制液位系统示意图

控制要求：按下启动按钮后，当下水箱水位到达高水位时，水泵启动运行，往上水箱注水。当下水箱水位低于低水位时，水泵停止工作。

当上水箱水位距离最高水位还有 100 mm 时，管道阀打开，上水箱开始泄水。若上水箱水位继续升高至最高水位（2000 mm）时，水泵停止运行。当上水箱水位下降到低水位（300 mm）时，管道阀关闭，水泵再次开启工作。当按下停止按钮后，所有动作停止，PLC 无信号输出。I/O 分配表见表 7-5。

表 7-5 PLC 控制液位系统 I/O 分配表

输入		输出	
输入设备	输入编号	输出设备	输出编号
启动按钮	I0.0	水泵	Q4.0

续表 7-5

输　入		输　出	
输入设备	输入编号	输出设备	输出编号
停止按钮	I0. 1	管道阀	Q4. 1
下水箱高水位信号	I0. 2		
下水箱低水位信号	I0. 3		
超声波水位信号	IW4		

7. 1. 3. 1　创建新项目并完成硬件配置

使用菜单"文件"→"新建项目"创建液位控制系统的新项目，并命名为"PLC 控制液位系统"。在"PLC 控制液位系统"项目内右键单击"插入新对象"→"SIMATIC 300 站点"，双击打开"硬件"文件夹，打开硬件配置窗口，完成 PLC 的基本硬件配置后，双击"模拟量输入/输出"，在"属性"对话框"输入"选项卡中，根据控制要求对"输入通道 0"进行配置，如图 7-6 所示。

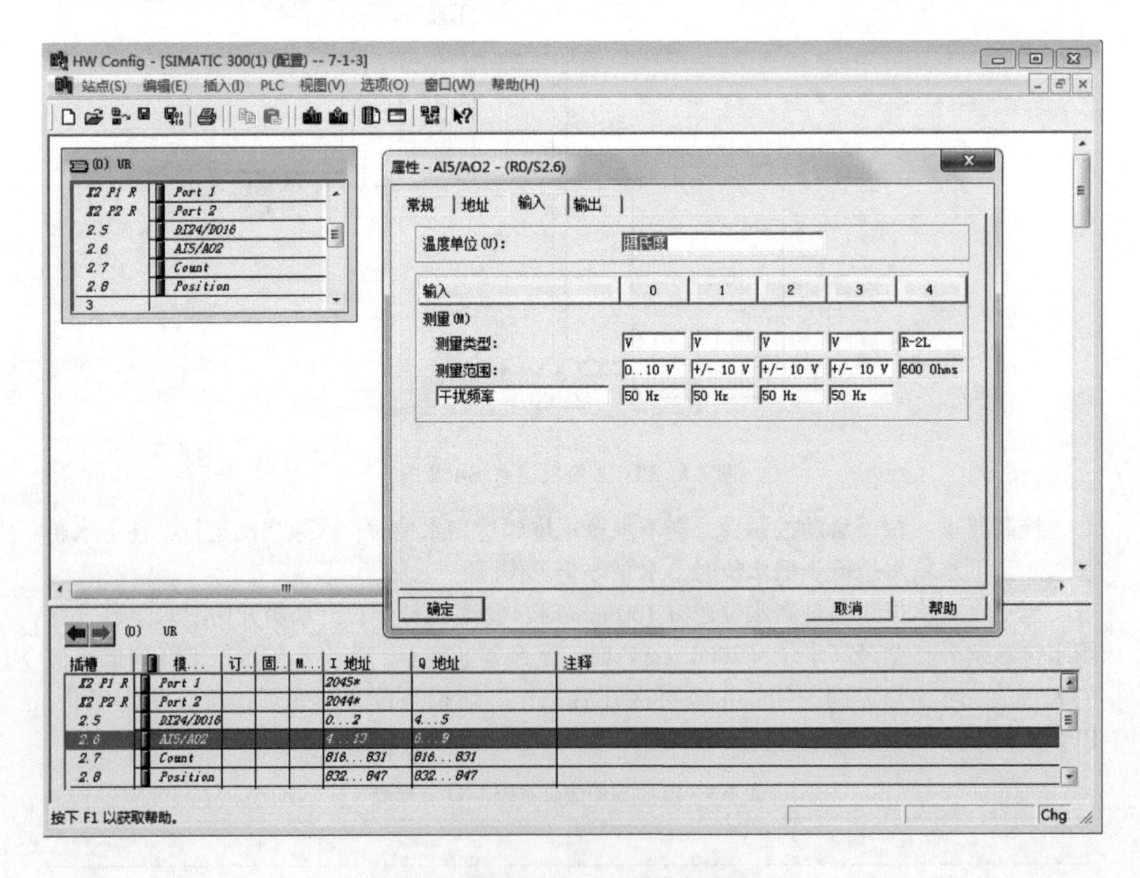

图 7-6　创建新项目并完成硬件配置

7.1.3.2　编写符号表

根据 I/O 分配表，编辑符号表，如图 7-7 所示。

	状态	符号	地址		数据类型		注释
1		SCALE	FC	105	FC	105	Scaling Values
2		启动按钮	I	0.0	BOOL		
3		停止按钮	I	0.1	BOOL		
4		下水箱高水位信号	I	0.2	BOOL		
5		下水箱低水位信号	I	0.3	BOOL		
6		超声波水位信号	IW	4	INT		
7		上水箱当前水位	MD	100	REAL		
8		水泵	Q	4.0	BOOL		
9		管道阀	Q	4.1	BOOL		

图 7-7　编辑符号表

7.1.3.3　编写控制程序

上水箱超声波传感器送入 PLC 的采样值经过 A/D 后，转换成 0～27648 的数字量。经过 FC105 进行工程量转换，得到当前上水箱水位值（0～2000 mm）并存储至 MD100 中，如图 7-8 所示。

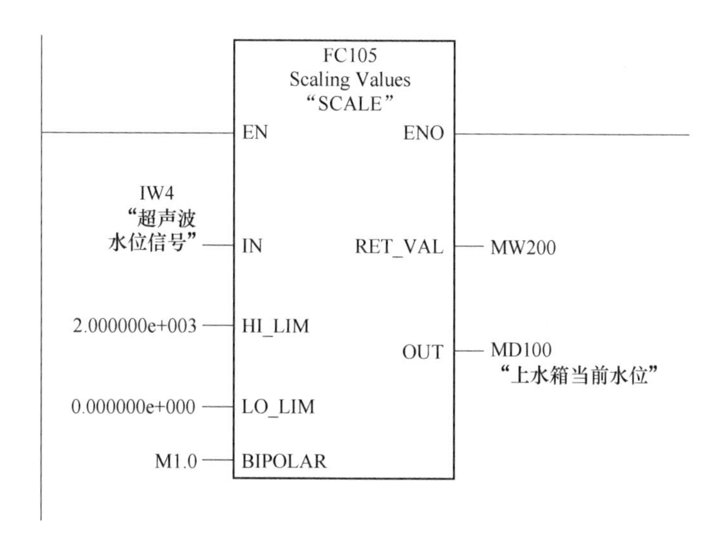

图 7-8　超声波水位信号的工程量转换

在按下启动按钮后，下水箱水位到达高水位时，水泵开始运行，如图 7-9 所示。

当下水箱水位低于低水位或上水箱水位至大于等于 2000 mm 时，水泵停止工作，如图 7-10 所示。

通过比较上水箱当前的水位高度控制管道阀打开与关闭，如图 7-11 所示。

⊟ 程序段 2：标题：

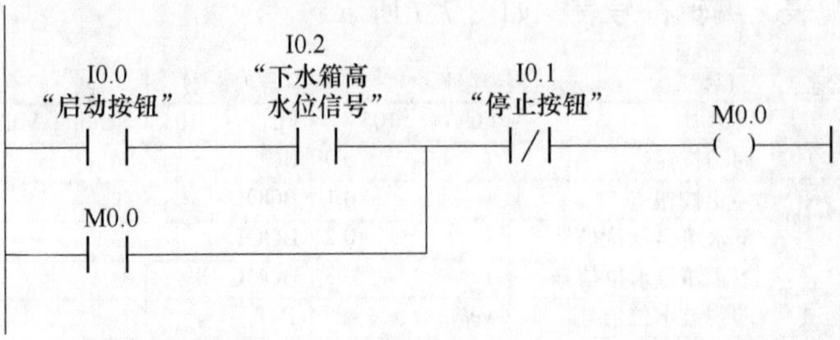

I0.0 “启动按钮”　I0.2 “下水箱高水位信号”　I0.1 “停止按钮”　M0.0 ( )

M0.0

⊟ 程序段 3：标题：

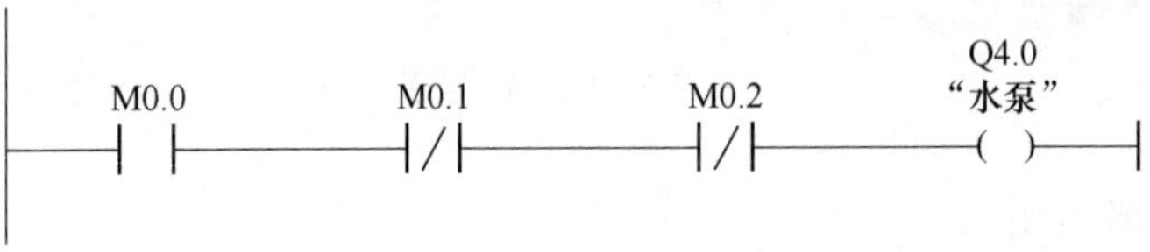

M0.0　M0.1　M0.2　Q4.0 “水泵” ( )

图 7-9　水泵开启程序

⊟ 程序段 4：标题：

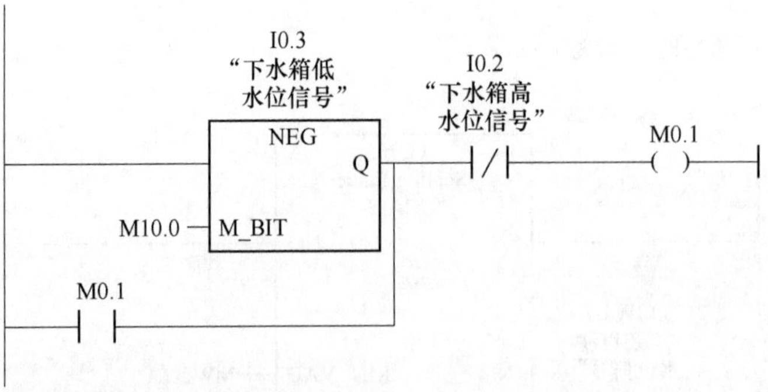

I0.3 “下水箱低水位信号”　NEG　Q　M10.0 — M_BIT　I0.2 “下水箱高水位信号”　M0.1 ( )

M0.1

⊟ 程序段 5：标题：

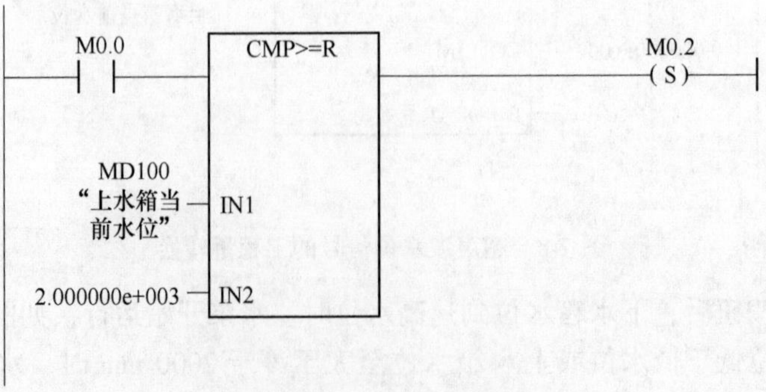

M0.0　CMP>=R　M0.2 (S)

MD100 “上水箱当前水位” — IN1

2.000000e+003 — IN2

图 7-10　水泵关闭程序

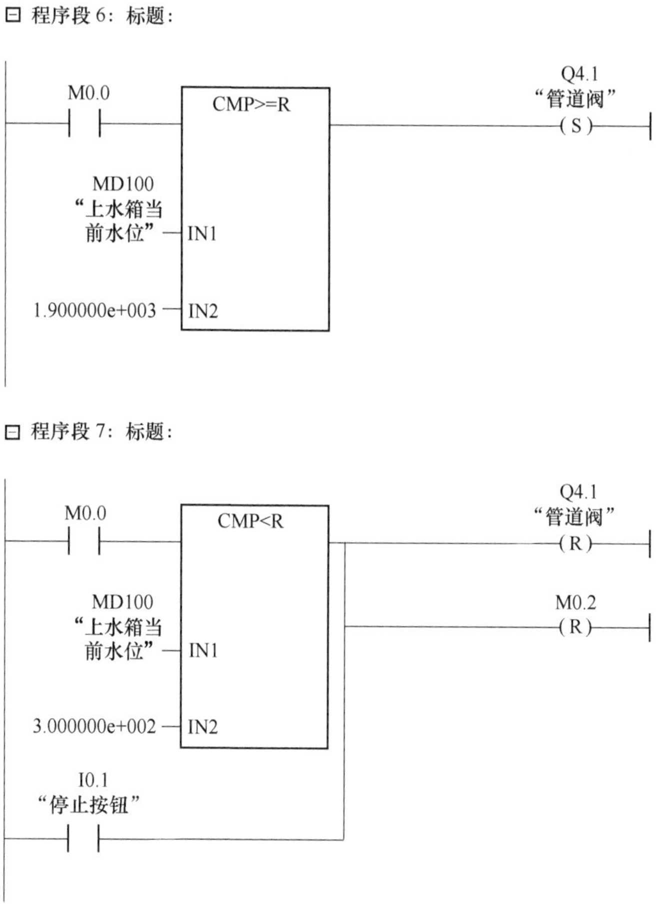

图 7-11　管道阀的开启与关闭控制程序

7.2　通信概念与现场总线

PLC 的通信包括 PLC 之间的通信、PLC 与上位计算机之间的通信以及和其他智能设备之间的通信。PLC 之间通信的实质就是计算机的通信，众多的独立的控制任务构成一控制工程整体，形成模块控制体系。PLC 与计算机连接组成网络，将 PLC 用于控制工业现场设备，计算机用于编程、显示和管理等任务，构成“集中管理、分散控制”的分布式控制系统（DCS）。

7.2.1　基础知识　通信的基本概念

7.2.1.1　并行通信与串行通信

串行通信和并行通信是两种不同的数据传输方式。

（1）并行通信就是将一个 8 位数据（或 16 位、32 位）的每一个二进制位采用单独的导线进行传输，并将传送方和接收方进行并行连接，一个数据的各二进制位可以在同一时间内一次传送。例如，老式打印机的打印口和计算机的通信就是并行通信。并行通信的特点是一个周期里可以一次传输多位数据，连线的电缆多，因此长距离传送时成本高。

（2）串行通信就是通过一对导线将发送方与接收方进行连接，传输数据的每个二进制位，按照规定顺序在同一导线上依次发送与接收。例如，常用的优盘的 USB 接口就是串行通信。串行通信的特点是通信控制复杂，通信电缆少，因此与并行通信相比，成本低。串行通信是一种趋势，随着串行通信速率的提高，以往使用并行通信的场合，现在完全或部分被串行通信取代，如打印机的通信，现在基本被串行通信取代，再如个人计算机硬盘的数据通信，现在已经被串行通信取代。

7.2.1.2　异步通信与同步通信

异步通信与同步通信也称为异步传送与同步传送，这是串行通信的两种基本信息传送方式。从用户的角度上说，两者最主要的区别在于通信方式的“帧”不同。

（1）异步通信方式又称起止方式。它在发送字符时，要先发送起始位，然后是字符本身，最后是停止位，字符之后还可以加入奇偶校验位。异步通信方式具有硬件简单、成本低的特点，主要用于传输速率低于 19.2 kbit/s 以下的数据通信。

（2）同步通信方式在传递数据的同时，也传输时钟同步信号，并始终按照给定的时刻采集数据。其传输数据的效率高，硬件复杂，成本高，一般用于传输速率高于 20 kbit/s 以上的数据通信。

7.2.1.3　单工、双工与半双工

单工、双工与半双工是通信中描述数据传送方向的专用术语。

（1）单工（Simplex）指数据只能实现单向传送的通信方式，一般用于数据的输出，不可以进行数据交换。

（2）全双工（Full Simplex）也称双工，指数据可以进行双向数据传送，同一时刻既能发送数据，也能接收数据。通常需要两对双绞线连接，通信线路成本高。例如，RS-422 就是“全双工”通信方式。

（3）半双工（Half Simplex）指数据可以进行双向数据传送，同一时刻，只能发送数据或者接收数据。通常需要一对双绞线连接，与“全双工”相比通信线路成本低。例如，RS-485 只用一对双绞线时就是“半双工”通信方式。

7.2.2　基础知识　串行接口标准

7.2.2.1　RS-232 串行接口标准

RS-232C 是电子工业协会（Electronic Industrial Association，EIA）公布的串行通信接口标准。“RS”是英文“推荐标准”一词的缩写，“232”是标志号，“C”表示此标准修改的次数。RS-232C 既是一种协议标准，又是一种电气标准，它规定了终端和通信设备之间信息交换的方式和功能。PLC 与计算机间的通信就是通过 RS-232C 标准接口来实现的，它采用按位串行通信的方式，传递速率即波特率规定为 19200Bd、9600Bd、4800Bd、2400Bd、1200Bd、600Bd、300Bd 等。PC 及其兼容机通常均配有 RS-232C 接口。在通信

距离较短、波特率要求不高的场合可以直接采用，既简单又方便。但是，由于RS-232C接口采用单端发送、单端接收，因此，在使用中有数据通信速率低、通信距离短、抗共模干扰能力差等缺点。

目前，RS-232是PC机与通信工业中应用最广泛的一种串行接口。RS-232被定义为一种在低速率串行通信中的单端标准，以非平衡数据传输的界面方式工作。这种方式以一根信号线相对于接地信号线的电压来表示一个逻辑状态（Mark或Space），图7-12所示为一个典型的连接方式。RS-232是全双工传输模式，可以独立发送数据（TXD）及接收数据（RXD）。

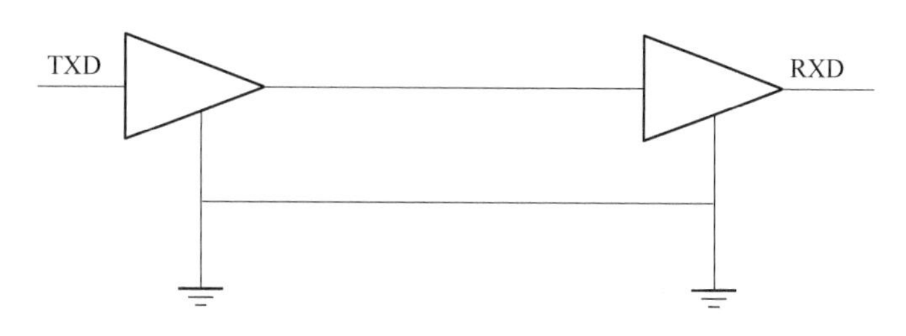

图7-12 RS-232典型的连接方式

RS-232连接线的长度不可超过50 ft（1524 m）或电容值不可超过2500 pF。如果以电容值为标准，一般连接线典型电容值为17 pF/ft（5577 pF/m），则容许的连接线长约44 m。如果是有屏蔽的连接线，则它的容许长度会更长。在有干扰的环境下，连接线的容许长度会减少。

RS-232接口标准的不足之处如下。

（1）接口的信号电平值较高，易损坏接口电路的芯片。

（2）传输速率较低，在异步传输时，波特率为20 kbit/s。

（3）接口使用一根信号线和一根信号返回线而构成共地的传输形式，这种共地传输容易产生共模干扰，所以抗噪声干扰能力差，随波特率增高其抗干扰的能力会成倍下降。

（4）传输距离有限。

7.2.2.2 RS-422A串行接口标准

RS-422A采用平衡驱动、差分接收电路，如图7-13所示，从根本上取消了信号地线。平衡驱动器相当于两个单端驱动器，其输入信号相同，两个输出信号互为反相，图7-13中的小圆圈表示反相。因为接收器是差分输入，所以共模信号可以互相抵消，而外部输入的干扰信号是以共模方式出现的，两根传输线上的共模干扰信号相同，因此只要接收器有足够的抗共模干扰能力，就能从干扰信号中识别出驱动器输出的有用信号，从而克服外部干扰的影响。RS-422A在最大传输速率（10 Mbit/s）时，允许的最大通信距离为12 m。传输速率为100 kbit/s时，最大通信距离为1200 m。一台驱动器可以连接10台接收器。

7.2.2.3 RS-485串行接口标准

由于RS-485是从RS-422基础上发展而来的，所以RS-485许多电气规定与RS-422相仿，如都采用平衡传输方式，都需要在传输线上接终端电阻。RS-485可以采用二线四线

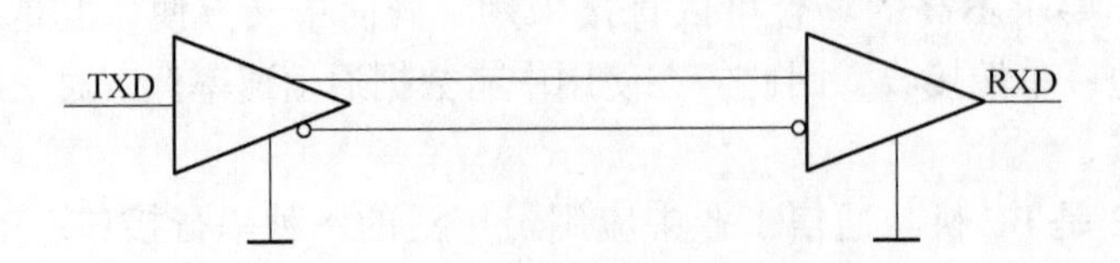

图 7-13　平衡驱动、差分接收电路

方式。二线制可实现真正的多点双向通信，其中的使能信号控制数据的发送或接收，如图 7-14 所示。

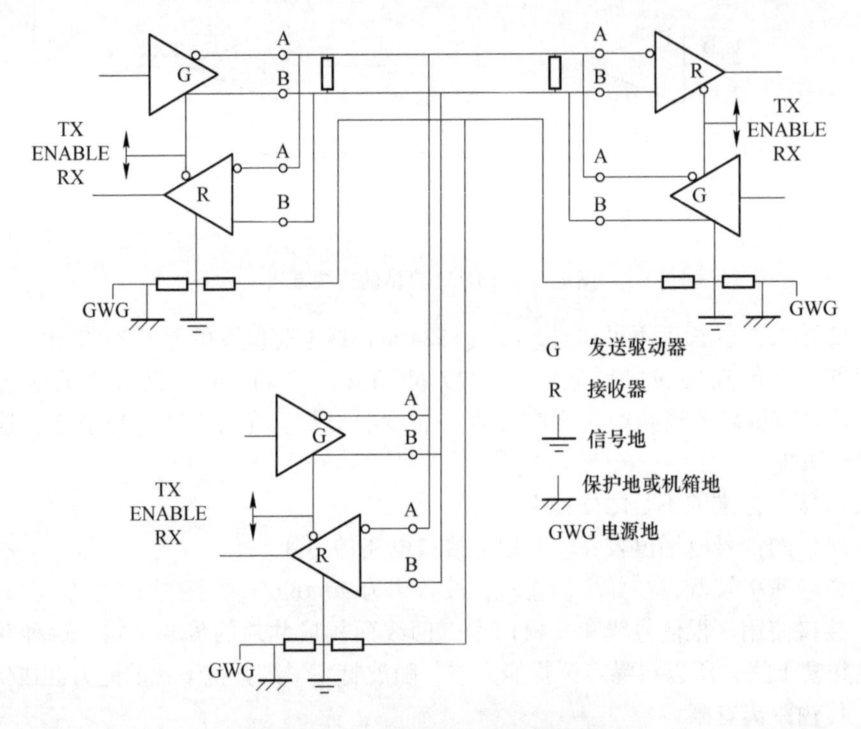

图 7-14　RS-485 多点双向通信接线图

RS-485 的电气特性是，逻辑“1”表示两线间的电压差为 2～6 V，逻辑“0”表示两线间的电压差为-2～-6 V；RS-485 的数据最高传输速率为 10 Mbit/s；RS-485 接口采用平衡驱动器和差分接收器的组合，抗共模干扰能力强，即抗噪声干扰性好；它的最大传输距离标准值为 4000 ft（1219. 2 m），实际上可达 3000 m。另外，RS-232 接口在总线上只允许连接 1 个收发器，只具有单站能力，而 RS-485 接口在总线上允许连接最多 128 个收发器，即具有多站能力用户可以利用单一的 RS-485 接口建立起设备网络。因 RS-485 接口具有良好的抗噪声干扰性、长传输距离和多站能力等优点而成为首选的串行接口。因为 RS-485 接口组成的为半双工网络。一般只需两根连线，所以 RS-485 接口均采用屏蔽双绞线传输。

RS-485 接口满足 RS-422 的全部技术规范，可用于 RS-422 通信。RS-485 接口通常采用 9 针连接器。RS-485 接口的引脚功能见表 7-6。

西门子 PLC 的 PPI 通信、MPI 通信和 PROFIBUS-DP 现场总线通信的物理层都是 RS-

485 通信，而且都是采用相同的通信线缆和专用网络接头。西门子提供两种网络接头，即标准网络接头和包括编程端口接头，可方便地将多台设备与网络连接，编程端口允许用户将编程站或 HMI 设备与网络连接，而不会干扰任何现有网络连接。

表 7-6 RS-485 接口的引脚功能

PLC 侧引脚	信号代号	信号功能
1	SG 或 GND	机壳接地
2	+24 V 返回	逻辑地
3	RXD+或 TXD+	RS-485 的 B，数据发送/接收+端
4	+5 V 返回	逻辑地
5	+5 V	+5 V
6	+24 V	+24 V
7	RXD-或 TXD-	RS-485 的 A，数据发送/接收-端
8	不适用	10 位协议选择（输入）

7.2.3 基础知识 现场总线与现场总线控制系统

7.2.3.1 现场总线

现场总线是应用在生产现场，在微机化测量控制设备之间实现双向串行多节点数字通信的系统，也被称为开放式、数字化、多点通信的层控制网络。

现场总线技术将专用微处理器置入传统的测量控制仪表，使它们各自具有了数字计算和数字通信能力，采用可进行简单连接的双绞线等为总线，把多个测量控制仪表连接成网络系统，并按公开、规范的通信协议，在位于现场的多个微机化测量控制设备之间及现场仪表与远程监控计算机之间，实现数据传输与信息交换，形成各种适应实际需要的自动控制系统。简单说，现场总线就是以数字通信替代了传统 4~20 mA 模拟信号及普通开关量信号的传输总线。

现场总线可实现整个企业的信息集成，实施综合自动化，形成工厂底层网络，完成现场自动化设备之间的多点数字通信，实现底层现场设备之间以及生产现场与外界的信息交换。现场总线有着不同的定义，通常情况下公认在以下 6 个方面。

（1）现场通信网络。用于过程自动化和制造自动化的现场设备或现场仪表互连的现场通信网络。

（2）现场设备互联。依据实际需要使用不同的传输介质把不同的现场设备或者现场仪表相互关联。

（3）互操作性。用户可以根据自身的需求选择不同厂家或不同型号的产品构成所需的控制回路，从而可以自由地集成 FCS。

（4）分散功能块。FCS 废弃了 DCS 的输入/输出单元和控制站，把 DCS 控制站的功能块分散地分配给现场仪表，从而构成虚拟控制站，彻底地实现了分散控制。

（5）通信线供电。通信线供电方式允许现场仪表直接从通信线上摄取能量，这种方式提供用于本质安全环境的低功耗现场仪表，与其配套的还有安全栅。

(6) 开放式互联网络。现场总线为开放式互联网络，既可以与同层网络互联，也可与不同层网络互联，还可以实现网络数据库的共享。

7.2.3.2　现场总线控制系统

现场总线控制系统由测量系统、控制系统、管理系统三个部分组成，而通信部分的硬件、软件是它最有特色的部分。

(1) 现场总线控制系统。它的软件是系统的重要组成部分，控制系统的软件有组态软件、维护软件、仿真软件、设备软件和监控软件等。首先选择开发组态软件、控制操作人机接口软件 MMI。通过组态软件，完成功能块之间的连接，选定功能块参数，进行网络组态。在网络运行过程中对系统实时采集数据，进行数据处理、计算，优化控制及逻辑控制报警、监视、显示、报表等。

(2) 现场总线的测量系统。其特点为多变量高性能的测量，使测量仪表具有计算能力等更多功能，由于采用数字信号，具有高分辨率，准确性高，抗干扰、抗畸变能力强，同时还具有仪表设备的状态信息，可以对处理过程进行调整。

(3) 设备管理系统。可以提供设备自身及过程的诊断信息、管理信息、设备运行状态信息（包括智能仪表）、厂商提供的设备制造信息。例如 Fisher RosemounT 公司，推出 AMS 管理系统，它安装在主计算机内，由它完成管理功能，可以构成一个现场设备的综合管理系统信息库，在此基础上实现设备的可靠性分析以及预测性维护。将被动的管理模式改变为可预测性的管理维护模式。AMS 软件是以现场服务器为平台的 T 型结构，在现场服务器上支撑模块化，功能丰富的应用软件为用户提供一个图形化界面。

(4) 总线系统计算机服务模式。客户机/服务器模式是目前较为流行的网络计算机服务模式。服务器表示数据源（提供者），应用客户机则表示数据使用者，它从数据源获取数据，并进一步进行处理。客房机运行在 PC 或工作站上。服务器运行在小型机或大型机上，它使用双方的智能、资源、数据来完成任务。

(5) 数据库。它能有组织地、动态地存储大量有关数据与应用程序，实现数据的充分共享、交叉访问，具有高度独立性。工业设备在运行过程中参数连续变化，数据量大，操作与控制的实时性要求很高。因此就形成了一个可以互访操作的分布关系及实时性的数据库系统，市面上成熟的供选用的如关系数据库中的 Orad，sybas，Informix，SQL Server；实时数据库中的 Infoplus，PI，ONSPEC 等。

(6) 网络系统的硬件与软件。网络系统硬件有：系统管理主机、服务器、网关、协议变换器、集线器、用户计算机等及底层智能化仪表。网络系统软件有网络操作软件，如 NetWarc，LAN Mangger，Vines，服务器操作软件，如 Lenix，OS/2，Window NT；应用软件数据库、通信协议、网络管理协议等。

7.2.3.3　现场总线的特点

现场总线的优点主要体现如下。

(1) 现场总线使自控设备与系统步入了信息网络的行列，为其应用开拓了更为广阔的领域。

(2) 一对双绞线上可挂接多个控制设备，便于节省安装费用。

（3）节省维护开销。

（4）提高了系统的可靠性。

（5）为用户提供了更为灵活的系统集成主动权。

现场总线的缺点如下。

网络通信中数据包的传输延迟，通信系统的瞬时错误和数据包丢失，发送与到达次序的不一致等，都会破坏传统控制系统原本具有的确定性，使得控制系统的分析与综合变得更复杂，使控制系统的性能受到负面影响。

现场通信网络用于过程自动化和制造自动化的现场设备，或现场仪表互连的现场通信网络。依据实际需要使用不同的传输介质，把不同的现场设备或者现场仪表相互关联。用户可以根据自身的需求，选择不同厂家或不同型号的产品，构成所需的控制回路，互操作性好，从而可以自由地集成 FCS。FCS 废弃了 DCS 的输入/输出单元和控制站，把 DCS 控制站的功能块分散地分配给现场仪表，从而构成虚拟控制站，彻底地实现了分散控制。

通信线供电方式允许现场仪表直接从通信线上摄取能量，这种方式提供用于本质安全环境的低功耗现场仪表，与其配套的还有安全栅。现场总线为开放式互联网络，既可以与同层网络互联，也可与不同层网络互联，还可以实现网络数据库的共享。

从以上内容可以看到，现场总线体现了分布、开放、互联、高可靠性的特点，而这些正是 DCS 系统的缺点。DCS 通常是一对一单独传送信号，其所采用的模拟信号精度低，易受干扰，位于操作室的操作员对模拟仪表往往难以调整参数和预测故障，处于“失控”状态，很多的仪表厂商自定标准，互换性差，仪表的功能也较单一，难以满足现代的要求，而且几乎所有的控制功能都位于控制站中。FCS 则采取一对多双向传输信号，采用的数字信号精度高、可靠性强，设备也始终处于操作员的远程监控和可控状态，用户可以自由按需选择不同品牌种类的设备互联，智能仪表具有通信、控制和运算等丰富的功能，而且控制功能分散到各个智能仪表中去。由此可以看到 FCS 相对于 DCS 的巨大进步。

也正是由于 FCS 的以上特点使得其在设计、安装、投运到正常生产都具有很大的优越性：首先由于分散在前端的智能设备能执行较为复杂的任务，不再需要单独的控制器、计算单元等，节省了硬件投资和使用面积；FCS 的接线较为简单，而且一条传输线可以挂接多个设备，大大节约了安装费用；由于现场控制设备往往具有自诊断功能，并能将故障信息发送至控制室，减轻了维护工作；同时，由于用户拥有高度的系统集成自主权，可以通过比较灵活选择合适的厂家产品；整体系统的可靠性和准确性也大为提高。这一切都帮助用户实现了降低安装、使用、维护的成本，最终达到增加利润的目的。

7.2.4　基础知识　现场总线的现状与发展

由于各个国家各个公司的利益之争，虽然早在 1984 年国际电工技术委员会/国际标准协会（IEC/ISA）就着手开始制定现场总线的标准，至今统一的标准仍未完成。很多公司也推出其各自的现场总线技术，但彼此的开放性和互操作性还难以统一。目前现场总线市场有着以下的特点。

7.2.4.1　总线并存

目前世界上存在着四十余种现场总线，如法国的 FIP，英国的 ERA，德国西门子公司

Siemens 的 Profi Bus，挪威的 FINT，Echelon 公司的 Lon Works，Phenix Contact 公司的 Inter Bus，Rober Bosch 公司的 CAN，Rosemounr 公司的 HART，Carlo Gavazzi 公司的 Dupline，丹麦 Process Data 公司的 P-net，Peter Hans 公司的 F-Mux，以及 ASI（Actratur Sensor Interface），MOD Bus，SDS，Arcnet，国际标准组织-基金会现场总线 FF：Field Bus Foundation，World FIP，Bit Bus，美国的 Device Net 与 Control Net 等。这些现场总线大都用于过程自动化、医药领域、加工制造、交通运输、国防、航天、农业和楼宇等领域，大概不到十种的总线占有 80%左右的市场。

7.2.4.2　工业总线网络分类

目前的工业总线网络可归为三类。

（1）485 网络。RS485/MODBUS 是现在流行的一种工业组网方式，其特点是实施简单方便，而且现在支持 RS485 的仪表又特别多。现在的仪表商也纷纷转而支持 RS485/MODBUS，原因很简单，RS485 的转换接口不仅便宜而且种类繁多。至少在低端市场上，RS485/MODBUS 仍将是最主要的工业组网方式。

（2）HART 网络。HART 是由艾默生提出的一个过渡性总线标准，主要特征是在 4~20 mA 电流信号上面叠加数字信号，但该协议并未真正开放，要加入它的基金会才能拿到协议，而加入基金会要一定的费用。HART 技术主要被国外几家大公司垄断，近些年国内也有公司在做，但还没有达到国外公司的水平。现在有很多智能仪表带有［HART 圆卡］，支持 HART 通信功能。但从国内情况来看，还没有真正用到这部分功能来进行设备联网监控，最多只是利用手操器对其进行参数设定。从长远来看，由于 HART 通信速率低、组网困难等原因，HART 仪表的应用将呈下滑趋势。

（3）Field Bus 现场总线网络。现场总线是当今自动化领域的热点技术之一，被誉为自动化领域的计算机局域网。它的出现标志着自动化控制技术又一个新时代的开始。现场总线是连接控制现场的仪表与控制室内的控制装置的数字化、串行、多站通信的网络。其关键标志是能支持双向、多节点、总线式的全数字化通信。近年来现场总线技术成为国际上自动化和仪器仪表发展的热点，它的出现使传统的控制系统结构产生了革命性的变化，使自控系统朝着“智能化、数字化、信息化、网络化、分散化”的方向进一步迈进，形成新型的网络通信的全分布式控制系统——现场总线控制系统 FCS（Field Bus Control System）。然而，到目前为止，现场总线还没有形成真正统一的标准，Profi Bus、CAN、CC-Link 等多种标准并行存在，并且都有自己的生存空间。何时统一，遥遥无期。目前，支持现场总线的仪表种类还比较少，可供选择的余地小，价格又偏高，用量也较小。

7.2.4.3　应用领域

每种总线大都有其应用的领域，比如 FF、PROFIBUS-PA 适用于石油、化工、医药、冶金等行业的过程控制领域；Lon Works、PROFIBUS-FMS、Deviece Net 适用于楼宇、交通运输、农业等领域；Device Net、PROFIBUS-DP 适用于加工制造业，而这些划分也不是绝对的，每种现场总线都力图将其应用领域扩大，彼此渗透。

大多数的现场总线都有一个或几个大型跨国公司作为背景并成立相应的国际组织，力图扩大自己的影响、得到更多的市场份额。比如 Profi Bus 以 Siemens 公司为主要支持，并成立了 PROFIBUS 国际用户组织 World FIP，以 Alstom 公司为主要后台，成立了 World FIP 国际用户组织。为了加强自己的竞争能力，很多总线都争取成为国家或者地区的标准，比如 PROFIBUS 已成为德国标准，World FIP 已成为法国标准等。为了扩大自己产品的使用范围，很多设备制造商往往参与不止一个甚至多个总线组织。

由于竞争激烈，而且还没有哪一种或几种总线能一统市场，很多重要企业都力图开发接口技术，使自己的总线能和其他总线相连，在国际标准中也出现了协调共存的局面。

工业自动化技术应用于各行各业，要求也千变万化，使用一种现场总线技术很难满足所有行业的技术要求；现场总线不同于计算机网络，人们将会面对一个多种总线技术标准共存的现实世界。技术发展很大程度上受到市场规律、商业利益的制约；技术标准不仅是一个技术规范，也是一个商业利益的妥协产物。而现场总线的关键技术之一是彼此的互操作性，实现现场总线技术的统一是所有用户的愿望。

从现场总线技术本身来分析，它有两个明显的发展趋势：一是寻求统一的现场总线国际标准，二是 Industrial Ethernet 走向工业控制网络。

统一、开放的 TCP/IP Ethernet 是 20 多年来发展最成功的网络技术，过去一直认为，Ethernet 是为 IT 领域应用而开发的，它与工业网络在实时性、环境适应性、总线馈电等许多方面的要求存在差距，在工业自动化领域只能得到有限应用。事实上，这些问题正在迅速得到解决，国内 EPA 技术（Ethernet for Process Automation）也取得了很大的进展。

随着 FF HSE 的成功开发以及 PROFInet 的推广应用，可以预见 Ethernet 技术将会十分迅速地进入工业控制系统的各级网络。

7.3 PROFIBUS 通信及其应用

7.3.1 基础知识 PROFIBUS 通信概述与 PROFIBUS 总线拓扑结构

PROFIBUS 是过程现场总线（Process Field Bus）的缩写，是目前国际上通用的现场总线标准之一，PROFIBUS 总线 1987 年由 Siemens 公司等 13 家企业和 5 家研究机构联合开发，1999 年 PROFIBUS 成为国际标准 IEC61158 的组成部分，2001 年批准成为中国的行业标准 JB/T 10308.3-2001。在多种自动化的领域中占据主导地位，全世界的设备节点数已经超过 2000 万。它由三个兼容部分组成，即 PROFIBUS-DP（Decentralized Periphery）、PROFIBUS-PA（Process Automation）、PROFIBUS-FMS（Fieldbus Message Specification）。PROFIBUS 协议结构如图 7-15 所示。

PROFIBUS-DP 应用于现场级，它是一种高速低成本通信，用于设备级控制系统与分散式 I/O 之间的通信，总线周期一般小于 10 ms，使用协议第 1、2 层和用户接口，确保数据传输的快速和有效进行。

PROFIBUS-DP 是一种高速低成本数据传输，用于自动化系统中单元级控制设备与分布式 I/O（例如 ET 200）的通信。主站之间的通信为令牌方式，主站与从站之间为主从轮询方式，以及这两种方式的混合。一个网络中有若干个被动节点（从站），而它的逻辑令牌只含有一个主动令牌（主站），这样的网络为纯主-从系统。其总线网络结构如图 7-16 所示。

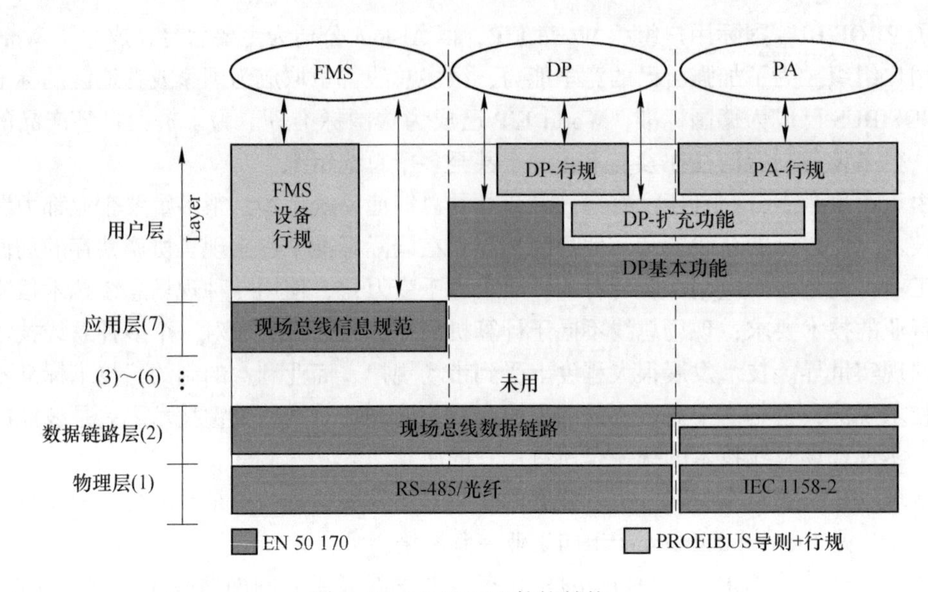

图 7-15　PROFIBUS 协议结构

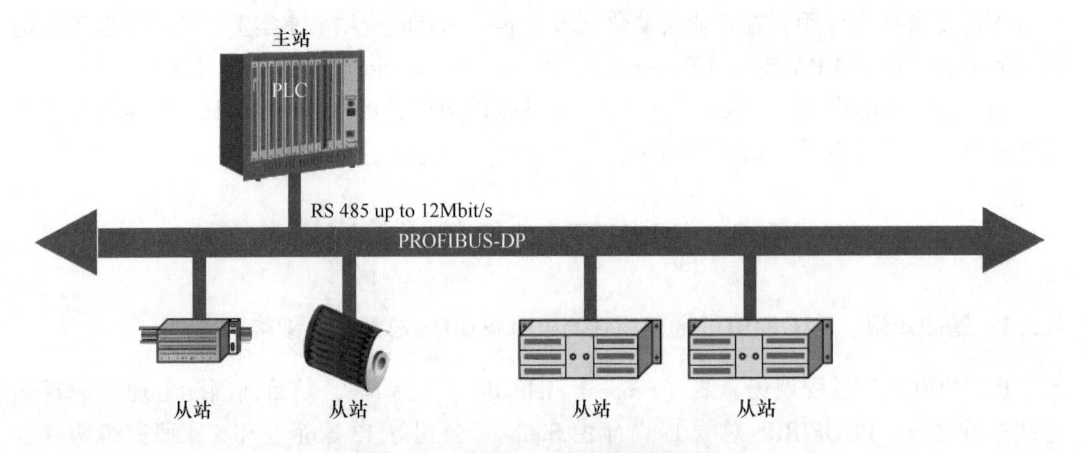

图 7-16　PROFIBUS-DP 总线网络结构

PROFIBUS-PA 适用于过程自动化，可使传感器和执行器接在一根共用的总线上，可应用于本征安全领域。PROFIBUS-PA 用于过程自动化的现场传感器和执行器的低速数据传输，使用扩展的 PROFIBUS-DP 协议。其总线网络结构如图 7-17 所示。

PROFIBUS-FMS 用于车间级监控网络，它是令牌结构的实时多主网络，用来完成控制器和智能现场设备之间的通信以及控制器之间的信息交换。主要使用主-从方式，通常周期性地与传动装置进行数据交换。PROFIBUS-FMS 可用于车间级监控网络，FMS 提供大量的通信服务，用以完成中等级传输速度进行的循环和非循环的通信服务。其总线网络结构如图 7-18 所示。

PROFIBUS 可使分散式数字化控制器从现场底层到车间级网络化，并可同时实现集中控制、分散控制和混合控制三种方式。该系统分为主站和从站。

(1) 主站决定总线的数据通信，当主站得到总线控制权（令牌）时，没有外界请求也可以主动发送信息。在 PROFIBUS 协议中主站也称为主动站。

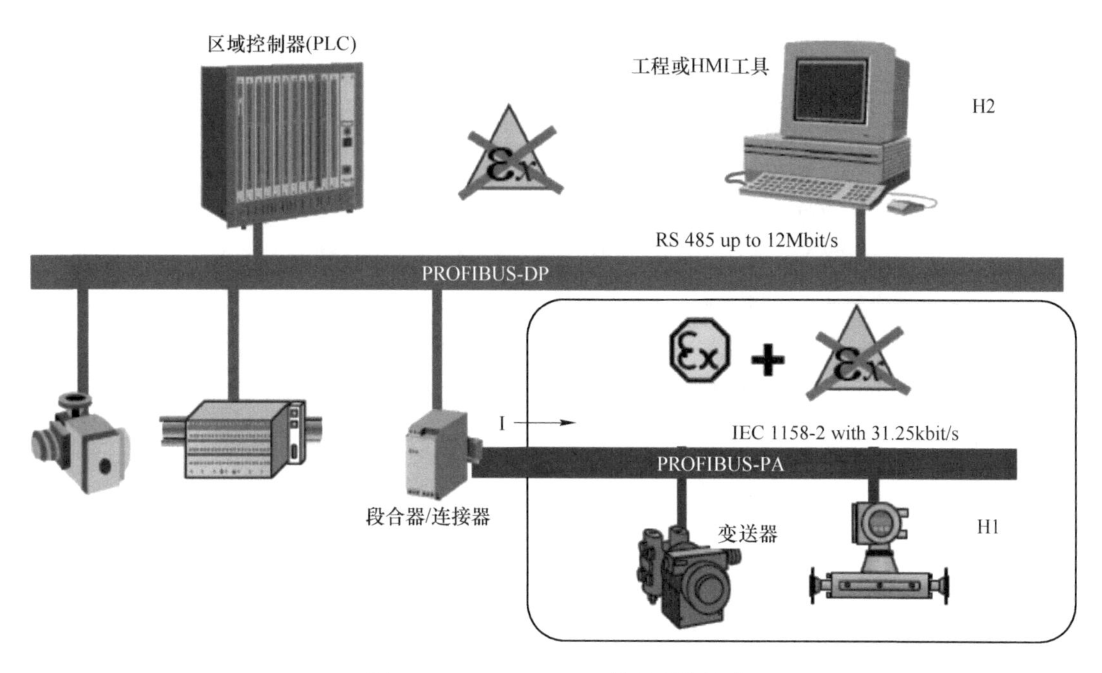

图 7-17 PROFIBUS-PA 总线网络结构

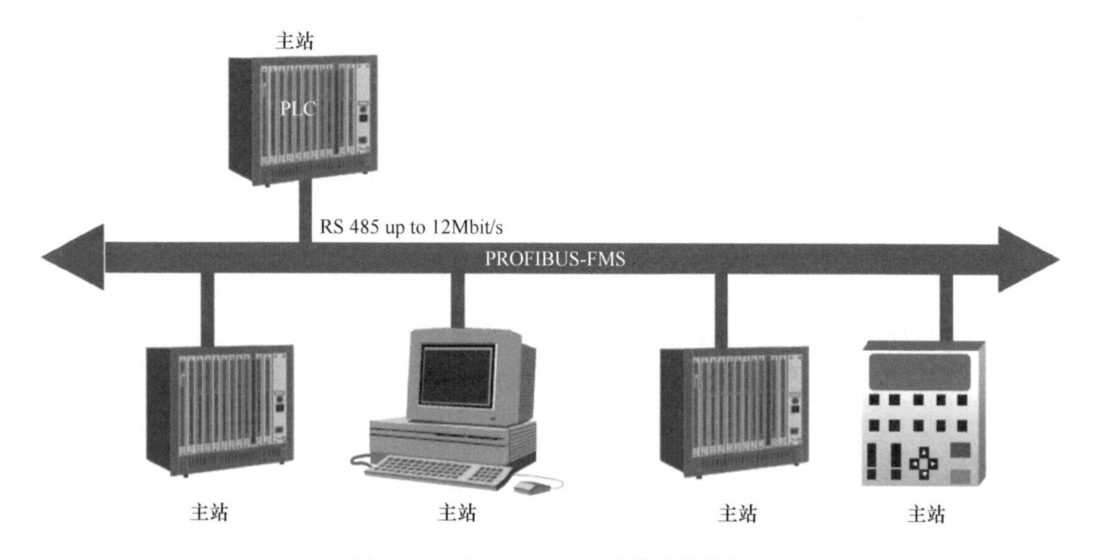

图 7-18 PROFIBUS-FMS 总线网络结构

(2) 从站为外围设备，典型的从站包括输入/输出装置、阀门、驱动器和测量发射器。它们没有总线控制权，仅对接收到的信息给予确认或当主站发出请求时向它发送信息。从站也称为被动站。由于从站只需总线协议的一小部分，所以实施起来特别经济。

PROFIBUS 支持主-从系统、纯主站系统、多主多从混合系统等几种传输方式。

(1) 纯主-从系统（单主站）。单主系统可实现最短的总线循环时间。以 PROFIBUS-DP 系统为例，一个单主系统由一个 DP-1 类主站和 1 到最多 125 个 DP-从站组成，典型系统如图 7-19 所示。

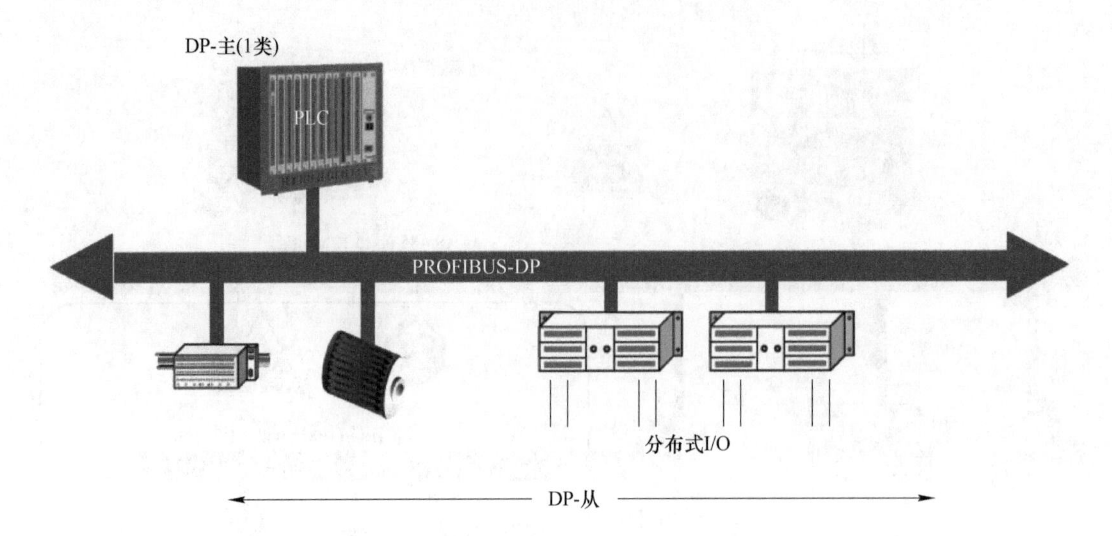

图 7-19　纯主-从系统（单主站）典型系统

（2）纯主-主系统（多主站）。若干个主站可以用读功能访问一个从站。以 PROFIBUS-DP 系统为例，多主系统由多个主设备（1 类或 2 类）和 1 到最多 124 个 DP-从设备组成。典型系统如图 7-20 所示。

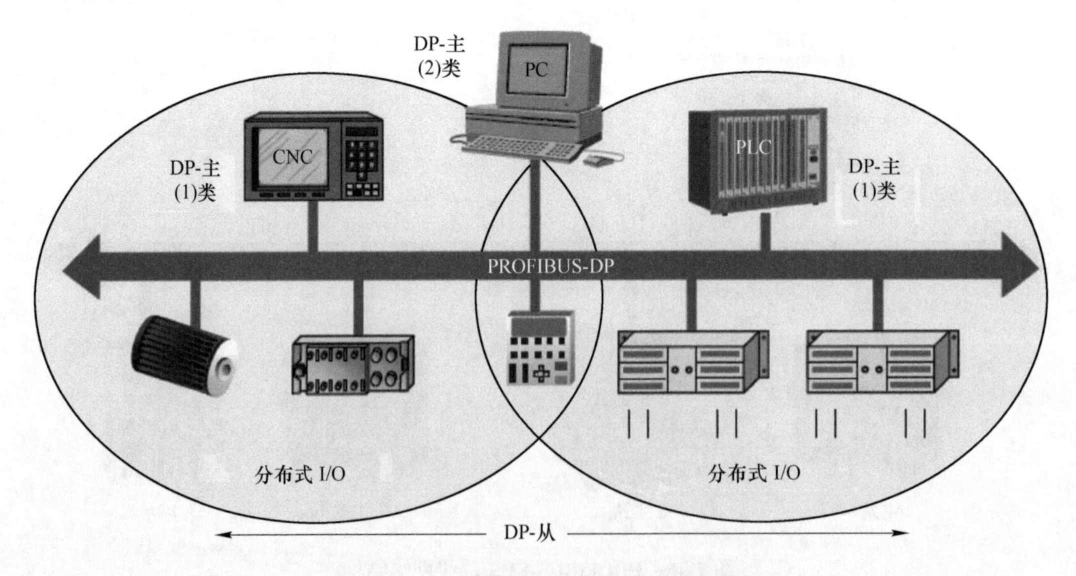

图 7-20　纯主-主系统（多主站）典型系统

（3）两种配置的组合系统（多主-多从）典型系统如图 7-21 所示。

与其他现场总线系统相比，PROFIBUS 的最大优点在于具有稳定的国际标准 EN50170 作保证，并经实际应用验证具有普遍性。已应用的领域包括加工制造过程控制和自动化等。PROFIBUS 开放性和不依赖于厂商的通信的设想，已在 10 多万成功应用中得以实现。市场调查确认，在欧洲市场中，PROFIBUS 占开放性工业现场总线系统的市场超过 40%。PROFIBUS 有国际著名自动化技术装备的生产厂商支持，它们都具有各自的技术优势并能提供广泛的优质新产品和技术服务。

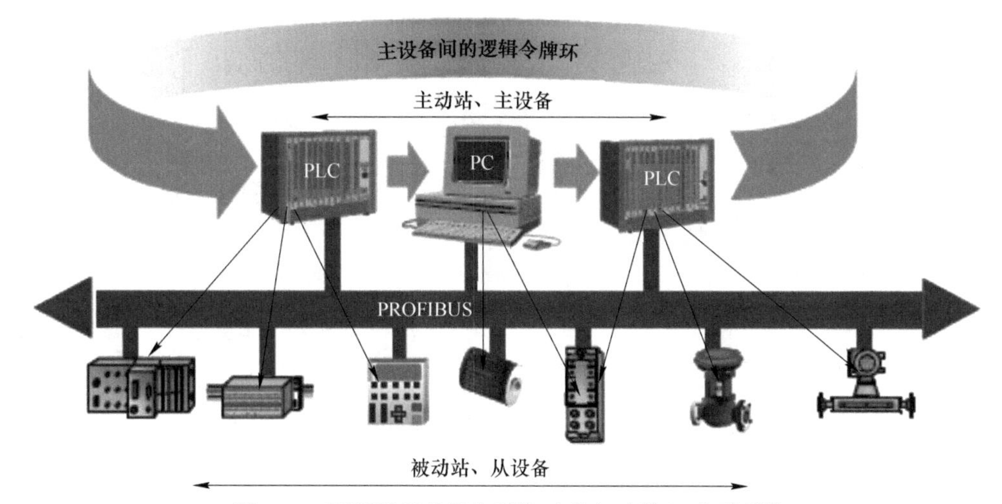

图 7-21 两种配置的组合系统（多主-多从）典型系统

PROFIBUS 协议结构是根据 ISO7498 国际标准，以开放式系统互联网络（Open System Interconnection-OSI）作为参考模型的。

PROFIBUS-DP 是为了实现在传感器-执行器级快速数据交换而设计的。中央控制装置（例如可编程控制器）在这里通过一种快速的串行接口与分布式输入和输出设备通信。与这些装置的通信一般是循环发生的。

中央控制器（主站）从从站读取输入信息并将输出信息写到从站。单主站或多主站系统可以由 PROFIBUS-DP 来实现。这使得系统配置异常方便。一条总线最多可以连接 126 个设备（主站或从站）。

设备类型有以下三类。

（1）DP1 类主站：这是一种在给定的信息循环中与分布式站点（DP 从站）交换信息的中央控制器。典型的设备有可编程控制器（PLC）、微机数值控制（CNC）或计算机（PC）等。

（2）DP2 类主站：属于这一类的装置包括编程器组态装置和诊断装置，例如上位机。这些设备在 DP 系统初始化时用来生成系统配置。

（3）DP 从站 ：一台 DP 从站是一种对过程读和写信息的输入、输出装置（传感器/执行器），例如分布式 I/O、ET200 变频器等。

PROFIBUS 网络可对多个控制器、组件和作为电气网络或光纤网络的子网进行无线连接，或使用连接器进行连接。通过 PROFIBUS-DP，可对传感器和执行器进行集中控制。图 7-22 所示为 PROFIBUS-DP 的连接方式。

PROFIBUS-DP 中使用的设备，如图 7-22 所示，DP 主站是用于对连接的 DP 从站进行寻址的设备，与现场设备交换输入和输出信号。DP 主站通常是运行自动化程序的控制器。PG/PC 为 PG/PC/HMI 类设备，用于调试和诊断 2 类 DP 主站。PROFIBUS 为网络基础结构，HMI 是用于操作和监视功能的设备，DP 从站是分配给 DP 主站的分布式现场设备，如阀门终端、变频器等。智能从站指的是智能 DP 从站。

I/O 通信指的是对分布式 I/O 的输入/输出进行读写操作。图 7-23 为采用 PROFIBUS-DP 的 I/O 通信。

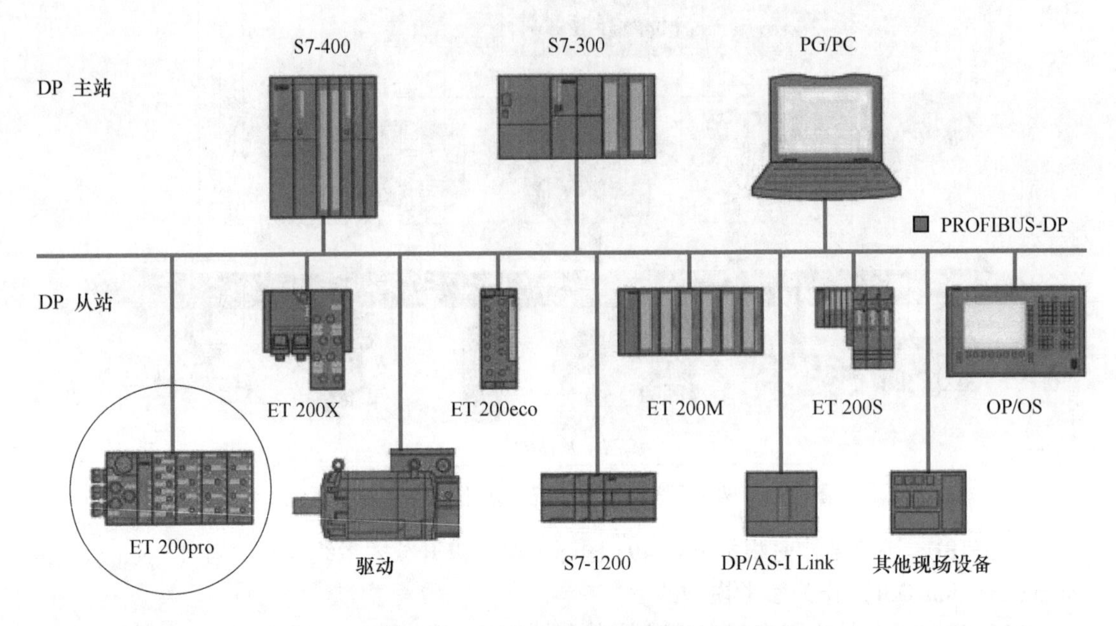

图 7-22　PROFIBUS-DP 的连接方式

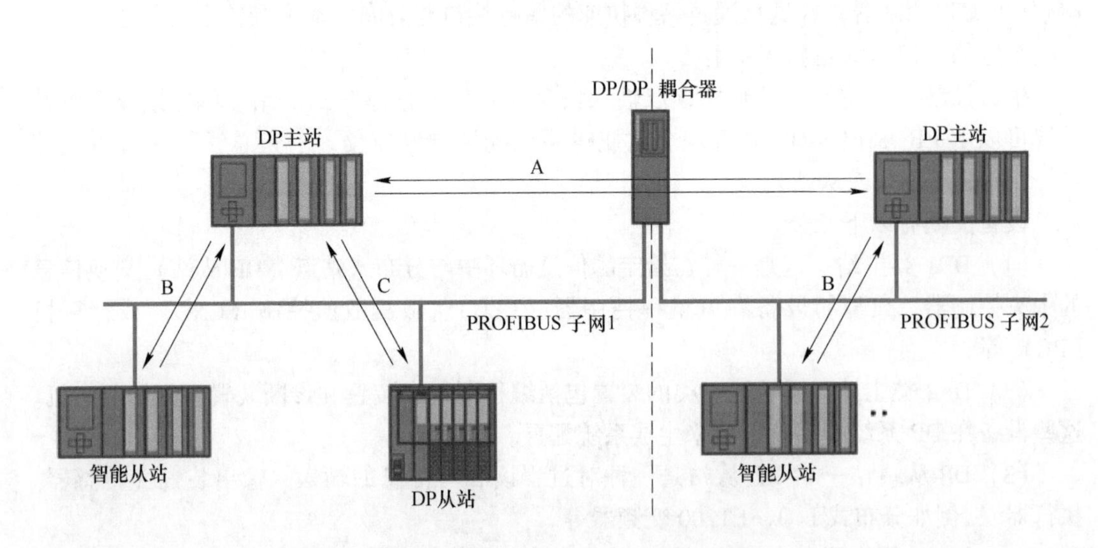

图 7-23　采用 PROFIBUS-DP 的 I/O 通信
A—DP 主站与 DP 主站间通信；B—DP 主站与智能从站间通信；
C—DP 主站与 DP 从站间通信

7.3.2　应用实例　S7-300 PLC 与 ET200M 的 PROFIBUS-DP 通信

下面介绍使用 CPU315-2PN/DP 作为主站，ET200M 分布式 I/O 模块作为从站，通过 PROFIBUS 现场总线建立与 ET200M 通信，实现 PLC 远程控制传输带电机系统，如图 7-24 所示。

PROFIBUS 现场总线硬件组态图如图 7-25 所示。硬件设备明细表见表 7-7。

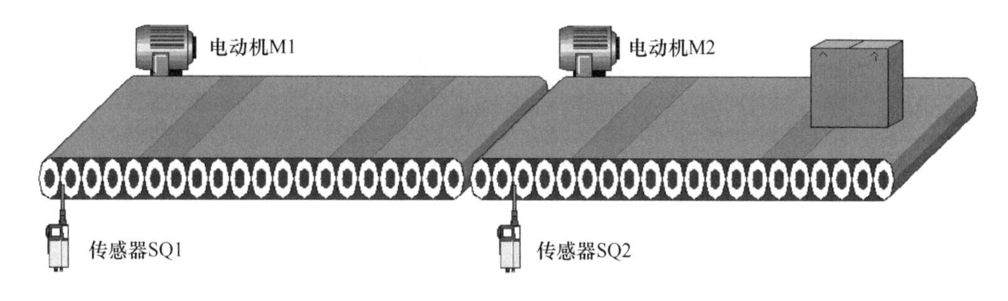

图 7-24 PLC 远程控制传输带电机系统

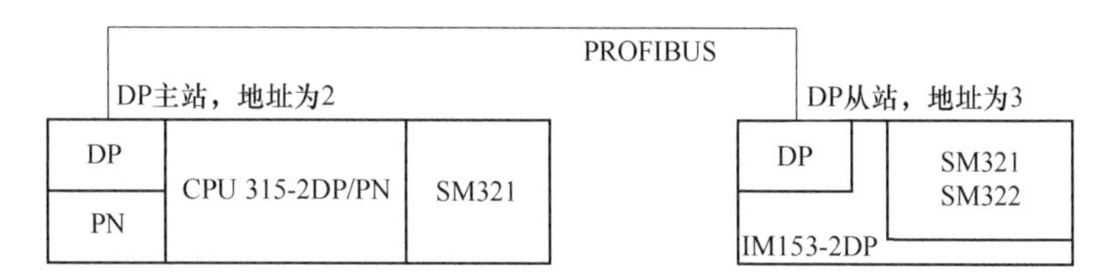

图 7-25 PROFIBUS 现场总线硬件组态图

表 7-7 PLC 远程控制传输带电机系统硬件设备明细表

模　块	型　号	订　货　号
CPU 模块	CPU 315-2PN/DP	6ES7 315-2EH14-0AB0
数字量输入模块	DI16×DC 24 V	6ES7 321-1BH00-0AA0
ET200M 接口模块	IM 153-2 DP	6ES7 153-2BA02-0XB0
远程数字量输入模块	DI 16×DC 24 V	6ES7 321-1BH00-0AA0
远程数字量输出模块	DO 16×DC 24 V	6ES7 322-1BH00-0AA0

控制要求：某车间运料传输带分为两段，由两台电动机分别驱动。按启动按钮，电动机 M2 开始运行并保持连续工作，被运送的货品前进。当货品被传感器 SQ2 检测到，启动电动机 M1 运载货品前进。当货品被传感器 SQ1 检测到，延时 3 s 后电动机 M1 停止。上述过程不断进行，直到按下停止按钮传送电动机 M2 立刻停止。其硬件明细表见表 7-7，其端口（I/O）分配表见表 7-8。

表 7-8 PLC 远程控制传输带电机系统 I/O 分配表

输　入		输　出	
输入设备	输入编号	输出设备	输出编号
启动	I0.0	电动机 M1	Q4.0
停止	I0.1	电动机 M2	Q4.1
传感器 SQ1	I4.0		
传感器 SQ2	I4.1		

7.3.2.1 主站硬件组态

新建项目后单击右键，在弹出的菜单中选择“插入新对象”中的“SIMATIC 300 站点”，插入 S7-300 站，作为 DP 主站，如图 7-26 所示。

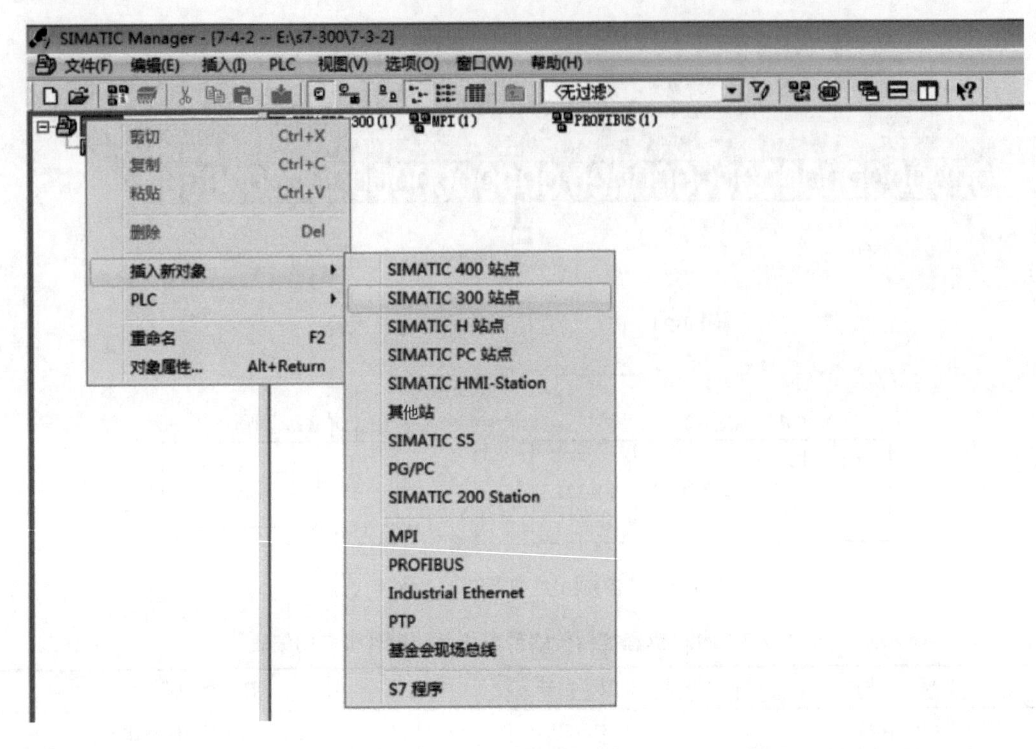

图 7-26　添加新设备

组态 CPU 后，在管理器中选中“SIMATIC 300”站对象，双击右侧“硬件”图标，打开 HW Config 界面。插入机架（RACK），在 1 号插槽插入电源 PS 307 2A，在 2 号插槽插入 CPU 315-2PN/DP。3 号插槽留作扩展模块。在 4 号插槽开始按照需要插入/输出模块，如图 7-27 所示。

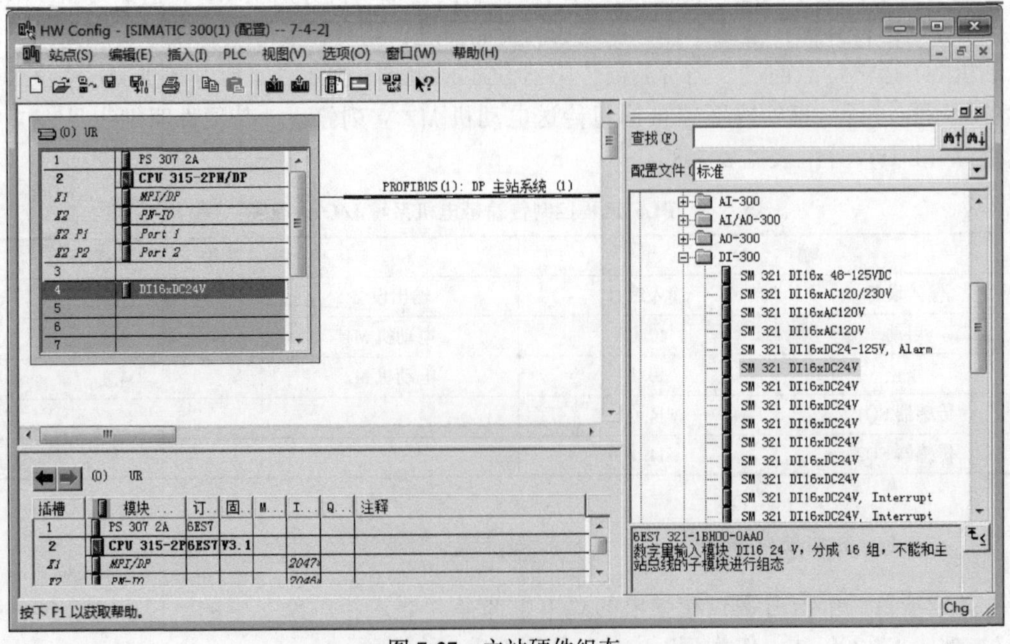

图 7-27　主站硬件组态

7.3.2.2　主站 PROFIBUS-DP 参数

在 HW Config 界面，双击 MPI/DP，出现 MPI/DP 属性对话框，如图 7-28 所示。

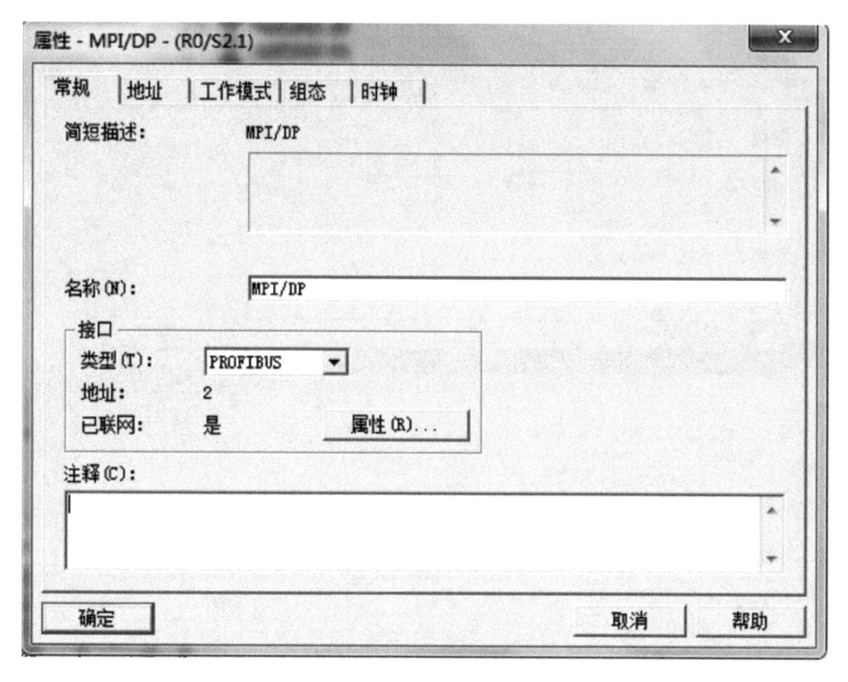

图 7-28　MPI/DP 属性界面

在“工作模式”选项卡中，可以看见 CPU 315 默认为“DP 主站”。单击“常规”选项卡，接口类型选择“PROFIBUS”。单击“属性”按钮，打开属性组态界面，如图 7-29 所示。

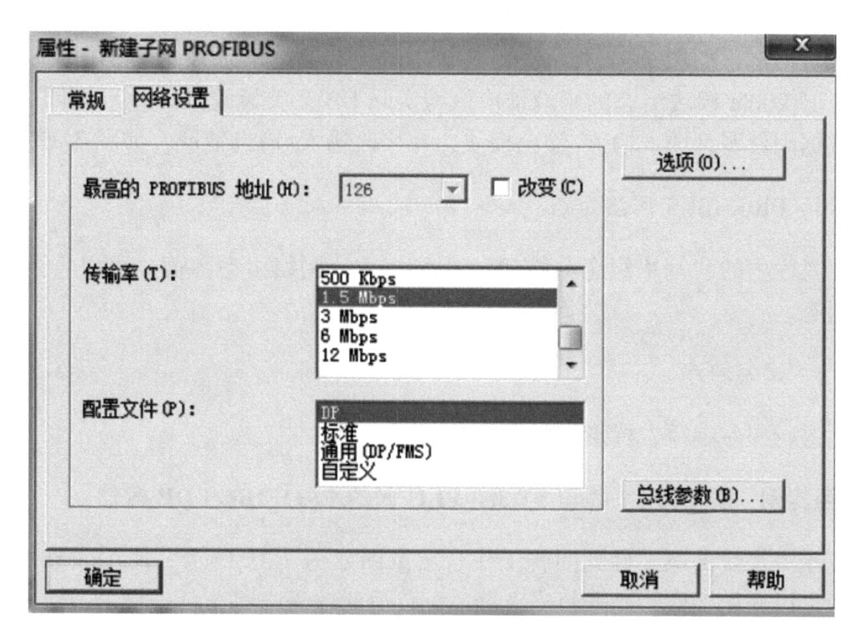

图 7-29　新建子网 PROFIBUS

新建一条 PROFIBUS 通信电缆，设置主站地址为 2，传输率为 1.5Mbit/s，组态文件为 DP。然后单击“确定”按钮，返回 DP 接口属性对话框。可以看到“子网”列表中出现了新的“PROFIBUS（1）”子网，如图 7-30 所示。单击“确定”按钮，返回 HWConfig 界面。MPI/DP 插槽引出了一条 PROFIBUS（1）网络。

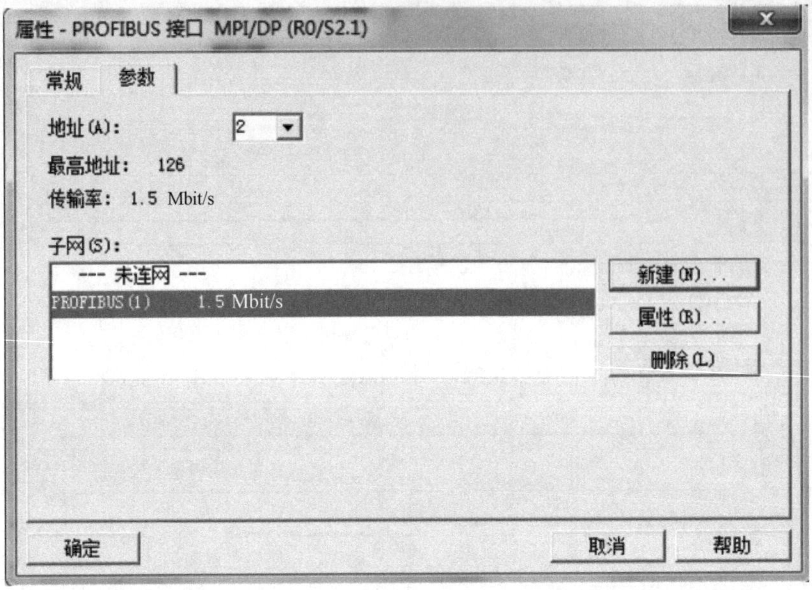

图 7-30　PROFIBUS 接口属性

7.3.2.3　组态 IM153-2 模块

在右侧硬件目录中，点开目录“PROFIBUS-DP”→“ET200M”→“IM153-2”，双击或拖拽该模块，将其接入左侧硬件组态窗口的 PROFIBUS 网络中。在接入网络后，会自动打开属性对话框，如图 7-31 所示。可将该 DP 从站的站地址设为“3”，单击“确定”完成。注意 ET200M 模块组态的站地址应该与实际 DP 开关设置的站地址相同。最后选中该从站，根据硬件明细插入输入/输出模块，并修改输入/输出地址，如图 7-32 所示。

7.3.2.4　PROFIBUS 网络组态

单击工具栏中的“网络组态”按钮，进入 NetPro 网络组态界面，可以看到图 7-33 所示的网络组态。

7.3.2.5　编写程序

对主站进行程序编写，梯形图如图 7-34 所示。

7.3.3　应用实例　S7-300 PLC 与 S7-300 PLC 间的 PROFIBUS-DP 通信

PLC 控制流水线传送工件到回转工作台示意图如图 7-35 所示。加工的具体要求：按下启动按钮可以开始工作。当送料光电接收到信号时输送带将工件送到转盘后停止。转盘

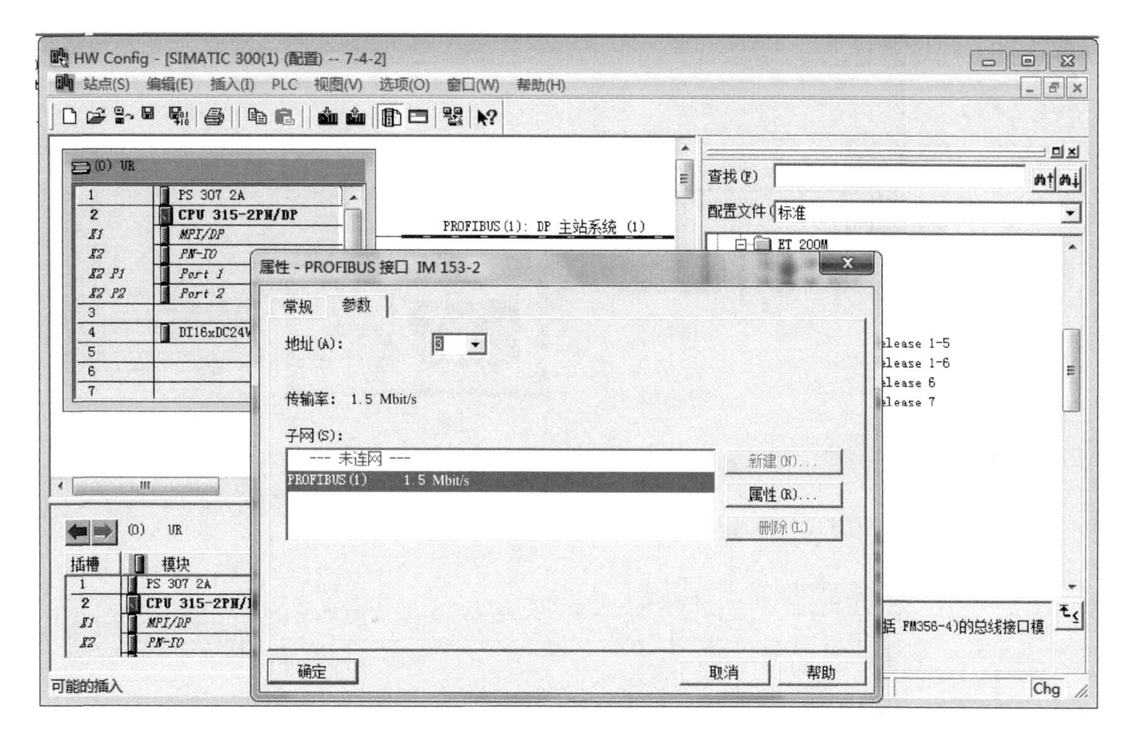

图 7-31　插入 IM153-2 接口模块

图 7-32　插入数字量输入/输出模块

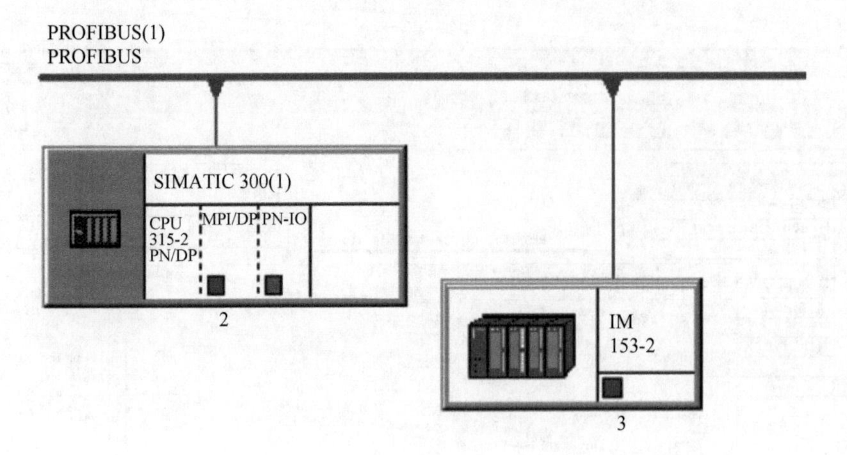

图 7-33　PROFIBUS 网络组态完成

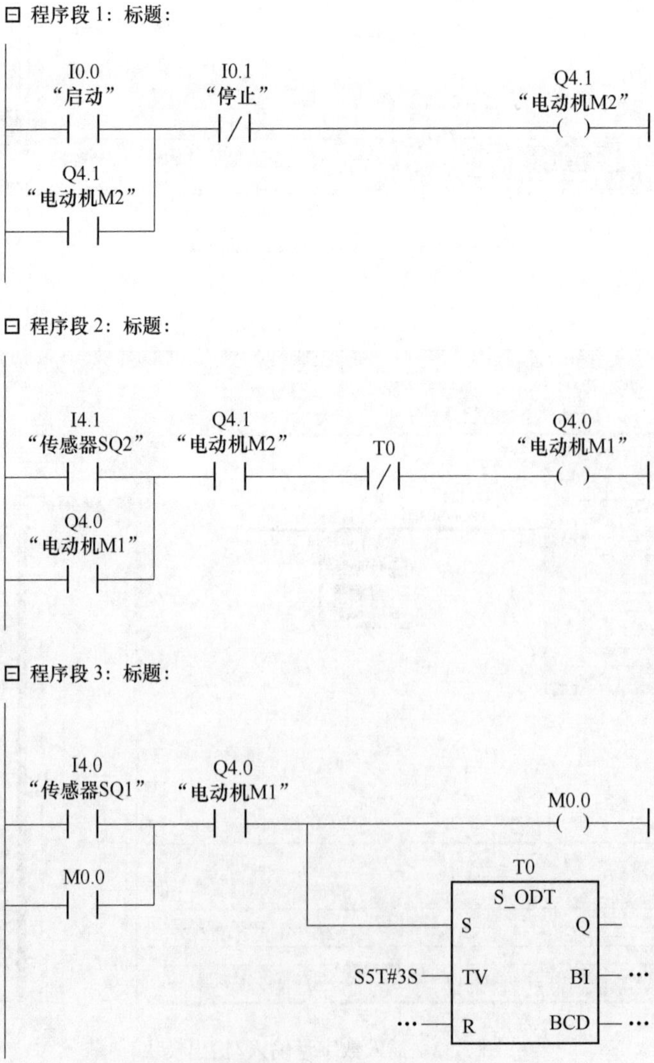

⊟ 程序段 1：标题：

I0.0
“启动”
I0.1
“停止”
Q4.1
“电动机M2”
Q4.1
“电动机M2”

⊟ 程序段 2：标题：

I4.1
“传感器SQ2”
Q4.1
“电动机M2”
T0
Q4.0
“电动机M1”
Q4.0
“电动机M1”

⊟ 程序段 3：标题：

I4.0
“传感器SQ1”
Q4.0
“电动机M1”
M0.0
M0.0
T0
S_ODT
S　Q
S5T#3S　TV　BI　…
…　R　BCD　…

图 7-34　PLC 远程控制传输带电机系统梯形图

收到工件 1 s 后旋转一个工位的角度后继续送料，当转盘全放满时输送带停止输送。工位上的工件进行激光加工（1 s）然后进行产品检测（1 s），当转盘上的全部工件都加工及检测完成后停止工作（工件不能重复加工），再按启动按钮后可以重新开始工作。按停止按钮后所有动作停止，PLC 无信号输出。

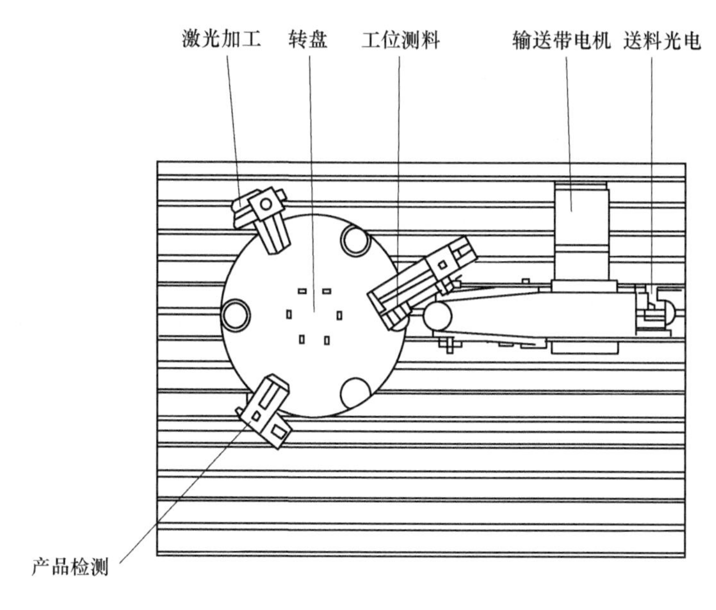

图 7-35　PLC 控制流水线传送工件到回转工作台示意图

选择一台 CPU316 和一台 CPU315 完成现场总线 PROFIBUS-DP 连接，以主站 CPU316 和智能从站 CPU315 的输入输出接口连接外部设备，通过 CPU316 和 CPU315 的编程实现控制流水线传送工件到回转工作台进行加工。硬件设备明细表见表 7-9，设定其 I/O 表见表 7-10。

表 7-9　PLC 控制流水线传送工件到回转工作台硬件设备明细表

模　块	型　号	订 货 号
主站电源模块	PS 307 5A	6ES7 307-1EA00-0AA0
主站 CPU 模块	CPU 316-2 DP	6ES7 316-2AG00-0AB0
主站数字量输入模块	DI16×DC 24V	6ES7 321-1BH00-0AA0
主站数字量输出模块	DO16×DC 24V/0.5A	6ES7 322-1BH00-0AA0
从站电源模块	PS 307 5A	6ES7 307-1EA00-0AA0
从站 CPU 模块	CPU 315-2 DP	6ES7 315-2AH14-0AB0
从站数字量输入模块	DI16×DC 24V	6ES7 321-1BH00-0AA0
从站数字量输出模块	DO16×DC 24V/0.5A	6ES7 322-1BH00-0AA0

7.3.3.1　组态智能从站

在对两个 CPU 主-从通信组态配置时，原则上要先组态从站。

表 7-10　PLC 控制流水线传送工件到回转工作台 I/O 分配表

输　入		输　出	
输入设备	输入端口编号	输出设备	输出端口编号
启动按钮	CPU316（DI0）	传输带电机	CPU316（DO0）
停止按钮	CPU316（DI1）	转盘电机	CPU315（DO0）
送料光电	CPU316（DI2）	激光加工	CPU315（DO1）
工位检测	CPU315（DI0）	产品检测	CPU315（DO2）
位置检测接近开关	CPU315（DI1）		

A　新建 S7 项目

打开 SIMATIC Manage，创建一个新项目，并命名为“两台 PLC 使用 DP 通信”。插入两个 S7-300 站，分别命名为 S7-300 主站和 S7-300 从站，如图 7-36 所示。

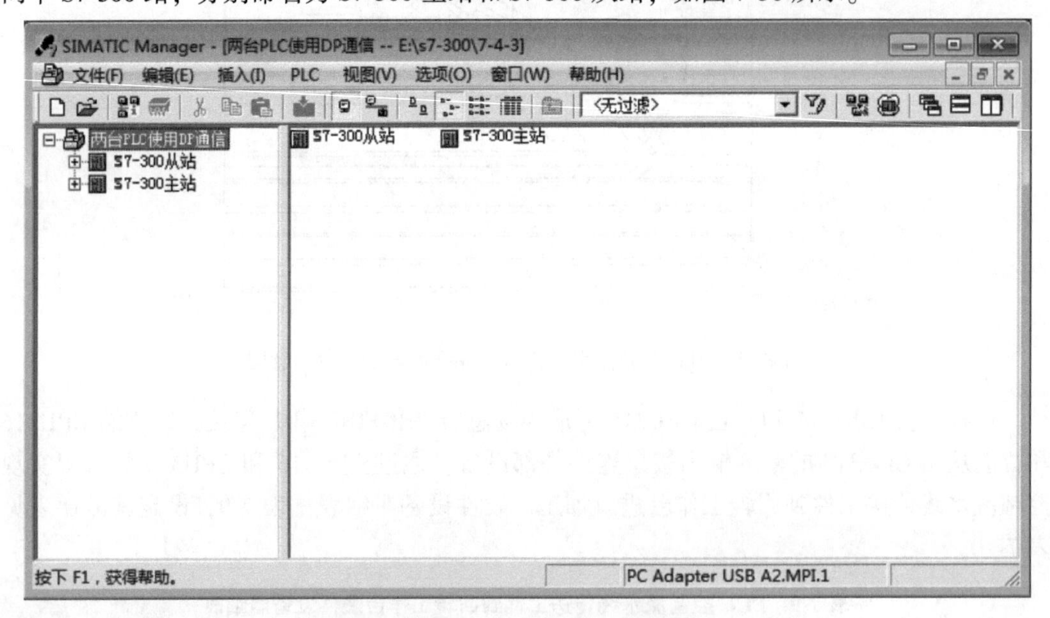

图 7-36　创建 S7-300 主站与 S7-300 从站

B　硬件组态

进入硬件组态窗口，按硬件安装次序依次插入机架、电源、CPU、数字量输入及数字量输出等完成硬件组态，硬件组态如图 7-37 所示。

插...	模块　…	订货号	固..	MPI 地址	I...	Q...	注释
1	PS 307 5A	6ES7 307-1EA00-0AA0					
2	CPU 315-2 DP	6ES7 315-2AH14-0AB0	V3.0	2			
X2	*DP*				*2047**		
3							
4	DI16×DC 24V	6ES7 321-1BH00-0AA0			0...1		
5	DO16×DC 24V/0.5A	3ES7 322-1BH00-0AA0				4...5	

图 7-37　从站硬件组态

在插入 CPU 时，会自动弹出 PROFIBUS 接口组态窗口。也可以在插入 CPU 后，双击 DP 插槽，打开 DP 属性窗口，单击“属性”按钮进入 PROFIBUS 接口组态窗口。单击

“新建”按钮新建 PROFIBUS 网络，分配 PROFIBUS 站地址，本例设为 3 号站。单击“属性”按钮组态网络属性，选择“网络设置”选项卡进行网络参数设置，如波特率、行规。本例波特率为 19.2kbit/s，行规选择为 DP，如图 7-38 所示。

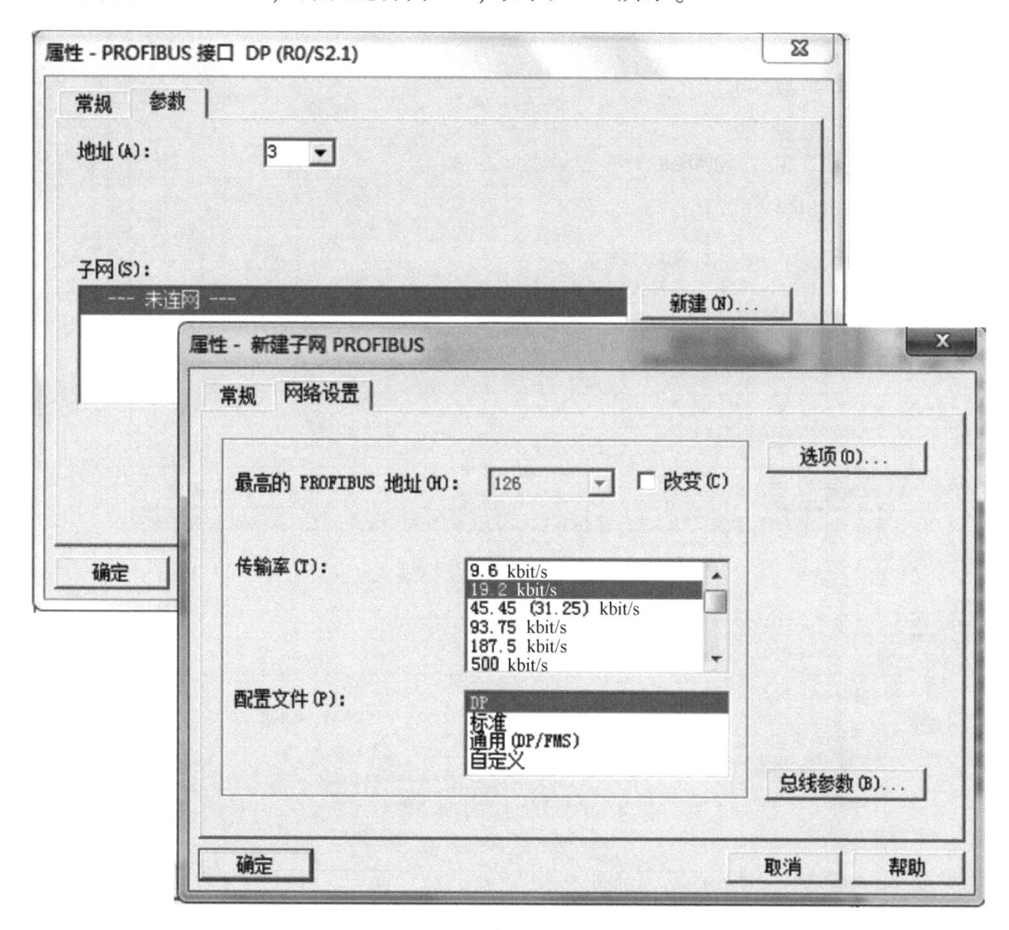

图 7-38 组态从站网络属性

C DP 模式选择

双击 DP 插槽，进入 DP 属性对话框，如图 7-39 所示。选择“工作模式”标签，勾选并激活“DP 从站”操作模式。

D 定义从站通信接口区

在 DP 属性对话框中，选择“组态”标签，打开 I/O 通信接口区属性设置窗口，单击“新建”按钮新建一行通信接口区，如图 7-40 所示。设置完成后单击“应用”按钮确认，可以在组态窗口中看到两个通信接口区，如图 7-41 所示。

7.3.3.2 组态主站

完成从站组态后，可以对主站进行组态，基本过程与从站相同。在完成基本硬件组态后对 DP 接口参数进行设置，本例中将主站地址设为 2，并选择与从站相同的 PROFIBUS 网络“PROFIBUS（1）”。波特率以及行规与从站设置应相同。随后在 DP 属性设置对话框中，切换到“工作模式”选项卡，选择“DP 主站”操作模式，如图 7-42 所示。

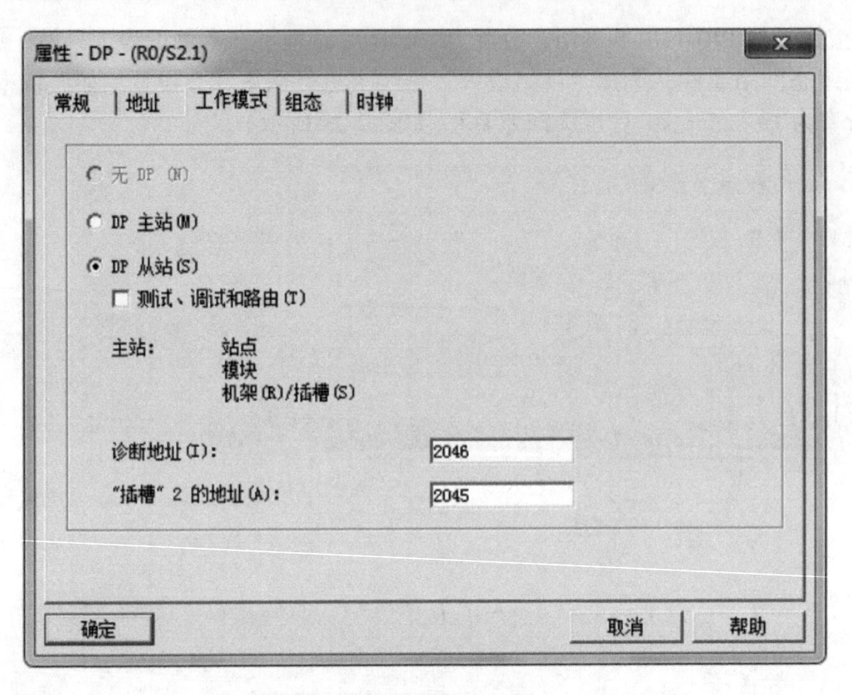

图 7-39　设置 DP 从站模式

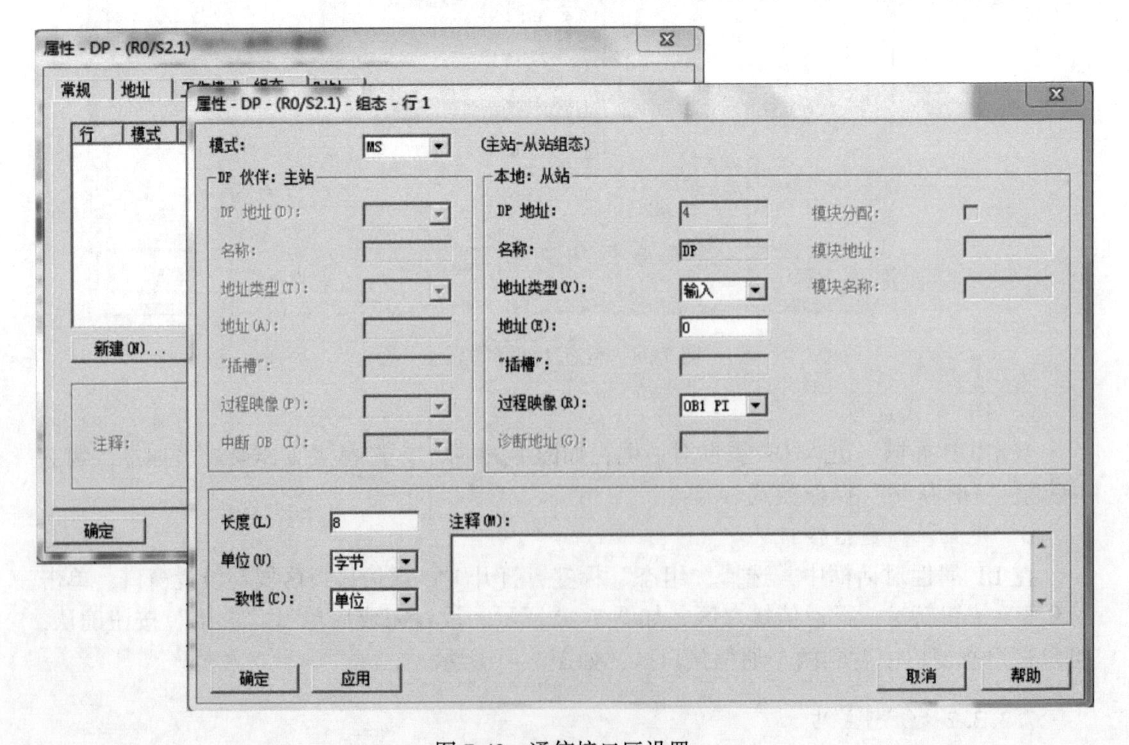

图 7-40　通信接口区设置

7.3.3.3　连接从站

在硬件组态窗口中，打开硬件目录，在“PROFIBUS-DP”下选择“Configured

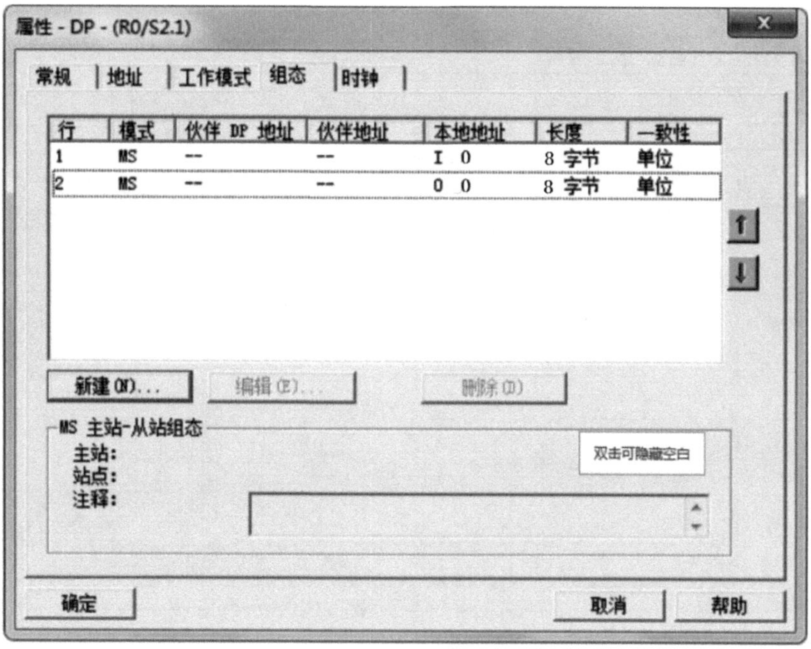

属性 - DP - (R0/S2.1)

常规 | 地址 | 工作模式 | 组态 | 时钟 |

行	模式	伙伴 DP 地址	伙伴地址	本地地址	长度	一致性
1	MS	--	--	I 0	8 字节	单位
2	MS	--	--	O 0	8 字节	单位

新建(N)... 编辑(E)... 删除(D)

MS 主站-从站组态

主站：

站点：

注释：

双击可隐藏空白

确定 取消 帮助

图 7-41 从站接口区设置

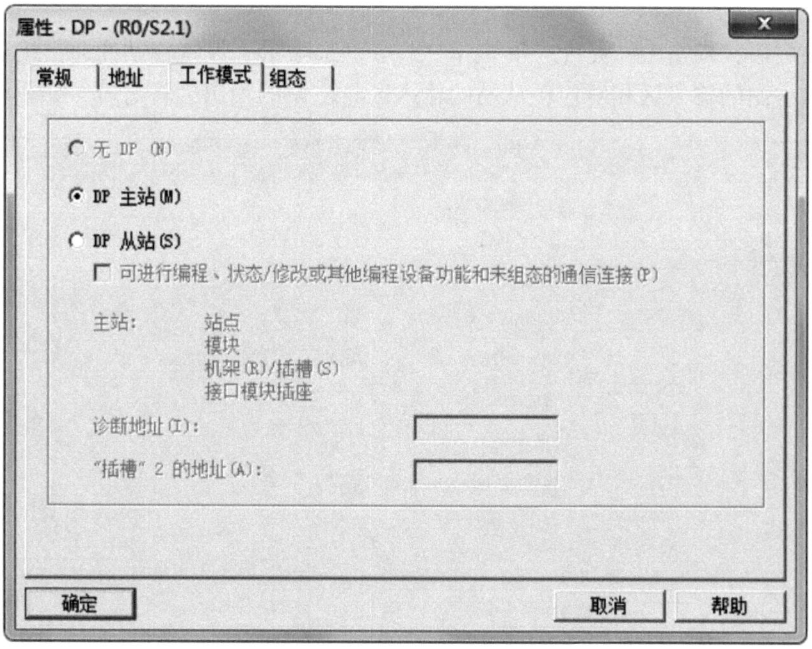

属性 - DP - (R0/S2.1)

常规 | 地址 | 工作模式 | 组态 |

无 DP (N)

DP 主站(M)

DP 从站(S)

可进行编程、状态/修改或其他编程设备功能和未组态的通信连接(P)

主站： 站点

模块

机架(R)/插槽(S)

接口模块插座

诊断地址(I)：

“插槽” 2 的地址(A)：

确定 取消 帮助

图 7-42 设置 DP 主站模式

Stations”文件夹，将 CPU31×拖到主站系统 DP 接口的 PROFIBUS 总线上，这时会自动弹出 DP 从站连接属性对话框，选择所要连接的从站后，单击“新建”按钮确认，如图 7-43 所示。

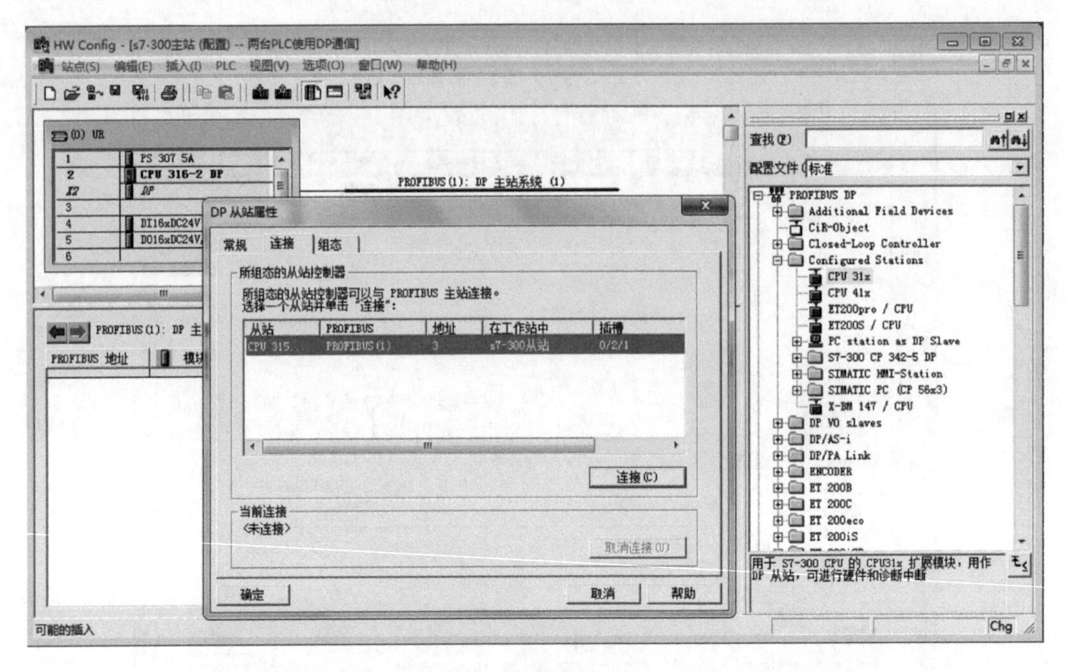

图 7-43　连接 DP 从站

7.3.3.4　编辑通信接口区

连接完成后，双击 DP 从站，并单击"组态"选项卡，设置主站的通信接口区。从站的输出区与主站的输入区相对应，从站的输入区与主站的输出区相对应，如图 7-44 所示。

DP 从站属性 - 组态 - 行 1

模式：MS（主站-从站组态）

DP 伙伴：主站		本地：从站	
DP 地址(D)：	2	DP 地址：	3
名称：	DP	名称：	DP
地址类型(T)：	输出	地址类型(Y)：	输入
地址(A)：	0	地址(E)：	0
"插槽"：	4	"插槽"：	4
过程映像(P)：	OB1 PI	过程映像(R)：	OB1 PI
中断 OB (I)：		诊断地址(G)：	

模块分配：　模块地址：　模块名称：

长度(L)：8　　注释(M)：
单位(U)：字节
一致性(C)：单位

确定　应用　取消　帮助

图 7-44　编辑通信接口区

本例中分别设置一个输入和一个输出，长度均为 8 个字节。其中主站的输出区 QB0~QB7 与从站的输入区 IB0~IB7 相对应；主站的输入区 IB0~IB7 与从站的输出区 QB0~QB7 相对应，如图 7-45 所示。

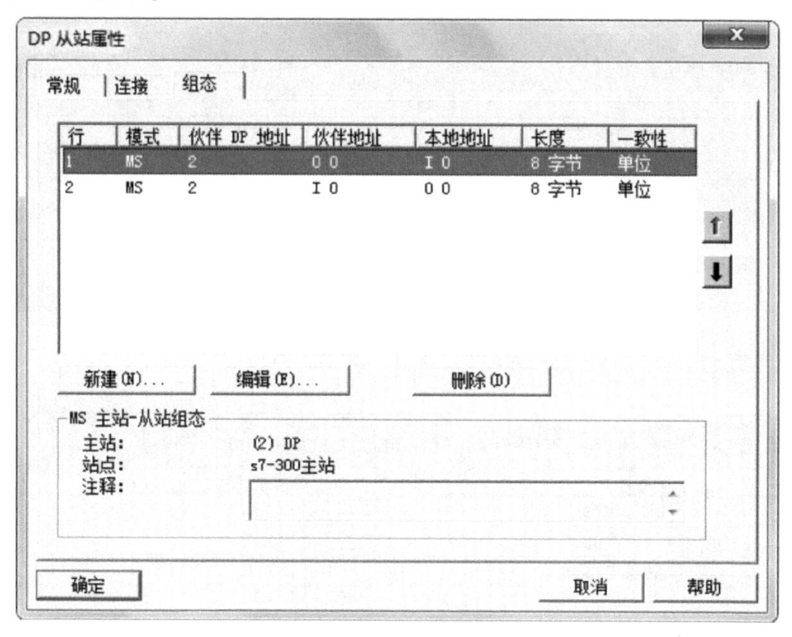

图 7-45 通信数据区

完成设置后，在硬件组态窗口中，单击工具栏按钮“编译并存盘”，编译无误后即完成主从通信组态配置，如图 7-46 所示。

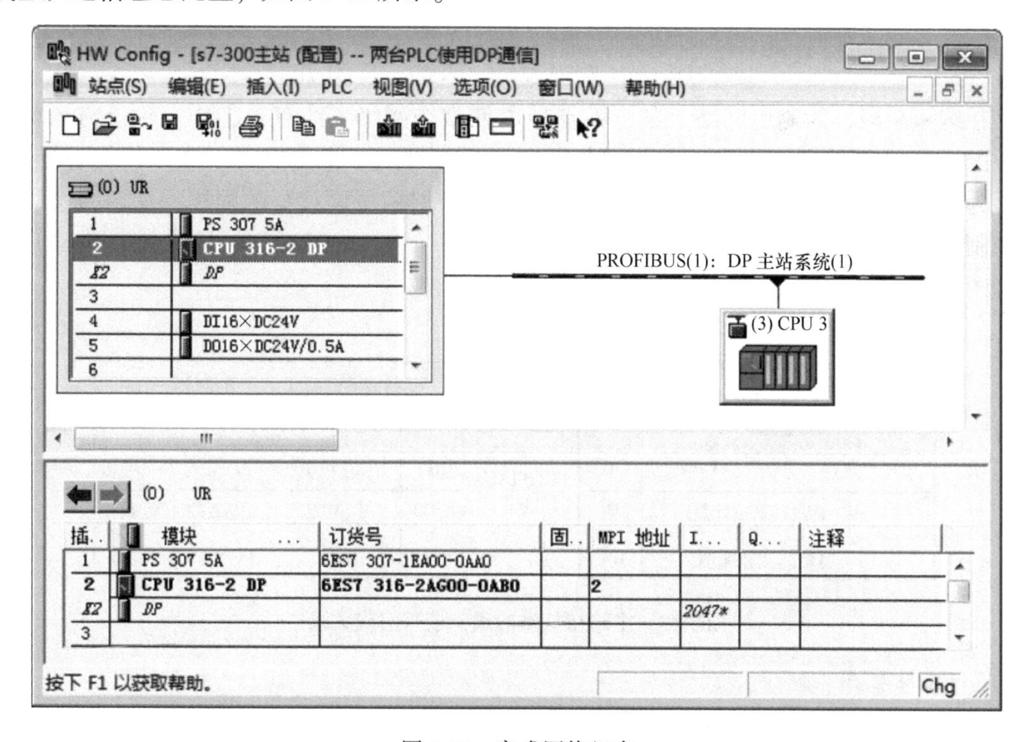

图 7-46 完成网络组态

7.3.3.5　编辑符号表

编辑主站符号表如图 7-47 所示。编辑从站符号表如图 7-48 所示。

S7 程序(1)(符号) -- 两台PLC使用DP通信\s7-300主站\CPU 31...

	状态	符号	地址		数据类型	注释
1		启动按钮	I	30.0	BOOL	
2		停止按钮	I	30.1	BOOL	
3		送料光电	I	30.2	BOOL	
4		传输带电机	Q	30.0	BOOL	
5						

图 7-47　编辑主站符号表

S7 程序(2)(符号) -- 两台PLC使用DP通信\s7-300从站\CPU 315-2...

	状态	符号	地址		数据类型	注释
1		工位检测	I	40.0	BOOL	
2		位置检测	I	40.1	BOOL	
3		转盘电机	Q	40.0	BOOL	
4		激光加工	Q	40.1	BOOL	
5		产品检测	Q	40.2	BOOL	
6						

图 7-48　编辑从站符号表

7.3.3.6　编写程序

在编程阶段，为避免网络上某个站点掉电使整个网络不能正常工作，建议将 OB82、OB86、OB122 下载到 CPU 中，这样可保证在 CPU 有上述中断触发时，CPU 仍能运行。

为了调试网络，可以在主站和从站的 OB1 中分别编写读和写的程序，从对方读取数据控制操作过程是：IB0（从站）-QB0（主站）；IB0（主站）-QB0（从站）。本例的对应关系如图 7-49 所示。

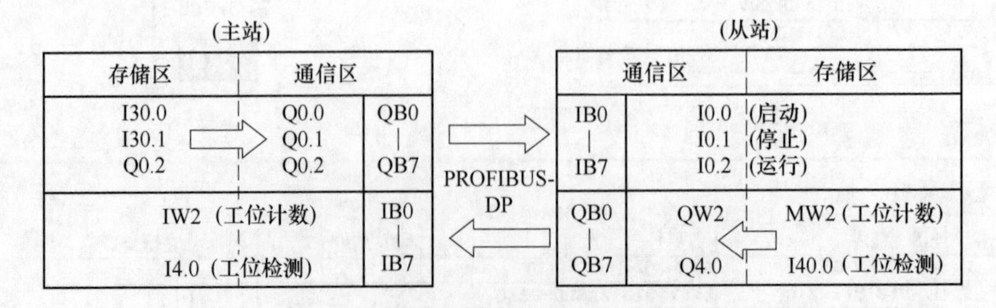

图 7-49　主站与从站的通信接口对应关系

A　主站程序

根据控制要求，编辑主站控制程序，如图 7-50 所示。

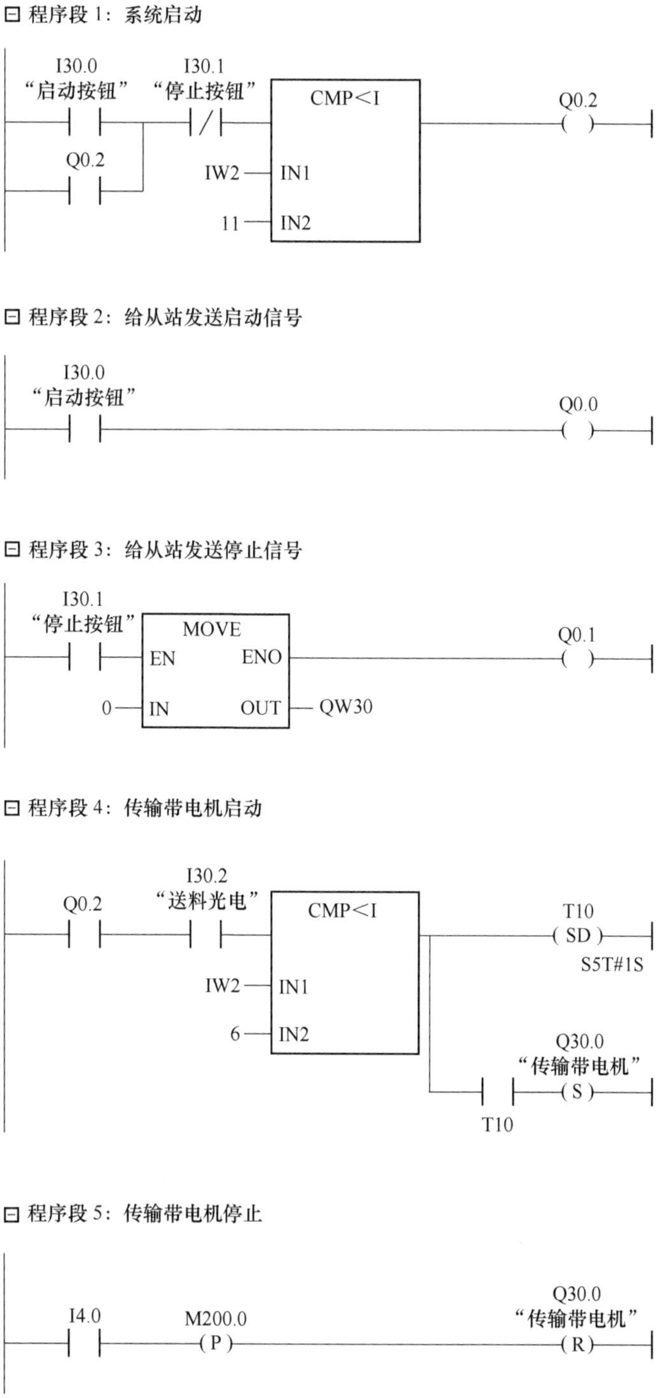

⊟ 程序段 1：系统启动

I30.0 “启动按钮” I30.1 “停止按钮” CMP<I Q0.2
Q0.2
IW2 — IN1
11 — IN2

⊟ 程序段 2：给从站发送启动信号

I30.0 “启动按钮” Q0.0

⊟ 程序段 3：给从站发送停止信号

I30.1 “停止按钮” MOVE EN ENO Q0.1
0 — IN OUT — QW30

⊟ 程序段 4：传输带电机启动

Q0.2 I30.2 “送料光电” CMP<I T10 (SD) S5T#1S
IW2 — IN1
6 — IN2
Q30.0 “传输带电机” (S)
T10

⊟ 程序段 5：传输带电机停止

I4.0 M200.0 (P) Q30.0 “传输带电机” (R)

图 7-50 主站控制程序

B 从站程序

根据控制要求，编辑从站控制程序，如图 7-51 所示。

⊟ 程序段 1：将当前计数数值发送到主站

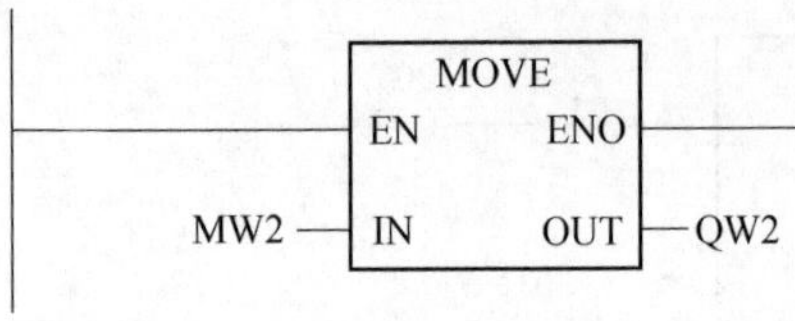

MOVE
EN ENO
MW2 — IN OUT — QW2

⊟ 程序段 2：启动时计数单元清零

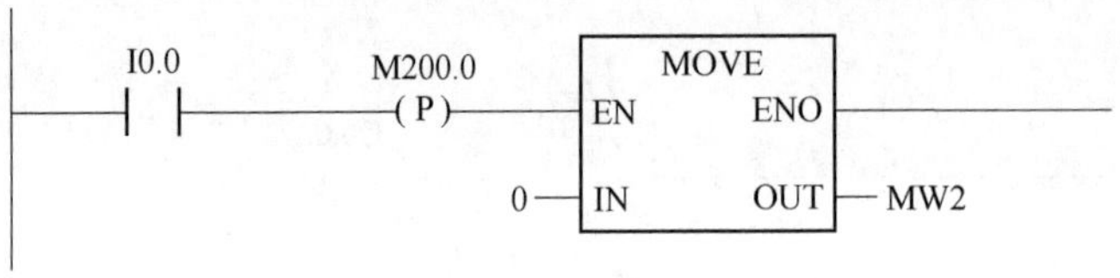

I0.0 M200.0 (P)
MOVE
EN ENO
0 — IN OUT — MW2

⊟ 程序段 3：停止

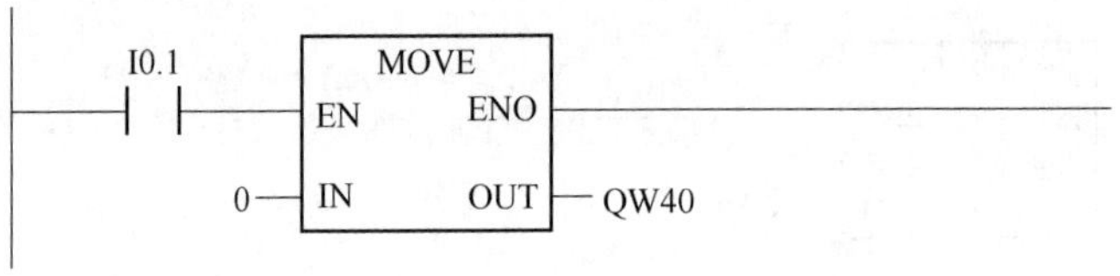

I0.1
MOVE
EN ENO
0 — IN OUT — QW40

⊟ 程序段 4：工位上产品数量计数

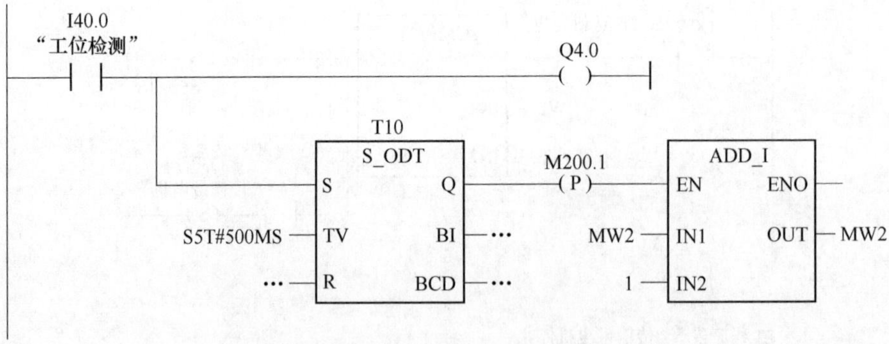

I40.0 “工位检测”
Q4.0 ( )
T10 S_ODT
S Q
S5T#500MS — TV BI — …
… — R BCD — …
M200.1 (P)
ADD_I
EN ENO
MW2 — IN1 OUT — MW2
1 — IN2

⊟ 程序段 5：转盘电机启动

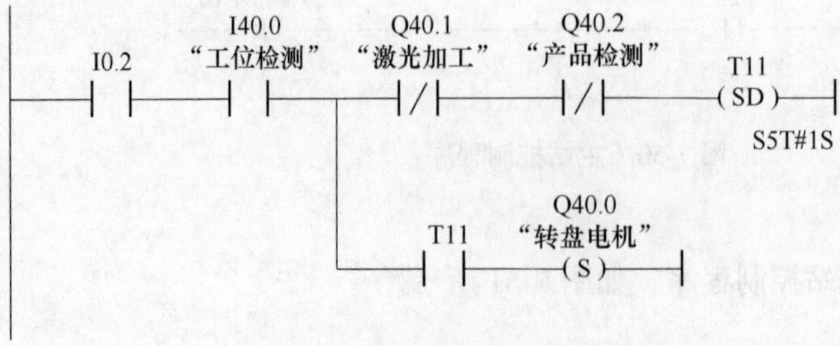

I0.2
I40.0 “工位检测”
Q40.1 “激光加工”
Q40.2 “产品检测”
T11 (SD) S5T#1S
T11
Q40.0 “转盘电机” (S)

⊟ 程序段 6：转盘电机停止

I40.1
“位置检测”
M200.2
(P)
Q40.0
“转盘电机”
(R)

⊟ 程序段 7：激光加工

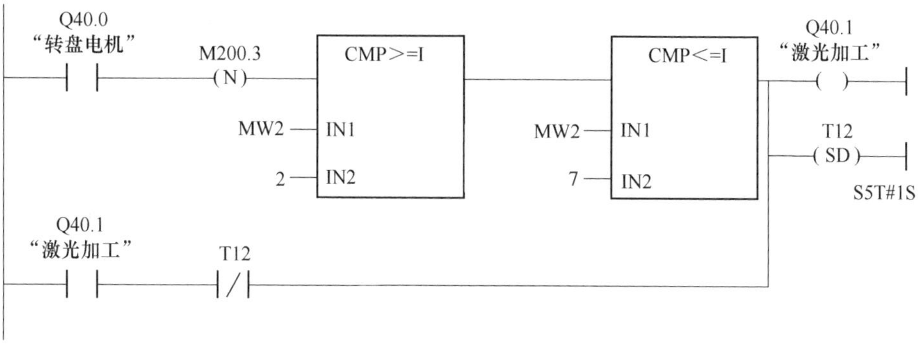

Q40.0
“转盘电机”
M200.3
(N)
CMP>=I
MW2 IN1
2 IN2
CMP<=I
MW2 IN1
7 IN2
Q40.1
“激光加工”
( )
T12
(SD)
S5T#1S
Q40.1
“激光加工”
T12

⊟ 程序段 8：产品检测

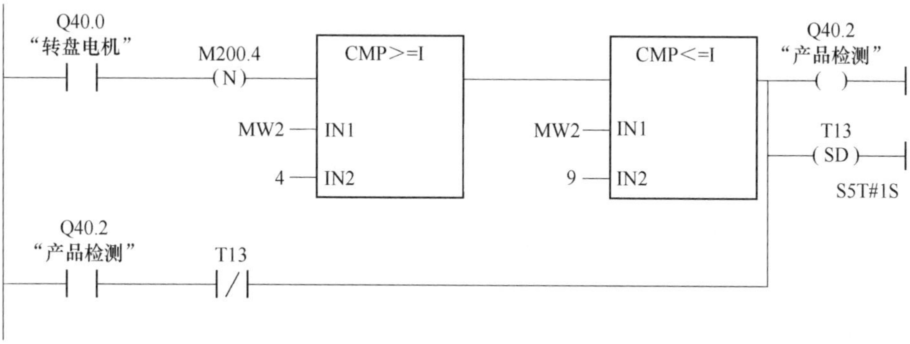

Q40.0
“转盘电机”
M200.4
(N)
CMP>=I
MW2 IN1
4 IN2
CMP<=I
MW2 IN1
9 IN2
Q40.2
“产品检测”
( )
T13
(SD)
S5T#1S
Q40.2
“产品检测”
T13

图 7-51 从站控制程序

7.4 PROFINET 通信及其应用

7.4.1 基础知识 PROFINET 与工业以太网

PROFINET 由 PROFIBUS 国际组织（PROFIBUS International，PI）推出，是新一代基于工业以太网技术的自动化总线标准。

PROFINET 为自动化通信领域提供了一个完整的网络解决方案，囊括了诸如实时以太网运动控制、分布式自动化、故障安全以及网络安全等当前自动化领域的热点话题，并且，作为跨供应商的技术，可以完全兼容工业以太网和现有的现场总线（如 PROFIBUS）技术，保护现有投资。

PROFINET 是适用于不同需求的完整解决方案，其功能包括 8 个主要的模块，依次为实时通信、分布式现场设备、运动控制、分布式自动化、网络安装、IT 标准和信息安全、故障安全和过程自动化。

工业以太网是基于 IEEE 802.3（Ethernet）的强大的区域和单元网络。工业以太网提供了一个无缝集成到新的多媒体世界的途径。企业内部互联网（Intranet）、外部互联网（Extranet）以及国际互联网（Internet）提供的广泛应用不但已经进入今天的办公室领域，而且还可以应用于生产和过程自动化。继 10 Mbit/s 波特率以太网成功运行之后，具有交换功能，全双工和自适应的 100 Mbit/s 波特率快速以太网（Fast Ethernet，符合 IEEE 802.3u 的标准）也已成功运行多年。采用何种性能的以太网取决于用户的需要。通用的兼容性允许用户无缝升级到新技术。

工业以太网是应用于工业控制领域的以太网技术，在技术上与商用以太网（即 IEEE 802.3 标准）兼容，但是实际产品和应用却又完全不同。这主要表现普通商用以太网的产品设计时，在材质的选用、产品的强度、适用性以及实时性、可互操作性、可靠性、抗干扰性、本质安全性等方面不能满足工业现场的需要。故在工业现场控制应用的是与商用以太网不同的工业以太网。

PROFINET 和工业以太网区别。

（1）PROFINET（实时以太网）基于工业以太网，具有很好的实时性，可以直接连接现场设备（使用 PROFINET IO），使用组件化的设计，PROFINET 支持分布的自动化控制方式（PROFINET CBA，相当于主站间的通信）。

（2）以太网应用到工业控制场合后，必须经过改进后才能使用，就成为工业以太网。如使用西门子的网卡 CP343-1 或 CP443-1 通信的话，就应用 ISO 或 TCP 连接等。这样所使用的 TCP 和 ISO 就是应用在工业以太网上的协议。PROFINET 同样是西门子 SIMATIC NET 中的一个协议，具体说是众多协议的集合，其中包括 PROFINET IO RT，CBA RT，IO IRT 等的实时协议。

所以说 PROFINET 和工业以太网不能比，只能说 PROFINET 是工业以太网上运行的实时协议而已。不过现在常常称有些网络是 PROFINET 网络，那是因为这个网络上应用了 PROFINET 协议而已。

（3）PROFINET 是一种新的以太网通信系统，是由西门子公司和 PROFIBUS 用户协会开发。PROFINET 具有多制造商产品之间的通信能力，自动化和工程模式，并针对分布式智能自动化系统进行了优化。其应用结果能够大大节省配置和调试费用。PROFINET 系统集成了基于 PROFIBUS 的系统，提供了对现有系统投资的保护。它也可以集成其他现场总线系统。

简单地说，PROFINET 实时性好，安全性和可靠性能高，复杂，用于工业设备之间通信。工业以太网简单，成本低，但由于本身容易产生信号冲突造成性能下降，可靠性降低。但以太网成本低，时效性好，扩展性能好，便于与 Internet 集成。

7.4.2　基础知识　S7-300 PLC 的 PROFINET 通信方式

PROFINET 技术定义了三种类型：（1）PROFINET1.0 基于组件的系统主要用于控制器与控制器通信；（2）PROFINET-SRT 软实时系统用于控制器与 I/O 设备通信；（3）PROFINET-IRT 硬实时系统用于运动控制。

PROFINET 将工厂自动化和企业信息管理层 IT 技术有机地融为一体，同时又完全保留 PROFIBUS 现有的开放性。

PROFINET 现场总线体系结构如图 7-52 所示，从图中看出，该方案支持开放的、面向对象的通信，这种通信建立在普遍使用的 Ethernet TCP/IP 基础上，优化的通信机制还可以满足实时通信的要求。

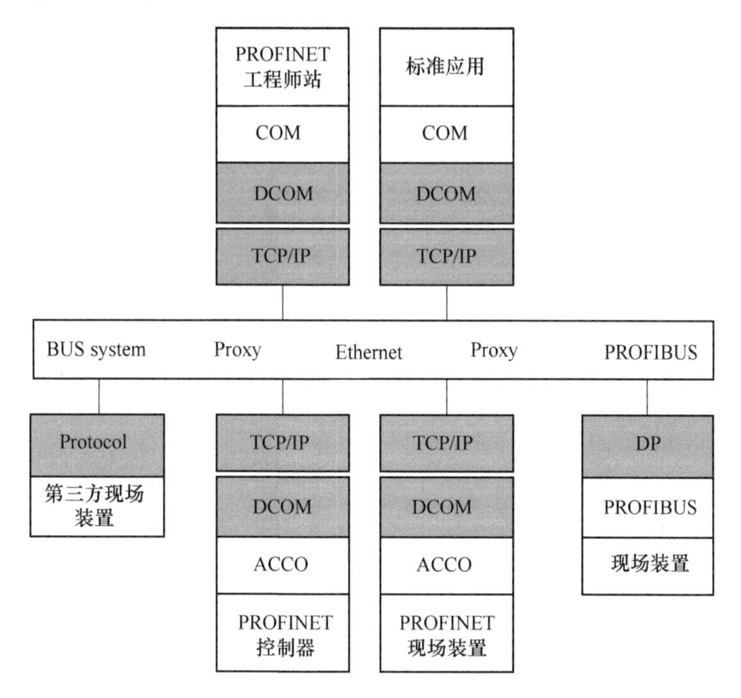

图 7-52　PROFINET 现场总线体系结构

基于对象应用的 DCOM 通信协议是通过该协议标准建立的。以对象的形式表示的 PROFINET 组件根据对象协议交换其自动化数据。自动化对象即 COM 对象，作为 PDU 以 DCOM 协议定义的形式出现在通信总线上。连接对象活动控制（ACCO）确保已组态的互相连接的设备间通信关系的建立和数据交换。传输本身是由事件控制的，ACCO 也负责故障后的恢复，包括质量代码和时间标记的传输、连接的监视、连接丢失后的再建立以及相互连接性的测试和诊断。

PROFIBUS 可以通过代理服务器（Proxy）很容易地实现与其他现场总线系统的集成，在该方案中，通过代理服务器将通用的 PROFIBUS 网络连接到工业以太网；通过以太网 TCP/IP 访问 PROFIBUS 设备是由 Proxy 使用远方程序调用和 Microsoft DCOM 进行处理的。

PROFINET 提供工程设计工具和制造商专用的编程和组态软件，使用这种工具可以从控制器编程软件开发的设备来创建基于 COM 的自动化对象，这种工具也将用于组态基于 PROFINET 的自动化系统，使用这种独立于制造商的对象和连接编辑器可减少 15%的开发时间。

PROFINET 是一种支持分布式自动化的高级通信系统。除了通信功能外，PROFINET 还包括了分布式自动化概念的规范，这是基于制造商无关的对象、连接编辑器和 XML 设备描述语言。以太网 TCP/IP 被用于智能设备之间时间要求不严格的通信。所有时间要求严格的实时数据都是通过标准的 PROFIBUS-DP 技术传输，数据可以从 PROFIBUS-DP 网络通过代理集成到 PROFINET 系统。PROFINET 是一种使用已有的 IT 标准，没有定义其专用工业应用协议的总线。它的对象模式的是基于微软公司组件对象模式（COM）技术。对于网络上所有分布式对象之间的交互操作，均使用微软公司的 DCOM 协议和标准 TCP 和 UDP 协议，PROFINET 网络构架如图 7-53 所示。

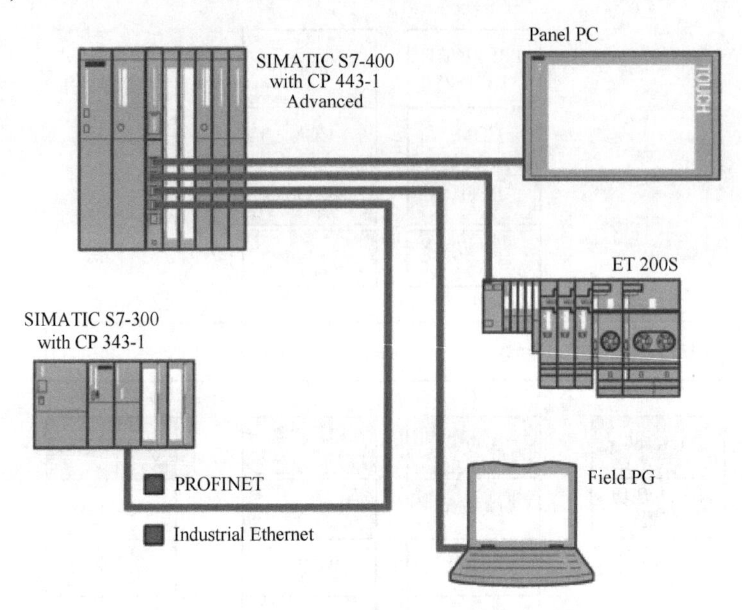

图 7-53　PROFINET 现场总线网络构架

7.4.3　应用实例　S7-300 PLC 与远程 IO 模块的 PROFINET IO 通信及其应用

下面介绍使用 CPU315-2PN/DP 与 ET200SP 分布式 I/O 模块，通过 PROFINET 现场总线实现 PLC 远程控制水塔水位系统示意图如图 7-54 所示。

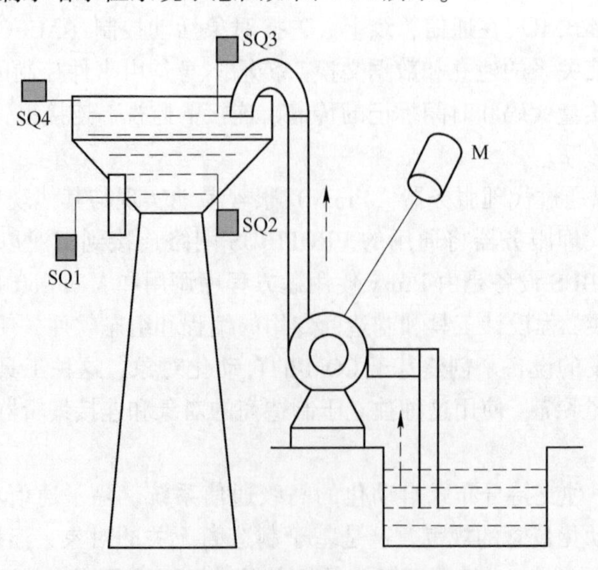

图 7-54　PLC 远程控制水塔水位示意图

控制要求为在水塔上设有 4 个分布式液位传感器，安装位置如图 7-54 所示，从低到高依次为 SQ1、SQ2、SQ3、SQ4。凡液面高于传感器安装位置则传感器接通（ON），液面低于传感器安装位置时则传感器断开（OFF）。其中，SQ2 和 SQ3 作为水位控制信号，而 SQ1 和 SQ4 可在 SQ2 或 SQ3 失灵后发出报警信号，起到保护作用。

使用水泵将水池里的水抽到水塔上。当按下设在地面控制器上的启动按钮 SB1 后，水泵开始运行，直到收到 SQ3 信号并保持 3 s 以上确认水位到达高液位时停止运行；当水塔水位降到低水位即 SQ2 接通时则重新开启水泵。

若传感器 SQ3 失灵，在收到 SQ4 信号时点亮高液位报警指示灯并立即停止水泵电机，直到按下启动按钮 SB1 后报警指示灯复位。若 SQ2 传感器失灵，在收到 SQl 信号时立即点亮低液位报警指示灯，当水位超过 SQ1 时报警指示灯复位。当按下地面的停止按钮 SB2 后，则停止整个控制程序。

其硬件明细表见表 7-11，其端口（I/O）分配表见表 7-12。

表 7-11　PLC 远程控制水塔水位硬件设备明细表

模　块	型　号	订 货 号
电源模块	PS 307 5A	6ES7 307-1EA00-0AA0
CPU 模块	CPU315-2PN/DP	6ES7 315-2EH14-0AB0
数字量输入模块	DI16×DC 24V	6ES7 321-1BH00-0AA0
ET200SP 接口模块	IM155-6 PN HF	6ES7 155-6AU00-0CN0
远程数字量输入模块	DI16 ×DC 24V ST	6ES7 131-6BH00-0BA0
远程数字量输出模块	DQ16×DC 24V/0. 5A ST	6ES7 132-6BH00-0BA0
服务器模块	Server module	6ES7 193-6PA00-0AA0

表 7-12　PLC 远程控制水塔水位 I/O 分配表

输　入		输　出	
输入设备	输入编号	输出设备	输出编号
地面启动按钮 SB1	I0. 0	水泵电机	Q0. 0
地面停止按钮 SB2	I0. 1	低液位报警指示灯	Q0. 1
水塔低水位急停保护 SQ1	I4. 0	高液位报警指示灯	Q0. 2
水塔低水位 SQ2	I4. 1		
水塔高水位 SQ3	I4. 2		
水塔高水位急停保护 SQ4	I4. 3		

7. 4. 3. 1　主站组态

A　新建 S7 项目

打开 SIMATIC Manage，创建一个新项目，并命名为“水塔水位远程 IO PROFINET 通信”。

B　硬件组态

进入硬件组态窗口，按硬件安装次序依次插入机架、电源、CPU、数字量输入等完成硬件组态，硬件组态如图 7-55 所示。

插槽	模块	订货号	固..	MPI 地址	I...	Q...	注释
1	PS 307 5A	6ES7 307-1EA00-0AA0					
2	CPU 315-2PN/DP	6ES7 315-2EH14-0AB0	V3.1	2			
X1	*MPI/DP*			2	*2047**		
X2	*PN-IO*				*2046**		
X2 P1	*Port 1*				*2045**		
X2 P2	*Port 2*				*2044**		
3							
4	DI16×DC24V	6ES7 321-1BH00-0AA0			0...1		

图 7-55 硬件组态

C 新建 Ethernet 子网

在插入 CPU 时，会自动弹出 Ethernet 接口组态窗口。也可以在插入 CPU 后，双击“PN-IO”插槽，打开 Ethernet 属性窗口，单击“属性”按钮进入 Ethernet 接口组态窗口，在组态窗口中可分配主站的 IP 地址，本例 IP 地址设为“192.168.0.2”，子网掩码为“255.255.255.0”。单击“新建”按钮新建“Ethernet (1)”网络，如图 7-56 所示。

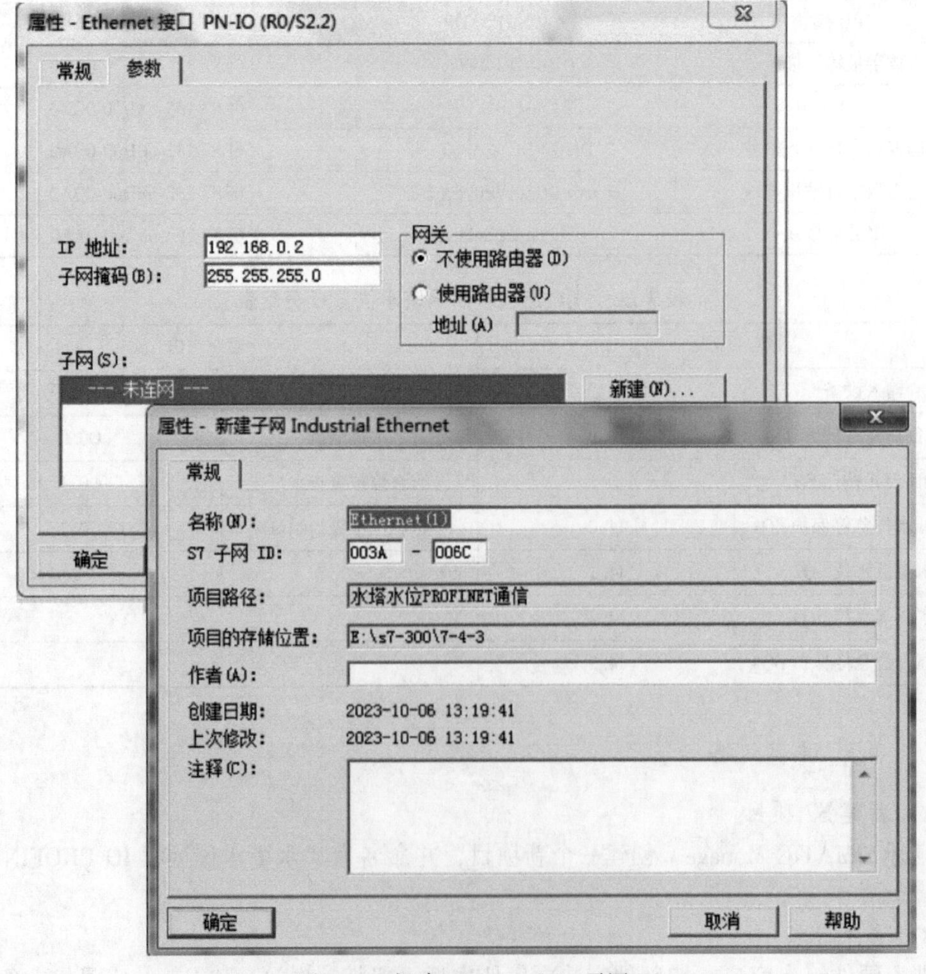

图 7-56 新建 Ethernet (1) 子网

按下“确定”按钮后，会看到 CPU 控制器的“PN-IO”槽右侧出现一个“PROFINET-IO”系统的轨线图标，如图 7-57 所示。

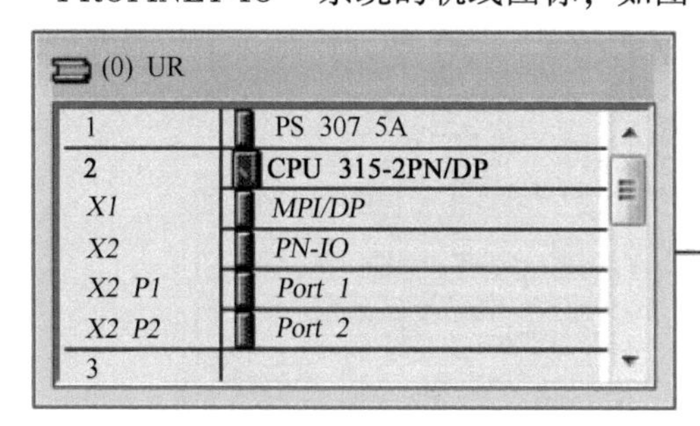

图 7-57 PROFINET-IO-System

7.4.3.2 远程 IO 硬件组态

A 插入 ET200SP 接口模块

在 Ethernet（1）子网中配置远程 IO 设备站与配置 PROFIBUS 从站类似，同样在右侧的目录栏内找到需要组态的 PROFINET IO 的 ET200SP 的标识并且找到与相应的硬件相同的订货号的 ET200SP 接口模块。选中 Ethernet（1）子网，使用鼠标双击或拖拽 ET200SP 接口模块至 Ethernet（1）子网中，如图 7-58 所示。

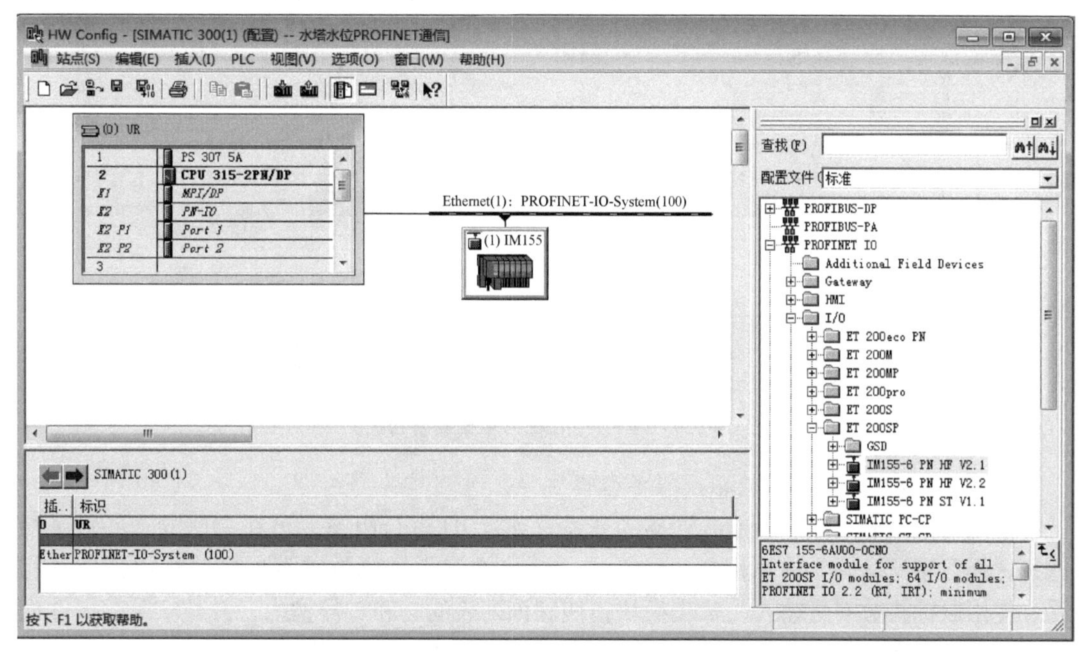

图 7-58 插入 IM155-6PN-HF 模块

双击接口模块图标，弹出 ET200SP 的属性界面。可以看到 ET200SP 的设备名称，设备号码和 IP 地址等信息，其中设备名称可以根据工艺的需要去修改。单击“以太网”按钮，可对 IP 地址进行修改，本例设为“192. 168. 0. 3”，如图 7-59 所示。单击“确定”按钮，关闭该对话框。

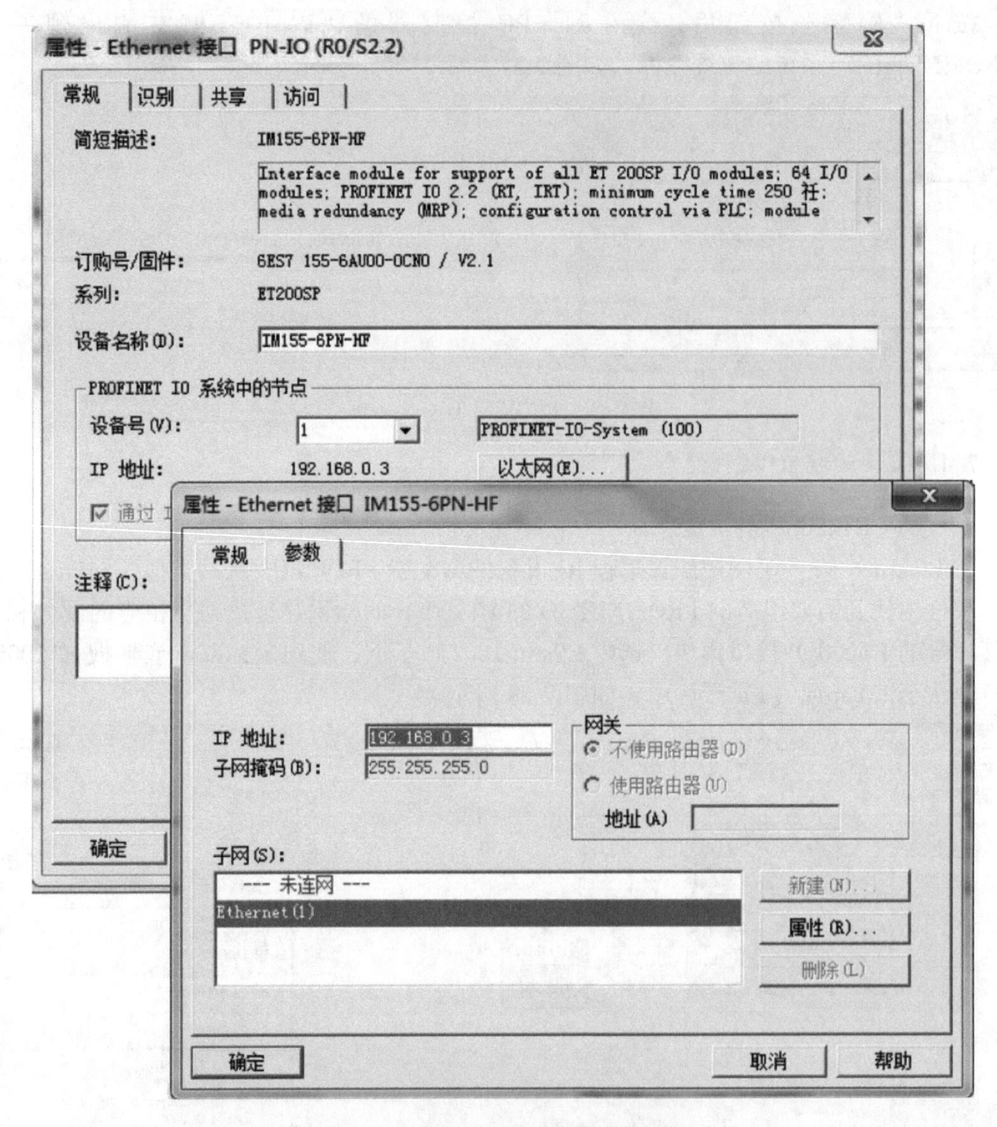

图 7-59　ET200SP 接口模块参数设置

B　插入数字量输入、输出及服务器模块

使用与主站插入数字量输入同样的方式对远程 IO 进行组态。可在右侧的产品目录栏内，选择数字量输入、输出模块，注意这些模块的订货号要与实际配置的模块订货号相同。使用鼠标将数字量输入、输出模块拖拽到该列表的 2 和 3 号槽内，并与实际的硬件模块顺序保持一致，最后在 4 号槽插入服务器模块，如图 7-60 所示。

7.4.3.3　编辑符号表

编辑水塔水位 PROFINET IO 项目符号表，如图 7-61 所示。

7.4.3.4　编写程序

在 OB1 进行程序编写，梯形图如图 7-62 所示。

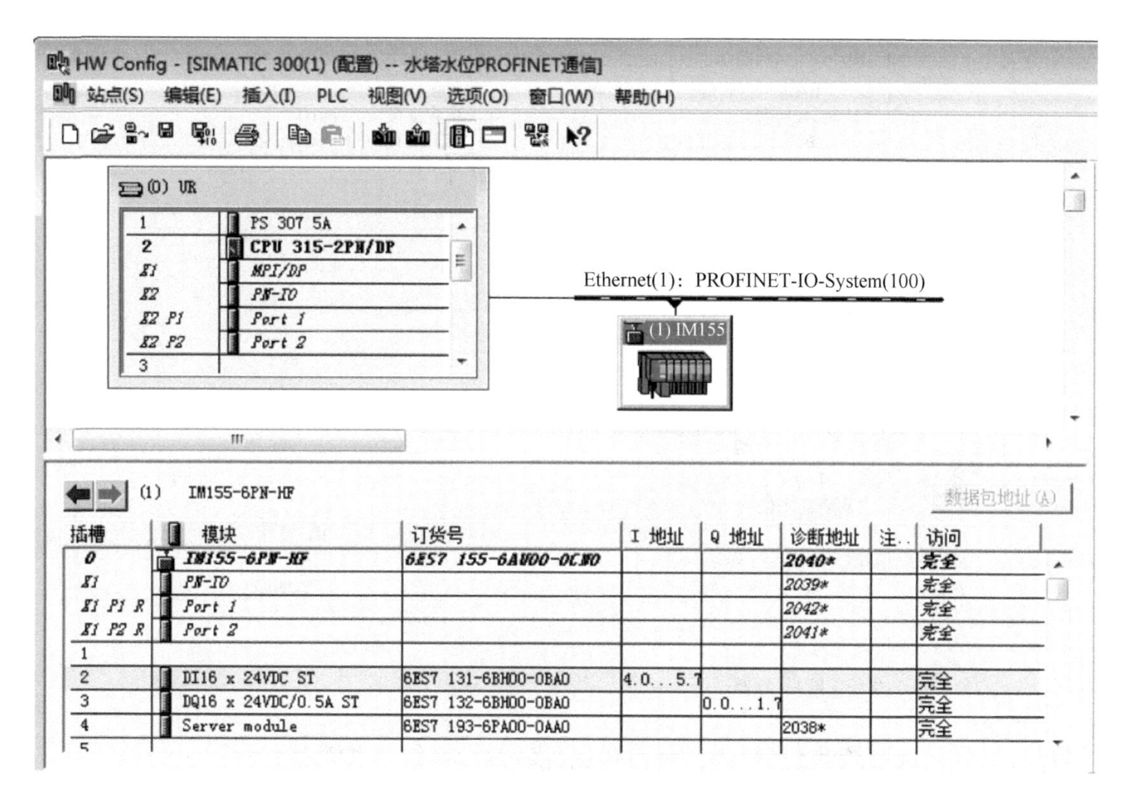

图 7-60　插入数字量输入、输出模块及服务器模块

S7 程序(3) (符号) -- 水塔水位PROFINET通信\SIMATIC 300(1)\C...

	状态	符号	地址		数据类型	注释
1		地面启动按钮SB1	I	0.0	BOOL	
2		地面停止按钮SB2	I	0.1	BOOL	
3		水塔低水位急停保护SQ1	I	4.0	BOOL	
4		水塔低水位SQ2	I	4.1	BOOL	
5		水塔高水位SQ3	I	4.2	BOOL	
6		水塔高水位急停保护SQ4	I	4.3	BOOL	
7		水泵电机	Q	0.0	BOOL	
8		低液位报警指示灯	Q	0.1	BOOL	
9		高液位报警指示灯	Q	0.2	BOOL	

图 7-61　编辑符号表

⊟ 程序段 1：标题：

I0.0 “地面启动按钮SB1”　I0.1 “地面停止按钮SB2”　M0.0

M0.0

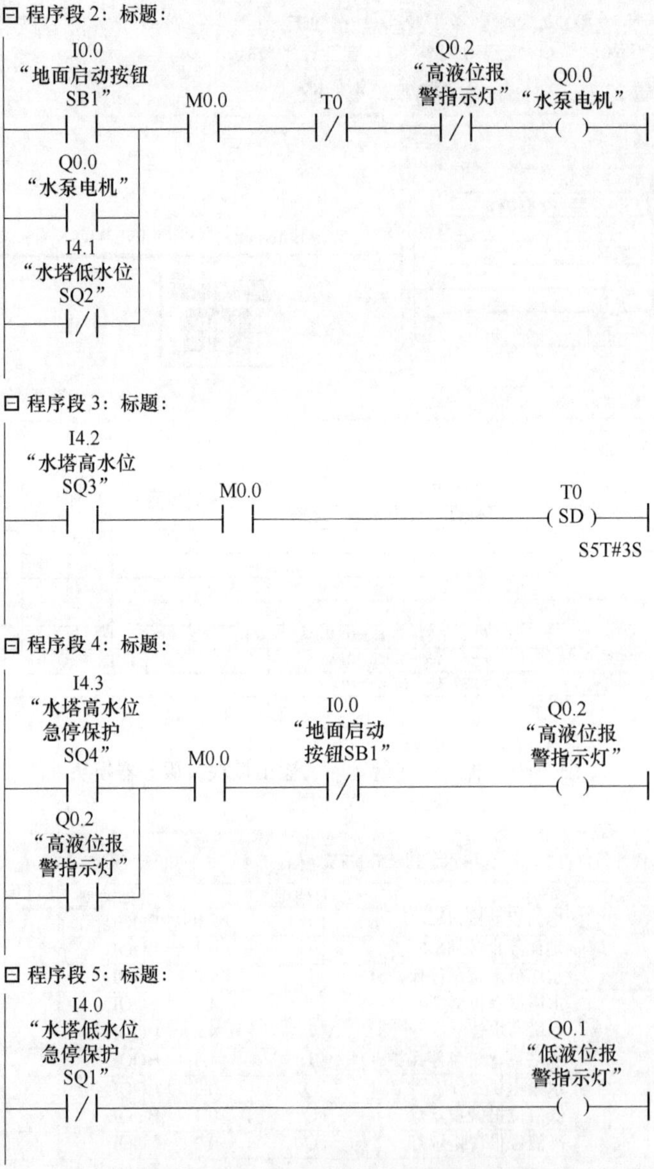

⊟ 程序段 2：标题：

I0.0 “地面启动按钮 SB1”　M0.0　T0　Q0.2 “高液位报警指示灯”　Q0.0 “水泵电机”

Q0.0 “水泵电机”

I4.1 “水塔低水位 SQ2”

⊟ 程序段 3：标题：

I4.2 “水塔高水位 SQ3”　M0.0　T0 (SD) S5T#3S

⊟ 程序段 4：标题：

I4.3 “水塔高水位急停保护 SQ4”　M0.0　I0.0 “地面启动按钮SB1”　Q0.2 “高液位报警指示灯”

Q0.2 “高液位报警指示灯”

⊟ 程序段 5：标题：

I4.0 “水塔低水位急停保护 SQ1”　Q0.1 “低液位报警指示灯”

图 7-62　PLC 远程控制水塔水位电路梯形图

思考与练习

7-1　填空题

（1）SCALE（FC105）功能将一个_________转换成上限、下限之间实际的___________，结果写到_________。

（2）使用 SCALE（FC105）功能时，在其转化公式中，常数 K1 和 K2 的值取决于输入值（IN）是双极性 BIPOLAR 还是单极性 UNIPOLAR。双极性 BIPOLAR，即输入的整形数为________到_________，此时 K1=_________，K2=________。单极性 UNIPOLAR，即输入的整形数为________到_________，

此时 K1=________，K2 = +27648.0。如果输入的整形数________K2，输出（OUT）限位到 HI_ LIM，并返回错误代码。如果输入的整形数________K1，输出限位到 LO_ LIM，并返回错误代码。

（3）UNSCALE（FC106）功能将一个________转换成上限、下限之间实际的________，数据类型为________，结果写到________。

（4）使用 UNSCALE（FC106）功能时，在其转化公式中常数 K1 和 K2 的值取决于输入值（IN）是双极性 BIPOLAR，还是单极性 UNIPOLAR。极性 BIPOLAR，即输出的整形数为________到________，此时 K1=________，K2=__________。单极性 UNIPOLAR，即输出的整形数为________到________，此时 K1=0.0，K2=________。

（5）PLC 的通信包括________的通信、________的通信和___________的通信。

（6）PLC 与计算机连接组成网络，将 PLC 用于控制工业现场，计算机用于编程、显示和管理等任务，构成“集中管理、分散控制”的________。

（7）RS-232C 是电子工业协会（Electronic Industrial Association，EIA）公布的串行通信接口标准。“RS”是英文________一词的缩写，“232”是________，“C”表示此标准________的次数。

（8）西门子 PLC 的 PPI 通信、MPI 通信和 PROFIBUS-DP 现场总线通信的物理层都是采用________通信，而且都是采用相同的通信线缆和专用网络接头。

（9）西门子提供两种网络接头，即_________接头和___________接头，可方便地将多台设备与网络连接，编程端口允许用户将编程站或 HMI 设备与网络连接。

（10）现场总线是应用在生产现场、在微机化测量控制设备之间实现________的系统，也被称为开放式、数字化、多点通信的________。

（11）现场总线控制系统由________、________和________三个部分组成。

（12）控制系统的软件有________、________、________、________等。

（13）设备管理系统可以提供________、________、________和________。

（14）以________模式是目前较为流行的网络计算机服务模式。服务器表示___________，应用客户机则表示________，它从数据源获取数据，并进一步进行处理。客房机运行在 PC 机或工作站上。

（15）数据库能有组织地、动态地存储大量有关________与________，实现数据的________、________，具有高度________。

（16）网络系统硬件有________、________、________、________、________、________。

（17）网络系统软件有________、________、________、________、________等。

（18）目前的工业总线网络可归为三类：________、________、________。

（19）现场总线技术近年来成为国际上自动化和仪器仪表发展的热点，它的出现使传统的控制系统结构产生了革命性的变化，使自控系统朝着“智能化、数字化、信息化、网络化、分散化”的方向进一步迈进，形成新型的网络通信的全分布式控制系统——________。

（20）从现场总线技术本身来分析，它有两个明显的发展趋势：一是寻求___________，二是________。

（21）PROFIBUS 是________的缩写，是目前国际上通用的现场总线标准之一，由三个兼容部分组成，即________、________、________。

（22）PROFIBUS-DP 应用于________级，它是一种高速低成本通信，用于设备级________与________之间的通信，总线周期一般小于________。

（23）PROFIBUS-PA 适用于________自动化，可使传感器和执行器接在一根共用的总线上，可应用于本征安全领域。

（24）PROFIBUS-FMS 用于________监控网络，它是________结构的实时多主网络，用来完成控制器和智能现场设备之间的通信以及控制器之间的信息交换。主要使用________方式，通常周期性地与传动装置进行数据交换。

（25）PROFIBUS 可使分散式数字化控制器从现场底层到车间级网络化，并可同时实现________、________和________三种方式。

（26）在 PROFIBUS 协议中主站也称为________。主站决定总线的数据通信，当主站得到________时，没有外界请求也可以主动发送信息。

（27）从站也称为________，为外围设备，典型的从站包括________、________、________和________。它们没有________控制权，仅对接收到的信息给予________或当________发出请求时向它发送信息。

（28）PROFIBUS 支持________、________、________等几种传输方式。

（29）中央控制器（主站）是从________读取输入信息并将________写到从站。单主站或者多主站系统可以由 PROFIBUS-DP 来实现。一条总线最多可以连接________个设备（主站或从站）。设备类型有以下三类：________、__________、________。

（30）I/O 通信指的是对________的输入/输出进行读写操作。

（31）PROFINET 由 PROFIBUS 国际组织（PROFIBUS International，PI）推出，是新一代基于______的自动化总线标准。

（32）PROFINET 功能包括 8 个主要的模块：______、______、________、________、__________、________、__________和________。

（33）工业以太网是基于________的强大的区域和单元网络，提供了一个无缝集成到新的多媒体世界的途径。

（34）PROFINET 现场总线体系结构支持开放的、面向对象的通信，这种通信建立在普遍使用的________基础上，优化的通信机制还可以满足实时通信的要求。

（35）PROFINET 提供工程设计工具和制造商专用的________和________，使用这种工具可以从控制器编程软件开发的设备来创建________的自动化对象，这种工具也将用于组态基于________的自动化系统，使用这种独立于制造商的________和________可减少 15%的开发时间。

7-2　简答题

（1）简述并行通信与串行通信方式。

（2）什么是异步通信，什么是同步通信？

（3）简述单工、双工与半双工的工作方式。

（4）简述 RS-232 串行接口标准的功能及不足之处。

（5）简述 RS-422A 串行接口标准的功能。

（6）简述 RS-485 串行接口标准的功能。

（7）简述通常情况下现场总线公认的六个方面的定义。

（8）现场总线的测量系统的特点是什么？

（9）简述现场总线的优点和缺点。

（10）简述 PROFINET 和工业以太网区别。

（11）简述 PROFINET 技术定义的三种类型。

8　PLC 应用系统设计

8.1　PLC 应用系统的设计方法

8.1.1　基础知识　PLC 系统的规划与设计

8.1.1.1　PLC 系统的规划

设计前，应进行现场实地考察，详细地了解被控制对象的特点和生产工艺过程。与有关的机械设计人员和实际操作人员相互交流和探讨，明确控制任务和设计要求。同时要搜集各种资料，归纳出加工工艺流程图，并要了解工艺过程和机械运动与电气执行组件之间的关系和对控制系统的控制要求，共同拟定出电气控制方案。

在确定了控制对象和控制范围之后，需要制定相应的控制方案。在满足控制要求的前提下，力争使得设计出来的控制系统简单、可靠、经济以及使用和维修方便。控制方案的制定可以根据生产工艺和机械运动的控制要求，确定电气控制系统的工作方式：是采用单机控制就可以满足要求，还是需要多机联网通信的方式。最后，综合考虑所有的要求，确定所要选用的 PLC 机型，以及其他的各种硬件设备。

在考虑完所有的控制细节和应用要求之后，还必须要特别注意控制系统的安全性和可靠性。大多数工业控制现场，充满了各种各样的干扰和潜在的突发状态。因此，在设计的最初阶段就要考虑到这方面的各种因素，到现场去观察和搜集数据。

在设计 PLC 控制系统的时候，应考虑到日后生产的发展和工艺的改进，而适当地留有一些余量，方便日后升级。

8.1.1.2　PLC 控制系统的设计流程

PLC 控制系统的设计流程图如图 8-1 所示，具体步骤如下。

（1）分析被控对象，明确控制要求。根据生产和工艺过程分析控制要求，确定控制对象及控制范围，确定控制系统的工作方式，例如全自动、半自动、手动、单机运行、多机联合运行等。还要确定系统应有的其他功能，例如故障检测、诊断与显示报警、紧急情况的处理、管理功能、联网通信功能等。在分析被控对象的基础上，根据 PLC 的技术特点，与继电器控制系统、DCS 系统、微机控制系统进行比较，优选控制方案。

（2）确定所需要的 PLC 机型，以及用户输入/输出设备，据此确定 PLC 的 I/O 点数。选择 PLC 机型时应考虑厂家、性能结构、I/O 点数、存储容量、特殊功能等方面。选择过程中应注意：CPU 功能要强，结构要合理，I/O 控制规模要适当，输入、输出功能及负载能力要匹配以及对通信、系统响应速度的要求。还要考虑电源的匹配等问题。如果是单机自动化或机电一体化产品可选用小型机；若控制系统较大，输入、输出点数较多，控制要求比较复杂，则可选用中型或大型机。

根据系统的控制要求，确定系统的输入/输出设备的数量及种类，如按钮、开关、接触器、电磁阀和信号灯等。明确这些设备对控制信号的要求，如电压、电流的大小，直流还是交流，开关量还是模拟量和信号幅度等。据此确定 PLC 的 I/O 设备的类型、性质及数量。以上统计的数据是一台 PLC 完成系统功能所必须满足的，但具体要确定 I/O 点数时，则要按实际 I/O 点数再加上附加 20%～30%的备用量。PLC 的存储容量选择通常采用以下公式：

存储容量（字节）= 开关量 I/O 点数×10+模拟量 I/O 通道数×100

另外，在存储容量选择的同时，注意对存储器类型的选择。

(3) 分配 PLC 的输入/输出点地址，设计 I/O 连接图。根据已确定的输入/输出设备和选定的可编程控制器，列出输入/输出设备与 PLC 的 I/O 点的地址分配表，以便于编制控制程序、设计接线图及硬件安装。

(4) 可同时进行 PLC 的硬件设计和软件设计。硬件设计指电气线路设计，包括主电路及 PLC 外部控制电路，PLC 输入/输出接线图，设备供电系统图，电气控制柜结构及电气设备安装图等。软件设计包括状态表、状态转换图、梯形图、指令表等，控制程序设计是 PLC 系统应用中最关键的问题，也是整个控制系统设计的核心。

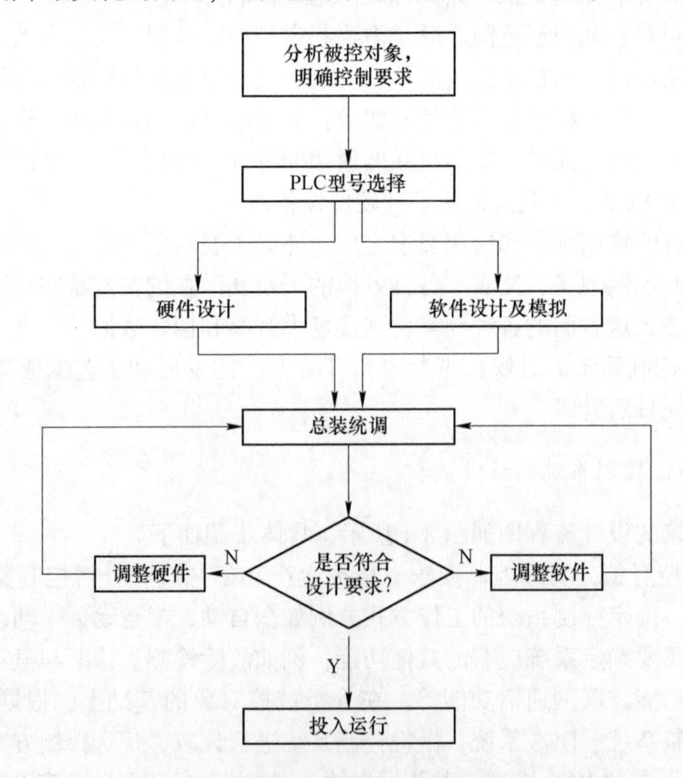

图 8-1　PLC 控制系统的设计流程图

(5) 进行总装统调。一般先要进行模拟调试，即不带输出设备，根据输入/输出模块的指示灯显示进行调试。发现问题及时修改，直到完全满足符合设计要求。此后就可联机调试，先连接电气柜而不带负载，各输出设备调试正常后，再接上负载运行调试，直到完全满足设计要求为止。

(6) 修改或调整软硬件设计，使之符合设计的要求。

(7) 完成PLC控制系统的设计，投入实际使用。总装统调后，还要经过一段时间的试运行，以检验系统的可靠性。

(8) 技术文件整理。技术文件包括设计说明书、电气原理图和安装图、器件明细表、状态表、梯形图及软件使用说明书等。

8.1.2 基础知识 PLC选型与硬件系统设计

8.1.2.1 PLC选型

机型选择的基本原则是在满足功能要求及保证可靠、维护方便的前提下，力争获得最佳的性能价格比。一般考虑几个方面。

(1) 合理的结构型式。整体式PLC的每一个I/O点的平均价格比模块式的便宜，且体积相对较小，所以一般用于系统工艺过程较为固定的小型控制系统中；而模块式PLC的功能扩展灵活方便，I/O点数量、输入点数与输出点数的比例、I/O模块的种类等方面，选择余地较大。维修时只需更换模块，判断故障的范围也很方便。因此，模块式PLC一般适用于较复杂系统和环境差（维修量大）的场合。

(2) 安装方式的选择。根据PLC的安装方式，系统分为集中式、远程I/O式和多台PLC联网的分布式。集中式不需要设置驱动远程I/O硬件，系统反应快、成本低。大型系统经常采用远程I/O式，因为它们的装置分布范围很广，远程I/O可以分散安装在I/O装置附近，I/O连线比集中式的短，但需要增设驱动器和远程I/O电源。多台联网的分布式适用于多台设备分别独立控制，又要相互联系的场合，可以选用小型PLC，但必须要附加通信模块。

(3) 相当的功能要求。一般小型（低档）PLC具有逻辑运算、定时、计数等功能，对于只需开关量控制的设备都可满足。对于以开关量控制为主，带少量模拟量控制的系统，可选用带A/D和D/A单元，具有加减算术运算，数据传送功能的增强型低档PLC。对于控制较复杂，要求实现PID运算、闭环控制、通信联网等功能，可视控制规模大小及复杂程度，选用中档或高档PLC。但是中、高档PLC价格较贵，一般大型机主要用于大规模过程控制和集散控制系统等场合。

(4) 响应速度的要求。PLC的扫描工作方式引起的延迟可达2~3个扫描周期。对于大多数应用场合来说，PLC的响应速度都可以满足要求，不是主要问题。然而对于某些个别场合，则要求考虑PLC的响应速度。为了减少PLC的I/O响应的延迟时间，可以选用扫描速度高的PLC，或选用具有高速I/O处理功能指令的PLC，或选用具有快速响应模块和中断输入模块的PLC等。

(5) 系统可靠性的要求。对于一般系统PLC的可靠性均能满足。对可靠性要求很高的系统，应考虑是否采用冗余控制系统或热备用系统。

(6) 机型统一。一个企业，应尽量做到PLC的机型统一。主要考虑以下三个方面的问题：1）同一机型的PLC，其编程方法相同，有利于技术力量的培训和技术水平的提高。2）同一机型的PLC，其模块可互为备用，便于备品备件的采购和管理。3）同一机型的 PLC，其外围设备通用，资源可共享，易于联网通信，配上位计算机后易于形成一个多级分布式控制系统。

8.1.2.2　PLC 硬件系统设计

硬件设计要完成系统流程图的设计，详细说明各个输入信息流之间的关系，具体安排是输入和输出的配置，以及对输入和输出进行地址分配。

在对输入进行地址分配时，可将所有的按钮和限位开关分别集中配置，相同类型的输入点尽量分在一个组。对每一种类型的设备号，按顺序定义输入点的地址。如果有多余的输入点，可将每一个输入模块的输入点都分配给一台设备。将那些高噪声的输入模块尽量插到远离 CPU 模块的插槽内，以避免交叉干扰，因此这类输入点的地址较大。

在进行输出配置和地址分配时，也要尽量将同类型设备的输出点集中在一起。按照不同类型的设备，顺序地定义输出点地址。如果有多余的输出点，可将每一个输出模块的输出点都分配给一台设备。另外，对彼此有关联的输出器件，如电动机的正转和反转等，其输出地址应连续分配。

在进行上述工作时，也要结合软件设计以及系统调试等方面的考虑。合理地安排配置与地址分配的工作，会给日后的软硬件设计，以及系统调试等带来很多方便。

8.1.3　基础知识　PLC 软件设计与程序调试

8.1.3.1　PLC 软件设计

软件设计要完成参数表的定义、程序框图的绘制、程序的编写和程序说明书的编写。参数表为编写程序作准备，对系统各个接口参数进行规范化的定义，不仅有利于程序的编写，也有利于程序的调试。参数表的定义包括输入信号表、输出信号表、中间标志表和存储表的定义。参数表的定义和格式因人而异，但总的原则是便于使用。

程序框图描述了系统控制流程走向和系统功能的说明。它应该是全部应用程序中各功能单元的结构形式，据此可以了解所有控制功能在整个程序中的位置。一个详细合理的程序框图有利于程序的编写和调试。

软件设计的主要过程是编写用户程序，它是控制功能的具体实现过程。

程序说明书是对整个程序内容的注释性的综合说明。应包括程序设计依据，程序基本结构，各功能单元详细分析，所用公式原理，各参数来源以及程序测试情况等。

8.1.3.2　PLC 程序调试

用装在 PLC 上的模拟开关模拟输入信号的状态，用输出点的指示灯模拟被控对象，检查程序无误后便把 PLC 接到系统中去，进行调试。

首先对 PLC 外部接线做仔细检查，外部接线一定要准确、无误。如果用户程序还没有送到机器里去，可用自行编写的试验程序对外部接线作扫描通电检查，查找接线故障。为了安全可靠起见，常常将主电路断开，进行预调，当确认接线无误再接主电路，将模拟调试好的程序送入用户存储器进行调试，直到各部分的功能正常，并能协调一致成为一个完整的整体控制为止。

8.2 节省输入/输出点数的方法

在设计 PLC 控制系统或对老设备进行改造时，往往会遇到输入点数不够或输出点数不够而需要扩展的问题，一般可以通过增加 I/O 扩展单元或 I/O 模块来解决，但 PLC 的每个 I/O 点数平均价格高达几十元甚至上百元，节省所需 I/O 点数是降低系统硬件费用的主要措施。

8.2.1 基础知识 节省输入点的方法

8.2.1.1 组合输入法

对于不会同时接通的输入信号，可采用组合编码的方式输入。其硬件接线图如图 8-2 所示，三个输入信号 SB1～SB3 只占用两个输入点，其内部可采用辅助继电器配合使用，其对应的梯形图如图 8-3 所示。

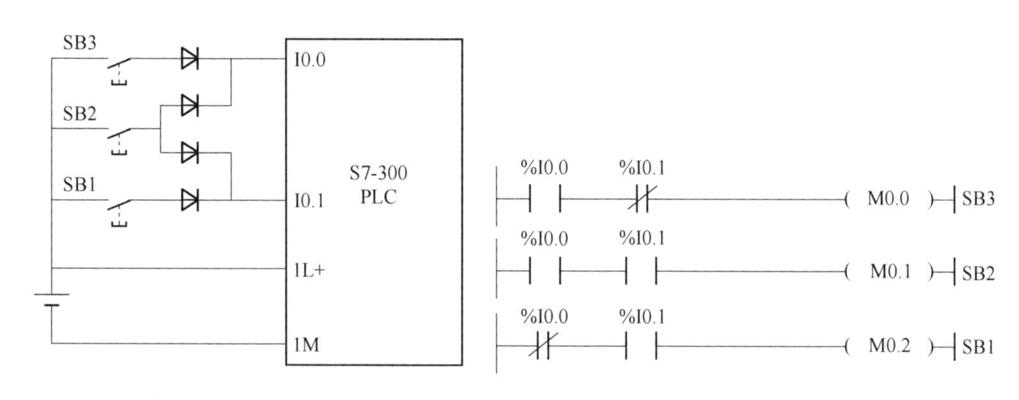

图 8-2 组合编码的方式输入硬件接线图

图 8-3 组合编码的方式输入梯形图

8.2.1.2 分组输入法

一般控制系统都存在多种工作方式，但各种工作方式又不可能同时运行。所以可将这几种工作分别使用的输入信号分成若干组，PLC 运行时只会用到其中的一组信号。分组输入法一般常用于有多种输入操作方式的场合。

如图 8-4 所示，系统有“手动”和“自动”两种工作方式。用 I0.0 来识别使用“自动”还是“手动”操作信号，“手动”时输入信号为 SB0～SB3，如果按正常的设计思路，那么需要 I0.0～I0.7 一共 8 个输入点，若按图 8-4 的方法，则只需 I0.1～I0.4 一共 4 个输入点。图中的各开关串联了二极管后，切断了寄生回路，避免了错误的产生。

8.2.1.3 矩阵输入法

图 8-5 所示为 4×4 矩阵输入电路，它使用 PLC 的 4 个输入点 I0.0～I0.3 来实现 16 个输入点的功能，特别适合 PLC 输出点多而输入点不够的场合。将 Q4.0 的常开点与 I0.0～I0.3 串联，当 Q4.0 导通时，I0.0～I0.3 接收的是 Q1～Q4 送来的输入信号；将 Q4.1 的常

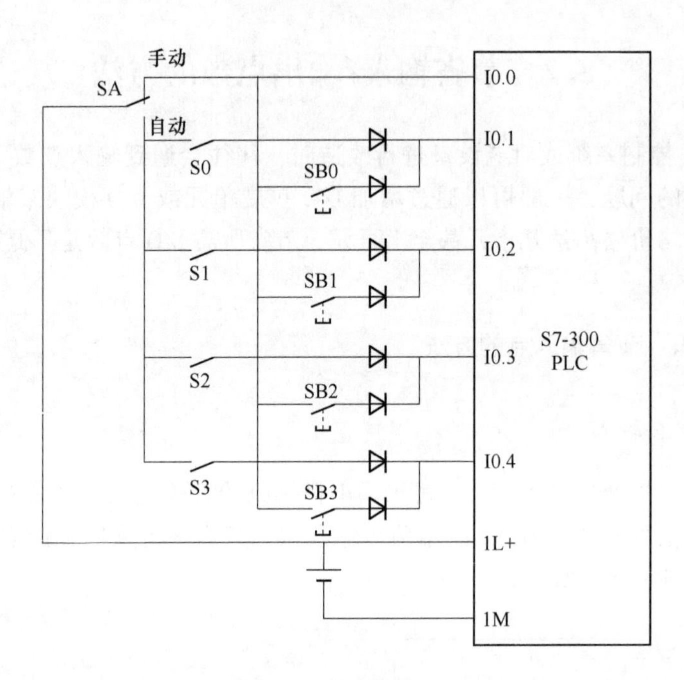

图 8-4　分组输入法

开点与 I0.0~I0.3 串联，当 Q4.1 导通时，I0.0~I0.3 接收的是 Q5~Q8 送来的输入信号；将 Q4.2 的常开点与 I0.0~I0.3 串联，当 Q4.2 导通时，I0.0~I0.3 接收的是 Q9~Q12 送来的输入信号；将 Q4.3 的常开点与 I0.0~I0.3 串联，当 Q4.3 导通时，I0.0~I0.3 接收的是 Q13~Q16 送来的输入信号。

使用时应注意的是除按照图 8-5 进行接线外，还需要对应的软件来配合，以实现 Q4.0~Q4.3 的轮流导通；同时还要保证输入信号的宽度应大于 Q4.0~Q4.3 的轮流导通一遍的时间，否则可能丢失输入信号。缺点是输入信号的采样频率降低为原来的 1/3，而且输出点 Q4.0~Q4.3 不能再使用。

8.2.1.4　输入设备多功能化

在传统的继电器控制系统中，一个主令（按钮、开关等）只产生一种功能信号。在 PLC 控制系统中，一个输入设备在不同的条件下可产生不同的信号，如一个按钮既可用来产生启动信号，又可用来产生停止信号。如图 8-6 所示，只用一个按钮通过 I0.0 去控制 Q4.0 的通与断，即第一次接通 I0.0 时 Q4.0 通，再次接通 I0.0 时 Q4.0 断。

8.2.1.5　输入触点的合并

如果某些外部输入信号总是以某种“或与非”组合的整体形式出现在梯形图中，可以将它们对应的触点在 PLC 外部串、并联后作为一个整体输入 PLC，只占 PLC 的一个输入点。

如图 8-7 所示，如负载可在多处启动和停止，可以将三个启动信号并联，将三个停止信号串联，分别送给 PLC 的两个输入点。与每一个启动信号和停止信号占用一个输入点的方法相比，不仅节约了输入点，还简化了梯形图电路。

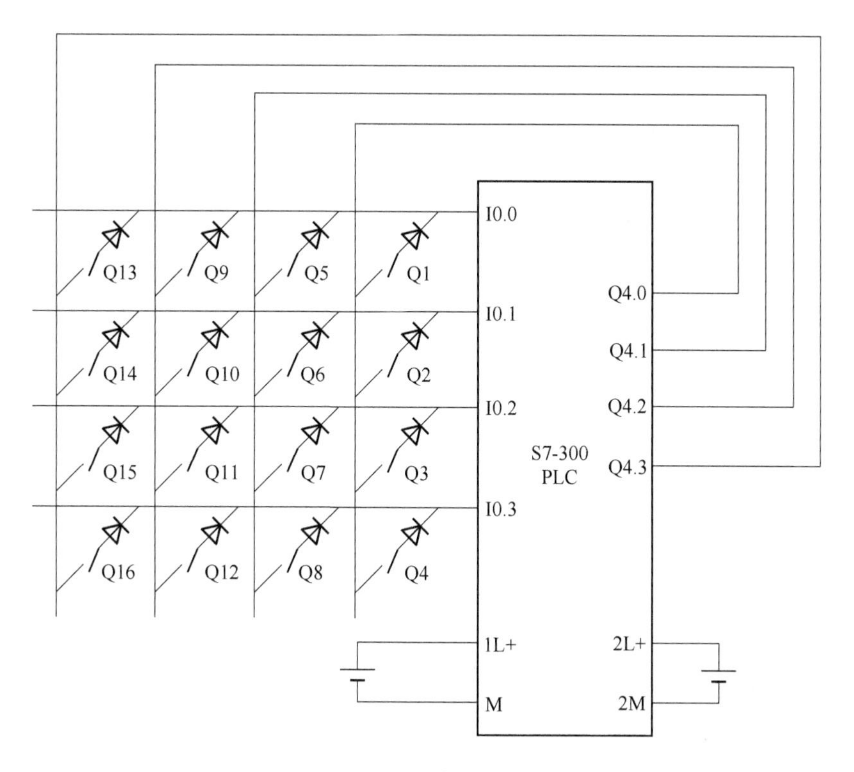

图 8-5 矩阵输入法

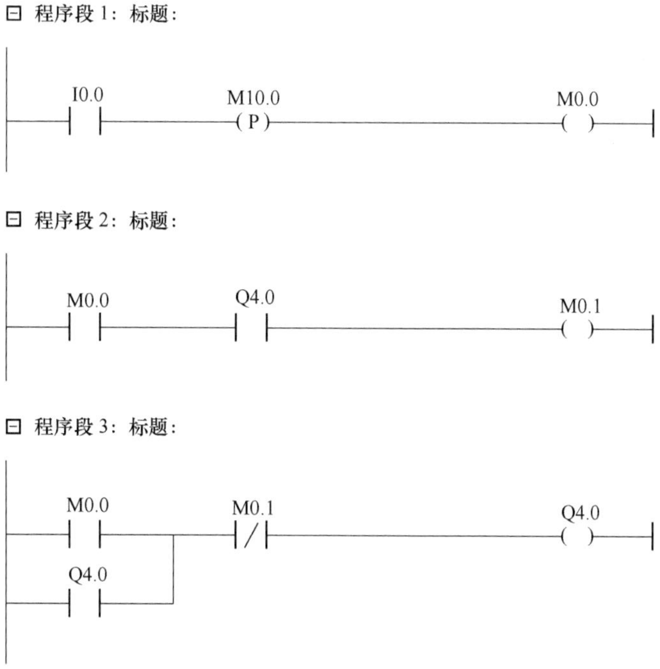

⊟ 程序段 1：标题：

I0.0 —| |— M10.0 —(P)— M0.0 —( )—

⊟ 程序段 2：标题：

M0.0 —| |— Q4.0 —| |— M0.1 —( )—

⊟ 程序段 3：标题：

M0.0 —| |— (并联 Q4.0 —| |—) M0.1 —|/|— Q4.0 —( )—

图 8-6 一个按钮产生启动、停止信号

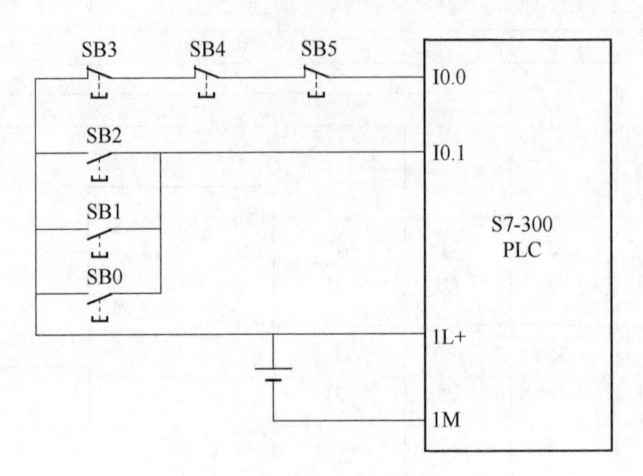

图 8-7　输入触点的合并

8.2.1.6　将信号设置在 PLC 之外

系统的某些输入信号，如手动操作按钮提供的信号、保护动作后需手动复位的电动机热继电器 FR 的常闭触点提供的信号，都可以设置在 PLC 外部的硬件电路中，如图 8-8 所示。某些手动按钮需要串接一些安全联锁触点，如果外部硬件联锁电路过于复杂，则应考虑将有关信号送入 PLC，用梯形图实现联锁。

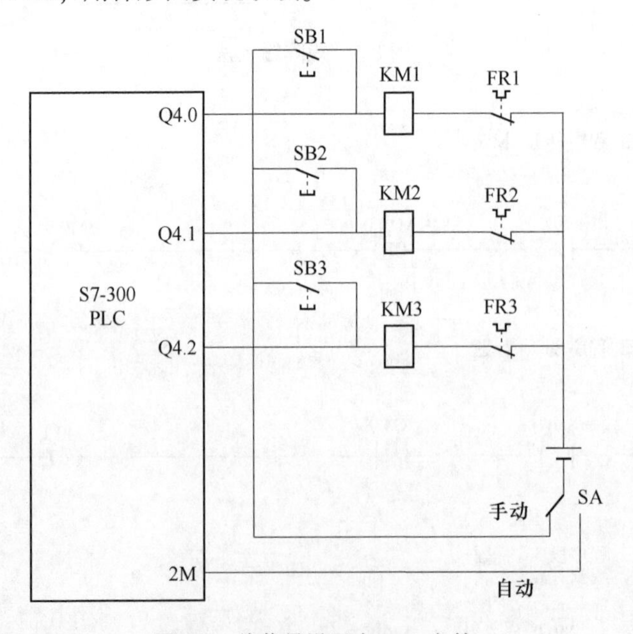

图 8-8　将信号设置在 PLC 之外

8.2.2　基础知识　节省输出点的方法

8.2.2.1　分组输出

如图 8-9 所示，当两组负载不会同时工作时，可通过外部转换开关或受 PLC 控制的电器触点进行切换，使 PLC 的一个输出点可以控制两个不同时工作的负载。

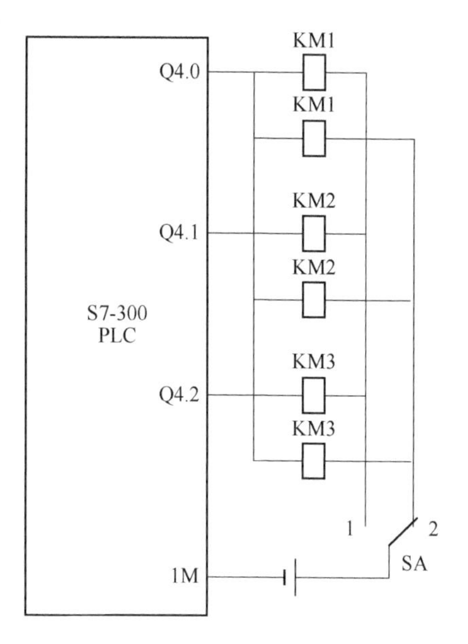

图 8-9 分组输出

8.2.2.2 矩阵输出

图 8-10 中采用 7 个输出组成 3×4 矩阵，可接 12 个输出设备。要使某个负载接通工作，只要控制它所在的行与列对应的输出继电器接通即可。要使负载 HL11 得电，必须控制 Q0.0 和 Q0.4 输出接通。因此，在程序中要使某一负载工作均要使其对应的行与列输出继电器都要接通。这样 7 个输出点就可控制 12 个不同控制要求的负载。

当只有某一行对应的输出继电器接通，各列对应的输出继电器才可任意接通；或当只有某一列对应的输出继电器接通，各行对应的输出继电器才可任意接通的，否则将会出现错误接通负载。因此，采用矩阵输出时，必须要将同一时间段接通的负载安排在同一行或同一列中，否则无法控制。

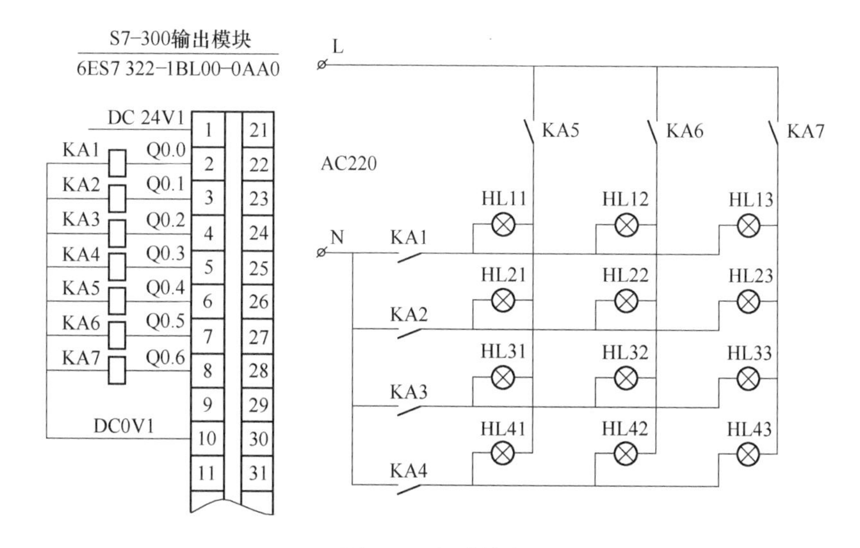

图 8-10 矩阵输出

8.2.2.3 并联输出

通断状态完全相同的负载，可以并联后共用 PLC 的一个输出点（要考虑 PLC 输出点的负载驱动能力）。例如 PLC 控制的交通信号灯，对应方向（东与西对应、南与北对应）的灯通断规律完全相同，将对应的灯并联后可以节省一半的输出点。

8.2.2.4 负载多功能化

一个负载实现多种用途。例如，在传统的继电控制系统中，一个指示灯只指示一种状态。在 PLC 控制系统中，利用 PLC 的软件很容易实现利用一个输出点控制指示灯的常亮和闪亮，这样就可以利用一个指示灯表示两种不同的信息，从而节省 PLC 的输出点。

8.2.2.5 某些输出信号不进入 PLC

系统中某些相对独立、比较简单的部分可以考虑不用 PLC 来控制，直接采用继电器控制即可。

8.2.2.6 外部译码输出

用七段码译码指令 SEGD，可以直接驱动一个七段数码管，十分方便。电路也比较简单，但需要 7 个输出端。如采用在输出端外部译码，则可减少输出端的数量。外部译码的方法很多，如用七段码分时显示指令 SEGL 可以用 12 点输出控制 8 个七段数码管等。

图 8-11 是用集成电路 4511 组成的 1 位 BCD 译码驱动电路，只用了 4 点输出。如显示值小于 8 可用 3 点输出，显示值小于 4 可用 2 点输出。

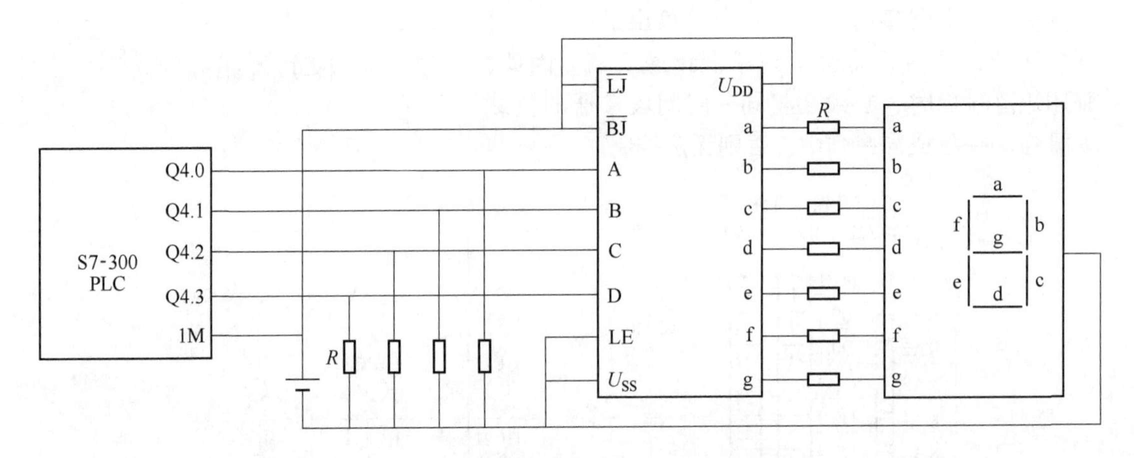

图 8-11 BCD 译码驱动七段数码管电路图

8.2.2.7 利用输出点分时接通扩展输出点

与利用输出点扩展输入点相似，也可以用输出点分时控制一组输出点的输出内容。例如，在输出端口上接有多位 LED 七段码显示器时，如果采用直接连接，所需的输出点是很多的。这时可使用图 8-12 的电路利用输出点的分时接通逐个点亮多位 LED 七段码显示器。

在图 8-12 所示的电路中，CD4513 是具有锁存、译码功能的专用共阴极图 8-12 输出口扩展输出七段码显示器驱动电路，两个 CD4513 的数据输入端 A ~ D 共用可编程序控制器的 4 个输入端，其中 A 为最低位，D 为最高位。LE 端是锁存使能输入端，在 LE 信号的上升沿将数据输入端的 BCD 数据锁存在片内的寄存器中，并将该数译码后显示出来，LE 为低电平时，显示器的数不受数据输入信号的影响。显然，N 位显示器所占用的输出点 $P=4+N$。图 8-12 中 Q4.4 及 Q4.5 分别接通时，输出的数据分别送到上、下两片 CD4513 中。

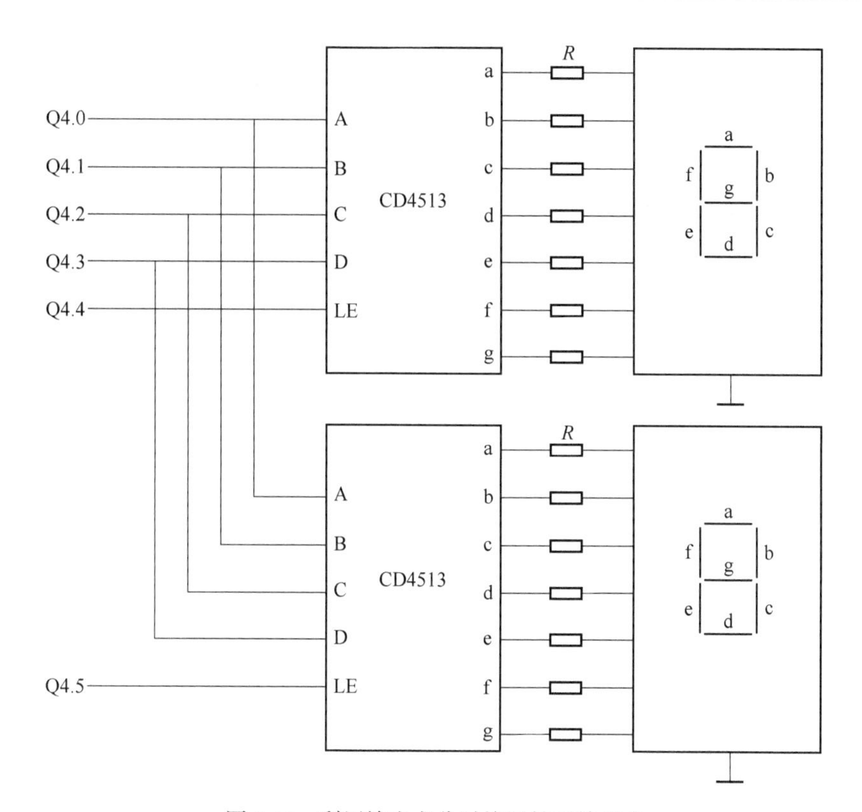

图 8-12　利用输出点分时接通扩展输出点

8.2.3　应用实例　PLC 数值采样、计算系统

现使用一组 BCD 码拨码开关输入一组两位数的数值，PLC 对其进行采样、取最大值、求平均值计算，如图 8-13 所示。

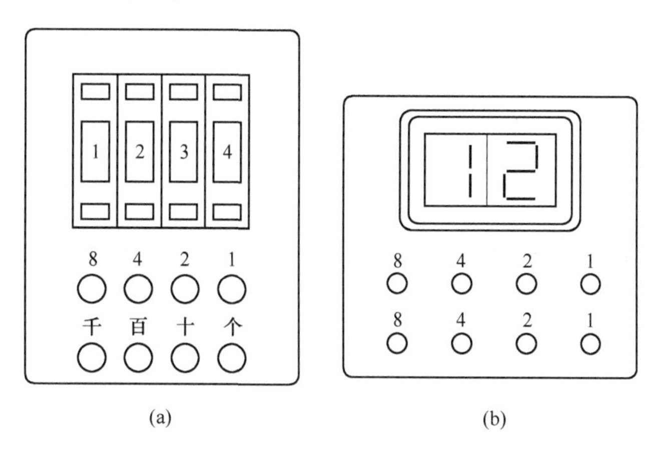

图 8-13　PLC 数值采样、计算系统示意图

（a）拨码开关；（b）BCD 码显示器

控制要求：按下“数值采样按钮 SB1”，可对本次拨码开关内的数据进行采样，并以整数形式保存至 PLC。当输入数据达到 4～20 个后，按下“计算平均值按钮 SB2”，PLC

对这组数据进行剔除一个最大值求平均值操作，完成计算后点亮“计算完成指示灯”。最后，按下“数值输出按钮 SB3”，PLC 将计算得到的平均值以 BCD 码显示。

8.2.3.1　确定输入/输出（I/O）分配表

根据控制工艺要求确定输入/输出（I/O）分配表，见表 8-1。

表 8-1　PLC 数值采样、计算系统 I/O 分配表

输　入		输　出	
输入设备	输入编号	输出设备	输出编号
数值采样按钮 SB1	I2.0	BCD 个位选通	Q0.0
计算平均值按钮 SB2	I2.1	BCD 十位选通	Q0.1
数值输出按钮 SB3	I2.2	计算完成指示灯	Q0.2
BCD 输入 1	I1.0	BCD 输出	QB1
BCD 输入 2	I1.1		
BCD 输入 4	I1.2		
BCD 输入 8	I1.3		

8.2.3.2　创建新项目并完成硬件配置

使用菜单“文件”→“新建项目”创建 PLC 数值采样、计算系统的新项目，并命名为“PLC 数值采样、计算系统”。在“PLC 数值采样、计算系统”项目内用右键单击“插入新对象”→“SIMATIC 300 站点”，双击打开“硬件”文件夹，打开硬件配置窗口，完成 PLC 的基本硬件配置，如图 8-14 所示。

8.2.3.3　编写符号表

根据 I/O 分配表，编写符号表，如图 8-15 所示。

8.2.3.4　编写控制程序

A　数值采样程序

采样 BCD 码拨码开关输入数值时，可先通过编写时间继电器交替导通的程序去实现 BCD 码拨码开关位的选通。当 Q0.0 导通时，采样低位数值存入 MW0 中。当 Q0.1 导通时，采样高位数值存入 MW4 中。最终将采样数值经处理后存入 MW8 中，如图 8-16 所示。

B　数值处理

在编写计算程序前，可先对程序做初始化处理，如图 8-17 所示。

当每按下一次采样按钮 SB1 后，开始对 BCD 码的数值进行采样、累计，并对输入次数进行计数，然后将输入的最大值取出存入 MW12 中，如图 8-18 所示。

为保证输入次数在 4~20 的有效范围内，可使用两个比较指令作为输入次数的限定条件，如图 8-19 所示。

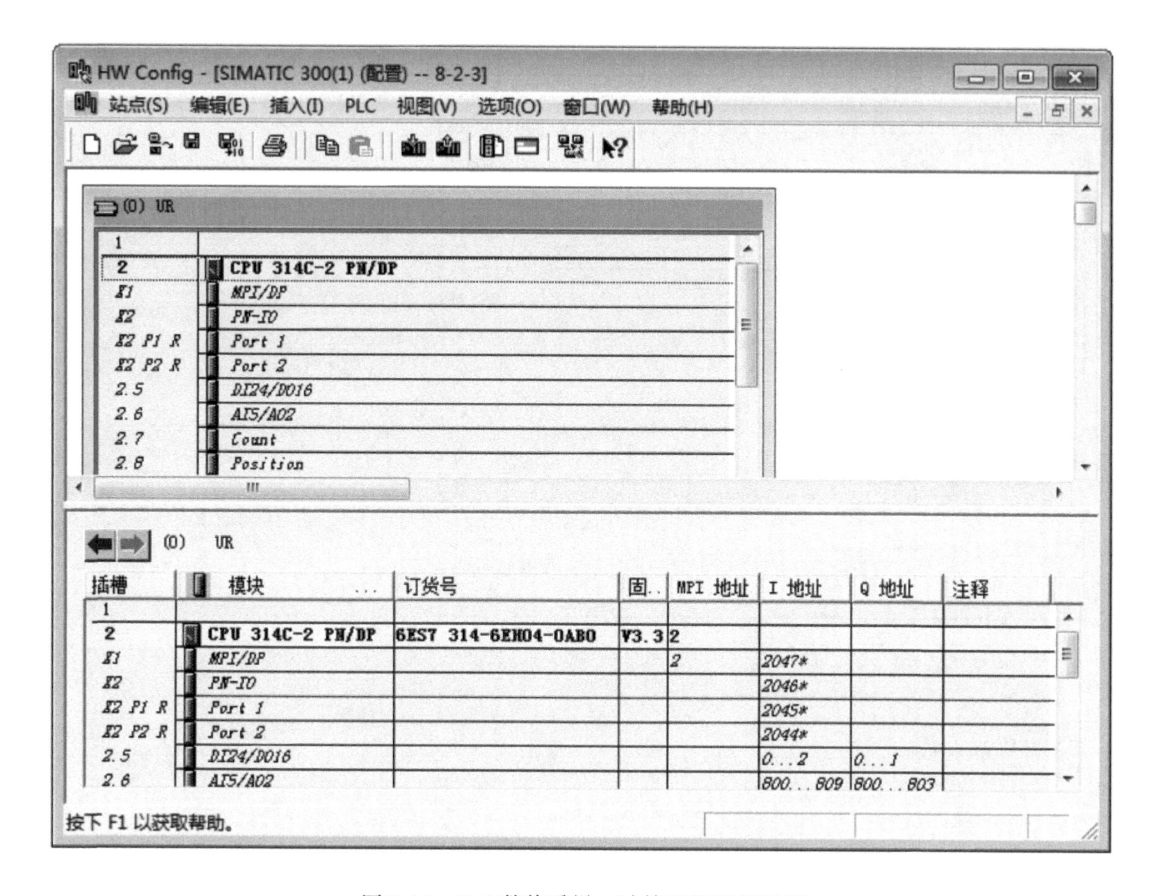

图 8-14　PLC 数值采样、计算系统硬件配置

S7 程序(1) (符号) -- 8-2-3\SIMATIC 300(1)\CPU 314C-2 PN/DP

	状态	符号	地址		数据类型	注释
2		BCD输入2	I	1.1	BOOL	
3		BCD输入4	I	1.2	BOOL	
4		BCD输入8	I	1.3	BOOL	
5		数值采样按钮SB1	I	2.0	BOOL	
6		计算平均值按钮SB2	I	2.1	BOOL	
7		数值输出按钮SB3	I	2.2	BOOL	
8		当前采样值	MW	8	INT	
9		输入次数	MW	10	INT	
10		最大值	MW	12	INT	
11		累计值	MW	14	INT	
12		平均值	MW	16	INT	
13		BCD个位选通	Q	0.0	BOOL	
14		BCD十位选通	Q	0.1	BOOL	
15		计算完成指示灯	Q	0.2	BOOL	
16		BCD输出	QB	1	BYTE	

图 8-15　编辑符号表

⊟ 程序段 1：标题：

T1
T0
(SD)
S5T#500MS
T1
(SD)
S5T#1S

⊟ 程序段 2：标题：

T0
Q0.0
“BCD个位
选通”
( )

⊟ 程序段 3：标题：

T0
Q0.1
“BCD十位
选通”
( )

⊟ 程序段 4：标题：

Q0.0
“BCD个位
选通”
T2
S_ODT
S　Q
S5T#200MS　TV　BI
R　BCD
WAND_W
EN　ENO
IW0　IN1　OUT　MW0
W#16#F　IN2

⊟ 程序段 5：标题：

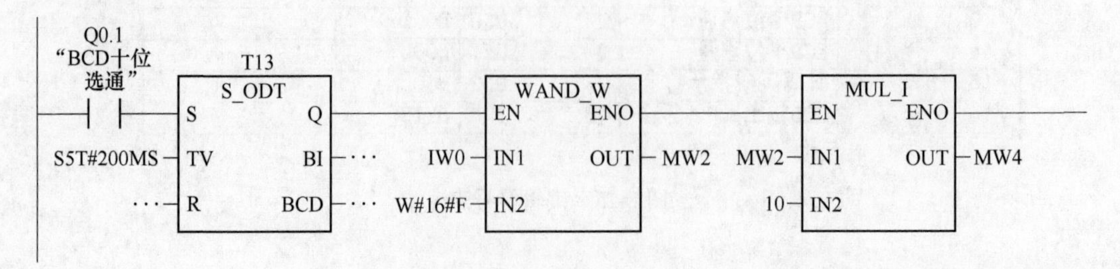

⊟ 程序段 6：标题：

ADD_I
EN ENO
MW0 IN1 OUT MW6
MW4 IN2
MOVE
EN ENO
MW6 IN
OUT MW8 “当前采样值”

图 8-16 数值采样

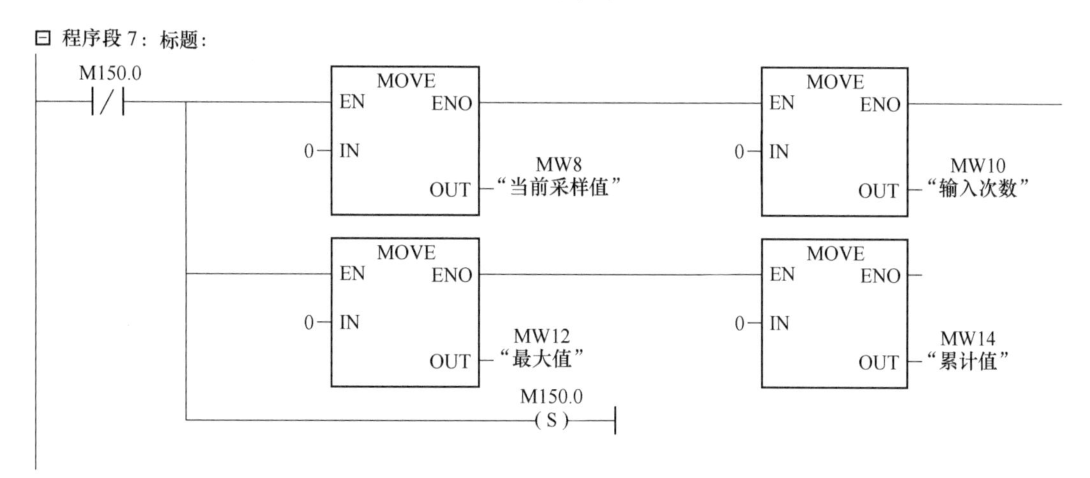

图 8-17 数值初始化

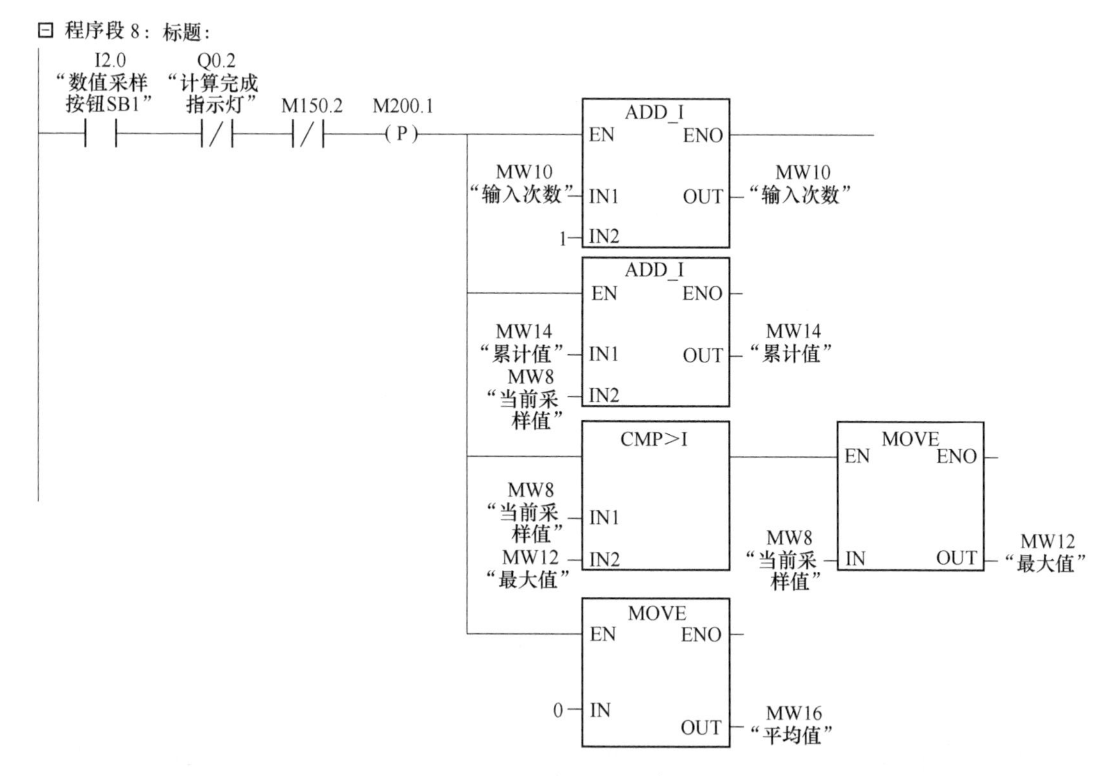

图 8-18 提取最大值

日 程序段 9：标题：

CMP>=I
MW10
“输入次数”—IN1
4—IN2
M150.1
( )

日 程序段 10：标题：

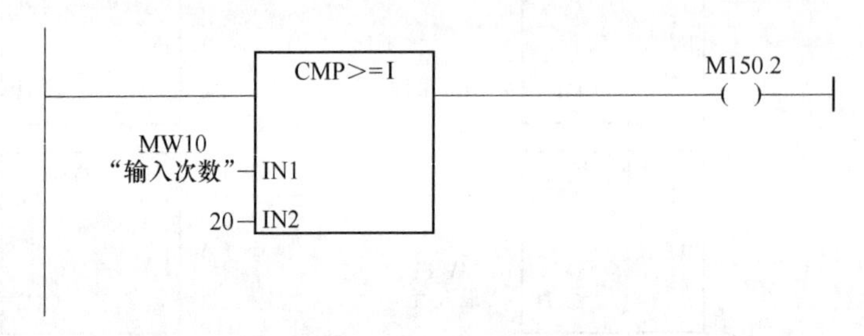

图 8-19　输入次数限定

当输入次数满足计算平均值条件时，按下计算平均值按钮 SB2，程序自动剔除最大值，将平均值存入 MW16 中，同时计算完成指示灯 Q0.2 导通，如图 8-20 所示。

日 程序段 11：标题：

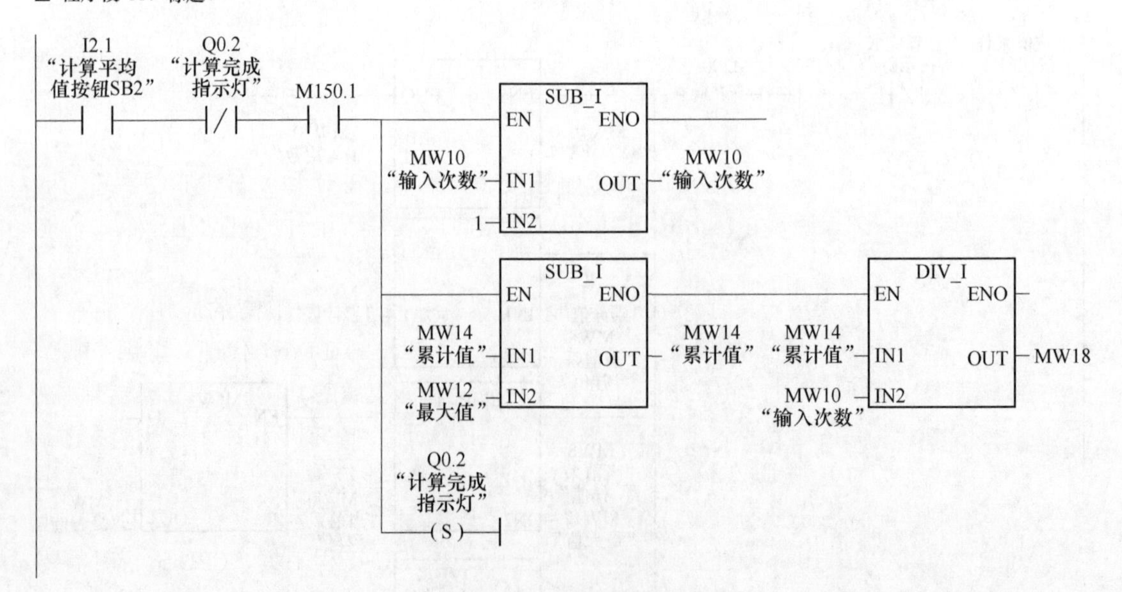

图 8-20　平均值计算

C　数值输出

在求平均值计算完成后，按下数值输出按钮 SB3，将已计算出的平均值存入 MW16

中，再通过 I_ BCD 与 MOVE 指令将平均值送入 BCD 输出 QB1，实现平均值的 BCD 码显示，如图 8-21 所示。

程序段 12：标题：

I2.2 “数值输出按钮SB3”
Q2.2 “计算完成指示灯”
MOVE
EN ENO
MW18 “当前采样值” IN
OUT MW16 “平均值”
M150.0 (R)
Q0.2 “计算完成指示灯” (R)

程序段 13：标题：

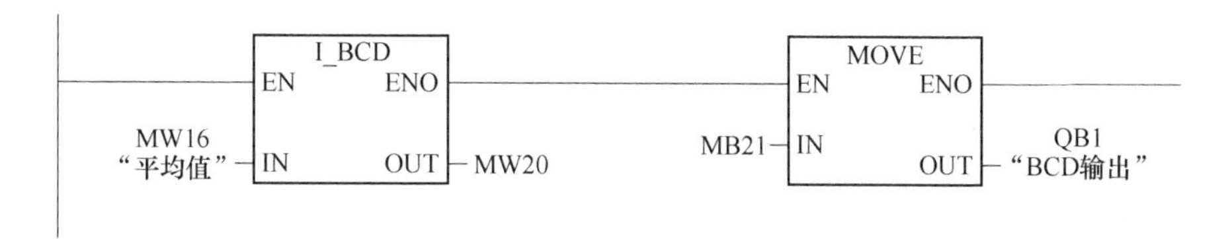

图 8-21 数值输出与显示

8.3 综 合 实 例

8.3.1 应用实例 PLC 控制物料分拣系统

PLC 控制物料分拣系统如图 8-22 所示。

控制工艺如下。

（1）生产线生产金属圆柱形和塑料圆柱形两类物料，塑料物料又分白色和黑色两种。分拣设备的任务是将金属、白色塑料和黑色塑料物料进行分拣。

（2）按下启动按钮 SB1，设备启动。当落料传感器检测到有物料投入落料口时，变频器控制皮带输送机以 150 r/min 的速度正向连续运行。

（3）若投入的是金属物料，则送达位置 A 时，皮带输送机停止，同时挡块 1 弹出，1 s 后由位置 A 的气缸活塞杆伸出将金属物料推入出料斜槽 1，然后气缸活塞杆自动缩回复位，2 s 后挡块 1 收回。

（4）若投入的是白色塑料物料，则送达位置 B 时，皮带输送机停止，同时挡块 2 弹出，1 s 后由位置 B 的气缸活塞杆伸出将白色塑料物料推入出料斜槽 2，然后气缸活塞杆自动缩回复位。2 s 后挡块 2 收回。

（5）若投入的是黑色塑料物料，则送达位置 C 时，皮带输送机停止，同时挡块 3 弹

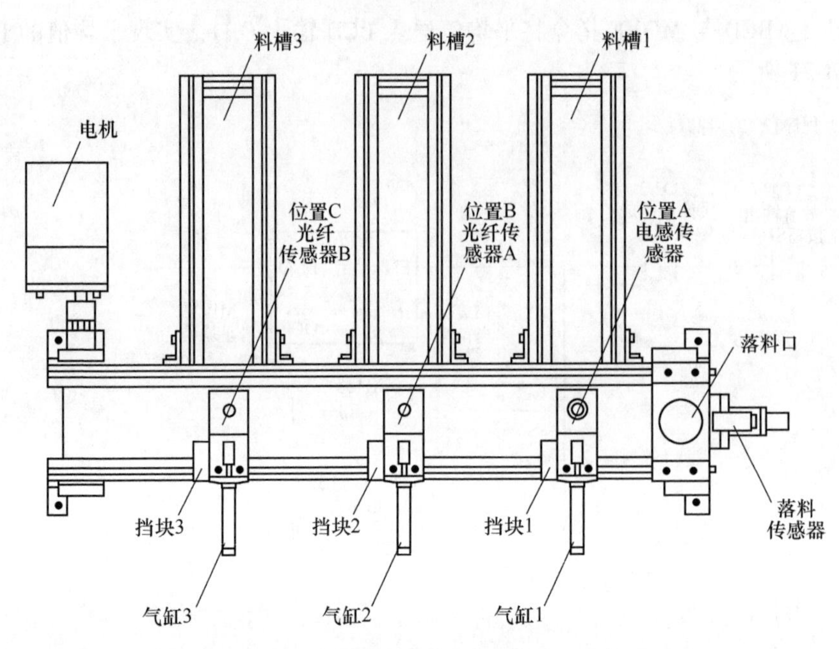

图 8-22　PLC 控制物料分拣系统结构示意图

出，1 s 后由位置 C 的气缸活塞杆伸出将黑色塑料物料推入出料斜槽 3，然后气缸活塞杆自动缩回复位。2 s 后挡块 2 收回。

在位置 A、B 或 C 的气缸活塞杆复位后，这时才可向皮带输送机上放入下一个待分拣的物料。按下停止按钮 SB2，则在当前物料分拣完成后自动停止。当再次按下启动按钮 SB1 后，系统才能运行。

8.3.1.1　根据控制工艺要求确定

根据控制工艺要求确定输入/输出（I/O）分配表，见表 8-2。

表 8-2　PLC 控制物料分拣系统的 I/O 分配表

输　入		输　出	
输入设备	输入编号	输出设备	输出编号
启动按钮 SB1	I0.0	气缸 1 推出	Q2.0
停止按钮 SB2	I0.1	气缸 2 推出	Q2.1
落料传感器	I0.2	气缸 3 推出	Q2.2
电感传感器	I0.3	挡块 1 推出	Q2.3
光纤传感器 A	I0.4	挡块 2 推出	Q2.4
光纤传感器 B	I0.5	挡块 3 推出	Q2.5
气缸 1 推出磁性开关	I1.1	输送带控制字	QW4
气缸 1 缩回磁性开关	I1.2	输送带变频器	QW6
气缸 2 推出磁性开关	I1.3		
气缸 2 缩回磁性开关	I1.4		
气缸 3 推出磁性开关	I1.5		
气缸 3 缩回磁性开关	I1.6		

8.3.1.2 根据控制工艺要求编写顺控图

从图 8-23 所示的顺控图中可以看出，顺控图中出现了 3 条分支，而 3 条分支不会同时工作，具体转移到哪一条分支由转移条件（3 个传感器）的通断状态决定。同时还需判断在运行过程是否按下过停止按钮。若没按过，系统连续运行，否则需完成当前动作后回到初始状态。

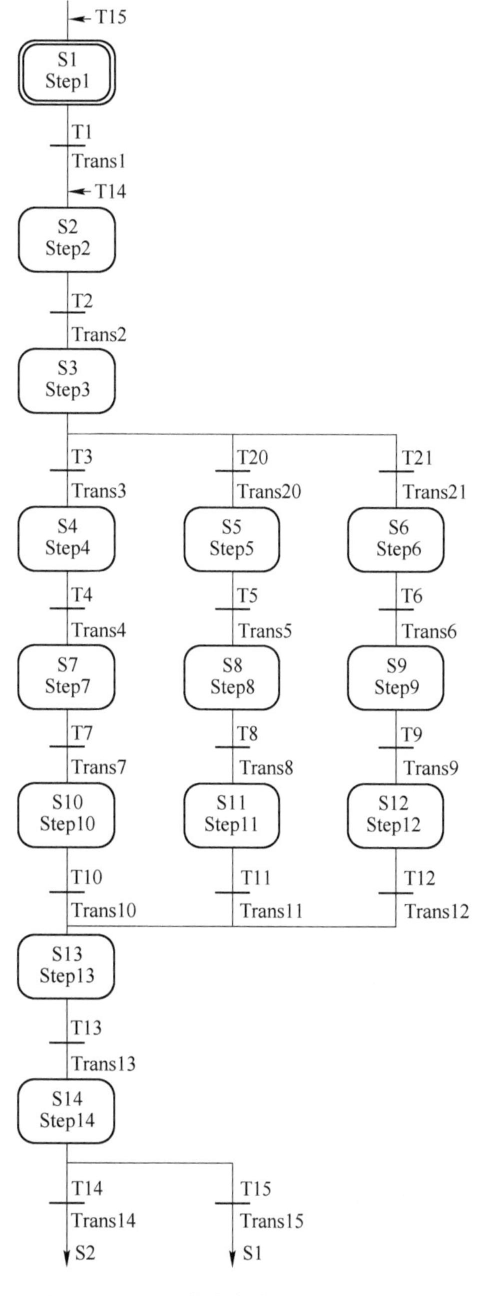

图 8-23 PLC 控制物料分拣系统顺控图

8. 3. 1. 3　根据控制工艺要求编写程序

首先在启动组织块 OB100 中，对变频器运行状态进行初始化，如图 8-24 所示。

OB100："Complete Restart"

注释:

⊟ 程序段 1：标题：

MOVE EN ENO
W#16#47E — IN OUT — QW4 "输送带控制字"

MOVE EN ENO
0 — IN OUT — QW6 "输送带变频器"

图 8-24　变频器停止运行

然后在主程序块 OB1 中，根据控制要求对停止按钮信号进行记位，并通过通信报文形式对变频器的控制字进行设置，如图 8-25 所示。

OB1："Main Program Sweep (Cycle)"

注释:

⊟ 程序段 1：标题：

I0.1 "停止按钮 SB2"　I0.0 "启动按钮 SB1"　M0.0

M0.0

⊟ 程序段 2：标题：

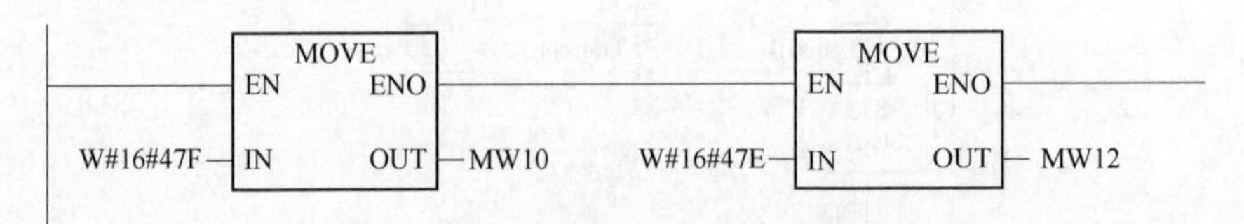

图 8-25　停止信号的记录与变频器控制字的设置

最后创建顺控器，在顺控器中完成物料分拣系统的控制程序，如图 8-26 所示。

8. 3. 2　应用实例　PLC 控制物料搬运流水线

PLC 控制物料搬运流水线结构如图 8-27 所示。

控制工艺要求如下。

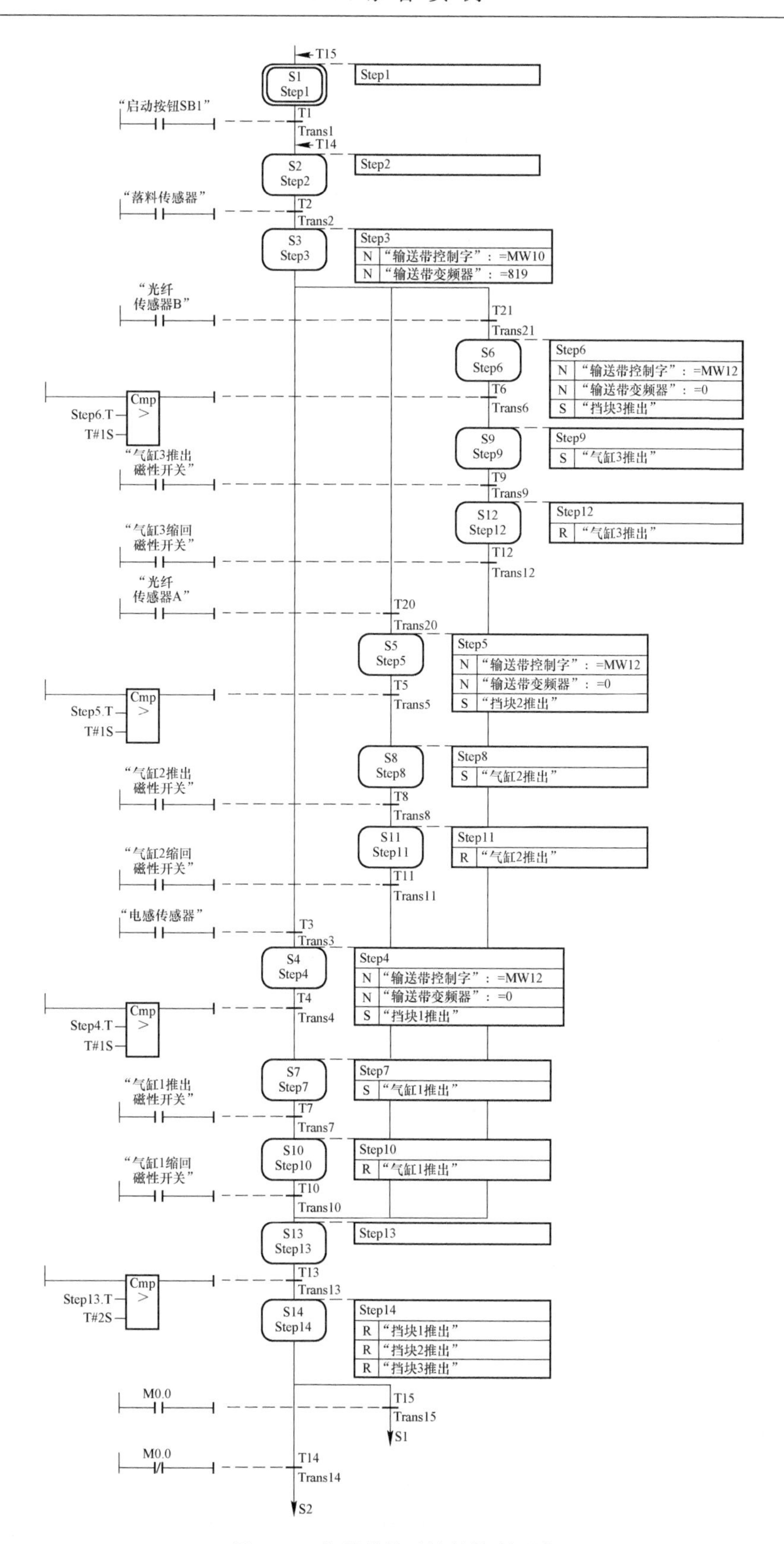

图 8-26 物料分拣系统的控制程序

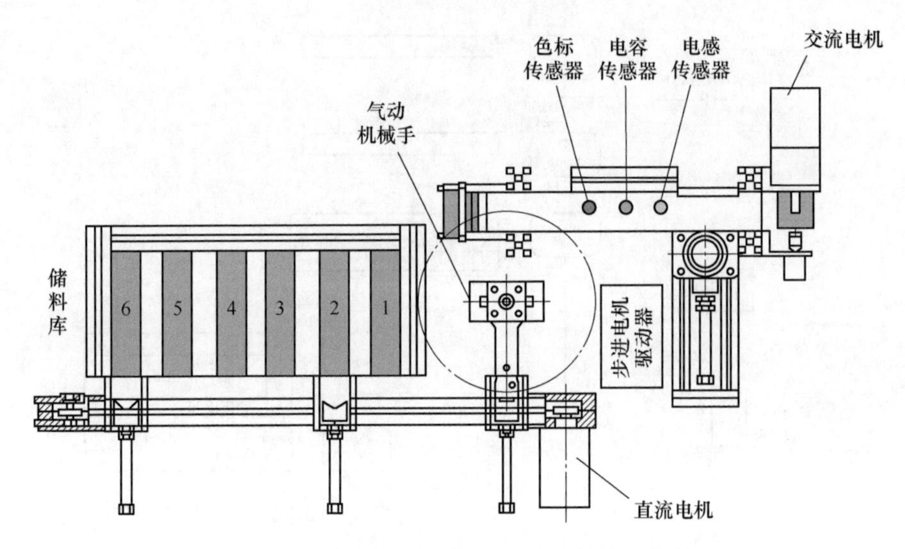

图 8-27　PLC 控制物料搬运流水线结构示意图

(1) 传送站的物料斗入口处有一个光电传感器。当按下启动按钮，光电传感器检测到信号后。上料气缸动作，将物料推出到传送带上，之后由电机带动传送带运行。

(2) 物块在传送带的带动下，依次经过可检测出铁质物块的电感传感器；可检测出金属物块的电容传感器；可检测出不同的颜色，且色度可调的色标传感器。传送带运行 5 s 后，物块到达传送带终点后自动停止，电机停止运行。

(3) 在物块到达终点后，机械手将物块从传送带上夹起，放到货运台上，机械手返回等待。机械手由单作用气缸驱动，其工作顺序为：机械手下降→手爪夹紧→机械手上升→机械手右转→机械手下降→手爪放松→机械手上升→机械手左转回到原位。

(4) 货运台得到机械手搬运过来的物块后，根据在传送带上三个传感器得到的特性参数，启动直流电机将物块运送到对应货仓位置，再由分拣气缸将物块推到仓位内，最后货运台回到等待位置。物料属性对应的仓储位置见表 8-3。

(5) 当按下停止按钮后，物料搬运流水线完成当前流程后停止工作，需再次按下启动按钮后进入循环工作。

输入/输出（I/O）分配表见表 8-4。

表 8-3　物料属性对应的仓储位置

仓储位置	物料属性检测		
	电容传感器	电感传感器	色标传感器
	非铁质金属	铁质金属	黄色
红塑料仓	0	0	0
黄塑料仓	0	0	1
红铁质仓	1	1	0
黄铁质仓	1	1	1
红铝质仓	1	0	0
黄铝质仓	1	0	1

表 8-4 输入/输出（I/O）分配表

输入		输出	
输入设备	输入编号	输出设备	输出编号
启动按钮 SB1	I0.0	上料气缸	Q0.0
停止按钮 SB2	I0.1	传送带电机	Q0.1
上料光电传感器	I0.2	机械手下降	Q0.2
上料气缸伸出到位	I0.3	机械手夹紧	Q0.3
上料气缸缩回到位	I0.4	机械手右旋	Q0.4
机械手下降到位	I0.5	分拣气缸伸出	Q0.5
机械手夹紧到位	I0.6	直流电机正转	Q1.0
机械手上升到位	I0.7	直流电机反转	Q1.1
机械手右旋到位	I1.0		
机械手左旋到位	I1.1		
电容传感器	I1.2		
电感传感器	I1.3		
色标传感器	I1.4		
分拣气缸伸出到位	I1.5		
分拣气缸缩回到位	I1.6		
分拣货运台原位	I1.7		
红塑料仓	I2.0		
黄塑料仓	I2.1		
红铁质仓	I2.2		
黄铁质仓	I2.3		
红铝质仓	I2.4		
黄铝质仓	I2.5		

8.3.2.1 创建新项目并完成硬件配置

创建新项目，并命名为“PLC 控制物料搬运流水线”。在“PLC 控制物料搬运流水线”项目内单击“插入”→“SIMATIC 300 站点”，点开“SIMATIC 300”文件夹，打开硬件配置窗口，并完成硬件配置，如图 8-28 所示。

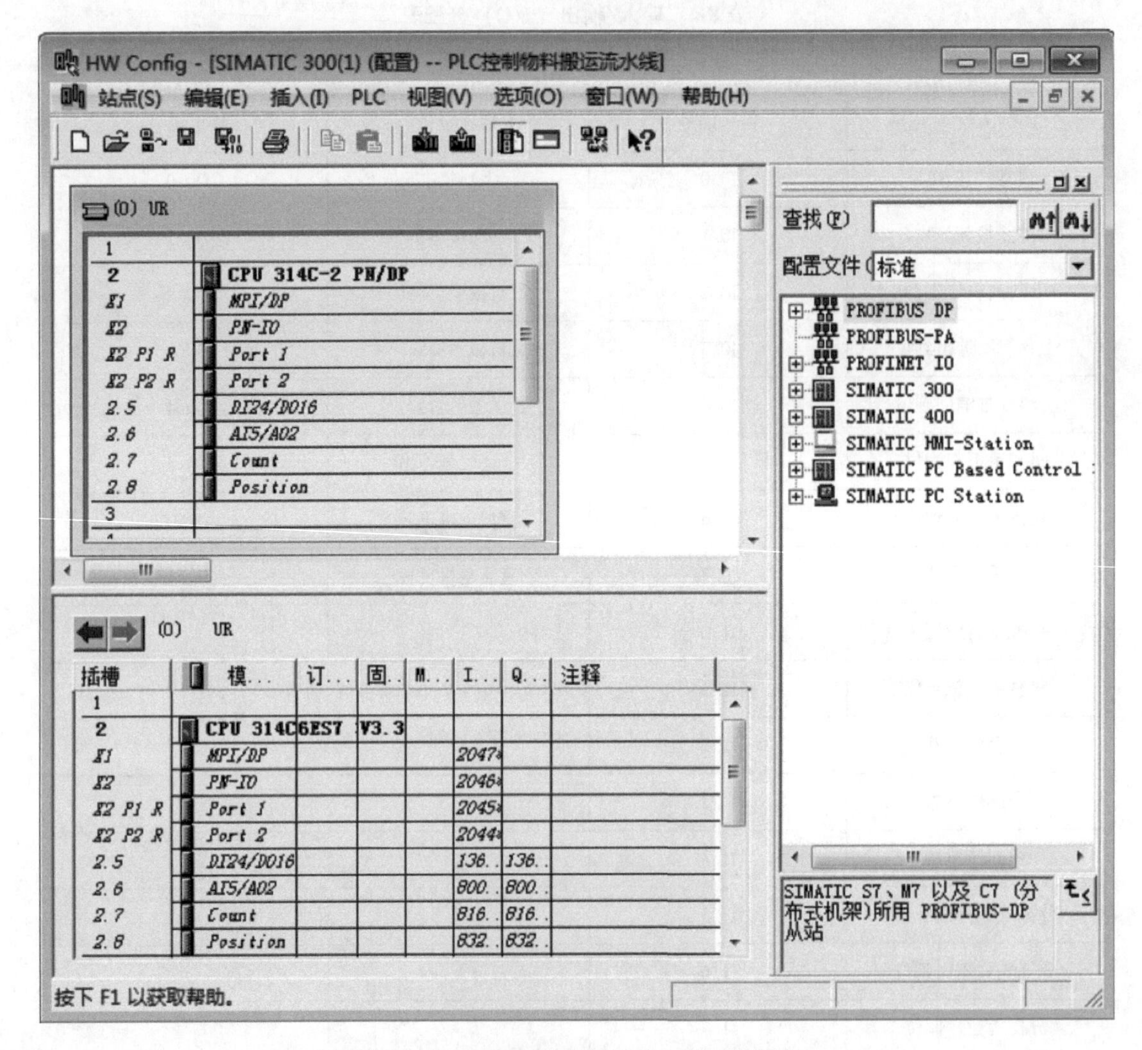

图 8-28　PLC 控制物料搬运流水线硬件配置

8.3.2.2　编写符号表

根据 I/O 分配表，编写符号表，如图 8-29 所示。

8.3.2.3　编写程序

（1）编写物料属性检测与记录程序。当传送站的物料斗中检查到有物料时，按下启动按钮 SB1，电机带动传送带运行。物块在传送带的带动下，依次经过电感传感器 I1.2、电容传感器 I1.3、色标传感器 I1.4 后，记录物块属性参数，如图 8-30 所示。

（2）编写顺控程序。在 SIMATIC 管理器窗口内单击项目下的“块”文件夹，然后执行单命令“入新对象”→“功能块”，编程语言选择“GRAPH”，并将其调用至主程序 OB1 中，如图 8-31 所示。物料搬运流水线的顺控程序如图 8-32 所示。

S7 程序(1) (符号) -- 8-3-2\SIMATIC 300(1)\CPU 314C-2 PN/DP

	状态	符号	地址	数据类型	注释
1		启动按钮SB1	I 0.0	BOOL	
2		停止按钮SB2	I 0.1	BOOL	
3		上料光电传感器	I 0.2	BOOL	
4		上料气缸伸出到位	I 0.3	BOOL	
5		上料气缸缩回到位	I 0.4	BOOL	
6		机械手下降到位	I 0.5	BOOL	
7		机械手夹紧到位	I 0.6	BOOL	
8		机械手上升到位	I 0.7	BOOL	
9		机械手右旋到位	I 1.0	BOOL	
10		机械手左旋到位	I 1.1	BOOL	
11		电容传感器	I 1.2	BOOL	
12		电感传感器	I 1.3	BOOL	
13		色标传感器	I 1.4	BOOL	
14		分拣气缸伸出到位	I 1.5	BOOL	
15		分拣气缸缩回到位	I 1.6	BOOL	
16		分拣货运台原位	I 1.7	BOOL	
17		红塑料仓	I 2.0	BOOL	
18		黄塑料仓	I 2.1	BOOL	
19		红铁质仓	I 2.2	BOOL	
20		黄铁质仓	I 2.3	BOOL	
21		红铝质仓	I 2.4	BOOL	
22		黄铝质仓	I 2.5	BOOL	
23		上料气缸	Q 0.0	BOOL	
24		传送带电机	Q 0.1	BOOL	
25		机械手下降	Q 0.2	BOOL	
26		机械手夹紧	Q 0.3	BOOL	
27		机械手右旋	Q 0.4	BOOL	
28		分拣气缸伸出	Q 0.5	BOOL	
29		直流电机正转	Q 1.0	BOOL	
30		直流电机反转	Q 1.1	BOOL	
31					

图 8-29　编写符号表

⊟ 程序段 1：标题：

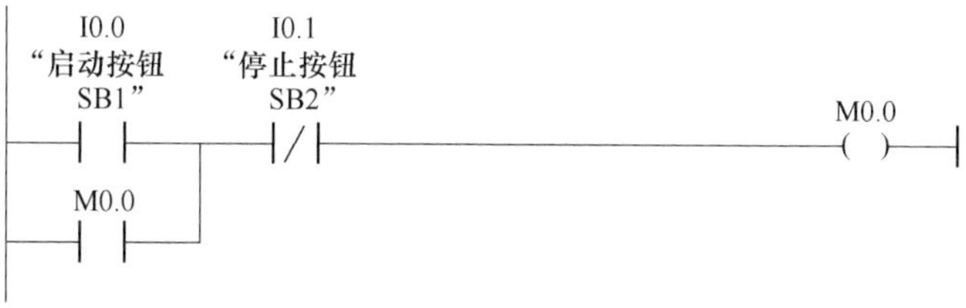

I0.0 "启动按钮SB1"　I0.1 "停止按钮SB2"　M0.0 ( )

M0.0

⊟ 程序段 2：标题：

Q0.1 "传送带电机"　I1.2 "电容传感器"　M0.1 (S)

⊟ 程序段 3：标题：

Q0.1 "传送带电机"　I1.3 "电感传感器"　M0.2 (S)

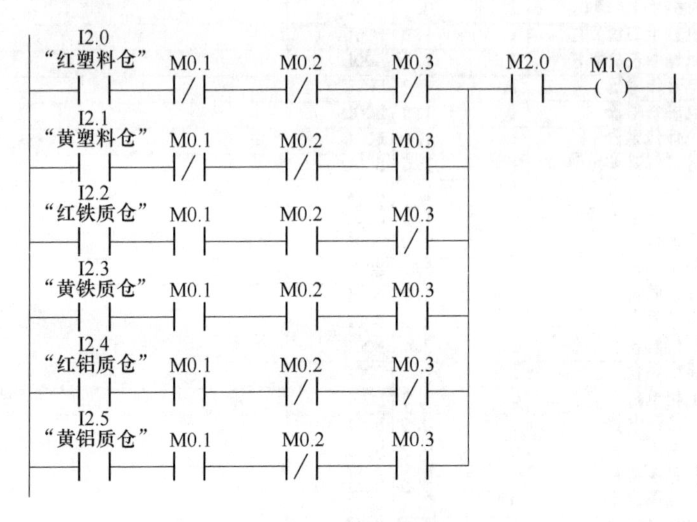

图 8-30　检测并记录物块属性参数

8.3.3　应用实例　PLC 控制液体灌装系统（世赛课题移植）

本案例取自第 39 届世赛工业控制项目的控制系统功能实现模块，其工作示意图如图 8-33 所示。

当满足运行条件时，操作人员可对系统进行手动与自动模式的选择，流程图如图 8-34 所示。

在手动模式下，可通过对墙面硬件按钮或 HMI 的操作去实现现场指示灯、电磁阀、变频器、接触器等输出驱动设备的启停控制，具体功能如图 8-35 所示。在自动模式下，能实现整个液体灌装系统的控制功能，详细控制流程如图 8-36 所示。液体灌装系统的 I/O 分配表见表 8-5。

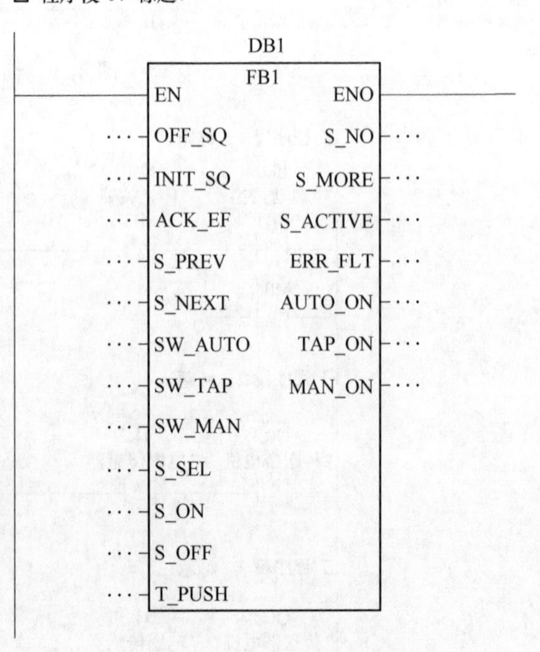

图 8-31　调用 S7-GRAPH 功能块 FB1

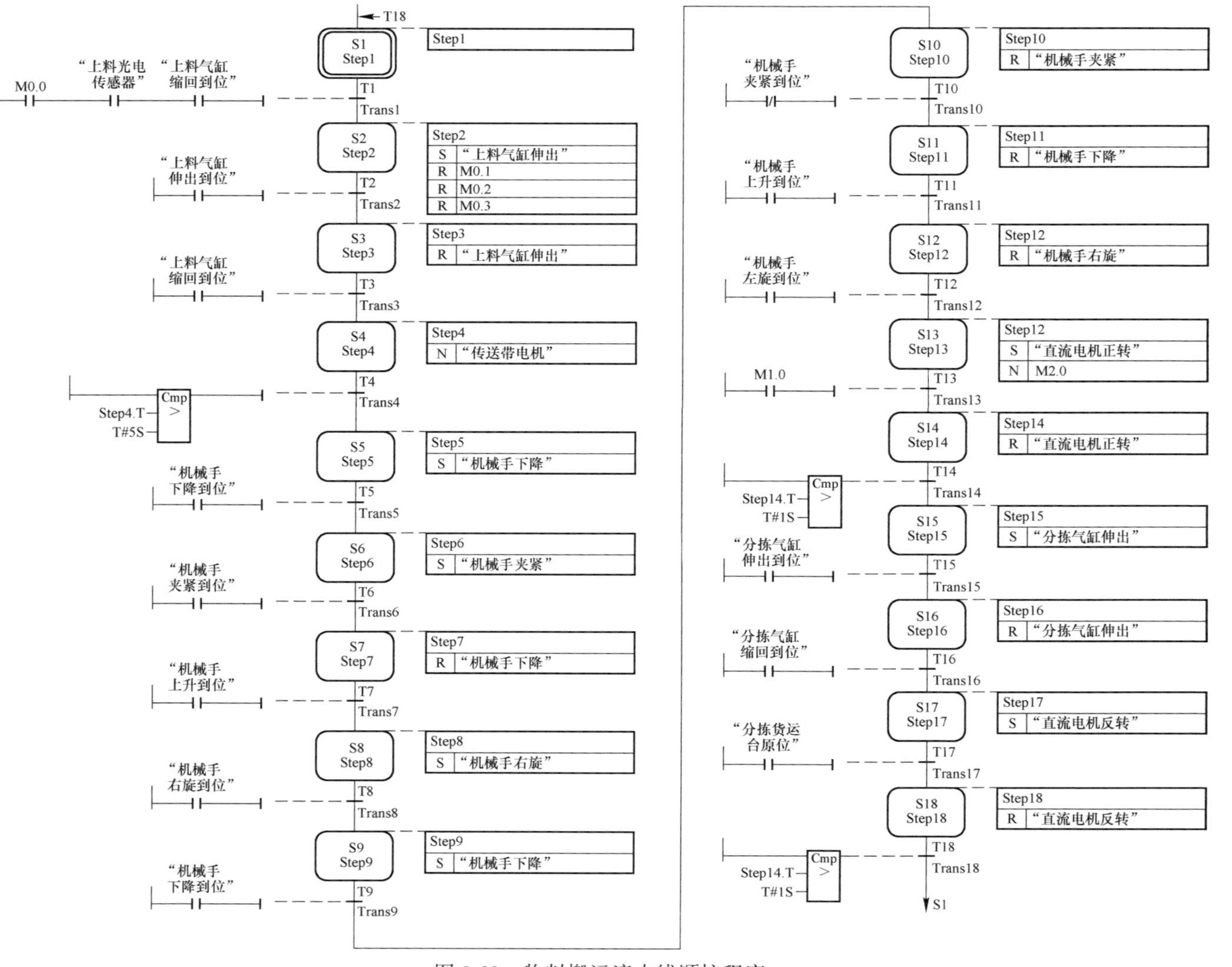

图 8-32 物料搬运流水线顺控程序

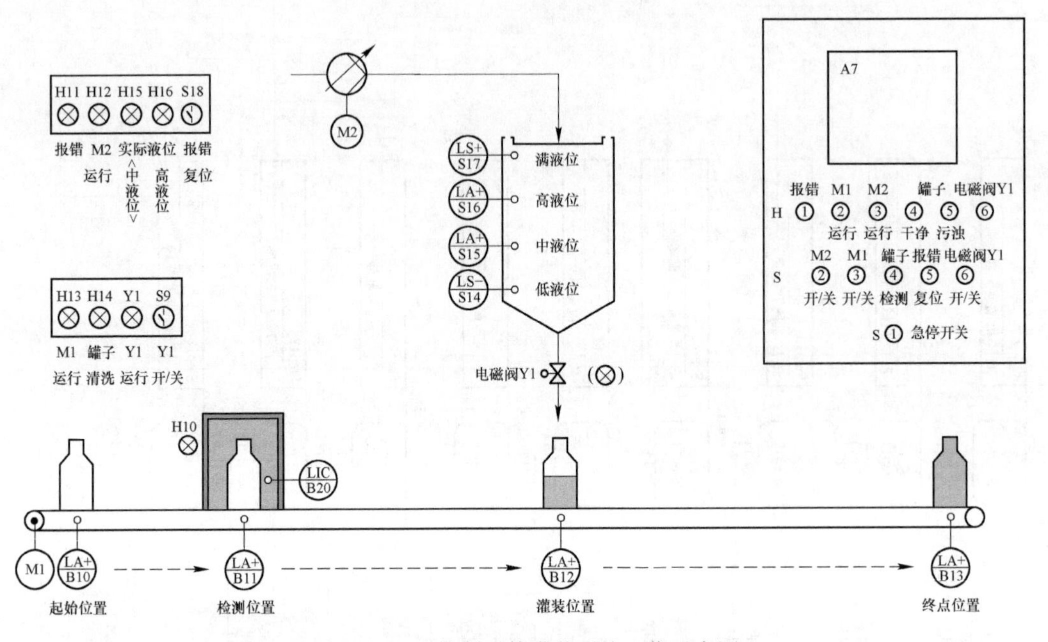

图 8-33　PLC 控制液体灌装系统工作示意图

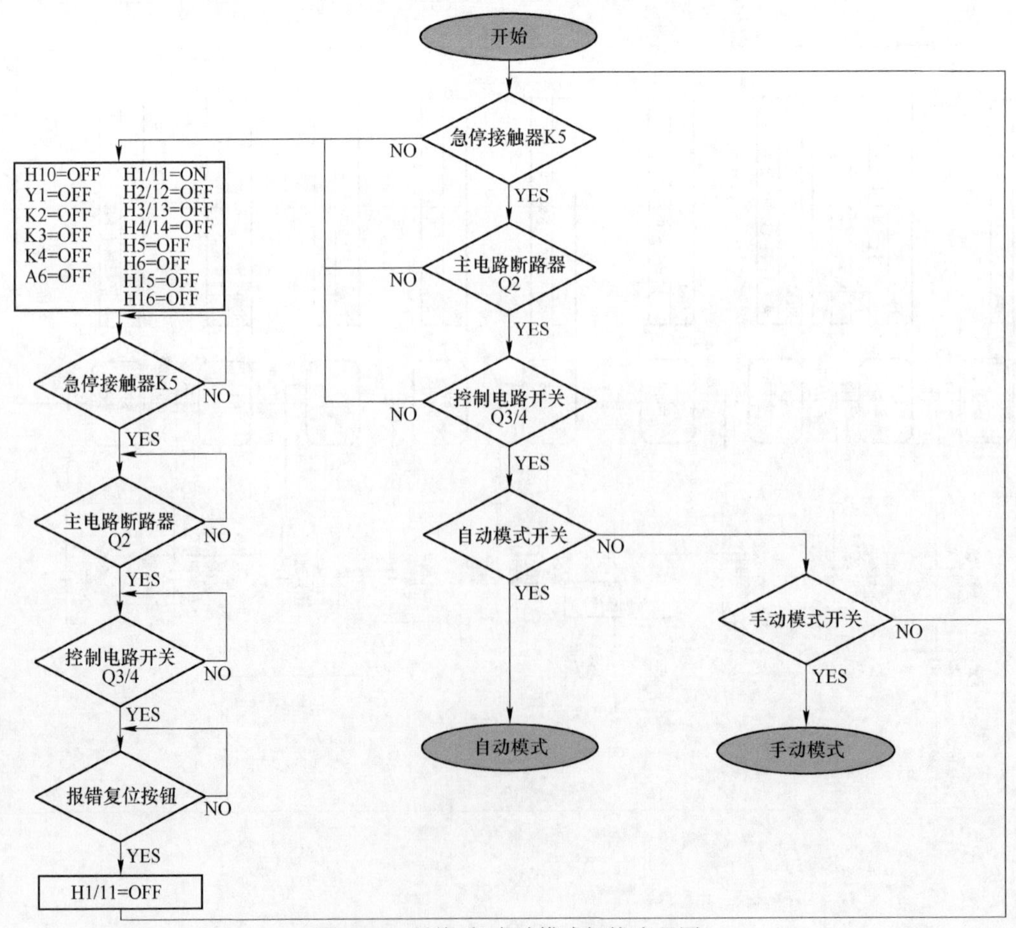

图 8-34　系统手/自动模式切换流程图

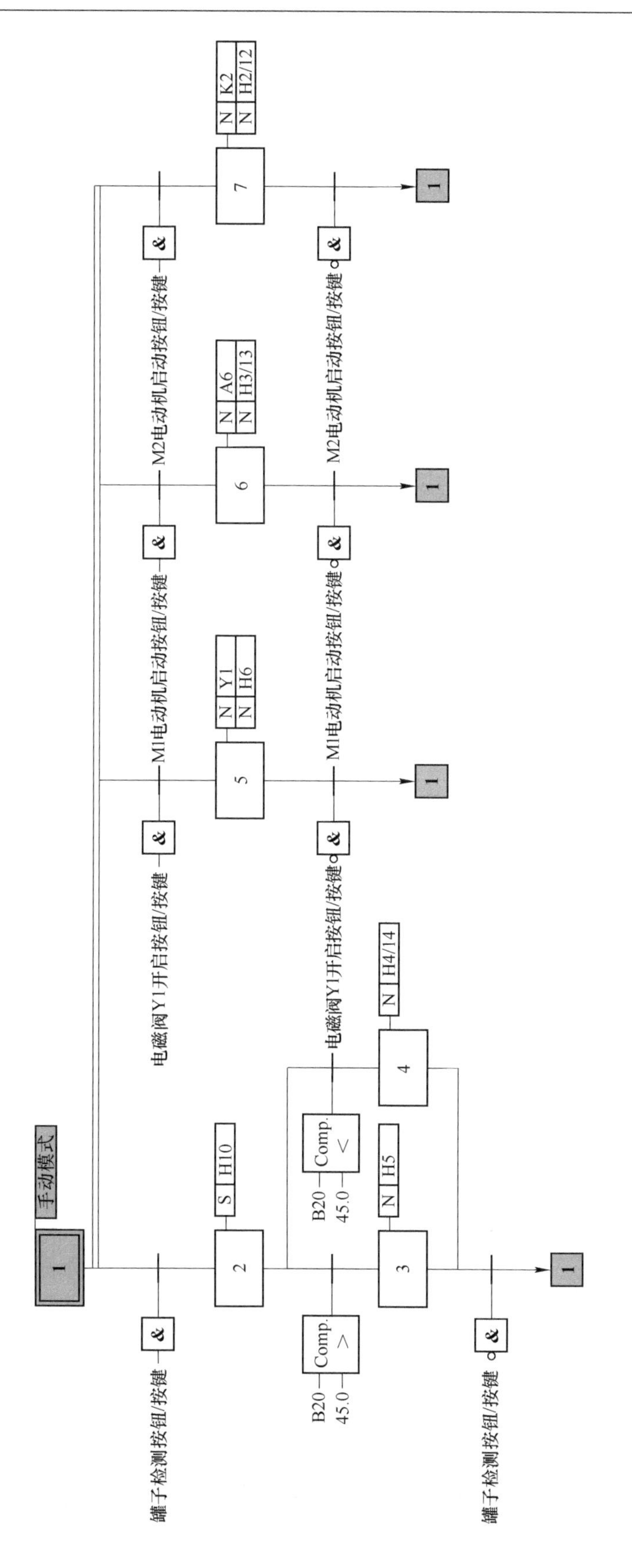

图 8-35 系统手动控制功能

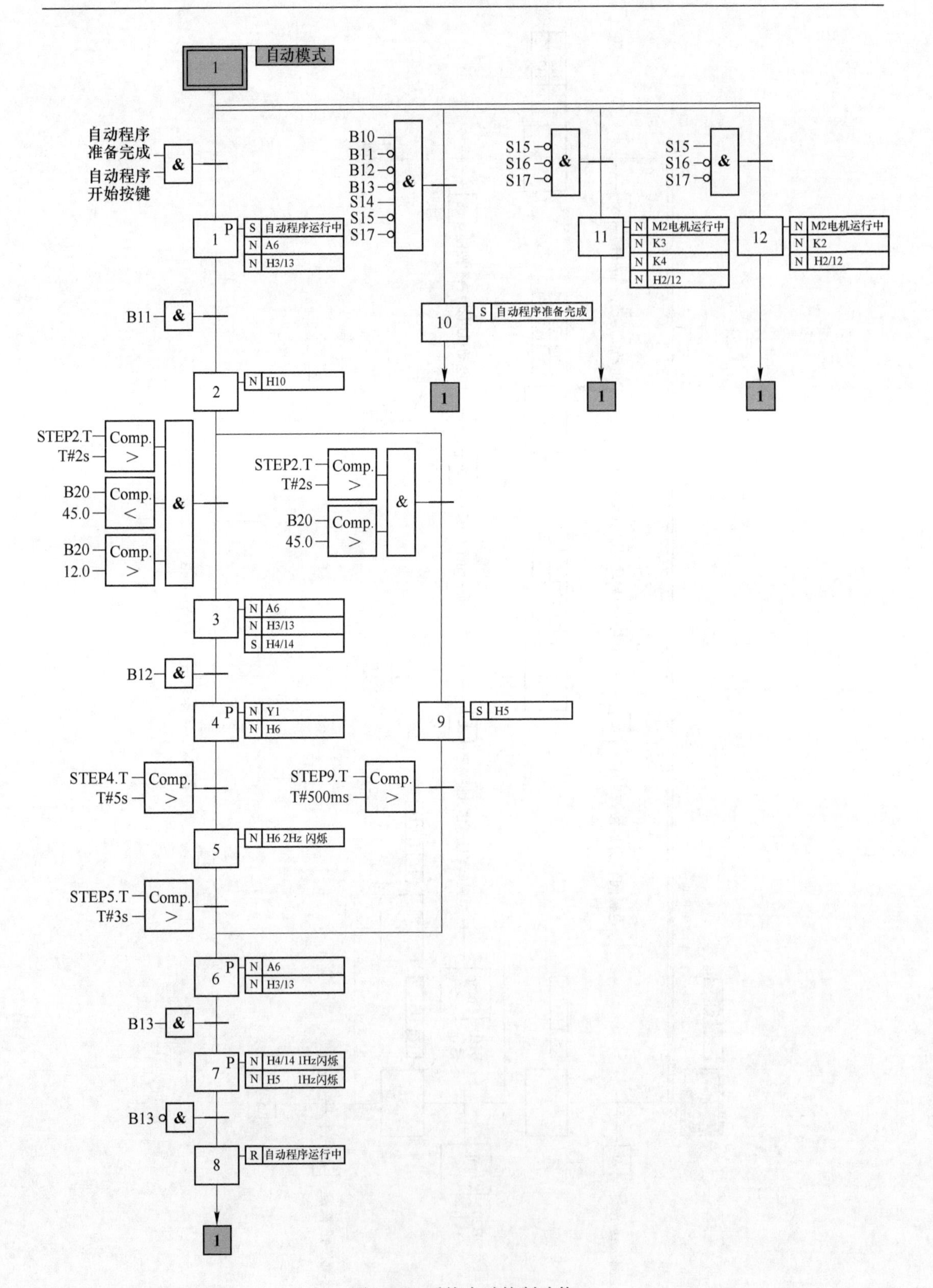

图 8-36　系统自动控制功能

表 8-5 液体灌装系统 I/O 分配表

输入		输出	
输入设备	输入编号	输出设备	输出编号
起始位置 B10	I0.0	清洁检测指示灯 H10	Q0.0
检测位置 B11	I0.1	电磁阀 Y1	Q0.1
灌装位置 B12	I0.2	M2 电动机慢速运行 K2	Q0.2
终点位置 B13	I0.3	M2 电动机快速运行 K3	Q0.3
低液位 S14	I0.4	M2 电动机快速运行 K4	Q0.4
中液位 S15	I0.5	变频器使能 A6	Q0.5
高液位 S16	I0.6	报错指示灯 H1/11	Q1.0
满液位 S17	I0.7	M2 电动机运行指示灯 H2/12	Q1.1
接触器急停 K5	I1.0	M1 电动机运行指示灯 H3/13	Q1.2
主电路断路器 Q2	I1.1	罐子清洗指示灯 H4/14	Q1.3
M2 电动机控制电路开关 Q3/4	I1.2	罐子污浊指示灯 H5	Q1.4
M2 电动机启动开关 S2	I1.3	电磁阀 Y1 开启指示灯 H6	Q1.5
M1 电动机启动开关 S3	I1.4	实际液位<中液位指示灯 H15	Q1.6
罐子检测按钮 S4	I1.5	实际液位>高液位指示灯 H16	Q1.7
报错复位按钮 S5/18	I1.6	M1 电动机速度（模拟量）	QW12
电磁阀 Y1 启动开关 S6/19	I1.7	自动程序准备完成（触摸屏）	M2.0
清洁程度传感器 B20（模拟量）	IW10	自动程序运转中（触摸屏）	M2.1
罐子检测按键（触摸屏）	M0.0	自动程序停止中（触摸屏）	M2.2
电磁阀 Y1 启动按键（触摸屏）	M0.1		
M1 电动机启动按键（触摸屏）	M0.2		
M2 电动机启动按键（触摸屏）	M0.3		
自动程序开始按键（触摸屏）	M0.4		
自动程序暂停按键（触摸屏）	M0.5		
自动程序停止按键（触摸屏）	M0.6		
罐子检测开启按键（触摸屏）	M1.0		
手动模式开关（触摸屏）	M1.1		
自动模式开关（触摸屏）	M1.2		

8.3.3.1 创建新项目并完成硬件配置

使用菜单“文件”→“新建项目”创建第 39 届世赛工业控制程序功能实现项目，并命名为“PLC 控制液体灌装系统”。在“PLC 控制液体灌装系统”项目内右键单击“插入新对象”→“SIMATIC 300 站点”，双击打开“硬件”文件夹，打开硬件配置窗口，完成 PLC 的基本硬件配置，如图 8-37 所示。

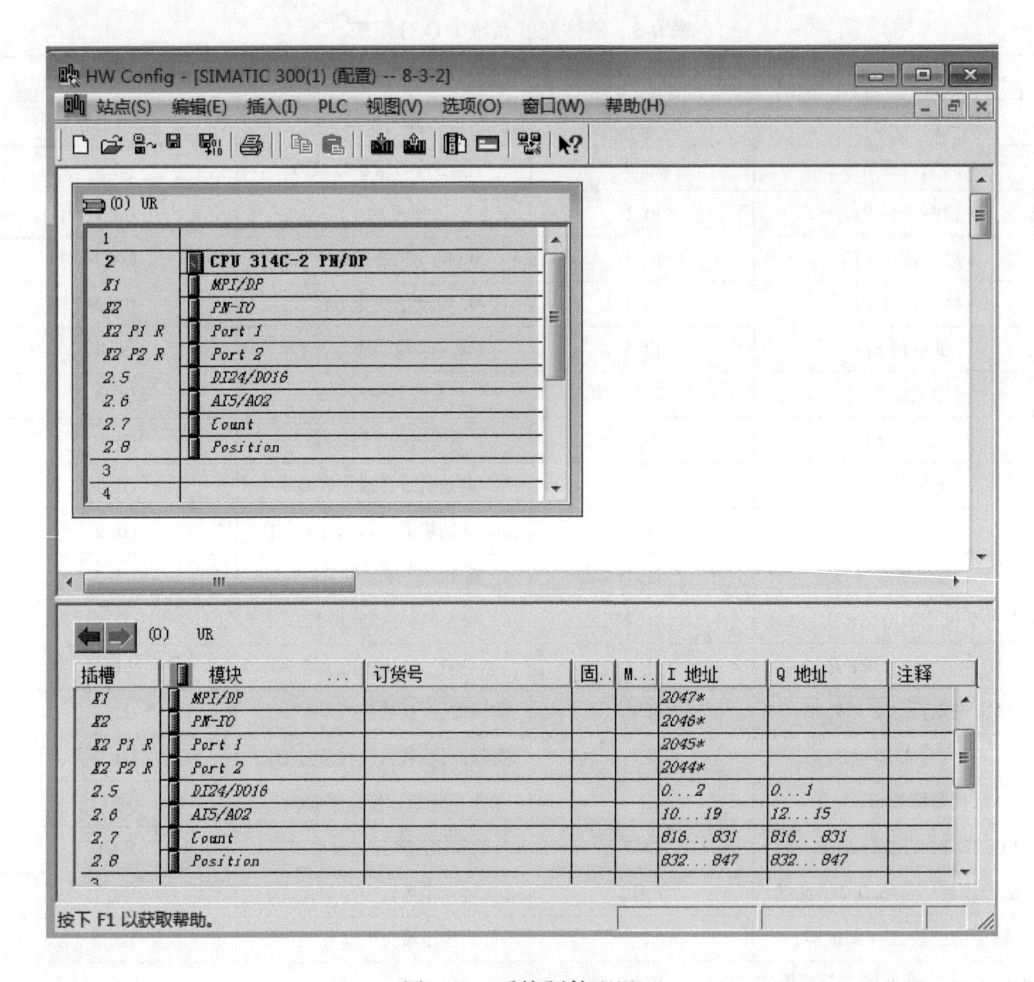

图 8-37　系统硬件配置

双击 CPU，在 CPU 属性窗口中的“周期/时钟存储器”选项卡内开启时钟存储器，如图 8-38 所示。

最后在硬件配置窗口中双击 PLC 的模拟量，根据硬件要求在“输出”选项卡中将 0 号通道的输出类型设为“电压”型，将输出范围设为“0......10V”，如图 8-39 所示。

8.3.3.2　编写符号表

根据控制要求编辑符号表，如图 8-40 所示。

8.3.3.3　编写控制程序

A　主程序

硬件检测与输出复位程序：当系统上电后，首先需对系统的硬件进行检测，若检测系统硬件结果为正常，则可对所有输出进行复位，随后选择工作模式。若检测到系统硬件出现故障，则报警指示灯亮起，停止其他输出设备动作。待硬件故障排除后，按下复位按钮，报警指示灯熄灭，所有硬件恢复正常，如图 8-41 所示。

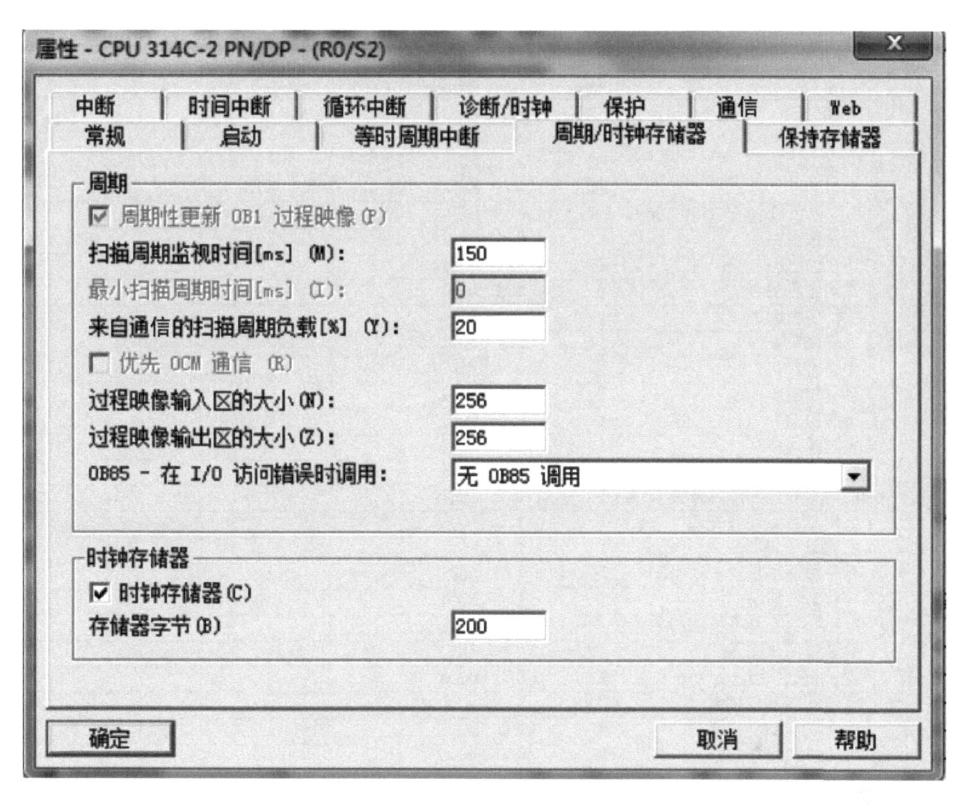

图 8-38 周期/时钟存储器参数设置

图 8-39 模拟量输出设置

S7 程序(1) (符号) -- 8-3-2\SIMATIC 300(1)\CPU 314C-2 PN/DP

	状态	符号	地址		数据类型		注释
1		手动	FB	1	FB	1	
2		自动	FB	2	FB	2	
3		G7_STD_3	FC	72	FC	72	
4		SCALE	FC	105	FC	105	Scaling Values
5		Read Analog Value 466-1	FC	106	FC	106	Read Analog Value 466
6		起始位置B10	I	0.0	BOOL		
7		检测位置B11	I	0.1	BOOL		
8		灌装位置B12	I	0.2	BOOL		
9		终点位置B13	I	0.3	BOOL		
10		低液位S14	I	0.4	BOOL		
11		中液位S15	I	0.5	BOOL		
12		高液位S16	I	0.6	BOOL		
13		满液位S17	I	0.7	BOOL		
14		接触器急停K5	I	1.0	BOOL		
15		主电路断路器Q2	I	1.1	BOOL		
16		M2电动机控制电路开关Q3/4	I	1.2	BOOL		
17		M2电动机启动开关S2	I	1.3	BOOL		
18		M1电动机启动开关S3	I	1.4	BOOL		
19		罐子检测按钮S4	I	1.5	BOOL		
20		报错复位按钮S5/18	I	1.6	BOOL		
21		电磁阀Y1启动开关S6/19	I	1.7	BOOL		
22		清洁程度传感器B20	IW	10	INT		
23		罐子检测按键	M	0.0	BOOL		
24		电磁阀Y1启动按键	M	0.1	BOOL		
25		M1电动机启动按键	M	0.2	BOOL		
26		M2电动机启动按键	M	0.3	BOOL		
27		自动程序开始按键	M	0.4	BOOL		
28		自动程序暂停按键	M	0.5	BOOL		
29		自动程序停止按键	M	0.6	BOOL		
30		罐子检测开启按键	M	1.0	BOOL		
31		手动模式开关	M	1.1	BOOL		
32		自动模式开关	M	1.2	BOOL		
33		自动程序准备完成	M	2.0	BOOL		
34		自动程序运转中	M	2.1	BOOL		
35		自动程序停止中	M	2.2	BOOL		
36		清洁检测指示灯H10	Q	0.0	BOOL		
37		电磁阀Y1	Q	0.1	BOOL		
38		M2电动机慢速运行K2	Q	0.2	BOOL		
39		M2电动机快速运行K3	Q	0.3	BOOL		
40		M2电动机快速运行K4	Q	0.4	BOOL		
41		变频器使能A6	Q	0.5	BOOL		
42		报错指示灯H1/11	Q	1.0	BOOL		
43		M2电动机运行指示灯H2/12	Q	1.1	BOOL		
44		M1电动机运行指示灯H3/13	Q	1.2	BOOL		
45		罐子清洗指示灯H4/14	Q	1.3	BOOL		
46		罐子污油指示灯H5	Q	1.4	BOOL		
47		电磁阀Y1开启指示灯H6	Q	1.5	BOOL		
48		实际液位<中液位指示灯H15	Q	1.6	BOOL		
49		实际液位>高液位指示灯H16	Q	1.7	BOOL		
50		M1电动机速度（模拟量）	QW	12	INT		
51		TIME_TCK	SFC	64	SFC	64	Read the System Time
52							

图 8-40　编辑符号表

手/自动模式转换程序：建立手动与自动两个功能块，通过触摸屏上的按钮实现手/自动模式的切换，如图 8-42 所示。

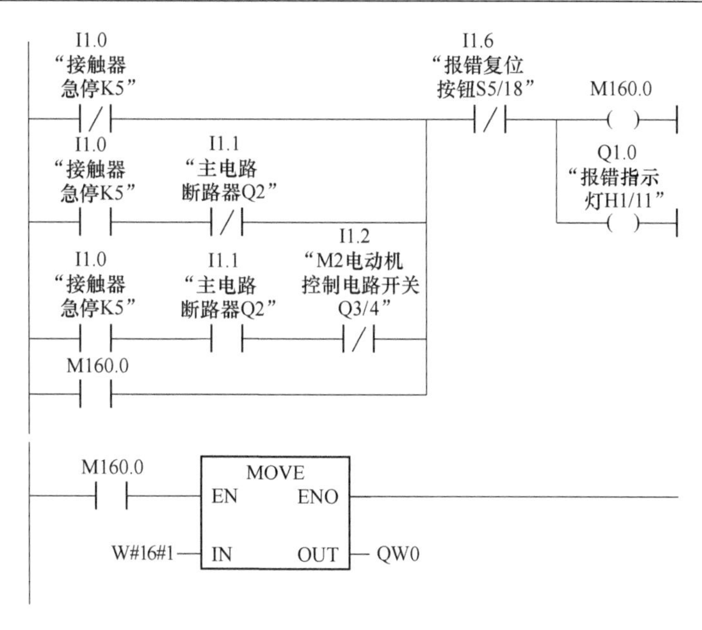

图 8-41 硬件检测与输出复位程序

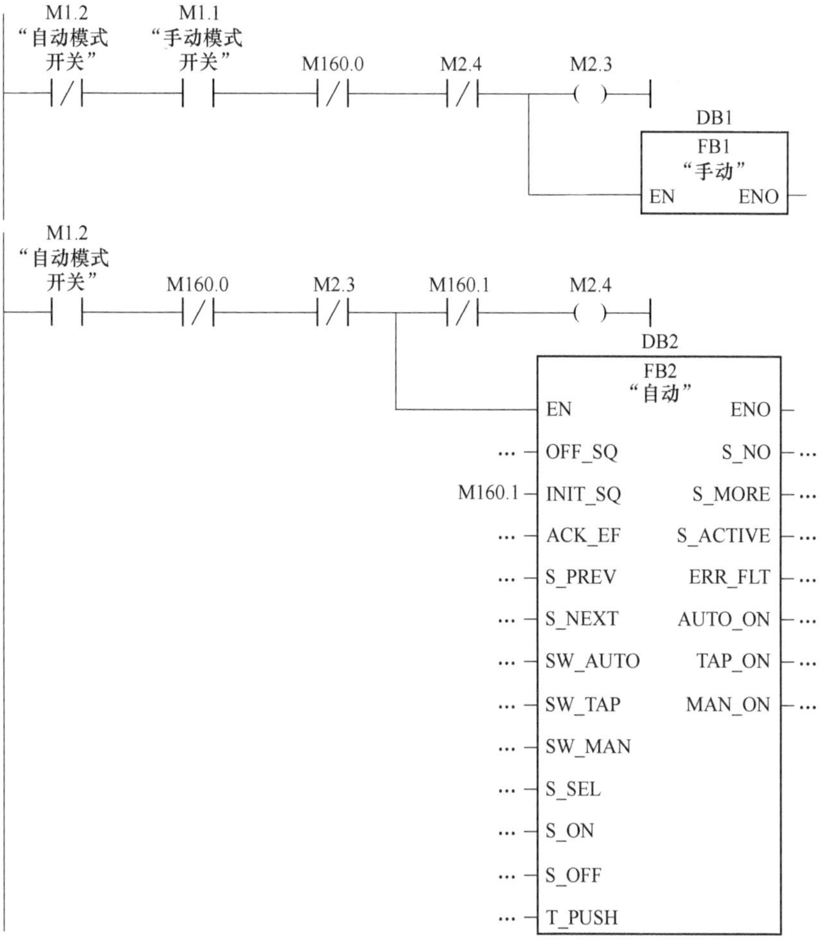

M1.2
“自动模式
开关”
M1.1
“手动模式
开关”
M160.0
M2.4
M2.3
DB1
FB1
“手动”
EN ENO
M160.1
DB2
FB2
“自动”
EN ENO
OFF_SQ S_NO
INIT_SQ S_MORE
ACK_EF S_ACTIVE
S_PREV ERR_FLT
S_NEXT AUTO_ON
SW_AUTO TAP_ON
SW_TAP MAN_ON
SW_MAN
S_SEL
S_ON
S_OFF
T_PUSH

图 8-42 手/自动模式的切换

模拟量输入处理程序：通过对清洁传感器 B20 采集的数值进行线性标定得到 0. 0~100. 0 的值送入 MD150 中，如图 8-43 所示。

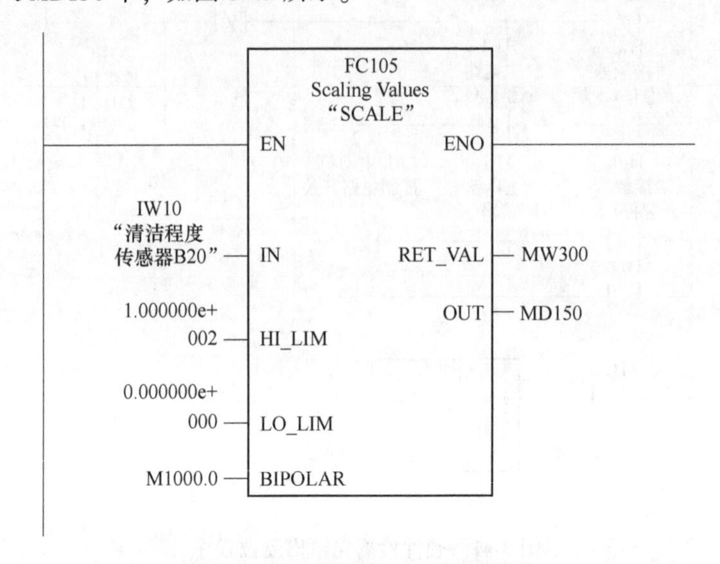

图 8-43　模拟量输入处理程序

输出驱动程序：为了使程序输出逻辑清晰，将项目中各类硬件设备进行统一输出，如图 8-44 所示。

M11.2
M10.6
Q0.1
“电磁阀Y1”

M11.1
M11.3
Q0.2
“M2电动机
慢速运行K2”

M11.0
Q0.3
“M2电动机
快速运行K3”
Q0.4
“M2电动机
快速运行K4”

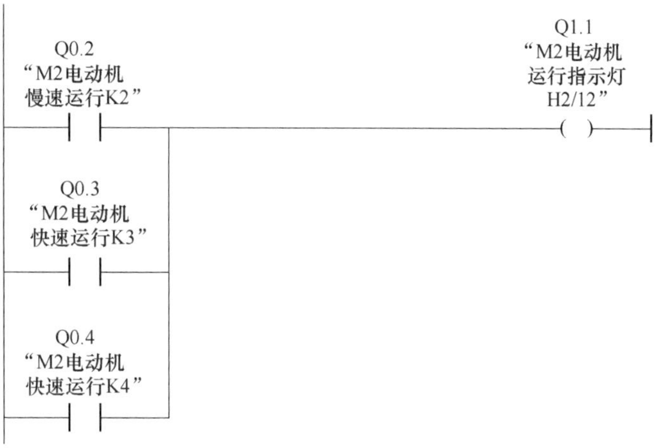

Q0.2
“M2电动机
慢速运行K2”

Q1.1
“M2电动机
运行指示灯
H2/12”

Q0.3
“M2电动机
快速运行K3”

Q0.4
“M2电动机
快速运行K4”

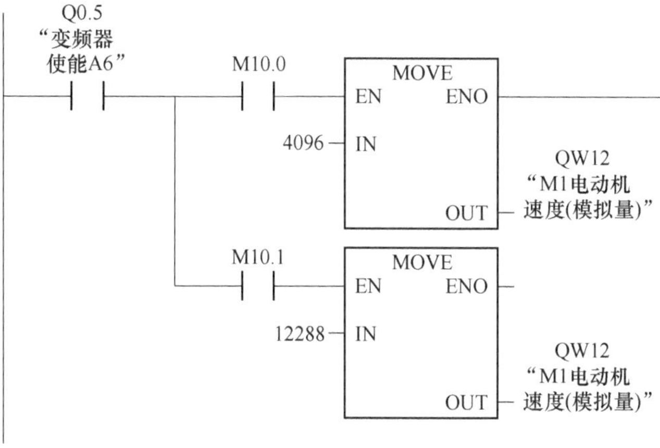

Q0.5
“变频器
使能A6”

M10.0

MOVE
EN ENO
4096 — IN
OUT

QW12
“M1电动机
速度(模拟量)”

M10.1

MOVE
EN ENO
12288 — IN
OUT

QW12
“M1电动机
速度(模拟量)”

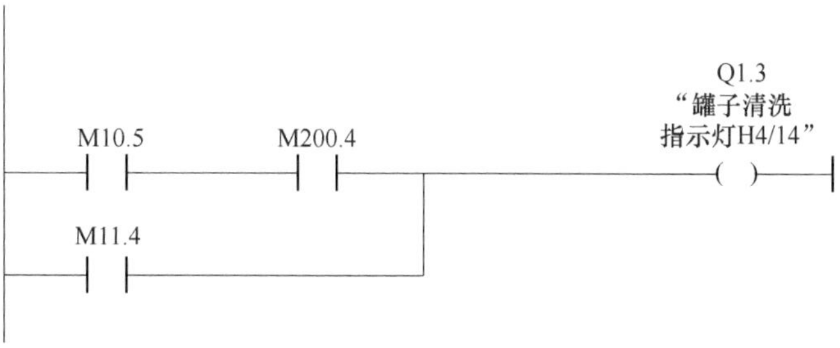

M10.5 M200.4

Q1.3
“罐子清洗
指示灯H4/14”

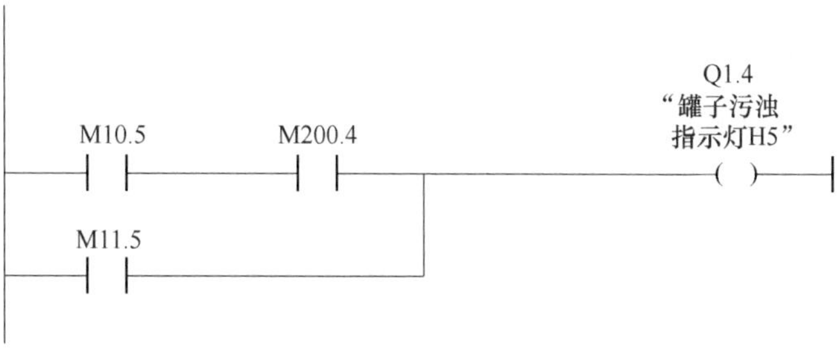

M11.4

M10.5 M200.4

Q1.4
“罐子污浊
指示灯H5”

M11.5

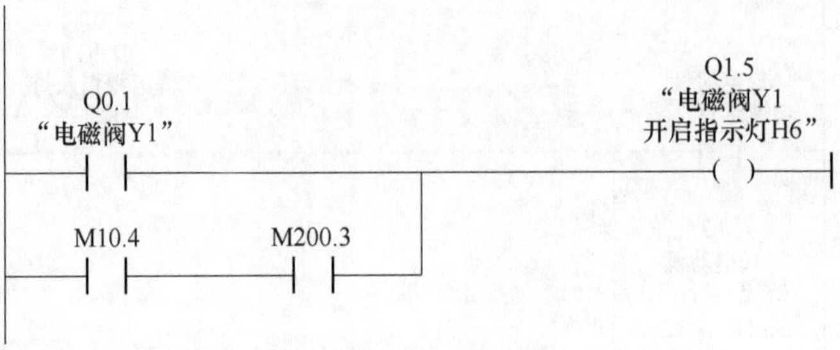

Q0.1
“电磁阀Y1”
M10.4
M200.3
Q1.5
“电磁阀Y1
开启指示灯H6”

图 8-44　输出驱动程序

B　手动程序

通过操作硬件按钮或 HMI 按键实现指示灯、电磁阀、变频器、接触器等输出驱动设备的启停控制，如图 8-45 所示。

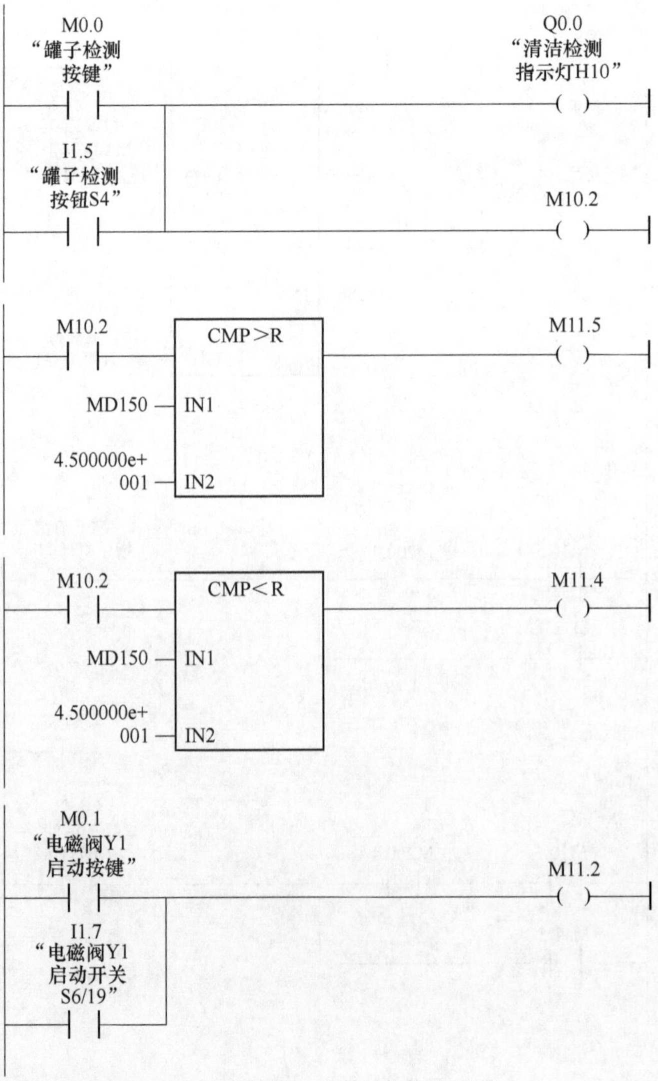

M0.0
“罐子检测
按键”
I1.5
“罐子检测
按钮S4”
Q0.0
“清洁检测
指示灯H10”
M10.2

M10.2
CMP＞R
MD150 IN1
4.500000e+
001 IN2
M11.5

M10.2
CMP＜R
MD150 IN1
4.500000e+
001 IN2
M11.4

M0.1
“电磁阀Y1
启动按键”
I1.7
“电磁阀Y1
启动开关
S6/19”
M11.2

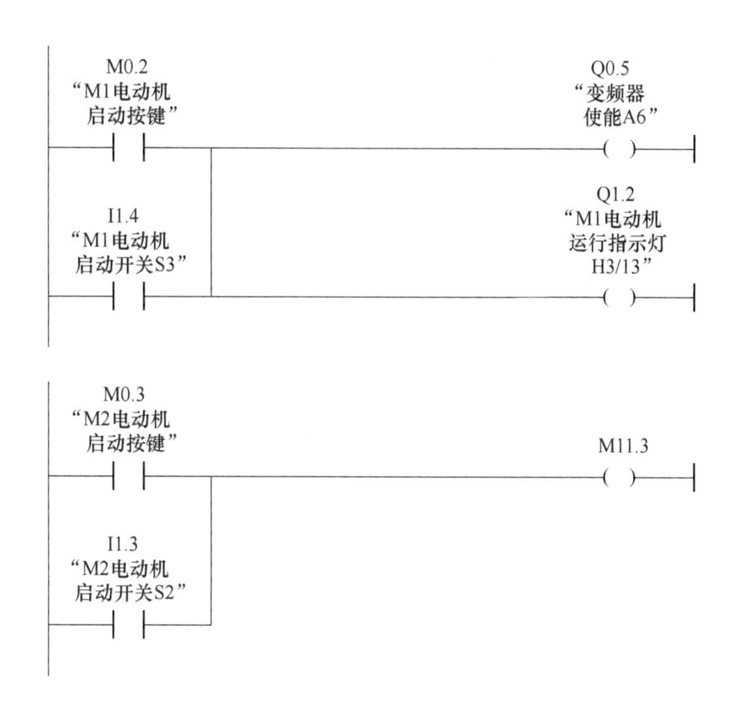

图 8-45 手动程序

C 自动模式运行条件与灌装液位检测程序

进入自动模式时，系统需对所有硬件位置与灌装液位进行检测，当满足条件后可运行自动程序，同时记录当前存储罐的液位高度，如图 8-46 所示。

M2.4
I0.0 “起始位置 B10”
I0.1 “检测位置 B11”
I0.2 “灌装位置 B12”
I0.3 “终点位置 B13”
I0.4 “低液位 S14”
I0.5 “中液位 S15”
I0.7 “满液位 S17”
M2.0 “自动程序准备完成”

M2.4
I0.5 “中液位 S15”
I0.6 “高液位 S16”
I0.7 “满液位 S17”
M11.0

M2.4
I0.5 “中液位 S15”
I0.6 “高液位 S16”
I0.7 “满液位 S17”
M11.1

图 8-46 自动模式运行条件与灌装液位检测程序

D 自动程序

使用 S7-GRAPH 语言对自动程序进行编程，并在第 2、4、7、8 步中完成对自动程序的暂停控制，如图 8-47 所示。

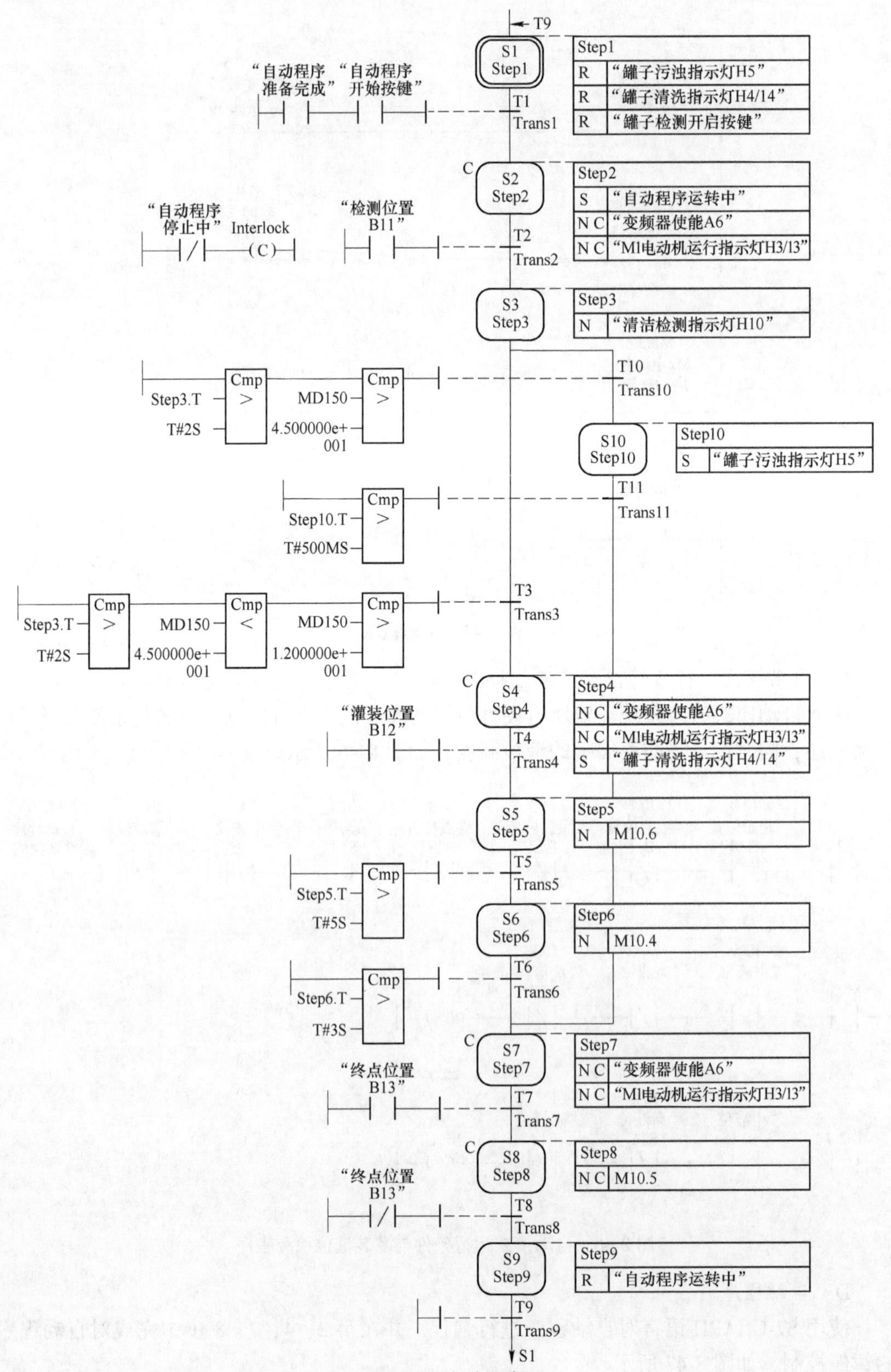
T9
S1
Step1
Step1
R “罐子污浊指示灯H5”
R “罐子清洗指示灯H4/14”
R “罐子检测开启按键”
“自动程序准备完成”
“自动程序开始按键”
T1
Trans1
S2
Step2
Step2
S “自动程序运转中”
N C “变频器使能A6”
N C “M1电动机运行指示灯H3/13”
“自动程序停止中”
Interlock
(C)
“检测位置B11”
T2
Trans2
S3
Step3
Step3
N “清洁检测指示灯H10”
Cmp
Step3.T
T#2S
MD150
4.500000e+001
T10
Trans10
S10
Step10
Step10
S “罐子污浊指示灯H5”
Step10.T
T#500MS
T11
Trans11
MD150
1.200000e+001
T3
Trans3
S4
Step4
Step4
N C “变频器使能A6”
N C “M1电动机运行指示灯H3/13”
S “罐子清洗指示灯H4/14”
“灌装位置B12”
T4
Trans4
S5
Step5
Step5
N M10.6
Step5.T
T#5S
T5
Trans5
S6
Step6
Step6
N M10.4
Step6.T
T#3S
T6
Trans6
S7
Step7
Step7
N C “变频器使能A6”
N C “M1电动机运行指示灯H3/13”
“终点位置B13”
T7
Trans7
S8
Step8
Step8
N C M10.5
T8
Trans8
S9
Step9
Step9
R “自动程序运转中”
T9
Trans9
S1

图 8-47　自动程序

E 自动模式下停止与暂停功能控制程序

自动模式下停止与暂停功能控制程序如图 8-48 所示。在自动模式下，当按下停止按钮后，系统立刻退出自动流程，各个输出设备禁止运行。在重新满足运行条件后，按下启动按钮才能再次运行。若自动流程运行在特定的流程步中，按下暂停按钮，当前步的设备停止运行。当再次按下启动按钮后，流程从当前步继续运行。

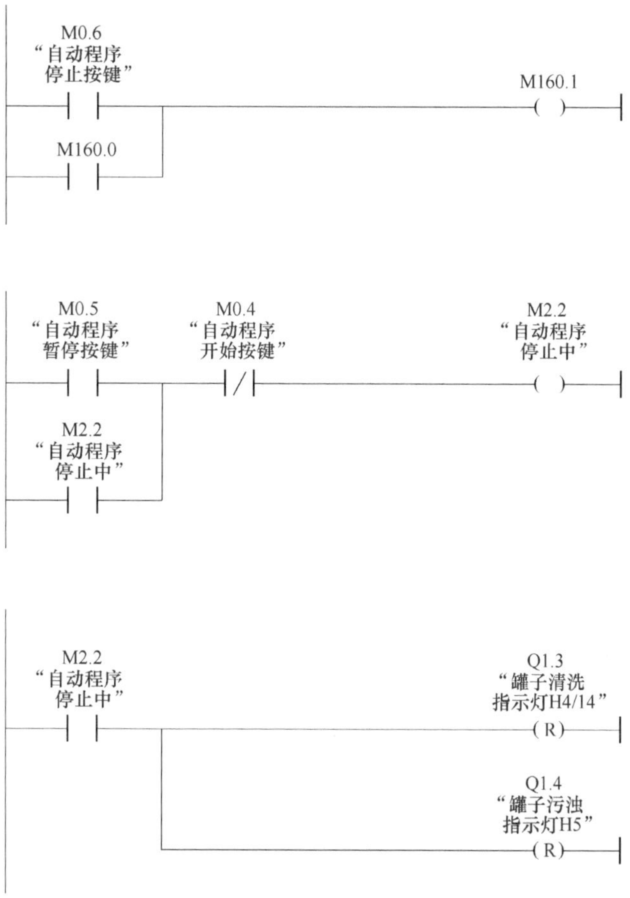

图 8-48 自动模式下停止与暂停功能控制程序

思考与练习

8-1 简述 PLC 控制系统的设计流程。

8-2 简述 PLC 选型考虑哪几个方面。

8-3 简述 PLC 的机型统一的优点。

8-4 简述 PLC 硬件系统设计的方法。

8-5 简述 PLC 软件设计的方法。

8-6 简述 PLC 程序调试方法。

8-7 节省输入点的方法有哪些？

8-8 节省输出点的方法有哪些？

参 考 文 献

[1] 西门子（中国）有限公司. SIMATIC S7-300 和 S7-400 编程的梯形图（LAD）参考手册，2017.
[2] 西门子（中国）有限公司. SIMATIC S7-300 模块数据设备手册，2017.
[3] 西门子（中国）有限公司. STEP 7 Professional V13.0 系统手册，2014.
[4] 廖常初. S7-300/400 PLC 应用技术 [M]. 4 版. 北京：机械工业出版社，2016.
[5] 陈忠平，邬书跃，梁华，等. 西门子 S7-300/400 PLC 从入门到精通 [M]. 北京：中国电力出版社，2018.
[6] 向晓汉，林伟. 西门子 S7-300/400 PLC 完全精通教程 [M]. 北京：化学工业出版社，2015.
[7] 姜建芳. 西门子 S7-300/400 PLC 工程应用技术 [M]. 北京：机械工业出版社，2012.
[8] 廖常初. 跟我动手学 S7-300/400 PLC [M]. 2 版. 北京：机械工业出版社，2016.
[9] 李莉. 西门子 S7-300 PLC 项目化教程 [M]. 2 版. 北京：机械工业出版社，2022.
[10] 侍寿永. 西门子 S7-300 PLC 编程及应用教程 [M]. 北京：机械工业出版社，2016.
[11] 刘忠超，盖晓华. 西门子 S7-300 PLC 编程入门及工程实践 [M]. 北京：化学工业出版社，2015.
[12] 赵春生. 西门子 PLC 编程全实例精解 [M]. 北京：化学工业出版社，2020.
[13] 张静之，刘建华. PLC 编程技术与应用 [M]. 北京：电子工业出版社，2015.
[14] 刘建华，张静之. 三菱 FX2N 系列 PLC 应用技术 [M] 2 版. 北京：机械工业出版社，2018.
[15] 张静之，刘建华. 三菱 FX3U 系列 PLC 编程技术与应用 [M]. 北京：机械工业出版社，2017.
[16] 刘忠超，盖晓华. 西门子 S7-300 PLC 编程入门及工程实践 [M]. 北京：化学工业出版社，2020.
[17] 胡健. 西门子 S7-300 PLC 应用教程 [M]. 北京：机械工业出版社，2014.
[18] 刘玉娟. S7-300 PLC 技术应用 [M]. 北京：中国电力出版社，2014.